MONCHO NÚÑEZ

El calendario de la Historia de la Ciencia

Un original recorrido por los hitos que construyeron el saber científico... y sus circunstancias.

GUADALMAZÁN

Guadalmazán • Colección Divulgación Científica
Edición al cuidado de Bibiana García Visos
Director editorial Antonio Cuesta

www.editorialguadalmazan.com

Talenbook, s.l.
C/ Cervantes, 26 · 28014 · Madrid

Imprime: Liberduplex
ISBN: 978-84-19414-49-6
Depósito Legal: M-22292-2024
Hecho e impreso en España-*Made and printed in Spain*

Índice

Nota de los editores

Imagina que tienes en tus manos una pequeña máquina del tiempo, un dispositivo ingenioso, manejable —pero muy poderoso— que te permitirá viajar a lo largo de los siglos, día a día, descubriendo los momentos que han dado forma a nuestro mundo. ¿Alguna vez te has preguntado qué cara debió poner Newton cuando la luz mostró todos sus colores al atravesar un prisma? ¿O cómo se sintió Marie Curie al ponerle el nombre de polonio, en honor a su Polonia natal, a un nuevo elemento químico? Este libro te transporta a esos instantes cruciales, permitiéndote ser testigo de la historia.

Pero este no es un viaje para espectadores pasivos. Cada página es una invitación a la curiosidad, una puerta que abre otras puertas, un reto a tu imaginación. Podrás encontrarte desayunando en el Congreso de Solvay rodeado de dos docenas de genios, o compartiendo un café con Rosalind Franklin mientras te explica cómo tomó aquella fotografía decisiva del ADN. Y, a medida que avanzas por el calendario, te darás cuenta de que la ciencia no es una serie de eventos aislados, sino una gran conversación a través del tiempo. Descubrirás conexiones inesperadas, coincidencias determinantes y, sobre todo, la chispa de la genialidad humana que se enciende una y otra vez a lo largo de la historia.

Este libro es para aquellos que sueñan con navegar en el Beagle junto a Darwin, o simplemente para quienes quieren trasladarse cada día a un nuevo descubrimiento.

Y no se nos ocurre mejor guía para este viaje que Moncho Núñez, que ha dedicado toda una vida a provocar la curiosidad por la ciencia ante todo tipo de públicos. Primero entre los escolares a los que dio clase, más tarde a los visitantes que entraban —y entran— a los cuatro museos de ciencia que creó y dirigió, y siempre entre los lectores, oyentes y espectadores de sus artículos, conferencias o amenas charlas. Solo una mente con una experiencia tan extensa, variada y exitosa podía generar *El calendario de la historia de la ciencia* —y sus circunstancias, como le gusta destacar— que sin lugar a dudas atrapa por interesante, riguroso, diverso y divertido. Moncho ha creado algo más que un libro: ha construido un portal. Con la precisión de un relojero suizo y la imaginación de un poeta, ha condensado siglos de avances en 367 fascinantes paradas.

Así que abre este libro cualquier día del año y déjate llevar. Podrás terminar en el laboratorio de Lavoisier, con Mendel desentrañando los secretos de la genética, probándote unos pantalones vaqueros o, quizás, observando el vasto cielo nocturno junto a Hubble. No necesitas un DeLorean, ni un condensador de fluzo. Todo lo que necesitas es este libro y tu curiosidad. La historia de la ciencia te espera en estas páginas. ¿A qué época viajarás hoy?

BIBIANA GARCÍA VISOS y ANTONIO CUESTA

ENERO

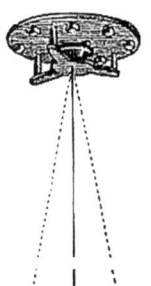

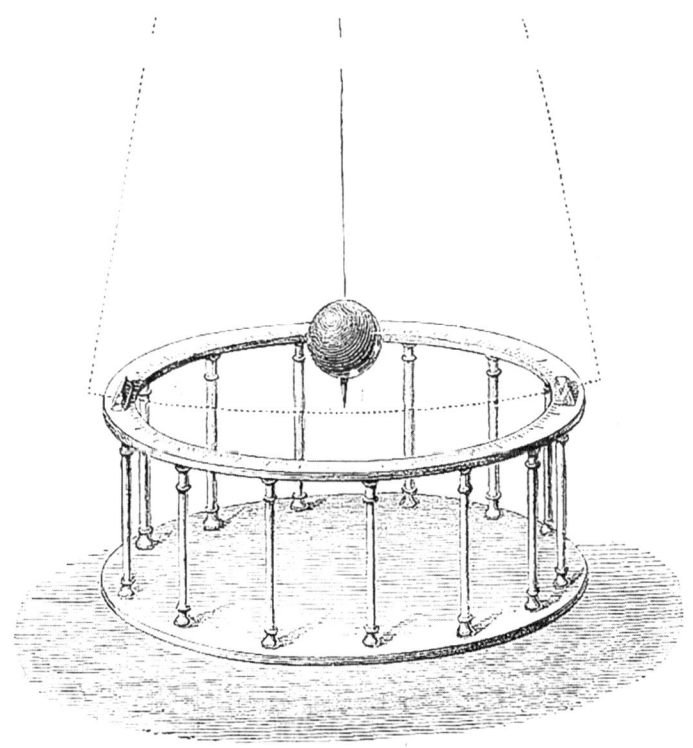

El 8 de enero de 1851, el físico francés León Foucault demostró por primera vez de forma experimental la rotación de la Tierra gracias al péndulo que hoy día lleva su nombre.

Grabado de Joseph Mulder, según una obra anterior de Gerard Hoet (1692), titulado *Seis astrónomos*. De izquierda a derecha Galileo Galilei, Johannes Hevelius, Hiparco de Nicea (sentado), Tycho Brahe, Nicolás Copérnico y Claudio Ptolomeo.

§ 1512. El astrónomo Nicolás Copérnico empezó 1512 observando a simple vista cómo el planeta Marte ocultaba la estrella Zubenelgenubi, conocida como «pinza del sur», la segunda más brillante de la constelación de Libra, que para los árabes constituía una de las tenazas del imaginario escorpión que daba nombre y leyenda a la constelación de Scorpius. El prusiano aún no había cumplido los treinta y nueve años y ya estaba dándole vueltas a su idea heliocéntrica. Ese mismo año comenzaría la redacción del *Comentariolus*, el librito de cuarenta páginas donde adelantó sus revolucionarias ideas sobre los movimientos de la Tierra y que hizo circular en 1514. En aquel «comentarillo» Copérnico postuló, entre otras cosas, que si suponemos que el Sol está fijo en el centro y que la Tierra gira a su alrededor, los demás planetas podrían quedar ordenados según su distancia al Sol y su período de revolución: Mercurio (88 días), Venus (255 días), Tierra (1 año), Marte (1,9 años), Júpiter (12 años) y Saturno (30 años).

§ 1781. En este día se inaugura el primer puente de hierro fundido del mundo. El condado de Shropshire, en Inglaterra, es famoso por considerarse la cuna de la industria del país. El área es rica en depósitos casi superficiales de carbón y tiene minerales de hierro, lo que propició que un pionero en las fundiciones, Abraham Darby, eligiera la localidad de Coalbrookdale, que resultaría una de las cunas de la Revolución Industrial, para construir allí el primer puente de hierro, sobre el río Severn. El arquitecto Thomas Pritchard diseñó una estructura con cinco nervios paralelos en arco, que soporta el puente que consta en total de ochocientos componentes de hierro fundido, que no se unieron mediante pernos sino con sistemas propios de carpintería, como juntas en cola de milano. El arco de medio punto tiene un ancho de cuarenta y cuatro metros. Ha sido declarado Patrimonio de la Humanidad.

§ 1801. Entre las órbitas de Marte y Júpiter existe un cinturón de asteroides o cuerpos menores del sistema solar. El 1 de enero de 1801, el astrónomo y sacerdote Giuseppe Piazzi, de Palermo, observó el primer objeto de esa región, el planeta enano Ceres, en la constelación de Tauro, y pudo localizarlo durante cuarenta días más. La ausencia de nebulosidad y su movimiento lento le hicieron concluir que no era un cometa. Le puso el nombre de Ceres en honor de la diosa romana patrona de Sicilia. En pocos años se descubrieron otros objetos más en la misma zona. Ceres tiene un diámetro de 960 km y orbita alrededor del Sol en 4,6 años. Hoy sabemos que es el objeto mayor de un disco circunestelar en forma de anillo, que está formado por cientos de miles de asteroides cuya masa total es tres veces la de Ceres. Alrededor de mil de ellos tienen un diámetro superior a treinta kilómetros.

§ 1841. El empresario y óptico austríaco Peter Voigtländer pone a la venta la primera máquina fotográfica especialmente diseñada para realizar retratos. Hasta entonces, con una cámara normal, se necesitaba un tiempo de exposición de más de veinte minutos («no se muevan, por favor»); la nueva cámara, mediante la incorporación de una lente especial, diseñada por el húngaro József Miksa Petzval, lo conseguía en dos minutos. Con ella se hicieron daguerrotipos circulares de nueve centímetros de diámetro.

§ 1965. Comienza en España la emisión en pruebas de la televisión en UHF (Ultra High Frequency), segundo canal de TVE. Duraba tres horas diarias (entre las 21:00 y las 24:00) y estaba restringida a Madrid. Hasta los años 70, TVE 2 se caracterizó como canal minoritario y cultural.

§ 1972. Se implanta el Tiempo Universal Coordinado (UTC, por sus siglas en inglés) en todo el planeta, con ligeras diferencias con el establecido hasta entonces. La Conferencia Internacional del Meridiano, celebrada en Washington en 1884, a la que habían asistido veinticinco países (entre ellos España), decidió fijar un único meridiano como referencia horaria para todo el mundo. Se eligió el que pasa por el Real Observatorio de Greenwich (Londres), al que le corresponde la longitud de 0^0; la hora con esa referencia se expresa como GMT. En 1884 se dividió el globo en veinticuatro husos horarios de 15^0 cada uno. Durante mucho tiempo, los movimientos de la Tierra fueron la clave para la medida del tiempo: el día de 24 horas significaba simplemente una rotación terrestre. Pero ese día no tiene siempre exactamente la misma duración, por ello el 1 de enero de 1972 se adoptó como estándar de tiempo el UTC o Tiempo Universal Coordinado, definido a partir de relojes atómicos localizados en laboratorios de todo el mundo.

§ 1989. Entra en vigor el Protocolo de Montreal para reducir el agujero de ozono. En 1974 comenzó a observarse una disminución en los niveles de ozono en capas altas de la atmósfera. Ese ozono funciona como un escudo que nos protege de los rayos ultravioleta que emite el Sol, que de otro modo llegarían con una intensidad dañina para cultivos, fitoplancton marino y, en general, todos los seres vivos, aumentando la probabilidad de sufrir cánceres de piel en humanos. En la década de los 80 se comprobó que los derivados CFC (clorofluocarbonados), que se usaban en aerosoles y en circuitos de refrigeración, eran los principales causantes de esa destrucción del ozono y que convenía dejar de emplearlos. Por ello, numerosos países firmaron el Protocolo de Montreal, que entró en vigor el 1 de enero de 1989, y que se demostró de alta eficacia, constituyendo un magnífico ejemplo de cooperación internacional.

2 DE ENERO

§ 1812. Napoleón recompensa la obtención del azúcar de remolacha. Ya en 1705, el agrónomo francés Olivier de Serres había descubierto que la raíz de remolacha, que se utilizaba para forraje del ganado y algo también en alimentación humana, contenía sacarosa. La idea no se tuvo en cuenta hasta que no hubo problemas con el abastecimiento de caña de azúcar. El bloqueo con motivo de la guerra anglo-francesa y la imposibilidad de que llegara a Francia la caña desde las Antillas hizo que Napoleón decidiera gratificar la obtención de azúcar a partir de la remolacha; el 2 de enero de 1812, el polifacético banquero y botánico Benjamin Delessert logró extraer «la miel vegetal» de la raíz de la planta.

§ 1839. El pionero Louis Daguerre obtiene en este día la primera fotografía de la Luna, pero desgraciadamente esa joya de la historia de la cultura se perdió dos meses después, cuando un incendio destruyó su laboratorio. La foto más antigua que se conserva de nuestro satélite es un daguerrotipo de 1851, obtenido por el controvertido astrónomo John Adams Whipple.

§ 1897. Polémica en la creación de los premios Nobel. Tres semanas después del fallecimiento de Alfred Nobel, el 2 de enero de 1897, el periódico sueco conservador *Nya Dagligt Allehanda* publicaba su testamento, el documento que crea los hoy famosos premios. Inmediatamente, comenzaron a aparecer voces de protesta, llegando incluso a sugerir que tratarían de evitar su cumplimiento. El político socialdemócrata Hjalmar Branting publicó, en el órgano oficial de su partido, una editorial a cuatro columnas con el título: «La voluntad de Nobel, intenciones magníficas, torpeza magnífica». Branting llegaría a ser primer ministro y recibió el Nobel de la Paz en 1921. El principal motivo de aquella crítica era que el testamento establecía que el premio de Literatura debería otorgarse al candidato con una obra en una «dirección ideal», y que los galardones habían de ser concedidos por la Academia sueca, que Branting consideraba conservadora. Amigos de Nobel precisaron que Alfred era un anarquista que por «ideal» entendía aquello que «mantuviera un punto de vista crítico o polémico hacia la religión, la monarquía, el matrimonio y el *establishment* en su conjunto».

3 DE ENERO

§ 1117. Un terremoto de magnitud estimada 6,9 en la escala de Richter sacude gran parte del norte de Italia y sur de Alemania, aunque fue detectado en otros países, también en la península ibérica; tuvo el epicentro en Verona, donde destruyó gran parte de sus construcciones medievales y provocó unas 30.000 muertes. La actividad sísmica se prolongó durante meses.

§ 1870. En Nueva York comienza la construcción del puente de Brooklyn, que sería en su inauguración (1883) el puente colgante más grande del mundo. Fue emblemático, entre otros motivos, por el uso del acero a gran escala. En su finalización resultó decisiva la contribución de la ingeniera Emily Warren Roebling, que sustituyó a su marido Washington Roebling en la dirección de obra cuando tuvo que retirarse por enfermedad.

§ 1919. En esta fecha, en su laboratorio de la Universidad de Manchester, el físico Ernest Rutherford, que ya contaba con el Nobel de Química y había postulado la existencia del núcleo de los átomos, hace colisionar partículas alfa emitidas por material radiactivo con nitrógeno, obteniendo un extraño isótopo del oxígeno y viendo que se desprenden además «átomos de hidrógeno». Fue la primera reacción nuclear artificial de la historia.

4 DE ENERO

§ 1904. Por Real Orden se crea en Madrid el Centro de Ensayos de Aeronáutica, para el «estudio técnico y experimental del problema de la navegación aérea y de la dirección de la maniobra de motores a distancia»; se encarga la dirección de estos trabajos a Leonardo Torres Quevedo, que ya había presentado a las academias de ciencias de París y de Madrid un proyecto de dirigible. Tendría desde el comienzo problemas presupuestarios.

§ 1958. El satélite soviético Sputnik I, el primer objeto hecho por el hombre que orbitó la Tierra, regresó a la atmósfera y se desintegró. Dando una vuelta cada noventa y cinco minutos durante noventa y dos días había completado 1440 órbitas, acumulando un recorrido de unos setenta millones de kilómetros. El satélite, una esfera de aluminio de cuarenta y ocho centímetros de diámetro con cuatro finas antenas, tenía una masa de 83,6 kg. Durante su viaje orbital iba transmitiendo una señal de radio que se pudo captar —no sin cierto nerviosismo— en todo el mundo.

§ 1959. En un cohete Vostok se lanza al espacio la sonda Mechta (en ruso, «sueño»), que en 1963 sería renombrada como Luna 1. Fue la primera nave en alcanzar la velocidad de escape para salir de la Tierra, la primera en acercarse a las proximidades de la Luna y la primera en colocarse en órbita heliocéntrica. Así comenzaba el programa Luna, una serie de misiones realizadas con éxito por la Unión Soviética entre 1959 y 1976.

5 DE ENERO

§ 1665. Sale a la calle *Journal des sçavans,* la primera revista científica publicada en Europa. En una presentación firmada por Sieur de Hedouville —seudónimo del escritor parisino Denis de Sallo—, en el primer número de la nueva publicación, fechado el lunes 5 de enero de 1665, declara entre sus objetivos «dar a conocer las experiencias de física y de química que permiten explicar los hechos de la naturaleza, los nuevos descubrimientos de las artes y las ciencias, como las máquinas o los inventos útiles o curiosos que pueden servir a las matemáticas, las observaciones del cielo, de los meteoros y aquellas que la anatomía pueda encontrar de nuevas en los animales». Con ayuda del que era ministro de Hacienda de Luis XIV, Jean-Baptiste Colbert, de Sallo obtuvo un privilegio para imprimir esa revista y llegó a editar trece números en tres meses. Luego fue suspendida, debido a las presiones de algunos que habían sido criticados en sus páginas, pero volvió a publicarse con esa misma cabecera en 1666 (aunque con otro director) y así continuó durante medio siglo, cuando pasó a llamarse *Journal des savants* y su contenido se hizo casi exclusivamente literario.

§ 1769. El ingeniero escocés James Watt, de treinta y dos años, obtiene este día su primera patente. Las historias de la tecnología suelen relacionar el origen de las máquinas de vapor con la eolípila, un artilugio creado por Herón de Alejandría en el siglo I. Esa fue la primera máquina térmica, capaz de transformar el calor en movimiento. Desde entonces, muchos inventores soñaron con que la expansión del vapor podría aprovecharse para realizar un trabajo, y de hecho, las primeras máquinas de aplicación práctica con ese fundamento se emplearon para bombear agua y sacarla de las minas de carbón. A este respecto, el primer ingenio conocido es español, y data de 1606. Es una patente (o cédula real) del navarro Jerónimo de Ayanz, que, entre un total de cincuenta inventos, incluye dibujos y explicaciones detalladas de una máquina de vapor capaz de extraer el agua de las minas.

Ayanz se adelantó en casi un siglo a Thomas Savery, quien en 1698 patentó en Inglaterra un dispositivo con la misma finalidad. Poco después, Thomas Newcomen, asesorado por Robert Hooke y por el metalúrgico John Calley, ideó una máquina de vapor con un cilindro que permitía el movimiento de un pistón, pero tuvo que asociarse con Savery para desarrollarla industrialmente, pues la patente de este aún estaba vigente. La máquina de Newcomen (también llamada máquina de vapor atmosférica) fue la primera para la que existió una demanda comercial, de modo que en 1735 ya se habían instalado en Inglaterra un centenar de estas máquinas. Estaba naciendo lo que luego conoceríamos como Revolución Industrial.

En 1759 James Watt era un joven habilidoso, que había aprendido el oficio de fabricante de instrumentos matemáticos y tenía a su cargo el taller de la Universidad de Glasgow. Entonces se enteró de que esa universidad era propietaria de una maqueta de la máquina de Newcomen, que había sido enviada a Londres para reparar. La máquina trabajaba por succión, es decir, primero se llenaba con vapor caliente un cilindro, que luego se enfriaba para condensar el vapor y producir así un vacío que causaba el movimiento del émbolo, empujado por la presión atmosférica. Luego había que volver a llenar el cilindro con vapor caliente, y se repetía el ciclo. Watt consiguió recuperar la máquina y repararla, pero al ver cómo se averiaba de nuevo a los dos o tres golpes del pistón, concluyó que el problema era mayor. La clave estaba en que era necesario calentar y enfriar el mismo cilindro demasiadas veces.

Entre migraña y migraña, Watt imaginó pronto que lo ideal sería separar el vapor del cilindro caliente y condensarlo en otro vaso diferente, que se podría tener siempre a menor temperatura. Pero tendrían que transcurrir años de trabajo hasta tener resultados prácticos de aquella idea. En 1765 Watt comenzó a realizar ensayos con la adición de un condensador, y tras comprobar el éxito de su funcionamiento, decidió registrarlo, de modo que el 5 de enero de 1769 obtiene su primera patente, por «Un nuevo método para disminuir el consumo de vapor y de combustible en máquinas térmicas». Tras un intento fallido de comercialización de las novedosas máquinas, en 1775 Watt formó una compañía con Matthew Boulton, propietario de unos talleres en Birmingham, que sería la primera empresa en fabricar aquellos motores primarios a escala industrial. Con el tiempo también fueron introduciendo nuevas mejoras y registrando otras patentes. En 1800, cuando caducó la del condensador, la compañía había puesto en funcionamiento 451 unidades. La Revolución Industrial iba ya a toda máquina.

§ 1892. El astrónomo alemán Rudolf Martin Brendel consigue en Bossekop (Noruega) la primera fotografía de una aurora boreal. La tarea entrañaba dificultad porque la luz de las auroras es débil e irregular, y los materiales fotográficos de la época necesitaban exposiciones largas y eran poco sensibles al rojo.

§ 1915. La Fiesta del Árbol adquiere carácter oficial en España. Un real decreto del Ministerio de la Gobernación publicado el 5 de enero de 1915 establece la obligatoriedad para todos los municipios de celebrar la Fiesta del Árbol, con fines repobladores y educativos. El RD establece que «Los gobernadores no aprobarán ningún presupuesto municipal sin que en él figure partida, por pequeña que sea, destinada al fin indicado». Añade que se ha de enviar una memoria en la que conste «el número de árboles plantados, el número de asistentes a la solemnidad, señalando de un modo especial los alumnos de las escuelas que concurran, personas que más se distingan por su colaboración a las fiestas y estado de las plantaciones ejecutadas en años anteriores». La primera celebración de Día del Árbol fue en la localidad de Villanueva de la Sierra (Cáceres), el martes de carnaval de 1805, a iniciativa del cura rector (párroco) Ramón Vacas Roxo. A lo largo del XIX tuvieron lugar otras celebraciones aisladas en nuestro país, y a finales de ese siglo se creó la Administración forestal española, basada en el Cuerpo Nacional de Ingenieros de Montes, que tenía como objeto la «defensa de los montes públicos, su ordenación y mejora».

6 DE ENERO

§ 1838. El pintor estadounidense, militante anticatólico, antiinmigrante y defensor de la esclavitud, Samuel Morse hace la primera demostración de su telégrafo. La idea de transmitir mensajes a distancia se remonta a mediados del siglo XVIII, pero la capacidad de enviar señales a través de cables de cobre, de modo que pudieran codificar palabras, no resultó posible hasta que Morse inventó su telégrafo. Aunque se ganaba (malamente) la vida como pintor retratista, se sentía atraído por los recientes descubrimientos en relación con la electricidad, y él mismo realizaba experimentos. Tras construir en 1833 su primer telégrafo, que funcionaba con pulsos eléctricos, y de definir y perfeccionar el código de señales que lleva su nombre, el 6 de enero de 1838 realizó la primera demostración del mismo. El código Morse significaba de hecho un sistema binario con dos signos, puntos y rayas, que eran pulsos de diferente duración, con los espacios necesarios para separarlos, y otros silencios mayores para separar letras y palabras. En 1844 se realizaría la primera transmisión oficial.

§ 1912. Un doctorado en astronomía dedicado a la meteorología y geofísica, Alfred Wegener, afirma que los continentes se mueven. En el encuentro anual de la Deutsche Geologische Gesellschaft (Sociedad Geológica Alemana) celebrado en Fráncfort, el joven profesor Wegener presenta por primera vez sus provocativas ideas sobre la deriva continental, en una conferencia con el título: «La aparición de las grandes formaciones de la corteza terrestre (continentes y océanos), su fundamento geofísico». Cuatro días después, en la Sociedad para el Avance de las Ciencias Naturales, en Marburgo, ciudad donde ejercía la docencia, desarrolla más ampliamente el tema bajo el título: «Los desplazamientos horizontales de los continentes».

Salvo raras excepciones, la teoría fue rechazada por los geólogos, geógrafos, paleontólogos y geofísicos. Para la aceptación universal de la idea habría que esperar hasta más de un cuarto de siglo después de la muerte de Wegener, cuando nuevas investigaciones, sobre todo en paleomagnetismo, permitieron desarrollar y avalar el modelo de tectónica de placas. Con esa teoría se establecía el mecanismo que incorporaba y explicaba las ideas de Wegener acerca del desplazamiento horizontal de los continentes, como placas litosféricas que se deslizan sobre el manto.

En julio de aquel mismo año, y considerando la posibilidad de que en un momento del pasado estuvieran todas las masas terrestres juntas, en un gran continente que él llamó Pangea, ya habló de «el origen de los continentes» («*Die Entstehung der Kontinente*»). Tras finalizar la Primera Guerra Mundial, Wegener presentaría el tema desarrollado en un libro, que en 1915 se titula *Die Entstehung der Kontinente und Ozeane*, y que tuvo una gran difusión, con revisiones en 1920, 1922 y 1929, y con traducciones al ruso, inglés, español, francés y sueco; hoy se considera uno de los clásicos de la historia de la ciencia. La edición española, con el título *La génesis de continentes y océanos* apareció en 1924, según traducción del profesor de astronomía, geodesia y meteorología, Vicente Inglada Ors.

En la introducción de la última edición, el autor explica que la primera vez que pensó en esa hipótesis fue en 1910, considerando ante un planisferio la congruencia entre las costas de ambos lados del Atlántico. Aunque al principio rechazó la idea, la lectura, según él por casualidad, de un artículo sobre las pruebas paleontológicas, de análisis comparativo de fósiles, de un puente terrestre entre Brasil y África le invitó a estudiar las investigaciones relativas al tema, tanto en paleontología como en geología, hasta que su conclusión se hizo firme.

Wegener afirmó que en un tiempo todas las tierras emergidas del planeta estaban reunidas en el supercontinente Pangea, rodeado por un único océano, Pantalasa, origen del actual océano Pacífico. La ruptura de Pangea se inició hace unos doscientos millones de años, a finales del Triásico, inicialmente en dos partes. La del norte daría lugar más tarde, a partir del Jurásico y con el nacimiento del océano Atlántico, a América del Norte, Groenlandia, Europa y el norte de Asia, y la del sur comenzaría en el Cretácico el proceso que llevó a formar Sudamérica y África, así como, con la aparición del océano Índico, a la India, Australia y la Antártida.

La idea de deriva continental, en nuestros días incluida en la teoría de la tectónica de placas, ha contribuido a desarrollar numerosas explicaciones geológicas para fenómenos como la formación de cadenas montañosas, el origen de terremotos y volcanes, la dinámica interior del planeta y hasta los cambios climáticos.

§ 2000. Este día murió el último bucardo, por penúltima vez. En el parque Nacional de Ordesa vivió hasta finales del pasado siglo el bucardo, la *Capra pyrenaica pyrenaica*, una de las cuatro subespecies reconocidas de la cabra montés. De ellas, la subespecie *lusitanica*, que vivía principalmente en los montes entre Galicia y Portugal, se había extinguido en 1892, y las otras dos subespecies *hispanica* y *victoriae* siguen existiendo en varias zonas de montaña de nuestro país. El último ejemplar de bucardo era una hembra de trece años —llamada Celia, y también Laña— que fue estudiada por los científicos mientras vivió en el Parque. Con idea de realizar una posible clonación, en 1999 se le tomaron muestras de tejidos para extraer el ADN. Celia murió el 6 de enero de 2000 por fractura de cráneo, provocada por la caída de un abeto. La subespecie se había extinguido. Tres años después, con la colaboración de una cabra, se produjo un ejemplar clónico, que murió a los siete minutos debido a problemas respiratorios. Así, el bucardo es el único animal que se extinguió dos veces. Pero aún se conserva material genético con posibilidad de realizar otra clonación.

7 DE ENERO

§ 1714. La invención de una máquina de escribir era inevitable. Todas las historias sobre el tema comienzan en el mismo punto: el día 7 de enero de 1714, unos meses antes de fallecer, la reina Ana de Gran Bretaña, última monarca de la dinastía de los Estuardo, concede al «*trusty and welbeloved*» («leal y bien amado») caballero Henry Mill la patente que lleva el número 395 y se refiere a «Una máquina o método artificial para imprimir o transcribir letras, una tras otra, como en la escritura», afirmándose que el escrito resultante tiene tal claridad que no puede distinguirse de uno impreso, que además no puede borrarse o corregirse sin que ello se descubra fácilmente, y que esa máquina puede ser de gran utilidad en registros públicos por la durabilidad de la escritura. Sabemos que el respetable y apreciado Henry Mill era un ingeniero con habilidades matemáticas que trabajó diseñando sistemas de distribución de aguas, pero no sabemos cómo era aquel invento de máquina de escribir (ni siquiera su tamaño), ya que nunca llegó a construirse, a pesar de que algunos profesionales de la época —los relojeros, por ejemplo— disponían sin duda de las herramientas y la tecnología necesarias para hacerlo.

Por unas u otras razones, las máquinas de escribir no fueron realidad hasta el siglo XIX, y en la primera mitad existieron solamente prototipos aislados, con los diseños y mecanismos más diversos. El impacto de la invención vendría más tarde. Una de las primeras que se fabricó industrialmente, en 1873, y que ya creó historia, fue la Type Writer, que incorporaba el teclado QWERTY que siguen utilizando nuestros ordenadores de sobremesa, ideada por el político e inventor estadounidense Christopher Sholes. Su usuario más famoso fue quien firmaba como Mark Twain, que adquirió un ejemplar por 125 dólares en 1874, para poder «pasar a máquina» y a limpio su manuscrito de *Life on the Mississippi*. Aunque tuvo dificultades en adaptarse, el escritor demostraba con ello su afición por las innovaciones, y de hecho también él fue una de las primeras personas que quiso tener teléfono en su residencia.

A partir de 1880 las máquinas comenzaron a usarse en la administración y en las empresas, sobre todo al ver que con la ayuda del papel de calco se podían hacer simultáneamente varias copias de un mismo documento. El papel carbón había sido inventado a comienzos del siglo por el toscano Pellegrino Turri, para hacer visible la escritura en una máquina de escribir (sin cinta) que él había creado. Es entonces, a final de ese siglo, cuando comienzan a existir las mecanógrafas como especialistas cualificadas, que paulatinamente medirían su eficacia en cada vez más palabras por minuto. El segundo modelo de Remington ya contaba con una tecla para cambiar de mayúsculas a minúsculas, sin necesidad de doble teclado. Otras marcas todavía lo usaban con ese objetivo, y existían las más diversas variaciones en detalles y prestaciones buscando un hueco en el mercado, por lo que en aquella década se da la mayor diversidad de máquinas de escribir que hubo nunca.

En 1896 la Underwood alcanza el éxito al permitir ver el escrito al mismo tiempo que se realiza. El siglo XX sería testigo del desarrollo final de esta especie tecnológica, destacando la aparición de las máquinas portátiles, que posibilitaron su introducción en los hogares; de las eléctricas, que suavizaban y homogeneizaban la pulsación; y de las que permitían cambiar el tipo de letra. Al final llegaría la «transformación» de estas máquinas en ordenadores. Hoy, la máquina de escribir ya no se fabrica. Mirando hacia atrás podemos decir que su apogeo tuvo lugar en los setenta, cuando con un millón de piezas por año, la marca más extendida en el mundo era la Hispano-Olivetti, y estaban producidas en la fábrica que la empresa italiana había instalado en Barcelona en 1929. Como muchos otros en los últimos tiempos, en menos de treinta años un invento pasó de su gloria a la práctica desaparición. Al igual que los dinosaurios se extinguieron, pero nos quedaron los pájaros, las máquinas de escribir se perpetúan en los ordenadores. El teclado QWERTY es un gen que lo confirma.

§ 1785. El inventor francés Jean Pierre Blanchard, acompañado del médico estadounidense John Jeffries, cruza por primera vez por los aires el canal de la Mancha, partiendo de los acantilados de Dover en un globo de aire caliente. No fue sin dificultades, pues para mantener altura tuvieron que aligerar peso (de equipamiento innecesario) y desprenderse hasta de la mayor parte de su ropa. El doctor Jeffries confió más tarde a sus amigos que, en sus angustiosos esfuerzos por aligerar peso, hubo un momento crítico «cuando hicieron todo lo posible para hacer sus necesidades». Por fin, en dos horas y media llegaron a la costa francesa para aterrizar en medio de un bosque a las afueras de Calais, donde su globo fue detenido por un árbol.

§ 1949. La revista *Science* publica las primeras fotografías de cromosomas. Forman parte de un trabajo de Daniel Pease y Richard Baker, de la Universidad del Sur de California en Los Ángeles, donde describen sus primeras investigaciones con la aplicación del microscopio electrónico para observar las glándulas salivares de la mosca de la fruta (*Drosophila melanogaster*). La principal dificultad estaba en cortar láminas muy delgadas (de una décima de micra) del tejido.

8 DE ENERO

§ 1816. La matemática Sophie Germain consigue el Premio Extraordinario de la Academia de Ciencias francesa. A pesar de los obstáculos que a finales del siglo XVIII tenían las mujeres para estudiar, Sophie llegó a ingresar en la Ecole Polytechnique de París tras hacerse pasar por varón, asumiendo la identidad de un antiguo alumno. Allí comenzó a interesarse por la teoría de números y conoció el «último teorema de Fermat», al que dedicó varios años, resolviendo algunos casos particulares del problema y llegando a mantener correspondencia sobre el mismo con Carl Friedrich Gauss, el «príncipe de los matemáticos», también bajo seudónimo.

Cuando Gauss se convirtió en profesor de Astronomía, Germain centró su atención en temas relacionados con la física, y participó en un certamen convocado por la Académie des sciences, donde el 8 de enero de 1816 obtuvo el Premio Extraordinario de las Ciencias Matemáticas por su trabajo titulado «Mémoire sur les Vibrations des Surfaces Élastiques», que publicaría cinco años después por cuenta propia.

§ 1851. El físico francés Léon Foucault, de treinta y un años, demuestra por vez primera la rotación de la Tierra, a pesar de las evidencias reiterativas que nos presenta la naturaleza con el lento giro del Sol a nuestro alrededor. Todos los días lo vemos salir por la zona del este, alcanzar la posición más alta al mediodía y caer con la tarde hacia el ocaso. También por el cielo vemos girar, con trayectorias similares, a la Luna y los planetas; y en la oscuridad de la noche se mueven del mismo modo las constelaciones de estrellas. No hay nada tan fácil de explicar como lo evidente. Sin embargo, la observación más detallada de todos esos fenómenos llevaba a tener que entender, por ejemplo, por qué los días son más cortos en invierno que en verano, por qué a lo largo del año no vemos siempre de noche las mismas constelaciones o —sobre todo y ya con precisión matemática— por qué los errantes planetas varían de forma tan extraña su posición respecto a las estrellas fijas.

Para intentar comprender esas observaciones se elaboraron modelos, y Ptolomeo explicó ya en el siglo II esos detalles mediante un sistema geocéntrico muy complejo. Tanto, que la principal virtud que en el siglo XVI aportaba el sistema heliocéntrico de Copérnico era su mayor simplicidad. Pero los copernicanos tenían, entre otros, el problema de luchar contra la evidencia. El progreso de las ideas científicas, con el trabajo de Brahe, Kepler, Galileo, Newton y tantos otros, nos hizo preferir la idea de que en realidad todo puede explicarse mejor si pensamos que es la Tierra quien gira sobre sí misma, creando con esa rotación el día y la noche. Pero a comienzos del siglo XIX todavía nadie había demostrado que eso era una realidad.

Con una idea en la cabeza y semanas de trabajo en el sótano de la casa que compartía con su madre en París, el joven físico Léon Foucault dejó solemnemente escrito en su diario que a las dos de la madrugada del día 8 de enero de 1851 había comprobado experimentalmente la rotación de la Tierra. Lo hizo con un péndulo construido con un cable de dos metros de longitud del que suspendía una esfera de acero de diecinueve kilogramos. Tras observar el funcionamiento de vaivén durante media hora, concluye que el plano de oscilación cambia y que aquel giro «es evidente a simple vista». Hasta entonces los científicos habían estudiado las oscilaciones de los péndulos, las variables de las que depende el período. Ahora Foucault se preocupaba por el plano de las mismas, e interpreta que su variación constituye una evidencia de la rotación de la Tierra, ya que por inercia el péndulo debe oscilar siempre en el mismo plano.

El lunes 3 de febrero presentó un informe a la Academia de las Ciencias francesa, en donde ya enunciaba su ley empírica sobre la influencia de la latitud en el giro del péndulo. La Academia envió invitaciones a sus miembros con el siguiente texto: «Está usted invitado a ver cómo gira la Tierra, mañana de tres a cinco de la tarde, en la sala meridiana del Observatorio de París». Allí Foucault utilizó la misma esfera, pero con un cable de once metros. El cable más largo facilitaba unas oscilaciones más lentas y conseguía que el péndulo funcionase durante más tiempo. También pensó en colocar un estilete en la parte inferior de la esfera, para poder observar con mayor detalle el giro.

El mes siguiente realizó en el Panteón de París una demostración dirigida al gran público. De la bóveda colgó un péndulo mediante un cable de 67 m de largo, que terminaba en una bala de cañón (de plomo revestida de latón), de 28 kg, con una aguja inferior que iba arañando la arena esparcida por una tarima circular sobre el suelo. Esa longitud permitía unas oscilaciones lentas, de unos dieciséis segundos, y en unas pocas ya podía observarse cómo el péndulo variaba su plano de oscilación. Todos se estremecían al pensar que en realidad el péndulo seguía oscilando como al principio, pero que debajo de él la Tierra y con ella el Panteón y todos los presentes estaban girando. El experimento causó sensación a todos los niveles, e hizo famoso a su autor. Hoy, los péndulos de Foucault sirven para ver girar la Tierra en muchas ciudades del mundo. En España existen en algunos museos de ciencia.

§ 1938. Los físicos Piotr Kapitsa, de Moscú, por un lado, y John F. Allen y Don Misener, de Cambridge, por otro, publican en *Nature* sendos artículos sobre las experiencias que han realizado de modo independiente sobre la superfluidez o ausencia total de viscosidad del helio líquido a temperaturas próximas al cero absoluto. Kapitsa recibiría por ello el Nobel de Física de 1978.

9 DE ENERO

§ 1513. Leonardo da Vinci desvela el funcionamiento de la válvula aórtica. A comienzos del siglo XVI Leonardo pasaba temporadas en Vapri (Milán), hospedándose en la casa del padre de Francesco Melzi, su discípulo preferido, que tenía veinte años y sería más tarde su heredero. Fue por entonces cuando el maestro dejó constancia de la fecha del 9 de enero de 1513, en una de las páginas de sus manuscritos vinculada a un descubrimiento del que no seríamos conscientes hasta 1969. Se trata del funcionamiento de la válvula aórtica, revelando la función de los tres senos aórticos —o dilataciones que hay encima de cada valva— en el mecanismo de cierre del dispositivo que impide que la sangre vuelva al corazón.

Leonardo imaginó la función de aquella válvula aórtica gracias a su experimentación en dinámica de fluidos, pero en general el tema del corazón y el flujo de la sangre por el cuerpo era para él especial motivo de curiosidad desde hacía años. Ya en 1504, en Florencia, había constatado el envejecimiento de las arterias en un hombre centenario, al que hizo la autopsia después de verle fallecer, ofreciéndonos el primer testimonio histórico de aterosclerosis.

La iniciación de Leonardo a la anatomía humana comenzó cuando tenía diecisiete años, estando de aprendiz en el taller del artista Andrea del Verrocchio. Primero se interesó en particular sobre huesos y músculos, convirtiéndose en un experto en «anatomía topográfica» y realizando numerosos estudios sobre los elementos que hoy sirven para definir el campo de la biomecánica. Aquellas inquietudes tenían como objetivo el dibujo más fidedigno de la figura humana, y al final sus ojos veían a través de la piel los músculos, tendones y venas que cambiaban de forma en cada postura y con cada movimiento.

«Es cosa necesaria al pintor, para ser un buen membrificador en las actitudes y gestos que se pueden hacer en el desnudo, conocer la anatomía de los tendones, huesos, músculos y ligamentos, para saber en los diversos movimientos y esfuerzos cuál es el músculo causante de tal movimiento; y solo estos hará engrosados, y aquellos evidentes, y no los otros en todas partes como algunos hacen, que por parecer grandes dibujantes hacen sus desnudos leñosos y sin gracia, que más parecen al verlos un saco de nueces que una superficie humana, o bien un manojo de rábanos más bien que músculos desnudos», (*Tratado de la Pintura*, 1651).

Pero no solamente a través de la piel. Leonardo pudo obtener, como artista de prestigio, permiso para realizar disecciones de cadáveres en hospitales; primero en el de Santa Maria Nuova, en Florencia, y luego en el Maggiore de Milán, y comenzó a interesarse también por los órganos internos. Su dedicación a la anatomía le hizo colaborar entre 1510 y 1511 con Marcantonio della Torre, famoso profesor en Pavía y Padua. Al trasladarse a Roma en 1514, también intentó realizarlas en el hospital del Santo Spirito, muy cerca del Vaticano, pero hubo de optar por la práctica clandestina, y parece que lo hizo con cadáveres de ambos sexos en dudosas condiciones, en sesiones nocturnas y en soledad, hasta que fue denunciado y advertido explícitamente por el papa León X. Leonardo hizo a lo largo de su vida mas de treinta disecciones humanas y es la primera persona en la historia que representó los órganos internos con intención descriptiva y precisión anatómica.

La formación de Leonardo en medicina venía de los clásicos, y su espíritu crítico tenía fiel aliado en la experimentación, en lo que era capaz de comprobar por sí mismo. Poseído de una insaciable curiosidad, era capaz de mirar lo que nadie había visto y de comunicarlo con el dibujo, algo que él estimaba más fidedigno que las palabras. Estaba maravillado por el funcionamiento de la máquina humana, y se preguntaba por lo que había en su interior y cómo se modificaba tras la muerte. Es el inventor de la ilustración anatómica, que llegaría a su apogeo con Andrés Vesalio. Se conservan más de doscientas páginas con dibujos y muchas notas suyas, que parecen destinadas a un tratado de anatomía, y se estima que son menos de la tercera parte de las que realizó. Toda aquella producción quedó como legado, para su publicación, a Melzi, quien no pudo completar la tarea de descifrar las anotaciones de su maestro. Una pequeña porción de los dibujos anatómicos de Leonardo se publicó en París, en italiano y francés, en 1651, con el título Tratado de la Pintura, cuya primera edición española saldría de la Imprenta Real de Madrid en 1827.

§ 1901. Bajo el título *Mechanics Made Easy*, el inventor británico Frank Hornby (un modelo de constancia) presenta la solicitud de patente de un juguete con «valor educativo para niños y jóvenes». Constaba de un conjunto de piezas metálicas perforadas que podían unirse con tornillos y tuercas, además de poleas, ruedas, motores y otros elementos. Conocido con el nombre de Meccano sería un éxito de ventas en todo el mundo.

§ 1923. El ingeniero murciano Juan e la Cierva había ideado aeronaves desde muy joven. En 1919 diseñó un biplano trimotor, que se estrelló al perder velocidad, lo que le impulsó a buscar un aparato con sustentación independiente. Para ello añadió en la parte superior un rotor horizontal de cuatro aspas que giraba sin motor, actuando de paracaídas. El «autogiro» seguía propulsado por una hélice vertical como los aviones convencionales. Al avanzar el aparato contra el aire se ponía automáticamente en movimiento el rotor, convertido en ala móvil. De la Cierva buscaba seguridad aun a velocidades muy reducidas, y su autogiro cumplía esos requisitos. El día 9 de enero de 1923, en el aeródromo de Getafe, el modelo experimental C.4 voló 183 m , y las sucesivas mejoras harían de aquel decenio su época dorada, aunque fue desplazado por el helicóptero en los años 40.

§ 1812. En esta fecha llega a Nueva Orleans el primer barco de vapor que surcó el Misisipi. Los únicos pasajeros eran sus propietarios, el millonario Nicholas J. Roosevelt, de cuarenta y cuatro años, y su esposa Lydia, de veinte y embarazada, junto a una niña pequeña. A bordo iba también Tiger, un perro de Terranova, además de una tripulación formada por un capitán, un ingeniero, un piloto, seis marineros, dos azafatas para la señora, un camarero y un cocinero. El barco, de 45 m de eslora, disponía de una rueda de paletas y dos mástiles con velas.

§ 1863. A las seis de la mañana comienza el servicio público del Metro de Londres, el primero del mundo, con una ruta de 6,5 km que dura treinta y tres minutos, entre Farringdon St. y Paddington (posterior cuna del osito: *A Bear called Paddington*, 1958). Consta de seis unidades, con locomotora de vapor y cuatro vagones cada una, que pasan cada quince minutos y a lo largo del día transportan a 30.000 pasajeros realizando 120 viajes.

§ 1947. La Stanford University (California) comunica el aislamiento del virus de la polio, resultado de tres años de investigación de los químicos Hubert S. Loring, C.E. Schwerdt, Nancy Lawrence y Jane C. Anderson. El virus, integrado por partículas esféricas de veinticinco nanómetros de diámetro, se obtuvo a partir de tejidos cerebrales y de médulas de ratas infectadas de la enfermedad.

§ 1949. La compañía RCA lanza al mercado el *single*, un disco de vinilo de siete pulgadas de diámetro, que a 45 rpm permitía escuchar una canción (hasta ocho minutos) en cada cara. El año anterior Columbia había lanzado el LP (*long playing*) a 33 rpm, que demostró su capacidad para recoger la música clásica. El disco «sencillo» gozó de la aceptación de la juventud y fue clave en la difusión del *rock and roll*. Al principio se hacía distinción entre la cara «A» y la cara «B» del disco, pero se vio que se planteaba una comparación odiosa, que finalizó al inventar un «doble A»; como cuando los Beatles (1967) lanzaron un single que por un lado llevaba *Strawberry Fields Forever* y por el otro *Penny Lane*.

11 DE ENERO

§ 1570. El rey Felipe II de España, llamado el Prudente, firma el nombramiento de Francisco Hernández de Toledo como protomédico de todas las Indias. A él encomendaba la primera expedición científica a América, con instrucciones concretas de observar los conocimientos médicos de las tribus indígenas, haciendo relación de los remedios empleados y en general de la flora útil existente en la Nueva España. Por cierto, ningún monarca español pisaría suelo americano hasta que lo hizo Juan Carlos I en 1976.

§ 1787. Seis años después de haber descubierto el planeta Urano, William Herschel —músico durante el día y astrónomo por las noches— descubre sus dos primeros satélites. Su hijo John les pondría los nombres de Titania y Oberon en 1852. Tienen un diámetro del orden de los 1500 km, y se encuentran respectivamente a 436.300 km y 583.500 km del planeta.

§ 1964. Se revela el resultado de un estudio encargado por el presidente de los Estados Unidos John F. Kennedy en 1962, concluyendo que el hábito de fumar era causa de cáncer de pulmón, de laringe y de bronquitis crónica. Comenzaba a considerarse el tabaco como un peligro grave para la salud y a partir de 1965 se advertiría en las cajetillas. Pero hay quien insiste.

12 DE ENERO

§ 1959. Cinco jóvenes redescubren la cueva de Nerja (Málaga), notable por sus estalactitas y estalagmitas, encontrando en su interior restos humanos junto a cuencos de cerámica. Contiene numerosas pinturas rupestres. En una de las estalactitas, de 30 cm de diámetro y 180 cm de longitud, se ven dibujos de tres focas nadando, realizadas hace unos 20.000 años.

§ 1988. En la península de Hurd, de la isla Livingston (Shetland del Sur), se inaugura la primera base española en la Antártida. Un año después se fundó una segunda base en la isla volcánica Decepción, del mismo archipiélago. Se utilizan para realizar estudios sobre la biología, la geología y la climatología de la zona. Solo funcionan durante el verano austral, entre noviembre y marzo.

§ 1998. Dos años después de conocerse la existencia de la oveja Dolly, diecinueve países, entre ellos España, firman en París el «Protocolo adicional al convenio para la protección de los derechos humanos y la dignidad del ser humano con respecto a las aplicaciones de la biología y la medicina, por el que se prohíbe la clonación de seres humanos». Será ratificado por Real Decreto el 7 de enero de 2000.

13 DE ENERO

§ 1404. En Inglaterra se prohíbe a los alquimistas utilizar sus conocimientos para crear metales preciosos, como muchos anhelaban desde la época de Roger Bacon. Durante el reinado de Enrique IV, el Parlamento decidió que el uso de la transmutación de elementos para «multiplicar» el oro y la plata era un delito grave. Existía una gran alarma por temor a que algún alquimista tuviera éxito, haciendo que el Estado no pudiera controlar la riqueza. En 1689, el químico escéptico Robert Boyle presionó para que se derogara esa ley.

§ 1472. Comienza el estudio científico de los cometas. Su naturaleza ha sido motivo de especulación desde los orígenes de la humanidad. Su aparición imprevisible, el cambio de su forma y su misteriosa desaparición no se acomodaban a ninguno de los patrones de los astros del cielo. Eran efímeros y además tenues, de modo que a veces a través de su cola podía verse alguna estrella. No es extraño, por tanto, que se pensase si serían fenómenos propios del ámbito terrestre, como tantos otros meteoros atmosféricos. Aristóteles así lo consideró, estableciendo un paradigma cosmológico según el cual los astros celestes (estrellas y planetas) gozaban de la perfección inmutable en forma y movimientos, y a la Tierra le correspondía todo lo que era irregular y cambiante(como la cola de los cometas). Las ideas aristotélicas prevalecieron durante casi dos milenios, y eran referencia de autoridad en el siglo XV, cuando pudo verse durante el día el cometa más espectacular de la historia.

A partir del 13 de enero de 1472 y hasta finales de febrero, desde Núremberg, un matemático y astrónomo de nombre Johann Müller y apodo Regiomontano —por haber nacido en Königsberg (montaña regia)— observó con detalle el cometa, y con la ayuda de una ballestilla realizó mediciones sobre su tamaño, aspecto y cambio de posición. En concreto, precisa que el día 20 de enero la cola tenía una longitud de 50°. También trató de calcular su distancia a la Tierra, probablemente utilizando paralaje, y de acuerdo con las ideas aristotélicas estimó esa distancia en algo más de 13.000 km, el núcleo del cometa en 42 km y la longitud de su cola en 130 km. Hoy sabemos que el cometa que ahora designamos como C/1471 Y1 estuvo el 21 de enero de ese año a solo diez millones de kilómetros de distancia de la Tierra, y que tiene una órbita parabólica. El gran mérito de Regiomontano consiste en tratar al cometa no como una señal sobrenatural sino como un objeto físico que puede ser estudiado y medido. Por otros relatos también sabemos que aquel espectacular astro cabelludo, visible desde la Navidad de 1471 hasta el 11 de marzo de 1472, se pudo observar también en China, Corea y Japón, donde estimaban que era el de mayor tamaño que se había visto nunca. Llamó la atención porque era «brillante y majestuoso como la luna llena» y porque se desplazaba muy rápidamente.

En el siglo XVI pudo determinarse con mayor precisión que los cometas presentaban un menor paralaje que la Luna, y que, por tanto, debían estar más lejos que ella. Ya con la Revolución copernicana en marcha, comenzó a conjeturarse si serían, como los planetas, astros errantes. Pero la resistencia aristotélica llegó hasta los tiempos de Galileo, cuando algunos aún ponían en duda la validez del método de paralaje. Es fácil comprender que las elucubraciones y discusiones sobre la trayectoria de los cometas estuvieron a la orden del día durante el siglo XVII, y los datos de posición de los mismos eran tan escasos que las órbitas calculadas podían ser compatibles con círculos, rectas, parábolas o elipses. A todo esto, entre las clases populares, la superstición atribuía a los cometas ser anuncio de desgracias, como enfermedades o hambrunas. Por ejemplo, los ingleses culparon de la Gran Plaga que azotó Londres entre 1665 y 1666 al cometa que se vio a finales de 1664.

Edmund Halley pudo haberlo contemplado. Desde niño mostró gran afición a las matemáticas y a la astronomía, y ejercitó ese interés de tal modo que fue nombrado miembro de la Royal Society a los veintidós años. En septiembre de 1682 realizó una serie de observaciones de un cometa, el que ahora lleva su nombre, y calculó su órbita, que resultaba ser elíptica, y concluyó que era recorrida en unos setenta y seis años, de modo que volvería a ser visible en 1758, aunque él no vivió para verlo. Con Halley los cometas comenzaron a ser más previsibles y se abandonaron las supersticiones. Hoy sabemos que solamente la tercera parte de los cometas que detectamos tienen órbitas elípticas que les permiten volver. Muchos son desviados por los grandes planetas o se van deshaciendo paulatinamente, al fundirse su núcleo de hielo sucio en las proximidades del Sol. El precioso cometa de 1472 no volverá jamás.

§ 1942. Henry Ford recibe este día la primera patente para la construcción de automóviles que utilizan piezas de plástico para el chasis. El prototipo había sido producido en agosto de 1941 por la Ford Motor Company. Tenía carrocería con catorce paneles de plástico, ventanas y parabrisas de materiales acrílicos, y así conseguía una reducción de peso del 30 %.

14 DE ENERO

§ 1878. Alexander Graham Bell realiza la primera demostración del teléfono a la reina Victoria de Inglaterra en la finca Osborne House (castillo de Osborne) de la isla de Wight. Tras patentar el teléfono en 1876, Bell fue a Inglaterra para su luna de miel, aprovechando para promocionar su invento ante científicos y técnicos de telégrafos. Tras la demostración, la reina quedó muy impresionada y ordenó que se instalara una línea privada entre allí y el palacio de Buckingham.

§ 1973. Desde el Honolulu International Center (Hawaii) se emite vía satélite por primera vez un concierto de un intérprete solista. El recital *Aloha from Hawaii* de Elvis Presley fue retransmitido a más de cuarenta países, con una audiencia estimada en 1500 millones de espectadores, estableciendo un récord en la historia de la televisión. El álbum de ese concierto fue el último de Elvis en alcanzar el primer puesto en la Billboard Hot 100.

§ 1997. El ministro de Cultura de Grecia anuncia el descubrimiento en Atenas, por la arqueóloga Ephi Ligouri, de los restos del Liceo donde enseñó Aristóteles. El estagirita lo hizo allí durante doce años, desde que lo creó en 335 a. C., para rivalizar con la Academia de Platón. El Liceo fue un centro de especulación filosófica e investigación científica, particularmente en biología e historia. Se encontraba al este de la ciudad, a orillas del río Iliso.

15 DE ENERO

§ 1493. Cristóbal Colón descubre los pimientos. La pretensión del almirante con su primer viaje era llegar a la India —la anhelada tierra de las especias que había conocido Marco Polo a finales del siglo XIII— siguiendo una ruta navegando hacia el oeste. Aunque sus cálculos de distancia eran erróneos, tuvo la suerte de encontrarse en el camino con unas islas que él imaginó próximas a Cipango (Japón), pero que eran la primera muestra de un continente desconocido para los europeos. El relato que nos ha dejado el padre Bartolomé de las Casas (1474-1566) refleja con pormenores los descubrimientos que la expedición realizaba día a día en aquellas tierras. Además de los textos narrativos en clave de geografía física y humana, el elemento que concentra obsesivamente el interés del almirante es el oro que, junto con las piedras preciosas, los productos naturales y las especias, aparece reiteradamente en las descripciones de la «Relación del primer viaje de don Cristóbal Colón para el descubrimiento de las Indias».

La anotación correspondiente al martes 15 de enero de 1493 continúa relatando las novedades en las islas: «*También hay mucho ají, que es su pimienta, de ella que vale más que pimienta, y toda la gente no come sin ella, que la halla muy sana: puédense cargar cincuenta carabelas cada año en aquella Española*». Colón decidiría llamar «pimiento» a aquellos frutos que usaban los indígenas tanto frescos como secos y molidos. El pimentón constituye, de hecho, la única especia lograda en la empresa colombina. La enorme variedad de chiles, de diferentes colores, tamaños, formas y sabores, con el atractivo final de poder tener un picante de mayor o menor intensidad, servía para dar alegría allí a unos platos que de otro modo resultarían monótonos, con escasez de carnes y basados fundamentalmente en el maíz, el fríjol (alubias), las patatas o la calabaza. Colón trajo los pimientos por vez primera a España, y desde aquí se extendieron por toda Europa.

Además de los pimientos, hay otros regalos vegetales de la cocina del Viejo Mundo que siguieron al viaje de Colón. De América vinieron las patatas, los tomates, las alubias y judías, el maíz, el girasol, el aguacate, la piña, el cacao y la vainilla. A su vez, viajaron al nuevo continente el trigo y la vid, el arroz, la caña de azúcar, el olivo y los cítricos, manzanas y peras, garbanzos y lentejas, ajos y cebollas, el plátano y el café. Es parte de lo que denominamos «intercambio colombino».

§ 1759. Se abre al público en Londres el British Museum, el museo nacional más antiguo del mundo, que había sido creado tras la muerte de sir Hans Sloane en 1753. Hans Sloane fue un médico irlandés aficionado a la botánica, que a raíz de una estancia en Jamaica comenzó una colección de plantas y también de conchas de moluscos, peces, insectos y otros animales. A su muerte contaba con un total de más de 70.000 especímenes, en un legado que también incluía libros, manuscritos, dibujos, monedas y medallas. Esa colección pasó a titularidad pública al llegar a un acuerdo por el que sus herederos obtuvieron una deducción de impuestos. Con esa base nació en Bloomsbury (Londres) el Museo Británico, que el 15 de enero de 1759 se abrió al público para visitas concertadas y guiadas en pequeños grupos. Actualmente, el museo se ubica en edificios construidos a mediados del siglo XIX.

§ 1783. El excéntrico físico y químico Henry Cavendish presenta en la Royal Society de Londres sus últimas investigaciones con el título *Experiments on air*. Su mayor logro como químico fue el verificar que al quemarse un gas descubierto por él en 1766, que denominó «aire inflamable», se producía agua, demostrando así que el agua es un compuesto, y no uno de los elementos como se creía desde la Antigüedad. Basándose en esa propiedad, Lavoisier denominó a aquel gas hidrógeno (generador de agua).

§ 1907. Lee de Forest, un prolífico inventor, recibe en Estados Unidos la patente del tríodo que había creado el año anterior. Era una válvula de vacío de tres elementos que permite amplificar las corrientes eléctricas débiles, «por ejemplo, las corrientes telefónicas». Por este invento se le considera «padre de la electrónica».

16 DE ENERO

§ 1913. El matemático indio de veintidós años, Srinivasa Ramanujan, remite al catedrático de Cambridge Godfrey H. Hardy una carta con una lista de ciento veinte fórmulas y teoremas. Ramanujan trabajaba entonces en el Port Trust Office de Madrás por veinte libras anuales. No había ido a la universidad. La carta surtió efecto, y en 1914 partió para Inglaterra; tres años después fue admitido en la Royal Society y en el Trinity College. También hizo famoso a Hardy.

§ 1953. En la Universidad de California en Berkeley se identifica una muestra de unos doscientos átomos de Fermio, el elemento así nombrado en honor de Enrico Fermi. La presencia de fermio, como la de einstenio, ya había sido advertida previamente en un coral contaminado tras la prueba de explosión de la bomba H en 1952, en el atolón Enewetak, de las islas Marshall (océano Pacífico), pero fue un secreto militar hasta 1955.

§ 1969. La nave espacial soviética Soyuz 5, que había sido lanzada el día anterior con tres cosmonautas a bordo, se acopla con la Soyuz 4 en órbita con otro cosmonauta, pasando dos tripulantes de la 5 a la 4. Esta última regresaría a la Tierra. Fue el primer acoplamiento de naves tripuladas en órbita y la primera transferencia de tripulación de un vehículo espacial a otro.

17 DE ENERO

§ 1912. El médico Alexis Carrel, en su laboratorio del Instituto Rockefeller de Nueva York, en colaboración con el cirujano y patólogo Montrose T.Burrows, comienza este día un experimento que sería histórico. Consiguieron que trocitos de un corazón de embrión de pollo se mantuvieran vivos en el laboratorio durante treinta y cuatro años, es decir, mucho más tiempo que lo que hubiera sido la misma vida del animal. Aquel año Carrel ganaría el Nobel de Fisiología y Medicina por el desarrollo de métodos de sutura de vasos sanguíneos y por su investigación en trasplantes de órganos. Sin embargo, el experimento de Carrel no contaba con los controles adecuados, y no ha podido repetirse. Desde los trabajos de Leonard Hayflick a comienzos de los sesenta sabemos que hay un límite para el número de divisiones celulares posibles, tras el cual viene la apoptosis o «suicidio» de las células.

§ 1929. En una comunicación (ahora famosa) del Observatorio del Monte Wilson a la Academia de las Ciencias estadounidense, el astrónomo Edwin Hubble da a conocer que existe una relación directa entre la distancia a la que se encuentran las galaxias y la velocidad a la que se alejan. El universo se expande. Aunque él no lo sugiere, esta idea constituyó la base experimental para construir la teoría del Big Bang.

§ 1966. Este día tuvo lugar, en las costas españolas, el accidente nuclear más peligroso de la historia. En la etapa más calentita de la Guerra Fría, tras la crisis de los misiles en Cuba y con el «teléfono rojo» en modo de alerta, los Estados Unidos mantenían en vuelo, en la conocida como operación Chrome Dome, entre una y dos docenas de aviones B-52 armados con bombas nucleares durante las 24 horas del día. Estos bombarderos tenían diferentes rutas, y una de ellas, la que enlazaba Carolina del Norte con el Mediterráneo, pasaba en su viaje de retorno por los cielos de Palomares, un humilde pueblo de pescadores en el municipio de Cuevas del Almanzora, en la costa de Almería. En aquella zona del espacio aéreo se realizaba todos los días una rutinaria maniobra de abastecimiento de combustible en el aire, para lo que un avión cisterna Boeing KC-135 despegaba, cargado con 110.000 litros de combustible, de la base aérea de Morón (Sevilla) —controlada desde 1953 por la Fuerza Aérea de los Estados Unidos— para repostar a los B-52 que hacían esa ruta.

Esperando el acercamiento del avión nodriza que los alimentaría para poder realizar el tramo final hasta su base, en la mañana del 17 de enero de 1966, dos Boeing B-52 Stratofortress, portando cada uno de ellos cuatro bombas H, llegaban a la proximidad de la costa almeriense desde la frontera turco soviética. En la maniobra de acoplamiento con el segundo de ellos, a 9500 m de altura, se produjo la colisión de ambos, con la explosión del avión cisterna y la fractura del bombardero, saliéndose del mismo las cuatro cargas termonucleares que portaba. Tres cayeron en los alrededores de Palomares, y la cuarta en el mar, a unos 8 km de la costa.

Aunque no hubo explosión nuclear, pues las bombas no llevaban los detonadores activados, en la caída de dos de ellas no funcionaron los paracaídas que tendrían que haber garantizado un aterrizaje suave de aquellos artefactos de 800 kg. Al impactar con el suelo se deshicieron en pedazos, dejando sendos cráteres de 30 m de diámetro (en un solar del pueblo y en una colina cercana) y dispersando restos de plutonio, uranio y tritio en una zona de 226 hectáreas, afectando a zonas residenciales, cultivos agrícolas —especialmente de tomate— y bosques. Fallecieron siete de los once tripulantes que iban en los aparatos.

Un total de 1400 personas, incluyendo 700 aviadores y científicos norteamericanos, trabajaron en el inicio de la limpieza de la zona más afectada, recogiendo los 5 cm de tierra superficiales de 25.000 metros cuadrados de suelo y confinándolos en 4810 barriles que se enviaron a Carolina del Sur. Pero todavía quedaba en el suelo una cantidad difícil de calcular, importante, de óxido de plutonio radiactivo, y aun esas tierras siguen afectadas por la contaminación consecuente.

Una tercera bomba, con la que sí funcionó el paracaídas, apareció relativamente intacta en el lecho de un río. De la cuarta no se había localizado nada, salvo algún resto del paracaídas, y ello preocupaba. A los cinco días de no encontrar en tierra resto alguno, comenzó a buscarse en el mar aquel cilindro de 0,5 m de diámetro y 1,5 m de longitud. Participaron en la recuperación una docena de aviones, veintiséis navíos y cinco minisubmarinos. Dado que el diseño de las bombas era secreto, existía gran preocupación por si el espionaje soviético podría rondar los barcos que la buscaban. A los ochenta días apareció a cinco millas de la costa, y tres semanas después se consiguió subirla a la superficie.

Desde comienzos de los años 50, tanto los Estados Unidos como la Unión Soviética contaban con la llamada bomba H, de hidrógeno o termonuclear. Su funcionamiento estaba basado en provocar la fusión de los núcleos del hidrógeno confinado en un pequeño recinto, al alcanzarse una enorme temperatura (100 °C) mediante la explosión previa de una bomba de fisión. Su capacidad destructora era enorme. Las que cayeron en Palomares eran del tipo Mk-28 y tenían una potencia explosiva de 1,5 megatones, es decir, unas setenta veces más potentes de las que se lanzaron veinte años antes sobre Hiroshima y Nagasaki.

18 DE ENERO

§ 1764. Se constituye en Barcelona la Conferencia Físico-Matemática Experimental, que estableció su sede en las Ramblas, en el histórico Colegio de Cordellas. Sería base de la Academia de Ciencias y Artes de Barcelona (1887), cuyo primer presidente fue el físico y profesor de matemáticas Francisco Subirás y Barra, discípulo del jesuita Tomás Cerdá, matemático, astrónomo y filósofo.

§ 1817. Presentación en sociedad de las croquetas. Es en esta fecha cuando nos consta que en un fastuoso banquete ofrecido al archiduque Nicolás de Rusia por el príncipe de Gales (futuro Jorge IV) ofrecido en el Royal Pavilion de Brighton (Inglaterra), el cocinero Marie-Antoine Carême incluyó en el menú de ciento veinte platos, y como uno de los pinchos a servir después de los pescados, unas *croquettes à la royale*. Esa fue la histórica presentación en sociedad de las croquetas. El éxito fue tal que el plato se extendió entre la nobleza, y luego fue adoptado por el pueblo, quien aportó su sabiduría para elaborarlas hasta con restos de comidas.

§ 1941. Con el nombre de Museo Marítimo de Barcelona, en el edificio gótico de las Atarazanas Reales (un espacio dedicado a la construcción naval, sobre todo de galeras, entre los siglos XIII y XVIII, y cedido al Ayuntamiento en 1935), se inaugura el Museu Marítim de Barcelona, que había sido creado por decreto de la Generalitat de Catalunya en octubre de 1936.

§ 1894. En la reunión semanal de los viernes de la Royal Institution (RI) en Londres, el profesor escocés James Dewar, que se había especializado en investigar las bajas temperaturas, hace una demostración sobre distintas propiedades del aire líquido, que ya había conseguido obtener en junio de 1885, y además consigue producir aire sólido. Con una máquina que había construido en la RI en 1898 consiguió licuar el hidrógeno, y en 1899 logró hidrógeno sólido.

§ 1915. Un francés obtiene la patente de los tubos de neón. George Claude era un químico e ingeniero de París que se especializó en el manejo de gases. Por destilación fraccionada de aire líquido obtenía, además de oxígeno y nitrógeno, gases nobles como el neón. Tras experimentar aplicando descargas eléctricas a los mismos en tubos cerrados, el 19 de enero de 1915 recibió la patente en Estados Unidos de un «Sistema de iluminación mediante tubos luminiscentes» que sería el origen de los tubos de neón de los anuncios luminosos. El propio Claude ya los había presentado en diciembre de 1910 en el Salon de l'Automobile de París. La patente revela los detalles técnicos a considerar en la construcción y evacuación del aire de los tubos antes de introducir en su interior un gas noble, frecuentemente neón. Tiene en cuenta el tamaño y materiales de los electrodos, el diámetro de los tubos y la presión de gas adecuada para el mejor funcionamiento. Estudia la posibilidad de tubos de hasta de cinco o seis metros, y cómo conseguir una mayor vida útil de aquellas lámparas. Claude explotó su registro al máximo. La demanda de letreros luminosos aumentó tanto que no daba abasto para cumplir todos los pedidos recibidos. La popularidad del nuevo anuncio creció de modo que «Claude Neón» se hizo muy famoso y muchos pensaban que «Neón» era el apellido del inventor.

§ 1937. En plena guerra civil española comienzan las emisiones desde Salamanca de la Radio Nacional de España, asumiendo el calificativo de nacional para el bando sublevado. El primer aparato emisor, con una potencia de 20 kW y de la marca Telefunken, fue un regalo de la Alemania nazi. Todos los días se emitía el «parte» de guerra. Comenzaba a manifestarse en nuestro país el potencial propagandístico de la radio.

§ 1500. El navegante Vicente Yáñez Pinzón, que había sido capitán de la carabela la Niña en el descubrimiento de América, se convierte este día en el primer europeo que navegando hacia el sur en aquellos mares pierde de vista la estrella polar. Había cruzado el ecuador terrestre y se encontraba con constelaciones nuevas, que no le permitían orientarse. Continuó bordeando la costa atlántica americana hasta acceder al actual Brasil.

§ 1896. Con la lectura de una carta que recibió de Wilhelm Röntgen, en la reunión de la Académie des Sciences en París, el matemático Henri Poincaré informa sobre el reciente descubrimiento de los rayos X, mostrando algunas radiografías. El físico Henri Becquerel estaba presente y se dio cuenta de que los rayos X parecían venir de la mancha fosforescente del tubo de vidrio donde incidían los rayos catódicos. Esto lo inspiró a realizar estudios que desembocarían en el descubrimiento de la radiactividad.

§ 1969. *The New York Times* publica la noticia del descubrimiento del primer púlsar óptico, por parte de astrónomos de la Universidad de Arizona cuatro días antes. Fue el resultado de un año de búsqueda utilizando una técnica estroboscópica. Encontraron destellos de luz visible procedentes del mismo lugar en la nebulosa del Cangrejo que un púlsar ya conocido que emite ráfagas de radio. Como la frecuencia de las dos señales (30 por segundo) era la misma, se supuso que provenían de una misma estrella.

21 DE ENERO

§ 1893. Se otorga la patente a la fórmula del jarabe de la Coca-Cola, según receta del químico y farmacéutico masón John Pemberton, con el nombre de Pemberton's French Wine Coca. Contenía extractos de hojas de coca y comenzó a venderse en farmacias en 1886 como «tónico cerebral» y «bebida intelectual», recomendado para la curación de las dolencias nerviosas.

§ 1927. Se estrenan en Nueva York cuatro cortometrajes sonoros dirigidos por el francés Marcel Silver y protagonizados por la cupletista y actriz española Raquel Meyer. En ellos interpretó las canciones *Tarde de Corpus, La mujer del torero, El noi de la mare* (un villancico y canción de cuna catalán) y *Flor del mal.* El primer largometraje de la historia del cine, *The Jazz Singer,* se estrenaría en octubre de ese mismo año.

§ 1954. Botadura del primer submarino atómico. En realidad, tanto los modelos imaginados por Julio Verne, diseñados por Narciso Monturiol o Isaac Peral como los construidos en la primera mitad del pasado siglo, y que fueron llamados submarinos, no eran más que navíos sumergibles; hasta que, gracias a la propulsión nuclear, se pudo crear un artefacto capaz de permanecer en inmersión durante meses. Fue el 21 de enero de 1954 cuando en Groton (Connecticut, USA) tuvo lugar la botadura del USS Nautilus, el primer submarino de la historia que funcionó con energía nuclear, y estuvo operativo hasta 1980. Los motores diésel que operaban en los sumergibles hasta entonces consumían ingentes cantidades de aire para su funcionamiento, lo que limitaba el tiempo de inmersión, cuando habían de funcionar con motores eléctricos. El Nautilus demostró sus capacidades en 1958, traspasando por debajo los hielos del Polo Norte. Desde 2002 es un barco-museo.

§ 1976. Air France y British Airways ponen en servicio simultáneamente el Concorde, reflejando en ese nombre el acuerdo entre los gobiernos y empresas de Francia y Gran Bretaña. Con unos turborreactores desarrollados por Rolls Royce, con potencia doble a los de un avión convencional, estos innovadores aparatos alcanzaban una velocidad de crucero que doblaba la velocidad del sonido. Estuvieron en servicio hasta 2003.

22 DE ENERO

§ 1922. Una persona se salva gracias a la insulina. El canadiense Leonard Thompson tenía catorce años y pesaba 29 kg. Hacía tres años que le habían diagnosticado una diabetes y estaba al borde del coma cetónico, con una glucemia de 520 mg/dl y sin fuerzas para levantar la cabeza. No existía otro tratamiento que una dieta baja en hidratos de carbono, y con ella había perdido ya 30 kg . Estaba ingresado en el Hospital de Toronto, pero los médicos le pronosticaban pocas semanas de vida. Tras probar inyecciones de insulina en sí mismos, para descartar posibles efectos adversos, el 22 de enero de 1922 los médicos Frederick Banting y Charles Best inyectaron insulina en el delgadísimo brazo de Leonard. El azúcar en sangre bajó inmediatamente y el muchacho recuperó su movilidad y actividad, viviendo gracias a la hormona pancreática otros trece años.

§ 1926. El hidroavión Plus Ultra, de la firma Dornier, despega de Palos de la Frontera (Huelva) para realizar el primer vuelo entre España y

Sudamérica. El 10 de febrero amerizó en aguas del río de la Plata, en el puerto de Buenos Aires, tras realizar cinco escalas. El recorrido total fue de 10.270 km y se realizó en 59 h y 30 min de vuelo. Los cuatro tripulantes fueron Ramón Franco Bahamonde, Julio Ruiz de Alda, Juan Manuel Durán y el mecánico Pablo Rada Ustarroz.

§ 1970. Este día tiene lugar el primer vuelo comercial de un Boeing 747, entre Nueva York y Londres, a cargo de la compañía Pan Am. Apodado Jumbo, fue el avión de pasajeros más grande durante treinta y seis años. Capaz de transportar más de cuatrocientas personas, tenía una autonomía de vuelo de casi 15.000 km. Hasta 1993 se habían construido mil unidades de este gigante del aire, uno de los iconos de la historia de la aviación.

23 DE ENERO

§ 1773. Una de las joyas taxidérmicas, quizás la más importante, de la colección del Museo Nacional de Ciencias Naturales (Madrid) es su elefante indio. Aquel animal, un regalo para Carlos III, salió este día de Manila embarcado en una fragata de la Armada para un viaje de seis meses. Una vez en nuestro país, el paquidermo vivió hasta finales de 1777, cuando fue disecado por Juan Bautista Bru.

§ 1911. No pudo ser. La Academia Francesa de las Ciencias rechaza la candidatura de Marie Curie, a pesar de que ya había sido galardonada con un premio Nobel. Curie era la única mujer en un grupo de seis candidatos, de los cuales solo uno podía ser elegido. El resultado fue de treinta votos para Édouard Branly (un físico e inventor especialista en telegrafía sin hilos) y veintiocho para Marie Curie. Todos los votantes eran varones.

§ 1960. El batiscafo Trieste desciende a lo más hondo del océano, cuando se ignoraba la magnitud de esas profundidades. Hoy sabemos que la distancia entre el punto más alto y el más bajo de la superficie terrestre es de más de veinte kilómetros. La altura del Everest se calculó por primera vez en 1856, resultando entonces 8840 m, y la medida de la fosa de las Marianas alcanzó los 11.521 m según los sistemas de a bordo del batiscafo Trieste, obtenida un siglo después, el 23 de enero de 1960. La altura del Everest había sido determinada por procedimientos trigonométricos, pero para saber cuál era el límite de las profundidades submarinas hubo que descender hasta el fondo, un lugar inhóspito donde casi no llega la luz y la presión ejercida por las aguas supera las 1000 atmósferas.

El interés por la distancia al suelo del mar viene de antiguo. Sabemos que durante su histórico viaje, Magallanes trató de medir el calado del Pacífico, con un largo cabo lastrado con un peso, pero no llegó a tocar fondo. Uno de los primeros en hacer un cálculo de la profundidad oceánica fue el científico Pierre Simon de Laplace, quien estimó la del Atlántico en cerca de cuatro kilómetros, a partir de datos sobre las mareas en las costas de África y Brasil. Más adelante, a mediados del XIX, al instalar los cables submarinos transoceánicos, se comprobó que aquella estimación era bastante acertada y se realizaron medidas precisas. Paralelamente, siempre existió la pregunta de cuál sería el límite inferior donde todavía era posible la vida. Los primeros organismos de aguas profundas se conocieron en 1864, cuando se detectaron unos lirios de mar (equinodermos crinoideos) a una profundidad de más de 3100 m. Poco después, la expedición Challenger realizaría, mediante numerosos sondeos, el primer estudio sistemático de las aguas profundas en todo el globo, llegando a catalogar durante cuatro años cerca de cinco mil especies animales que vivían a más de 5500 m de profundidad. Fue esta expedición la que descubrió la fosa de las Marianas, y aunque no llegaron a calcular su dimensión, sabían que superaba los 8000 m.

Con idea de explorar en directo las profundidades abisales, el científico e inventor Auguste Piccard diseñó un vehículo capaz de soportar grandes presiones, cuya construcción fue financiada en gran medida por la ciudad de Trieste, de la que tomó su nombre. Fue botado por primera vez cerca de la isla de Capri, en 1953, y cinco años después era adquirido por la Marina de los Estados Unidos. Constaba de un cuerpo de submarino, con posibilidad de maniobrar y donde se albergaba el combustible, y una cabina inferior, de dos metros de diámetro, capaz para dos personas y con unas paredes de acero de trece centímetros de espesor. En ella, los oceanógrafos Jacques Piccard, hijo de Auguste, y Don Walsh hicieron un descenso de casi cinco horas hacia el abismo Challenger, estableciendo un récord de profundidad. Durante veinte minutos permanecieron en el fondo del océano, donde afirmaron haber observado pequeños peces planos de hasta unos treinta centímetros y otros organismos, a través de la ventana de metacrilato. La posterior ascensión duró tres horas y cuarto. Habían estado en el punto más bajo de la corteza terrestre.

§ 1544. La cámara oscura deja testimonio histórico de un eclipse. Un grabado, publicado por vez primera en *De Radio Astronomica et Geometrica* (1545), tratado original del astrónomo y afamado constructor de instrumentos Regnier Gemma Frisius, representa el eclipse de Sol observado el 24 de enero de 1544, y constituye la primera ilustración conocida del funcionamiento de una cámara oscura. Se trata de una caja o recinto cerrado y ennegrecido en su interior que dispone de un pequeño orificio en una de sus paredes que permite la entrada de la luz. El fenómeno observado es que en la pared opuesta al orificio se proyecta la imagen invertida del escenario frontal. Este fenómeno ya era conocido en la Antigüedad por chinos y griegos, y los árabes lo usaron en el siglo X para observar el Sol.

§ 1848. Comienza la fiebre del oro en California. Con objeto de suministrar madera para los proyectos de construcción, el pionero suizo John A. Sutter comenzó a construir un aserradero en Coloma, al norte de California, en un molino a orillas del río Americano, cuando un suceso inesperado cambiaría por completo la historia de la región. El día 24 de enero de 1848, su capataz James W. Marshall descubrió unas pepitas de oro que harían mundialmente famoso el aserradero Sutter's Mill. Tras enseñárselas a Sutter, ambos comprobaron que realmente se trataba de oro. Aunque en principio se quiso mantener oculta la noticia, parece que no fue posible, y en pocos años fueron unas trescientas mil las personas que llegaron a la zona para buscar el metal precioso. Los buscadores de oro primero lo hacían barriendo el lecho de los ríos, y realizando la criba, pero luego empleaban medios de minería cada vez más sofisticados. Se había iniciado la fiebre del oro, que tuvo efectos sociales extraordinarios; por ejemplo, que la pequeña aldea de San Francisco se convirtiese en una gran ciudad.

§ 1948. Se presenta en Nueva York la computadora electromecánica IBM SSEC (Selective Sequence Electronic Calculator), el primer ordenador capaz de manejar datos e instrucciones. Tenía 13.500 lámparas y 21.000 relés, y fue la máquina que dio a IBM la fama en el nuevo mundo de la electrónica.

§ 1984. La empresa Apple pone en el mercado el ordenador Macintosh 128, así apellidado después por tener una memoria RAM de 128 Kb. Es el primer ordenador personal que alcanzará el éxito, y se distingue por ser de un solo módulo, por su interfaz gráfica y por popularizar el uso del ratón. Un hito.

§ 1798. El físico Benjamin Thompson desmonta la teoría del calórico. Este personaje cuenta con una de las biografías más fascinantes de la historia de la ciencia. Nacido de una familia modesta en la colonia británica de Massachusetts, fue espía a favor de los ingleses en la guerra de la Independencia americana. Al final hubo de escapar a Europa, ejerció de militar británico, y tras otro confuso episodio de espionaje, se trasladó a Baviera, donde estuvo once años y fue ministro del ejército, realizando entonces importantes aportaciones (mientras parece que también facilitaba informaciones secretas a los ingleses). En 1791 fue nombrado conde del Sacro Imperio Romano Germánico, adoptando el título de conde imperial de Rumford. Se casó dos veces: a los diecinueve años en Estados Unidos con una viuda de treinta y tres, rica e influyente, con quien tuvo una hija, pero las abandonaría para venirse a Europa, y a los cincuenta y uno en París con Marie-Anne Lavoisier, viuda del padre de la química moderna, tras cuatro años de noviazgo en los que le escribió trescientas cartas. El matrimonio duró tres años. Quizás era una persona poco de fiar, pero un excelente científico.

Dotado de especial ingenio y creatividad, diseñó desde barcos de guerra hasta el Jardín inglés de Múnich (uno de los parques urbanos más grandes del mundo). Inventó, entre otras cosas, chimeneas, hornos industriales, una cafetera de goteo y la cocina cerrada de hierro que nosotros llamamos «cocina económica». También inventó una sopa para los pobres (uno de los primeros intentos en nutrición científica) y promovió el cultivo de la patata en Baviera. Estudió la optimización de medios para cocinar, para calentar e iluminar, investigó las propiedades de diferentes aislantes térmicos (como plumas, lana y pieles), deduciendo que actuaban impidiendo las corrientes de convección en el aire, y fue pionero en la preparación de alimentos al vacío. En 1799 participó en la fundación de la Royal Institution de Gran Bretaña, dedicada a la divulgación científica, en la que pronto ejercerían como conferenciantes sir Humphry Davy y Michael Faraday.

Su aportación más importante a la ciencia está en relación con la naturaleza del calor. A finales del siglo XVIII prevalecía la idea, defendida por Antoine Lavoisier, de que la temperatura de los cuerpos se debía a la presencia en ellos de un fluido invisible y sin masa, llamado calórico, que podía pasar de los objetos calientes a los fríos. Para Lavoisier la cantidad de calórico que tiene un objeto determina la distancia entre sus moléculas, y según ello podría encontrarse como sólido, líquido o gas. El 25 de enero de 1798 Thompson realizó una presentación histórica en la Royal Society de Londres, con el título «Estudio experimental sobre el origen del calor generado por rozamiento». En ella relata cómo se sorprendió por la cantidad de calor que se desprendía, en el proceso de perforar el ánima durante la fabricación (por barrenado) de cañones de latón, sobre todo al utilizar un taladro menos afilado. Detalla los distintos ensayos realizados en el arsenal de Múnich, en los que comprobó que la generación de calor era prácticamente inagotable y que no se producía cambio en el material del cañón antes y después de la perforación. Thompson afirma que ello es incompatible con la teoría del calórico, y termina concluyendo que el calor producido por el rozamiento es una forma de energía relacionada con el movimiento. El calor no es una substancia, sino que es energía. Este trabajo supuso el punto de partida para una revolución en la ciencia de la termodinámica.

§ 1915. Con una llamada desde Nueva York a San Francisco, Alexander Graham Bell inaugura el servicio telefónico transcontinental en Estados Unidos. Al otro lado del hilo, con una longitud total de 5500 km y apoyado en 130.000 postes, estaba su ayudante el doctor Thomas Watson. Para realizar el tendido se habían usado 2500 toneladas de hilo de cobre.

§ 1983. Se lanza al espacio por primera vez un telescopio de infrarrojos. El IRAS (Infrared Astronomical Satellite) realizó un escaneo completo del cielo en esas longitudes de onda. Fue un proyecto conjunto entre los Estados Unidos, los Países Bajos y el Reino Unido, y estuvo funcionando durante diez meses. El telescopio era capaz de percibir una mota de polvo a un kilómetro de distancia. Con él se detectaron unos 250.000 objetos astronómicos no conocidos previamente, de los cuales unos 75.000 pueden ser galaxias en formación.

26 DE ENERO

§ 1540. Por reacción entre ácido sulfúrico y alcohol etílico, el farmacéutico, médico y botánico alemán Valerius Cordus, uno de los mayores expertos en hierbas de la historia, descubre el éter, al que llamó *óleum dulci vitrioli*, es decir «aceite de vitriolo dulce». La obra de Cordus es muy amplia, habiendo descrito numerosas especies de plantas, que recogió en su obra *Historia Plantarum* (1544).

§ 1905. En la Premier Mine de Transvaal, al este de Pretoria (Sudáfrica), se extrae el famoso diamante Cullinan, o Estrella de África, con un peso de 620 g (3106 quilates) antes de ser cortado. El diamante en bruto fue entregado como obsequio en su cumpleaños al rey Eduardo VII del Reino Unido, quien ordenó tallarlo en 1906. De él se obtuvieron un total de 150 piezas talladas.

§ 1911. En San Diego (California), el piloto Glenn Curtiss realiza el primer vuelo en un hidroavión, despegando y aterrizando en el agua tras recorrer doscientos metros a dos metros de altura. El biplano Flying Fish (pez volador), diseñado y fabricado por él mismo, incluía flotadores en el tren de aterrizaje y fue el primer aparato de su género que tuvo éxito.

§ 1926. El ingeniero e inventor John Logie Baird, ante un grupo de científicos de la Royal Institution y un periodista de *The Times*, realiza en su laboratorio de Frith Street, en Londres, la primera demostración del funcionamiento de una emisión electromecánica de imagen en movimiento. La diminuta pantalla de lo que denominó «televisor» tenía una resolución de veinticinco líneas, y el rostro de su marioneta era perfectamente reconocible.

27 DE ENERO

§ 1880 El prolífico Thomas Alva Edison registra una patente en Estados Unidos de «Una lámpara eléctrica para dar luz por incandescencia». Tenía el filamento de bambú carbonizado, y emitía luz al calentarse por el paso de la corriente eléctrica. Su primera bombilla estuvo encendida cuarenta horas sin fundirse, y esta invención causó un gran impacto.

§ 1950. La revista *Science* anuncia un nuevo antibiótico: terramicina. Resultó eficaz contra la neumonía, la disentería y otras infecciones. Basándose en la idea de que los organismos que combaten las bacterias se encontrarían en el suelo, la empresa Pfizer había solicitado muestras de tierra en todo el mundo; recibió 135.000 envíos y realizó más de veinte millones de ensayos. Uno de los investigadores comentó: «Conseguimos muestras de suelo del fondo de los pozos, de las minas... del fondo del océano... del desierto... de montañas y de todo lo demás».

§ 1972. Se comienza a fabricar la Magnavox Odyssey, la primera video-consola de la historia. Había sido desarrollada por Ralph Baer, el padre de los videojuegos, y se convirtió en poco tiempo en un éxito de ventas. Se trataba de un aparato que contaba con cuarenta transistores y cuarenta diodos, capaz de generar señales simples en una pantalla de televisión. De aquella máquina se fabricaron varios clones, el primero de ellos en España cuando en 1974 salió Overkal.

28 DE ENERO

§ 1613. En un registro involuntario, Neptuno aparece de incógnito. Las notas que conservamos de las históricas primeras observaciones de Galileo con sus primitivos telescopios anotan el 28 de enero de 1613 una estrella que no aparece en los catálogos modernos. Estaba muy cerca de Júpiter, cuyas lunas seguían siendo centro de atención para el científico, y él pensó que sería una más de las fijas, aunque en las dos noches siguientes le pareció notar que cambiaba ligeramente de posición con respecto a otra estrella próxima. A comienzos de febrero estuvo nublado y así pasó inadvertida para él la auténtica naturaleza vagabunda de aquella estrella que no podía verse a simple vista. Hoy sabemos que era el planeta Neptuno, una esfera gigante de gas situada treinta veces más lejos del Sol que la Tierra, que no sería oficialmente descubierto hasta 1846, por el astrónomo Johann Galle. Desde que lo tuvo Galileo a su alcance solo había dado una vuelta alrededor del Sol, pues el año de Neptuno dura casi 165 años terrestres.

§ 1807. La calle londinense Pall Mall se convierte en la primera del mundo en ser iluminada por candiles de luz de gas. Un empresario e inventor alemán, Frederick Albert Windsor, que vivía allí, había hecho en 1804 una demostración de su funcionamiento en el Lyceum Theatre de Westminster (Londres) y creó la primera compañía de suministro de gas.

§ 1820. Una expedición rusa, dirigida por el marino Fabian Gottlieb von Bellingshausen y el explorador Mijaíl Petróvich Lázarev, descubre el continente antártico y se aproxima a sus costas observando con detalle el panorama helado. Muchos autores consideran este hecho como el descubrimiento de la Antártida.

§ 1616. Se descubre el paso por el cabo de Hornos. Dos neerlandeses, el explorador Jacob Le Maire y el marino Willem Schouten, apoyados por los comerciantes de la ciudad de Hoorn (Dinamarca), decidieron emprender una expedición para romper el monopolio de la Compañía de las Indias, que controlaba el pasaje marítimo desde Europa hacia la India: hacia el este, por Ciudad del Cabo y el cabo de Buena Esperanza, y hacia el oeste por América del Sur y el estrecho de Magallanes, únicas rutas conocidas entonces. Fletaron dos buques con los nombres de Hoorn y Eendracht con intención de dar la vuelta al mundo. En el relato del viaje consta que el 29 de enero de 1616 consiguen doblar un cabo desértico y nevado, que bautizaron como Kaap Hoorn como homenaje a la ciudad, y que nosotros conocemos como cabo de Hornos. Cuatro días antes habían descubierto un paso entre la isla Grande de Tierra del Fuego y la isla de los Estados, que hoy lleva el nombre de estrecho de Le Maire.

§ 1886. El ingeniero e inventor Carl Benz solicitó una patente para su Benz Patent Motorwagen, un vehículo de tres ruedas con un motor de gasolina de cuatro tiempos y un cilindro. Sería el primer vehículo de la historia diseñado para ser impulsado por un motor de combustión interna. Aunque era incómodo y frágil, el automóvil incorporaba algunos elementos esenciales que caracterizarían al vehículo moderno: encendido eléctrico, diferencial, válvulas, carburador, sistema de enfriamiento del motor, depósito de aceite para lubricación y sistema de frenos.

§ 1958. El *Boston Herald* publicó una carta de la periodista Olga Owens Huckins denunciando la peligrosidad del DDT que se usaba como pesticida. Huckins era amiga de Rachel Carson y a ella le envió también una carta personal, lo que impulsó la redacción del libro *Primavera silenciosa* (*Silent Spring*, 1962), el primer libro de divulgación científica sobre impacto ambiental y un clásico del ecologismo moderno. Tras recopilar investigaciones y datos, Carson concluye que los pesticidas orgánicos se acumulaban en los cultivos, se transfieren a las aves y otros animales y son responsables del envenenamiento de la fauna.

§ 1868. Charles Darwin explica la domesticación de animales y plantas. En noviembre de 1859 se había visto obligado a publicar *El Origen de las especies*, en cuya introducción anunciaba que en una obra posterior daría «detalles con referencias de todos los hechos en los que se basan mis conclusiones». Dos meses después comenzó a desarrollar sus notas sobre «variaciones bajo domesticación». Sería un trabajo arduo, que le resultó tedioso, pero que dio lugar a la que es considerada segunda en importancia entre sus obras. Con el título *La variación de animales y plantas bajo domesticación* salió a la luz, el 30 de enero de 1868, la respuesta de Darwin a las críticas de que la teoría de la evolución carecía de fundamento. En los dos tomos de la obra analiza distintos aspectos de la vida de plantas y animales, incluyendo inventarios de variantes y el estudio del entorno, que se modifica de forma natural y por el influjo humano. Decidió publicar de modo independiente la tercera obra de su gran trilogía sobre la evolución: *The Descent of Man* (*El origen del hombre*), que aparecería en 1871.

§ 1901. En las proximidades de Rotorua, en la isla norte de Nueva Zelanda, se descubre el géiser más grande del mundo, capaz de lanzar agua y rocas sedimentarias a una altura de 400 m. Durante cuatro años estuvo activo con una periodicidad de treinta y seis horas. Es conocido como géiser Waimangu, palabra que en idioma maorí significa «agua negra».

§ 1957. El equipo del cirujano estadounidense C. Walton Lillehei utiliza por vez primera un marcapasos externo, consistente en un generador de impulsos conectado al corazón a través del pecho y mediante un electrodo que va cosido al pericardio. No tuvo éxito por las frecuentes infecciones y la necesidad continua de suministro eléctrico, pero fue el primer paso en la industria de los marcapasos.

31 DE ENERO

§ 1862. Descubrimiento de la primera estrella enana blanca. El astrónomo y óptico Alvan Graham Clark prueba su nuevo telescopio refractor, que dispone de una perfecta lente biconvexa de 435 mm, montada en un impresionante tubo de 6,70 m de largo, y lo dirige a la estrella más brillante del cielo. Así puede ver una mancha diminuta de luz al lado de

Sirio. Había descubierto, sin saberlo, una estrella enana blanca. A esa la conocemos ahora como Sirio B o el Cachorro, dado que a Sirio A se la designa como Estrella Perro.

§ 1915. Bajo el titular «Un acero inoxidable, invención de Sheffield especialmente buena para cubiertos de mesa», el diario *The New York Times* publica un artículo que canta las excelencias de la nueva aleación, que no se desgasta ni se oxida, soportando la acción de numerosos agentes químicos. En agosto de 1913 el metalúrgico inglés Harry Brearley había obtenido en Sheffield, por aleación de acero y cromo, aquel nuevo metal, que pronto encontraría aplicación en cubertería y utensilios de cocina. En 1930 los neoyorquinos verían coronado su edificio Chrysler con ese material.

§ 1917. El primer submarino de la Armada Española lleva el nombre de Isaac Peral. En febrero de 1915 Alfonso XIII firmó la llamada ley Miranda, que aprobaba la compra de «hasta cuatro sumergibles y el material necesario para las enseñanzas y prácticas del personal que ha de dotarlos». Como suele suceder, dificultades presupuestarias retrasaron su aplicación, pero de acuerdo con esa ley, España tuvo su primer submarino, el Isaac Peral (A-0), que costó 3.383.500 pesetas y fue asignado el 31 de enero de 1917. Tuvo su bautismo de fuego en la guerra de Marruecos (1922) y fue retirado diez años después.

§ 1958. Cuatro meses después del lanzamiento del Sputnik, los Estados Unidos se incorporan a la era espacial con el lanzamiento del Explorer-1, un satélite que daba una vuelta a la Tierra cada 115 minutos. Sus instrumentos permitieron medir la radiación cósmica, de modo que llevó al descubrimiento del cinturón de Van Allen.

FEBRERO

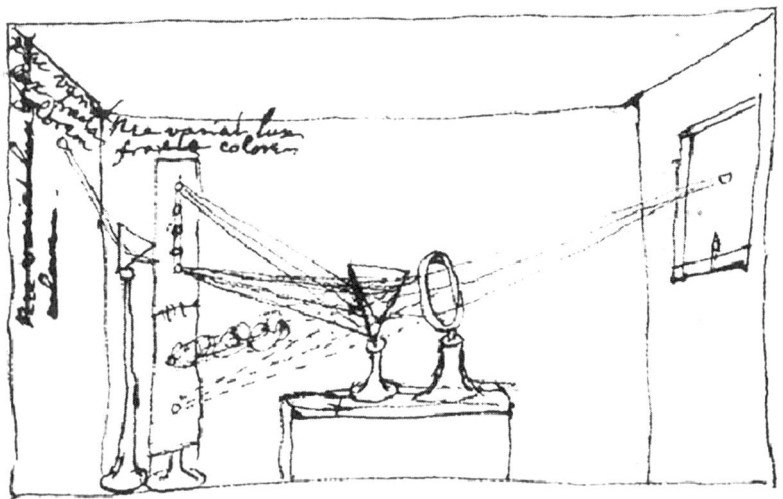

El 8 de febrero de 1672, Isaac Newton presentó su trabajo sobre óptica, concluyendo que el espectro luminoso obtenido al atravesar un prisma contiene todos los colores de la luz. La imagen superior muestra un boceto original de Newton sobre su experimento. Debajo, un grabado basado en ese dibujo, perteneciente a la obra *Traité d'optique*, traducida por Pierre Coste en 1722.

Retrato de James Clerk Maxwell (1831–1879), uno de los grandes físicos del siglo XIX, conocido por sus ecuaciones fundamentales del electromagnetismo. Obra realizada por Reginald Henry Campbell (1874–1962), perteneciente a la Royal Society of Edinburgh.

§ 1873. El físico escocés de cuarenta y dos años James Clerk Maxwell publicó en Oxford su *Tratado sobre Electricidad y Magnetismo* en dos pequeños volúmenes encuadernados en tela, donde describe las propiedades de los campos electromagnéticos y facilita las ecuaciones que explican su comportamiento, definiendo a su vez la naturaleza de la luz. En el prólogo, fechado el 1 de febrero, Maxwell aseguraba que su principal objetivo había sido dar forma matemática a las ideas físicas de Faraday, convencido de que «el estudio del electromagnetismo en toda su extensión se ha convertido en algo de la mayor importancia como medio para promover el avance de la ciencia».

Cuarenta años antes, Michael Faraday había propuesto la ley de la inducción, que describía cómo al variar la fuerza magnética se puede crear una corriente eléctrica. Hacia 1855 Maxwell se puso a trabajar en el tema, partiendo de las especulativas ideas de Faraday sobre «líneas de fuerza» y estableciendo analogías entre las mismas y las líneas de flujo de un hipotético fluido que no se podía comprimir. Además, fue considerando otras concepciones, como la de Gauss, y con métodos matemáticos avanzados llegó a deducir en 1864 sus famosas cuatro ecuaciones. En ellas se resume una de las teorías más elegantes que se hayan formulado nunca, que sirve para describir y cuantificar la relación entre electricidad y magnetismo, demostrando que son dos manifestaciones de un mismo fenómeno y que no pueden existir aisladas. Son como las dos caras de una misma moneda.

Aquellas cuatro ecuaciones no solamente explicaban todos los fenómenos electromagnéticos conocidos, sino que también predecían la existencia de ondas que habrían de moverse a la misma velocidad que la luz, lo que ofrecía a Maxwell una hipótesis atractiva, la de afirmar que la luz era, a su vez, una onda electromagnética: «difícilmente se puede evitar la conclusión de que la luz consiste en ondas transversales del mismo medio que causa los fenómenos eléctricos y magnéticos».

§ 1912. En este día se probó una «chaqueta paracaídas», que había sido diseñada por un admirador de Leonardo da Vinci, el sastre de París Franz Reichelt. Inspirado en bocetos del genio renacentista, Reichelt había ensayado la eficacia de su invento en un maniquí que lanzó desde lo alto de la Torre Eiffel y que terminó estrellado contra el suelo. Inasequible al desaliento, el hombre argumentó que el fallo se debía a que el muñeco «no podía estirar los brazos», y decidió probar el funcionamiento de la prenda voladora él mismo. Autorizado por los responsables de la torre y por la policía, tres días después Franz Reichel se lanzó y falleció ante numeroso público.

§ 1944. Un trabajo de los genetistas Oswald T. Avery, Colin MacLeod y Maclyn McCarty señala que los cromosomas y los genes están constituidos por ADN, y no por proteínas, como se pensaba hasta entonces, tras comprobar que la virulencia del *Streptococcus pneumoniae* se activaba con una transferencia de ADN.

§ 1964. Con el título «A schematic model of baryons and mesons», la revista *Physics Letters* publica en dos páginas el texto del físico Murray Gell-Mann, del Instituto de Tecnología de California, en Pasadena, donde se introduce el término «quark», para designar un nuevo tipo de partícula subatómica. Su autor recibiría el Premio Nobel de Física cinco años después. La nueva palabra está tomada de la novela *Finnegan's Wake*, de James Joyce, y será utilizada para denominar a los miembros del triplete que constituyen cada uno de los bariones (protones y neutrones). Según este nuevo modelo, los protones y neutrones que hay en los núcleos de los átomos no son partículas elementales, sino que cada uno de ellos está formado por tres quarks.

§ 1972. La empresa Hewlett-Packard pone en a la venta su calculadora de bolsillo HP-35, a un precio de 395 dólares. Era la primera en el mercado. En tres años se vendieron 300.000 ejemplares de un modelo que se llama así porque tenía treinta y cinco teclas. Hasta entonces, las calculadoras permitían hacer sumas, restas, multiplicaciones y divisiones, pero aquella maquinita podía además calcular logaritmos, así como funciones exponenciales y trigonométricas con solo pulsar un botón. Anteriormente, para realizar estas operaciones los técnicos se valían de reglas de cálculo. La HP-35 contaba con una pequeña pantalla de números rojos que presentaba bases de diez dígitos y exponentes de dos. En su interior mandaba un conjunto de circuitos integrados. Funcionaba con pilas recargables y medía 79x147x34 mm, que según se cuenta era el tamaño del bolsillo de la chaqueta de Bill Hewlett, cofundador de la empresa con David Packard.

§ 1556. En la mañana de este día, el terremoto más letal de la historia causa unas 830.000 muertes en la provincia de Shaanxi, en China, entre una población que vivía en cuevas excavadas en los acantilados formados por depósitos de limo. Las estimaciones modernas calculan que tuvo una intensidad de 8 en la escala de Richter.

§ 1923. Con el nombre comercial de Ethyl —contenía como aditivo tetraetilo de plomo— se pone a la venta en Ohio la nueva gasolina antidetonante. Hasta entonces, al acelerar bruscamente un vehículo se podían producir en el motor pequeñas explosiones que hacían disminuir el rendimiento del mismo. En pruebas de laboratorio, tras haber ensayado durante siete años 33.000 compuestos, se había demostrado la eficacia de ese agente, incluso en una dilución de uno a mil. Comenzaría a usarse en España en las gasolinas de 97 y 92 octanos, y estuvo en el mercado hasta el año 2002, aunque ya se conocía su riesgo para la salud. Solo en los años 20 del pasado siglo, en las empresas productoras murieron diecisiete trabajadores por exposición al plomo.

§ 1947. En una reunión de ópticos en Nueva York, el ingenioso Edwin H. Land hace la primera demostración de la cámara Polaroid que había inventado, con la cual es capaz de capturar, revelar e imprimir en color sepia una imagen fotográfica en sesenta segundos. El primer modelo, la Land Camera Model 95, que utilizaba películas especiales que él mismo había desarrollado, se vendió hasta 1953.

3 DE FEBRERO

§ 1862. Un adolescente de catorce años llamado Thomas Alva Edison se convierte en el primer editor y vendedor de un periódico en un tren. Había instalado una pequeña imprenta en el vagón de equipajes del ferrocarril en Michigan, EE. UU., entre Port Huron y Detroit. Su semanario consistía en una hoja de 18x20 cm, e incluía noticias locales y anuncios del comercio de su padre.

§ 1879. En Newcastle upon Tyne, y ante una audiencia de setecientas personas, el inventor inglés Joseph Wilson Swan realiza la demostración definitiva de una bombilla eléctrica de incandescencia con filamento de carbón, que fabricaba tratando el algodón para producir un «hilo apergaminado» que luego carbonizaba. A partir de ese día comenzó a instalar bombillas en hogares y lugares emblemáticos de Inglaterra. Después creó una fábrica para su producción, resultando que Newcastle se convirtió en la primera ciudad en el mundo en estar iluminada con luz eléctrica.

§ 1925. El diario *The Star*, de Johannesburgo, publica un informe del anatomista y antropólogo Raymond Dart anunciando el hallazgo que su alumna Josephine Salmons había realizado a finales del año anterior en Taung (Sudáfrica). Se trataba del cráneo de un individuo de unos tres años de edad que Dart calificó de homínido por tener caracteres intermedios entre humanos y monos. La nueva especie fue denominada *Australopithecus africanus*, y la datación precisa que tiene unos 2,5 millones de años de antigüedad. Cuatro días después, el informe de Dart saldría publicado en la revista *Nature* con el título «*Australopithecus africanus*: el hombre-simio de Sudáfrica».

§ 1958. La bióloga conservacionista Rachel Carson envía una carta a E.B. White, editor del *The New Yorker magazine*, pidiéndole que escribiera un libro de contenido ambiental con las ideas que ella le expuso. White le respondió que no se sentía capaz de hacerlo, y la animó a que lo hiciera ella, encargándole para su revista un artículo sobre el tema. Así nació el famoso libro *Primavera silenciosa*, publicado por primera vez en 1962 y considerado como pieza desencadenante de la conciencia medioambiental.

§ 1966. Tres días después de su lanzamiento, la nave soviética no tripulada Luna 9 desciende sobre el Océano de las Tormentas en nuestro satélite. Fue el primer objeto construido por el ser humano en posarse suavemente en otro cuerpo celeste. Minutos después abrió sus placas en forma de pétalos y comenzó a emitir datos e imágenes, incluyendo vistas panorámicas y detalles de rocas.

4 DE FEBRERO

§ 1600. Este día tiene lugar el histórico encuentro de los astrónomos Tycho Brahe y Johannes Kepler. A simple vista, antes de que nadie utilizase un telescopio para observar los cielos, pero utilizando instrumentos de medición muy precisos —como un gran cuadrante de dos metros de radio, que permitía apreciar minutos de arco— el astrónomo Tycho

Brahe había recopilado la mayor y mejor colección de datos sobre posiciones de estrellas y planetas. A ello dedicó sistemáticamente veinte años en el fabuloso observatorio astronómico de Uraniborg, construido para él en la isla de Hven, que graciosamente le había regalado el rey Federico II de Dinamarca. Allí dispuso de todo lo necesario para desempeñar un trabajo que respondía a su rigor y constancia, junto a una vida llena de excentricidades. Fallecido el monarca, Brahe decidió marcharse, iniciando un periplo que finalizó en Praga, la capital de Bohemia, donde Rodolfo II de Habsburgo le nombró «matemático imperial», con una sustanciosa retribución, y le cedió el castillo de Benátky, a donde Brahe fue trasladando sus preciados instrumentos de medición.

Por su parte, el astrónomo prometió al emperador la elaboración de unas tablas planetarias, que se llamarían Tablas rudolfinas, capaces de predecir exactamente las posiciones en el cielo de la Luna y los planetas durante un siglo, incluyendo los eclipses. Por entonces ya confiaba en que podría llevar a cabo la tarea con la ayuda de Johannes Kepler, un joven con habilidades matemáticas del que había tenido noticia; él podría poner orden en la ingente cantidad de datos que se habían acumulado. En consecuencia, Brahe invitó reiteradamente a Kepler para que lo visitase en Praga y por fin este tuvo la oportunidad de hacer aquel viaje en el séquito de un noble. El 4 de febrero de 1600 Kepler se reúne con Brahe y pronto recibe como primer encargo el determinar la órbita de Marte, una tarea que el joven matemático pensó que realizaría en ocho semanas, pero que al final le ocupó ocho años.

La relación entre ambos fue difícil, fructífera y corta. La agitada vida de Tycho Brahe, el más grande de los astrónomos anteriores al telescopio, finalizó en octubre de 1601, de modo que Kepler se convirtió en su heredero como matemático imperial, y entonces tuvo acceso sin restricciones a todos los datos de posiciones que Brahe había controlado. Pero él pretendió ir más allá de completar las Tablas rudolfinas; quería dar sentido a todos aquellos números en función del modelo planetario que había propuesto Copérnico. Según este, para explicar los extraños movimientos de los planetas entre las estrellas fijas funcionaba mejor un modelo heliocéntrico, donde los planetas girarían alrededor del Sol describiendo trayectorias circulares.

El interés de Marte, cuyo movimiento en el cielo nocturno era particularmente extraño, hizo que la precisión de las mediciones de Brahe resultase fundamental en la historia. Los cálculos que realizó Kepler con las mismas decían que su órbita alrededor del Sol no podía ser circular. Una diferencia de ocho minutos de arco lo impedía. Aquello le incomodaba. Kepler quería creer que las circunferencias que propuso Copérnico eran más adecuadas a la perfección propia del Creador. Desconfiando de sus propios métodos, en quinientas hojas de papel repitió hasta cuarenta veces los cálculos de 180 distancias Sol-Marte, para tener que reconocer al fin que aquella órbita era en realidad una elipse. ¡Todos los planetas giraban alrededor del Sol describiendo elipses! La constancia y precisión de Tycho se pudo complementar con la tenacidad y rigor matemático de Kepler. Sin aquel encuentro, sin los instrumentos precisos de Brahe, Kepler no habría llegado a sus leyes, y la revolución científica hubiera tenido que esperar.

§ 1915.Uno de los experimentos históricos de la medicina es el que se refiere a la investigación sobre las causas de la pelagra, enfermedad potencialmente mortal que se manifestaba por alteraciones en la piel, mucosas y sistema nervioso, que se creía de origen infeccioso y para la que se empleaban sin éxito diversos remedios. Tras realizar numerosas inspecciones en asilos y orfanatos, y concluir que nunca había contagios, el doctor Joseph Goldberger comenzó a realizar, el 4 de febrero de 1915, una investigación con un grupo de doce reclusos voluntarios, ajustando distintos tipos de dieta para ver sus efectos, y dedujo que la pelagra se causaba por falta de nutrientes esenciales presentes en la leche y en la carne. Ello ayudó a profundizar en el conocimiento de las vitaminas. En concreto, la pelagra se debe a un déficit de vitamina B3 (niacina).

§ 1941. El químico estadounidense Roy J. Plunkett obtiene una patente por la creación de un polímero del tetrafluoroetileno, que él había descubierto accidentalmente en 1938. Del nuevo material, ahora conocido como teflón, se afirma que tiene propiedades excepcionales, como ser extraordinariamente resbaladizo, muy resistente a la corrosión, que puede moldearse y aplicarse a gran variedad de usos.

5 DE FEBRERO

§ 1505. Termina de imprimirse en Granada el diccionario árabe-castellano del lexicógrafo Pedro de Alcalá, de la orden de los jerónimos. Lleva por título *Vocabulista arábigo en letra castellana*, y se trata del primer libro impreso con caracteres árabes, que ha permitido conocer con precisión el dialecto árabe andalusí.

§ 1909. En una reunión de la American Chemical Society en Nueva York, el químico de origen belga Leo Baekeland anuncia haber creado dos años antes un plástico barato y no inflamable, que denominó baquelita. Lo había conseguido al someter a presión una mezcla de fenol y aldehído fórmico. Era la primera de una serie de resinas sintéticas que revolucionarían la tecnología y la economía, dando comienzo a la «era del plástico». Los primeros objetos de baquelita se comercializaron en 1948.

§ 1956. Torres de televisión en forma de agujas. En lugar de proponer una estructura metálica, evitando la comparación con la inigualable torre que había diseñado Gustave Eiffel a finales del siglo XIX en París, el ingeniero alemán Fritz Leonhardt optó por atreverse a utilizar un material que hasta entonces solo se había empleado en la construcción de puentes: el hormigón pretensado. Así calculó y dibujó una elegante aguja de 217 m de altura, rematada con la punta de acero que serviría para propagar las emisiones de televisión y radio. Era la primera vez que se usaba hormigón armado y pretensado para hacer una torre, de manera que la Fernsehturm de Stuttgart sirvió como modelo, técnico y estético, para muchas otras torres de televisión en todo el mundo. Tras veinte meses de construcción, fue inaugurada el 5 de febrero de 1956, y desde entonces ha servido de reclamo turístico para la ciudad.

6 DE FEBRERO

§ 1886. Al analizar un nuevo mineral de una mina cercana a Freiberg (Sajonia), que denominamos argirodita por su contenido en plata, el químico alemán Clemens Winkler, tras varios meses de trabajo, descubre el elemento que denominó germanio. Al colocar el nuevo elemento en la tabla periódica se confirmó que existía el eka-silicio que había previsto Mendeléyev en 1871, y al que le corresponde el número atómico 32.

§ 1944. El ginecólogo de Boston John Rock —hoy famoso por su papel en la invención de la píldora anticonceptiva y por haber tenido cinco hijos y diecinueve nietos— anuncia que en colaboración con la bióloga de origen letón Miriam Menkin ha conseguido la fertilización de un óvulo humano en una placa de Petri. Tras cientos de intentos durante seis años, han observado que uno de ellos se ha dividido en dos nuevas células. Era el comienzo de la técnica de fertilización *in vitro* (FIV).

§ 1959. El ingeniero eléctrico y físico Jack S. Kilby solicita la patente por su invento de «circuitos electrónicos en miniatura», para su empresa Texas Instruments. La patente describe el proceso de fabricación de los chips o circuitos integrados, que marcaron una revolución en el mundo de los ordenadores, máquinas de cálculo y muchos otros aparatos electrónicos.

7 DE FEBRERO

§ 1863. Hay que inventar los números atómicos. Este día la revista *The Chemical News* publica una carta firmada con las iniciales J.A.R.N. y titulada «On Relations among the Equivalents». En ella el joven químico inglés John Alexander Reina Newlands expone la relación encontrada entre los pesos atómicos de los elementos químicos una vez que los clasifica en grupos atendiendo a la analogía de propiedades; el año siguiente, en otra carta ya firmada con su nombre, propone ordenarlos por sus pesos. Pronto llegaría a plantear la llamada ley de las octavas (1865), idea de partida de la pequeña historia que consideramos culminada en 1869, cuando el ruso Mendeléyev presenta su famosa tabla periódica. Newlands es quien expone por primera vez la idea de colocar los elementos químicos según sus pesos atómicos crecientes, en lugar de hacerlo por orden alfabético, como era usual; con la nueva ordenación quedaba de manifiesto que existe una cierta periodicidad de propiedades cada ocho elementos.

Desde comienzos del siglo XIX —cuando tuvo lugar la invención de la electrólisis— no paraban de descubrirse nuevos cuerpos simples, de modo que en 1863 había ya cincuenta y seis sustancias elementales. No eran Newlands y Mendeléyev los únicos en intentar poner orden en los elementos químicos, sino que también lo hicieron otros como William Odling —rival del primero en la Chemical Society of London— y el alemán Julius Lothar Meyer.

La historia de la química había comenzado realmente un siglo antes. A finales del XVIII, Lavoisier dio su lista de elementos clasificados en cuatro categorías, y en el grupo con mayor un número, que era el de metales, optó por colocarlos por orden alfabético: *antimoine, argent, arsenic, bismuth...* pero en menos de veinte años se produce la convulsión que llevaría a creer en los átomos. En 1808 John Dalton plantea su teoría atómica para dar explicación a las leyes de composición de la materia, que otros químicos, como J. B. Richter (1792) y J.L. Proust (1801), habían descubierto. Su teoría obligaba a pensar que entre las características que servían para identificar a los átomos estaba su peso. Es entonces cuando se comienza a hablar de los pesos atómicos.

La lista de elementos de Dalton tampoco prestaba atención al orden en que aparecen, pero incluye una representación simbólica de los átomos. En sendos artículos de 1812 y 1813 el sueco Jöns Jacob Berzelius formuló una propuesta para sistematizar los símbolos de los elementos mediante la primera letra de su nombre en latín, añadiendo cuando era necesario una segunda letra. Hoy seguimos utilizando su sistema, y por ejemplo al sodio le asignamos el símbolo Na (de *natrium*).

Pero la lista de elementos aún continuaba en orden alfabético. Ese criterio es útil si se trata de localizar una palabra en una relación, pero a veces puede enmascarar otras ordenaciones con mayor significado. Pensemos, por ejemplo, en buscar el criterio de orden en la lista de los dígitos en esta serie: 5, 4, 2, 9, 8, 6, 7, 3 (cinco, cuatro, dos, nueve, ocho, seis, siete, tres). Es difícil encontrarlo, y algo análogo sucedía con los elementos químicos, hasta que Newlands propuso ordenarlos según pesos atómicos crecientes: hidrógeno, litio, berilio, boro, carbono... (el helio no había sido descubierto todavía). A este modo de colocar los elementos se referirá en 1875 como «orden natural», y el puesto en esa relación se convertirá en «número atómico». Por ello escribe «On relations among the atomic weights of the elements when arranged in their natural order». En esa lista, al carbono le correspondía el número atómico 5.

El número atómico comenzaba a expresar la identidad química de un átomo, pero llegaría a tener significado físico en 1913 con la ley de Moseley, que establece una relación entre aquel número y la longitud de onda de los rayos X emitidos por distintos elementos. Es por entonces cuando comienza a relacionarse con la carga del núcleo, y con el número de protones. El carbono, que hoy ocupa el número atómico 6, siempre tiene átomos con 6 protones en su núcleo. Pero no todos los átomos de carbono son iguales, y por ello el 18 de febrero de 1913 el profesor de la Universidad de Dublín, Frederick Soddy, introdujo el término «isótopos» (que están en el mismo lugar) para designar a los átomos del mismo elemento químico que tienen distinta masa. Isótopos conocidos son el carbono 14 y el carbono 12. La física y la química se habían conjugado para dar sentido a números y pesos atómicos.

§ 1913. Guerra española de dirigibles. El creador del primer dirigible en nuestro país había sido en 1905 el cántabro Leonardo Torres Quevedo. Tras su desencuentro con los militares en 1908, el ejército decide la compra de otro dirigible a la empresa francesa Astra, que llevará el nombre

España. Un vuelo del 5 de mayo de 1910 sirvió para asombrar a los ciudadanos de Madrid, y también a la familia real, que lo observaba desde el Palacio de Oriente, pero el modelo presentaba dificultades y poco se supo de él durante dos años.

Al mismo tiempo se sucedían los éxitos de Torres Quevedo con Astra, que había comprado su patente, y comenzó en 1911 la fabricación en serie de los Astra-Torres, modelos trilobulados que eran seguros y rápidos. Sin duda para dar una imagen de apoyo al ejército, el 7 de febrero de 1913 el rey Alfonso XIII realizó una excursión aérea de dieciocho minutos en el España, pilotado por los militares Pedro Vives y Alfredo Kindelán, antiguos colaboradores y ahora contrarios a Torres Quevedo. Diez días después, tras unas maniobras se inutilizaba el dirigible, mientras en Francia se seguían construyendo los Astra-Torres, unos treinta aparatos entre 1914 y 1925.

§ 1984. Los astronautas del transbordador STS Challenger, Bruce McCandless II y Robert L. Stewart, realizan el primer «paseo espacial» sin unión material a la nave, utilizando una unidad de maniobra individual que funcionaba disparando chorros de nitrógeno y así les permitía moverse (a reacción) con independencia. La fotografía de McCandless flotando en el espacio negro causó impresión en todo el mundo.

8 DE FEBRERO

§ 1672. Isaac Newton saca los colores a la luz. Un mes después de haber sido elegido miembro de la Royal Society londinense, Newton dio allí lectura este día a su primer trabajo sobre óptica, que llevaba el título de *Nueva teoría sobre la luz y los colores*. Aún no había cumplido los treinta años, pero ya había concebido, según declararía posteriormente, sus primeras ideas sobre el método de fluxiones (cálculo infinitesimal), la composición de la luz y la gravitación universal. En los últimos siete años había estado experimentando especialmente sobre óptica, y había creado el primer telescopio reflector, que usaba un espejo cóncavo en lugar de lentes y eliminaba prácticamente las aberraciones cromáticas causadas por estas. El telescopio de Newton tenía además un espejo secundario para reflejar la imagen en ángulo recto hacia el ocular. La construcción de ese telescopio fue motivo decisivo para su aceptación en la prestigiosa sociedad científica.

La probable relación entre las lentes y la distorsión cromática, con la aparición de colores alrededor de las imágenes de los astros, llevó a Newton a experimentar con la luz. Hizo pasar un rayo de sol, que atravesaba una rendija en su contraventana, a través de un prisma triangular de vidrio, proyectando el haz resultante en una pared y encontrando que obtenía una gama de colores similar a la del arcoíris. A partir de numerosas experiencias concluye su teoría, que incluye varias ideas recogidas en trece proposiciones. En definitiva, que la luz solar o luz blanca no es homogénea, sino que está formada por corpúsculos de distintos colores. También, que esos corpúsculos se desvían de modo diferente según su color cuando atraviesan una lente, un prisma o cualquier otro medio distinto del aire. De ello concluye que el espectro luminoso que se obtiene al atravesar un prisma es el conjunto de todos los colores que la luz ya contiene. En este trabajo de 1672 Newton enumera cinco colores: rojo, amarillo, verde, azul y violeta. Años más tarde, en su Tratado de Óptica, publicado en 1704, incluiría además el anaranjado y el añil o índigo; todo por tener el anhelado número siete que se correspondería pitagóricamente con las siete notas de la escala musical. Añade que los colores pueden mezclarse y separarse, y subraya que el blanco «es la composición más maravillosa y sorprendente».

Las ideas de Newton implicaban que los colores son intrínsecos o propios de la luz, y no son fruto de la interacción de esta con los objetos; la luz es, textualmente, una «heterogeneous mixture of differently refrangible rays». Con ello contradecía a su ilustre predecesor francés René Descartes, pero él estaba convencido de que sus conclusiones eran irrefutables. Estaba orgulloso de su descubrimiento, y lo calificó como «el más singular, cuando no el más importante, de cuantos se han hecho hasta ahora relativos al funcionamiento de la naturaleza». La reacción en la comunidad científica no se hizo esperar, empezando por su rival Robert Hooke, que defendía una teoría ondulatoria de la luz, en una polémica que mantuvo durante cuatro años; la incomodidad de Newton queda patente en una carta a Leibniz: «me vi tan acosado por las discusiones suscitadas a raíz de la publicación de mi teoría sobre la luz, que maldije mi imprudencia por apartarme de las considerables ventajas de mi silencio para correr tras una sombra».

Newton continuó investigando y modelando esas primeras ideas, y más de treinta años después —una vez fallecido Hooke— publicaría su *Opticks*, dando detalles minuciosos sobre sus experimentos, tratando de zanjar los debates que todavía persistían, con el objetivo de establecer un manifiesto de la supremacía del empirismo británico sobre las hipótesis filosóficas de los cartesianos. Desde mediados del siglo XVIII se fueron popularizando entre los seguidores de Newton diversas ideas que incluían ondas y vibraciones, aceptando la existencia —ya sugerida por él— de un fluido invisible, el «éter luminífero», que llenaba el espacio. Las ideas sobre la naturaleza de la luz seguirían discutiéndose hasta que Albert Einstein sugirió en 1905 que la luz está constituida por cuantos de energía que hoy llamamos fotones. La luz es, al mismo tiempo, onda y partícula.

§ 1865. Mendel da a conocer sus leyes de la herencia biológica. El fraile agustino Gregor Mendel era un profesor muy apreciado en un instituto de Brünn (entonces, Imperio Austríaco, hoy Brno, en la República Checa), cuando decidió hacer públicos los experimentos sobre reproducción vegetal que había realizado durante ocho años. Lo hizo el 8 de febrero de 1865 ante un grupo de miembros de la Sociedad de Historia Natural, entidad en cuya creación él mismo había participado cuatro años antes. Tras completar su exposición en otra sesión celebrada al cabo de un mes, Mendel redactó un texto de cuarenta y siete páginas que fue publicado el año siguiente en los anales de la Sociedad con el título Versuche über Pflanzen-Hybride (Tratado sobre Hibridación de Plantas). Se distribuyeron 115 ejemplares a instituciones científicas de veintiún países, y otras cuarenta copias además fueron remitidas por el autor a biólogos importantes de toda Europa, Darwin incluido. No hubo suerte; aquel envío de un texto en alemán por parte de un desconocido no tuvo repercusión, y la mayoría de destinatarios —como el propio Darwin— mantuvieron su ejemplar intonso. Entre todos ellos, solo uno agradeció el detalle.

Sin embargo, la existencia de esa publicación fue suficiente para que en la primavera de 1900, pasados ya dieciséis años del fallecimiento de Mendel, el biólogo Carl Correns en Alemania, el botánico Hugo de Vries en Holanda y en Austria el agrónomo Erich von Tschermak (aunque se dice que este no comprendió verdaderamente las leyes de Mendel) pudiesen publicar de forma independiente sendos trabajos que implicaban el «redescubrimiento» y reconocimiento público de la obra del agustino. Más allá de comprender la hibridación, se destacaba el hecho de considerar la herencia de caracteres como una propiedad intrínseca de los seres vivos, lo que significaba el nacimiento de una nueva rama de la ciencia, que a propuesta del biólogo inglés William Bateson —primer divulgador de la obra de Mendel— se llamaría «genética».

Cuarenta años antes, Mendel había realizado con plantas de guisante sus pruebas de hibridación. Optó por esa legumbre porque existían muchas variedades de la misma en el mercado, con siete rasgos fácilmente observables que podían ser diferenciales: 1) semillas lisas o rugosas, 2) cotiledones amarillos o verdes, 3) flores violetas o blancas, 4) vainas hinchadas o ceñidas, 5) vainas verdes o amarillas, 6) planta con flores axiales o terminales y 7) tallo largo o corto.

En 1854 —el mismo año en que la joven Sissi se convertía en emperatriz de Austria— Mendel había comenzado a dar clases de bachillerato. En aquellas aulas numerosas, alguna vez con más de cien alumnos, seguía siendo muy querido y hacía lo indecible para que ninguno de ellos suspendiese, afirmando que era más importante llegar a interesarlos por la ciencia que llenar sus cabezas con cosas aprendidas de memoria. Aquel sería su trabajo oficial a media jornada durante catorce años, y a esta etapa corresponden sus experiencias con los guisantes. En todas aquellas experiencias, desarrolladas en una parcela de unos doscientos metros cuadrados, Mendel fue escrupuloso y metódico, tanto al conseguir variedades puras como tratando de evitar fecundaciones incontroladas, provocadas por el viento o los insectos.

El agustino sabía que por autofecundación las plantas de una variedad pura producirían descendencia homogénea, o sea que, por ejemplo, las de flor malva siempre darían descendientes con flores de ese color, e igual sucedería con las de flor blanca. Al crear los híbridos entre plantas con flor blanca y otras de flor malva, se encontró con que todas tenían flores malva, lo que él interpretó diciendo que ese carácter era «dominante». En el siguiente paso, realizó la autofecundación de estas plantas híbridas, pero al sembrar y cultivar las semillas obtenidas se encontró con que casi una cuarta parte de las nuevas plantas tenían flores blancas. Gregor Mendel estaba reconociendo y dando categoría de ley cuantitativa a un hecho (la manifestación de un rasgo que no se producía en los progenitores) que antes se consideraba fruto del azar. Repitió aquellas experiencias con parejas de plantas que se diferenciaban en otras características, y obtuvo similares resultados: siempre había rasgos que quedaban ocultos en la primera generación, pero podían aparecer más adelante; esos caracteres fueron calificados en el *Versuche*, como «recesivos».

Ese histórico estudio supuso el germen de la genética, una ciencia que hoy estudia los secretos más trascendentales de la vida en la Tierra, y también de la vida de cada uno de nosotros.

§ 1883. El agente de seguros Lewis Waterman comienza a experimentar con las ideas que le llevarían a la invención de una pluma estilográfica basada en el principio de capilaridad, lo que evitaba los borrones. Al año siguiente conseguiría la patente, y en Nueva York la Waterman Pen Company comenzó a fabricar y vender sus plumas en un estanco.

§ 1969. Una enorme bola de fuego cayó en las proximidades del poblado de Allende, en Chihuahua (México), esparciendo varias toneladas de materiales en un área de 50 km por 8 km. Eran los fragmentos de un gran meteorito, el de mayor tamaño registrado entre los del tipo de condritas carbonáceas, que están formadas fundamentalmente por glóbulos redondeados (cóndrulos) de carácter no metálico. El conocido como meteorito Allende es uno de los más estudiados del mundo. Está compuesto por materiales con una antigüedad superior a 4600 millones de años, representando así una muestra de lo que existía en los albores de la creación del sistema solar, antes de la formación de la Tierra, y que puede facilitar información sobre la evolución de nuestra galaxia.

9 DE FEBRERO

§ 1851. Se inaugura la segunda línea férrea de la España peninsular, que hace el recorrido entre Madrid y Aranjuez, con paradas en Getafe, Pinto, Valdemoro, Ciempozuelos y Seseña. El acto cuenta con la presencia de la reina Isabel II; el marqués de Salamanca (inversor); Bravo Murillo, presidente del Consejo de Ministros; y otras autoridades. Después de la bendición de los raíles y de las siete locomotoras por parte del cardenal Bonel y Orbe (tío del poeta José de Espronceda), el silbato de la máquina de vapor anunció a las doce en punto el inicio del histórico viaje. El recorrido de cincuenta kilómetros fue realizado en cincuenta y cuatro minutos. La primera en inaugurarse en España peninsular había sido la línea entre Barcelona y Mataró (1848), aunque desde 1837 funcionaba un ferrocarril en la Cuba todavía española.

§ 1902. El cirujano de París Eugène-Louis Doyen —hábil, heterodoxo y prepotente— realiza la separación de dos hermanas siamesas de catorce años con cuerpos unidos desde el esternón hasta el ombligo. Radika y Doodika Nayak habían nacido en Odisha (India) y entonces formaban parte del famoso circo Barnum & Bailey. La operación fue filmada y exhibida en público, no sin polémica. Doodica murió una semana después y Radika en noviembre de 1903.

§ 1996. Un equipo de científicos alemanes dirigido por el físico Peter Armbruster en las instalaciones de Gesellschaft für Schwerionenforschung (Centro de Investigación de Iones Pesados), en Darmstadt (Alemania), afirma haber creado un átomo del elemento 112.

Su núcleo tiene 112 protones y 166 neutrones. Ese mismo equipo había creado anteriormente átomos de los elementos números 108 a 111.

§ 1667. De cómo nació la paleontología. Las enigmáticas *glossopetrae* o «lenguas de piedra» figuraban como rarezas en todos los lapidarios (catálogos de rocas y minerales de propiedades curativas, mágicas o de formas extrañas) que existían en la Edad Media. A las también llamadas piedras lengua se les atribuían poderes mágicos, sobre todo para contrarrestar los efectos de los venenos, y por ello se conservaban como amuletos de gran valor, de forma que, por ejemplo, Isidoro de Sevilla las cita en sus *Etimologías* por sus virtudes curativas. A todos llamaban la atención aquellas extrañas piedras planas, triangulares y afiladas que semejaban ciertamente lenguas de algún animal desconocido. Como no podía ser de otro modo, y dado que se habían encontrado en rocas de lugares muy diferentes, las ideas sobre su origen eran muy diversas, y existía, por ejemplo, una leyenda según la cual las halladas en Malta provenían de lenguas de serpientes que San Pablo había convertido en piedras a su paso por la isla. Con similar ingenuidad, Plinio el Viejo (23-79) ya había recogido en su enciclopédica *Historia Natural* la idea de que aquellas piedras caían del cielo durante los eclipses lunares.

Durante el Renacimiento predominaron las ideas aristotélicas sobre los seres vivos y los fósiles, y fueron muy pocos quienes se plantearon ideas con libertad, como Leonardo da Vinci, quien explicaba la presencia de conchas marinas fosilizadas en las montañas, suponiendo cambios en el nivel del mar. El interés general del tema lo demuestra la existencia de auténticos tratados sobre la materia, como el *De rerum fossilium* (1565), del naturalista suizo Conrad von Gesner. Hay que resaltar que en ese título el término fósiles se refiere a cualquier objeto extraído de la tierra, y aunque en esa obra el autor llega a hacer descripciones muy completas de las piedras lengua, e incluso señala su semejanza con los dientes de tiburón, no establece ninguna relación de procedencia.

Un siglo después de la publicación del libro de Gesner, el danés Nicolaus Steno trabajaba de médico anatomista para Fernando II de Médici, Gran Duque de Toscana, en la Accademia del Cimento —la primera institución académica en el mundo dedicada a la ciencia experimental—, cuando tuvo el encargo de examinar la cabeza de un enorme tiburón blanco. Aunque estaba mal disecada y se habían perdido varios dientes, Steno realizó una disección escrupulosa y describió con todo detalle las estructuras de las mandíbulas, ojos y oídos. También comprobó que la forma de los dientes era muy semejante a la de las *glosopetras* de la isla de Malta que él había tenido oportunidad de estudiar, prestando especial atención al hecho de que ambas tenían sus dos lados extrañamente diferentes. De ello concluye que «aquellos que piensan que las *glossopetrae* son dientes de tiburón petrificados, pueden estar no lejos de la verdad», y se planteó la pregunta de cómo habrían llegado a estar incrustados en rocas. El 10 de febrero de 1667 la Royal Society de Londres publica, con el título *Head of a shark dissected*, la reseña de la obra de Nicolaus Steno, considerada hoy un hito emblemático para el nacimiento de la paleontología. Tras dos años de estudios, Steno publicó su obra fundamental, conocida como *Prodromus,* donde enuncia los principios que determinan la formación de los estratos de sedimentación, y explica el proceso de petrificación de los fósiles. Para muchos especialistas, ese es también el nacimiento de la geología como ciencia.

§ 1840. Alexandrina Victoria de Hannover se convirtió en la reina Victoria, cuyo reinado de más de sesenta y tres años definiría toda una época, al heredar el trono del Reino Unido de Gran Bretaña e Irlanda en 1837, con dieciocho años. Por entonces, según dejó escrito en su diario personal, le había gustado por guapo Alberto de Sajonia-Coburgo-Gotha, un primo hermano de su misma edad, a quien solicitó matrimonio. La boda tuvo lugar el 10 de febrero de 1840, y tendría trascendencia científica al facilitar, con su amplia descendencia, un ejemplo paradigmático en genética, un cuarto de siglo antes de que Mendel publicase sus famosas leyes. Sin saberlo, Victoria era portadora del gen de la hemofilia, o déficit de factor VIII, vinculado al cromosoma X. Esa enfermedad no se manifiesta en las mujeres, aunque pueden transmitirla a sus descendientes. De los nueve hijos de Victoria y Alberto, heredaron el gen dos niñas (Alicia y Beatriz) y un niño (Leopoldo). Entre sus nietos lo recibieron siete de ellos, siendo la causa de muerte de los tres varones.

§ 1996. En Filadelfia, la supercomputadora de IBM Deep Blue derrota por primera vez a Garry Kaspárov, campeón mundial de ajedrez, considerado uno de los mejores ajedrecistas de la historia. El resultado final del encuentro, a seis partidas, empezó siendo favorable a Kaspárov (4-2). El año siguiente tuvo lugar la revancha, y la máquina —que había sido mejorada— ganó a Kaspárov.

§ 1914. María Sordé Xipell, matriculada en la Universidad de Barcelona desde el curso 1906-07 al 1911-12, se convirtió, tras aprobar por unanimidad del tribunal su examen de grado, en la primera española licenciada en Ciencias, única entre las veintiocho mujeres que ingresaron en la universidad entre 1900 y 1910.

La tradición afirma que la ferrolana Concepción Arenal (1820-1893) asistió disfrazada de hombre —y con la oposición de su madre— a la Facultad de Derecho de la Universidad Central de Madrid, pero no fue hasta 1872, tras una Real Orden de Amadeo I, cuando se registró oficialmente la primera matrícula para que una mujer pudiese estudiar Medicina en la universidad española. Fue María Elena Maseras Ribera, en la Universidad de Barcelona, donde finalizó sus estudios en 1878.

§ 1922. El médico canadiense Frederick Banting y su asistente Charles Best publican su primer trabajo sobre el uso de insulina para tratar la diabetes inducida en un perro. El año anterior habían comenzado sus experiencias de extracción de la hormona del tejido pancreático para inyectarla y así reducir los niveles de glucosa en sangre.

§ 1939. La revista *Nature* publica un artículo sobre «fisión nuclear». Con esa expresión designan por vez primera sus autores, la austríaca Lise Meitner y su sobrino Otto Fritsch, el proceso por el cual un núcleo de uranio, bombardeado por neutrones, se rompe dando bario como uno de sus fragmentos. También calcularon la enorme cantidad de energía liberada.

§ 1935. El físico del Instituto Tecnológico de Massachusetts (MIT) Robert J. Van der Graaff recibe una patente en Estados Unidos por su generador electrostático, capaz de generar diferencias de potencial en corriente continua de hasta siete millones de voltios, diez veces más de lo que se obtenía entonces por otros procedimientos.

§ 1941. Las propiedades antibióticas de la penicilina habían sido descubiertas por Alexander Fleming en 1928, pero la atención en la búsqueda de bactericidas había derivado con los años hacia otro tipo de sustancias (como las sulfamidas o la lisozima). El joven bioquímico

Norman Heatley fue el primero en purificar la penicilina y facilitar su producción a gran escala, dentro del equipo de Oxford que encabezaban Howard Walter Florey y Ernst Chain. La primera aplicación como antibiótico a un ser humano tuvo lugar el 12 de febrero de 1941. En ese día, Florey pone una inyección intravenosa a un policía de Oxford, Albert Alexander, que presentaba una septicemia tras haberse arañado con un rosal. A los pocos días había remitido la fiebre, pero la producción de antibiótico era limitada y Chain trataba de recuperar penicilina hasta de la orina del paciente. Se vieron obligados a suspender el tratamiento, y el enfermo terminó falleciendo cuatro semanas después.

§ 1957. La General Electric Company anuncia la creación del Borazon, un material de dureza similar al diamante. Se trata de un nitruro de boro sintético (BN), cristalizado en estructura cúbica, obtenido por el ingeniero químico Robert H. Wentorf, que se utilizará como abrasivo. Permanece sólido hasta 1927 °C, mientras que el diamante arde al alcanzar los 870 °C.

13 DE FEBRERO

§ 1588. El astrónomo danés Tycho Brahe plantea por primera vez su idea —que se verá de compromiso— sobre el sistema solar, proponiendo que el Sol y la Luna giran alrededor de la Tierra, que continúa siendo el centro del universo, mientras que Mercurio, Venus, Marte, Júpiter y Saturno lo hacen alrededor del Sol. Copérnico había publicado su teoría puramente heliocéntrica en 1543.

§ 1912. El físico Robert Millikan, profesor en la Universidad de Chicago, comenzó a recoger datos de su famoso experimento con gotas de aceite que le llevaría a medir la carga del electrón, considerado uno de los más hermosos de la historia de la física. En concreto, tomó notas sobre cincuenta y ocho de las gotas que le sirvieron para su publicación. El experimento consistía en detener la caída de pequeñas gotas de aceite salidas de un pulverizador, que habían sido cargadas eléctricamente, entre las placas de un campo eléctrico variable.

La fuerza eléctrica ascendente, que depende de la carga de la gota y del campo aplicado, junto con la fuerza de flotación, llegaban a equilibrar el peso de la gota. Millikan podía conocer el valor de todas esas variables, y calcular así la carga eléctrica de cada gota que conseguía frenar. Al medir esa carga en decenas de ellas, observa que los valores son siempre múltiplos enteros de una cantidad, que él considera la mínima electricidad. Esa fue la primera medida de la carga del electrón, y le valió el Premio Nobel de Física en 1923.

§ 1990. La sonda espacial Voyager 1 nos envía el primer «retrato de familia planetario». Para confeccionarlo, y mirando hacia atrás, completó un mosaico con sesenta imágenes tomadas desde seis mil millones de kilómetros de distancia. En él, el Sol aparece como una estrellita y los planetas se aprecian como diminutos y tenues puntos de luz. Mercurio y Marte, por su tamaño, no pueden distinguirse. Aquella imagen de la Tierra fue icónica en el libro *Un punto azul pálido* de Carl Sagan.

14 DE FEBRERO

§ 1914. El científico, ingeniero y capitán del Ejército del Aire Emilio Herrera Linares, junto con el fotógrafo y militar José Ortiz Echagüe, realiza la primera travesía aérea del estrecho de Gibraltar. Vuelan desde Tetuán hasta Sevilla, a bordo de un monoplano ligero Nieuport IV, con un motor de 80 CV.

§ 1984. Stormie Jones, una niña de seis años, se convirtió en la primera receptora del mundo de un doble trasplante de corazón e hígado. Tenía una deficiencia genética que no le permitía eliminar el colesterol. Tras sufrir un infarto, y cuando sus valores de colesterol quintuplicaban los normales, los cirujanos Thomas E. Starzl y Henry T. Bahnson realizaron la operación en el Hospital Infantil de Pittsburgh. La niña vivió hasta los trece años.

§ 1961. Después de tres años de intentos, en el Lawrence Radiation Laboratory, de la Universidad de California en Berkeley, se obtienen los primeros átomos de un nuevo elemento químico, de número atómico 103 y masa 257, que sería denominado laurencio. Para ello se bombardearon 3 mg de californio con núcleos de boro. Ernest Lawrence fue el inventor del ciclotrón en 1929.

§ 1916. De todos los diseños del ingeniero Leonardo Torres Quevedo en el campo de transbordadores y teleféricos, el que tuvo mayor repercusión mundial es el conocido como Spanish Aerocar, un funicular de 580 m de longitud que permite pasar en diez minutos a treinta y cinco personas de un lado a otro del Niágara, a 70 m de altura sobre las aguas en Ontario (Canadá). El sistema de suspensión consta de seis cables de acero de 25 mm de diámetro, y la cabina está impulsada por un motor de 37 kW que consigue una velocidad de 7 km/h. Su construcción comenzó en 1914, a cargo de una empresa española creada al efecto, y se inauguró en pruebas el 15 de febrero de 1916, siendo abierto al servicio público seis meses después. Aunque fue ligeramente reformado en tres ocasiones, en la actualidad sigue en funcionamiento como atractivo turístico.

§ 1946. El ingeniero John Presper Eckert y el físico John William Mauchly trabajaban en la Moore School of Electrical Engineering, de la Universidad de Pensilvania, con el objetivo inicial de diseñar una máquina para calcular tablas de tiro de artillería, pero allí llegaron a desarrollar el primer ordenador capaz de ser reprogramado para resolver problemas numéricos de muy diversa índole. Llevaría el nombre de ENIAC (Electronic Numerical Integrator and Calculator), y fue presentado en público el 15 de febrero de 1946. Era el aparato electrónico más grande del mundo; pesaba veintisiete toneladas, tenía 17.468 tubos de vacío y ocupaba una sala de 160 m². Para programarse requería la activación manual de seis mil interruptores. Ese ordenador es historia porque puso los fundamentos de la actual electrónica de computación.

§ 1954. Los oficiales de la marina francesa Georges Houot y Pierre Willm establecen un récord de profundidad de 4050 m al alcanzar en batiscafo, un sumergible diseñado por el inventor suizo Auguste Piccard, el fondo del océano Atlántico en un punto situado unas ciento veinte millas al suroeste de Dakar (Senegal).

16 DE FEBRERO

§ 1768. La Royal Society de Londres solicita al rey Jorge III que financie una expedición científica al océano Pacífico, para estudiar y observar el tránsito de Venus a través del Sol de 1769, y así permitir la medición de la distancia de la Tierra a nuestra estrella. Este fue el motivo principal del primer viaje de James Cook.

§ 1937. Wallace Carothers, un químico que trabaja para DuPont, recibe la patente de una fibra sintética que sería conocida como nailon. Víctima de una fuerte depresión, Carothers se suicidó dos meses después bebiendo cianuro potásico disuelto en zumo de limón. Uno de los primeros usos del invento fue el reemplazo de las cerdas de jabalí en los cepillos de dientes. La fabricación de los nuevos elementos de higiene bucal comenzaría un año después.

§ 1953. En una investigación dirigida por Erik Lundblad y financiada por la compañía eléctrica sueca ASEA, tras más de diez años de trabajos, se consigue obtener unos cuarenta o cincuenta cristalitos sintéticos de diamante, del tamaño de diminutos granos de arena. Para ello se había sometido una pastilla esférica de grafito a la presión de 83.000 atmósferas —mediante yunques piramidales distribuidos radialmente— a la temperatura de 2000 ℃ durante una hora, en una complicada máquina.

La idea era original de Baltzar von Platen, inventor del frigorífico de absorción en 1922, quien ya no estaba en la empresa. La experiencia se repitió dos veces aquel mismo año, pero a pesar del éxito obtenido, se consideró que el proceso era peligroso —además de caro— y ASEA decidió mantenerlo como secreto comercial. Un año después, General Electric fabricó diamantes sintéticos por un proceso que hoy se reconoce como reproducible.

17 DE FEBRERO

§ 1600. En el campo dei Fiori (Roma) es quemado vivo, junto con sus libros, el filósofo napolitano Giordano Bruno. Destacado por su rebeldía y espíritu crítico, fue perseguido por la Inquisición y acusado de numerosas herejías. Sus ideas cosmológicas incluían la posibilidad de la existencia de otros planetas en otras estrellas, e incluso que podían albergar vida. Defendía que el universo era infinito y no tenía centro alguno.

§ 1818. El barón Drais construye una «máquina de correr». Por mucho que pueda resultar atractiva y verosímil la idea de que la bicicleta fue un invento de Leonardo da Vinci, todo parece indicar que no es así. Aunque no ha sido demostrada su falsedad, existen serias dudas sobre la autoría del famoso dibujo que ahora contiene el reverso del folio 133 del Códice Atlántico de Leonardo. Esa bicicleta de pedales no es del genio de Vinci, sino que apareció de manera escandalosamente fraudulenta (cuando esto escribo se dice *fake*) tras un proceso de restauración del Códice, a mediados del siglo XX.

Así que la historia de la bicicleta moderna comienza, en realidad, cuando el barón alemán Drais von Sauerbronn ideó y construyó su *lauf maschine* o «máquina de correr», patentándola el 17 de febrero de 1818. Hoy la conocemos como *draisiana*. Drais era un ingeniero forestal con vocación de inventor que imaginó un vehículo de dos ruedas en línea, que avanzaba al dar impulso con los pies en el suelo. Las ruedas servían para prolongar la inercia de las zancadas, y ofrecían un punto de apoyo en el intervalo entre las mismas. Si al andar y al correr normalmente se consume energía en cada paso, pues cambia de posición nuestro centro de gravedad, en la draisiana la altura de este se mantiene constante, y la energía se concentra en la propulsión.

La máquina de Drais unía las dos ruedas con un bastidor, en cuyo centro se fijaba el sillín. La distancia entre ruedas era la equivalente a una zancada, para conseguir así la mejor estabilidad en una persona que corre, y las ruedas tenían 70 cm de diámetro, para optimizar la comodidad al poder correr sentado. En total, el vehículo medía dos metros de longitud, tenía una masa de unos 40 kg y estaba realizado en madera, con algunos elementos de hierro, como los ejes y las llantas de las ruedas. El barón construyó algunos ejemplares, y aunque en algunos casos permitía superar en velocidad al trote del caballo, el invento no llegó a utilizarse, pues presentaba problemas en caminos con piedras, arena o de fuertes pendientes. La draisiana se quedaría en una curiosidad de uso lúdico y recreativo.

Sin embargo, fue un punto de partida. Sucesivamente, se fueron incluyendo modificaciones que llevarían, dos siglos después, a la bicicleta actual. Se considera un hito en esa historia la aportación del herrero Kirkpatrick Macmillan, quien en 1839, inspirándose en las bielas de la máquina de vapor, incorporó al vehículo un cigüeñal en la rueda trasera, que iba conectado por dos barras a unos pedales que podía accionar el ciclista. Sería la primera vez que el conductor no tenía que apoyar los pies en el suelo durante el recorrido. La primera fábrica de bicicletas, ahora con pedales aplicados al eje de la rueda delantera, sería fundada en París, en 1868, por Pierre Michaux, lo que contribuyó a su popularización. Aquel mismo año se celebró la primera carrera entre París y Rouen (124 km), en la que participaron trescientos corredores, que hicieron una media de 12 km/h. Posteriormente, se variaron numerosas veces los tamaños y características de las ruedas, las cadenas de transmisión y los cambios de marcha, y fundamentalmente el cuadro, con materiales que llevaron a fabricar bicicletas mucho más ligeras, ergonómicas, resistentes, cómodas y efectivas en cuanto a optimización de la energía. Desde los años 70 del pasado siglo se produce una diversificación y especialización de las máquinas, con la aparición de modelos todoterreno y las cada vez más sofisticadas de velocidad. Su evolución continúa.

§ 1869. Mendeléyev inventa la tabla periódica de los elementos. A finales del siglo XVIII, en su Tratado Elemental de Química, Lavoisier definió como elementos o sustancias simples aquellas a partir de las cuales no se habían podido obtener dos sustancias diferentes. Es de notar que la alquimia no había considerado los metales como elementos (excepto el mercurio), y aquello era un signo más del nacimiento de la química moderna. Pero en pocos lustros se producirían avances que cambiaron radicalmente esa rama de la ciencia.

El perfeccionamiento de las técnicas de laboratorio, la introducción de métodos cuantitativos y en particular la invención de la electrólisis permitieron el descubrimiento de nuevos elementos, de modo que en medio siglo ya había treinta más. Por otra parte, las leyes de composición de la materia llevaron a Dalton a consolidar una teoría sobre los átomos; tenía claro que los de distintos elementos eran diferentes, y que una característica que los distinguía era su peso. Así las cosas, era inevitable que se intentase poner orden en aquel conjunto de elementos, cada vez más numeroso, y cuyo manejo necesitaba de simplificaciones, como el comenzar a usar para designarlos símbolos de una o dos letras, tomadas normalmente de su nombre en latín.

Fueron varios los químicos que trataron de ordenar el sistema de elementos, y algunos encontraron formas de agruparlos por semejanza de propiedades. Dando un paso más, John Newlands fue el primero en proponer ordenarlos según su peso atómico creciente, y observó que cada ocho elementos se producían analogías. Pero el papel singular en esta cuestión correspondería al profesor ruso Dmitri Mendeléyev, que entonces trabajaba en un libro de química inorgánica para sus alumnos.

Hay una fecha histórica, que consta en sus notas manuscritas. El 17 de febrero de 1869 Mendeléyev canceló una visita a una fábrica de quesos para quedarse en casa trabajando en aquella idea que había comenzado a obsesionarle, el ordenar los elementos químicos de un modo sistemático. Se cuenta que su afición a los solitarios de cartas le había hecho soñar en un posible modo de resolver el problema. Para empezar, aquel día escribió en distintas tarjetas los nombres de cada uno de los sesenta y tres elementos conocidos entonces, junto con sus propiedades principales, y luego colocó las tarjetas en orden de sus pesos atómicos, pero creando nuevas filas para que quedasen alineados en vertical aquellos que tenían propiedades semejantes. Cuando encontraba una ordenación que le parecía relevante la copiaba en un papel. Así confeccionó su primera tabla periódica.

El 6 de marzo presentó a la Sociedad Química Rusa un trabajo «Sobre la relación de las propiedades de los elementos con sus pesos atómicos». Por primera vez la obra de un científico ruso se traduciría inmediatamente al alemán y sería conocida en todo el mundo. Aquel año Dostoievsky publicaba *El idiota*; Tolstoi hacía lo propio con *Guerra y paz*; se estrenaba en San Petersburgo la sinfonía número 2 del joven Rimski-Kórsakov, y Chaikowsky preparaba *El lago de los cisnes*. Rusia estaba de moda.

Pero la genialidad de Mendeléyev hizo que se atreviese a hacer cosas que antes no había hecho nadie. Por ejemplo, no dudó en alterar el orden de dos elementos que eran consecutivos por su peso, cuando esa colocación no correspondía con la semejanza de propiedades. También, quiso dejar en blanco algunas posiciones de la tabla, afirmando que aquellos elementos no habían sido descubiertos todavía, e incluso anunció cuáles serían sus propiedades. Por ejemplo, predijo que junto al aluminio debería existir un elemento que fuera metálico, ligero y de bajo punto de fusión, indicando además cuál sería su peso atómico y la fórmula que tendría su óxido. El descubrimiento del galio en 1875, que confirmó todas las propiedades predichas, sirvió para consagrar el prestigio de Mendeléyev en todo el mundo. Hoy la tabla periódica es un icono de la química, y la teoría atómica explica con detalle el porqué de la periodicidad de propiedades.

18 DE FEBRERO

§ 1867. Primera traducción al español de Julio Verne. En 1863, año en que había comenzado su amistad con el fotógrafo aventurero Nadar, el escritor Julio Verne publicó *Cinq semaines en ballon*, su primera novela y el primero de sus sesenta *Viajes extraordinarios*, una serie que prolongaría durante cuarenta años. A ese título siguieron en Francia los de *Voyage au centre de la Terre* (1864) y *De la Terre à la Lune* (1865). En el Diario oficial de Avisos de Madrid del 18 de febrero de 1867 figura un anuncio de la librería de Durán sobre la primera edición de Verne en castellano. El libro aparece reseñado en el Boletín Bibliográfico Español como «*Cinco semanas en globo. Viajes de descubrimientos en África por tres ingleses, redactado en vista de las notas del doctor Fergusson*, por Julio Verne. Traducción de Federico de la Vega. Madrid, 1867, imprenta de T. Fortanet». A finales de ese mismo año saldría en nuestro país el *Viaje al centro de la Tierra*. Comenzaba también en España el éxito del mejor autor de ciencia ficción de todos los tiempos.

§ 1911. Desde un campo de polo en Allahabad (hoy Prayagraj, India) tiene lugar el primer vuelo oficial en el mundo con correo aéreo, cuando Henri Pequet, un piloto francés de veintitrés años, transporta en su biplano Humber una saca con seis mil cartas y tarjetas hasta la ciudad de Naini (a ocho kilómetros de distancia) al otro lado del Ganges.

§ 1913. El químico británico Frederick Soddy introduce el término «isótopo» (del griego, mismo lugar) para designar a aquellos átomos de un mismo elemento químico que tienen distinta masa, pero que por tener igual número atómico están en la misma casilla de la tabla periódica.

§ 1930. El astrónomo estadounidense Percival Lowell (1855-1916) se hizo famoso por haber postulado, a caballo entre los siglos XIX y XX, la existencia de canales de origen artificial en Marte, con la implícita sugerencia de la existencia de marcianos. En sus últimos años de vida se dedicó a buscar un hipotético «planeta X», que orbitaría más lejos que Neptuno y era supuestamente causante de desviaciones observadas en las posiciones de Urano y Neptuno. No pudo conseguirlo, pero advirtió que alguien lo haría. El anuncio del descubrimiento de ese planeta X tuvo lugar el 18 de febrero de 1930 por el joven Clyde Tombaugh, al comparar dos placas fotográficas del mes anterior con seis días de diferencia, y observar el desplazamiento de un tenue punto de luz entre miles de estrellas fijas. El 24 de mayo recibiría el nombre de Plutón, y aunque al principio se le consideró como planeta, desde 2006 está adscrito a la categoría de «planetas enanos» e integrado en el cinturón de Kuiper.

§ 1524. Se produce uno de los fracasos históricos más notables de la astrología (con ser estos incontables). A la conjunción en este día del Sol con Mercurio, Saturno, Júpiter, Marte y Venus en la constelación de Piscis no siguió ningún diluvio; esa era la predicción apocalíptica de algunos en Alemania, que llegaron incluso a construir un arca que echaron al Rin. Para colmo, tuvieron un año de sequía.

§ 1872. Última edición inglesa de *El origen de las especies*. La primera había salido a finales de 1859. Durante un decenio, en las sucesivas versiones, Darwin iría dando retoques al texto, como respuesta a las críticas de orden religioso, político y sociológico recibidas. Pero hubo también algunas objeciones de carácter científico; sobre todo, a cargo del zoólogo británico George Jackson Mivart. El 19 de febrero de 1872 se puso a la venta la sexta y última edición inglesa, en la que Darwin introduce un capítulo nuevo para responder a Mivart. En esta empleó la palabra evolución por primera vez. El texto tenía la letra más pequeña y los libros fueron vendidos a mitad de precio, porque Darwin había sabido que unos obreros de Lancashire tuvieron que juntar sus ahorros para poder comprar un ejemplar.

§ 1924. Entonces supimos que Andrómeda es otra galaxia. Durante trescientos años, desde que Galileo observó por primera vez los cielos con un catalejo hasta comienzos del siglo XX, nuestra concepción sobre el tamaño del universo no cambió de modo significativo. Es verdad que el disponer de mejores instrumentos de observación nos permitía descubrir novedades continuamente, con lo que se ampliaba el catálogo de objetos estelares, y además el avance de la ciencia proporcionó un modelo mecánico que explicaba los movimientos observados en el sistema solar. Aunque luego las aportaciones de Einstein profundizaron en la complejidad de las interacciones entre la luz y la materia, el espacio y el tiempo, la comunidad científica seguía creyendo que todo lo que vemos brillar en el cielo pertenecía a nuestra galaxia, la Vía Láctea.

El 19 de febrero de 1924 Edwin Hubble, un joven astrónomo que trabajaba en el observatorio de Mount Wilson, envió una carta a su colega Harlow Shapley, entonces director del observatorio del Harvard College, en la que explicaba sus mediciones de la intensidad variable en las estrellas Cefeidas, que había localizado en la nebulosa de Andrómeda. El escrito terminaba afirmando que «... la distancia (a la misma) es de algo más de 300.000 pársecs»; es decir, más de un millón de años luz. La conclusión es impresionante: Andrómeda está tan lejos que no podemos decir que pertenezca a la Vía Láctea. Es otra galaxia diferente. Hubble continuó recogiendo datos, y en enero de 1925 envió un artículo sobre el tema a la American Astronomical Society. Hoy sabemos que la galaxia de Andrómeda está a 2,5 millones de años luz de distancia del sistema solar, y los astrónomos estiman que en el universo observable hay entre 100.000 y 200.000 millones de galaxias.

Harlow Shapley, que trabajó sobre estrellas binarias eclipsantes y estableció una teoría que explicaba la variación intrínseca de luminosidad en las estrellas Cefeidas, había mantenido, ya en 1920, un histórico debate (el Gran Debate) con Heber Curtis, en el que este último expuso la revolucionaria hipótesis de que las entonces llamadas nebulosas espirales no formaban parte de nuestra galaxia, y defendió la idea de que existían lo que denominó «universos islas». Sin embargo, cuatro años después Shapley seguía convencido de que Andrómeda estaba dentro de la Vía Láctea; los nuevos datos de Hubble en su carta eran importantes porque ponían fin a ese debate.

En el descubrimiento de Hubble tuvo un papel fundamental el trabajo de Henrietta Leavitt, una astrónoma que desde finales del siglo XIX formó parte de las «calculadoras de Harvard». Se llamó así a un grupo de mujeres organizado por Edward Charles Pickering en el observatorio del Harvard College; en general su trabajo consistía en realizar tareas tediosas o repetitivas, como comparar placas fotográficas o realizar cálculos numéricos. La invención de la fotografía había revolucionado las observaciones astronómicas, pues por ejemplo al comparar las imágenes de las mismas estrellas en distintos momentos se podía medir si variaba su intensidad. Son protagonistas de interés especial en ese campo las estrellas variables, que cambian de brillo a intervalos regulares de tiempo. Son intermitentes.

Entre las estrellas variables más brillantes están las cefeidas, y por ello Pickering encargó a Leavitt que las buscara en las Nubes de Magallanes (visibles en el hemisferio sur), comparando las placas fotográficas tomadas durante días sucesivos en el observatorio de Arequipa (Perú). En aquellas nebulosas, ella identificó 1777 estrellas cuyo brillo oscilaba, y descubrió que las que tienen mayor intensidad tienen unos períodos más largos de fluctuación, estableciendo cuantitativamente la relación período-luminosidad, lo que hoy se conoce como ley de Leavitt. Esta relación nos permite deducir su distancia, si comparamos esa luminosidad calculada con el brillo aparente. Con ello, Leavitt había descubierto una escala para medir en el cielo profundo. Hasta entonces los únicos métodos que permitían medir distancias astronómicas eran los basados en paralaje y triangulación, que no resultaban aplicables a grandes distancias. En 1912 Edward Pickering firmó y envió para su publicación un artículo titulado «Períodos de 25 estrellas variables en la Nube Menor de Magallanes», que comienza diciendo «este trabajo ha sido preparado por la srta. Leavitt». Por su parte, Edwin Hubble repitió numerosas veces que Henrietta Leavitt fue merecedora del Premio Nobel.

20 DE FEBRERO

§ 1524. Por orden del emperador Carlos V se inician los estudios para la creación de un canal navegable que pueda comunicar el Mar del Sur (océano Pacífico) con el Mar del Norte (océano Atlántico) por el istmo de Panamá. A ello invitaba el hecho de que en 1519 el segoviano Pedro Arias Dávila (alias Pedrarias) había fundado al oeste de ese territorio la ciudad de Panamá.

§ 1920. En la reacción posterior al Desastre del 98, con el fin del imperio colonial tras la pérdida de Cuba y Filipinas, habían nacido en España numerosas iniciativas regeneracionistas. Una de ellas estaba vinculada al trabajo de Santiago Ramón y Cajal, con la intención de dotarlo de un laboratorio adecuado a sus investigaciones. Con esta fecha, y por real decreto, se crea un Instituto para Investigaciones Biológicas que sería inaugurado en 1932 bajo la dirección del propio Cajal. Hoy lleva su nombre y está especializado en neurobiología.

§ 1934. En Estados Unidos se otorga al químico nuclear Ernest O. Lawrence la patente por su «Procedimiento y aparato para la aceleración de iones», que sería conocido como ciclotrón. Los iones, confinados en una trayectoria circular en una cámara de vacío por un fuerte campo magnético, son acelerados con impulsos sucesivos por efecto de un campo eléctrico.

§ 1962. El piloto John Glenn, de cuarenta años, se convierte en astronauta a bordo de la nave Friendship 7, de la misión Mercury-Atlas 6. Dio tres vueltas a la Tierra en cinco horas, a 260 km de altura. Glenn volvería al espacio treinta y seis años más tarde, dando 134 vueltas con el transbordador espacial Discovery, convirtiéndose entonces en el astronauta de más edad.

§ 1804. En Merthyr Tydfil, al sur de Gales, se realiza satisfactoriamente el primer ensayo sobre raíles de una locomotora de vapor. Era la segunda en existir, diseñada por Richard Trevithick, y sería conocida como Pen-y-darren. En su estreno recorrió dieciséis kilómetros, en cuatro horas, de la línea que conecta la mina de hierro de Pen-y-Darren con la ciudad de Abercynon, moviendo cinco vagones con diez toneladas de hierro y setenta hombres.

La locomotora constaba de una caldera de hierro fundido de alta presión, montada sobre un bastidor de dos ejes. En la parte trasera llevaba un volante de inercia de 2,5 m de diámetro que permitía suavizar los tirones del pistón. Ese día, el 21 de febrero de 1804, Trevithick escribió «funciona muy bien y es mucho más manejable que los caballos».

§ 1811. Al presentar un trabajo ante la Royal Society de Londres, Humphry Davy emplea por vez primera la palabra «*chlorine*» («verde», en griego) para referirse al producto que Lavoisier había denominado «ácido oximuriático». El cloro, un gas de color amarillo verdoso, se podía obtener por reacción entre el oxígeno y el ácido clorhídrico, que a comienzos del siglo XIX se llamaba ácido muriático. Davy demostró que el gas obtenido no era un compuesto de oxígeno, como se pensaba, sino un nuevo elemento químico, es decir, una sustancia que nunca puede ser descompuesta en otras dos diferentes. Había sido descubierto en 1774 por el sueco Carl Wilhelm Scheele, quien también estudió algunas de las propiedades del gas, como su poder decolorante, su alta reactividad y su carácter venenoso. El carácter desinfectante del cloro se debe a que en presencia de agua forma hipoclorito (lejía).

§ 1923. Albert Einstein visita España por primera vez. Por entonces, unos cuantos científicos españoles ya habían comenzado a entrar en contacto habitual con sus colegas europeos. En el campo de las matemáticas, fruto del magisterio de Julio Rey Pastor; en física, con el liderazgo de Blas Cabrera; y en astronomía, donde nuestra figura más destacada era Joseph Comas i Solà. Las investigaciones en laboratorio comenzaban a ser posibles, y en algún caso contaban con la ayuda de los instrumentos creados por Torres Quevedo. Los científicos tenían su popularidad. No solamente había interés por las ideas relativistas entre los expertos, sino que el tema estaba también en la calle.

Desde 1919, cuando el eclipse del mes de mayo permitió comprobar que los rayos del Sol se curvan cuando son atraídos por una masa, Einstein era ya una celebridad mundial. Las consecuencias tanto de la teoría especial de la relatividad como de la general —que algunos confundían— comenzaban a ser conocidas y comentadas, incluso popularizándose por diversos medios. Einstein era famoso porque era alemán, por su imagen no convencional y su personalidad peculiar, y porque sus teorías eran supuestamente incomprensibles. Este último motivo era especialmente incómodo para algunos intelectuales, que optaban por manifestar una ambivalencia ante el tema y explicitar todo género de reservas, haciendo voluntaria identificación entre relatividad y relativismo.

Tras visitar y dar conferencias en varios países como Inglaterra, Estados Unidos, Francia, Japón y Palestina, el 21 de febrero de 1923 Einstein llega con su esposa (y prima) Elsa a la estación de Francia en Barcelona, donde no había nadie para recibirles, pues nadie sabía que lo harían en ese tren. Acudía como respuesta a una carta de invitación de Rey Pastor en abril de 1920, en nombre del Institut d'Estudis Catalans y de la Junta para Ampliación de Estudios, para dar conferencias en Barcelona y Madrid. En esa misiva se argumentaba que la visita «merecerá la duradera gratitud de la cultura española», y se añadía que la Sociedad Matemática ya había puesto en marcha iniciativas para popularizar la relatividad en España. Ramón y Cajal le recordó esa invitación en julio, y a ambas cartas Einstein respondió que su visita a España tendría lugar «en un año próximo». La oferta fue reiterada por Esteban Terradas y desde otras instancias científicas.

Solucionado un problema anecdótico para su alojamiento en Barcelona (que terminó en el Ritz), Einstein dio tres conferencias sobre relatividad en la Diputación, con el patrocinio de la Mancomunidad, para público especializado, y otra más, en la Academia de Ciencias, sobre sus implicaciones filosóficas. Tuvieron un gran éxito de asistencia, pero con desigual grado de comprensión, según la prensa. Quedaba claro que «Einstein es célebre porque unos pocos centenares de matemáticos han creído que es digno de serlo», pero el resto de los mortales debe aceptar la relatividad como un acto de fe. En su diario de viaje, el conferenciante dejó escrito: «Estancia en Barcelona. Mucha fatiga, pero gente amable (...), canciones populares, bailes, comida. ¡Ha sido agradable!».

Einstein y Elsa viajaron por tren a Madrid el día primero de marzo, donde les esperaba un comité de recepción encabezado por Blas Cabrera. Tras alojarse en el Palace durante diez días, pudo dar paseos por la ciudad; asistir a recepciones y recibir honores; visitar tres veces el Museo del

Prado; hacer escapadas a Toledo y El Escorial; saludar a Ramón y Cajal (según él «un viejo maravilloso»); y pronunciar ante un auditorio entregado tres conferencias —como hiciera en Barcelona, en alemán, y recurriendo al francés— por las que también recibió de la universidad 3500 pesetas (el salario anual de un profesor titular). El domingo día 4, en la Academia de Ciencias que presidía el bioquímico Rodríguez Carracido, tuvo lugar, con la asistencia del rey Alfonso XIII y de la «crema de la intelectualidad», una sesión extraordinaria en la que Einstein respondió al discurso de Cabrera. Al final de su tercera conferencia el invitado apuntó en su diario: «Auditorio atento que seguramente no comprendió casi nada debido a la dificultad de los problemas tratados». El 12 de marzo viajó hasta Zaragoza, donde pronunció dos conferencias; de allí partiría hacia la frontera francesa.

§ 1953. Este día Francis Crick y James Watson llegaron a su conclusión sobre la estructura en doble hélice de la molécula de ADN. Una semana después, en el Laboratorio Cavendish, de Cambridge, madrugaron para dedicarse a colocar y recolocar haciendo parejas con los modelos de cartón que habían recortado de las cuatro bases nitrogenadas: adenina (A), guanina (G), citosina (C) y timina (T). Luego harían otro modelo en aluminio que presentaron oficialmente.

Según cuenta Watson, aquel sábado él trabajaba tratando de borrar de la mente una famosa escena de Hedy Lamarr en la película *Ecstasy* que por fin había podido ver, cosa imposible en los años de su estreno por no tener la edad. A pesar de todo, le llegó la inspiración, y concluyó que la solución estaba en emparejar las bases, pero siempre A con T y C con G, uniéndolas con puentes de hidrógeno. Su artículo «A Structure for Deoxyribose Nucleic Acid» fue publicado el 25 de abril en la revista *Nature*.

22 DE FEBRERO

§ 1632. Galileo Galilei publica en italiano su *Dialogo sopra i due massimi sistemi del mondo Tolemaico, e Copernicano* (*Diálogo sobre los dos principales sistemas del mundo*). En él, tres personajes debaten en Venecia sobre el movimiento en torno al Sol, lo que desencadenó la acusación formal por «sospechas graves de herejía» ante la Inquisición y posterior condena del autor. El *Diálogo* fue a continuación incluido en el Índice de libros prohibidos, donde permaneció hasta 1822.

§ 1828. La urea puede existir sin seres vivos. A comienzos del siglo XIX imperaba en la química la idea del vitalismo, una teoría que afirmaba que eran radicalmente distintos los compuestos procedentes de las tierras inanimadas, que serían objeto de estudio de la química inorgánica, y las sustancias que eran producto de organismos vivos, dotados de una «fuerza vital», cuyo estudio debía corresponder a la química orgánica. Fue por entonces cuando esa barrera comenzó a desmoronarse. El 22 de febrero de 1828, el pedagogo y químico Friedrich Wöhler comunicó a Jacob Berzelius («la mayor autoridad del mundo en materia de química») que había conseguido en laboratorio la síntesis de urea a partir de sustancias inorgánicas. Hasta entonces se pensaba que solo podían producirla los seres vivos en su actividad biológica. Este hecho rompía la barrera entre química inorgánica y orgánica. Esta última se conoce ahora como química del carbono.

§ 1918. Nace en Alton, Illinois, el hombre más alto del mundo hasta la fecha. Robert Pershing Wadlow murió a los veintidós años, cuando medía 2,72 m de altura y pesaba 222 kg. La causa de su estatura fue atribuida a un exceso de secreción de la hormona del crecimiento por la glándula pituitaria. Robert había nacido con 3,8 kg, pero a los cinco años ya medía 1,70 m y a los catorce era el *boy scout* más alto del mundo con 2,24 m.

23 DE FEBRERO

§ 1569. El ingeniero e inventor nacido en Cremona (Lombardía) Juanelo Turriano, amigo del arquitecto Juan de Herrera, presenta en Toledo al rey Felipe II su dispositivo para subir el agua desde el Tajo hasta el Alcázar, salvando un desnivel de más de 90 m. Conocido como «el artificio de Juanelo», fue en la época uno de los atractivos de la ciudad, admirado en toda Europa, y siguió funcionando hasta 1617.

§ 1893. Rudolf Diesel recibe la patente alemana para un motor de alto rendimiento que funciona con gasóleo en lugar de gasolina, y utiliza para conseguir la temperatura necesaria para la explosión una alta compresión de los gases en el cilindro, en lugar de la chispa de la bujía. Sobre el tema publicó este mismo año un trabajo titulado «Teoría y construcción de una máquina térmica racional para sustituir la máquina de vapor y los motores de combustión conocidos hoy en día».

§ 1997. Se hace público que un grupo de científicos del Roslin Institute de Edimburgo, dirigidos por el embriólogo Ian Wilmut y con la colaboración del biólogo Keith Campbell, habían conseguido con éxito una clonación a partir de células de un mamífero adulto. El resultado fue la oveja Dolly, una hembra de Dorset finlandés que había nacido el 5 de julio del año anterior. Su gestación había sido resultado de una clonación en laboratorio (la primera de un mamífero) de una célula somática adulta, realizando la transferencia del núcleo de una célula mamaria a un óvulo sin núcleo. Este día Wilmut también explicó el motivo del nombre de la oveja, que se trata de un homenaje a la cantante country Dolly Parton. La oveja vivió en el Roslin Institute, donde fue cruzada con un macho de la raza Welsh Mountain y tuvo diversas crías, hasta ser sacrificada en 2003 tras una enfermedad pulmonar.

24 DE FEBRERO

§ 1616. La Iglesia de Roma condena el heliocentrismo. Hasta hace cuatro siglos, la cultura occidental se encontraba cómoda con su paradigma cosmológico, desarrollado a partir de ideas expuestas por Aristóteles en el siglo IV a. C.: el Sol, la Luna y las estrellas son elementos celestes, perfectos y puros, que giran alrededor de la Tierra; aquí abajo, las cosas pesadas caen y las que tienen aire o fuego suben, porque es propio de su naturaleza. Todas ellas son ideas que concuerdan con la experiencia cotidiana, y también (como no podía ser de otra forma) con la Biblia. Por otro lado, la manera de progresar en el saber, el razonamiento, se basaba exclusivamente en la lógica deductiva: a partir de dos premisas consideradas verdaderas —porque venían de una autoridad—, siguiendo un silogismo podía obtenerse una conclusión, también verdadera.

Pero desde que en 1543 el canónigo polaco Copérnico publicó su libro *De revolutionibus orbium coelestium*, la idea de que era posible un modelo heliocéntrico para explicar los movimientos planetarios en el cielo se iba haciendo más conocida, y pronto la autoridad de Aristóteles comenzaría a ponerse en duda. Además, Galileo Galilei realiza experimentos para describir cuantitativamente la caída de los cuerpos, y concluye que todos lo hacen a la misma velocidad sin importar su peso, y que ese movimiento es acelerado. Con ello, una forma de razonar diferente, basada en la experimentación y la observación, y que utiliza una lógica inductiva, estaba ganando adeptos y permitía realizar afirmaciones nuevas. Años después, el mismo Galileo realiza observaciones con su telescopio y descubre montañas en la Luna (algo impropio de un cuerpo celeste), y satélites que giran alrededor de Júpiter, evidenciando que no todo orbita en torno a la Tierra. Además, la existencia de manchas solares mostraba que el astro rey era imperfecto, y los detalles observados de las fases de Venus exigían que este planeta girase alrededor del Sol. El geocentrismo se desmoronaba por el ataque de las pruebas experimentales.

En diciembre de 1614, el dominico Tommaso Caccini pronunció un sermón en Florencia para criticar el copernicanismo, denunciando veladamente a Galileo, y así comienza una batalla ideológica con notable desigualdad de armas, que terminaría en el tribunal del Santo Oficio. El miércoles 24 de febrero de 1616 se reúne una comisión formada por once teólogos, con mayoría de dominicos, que incluye al gallego Tomás de Lemos y al aragonés Raphael Riphoz. Entre ellos no hay ningún astrónomo, pero unánimemente concluyen que la afirmación de que el Sol es el centro del universo y está inmóvil es «estúpida, absurda en filosofía, y formalmente herética por contradecir la Sagrada Escritura»; asimismo dicen que afirmar que la Tierra no es el centro del universo y que gira sobre sí misma con un movimiento diario es «absurdo filosóficamente« y «al menos erróneo en la fe». Dos días después, por mandato del papa Pablo V, el cardenal Belarmino llama a Galileo, y en presencia de testigos le comunica que debe abandonar aquellas opiniones «erróneas» y abstenerse de enseñarlas y defenderlas, bajo amenaza de llevarlo a prisión. Una semana después, Belarmino informa al papa de que Galileo había prometido obedecer, y un Decreto de la Congregación del Índice suspende el libro de Copérnico «hasta ser corregido», prohibiendo también por extensión «todos los otros libros que de manera similar enseñan la misma cosa».

§ 1871. El naturalista Charles Darwin publica *The Descent of Man* (*El origen del hombre*). Curiosamente, la primera obra importante de Darwin que se publicó en España no fue su famosísima *El origen de las especies*, sino otra posterior que trataba de explicar la presencia en el mundo de la especie humana, con su identidad y diversidad. Doce años después de haber revolucionado el mundo científico con su teoría de la selección natural, cuando ya tenía el reconocimiento de colegas de todos los países, el 24 de febrero de 1871 fue publicado en Londres *The Descent of Man*. Esta obra contaría con su versión castellana en 1876, con el título *El origen del hombre. La selección natural y la sexual* (Imprenta de la Renaixensa, Barcelona) cuando en España ya existía un gran debate entre partidarios y detractores del darwinismo, con una posición favorable entre los intelectuales librepensadores y con la jerarquía de la Iglesia Católica en otra radicalmente contraria. Por supuesto que en este debate predominaban las connotaciones religiosas, filosóficas, políticas y sociales frente a las razones científicas. La primera traducción íntegra al castellano de *On the Origin of Species* no llegaría hasta 1877, a partir de la sexta (y última) edición inglesa.

En la introducción al libro que nos ocupa, publicado en dos tomos, el metódico Darwin escribe: «El único objeto de este trabajo es considerar, en primer lugar, si el hombre, como cualquier otra especie, desciende de alguna forma preexistente; en segundo lugar, la forma de su desarrollo; y tercero, el valor de las diferencias entre las llamadas razas del hombre (...) Durante muchos años me ha parecido muy probable que la selección sexual ha jugado un papel importante en la diferenciación de las razas del hombre; pero en mi *Origen de las Especies* me contenté simplemente con aludir a esta creencia. Cuando llegué a aplicar esta idea al hombre, me pareció indispensable tratar todo el tema con completo detalle».

Pocos años después de la publicación del tratado darwiniano sobre el origen de las especies, tanto el geólogo Charles Lyell como el biólogo Thomas Huxley habían escrito sendos libros sobre las evidencias fósiles de la Antigüedad del ser humano y el lugar en la naturaleza de nuestra especie a la luz de la nueva teoría. Se hacía necesario, pues, poner orden en todas aquellas ideas dentro del nuevo paradigma evolutivo, y Darwin lo hizo. Subrayando la continuidad que existe entre la especie humana y otras especies animales, afirmando que las especies están emparentadas entre sí, el naturalista compara las características físicas y psicológicas del hombre con rasgos similares en simios y otros animales, mostrando cómo incluso la mente y el sentido moral humanos podrían haberse desarrollado a través de procesos evolutivos. Darwin presta especial atención a la idea de selección sexual y diferencia esta de la selección natural, plantea las diferencias entre razas y entre sexos, así como el papel dominante de la mujer en la selección de una pareja para aparearse.

En el texto nunca se afirma que el hombre descienda de los monos tal como los conocemos hoy en día, sino que los antepasados del *Homo sapiens* tendrían que incluirse entre los primates. Pero lo cierto es que esta afirmación, interpretada erróneamente en distintos ambientes y fomentada por la prensa popular, causó un impacto solo superado por el que había originado diez años atrás *El origen de las especies*. Darwin ya anticipó esa repercusión en sus conclusiones, considerando que el afirmar que el hombre «desciende de alguna forma de organización inferior (...) será, lamento pensarlo, muy desagradable para muchos». Siglo y medio después de su publicación, esta obra ha soportado el paso del tiempo, con todos los progresos que hemos conocido en paleontología, genética molecular, antropología física, estratigrafía, geocronología o arqueología.

§ 1931. Por iniciativa del matemático canadiense John Charles Fields, se crea la distinción que lleva su nombre. El comité organizador del Congreso Internacional de Matemáticas reunido en esta fecha argumenta que no existe ningún Premio Nobel que reconozca la excelencia en el trabajo de los matemáticos. La Medalla Fields fue entregada por primera vez en Oslo en 1936.

§ 1938. Con el llamativo título Dr. West's Miracle Tuft Toothbrush y referencia a un «mechón milagroso», la firma DuPont comienza a producir cepillos de dientes con cerdas de nailon. Era la primera aplicación de ese tipo de plástico, en un objeto que hasta entonces se hacía sobre todo con cerdas de jabalíes. Los nuevos cepillos eran más baratos y el nailon presentaba la ventaja de poder controlar su dureza, lo que se haría realidad fabricando unos más suaves en 1950.

25 DE FEBRERO

§ 1837. El herrero e inventor estadounidense Thomas Davenport recibe la patente por el primer motor eléctrico, que había fabricado más de dos años antes. En 1840 lo usó para accionar la máquina con la que imprimió la publicación *The Electro-Magnet, and Mechanics Intelligencer*, el primer semanario del mundo sobre tecnología eléctrica.

§ 1899. Tiene lugar el primer accidente en el mundo de un automóvil con motor de combustión interna donde se produce el fallecimiento de los ocupantes. Fue en Harrow (Londres), durante una demostración de un elegante Daimler con motor de 6 HP. Al chocar una rueda trasera, los dos ocupantes salieron proyectados. El chófer Edwin Sewell, de treinta y un años, murió en el acto, y el pasajero James Stanley Richer, de sesenta y dos años, lo haría cuatro días después.

§ 1902. El ingeniero Hubert Cecil Booth, de Londres, construye la primera máquina aspiradora de la historia. El año anterior había diseñado un sistema de filtro que convertía en viables comercialmente las máquinas de succión existentes, dotadas de motor eléctrico o de petróleo.

Era un aparato enorme, montado sobre un carro tirado por caballos, y dotado de una larga manguera que llegaba hasta el lugar a limpiar. Una de las primeras tareas fue aspirar la gran alfombra azul de la Abadía de Westminster para la coronación de Eduardo VII, el 9 de agosto de 1902.

26 DE FEBRERO

§ 1896. En unos días que todo el mundo andaba fascinado por los rayos X recién descubiertos por Röntgen, un profesor de física en el Museo Nacional de Historia Natural en París, Henry Becquerel, que entonces investigaba la fosforescencia, realizó pruebas para ver en qué condiciones podría producirse ese fenómeno en las sales de uranio. En este día había dejado una placa fotográfica bien envuelta en papel negro, y sin ninguna intención, encima de ella quedó un fragmento de un mineral de uranio. Al revelar la placa días después observó que, aun en ausencia de sol, había quedado impresionada. El material de uranio emitía espontáneamente una radiación que traspasaba el papel. Así descubrió la radiactividad natural, y dejó constancia de ello en su cuaderno de laboratorio con fecha 2 de marzo. Aquellos «rayos de Becquerel» serían investigados por Marie y Pierre Curie, y en 1903 los tres recibirían el Nobel de Física por su descubrimiento de la radiactividad.

§ 1935. Ante los oficiales del Ministerio del Aire en Daventry (Inglaterra), el físico e ingeniero escocés Robert Watson-Watt (descendiente de James Watt) realiza una prueba («experimento Daventry») detectando la presencia de un bombardero mediante dos antenas (una emisora y otra receptora) situadas a diez kilómetros de distancia. Así evidenció el funcionamiento del radar (*radio detection and ranging*), demostrando que un avión refleja los haces de onda corta. El sistema de radares Chain Home fue clave en la guerra contra la Alemania de Hitler.

§ 1958. El Ministerio de Fomento ordena que todos los vehículos motorizados en España que circulen por carretera deben estar provistos de espejo retrovisor. Esta ayuda a la conducción había sido inventada en 1906 por la británica Dorothy Levitt, la mejor piloto de su tiempo y la primera mujer que ganó una carrera de automóviles (1905). Volvo instaló el primer retrovisor en un vehículo en 1914, y los demás fabricantes comenzaron a hacerlo en los años 20.

§ 1798. Documentos fechados este día en Villanueva de la Serena (Badajoz) acreditan la existencia de la tortilla española de patatas, cuya autoría atribuyen al ilustrado Joseph de Tena Godoy y Malfeito, junto con el marqués de Robledo, que pretendían combatir la hambruna basándose en la patata.

§ 1879. El azar lleva a la sacarina. El químico Constantine Fahlberg había comenzado a trabajar en el laboratorio de Ira Remsen, en la Universidad John Hopkins, de Maryland, donde estaban experimentando sobre los productos de la oxidación en derivados del alquitrán de hulla. Cierto día, tras finalizar el trabajo en laboratorio y ponerse a cenar, Fahlberg encontró el pan extraordinariamente dulce, y observó que también lo estaban sus dedos. Sospechó que el motivo era el último compuesto con el que había estado trabajando, y acertó. Sin saberlo, por no usar guantes en el laboratorio y por no lavarse las manos antes de cenar, había descubierto la sacarina, el primer edulcorante sintético.

El 27 de febrero de 1879 ambos enviaron un artículo sobre aquellas investigaciones para su publicación en los *Berichte*, la revista científica de la Sociedad Química Alemana. Remsen continuó con éxito su carrera investigadora en Estados Unidos, y Fahlberg se hizo rico como empresario, tras patentar por su cuenta la fabricación de sacarina en 1884.

§ 1932. El núcleo de los átomos tiene neutrones. En 1911 Ernest Rutherford había planteado la existencia de un diminuto núcleo atómico para explicar los resultados de su experimento de bombardear una lámina de oro con partículas alfa, o núcleos de helio. Estas partículas tenían carga eléctrica positiva, como todos los demás núcleos. Se sabía que la materia tenía también partículas de carga negativa, los electrones, pero existía el problema de que la masa de los núcleos no se correspondía con la carga que deberían tener. La solución vino con el descubrimiento del neutrón, una partícula con masa pero sin carga, que forma parte de los núcleos atómicos. La detectó James Chadwick, trabajando con Rutherford en el Laboratorio Cavendish, al bombardear berilio con partículas alfa. Chadwick publicó su hallazgo el 27 de febrero de 1932 en la revista *Nature*, y por ello recibió el Nobel de Física en 1935.

§ 1940. Mediante bombardeo de un bloque de grafito con partículas subatómicas, Martin Kamen y Samuel Ruben consiguen obtener carbono 14. Para ello utilizaron el ciclotrón de la Universidad de California en Berkeley. El carbono 14 es radiactivo y debe su importancia a su utilidad para datar materiales orgánicos, siendo la técnica más fiable para conocer la edad de muestras de menos de 60.000 años.

28 DE FEBRERO

§ 1561. El cirujano francés Ambroise Paré publica *La méthode curative des playes et fractures de la teste humaine* (*Tratamiento de heridas y fracturas en la cabeza humana*). Lo hace como respuesta al fallecimiento del rey Enrique II de Francia, tras ser herido con una lanza en un ojo durante un torneo celebrado con motivo de la boda del monarca español Felipe II con la princesa francesa Isabel de Valois.

§ 1767. Pocas poblaciones pueden presumir de conocer con certeza la fecha exacta de su fundación. Esa circunstancia se da en La Carolina, en la provincia de Jaén, que debe su nombre a haber sido creada por iniciativa de Carlos III, y que en el trazado de sus calles —está calificada como joya urbanística del Santo Reino— da testimonio de los tiempos de la Ilustración en que nació. La Carolina es prueba de la determinación del monarca en repoblar el entonces reciente paso de Despeñaperros, fundamentalmente para hacer más seguro el tránsito de mercancías y viajeros en la carretera de Madrid a Cádiz. El 28 de febrero de 1767 se aprobó el plan colonizador que daría lugar a las Nuevas Poblaciones de Sierra Morena. En un proceso dirigido por Pablo de Olavide, vinieron del centro de Europa unos seis mil colonos, en su mayor parte alemanes, que dejaron su obra y sus apellidos integrados en tierra española. En tres años estaba finalizada La Carolina.

§ 1928. El profesor de física en la Universidad de Calcuta Chandrasekhara Raman anuncia el descubrimiento del ahora llamado efecto Raman, que logró al iluminar un líquido o vapor transparente con una luz monocromática. Al hacerlo se observaban variaciones de frecuencia en el espectro de la luz difundida. En 1930 recibió por ello el Nobel de Física.

§ 1692. En el poblado de Salem (hoy Danvers), habitado por trabajadores puritanos en la colonia inglesa de Massachusetts, tres mujeres (Sarah Osborne, Sarah Good y Tituba, una esclava negra) fueron recluidas y acusadas de realizar brujería con unas niñas. El proceso se extendió hasta detener, acusar y ejecutar a veinte mujeres durante el verano de ese año. Hoy todos hemos leído alguna vez sobre la «caza de brujas de Salem». Aunque el motivo principal de los sucesos fue sin duda el puritanismo, algunos autores sugieren la posibilidad de ataques de epilepsia en las niñas o el consumo de pan de centeno contaminado de cornezuelo, que contiene ergotamina.

§ 1880. Se completa la perforación del túnel de San Gotardo, en los Alpes suizos, que con quince kilómetros de longitud conecta las comunas de Göschenen y Airolo. El ferrocarril de doble vía se completó y abrió al tráfico en 1882, contribuyendo notablemente al progreso del transporte y la economía de la zona.

§ 1916. La pedagoga María Montessori, una de las primeras mujeres en obtener el título en Medicina en Italia y famosa por sus métodos educativos, obtiene una patente de «Figura geométrica recortada con fines didácticos». La patente cubre su invención de una placa con huecos de distintas formas donde se pueden encajar piezas adecuadas, para que «los principios fundamentales de la geometría puedan enseñarse fácil y rápidamente a los niños». Los huecos se pueden llenar, por ejemplo, con varios triángulos pequeños que llenan una cavidad triangular más grande.

§ 1712. Este año en Suecia tuvieron un febrero de treinta días. Aunque en 1582 el papa Gregorio XIII había promulgado la bula Inter gravissimas cambiando el calendario, hasta final del siglo XVII Suecia seguía el calendario juliano, como sucedió en los países protestantes y ortodoxos que no aceptaron la bula papal. Sin embargo, había el proyecto de adoptar el nuevo calendario gregoriano y suprimir los once días que entonces se desviaban, pero se pensaba hacerlo poco a poco. Para ello, a partir de 1700 se iban a eliminar los bisiestos hasta 1740 y así, por comenzar de ese modo, 1700 no fue bisiesto. Pero la Gran Guerra del Norte tuvo atareados a los suecos, de modo que se olvidaron de suprimir dos bisiestos (los de 1704 y 1708). Fue entonces cuando el rey Carlos XII se dio cuenta de que aquel calendario patrio ya no era juliano ni gregoriano, y se inclinó por volver al primero, recuperando el día que habían suprimido en 1700. Por ello, aquel 1712 hubo en Suecia dos días bisiestos, y ese año tuvieron un 30 de febrero. La homologación tuvo lugar por fin en 1753, cuando se aceptó el calendario gregoriano (el Imperio Británico ya lo había hecho en 1752). Los últimos países en adoptarlo, ya en el siglo XX, fueron Rusia, que lo hizo tras la Revolución de Octubre, y Grecia, en 1923.

Las calendas celebraban en la antigua Roma el comienzo de cada mes, y de esta palabra deriva el término calendario. Especial relevancia tenían las calendas de marzo, pues antiguamente este era también el inicio del año, aunque el calendario romano ya incluyó, tras el fin del mes décimo (que por ello se llamaba diciembre), los meses de enero y febrero. Pero incluso aquel calendario de doce meses se desfasaba con respecto al año solar, y la fecha de comienzo de la primavera, por ejemplo, variaba al pasar los años. Tratando de corregirlo, el calendario juliano, implantado por Julio César el año 45 a. C., alargó el año distribuyendo entre los meses diez días adicionales, y también incluyó un día para intercalar cada cuatro años en el mes de febrero.

Para ello, el 24 de febrero, el llamado *ante diem sextum Calendas Martii*, o sea, el día sexto anterior a las calendas de marzo, se duplicaba dando lugar a un *ante diem bis sextum*, y cuando eso sucedía decían que aquel era un año «bis-sextile», de donde viene lo de bisiesto. Más adelante, ese día extra pasaría al final de mes. El calendario juliano consideraba que eran bisiestos todos los años divisibles por cuatro; y tras la corrección gregoriana es así, pero exceptuando el último de cada siglo (el que termina en 00) salvo que el año sea divisible por 400. O sea que 1900 no fue bisiesto, pero 2000 sí lo fue.

La diferencia de duración de 0,000125 días que existe entre el año medio del calendario gregoriano hoy vigente y el año medio real en astronomía nos obligaría a corregir un día en el plazo de ochenta siglos, pero creo que eso no lo vamos a acordar de momento, y olvidaremos la sugerencia de John Herschel de hacer que el año 4000 no sea bisiesto. Pero digo yo que, si lo es, por lo menos que el día de regalo sea festivo.

MARZO

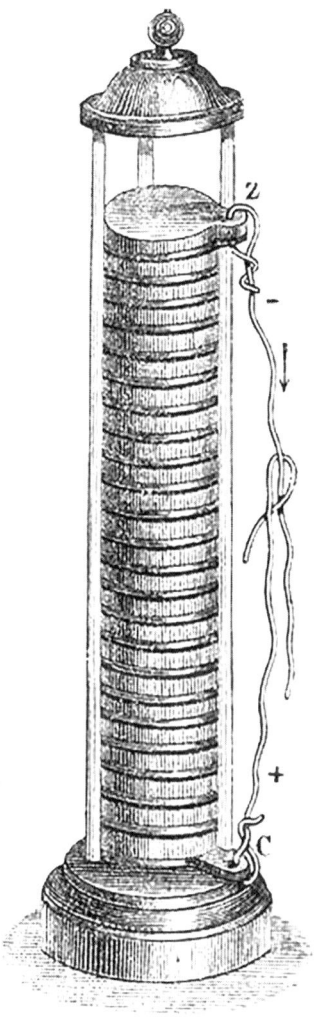

Alessandro Volta comunica el 20 de marzo de 1800 su invención de la pila eléctrica, que recibe ese nombre porque logró crear una corriente eléctrica continua y estable al apilar discos de cobre y zinc.

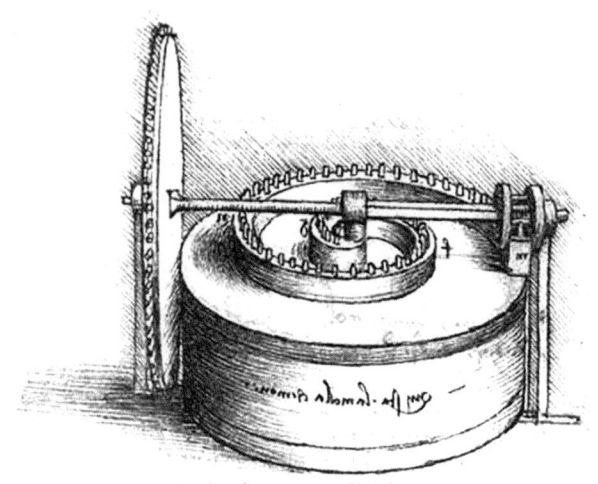

Página del *Tratado de Estática y Mecánica* de Leonardo da Vinci. Entre los fondos más antiguos de la Biblioteca Real Pública, fundada en 1712, estaban sin duda los cuadernos de Leonardo. La primera noticia fidedigna proviene de un índice manuscrito atribuido a Francisco Antonio González Oña que data de 1830. Bajo la entrada «Vinci (Lionardo da)» figuran anotados los tratados de fortificación, estática, mecánica y geometría, (escritos de manera que habría que leerlos en un espejo) entre los años 1491 y 1493.

1 DE MARZO

§ 1493. Tras un temporal en la mar, la carabela la Pinta, capitaneada por Martín Alonso Pinzón, arriba al puerto de Bayona (Pontevedra), siendo el primer lugar de Europa en el que se tuvo noticia de que había tierra firme navegando hacia el oeste. Tres días después Colón llegaba a Lisboa en la Niña, y era recibido por el rey de Portugal, Juan II, quien envió una misiva al rey Fernando el Católico para comunicarle el evento.

§ 1712. Este día abre sus puertas la Biblioteca Real, germen de lo que hoy es la Biblioteca Nacional. Felipe V, desde 1701 primer rey de la dinastía de los Borbones en España, inició en nuestro país una nueva forma de entender la cultura conforme a los principios de la Ilustración. Por expreso deseo del monarca, los libros pasaron a estar a disposición del público en general, para servir a la divulgación de la cultura en un país plagado de analfabetismo. La Biblioteca Real contaba entonces con ocho mil volúmenes, procedentes de la biblioteca personal de la reina madre y de las bibliotecas de los nobles, junto con otros traídos de Francia. Entre ellos había ejemplares especialmente valiosos, como manuscritos originales de Leonardo da Vinci.

§ 1922. «Una hora menos en Canarias». Todas las emisoras de radio nos recuerdan a menudo con ese latiguillo que las islas Canarias tienen un horario distinto al resto de España. Al estar ubicadas en un huso horario más hacia el oeste, les corresponde una hora menos que en la Península y Baleares. Eso es así oficialmente desde el 1 de marzo de 1922, que fue cuando entró en vigor la medida, tras ser aprobada por el Gobierno de Alfonso XIII. La nueva hora insular nació así por real decreto, a raíz de una intervención del almirantazgo británico, y por mediación del Ministerio de Marina, solucionando un problema de veinte años. El primer día del siglo XX había comenzado en España la regulación de la hora oficial, que eliminaba todas las horas locales y regionales, pero no establecía diferencia alguna para las Canarias.

§ 1927. En la revista *Proceedings of the Royal Society* se publica el primer artículo sobre electrodinámica cuántica, que describe la interacción entre las ondas electromagnéticas y la materia. Se titula «Teoría cuántica de la emisión y absorción de radiación», y su autor es el matemático y físico británico Paul Dirac, un hombre taciturno y modesto, uno de los científicos más importantes del siglo XX, que el año siguiente postularía la existencia de antimateria.

§ 1963. Primera operación de trasplante de hígado. Aunque tuvo menos impacto mediático que el primer trasplante de corazón, que no realizaría hasta casi cinco años después, el sudafricano Christiaan Barnard, la operación de sustitución del hígado resulta igualmente vital e importante, además de ser técnicamente más compleja. En España se realizó por primera vez en 1984.

El día 1 de marzo de 1963, en el Veteran's Hospital de Denver, el profesor de la Universidad de Colorado Thomas Starzl realizó el primer trasplante de hígado, a un pequeño de tres años. El receptor, inconsciente y con ictericia, tenía una estrechez de los conductos que llevan la bilis a la vesícula. El donante fue otro niño, que había fallecido como consecuencia de un tumor cerebral. Hasta entonces únicamente se habían realizado trasplantes hepáticos en perros, en los que Starzl ensayó cómo realizar el adecuado enfriamiento del hígado a injertar y la imprescindible reconducción sanguínea, al tener que cortar el flujo en las venas durante la intervención. Además, aplicó las técnicas más avanzadas del momento para evitar el rechazo. En esta primera intervención la supervivencia fue corta, como en los otros dos casos que siguieron con pacientes adultos, hasta que en 1967 se consiguió que el trasplante permitiese al receptor vivir al menos un año más. Se trata de un gran éxito, dado que las dificultades eran muchas, pues además de lo relativo al rechazo, junto con el problema de cómo manejar la circulación sanguínea mientras el receptor está sin el órgano, sucede que el hígado se deteriora con rapidez mientras no recibe riego sanguíneo. Otro punto histórico se señala en 1979, cuando la ciclosporina revolucionó el mundo de los trasplantes. Tanto es así que a mediados de los ochenta Starzl realizaría unas seiscientas intervenciones al año. Desde entonces, el trasplante comienza a considerarse una nueva forma de tratar a los enfermos con dolencias graves de hígado.

Es quizás la mayor agresión quirúrgica posible, y el más complejo de todos los trasplantes. Desde entonces, las aportaciones al protocolo de Starzl han sido enriquecidas con el desarrollo del sistema de derivación de la sangre venosa; las mejoras en la reconstrucción vascular y biliar; así como el desarrollo de técnicas que permiten injertar porciones del órgano. Gracias a la capacidad de regeneración hepática, hoy puede realizarse un trasplante con un fragmento de hígado de donante vivo, y el de un fallecido puede servir para dos implantes. Por haber creado nuevas técnicas quirúrgicas y de conservación de órganos; establecido la utilidad de la ciclosporina para evitar el rechazo, y muchas otras aportaciones en este campo, Thomas E. Starzl está considerado como el padre de la cirugía de trasplantes.

2 DE MARZO

§ 1949. Tras noventa y cuatro horas de vuelo, se completa la primera vuelta al mundo de un avión sin escalas. El bombardero B-50 Lucky Lady II de la Fuerza Aérea de los EE. UU., con una tripulación de catorce personas, encabezada por el capitán James Gallagher, aterriza de regreso en Fort Worth, Texas. El avión fue reabastecido de combustible varias veces durante el trayecto.

§ 1950. Se inaugura oficialmente el tren Talgo (acrónimo de Tren Articulado Ligero Goicoechea Oriol), realizando el trayecto Madrid-Valladolid. El vehículo había sido fabricado en EE. UU. por la American Car and Foundry (ACF). Tenía aspecto exterior de estilo *art decó*, con un vagón de cola dotado de un mirador panorámico y un rótulo luminoso con el nombre «Talgo». Su velocidad máxima era de 120 km/h.

§ 1969. El avión supersónico Concorde SST, prototipo 001, realizó su primer vuelo desde el aeropuerto de Toulouse, en Francia. El piloto de pruebas fue el capitán André Turcat. El vuelo duró solo alrededor de media hora, a una velocidad subsónica, con el tren de aterrizaje y el morro en posición baja. El aparato fue construido a partir de los trabajos conjuntos de los fabricantes British Aircraft Corporation (británico) y Aérospatiale (francés). No era el primer avión de pasajeros con capacidad supersónica en volar, ya que el ruso Tupolev-144 voló por primera vez meses antes, el 31 de diciembre de 1968. El prototipo británico Concorde 002 realizó su primer vuelo desde el aeropuerto Filton de Bristol el 9 de abril de 1969. No fue hasta su vuelo de prueba número 45, el 1 de octubre de ese año, que el prototipo 001 voló a una velocidad supersónica.

§ 1862. El químico Louis Pasteur y su amigo, el fisiólogo Claude Bernard, comienzan el experimento que daría lugar al procedimiento de conservación que hoy aplicamos a los alimentos y conocemos como pasteurización. Para ello, sellan herméticamente sendos frascos que contienen sangre y orina de perro, y los colocan en la estufa a una temperatura de 30 °C desde ese lunes 3 de marzo de 1862 hasta el 20 de abril.

Cuando siete semanas después los frascos fueron abiertos en L'Académie des Sciences, pudieron observar que no había tenido lugar fermentación, putrefacción ni descomposición alguna en ninguno de los dos líquidos, que conservaban sus características. La idea era que al sellar los recipientes se evitaba la entrada de los gérmenes causantes de la descomposición. Pasteur ampliaría la trascendencia de aquel resultado al declarar que «las conclusiones a las que me han llevado mis primeras series de experimentos son aplicables a todo tipo de substancias orgánicas».

Seis años antes Pasteur había comenzado sus estudios sobre fermentaciones, tras una entrevista con el señor Bigo-Tilloy, un industrial de Lille que se dedicaba a la producción de alcohol, y que le preguntó sobre el motivo de algunos problemas que se le presentaban en la fermentación del jugo de remolacha. Pasteur descubrió que durante el proceso de la fermentación alcohólica podían observarse al microscopio unos característicos corpúsculos redondeados que son propios de la levadura, pero que a veces, cuando se producía la fermentación láctica, existían también otras células de fermento de forma alargada, y afirmó que tanto unos como otros eran organismos vivos. Ese mismo fenómeno, con igual problemática, se daba en los vinos. Una gran pregunta era de dónde procedían aquellos gérmenes.

Así inició sus estudios sobre las fermentaciones que transforman los azúcares en alcoholes, y en general sobre los procesos químicos causados por microorganismos. En 1861 recibió el premio Jecker para jóvenes científicos por estos trabajos. Tanto las fermentaciones como las descomposiciones y putrefacciones son procesos químicos complejos, que podían condicionarse si se controlaban algunas variables físicas, principalmente la temperatura, pero sin conocer a ciencia cierta su mecanismo. Eran tiempos en que las fronteras entre la vida y la química de lo inerte se imaginaban muy diferentes de lo que hoy sabemos, y muchos creían en la posibilidad de la generación espontánea.

La aportación más importante de Pasteur consistió en afirmar que esos procesos no tienen lugar sin la presencia de organismos vivos que están incluso en el aire, y que estos pueden destruirse o anularse al aumentar la temperatura. Otros químicos de prestigio, como el veterano alemán Justus von Liebig —el inventor del extracto de carne— y anteriormente el eminente sueco Jöns Jacob Berzelius, defendieron que la fermentación era un proceso puramente químico, que no requería la intervención de ningún ser viviente.

Aquella experiencia confirmaba la idea de Pasteur de que al calentar los alimentos se podían anular los microbios —sean las levaduras u otros tipos causantes de enfermedades— sin afectar a las propiedades organolépticas y nutritivas. El procedimiento inventado permitía eliminar la actividad de los microorganismos que pueden degradar el vino, la cerveza o la leche, si se aislaba el líquido y se calentaba durante un tiempo. A pesar del rechazo inicial de los vinateros franceses ante la extravagante idea de calentar el vino para preservarlo, se demostró la efectividad del método, que hoy se emplea sobre todo para la leche, pero también para muchos otros alimentos. Había nacido la pasteurización.

§ 1966. La BBC anuncia en la Cámara de los Comunes sus planes de emisión de televisión en color. Son las primeras en Europa y comenzarían con cuatro horas semanales de programas originales a cargo de David Attenborough, uno de los divulgadores científicos más acreditados. En España, las emisiones regulares en color comenzaron con los Juegos Olímpicos de Múnich, en 1972.

§ 1972. Lanzamiento de la sonda Pioneer 10. El primer objeto fabricado por el ser humano para salir fuera del sistema solar es una sonda de aluminio, con una masa total de 258 kg y dotada de una antena parabólica de 2,74 m de diámetro para comunicarse con la Tierra. La Pioneer 10 estuvo en contacto hasta enero de 2003. La sonda porta, entre otros instrumentos, detectores de meteoritos, radiómetro de IR, fotómetro de UV, detector de rayos cósmicos, analizador de plasma y magnetómetro. También lleva adosada al soporte de la antena una placa anodizada en oro, con un mensaje gráfico destinado a informar de nuestra existencia a una posible civilización extraterrestre. El diseño fue cosa de Carl Sagan, Frank Drake y sus circunstancias.

§ 1912. Martina Casiano Mayor se convierte en la primera mujer admitida en la Sociedad Española de Física y Química (SEFQ). Nacida en 1881, estudió magisterio y era becaria en el equipo del químico y farmacéutico José Casares Gil cuando fue admitida. La SEFQ había sido fundada en 1903 y su primer presidente fue el polifacético José Echegaray, que sería Nobel de Literatura al año siguiente. La candidatura de la joven fue presentada por los miembros J. Casares y S. Piña de Rubíes, y apoyada por Enrique Moles, uno de los creadores del Instituto Nacional de Física y Química. Casiano es autora de los textos *Enseñanza de las Ciencias* y *Experimentos de Física*.

§ 1923. En una solemne sesión celebrada en Madrid, en la Real Academia de Ciencias Exactas, Físico-químicas y Naturales, presidida por el farmacéutico y bioquímico José Rodríguez Carracido, el rey Alfonso XIII entrega el diploma de Académico Corresponsal Extranjero a Albert Einstein. El discurso de presentación correspondió a Blas Cabrera. La respuesta de Einstein fue traducida por José Casares Gil.

§ 1936. El dirigible alemán LZ-129 Hindenburg realiza su vuelo inaugural. Construido por completo en duraluminio, tenía 245 m de largo y 41 m de diámetro, con una capacidad de 200.000 m^3 de gas, e iba impulsado por cuatro motores diésel Daimler-Benz de 1200 CV. Alcanzaba una velocidad máxima de 135 km/h. Tenía capacidad para cincuenta pasajeros. Ese año cruzó diecisiete veces el océano Atlántico, volando más de 300.000 km y transportando 2798 pasajeros y 160 toneladas de carga y correo.

5 DE MARZO

§ 1558. El médico Francisco Fernández, comisionado por Felipe II a México, trae a España la planta del tabaco, considerada hierba medicinal y conocida científicamente como *Herba panacea* y *Sana sancta indorum*. Entonces se creía que aliviaba pequeños dolores e incluso curaba dolencias crónicas.

§ 1616. La Sagrada Congregación de la Iglesia Católica emite un decreto que incluye la obra de Copérnico *De revolutionibus orbium coelestium* en el Índice de libros prohibidos hasta que fuera corregida, por exponer una doctrina «que es falsa y además contraria a las Sagradas Escrituras». El libro permaneció —sin corregirse nunca— en el Índice hasta 1758.

En síntesis, Copérnico había dicho que la Tierra, como los planetas, gira alrededor del Sol. Los períodos de revolución de los planetas son mayores cuanto más alejados están del Sol, y en el caso de la Tierra, esta da una vuelta completa a su órbita en un año. Al mismo tiempo, gira sobre sí misma cada 24 horas, y es este movimiento el que hace que veamos salir y ponerse el Sol, la Luna y las estrellas. Copérnico decía también que la Tierra tiene un tercer movimiento, similar al de una peonza cuando va más lenta, en el que su eje dibuja una superficie cónica, y es este movimiento el responsable de la precesión de los equinoccios.

Las críticas religiosas más duras vendrían de Martín Lutero: «La gente presta oídos a un astrólogo altanero que se esforzó en mostrar que la Tierra gira, en lugar de los cielos, el Sol y la Luna... Este estúpido quiere dar la vuelta a toda la ciencia de la astronomía; pero la Sagrada Escritura nos dice (Josué 10,13) que Josué mandó parar el Sol, no la Tierra».

Otras opiniones contrarias fueron la de Juan Calvino: «¿Quién se atreverá a colocar la autoridad de Copérnico por encima de la del Espíritu Santo?». También la de Felipe Melanchthon: «Los ojos son testigos de que los cielos giran en el transcurso de 24 horas. Pero ciertos hombres, bien sea por el gusto de la novedad, o por hacer alarde de ingenuidad, han concluido que la Tierra se mueve... Bien, es una falta de honestidad y decencia afirmar en público esas ideas, y el ejemplo es pernicioso».

§ 1914. La autocrítica que despertó la generación del 98 suele señalarse como el comienzo de la incorporación de España a la modernidad. Pueden destacarse como momentos claves en ese proceso tanto la conferencia pronunciada por el filósofo Manuel García Morente el 5 de marzo de 1914 en el Ateneo de Madrid, en la que propone un nuevo modelo para la universidad española, como la impartida por José Ortega y Gasset en el Teatro de la Comedia el día 28 de ese mismo mes. Cinco años antes, ya Ortega había escrito un artículo en *El Imparcial* en donde advertía: «Es preciso, ante todo, que España produzca ciencia», y la idea de puesta en valor del pensamiento científico cristalizó en esta generación del 14, en donde, por primera vez en la historia de España, un grupo de intelectuales no estaba vinculado en exclusiva a las letras y a las artes.

§ 1916. Este día el «Titanic español» naufraga en Brasil. Intentando dar respuesta a la inquietud que se despertó tras la catástrofe del Titanic, a comienzos de 1914 se había firmado en Londres el Convenio Internacional para la Seguridad de la Vida Humana en el Mar (conocido por el acrónimo SOLAS, Safety Of Life At Sea), si bien ese tratado no llegó a entrar entonces en vigor por el estallido de la Primera Guerra Mundial. En su texto se establecía el número de botes salvavidas y los equipos de emergencia que habrían de llevar los buques mercantes, junto con otras medidas de seguridad. Aquel mismo año tuvo lugar la botadura, en los astilleros Kingston de Glasgow, del flamante Príncipe de Asturias, el mayor y más lujoso trasatlántico español, que curiosamente tendría una vida efímera, pues terminó con otro naufragio, que si bien conmocionó a la sociedad de entonces ha sido casi olvidado por la historia.

Con una eslora de 160 m y 20 m de manga; 16.500 toneladas de desplazamiento, y capacidad para 1890 personas (en la información de la época se precisaba: «150 pasajeros de primera clase, 120 de segunda, 120 de tercera y 1500 emigrantes»), el buque llevaba catorce botes salvavidas y —además de pertenecer a la categoría de «palacios flotantes»— era otro orgullo de la tecnología, mejorando en algunos aspectos las características de su gemelo, el Infanta Isabel, que había sido botado dos años antes. La telegrafía sin hilos era de la afamada Marconi's Wireless Telegraph Company Limited, y contaba con dinamos de emergencia para el caso en que sus dos motores dejasen de funcionar; estos eran capaces de desarrollar una potencia total de 16.000 caballos de vapor, con los que podía alcanzar una velocidad de dieciocho nudos. Fue matriculado en Cádiz y pertenecía a la naviera Pinillos, que entonces rivalizaba con la poderosa Compañía Trasatlántica por el liderazgo del transporte de pasajeros entre Sudamérica y España. El Príncipe de Asturias realizó su viaje inaugural el 16 de agosto de 1914, recién comenzada la guerra europea.

Tras año y medio de servicio, el buque había recibido todo tipo de elogios de la prensa internacional, y realizado cinco «viajes redondos» (de ida y vuelta) entre Barcelona y Buenos Aires. Del puerto barcelonés zarpó en el que sería su último viaje, y tras hacer escalas en Valencia, Almería, Cádiz y Las Palmas, cruzó el Atlántico con 588 personas a bordo (oficialmente) y varios miles de toneladas de carga en las bodegas, donde predominaban lingotes y materiales metálicos. En la madrugada del domingo 5 de marzo de 1916, cuando a bordo algunos pasajeros todavía continuaban celebrando el comienzo del carnaval, afuera había una noche sin luna, el mar estaba agitado y caía un intenso aguacero. El navío sufrió un tremendo impacto, su casco se rasgó de proa a popa contra los afilados arrecifes de la punta Pirabura, en la Ilhabela (Isla Bella), en São Paulo, y tras una explosión se hundió en menos de cinco minutos, poblando las aguas con cuerpos humanos y también con restos de la carga que subían a flote desde las bodegas. Las condiciones meteorológicas no habían permitido ver la luz del único faro que había en la punta do Boi, en la cercana isla de San Sebastián.

Sabemos con certeza que hubo 143 supervivientes: ochenta y seis tripulantes y cincuenta y siete pasajeros, entre los cuales se contaban seis mujeres y tres niños. Oficialmente, por tanto, murieron 445 personas, la mayor parte de las cuales quedaron atrapadas en el barco; pero algunas fuentes sugieren que el número de víctimas fue mucho mayor, por la sospecha de que el buque llevaba polizones (hasta trescientas personas más) que huían de la guerra en Europa. Dada la rapidez del hundimiento, no pudieron utilizarse los botes salvavidas, si bien uno de ellos fue arrancado por una ola y quedó a flote, permitiendo salvar a decenas de personas. En aquellos rescates tuvo un importante papel la joven —excelente nadadora— Marina Vidal Castro, una de las primeras mujeres comerciantes de España, que realizaba el viaje para llevar a Brasil sus novedades en joyas y lencería.

Se han barajado distintas hipótesis sobre el motivo de que el barco navegara tan próximo a la costa. La más verosímil pasa por un fallo de la brújula, causado por el cargamento de metales y el aparato eléctrico de la tormenta, lo que unido al estado de la mar, en una zona de corrientes muy fuertes, y al hecho de llevar navegando más de 24 horas sin conocer con exactitud su posición, hizo que estuvieran tan cerca cuando no lo imaginaban. Fue entonces la mayor tragedia de la marina mercante española. Al tratarse de otro «palacio flotante» con una vida efímera que acababa en naufragio hizo que se conozca al Príncipe de Asturias como el «Titanic español».

6 DE MARZO

§ 1665. Cinco años después de su fundación, la Royal Society de Londres comienza la publicación de una revista, que con el título *Philosophical Transactions* fecha su primer número el 6 de marzo de 1665. Desde entonces se ha editado sin interrupción, con lo que se trata de la publicación científica que tiene hoy mayor trayectoria histórica. Bajo esa cabecera publicaron después científicos de primer nivel, como Newton, Maxwell, Faraday y Darwin. El objetivo de la revista quedaba definido en cartas del editor Henry Oldenburg a Robert Boyle: registro de invenciones, validación y difusión. El primer número es de temática variada, y contiene dos artículos de Boyle, uno titulado «Historia experimental del frío» y otro dando cuenta de un monstruo de ternero cuya cabeza conservó en alcohol.

§ 1913. El físico danés Niels Bohr pone esta fecha al primero de los tres trabajos en los que expone sus ideas sobre la estructura del átomo. Lo dirige a su mentor, Ernest Rutherford, y propone un modelo en el que los electrones giran en órbitas circulares a determinadas distancias alrededor del núcleo.

§ 1930. Comienzan a venderse alimentos congelados. El naturalista estadounidense Clarence Birdseye había tenido la oportunidad de contemplar, en la costa de Labrador (Canadá), cómo los inuits propios del lugar descongelaban y se alimentaban de pescado que se había congelado de modo natural. Con la idea de utilizar ese procedimiento como medio de conservación, en 1922 comenzó a preparar pescado congelado para su venta, desarrollando distintos procesos de congelación rápida, y cinco años más tarde extendió la técnica a otros tipos de alimentos. A modo de prueba, el día 6 de marzo de 1930 la marca General Foods puso a la venta en Springfield (Massachusetts, EE. UU.) los primeros paquetes individuales de alimentos congelados. La línea de productos Birds Eye Frosted Foods incluía veintiséis especialidades en total, como distintos cortes de carnes, guisantes, espinacas, frutas, mariscos y filetes de pescado. La respuesta del público fue muy positiva, y en el mes de mayo las ventas se habían incrementado considerablemente.

7 DE MARZO

§ 1799. En una reunión celebrada en Londres tiene lugar la fundación de la Royal Institution, constituida inicialmente por cincuenta y ocho notables científicos. Su misión es difundir el conocimiento y facilitar el acceso del público a inventos y avances técnicos; también enseñar, con cursos, conferencias y experimentos, la aplicación de la ciencia en la vida cotidiana.

§ 1883. El químico Johann Kjeldahl, que trabajaba en la cervecera Carlsberg para determinar el contenido de proteínas en los cereales, informa a la Sociedad Química de Copenhague sobre un procedimiento para determinar en laboratorio el contenido de nitrógeno en compuestos orgánicos. Su método, sustituyendo a otros más inexactos y engorrosos, sigue siendo un procedimiento práctico útil con aplicaciones en agricultura, medicina y fabricación de fármacos. Por cierto, cuanto más proteína en el grano, menos cerveza.

§ 1897. El médico e inventor John Kellogg, director del sanatorio de Battle Creek (Michigan, EE. UU.) —fundado por miembros de la Iglesia Adventista del Séptimo Día—, sirve a sus pacientes los primeros *cornflakes* como complemento a una dieta vegetariana. Suponía que así podría curar diferentes enfermedades, siempre que se acompañase de ejercicio vigoroso, el uso terapéutico de enemas y prescindiendo de sexo, alcohol, tabaco y cafeína.

8 DE MARZO

§ 415. Esta es la fecha considerada más probable en la que en la ciudad de Alejandría una turba furiosa de cristianos asesina salvajemente a la maestra, matemática y astrónoma egipcio-romana Hipatia, líder de la escuela neoplatónica. Será casualidad, pero el 8 de marzo se celebra el Día Internacional de la Mujer, con objeto de visualizar la desigualdad de género y reivindicar la lucha por la igualdad efectiva de derechos para las mujeres.

§ 1618. Kepler formula su tercera ley sobre el movimiento de los planetas. Las minuciosas observaciones sobre posiciones planetarias, realizadas sin telescopio alguno por Tycho Brahe y acompañadas de una meticulosidad casi maniática en sus cálculos numéricos, llevaron a Johannes Kepler a establecer empíricamente en 1609 las leyes que rigen los movimientos de los planetas. La primera de ellas define la forma de las órbitas, que se corresponden con elipses muy poco achatadas, y en uno de cuyos focos está el Sol. La segunda ley describe la velocidad de cada planeta a lo largo de su órbita, ya que van más rápido cuando están próximos a nuestra estrella. La tercera de las leyes fue formulada el 8 de marzo de 1618, y establece una relación matemática precisa entre la duración del año de cada planeta y su distancia media al Sol. Los planetas más cercanos son los que giran más rápidamente. Hubo que esperar medio siglo a que el gran Isaac Newton, con su idea de gravitación universal, ofreciera una explicación racional a aquellas leyes empíricas.

§ 1775. El químico Joseph Priestley concluye por experimentación, en el laboratorio de su casa en Calne, al suroeste de Inglaterra, que los ratones necesitan para vivir de un «aire nuevo», que obtiene calentando el óxido de mercurio. Ese nuevo gas recibió más tarde el nombre de oxígeno.

9 DE MARZO

§ 1497. La primera anotación de Copérnico sobre los cielos tiene lugar en Bolonia. En esa ocasión utilizó como referencia la «estrella más brillante en el ojo del Toro» (Aldebarán) que aquella noche fue eclipsada por la Luna, para determinar con exactitud el tamaño aparente de nuestro satélite.

§ 1611. Primera observación de manchas en el Sol. El médico y astrónomo alemán Johannes Fabricius observa unas manchas oscuras en el Sol. Lo hizo al amanecer de este día con ayuda de su telescopio. El brillo solar hacía imposible su observación directa, por lo que con ayuda de su padre David —también astrónomo— comenzaron a utilizar un método de proyección del disco solar basado en la cámara oscura. Fabricius fue el primero en escribir sobre el tema, en un texto publicado el 13 de junio de ese mismo año con el título «Narración sobre manchas observadas en el Sol y su rotación aparente con el Sol». La existencia de manchas solares suponía un argumento en contra de la perfección de los cuerpos celestes que defendía la doctrina aristotélica. Las manchas fueron observadas poco después por Galileo Galilei y el jesuita Christoph Scheiner.

§ 1893. El químico escocés James Dewar comunica en una reunión de la Royal Society de Londres que ha tenido éxito en su intento de congelar aire, matizando que la identificación de la naturaleza del sólido transparente obtenido será objeto de investigación posterior.

10 DE MARZO

§ 1764. Se anuncia en Madrid la venta de «una máquina eléctrica con particulares experiencias como son las de la botella preparada, repique de campanillas, cuadro y compás mágico y otros muchas que se harán demostrables (...) en casa del Manguitero que está en el Sotanillo de la calle de las Veneras inmediato al convento de religiosas de nuestra Señora de los Ángeles». Se refiere a una botella de Leyden, descubierta por Pieter van Musschenbroek en 1746.

§ 1876. Alexander Graham Bell, de veintinueve años, realiza la que parece fue la primera llamada telefónica de la historia, al comunicarse por cable mediante el aparato experimental que había creado. Llama a su asistente, que estaba en una habitación vecina, rogándole de palabra «*Mr. Watson, come here. I want you*». Según algunas fuentes, a Bell se le había derramado ácido de una botella, y de ahí el texto de la llamada. «Elemental, querido Watson» (expresión que Sherlock Holmes nunca utilizó en los textos de Arthur Conan Doyle).

§ 1987. El japonés Hideaki Tomoyori finaliza, tras diecisiete horas y veintiún minutos, de recitar de memoria en el Tsukuba University Club House las primeras 40.000 cifras del número pi que se ha aprendido, estableciendo un récord mundial. Sin embargo, no tiene habilidades especiales en la memorización de listas de palabras o narración de historias.

11 DE MARZO

§ 1866. Aunque por muchos lo conocen por ser el primer español que tuvo un Premio Nobel (el de Literatura en 1904) y, también, porque se dedicó a la política, José Echegaray fue sobre todo un polifacético hombre de ciencias, ingeniero, gran matemático y divulgador. Cuando tenía treinta y dos años fue elegido miembro de la Real Academia de las Ciencias Exactas, Físicas y Naturales, y el 11 de marzo de 1866 pronunció el correspondiente discurso de ingreso, titulado «Historia de las matemáticas puras en nuestra España», haciendo un balance radical de la obra de nuestros matemáticos a través de la historia, que fue considerado por algunos como demasiado negativo. En ese discurso, hoy considerado histórico, pues tuvo gran repercusión en la llamada Polémica de la Ciencia en España, defendió la idea de «ciencia básica» frente a la «ciencia práctica».

§ 1869. El panda gigante es hoy un icono de la conservación de la naturaleza. En occidente era un animal desconocido hasta que este día un misionero en China registró en su diario que había visto el cuerpo de un «oso blanco» abatido por cazadores en la provincia de Sichuan. El padre Armand David había recibido el encargo del Jardin des Plantes de París para recolectar allí animales y plantas desconocidos en Europa.

§ 1918. Los primeros brotes de la «gripe española» se dieron en Estados Unidos. A mediados de mayo de 1918, en plenas fiestas de San Isidro, comienzan a darse en Madrid un elevado número de casos de gripe, que si bien no causan alarma en principio, en solo dos semanas duplicaron los fallecimientos habituales en la capital de España. El 29 de junio el Departamento de Salud informó de la situación en la Real Academia de Medicina, especificando que no se conocía que sucediese lo mismo en otra parte de Europa, que estaba bastante más preocupada por la Primera Guerra Mundial y por no comunicar a sus tropas nada que pudiese inducir a la desmoralización. Nuestro país fue así el primero en informar de aquella epidemia, que por ello lleva el nombre de «gripe española», y terminó siendo una pandemia que originó unos cuarenta millones de fallecimientos en poco más de un año. Por causas entonces desconocidas, esa mortalidad sería la mayor de la historia, con casi cinco veces más víctimas que las originadas por la guerra que finalizaba.

El primer caso de la enfermedad se había registrado en Estados Unidos. A primera hora de la mañana del día 11 de marzo de 1918, un joven se presentó en el hospital militar de Fort Riley (Kansas), quejándose de fiebre, dolor de garganta y de cabeza. Durante ese día, se registraron más de cien casos similares, y en una semana el número superó los quinientos. En aquella primavera, en Fort Riley murieron cuarenta y ocho soldados. Nadie sabía la naturaleza de la dolencia, que se extendía de modo inexorable y en abril ya afectaba a todo el país. Los hospitales se saturaron, la presencia de coches fúnebres era continua en las calles y hubieron de habilitarse fosas comunes. Parece que fueron los soldados estadounidenses quienes en abril trajeron el agente infeccioso a Francia, de donde pasó a España, y en pocos meses había alcanzado a todas las regiones del planeta. Se estima que enfermó más del 50 % de la población mundial, aunque la tasa de mortalidad sería muy diferente según los países. La onda epidémica peor tuvo lugar en el otoño, asociada sin duda a una mutación de lo que hoy sabemos fue un virus.

Pero durante mucho tiempo el origen de la pandemia fue desconocido. Al principio, algunos médicos atribuyeron la enfermedad al llamado bacilo de Pfeiffer, pues comprobaron su presencia en los pulmones de algunos fallecidos. Fue a comienzos de este siglo XXI cuando se pudieron realizar varios estudios genéticos, a partir del material vírico que se había conservado de forma natural en los pulmones de una mujer fallecida en Alaska en 1918 y otras muestras provenientes de soldados estadounidenses en la Gran Guerra. De esas investigaciones, que llevaron incluso a la reconstrucción *in vitro* del mismo agente que había causado la epidemia, se concluyó que se trataba de un virus de gripe aviar, que no tenía ningún gen humano, pero que había protagonizado hasta veinticinco mutaciones a las que se podía achacar el que hubiera sido capaz de infectarnos. Aquel virus llegó a contagiar en España a unos ocho millones de personas, ocasionando 300.000 muertes.

12 DE MARZO

§ 1254. Por encargo de Alfonso X el Sabio, el astrónomo y médico real Yehuda ben Moshe, rabino de la sinagoga de Toledo, finaliza la labor de traducción del tratado de astrología *Libro complido de los judicios de las estrellas*, original del árabe Abenragel. La obra completa comprendía ocho libros, si bien el único ejemplar que se conserva de la misma, en la Biblioteca Nacional, solo contiene los manuscritos de cinco de ellos.

§ 1610. Se publica en Venecia una revista monográfica de cincuenta y ocho páginas, con numerosas ilustraciones en xilografía, dedicada a contar las maravillas que durante aquel invierno Galileo Galilei había descubierto en los cielos. Como era usual en la época, la portada exhibía un largo titular: *Sidereus Nuncius Magna, longeque admirabilia...* Esta importante publicación se conoce universalmente por sus dos primeras palabras, cuya traducción más rigurosa es *Noticiero sideral*. El texto completo de la página inicial del *Sidereus Nuncius* dice así:

«Noticiero sideral que desvela espectáculos grandes y muy admirables, e invita a todos a contemplarlos, pero especialmente a filósofos y astrónomos, los cuales fueron observados por Galileo Galilei, patricio florentino matemático oficial de la Universidad de Padua, gracias a un catalejo recientemente logrado por él, en la faz de la Luna, en innumerables estrellas fijas, en el Círculo Lácteo, en estrellas nebulosas, pero especialmente en cuatro planetas que giran alrededor de Júpiter con distintos intervalos, y períodos, a velocidad sorprendente; que, por nadie conocidos hasta este día, fueron recientemente observados por vez primera por el Autor; y decidió llamarlos Astros Mediceos».

§ 1894. Se vende la primera botella de Coca-Cola. Poco después de finalizar la guerra civil americana, a comienzos de 1886, en la ciudad de Atlanta se había prohibido la venta de vino y bebidas alcohólicas. En mayo de ese año, el periódico *The Atlanta Journal* publica el primer anuncio de una nueva bebida: la Coca-Cola. Según el diario, tiene cuatro cualidades: deliciosa, refrescante, estimulante y tonificante. Se trataba de un preparado a base de lima, canela, hojas de coca y semillas de nuez de cola (*Cola acuminata*), que vendía la farmacia Jacobs y que había inventado el farmacéutico John Pemberton. Aquel elixir parecía eficaz para el tratamiento de la resaca, el dolor de cabeza y el malestar estomacal.

A diferencia del French Wine of Coca, que Pemberton había fabricado años antes macerando hojas de coca del Perú en vino, este nuevo jarabe no contenía alcohol, y al incorporar la nuez de cola (que contiene cafeína) era incluso más estimulante. El farmacéutico conocía bien la coca, pues había estado buscando alternativas a la morfina, que él mismo consumía para aliviar los dolores producidos por las secuelas de la grave lesión sufrida en el pecho durante la que fue la última batalla de la guerra.

El nombre de la nueva bebida había sido sugerido por su contable, Frank Robinson, al buscar algo que sonase bien, con una aliteración entre dos de las palabras que designaban los componentes principales de la pócima. El contable, experto en caligrafía en cursiva, también diseñaría el famoso logotipo de iniciales prolongadas.

La fórmula inicial requería unos 37,5 g de hojas de coca por litro de jarabe, lo que resulta una cantidad significativa, pero en 1888 se modificó la proporción de ingredientes: la coca quedó reducida a la décima parte, pues comenzaba a sospecharse su carácter adictivo, y la nuez de cola disminuía su presencia a la mínima expresión, por su sabor amargo. El agua carbonatada parece que se había incluido por accidente, pero las burbujas sirvieron para hacer la bebida más atractiva y que se vendiese como refresco y no como medicina.

Tras la muerte de Pemberton, el empresario Asa G. Candler, como nuevo propietario de la marca, patentó la fórmula de la Coca-Cola el 31 de enero de 1893. Al existir centenares de bebidas parecidas, mucho se ha especulado sobre la clave y los secretos de la misma. Sabemos que hasta 1904, cuando fue prohibida la cocaína, un vaso contenía nueve miligramos de esa sustancia, pero pronto la composición se redujo a poco más que agua con azúcar de caña, cafeína, caramelo, aceites de cítricos y aditivos. Candler defendía que para hacer honor a la marca debería siempre contener trazas de coca y de nuez de cola.

La Coca-Cola se vendió primero en farmacias y luego en cafeterías que no servían bebidas alcohólicas, y durante casi treinta años se hizo exclusivamente a granel, en vasos que se llenaban con el dispensador a presión. Con idea de distribuir la bebida a comerciantes de pueblos pequeños, Joseph A. Biedenharn, que tenía en Vicksburg (Mississippi) una tienda de dulces, caramelos y refrescos —y donde había un dispensador de Coca-Cola de gran éxito— decidió embotellar la bebida, y el 12 de marzo de 1894 se vendieron las primeras botellas.

Durante veinte años el envase no estuvo normalizado. Primero, los frascos eran transparentes, llevaban en relieve el nombre del embotellador y se cerraban con un disco de goma prendido con alambre. Viendo que el refresco era inestable por acción de la luz, se usaron luego botellas de vidrio de color (ámbar, verde o azul). En general, no eran exactamente iguales, y la cantidad de líquido que contenían oscilaba entre 170 y 200 ml.

En 1913, la marca sintió la necesidad de crear un recipiente con identidad para luchar contra las imitaciones, y el embotellador Benjamin Thomas sugirió adoptar una botella que se pudiera identificar a oscuras. El resultado fue una creación de Earl R. Dean, diseñador de la Root Glass Company, que dibujó una pieza con superficie acanalada, inspirada en las maracas del cacao, y con un contorno singular, que luego algunos identificarían con las curvas de la provocadora Mae West. En 1928, la cantidad de esa bebida vendida en botellas ya superaba a la de las máquinas dispensadoras.

§ 1923. En una de las primeras películas sonoras de la historia actúa Conchita Piquer. El protagonista principal del origen del cine sonoro fue el ingeniero eléctrico Lee De Forest, un hombre creativo e inventor prolífico que intentó trabajar con Tesla y con Marconi. Con muy mal olfato para los negocios, De Forest se especializó en lo que ahora llamamos electrónica, e ideó en 1906 el tríodo, un tubo de vacío con tres componentes que amplificaba notablemente las señales y sería fundamental en el desarrollo de la radio y la electrónica hasta la invención del transistor. Pues bien, desde 1913 él se había interesado en la sonorización del cine, y en 1919 presentó la primera patente de película con sonido incorporado; lo llamó proceso De Forest Phonofilm. Este sistema, inspirado en trabajos pioneros de Eric Tigerstedt en Finlandia y en ideas del sistema alemán Tri-Ergon, implicaba la grabación óptica de sonido directamente sobre la película, materializado en una estrecha banda de líneas paralelas en tonos de gris de densidad variable, que iban a un lado de los fotogramas. Unas células fotoeléctricas del proyector se encargaban de leer y traducir esas líneas a sonido. De Forest presentó ese invento en una rueda de prensa el 12 de marzo de 1923. Las proyecciones de aquel día mostraban números musicales protagonizados por diferentes artistas de la canción y la danza, y con el sonido grabado en el mismo soporte que la imagen.

Un mes más tarde, el 15 de abril, el Rivoli Theater de Nueva York estrenaría un conjunto de dieciocho cortometrajes sobre números de variedades, actuaciones, discursos y conciertos, incluyendo uno de once minutos titulado *From far Seville* (*Lejos de Sevilla*), a cargo de una chiquilla valenciana que se presentaba como Conchita Piquer, que con diecisiete años bailaba acompañándose de castañuelas, recitaba y cantaba coplas en español —también una canción en portugués—, con las que llevaba varios años triunfando en Broadway. Hasta 2010 se creía que esa cinta era posterior; fue entonces cuando se encontró una copia en la Biblioteca del Congreso de los Estados Unidos, verificándose que es anterior a ninguna otra película con sonido incorporado. Es la primera película de cine sonoro de la historia, pero en su momento no obtuvo la atención de la naciente, aunque poderosa, industria cinematográfica de Hollywood, en el oeste americano. Esta controlaba las principales cadenas de salas de exhibición, con lo que De Forest tuvo que limitarse a mostrar sus cortos experimentales en teatros independientes.

De Forest vendió sus derechos de Phonofilm en 1926, y la empresa desaparecería poco después, pero aquel sistema estuvo utilizándose en salas al público varios años antes de que se estrenara con éxito *The Jazz Singer* (1927). Esa cinta se había filmado muda, pero se le añadió una música grabada en disco, con canciones interpretadas por Al Johnson e incluso el primer diálogo sonoro de la historia del cine. Se utilizaba el sistema Vitaphone, consistente en sincronizar el sonido producido en un fonógrafo que se había conectado al proyector. El Vitaphone de la Warner tenía una calidad de sonido en sala notablemente mejor, utilizaba una amplificación basada en triodos de De Forest, y así se consolidó como sistema de cine sonoro hasta 1931. Había sido presentado en 1926 con la película *Don Juan*, también dirigida por Alan Crosland, a la que se incorporó una banda sonora grabada por la Orquesta Filarmónica de Nueva York. De esta cinta, donde nuestro legendario seductor es tentado por la mismísima Lucrecia Borgia, se dice que ostenta el récord histórico de película con mayor número de besos. Los ingresos de recaudación de *Don Juan* no compensaron los costes de producción, quizás porque aún mantenía los diálogos en cartelas. Es por ello que los honores del futuro éxito del cine sonoro se vinculen a *El cantante de Jazz*, musical con el protagonismo de Al Johnson, una de las grandes estrellas de los felices años 20 del pasado siglo. El progreso del cine sonoro estuvo lleno de dificultades de todo tipo; todavía tardarían unos cuantos años en aparecer las primeras películas completamente habladas.

En 1959, Lee De Forest recibió un Óscar honorífico de la Academia por su contribución a la industria del cine. Falleció en 1961, cuando en su cuenta bancaria no tenía más que 1250 dólares, tras haber recibido 327 patentes en todo el mundo.

§ 1989. El investigador del CERN Tim Berners-Lee redacta en un informe el protocolo para la transferencia de información que un año después dará lugar a la World Wide Web, uno de los grandes hitos tecnológicos del siglo XX. Por entonces el CERN era el nodo más grande de Europa y Berners-Lee vio la oportunidad de unir el protocolo HTTP y el hipertexto (lenguaje HTML), que él y su grupo habían ideado y desarrollado.

13 DE MARZO

§ 1781. Descubrimiento de Urano. William Herschel se ganaba la vida ejerciendo como músico durante el día, mientras por las noches disfrutaba de su afición a la observación de los cielos con los telescopios que él mismo fabricaba. En la del 13 de marzo de 1781, desde el jardín de su casa, creyó haber descubierto un nuevo cometa en la constelación de Gemini, y así lo anotó en su cuaderno. Las observaciones posteriores le sirvieron para comprobar que aquel objeto no tenía los bordes difusos, como los cometas, y los cálculos desvelaban que su trayectoria no era una elipse achatada, como es propio de estos. Herschel concluyó que se trataba de un nuevo planeta, hasta entonces desconocido. Era el primero descubierto desde la Antigüedad, y recibió el nombre de Urano. En poco tiempo, Herschel fue designado astrónomo real, con lo que dejó la música para dedicarse por completo a la astronomía.

§ 1882. En la Royal Institution de Londres, en presencia del príncipe de Gales, se presenta el zoopraxiscopio, un aparato óptico que había sido inventado por el fotógrafo E. J. Muybridge para proyectar imágenes de animales en movimiento. Se trata de uno de los aparatos precursores del cine, que contiene las fotografías en un disco que se hace girar rápidamente. Años antes, Muybridge había destacado con sus escenas de «caballo en movimiento», mostrando que en el galope hay momentos en que el animal no apoya ningún casco en el suelo.

§ 1988. Tras veinticinco años de obras, entre las ciudades de Aomori y Hakodate (Japón) se inaugura el túnel ferroviario Seikan, el más largo del mundo con un tramo submarino. En total mide 53 km, teniendo el tramo que discurre 100 m bajo el fondo del mar una longitud de 23,3 km.

14 DE MARZO

§ 1794. El ingenioso joven estadounidense Eli Whitney recibe la patente de la desmotadora de algodón, la primera máquina que separaba rápida y fácilmente las fibras de algodón de las semillas. Hasta entonces ese trabajo se realizaba de forma manual y era muy laborioso. El aparato multiplicó la producción y la riqueza del sur de los EE. UU. .

§ 1839. En una conferencia de la Royal Society, sir John Herschel utiliza por primera vez el término «fotografía» para referirse a la imagen duradera creada en un soporte mediante un procedimiento óptico y químico. Aquel mismo año Louis Daguerre anunciaría el procedimiento para obtener lo que se conoce como daguerrotipos.

§ 1951. En este día Albert Einstein cumple setenta y dos años, y tras la cena de celebración en el Instituto de Estudios Avanzados de Princeton (New Jersey) le harán una de las fotos más icónicas de su vida. Está sentado en el asiento trasero de una limusina, entre el exdirector del instituto, Frank Aydelotte, y la esposa de este, Marie, mientras los fotógrafos siguen insistiendo con sus flashes. Tras repetir varias veces que era suficiente, Einstein tuvo que escuchar un sonoro ruego de «¡una sonrisa de cumpleaños!», a lo que reaccionó sacando la lengua. El fotógrafo Arthur Sasse, que trabajaba para United Press International, captó el gesto para la historia.

§ 1988. El personal del Exploratorium de San Francisco (un museo interactivo que es referencia en todo el mundo) celebró por primera vez el Día de Pi comiendo tarta (en inglés «pi» se pronuncia |pai|, igual que «*pie*» = tarta), y desde entonces ha mantenido la tradición. La fecha catorce de marzo, en la forma anglosajona, se escribe 3/14, que indudablemente recuerda la relación entre la longitud de la circunferencia y su diámetro, un número que hoy se conoce con billones de decimales.

15 DE MARZO

§ 1671. En este día tuvo lugar en Cádiz el tornado más destructivo en la historia de España. Al paso de aquella enorme tormenta, de oeste a este, en pocos minutos se dañó un tercio de las viviendas, se destruyeron numerosos barcos y hubo más de sesenta fallecidos. La anchura de la zona devastada fue de cerca de cuatrocientos metros.

§ 1806. Se identifica por vez primera un meteorito. Se trata de un objeto de seis kilos caído ese día en el Languedoc-Roussillon francés. Clasificado hoy como una condrita carbonácea, fue analizado por el químico sueco Jöns Jacob Berzelius en 1833, quien concluyó que contenía materia orgánica.

§ 1868. En unos tiempos de represión y censura sale a la calle la *Revista de España*, una publicación quincenal que se mantuvo con vida hasta 1895. De carácter científico y literario, entre sus directores figuró un joven Benito Pérez Galdós, y colaboraron en ella Juan Valera; Leopoldo Alas, Clarín; Emilia Pardo Bazán; Alcalá Galiano; Giner de los Ríos, y muchos otros, como el ingeniero de minas Emilio Huelín Newmann. Huelín era un hombre culto, con una visión internacional de la ciencia, pionero en la divulgación en España (él se autodenominaba «vulgarizador científico»).

16 DE MARZO

§ 1713. El filósofo Juan de Nájera ingresa en la Regia Sociedad de Medicina y demás Ciencias de Sevilla. Intervino en la polémica entre los aristotélico-escolásticos y los «novatores», que eran empiristas y racionalistas, contrarios a la filosofía aristotélica. En 1716 publicó en Madrid sus *Dialogos philosoficos en defensa del atomismo*, con el seudónimo de Alexandro de Avendaño.

§ 1819. Primera descripción de una alergia. Un médico de Londres, John Bostock, padecía a sus cuarenta y seis años un extraño catarro que se caracterizaba porque sus síntomas aparecían recurrentemente. Era siempre en el mes de junio, desde que tenía ocho años, cuando comenzaba a manifestar congestión nasal, estornudos, irritación de los ojos y molestias en el pecho. En una reunión de la Sociedad Médica y Quirúrgica, el 18 de marzo de 1819, expuso sus ideas sobre «Un caso de enfermedad periódica en los ojos y en el pecho». En el artículo publicado se refería a un paciente «llamado J.B.», que era víctima de lo que el vulgo llamaba fiebre del heno. Bostock continuó sus investigaciones durante nueve años, estudiando otros veintiocho casos, y publicó un nuevo texto donde se refirió a esa enfermedad como «catarro de verano». Era el primer estudio sistemático de lo que ahora llamamos rinitis alérgica o alergia al polen. El término alergia no se usó hasta 1906.

§ 1867. La revista *The Lancet* publica el primer artículo de Joseph Lister sobre su descubrimiento de la cirugía antiséptica. Aplicó la idea de Louis Pasteur de que los microorganismos que causan la gangrena podrían controlarse con disoluciones químicas. Por entonces se usaba ácido carbólico (fenol) para desodorizar aguas residuales, y Lister lo utilizó para limpiar los instrumentos quirúrgicos y aplicarlo en apósitos.

17 DE MARZO

§ 1905. La revista *Annalen der Physik* publica el primero de los artículos de Einstein en el que sería su *annus mirabilis*. En él explica el movimiento browniano (movimientos aleatorios de las moléculas) y su título fue «Sobre el movimiento de pequeñas partículas, suspendidas en líquidos en reposo, requerido por la teoría cinético-molecular del calor». Este ensayo supuso confirmar que los átomos existen realmente, y no son solamente una hipótesis de trabajo.

§ 1917. Se pone a la venta el padre de todos los tebeos en España. Las publicaciones periódicas que contienen historietas de dibujos, sobre todo de contenido humorístico y dirigidas a un público infantil, se conocen como tebeos. El nombre, admitido en 1967 por la RAE, proviene de la cabecera del decano de los semanarios infantiles españoles, el *TBO*, que salió por vez primera en Barcelona este día, a un precio de cinco céntimos de peseta. Aunque en un principio su tirada era limitada (9000 ejemplares), en 1936 lanzaba 250.000, y en 1965 alcanzó su mayor difusión con 350.000 ejemplares.

Una sección emblemática de la publicación desde 1943 fue «Los grandes inventos del *TBO*, por el profesor Franz de Copenhague», una idea del director de la revista, Joaquín Buigas, y que sería realizada por distintos dibujantes. Entre los ingeniosos o estrafalarios inventos se cuentan un dispositivo para hacer vino con zapatos viejos (Nit), un aparato limpia-narices (Nit), un sombrero-jaula (Tur) o los melones cuadrados (Benejam).

§ 1937. La afamada piloto, profesora y conferenciante Amelia Earhart, la primera mujer en volar a través del océano Atlántico, despega de Oakland (California) con intención de dar una vuelta a la Tierra siguiendo el ecuador, en el que sería el último vuelo de su vida. Ella y el copiloto Fred Noonan desaparecieron en el Pacífico el 2 de julio durante el viaje.

18 DE MARZO

§ 1906. El inventor austrohúngaro Traian Vuia consigue hacer volar, despegando por sí misma, la primera máquina autopropulsada más pesada que el aire. Fue en Montesson, cerca de París. Tras acelerar durante cincuenta metros, logró volar a un metro de altura durante doce metros. Aunque los hermanos Wright consiguieron su hazaña tres años antes, su aparato necesitaba una catapulta para el despegue.

§ 1965. La idea de que un astronauta pudiese realizar alguna actividad extravehicular existía desde 1962, pero no se hizo realidad hasta el 18 de marzo de 1965 cuando el cosmonauta soviético Alekséi Leónov dio un paseo flotante de doce minutos fuera de la Vosjod 2, mientras seguía unido a ella por un cordón de cinco metros. La misión estaba comandada por Pável Beliáyev, que permaneció en la nave durante el ensayo. Esta operación permitió estudiar el comportamiento en el vacío de los trajes presurizados y ensayar las maniobras de cambios de presión en la cabina. De hecho, al final del paseo, Leónov hubo de abrir una válvula para desinflar su traje y poder entrar de nuevo en la cápsula.

§ 1987. En una maratoniana sesión de la *American Physical Society* que tuvo lugar en Nueva York, unos 1800 científicos pusieron en común sus descubrimientos sobre superconductividad a «altas temperaturas» (HTS, por sus siglas en inglés), un fenómeno que cuando se descubrió, en 1911, solamente se daba a temperaturas de 4 K. En esta reunión se comunicó algún caso de ausencia de resistencia eléctrica a 92 K.

19 DE MARZO

§ 1474. Primera ley de patentes. El Senado de la República de Venecia emite un decreto que obliga a que «toda persona que en esta ciudad construya cualquier artificio nuevo e ingenioso, no construido hasta ahora en nuestro dominio, tan pronto como se perfeccione (...) se prohíbe a cualquier otro en cualquier lugar y en el nuestro que construya artificio de la misma forma y semejanza, sin el consentimiento y permiso del autor, durante diez años». La norma, conocida como Estatuto de Venecia, pretendía atraer a la ciudad a inventores e inversores, con el fin de estimular la actividad económica. Ese estatuto sentó las bases del actual Derecho de Patentes, en tanto exige que las invenciones sean realmente nuevas y útiles, confiere derechos en un tiempo limitado y persigue a los infractores.

§ 1800. Durante su expedición por las junglas de Sudamérica, Alexander von Humboldt y Aimé Bonpland capturan anguilas eléctricas (*Electrophorus electricus*) en pantanos vinculados al río Orinoco. Al estudiar el comportamiento de esos peces sufrieron varias descargas severas. En una de ellas, Humboldt perdió la sensibilidad en articulaciones durante casi un día.

§ 1863. Botadura en Ferrol de la fragata Tetuán, primer barco acorazado construido en España. Tiene una eslora de ochenta y cinco metros y diecisiete metros de manga. El casco es de madera, revestida por una coraza de hierro de 130 mm de espesor, de modo que desplaza 6200 toneladas. Motorizada con 1000 HP puede alcanzar una velocidad de doce nudos. Su coste ascendió a 6,67 millones de pesetas y fue construida en los Reales Astilleros de Esteiro (Ferrol). En 1873, cuando estaba en el arsenal de Cartagena, pendiente de unas obras de mejora, fue incorporada a la escuadra cantonal y declarada pirata por el gobierno de Nicolás Salmerón. El 30 de diciembre se hundió tras quedar deshecha como consecuencia de su incendio, quizás fruto de un sabotaje, durante el asedio al Cantón de Cartagena.

20 DE MARZO

§ 1800. Alessandro Volta comunica su invención de la pila eléctrica. El último tercio del siglo XVIII fue intenso en investigaciones, sobre todo lo relacionado con lo que había comenzado a llamarse electricidad. Por entonces se buscaban procedimientos para generarla, acumularla y transportarla, se reconocían fenómenos eléctricos en la naturaleza, se había demostrado la existencia de dos tipos de cargas y Coulomb había medido la fuerza existente entre las mismas, identificando sus variables. Para las descargas y corrientes eléctricas no existían instrumentos de medida, pero algunos de sus efectos variaban en intensidad, lo que permitía realizar estimaciones semicuantitativas. Por ejemplo, se sabía, que al tocar simultáneamente la lengua con dos metales diferentes, podía notarse un hormigueo más o menos intenso. La presencia de fenómenos eléctricos en la vida animal era conocida desde la Antigüedad en anguilas y peces torpedo, capaces de fuertes descargas. La electricidad era parte de la naturaleza.

El meticuloso científico Luigi Galvani tenía formación en anatomía y cirugía, y estaba interesado en la fisiología de los músculos, área donde profundizó en la Universidad de Bolonia mediante el método experimental durante casi diez años. Tomaba la electricidad de botellas de Leyden; las conectaba a nervios y músculos de las ancas de rana, y veía los resultados. A veces sucedía algo y a veces no. La descarga eléctrica de la botella se correspondía con un movimiento muscular. Lo hizo cientos de veces, llegando a estar convencido de que existía una relación, y también de que la electricidad se generaba en el músculo, bien en la pared o bien en las fibras. En cierta ocasión, para estudiar el efecto de la electricidad atmosférica, tras la previsión de una tormenta conectó las ancas de una rana a un cable largo que unió a un pararrayos. Con cada relámpago, las ancas parecían saltar como si el animal estuviera vivo.

Aquel experimento le hizo pensar que quizás la electricidad era la clave de la vida. Galvani expuso su teoría de que los animales generan electricidad y la usan para conseguir el movimiento de los músculos. La «electricidad animal» daba una justificación física al movimiento de los seres vivos, algo que hasta entonces carecía de explicación científica. Por otro lado, la conexión entre la electricidad y el movimiento muscular se extrapoló a la fantasía, hasta un grado que llevó a pensar en la reanimación de cadáveres y al mismo mito de Frankenstein.

Desde 1794 Alessandro Volta, profesor de física en Pavía, repite la experiencia de Galvani, comprobando la interacción entre las ancas de rana y los metales, pero no le gusta la idea de electricidad animal. Piensa que la causa del fenómeno está en usar dos metales diferentes y ensaya diferentes combinaciones; por ejemplo, con las parejas plata-cobre o hierro-zinc se producía corriente eléctrica. No cree que el músculo sea necesario. Para él la electricidad se genera al poner en contacto húmedo los dos metales, y el movimiento muscular es solo una reacción a la corriente generada. Con ello Volta pone en duda la existencia de la «electricidad animal», y al comunicar sus resultados se inicia un intenso debate con Galvani, que se prolongaría durante seis años, hasta el fallecimiento de este.

La consecuencia más trascendente del trabajo de Volta llegaría poco después. El 20 de marzo de 1800 escribe una carta al presidente de la Royal Society de Londres, sir Joseph Banks; en ella le anuncia su invención de la pila eléctrica con un título revelador: «Sobre la electricidad generada por simple contacto de sustancias conductoras diferentes». Describe con detalle cómo creó una corriente eléctrica continua y estable al apilar discos de cobre y zinc, de unos 3 cm de diámetro, entre los que intercalaba otros de fieltro humedecido en salmuera. Tres meses después, el propio Volta haría público su invento en Londres, al que denominaba «Órgano de electricidad artificial», destacando así que no era necesario el tejido muscular. Desde entonces, Volta recibió numerosos reconocimientos en toda Europa. Todas las pilas y baterías actuales tienen el mismo fundamento que la pila voltaica.

§ 1867. En España se crea el Museo Arqueológico Nacional. En la segunda mitad del siglo XVIII comenzaron a aparecer en Europa algunos de los más importantes museos de ciencia que han llegado a nuestros días, aunque sería un siglo más tarde cuando la idea de disponer de esas instituciones, que permitían la popularización de la cultura, haría furor. Entre 1860 y 1880 se abrieron en Gran Bretaña cerca de un centenar de museos, y en Alemania unos cincuenta. Era el espíritu de la Ilustración. Y fue entonces cuando germinó la idea de establecer un museo arqueológico en Madrid, y ubicarlo en un nuevo edificio en el paseo de Recoletos, el llamado Palacio de Biblioteca y Museos Nacionales. Un real decreto, firmado por Isabel II el 20 de marzo de 1867, sirvió para la creación del Museo Arqueológico Nacional, que sería inaugurado por Amadeo de Saboya en 1871.

§ 1915. En este día el astrónomo y divulgador científico Josep Comas i Solà descubre el asteroide 804 y le pone de nombre Hispania. Con el desarrollo de la fotografía astronómica se produce un *boom* en el descubrimiento de asteroides. El primero de estos pequeños miembros del sistema solar había sido encontrado por Giuseppe Piazzi en 1801, y medio siglo después no se contaban más de una docena; pero a finales del XIX el número de inscritos ya se acercaba a los quinientos. El primero descubierto por un español hace el número 804, y fue reconocido por Josep Comas i Solà desde el Observatorio Fabra en Barcelona el 20 de marzo de 1915, dándole el nombre de Hispania «como homenaje a España». Durante los años 20 nuestro astrónomo más reconocido descubriría otros diez. La fiebre buscadora estaba tan generalizada que en la década de los 30 se registró en el mundo un nuevo asteroide por cada día laborable.

21 DE MARZO

§ 1684. Giovanni Cassini, director del Observatorio de París, descubrió con su telescopio refractor dos satélites más de Saturno (Tetis y Dione). Él mismo ya había encontrado en 1671 y 1672, respectivamente, otros dos: Jápeto y Rea. Los nombres, provenientes de la mitología griega, fueron propuestos en 1847 por John Herschel. El mayor satélite de Saturno, Titán, fue el primero en ser observado, en 1655, por Christiaan Huygens.

§ 1925. El físico Wolfgang Pauli, de veinticuatro años, publica su «principio de exclusión» para los electrones que merodean el átomo. En un artículo publicado en la revista *Zeitschrift für Physik*, Pauli expone la idea de que en un átomo no puede haber dos electrones con todas las características iguales. La propuesta surge para explicar el desdoblamiento de las líneas del espectro del átomo de helio cuando la muestra se somete a un campo magnético. Pauli supone que ello sucede porque los dos electrones del helio son intrínsecamente distintos, lo que se interpretó pensando que giran sobre sí mismos en sentido contrario. Por esta contribución a la mecánica cuántica, considerada hoy como fundamental, le fue concedido a Pauli el Premio Nobel en 1945, a propuesta de Albert Einstein.

§ 1942. Este día Glenn T. Seaborg y Arthur C. Wald suscriben un informe secreto —porque podría ser un material excelente para una bomba nuclear— que sugiere el nombre «plutonio» para el elemento químico artificial de número atómico 94, poderosamente radiactivo, que sería el siguiente en la tabla periódica al uranio (92) y neptunio (93), y donde también se proponía para él el símbolo Pu. Había sido producido a finales de 1940 por el bombardeo de uranio 238. El escrito se hizo público en el *Journal of the American Chemical Society* en 1948, tras finalizar la Segunda Guerra Mundial.

§ 1518. El experto navegante portugués Fernando de Magallanes estaba empeñado en descubrir un pasaje hacia las Indias viajando hacia Occidente, como parte de su sueño de llegar por esa vía a las Molucas, islas que prometían importantes tesoros de especias. El rey Manuel de Portugal no le otorgó el apoyo solicitado. Sería el joven Carlos I, rey de España, quien llega a un acuerdo con él, y el 22 de marzo de 1518 firma en Valladolid una capitulación donde se compromete a financiar la empresa, nombrando a Magallanes «capitán general de la Armada para el descubrimiento de la especiería», poniendo a su disposición cinco barcos, con víveres para 234 personas en dos años. En aquel viaje descubrirían las islas que llamamos Filipinas, donde murió Magallanes. La expedición continuó hacia Occidente al mando de Juan Sebastián Elcano, que regresó tras dar la vuelta al mundo, con un navío y diecisiete tripulantes.

§ 1895. Los hermanos Auguste y Louis Lumière presentan ante sus invitados, en un local de París, la proyección en pantalla de la primera versión de su película *Salida de los obreros de la fábrica Lumière*. La primera proyección pública de cine no tendría lugar hasta diciembre de este mismo año.

§ 1960. Discutida patente del láser. Una noche de otoño en 1957, el físico Gordon Gould escribió en un cuaderno notas y ecuaciones sobre una idea que le había mantenido despierto, y que tituló como «Algunos cálculos aproximados sobre la viabilidad de un LASER: amplificación de luz por emisión estimulada de radiación». Tras registrar notarialmente aquellas páginas se puso a intentar hacerlo realidad. También en 1957, y también en Nueva York, Charles Townes había pensado en lo mismo, discutiendo la idea con su colega —además de cuñado y amigo— Arthur Schawlow, quien imaginó un modo de materializarlo. Townes y Schawlow obtuvieron la patente el 22 de marzo de 1960 con el título «Masers y Sistemas de comunicación Maser», capaces de operar en el espectro visible. Era la misma idea que había tenido Gould, lo que dio lugar a un conflicto legal que duró más de treinta años.

§ 1821. El descubrimiento de la bauxita desencadena la «era del aluminio». Los comienzos de la humanidad se definen y denominan en clave de tecnología de materiales. Primero por las herramientas de piedra, más o menos bien talladas, para después comenzar el dominio de los metales, cuando se consiguió fundir el cobre y crear el bronce mezclando en un horno minerales de cobre y estaño con carbón vegetal. Pero el estaño comenzó a escasear, y a esta genérica «edad de los metales» realizaron una aportación fundamental los hititas, los primeros en conseguir objetos de hierro, hace treinta y cinco siglos. Puede sorprender que el primer competidor para el hierro y el acero, materiales que luego ostentarían el monopolio de la industria, no haya aparecido hasta hace poco más de doscientos años.

Por entonces nadie había podido ver en su estado puro el metal más abundante de los que hay en la corteza terrestre. Pero el aluminio estaba allí. Desde hace siglos se empleaban algunos de los compuestos existentes en la naturaleza: la piedra de alumbre servía para el curtido de pieles y en tintorería para fijar los colores, además de tener usos cosméticos (hoy se sigue utilizando como desodorante y como hemostático en el afeitado). Tanto en el alumbre como en otros compuestos se sospechaba que había un metal desconocido, pero, aunque se intentó aislar desde mediados del siglo XVIII, no se conoció el aluminio más o menos puro hasta 1825. Es por entonces cuando primero el físico y químico Hans Christian Ørsted y después Friedrich Wöhler (más tarde famoso por su síntesis de la urea), consiguen obtenerlo en forma de polvo fino. Fue Wöhler quien veinte años después describe las propiedades del nuevo metal, cuando logra fundir unos pequeños fragmentos. Una de las propiedades que más llamaba su atención era su ligereza.

El método de obtención de Ørsted y Wöhler no resultó aplicable a escala industrial, con lo que los primeros objetos fabricados en aluminio eran especialmente caros. En 1827 fue considerado oficialmente el metal más valioso, con un coste muy superior al del oro, y a mediados del XIX todavía era considerado un lujo. En la Exposición Universal de París de 1855, el emperador Napoleón III presentó una colección de sus joyas, incluyendo doce lingotes de aluminio. Tras esa muestra, el químico Sainte-Claire Deville intentó aplicar a escala industrial en Francia el método de Wöhler, llegando a producir en treinta y seis años tan solo doscientas toneladas del nuevo metal.

El aluminio es hoy el metal más barato en el mercado. La historia de esa evolución tiene pocas claves: una mena abundante (bauxita), un método eficaz para obtener alúmina a partir del mineral (proceso Bayer) y un proceso de obtención del metal que resulta económico (electrolisis Hall-Héroult). La práctica totalidad del aluminio que hoy utilizamos en el mundo se extrae de la bauxita. Ese nombre se debe a que fue en Les Baux, en la Provenza francesa, donde el geólogo Pierre Berthier encontró, un 23 de marzo de 1821, un mineral hasta entonces desconocido. Lo describió como de aspecto arcilloso y color rojizo.

La popularización del aluminio tardaría aún medio siglo, y vino de la mano de la electricidad. En 1886, y de modo independiente, el ingeniero francés Paul Héroult y el estudiante norteamericano Charles M. Hall descubrieron un proceso que permitía obtener aluminio metálico a partir de la alúmina fundida. Pero para ello disolvieron la alúmina en criolita, de modo que así se podía disminuir a la mitad el punto de fusión, que era de unos 2000 °C, con un ahorro considerable en gastos de energía. La electrólisis de aquella masa fundida lleva a separar el aluminio en el fondo de la cuba, mientras el oxígeno producido va desgastando los ánodos de grafito donde se desprende dióxido de carbono. El proceso de abaratamiento se completó en 1889, cuando Karl Bayer ideó un proceso para obtener alúmina, un polvo blanco de óxido de aluminio, a partir de la bauxita, separando las impurezas de óxidos de hierro que son las que le dan color rojizo al mineral.

El aluminio puro tiene escasa resistencia mecánica, con lo que para muchas aplicaciones se hacen aleaciones que incluyen otros metales en una proporción del 0,5 %. En general se emplea por su resistencia y ligereza en la industria aeronáutica y del automóvil, así como en ingeniería y construcción; su conductividad eléctrica lo convierte en mejor opción para determinados tendidos. Es un metal que está también en todos los hogares. Su conductividad térmica permite su empleo en baterías de cocina, el ser maleable facilita su uso como envase de líquidos y el papel de aluminio es quizás su versión más popular. Además, es fácil de reciclar. Todas son cartas para explicar su triunfo.

§ 1840. El químico de la Universidad de Nueva York (NYU) John William Draper obtiene la primera fotografía de la Luna. Encandilado con las sustancias fotosensibles, unos meses antes había conocido el proceso creado por Louis Daguerre, y trabajó en los modos de incrementar la sensibilidad de las placas y reducir el tiempo de exposición.

§ 1962. Neil Barret, un entusiasta químico británico de treinta años especialista en flúor, consigue obtener un compuesto de xenón, en estado sólido y de color amarillo mostaza, estable a temperatura ambiente. Es el resultado de la acción del anión hexafluoroplatinato, que es un oxidante tan potente que consigue crear un catión del xenón, uno de los llamados gases nobles (antiguamente llamados gases inertes). Le atribuyó la fórmula $XePtF_6$ (Hexafluoroplatinato de xenón). Posteriormente, sintetizó otros fluoruros de xenón: XeF_2, XeF_4 y XeF_6.

24 DE MARZO

§ 1802. Tres meses después de haber realizado la primera demostración, el ingeniero inventor Richard Trevithick obtiene su primera patente. Se trata de una locomotora, construida al aplicar a un bastidor con ruedas una máquina de vapor de alta presión fabricada para una siderúrgica de Gales.

§ 1882. El médico Robert Koch identifica la causa de la tuberculosis mientras el Romanticismo estaba aportando fascinación a esa enfermedad. De la cortesana Marie Duplessis, que falleció por esa causa a los veintitrés años, tomó Alejandro Dumas hijo, uno de sus últimos amantes, la inspiración para su obra *La dama de las camelias*. Esa novela rosa fue elevada al olimpo de la cultura al comenzar la segunda mitad del siglo XIX con una de las óperas más representadas de todos los tiempos: *La traviata*, es decir, la extraviada o descarriada (Violetta). Es también por entonces cuando tiene lugar la trama de otra gran ópera, como es *La bohème*, donde de nuevo en París —esta vez en el barrio Latino— la protagonista es a una joven modista a la que llamaban Mimí (aunque su nombre era Lucía), que asimismo termina siendo víctima de la consunción o tisis.

Porque tisis (término de origen griego *phthisis*, a través del latín) fue el primer nombre que tuvo esa dolencia que mataba lentamente, que parecía surgir desde dentro e iba debilitando el organismo, llevando al agotamiento y extenuación. Hoy pensamos que es la primera enfermedad infecciosa que padeció la humanidad, existiendo indicios en restos óseos de hace 9000 años. Es, por tanto, un mal conocido desde la Antigüedad, al que Hipócrates atribuyó erróneamente un carácter hereditario. Aunque en la historia se designó con diversos nombres, desde 1839 comenzó a llamarse tuberculosis por la forma de los nódulos —tubérculos— que se encontraban en los pulmones de los enfermos. La «peste blanca» tuvo especial presencia en el mundo occidental en los siglos XVIII y XIX, causando entonces en Europa una de cada cinco muertes.

A mediados del XIX la tuberculosis era la primera causa de mortalidad, pero no se sabía cómo se contagiaba. Se mantenía la creencia de que había algo heredado —unos pulmones vulnerables— y que su aparición podía ser fruto de alteraciones bruscas del tiempo, como pasar del frío al calor o viceversa. Y, como siempre, subsistía el argumento religioso de que era un instrumento de Dios para castigar a pecadores. Por entonces, los trabajos de Pasteur comenzaron a demostrar que la transmisión de enfermedades, al igual que las fermentaciones, estaba vinculada a unos pequeños gérmenes solo visibles al microscopio, los microbios.

El joven médico rural Robert Koch había investigado con éxito en Prusia la transmisión de la enfermedad del carbunco en el ganado y, tras trasladarse a Berlín, decide investigar por primera vez una infección que afectase a seres humanos, escogiendo la que entonces era más letal. Tras siete meses de trabajo, el 24 de marzo de 1882 presenta sus conclusiones en la Sociedad Fisiológica de Berlín. Allí comunica que en su laboratorio había podido demostrar que la tuberculosis era una enfermedad infecciosa, que estaba causada por un germen. Tres semanas después publicó un artículo sobre «La etiología de la tuberculosis», que dio lugar en 1884 a otro trabajo más amplio con el mismo título, y donde aparecen los llamados «postulados de Koch», que hoy se han generalizado y resultan fundamentales en el estudio de toda enfermedad infecciosa. El nuevo protagonista microscópico de la teoría de los gérmenes, que en laboratorio habían teñido, identificado, aislado y cultivado, tenía forma alargada, como un bastoncillo. Pronto sería bautizado como «bacilo de Koch». También se inoculó a conejillos de indias y otros animales, demostrando que así contraían la enfermedad. En aquel laboratorio nacerían los primeros cultivos en agar-agar y las placas de Petri, que por cierto toman su nombre de un ayudante de Koch.

Años después trató de buscar remedio a la enfermedad, y logró obtener una sustancia que llamó tuberculina, sugiriendo que prevenía el desarrollo del bacilo, pues ralentizaba el proceso al menos en animales. Aunque la noticia —con un sensacionalismo sin matices— fue titular en muchos medios de todo el mundo, no era así; la tuberculosis no se curaba con tuberculina. Al no haber remedio contra la enfermedad, se aislaba a los pacientes en lazaretos o sanatorios especiales, donde se tomaban medidas en los hábitos de vida, como el reposo, la nutrición o la exposición al sol; allí esperaban su curación o su muerte. Hoy existe un tratamiento que implica el uso de una combinación de antibióticos durante un período largo de tiempo (seis meses). El hecho de que algunas personas lo interrumpieran antes dio lugar a la aparición de cepas resistentes.

§ 1993. En el observatorio de Monte Palomar, en California, los astrónomos Carolyn y Eugene Shoemaker, junto con David Levy, descubren un cometa alrededor de Júpiter, que será conocido como Shoemaker–Levy 9 (SL9). En julio de 1994 ese cometa adquirió singular protagonismo al fraccionarse y terminar chocando contra Júpiter, facilitando la primera observación en directo de una colisión entre objetos del sistema solar.

25 DE MARZO

§ 1655. El neerlandés Christiaan Huygens descubrió Titán, el satélite más grande de Saturno, y posteriormente determinó su período de revolución. El hallazgo no recibió nombre hasta casi dos siglos después, cuando sir John Herschel, descubridor de Urano, asignó nombres a las siete lunas de Saturno que se conocían en ese momento. La más grande fue nombrada simplemente «Titán», ya que la palabra significa «algo que es grande en tamaño, importancia o logro». Huygens también explicó la naturaleza de los anillos de Saturno.

§ 1807. Este día entró en servicio en Gales el primer ferrocarril de pasajeros del mundo. Había sido construido en 1804, originalmente para transportar minerales desde Oystermouth al puerto marítimo de Swansea. Los rieles, con sección en forma de L, iban sobre bloques de piedra. Al principio, los pasajeros viajaban en un coche de cuatro ruedas tirado por caballos. El uso de máquinas de vapor comenzó en 1877.

§ 1843. El primer túnel subterráneo que cruzaba un río navegable se inauguró para tránsito peatonal el 25 de marzo de 1843. A veintitrés metros de profundidad bajo el nivel del Támesis se había comenzado a construir en Londres dieciocho años antes. La excavación presentó numerosos problemas e incertidumbres, debido sobre todo a la naturaleza de los fondos del río. Las obras fueron dirigidas por el ingeniero Marc Brunel, asistido por su hijo Isambard. El túnel, de casi cuatrocientos metros de longitud, tenía un espacio interior de 11 m x 6 m, y había sido diseñado para el tránsito de carruajes, si bien las rampas de acceso adecuadas en ambos lados no pudieron realizarse por dificultades financieras. Ahora es el túnel más antiguo del metro londinense.

26 DE MARZO

§ 1885. George Eastman comienza la producción comercial de la película fotográfica flexible con soporte de papel, el primer negativo de tira continua capaz de enrollarse en carrete. La película consistía en una capa de papel y un recubrimiento de emulsión de gelatina sensibilizada insoluble, separados por una capa de gelatina soluble para permitir la liberación de la capa fílmica tras el revelado. Presentaba numerosas ventajas frente a las placas de vidrio hasta entonces en uso.

§ 1953. Jonas Salk anuncia una vacuna contra la poliomielitis. En 1952 una epidemia en Estados Unidos había afectado a unas 58.000 personas, de las cuales fallecieron más de tres mil. La enfermedad, conocida como polio o «parálisis infantil», estaba causada por un virus que afecta al sistema nervioso, y se manifiesta por parálisis en distintos grados. Dada la facilidad con la que se propaga el virus, con frecuencia se manifestaba en modo de epidemias, que han causado estragos a lo largo de la historia y eran frecuentes en todo el mundo en la primera mitad del siglo XX. La tarde del 25 de marzo de 1953 Jonas Salk, un médico que investigaba sobre virus desde hacía veinte años cuando estudiaba en la New York University, anuncia en un programa de radio de la CBS que ha ensayado con éxito —en sí mismo, en familiares y pacientes— una vacuna inyectable contra la enfermedad. Dos días después lo publica en el *Journal of the American Medical Association*, y en dos años se realizaría un amplísimo protocolo de prueba. Salk no quiso patentarla, sino ponerla a disposición de la humanidad. Su fama y la de su vacuna, que consistía en una dosis de virus muertos que provoca la respuesta del sistema inmunitario, alcanzó todo el mundo. Posteriormente, Albert Sabin desarrolló una vacuna oral usando virus atenuados, que fue autorizada en 1962. En España ya no hay casos de polio desde 1989.

§ 1954. El cirujano Clarence Walton Lillehei, de la Universidad de Minnesota, opera por primera vez a un paciente a corazón abierto. Utiliza la técnica llamada transfusión cruzada controlada, con bombeo continuo de la sangre de un donante, conectado con el aparato circulatorio del paciente mediante tubos sin pasar por su corazón. Un niño de trece meses de edad, Gregory Glidden, tenía un defecto congénito que permitía el paso de sangre entre los dos ventrículos. La operación, en la que el donante fue el propio padre, duró diecisiete minutos de transfusión y fue un éxito, pero el bebé murió once días después por una neumonía.

27 DE MARZO

§ 1884. La compañía norteamericana de teléfonos Bell realiza la primera llamada a larga distancia, entre Boston y Nueva York, utilizando por primera vez hilos de cobre. Aunque oficialmente se afirmó que se escuchaba perfectamente, la transmisión tuvo problemas de calidad hasta comienzos del siglo XX.

§ 1933. Serendipia en la síntesis del polietileno. El etileno es un gas de olor agradable que se obtiene fundamentalmente por craqueo de derivados del petróleo. Producto de suma importancia en la industria química, es la sustancia orgánica de mayor producción en el mundo, empleada en un 60 % para la fabricación del polietileno (PE). A su vez, el PE es el plástico más abundante, que fue descubierto accidentalmente en 1898 por el químico Hans von Pechmann a partir de diazometano, un gas muy tóxico y que puede resultar explosivo. En la práctica no fue sintetizado hasta el 27 de marzo de 1933, cuando lo consiguieron Reginald Gibson y Eric Fawcett en Inglaterra, por polimerización de etileno con benzaldehído a alta presión y una temperatura de 170 °C. Fue por chiripa, pues sin saberlo les había entrado oxígeno en el autoclave. El PE comenzó a emplearse como aislante para recubrimiento de cables submarinos y de radar, pero hoy tiene un sinnúmero de aplicaciones, como bolsas, envases, tubos y tuberías, cajas, contenedores, recipientes y juguetes.

§ 1998. En EE. UU. se aprueba el uso del citrato de sildenafilo (comercializado con el nombre de Viagra) para tratar la disfunción eréctil. Era el primer medicamento destinado a ese fin, y anteriormente se había utilizado para tratar la hipertensión arterial y la angina de pecho. Habían sido los cardiólogos, que observaron los efectos secundarios en los varones ingresados que eran tratados con ese medicamento, quienes informaron a la compañía farmacéutica del posible cambio de indicación.

¶ 1895. El polímata Ronald Ross, de treinta y siete años, por sugerencia de su mentor Patrick Manson —considerado «padre de la medicina tropical»— deja Londres para instalar un primitivo laboratorio en la India, donde dos años después descubriría que la malaria es transmitida por la hembra del mosquito anófeles. En 1902 recibió por ello el premio Nobel de Medicina.

¶ 1910. El primer hidroavión, diseñado por el joven Henri Fabre, despega pilotado por él mismo en la laguna costera de Berre, en las proximidades de Marsella. Ese mismo día realizó cuatro vuelos consecutivos, uno de los cuales alcanzó los seiscientos metros de recorrido. El aparato original se conserva en el Museo del Aire y del Espacio de París.

¶ 1949. Fred Hoyle pone nombre al Big Bang. El astrónomo británico, que realizó importantes aportaciones en el terreno de la evolución y vida de las estrellas, se haría famoso por su pertinaz oposición a aceptar la existencia de un inicio para el universo. Hoyle defendía lo que se conoce como teoría del estado estacionario, según la cual el universo nunca tuvo un origen. En una entrevista de radio en la BBC, el 28 de marzo de 1949, se refirió —quizás despectivamente— a «pasadas teorías... basadas en la hipótesis de que toda la materia del universo fue creada en un «*big bang*» en un momento determinado del pasado remoto». Era la primera vez que se utilizaba la expresión Big Bang (gran explosión) para referirse al momento inicial del universo, idea propuesta por Georges Lemaitre y por entonces defendida y explicada por George Gamow.

¶ 1910. Tras once años de construcción, y como parte del Instituto Oceanográfico de Mónaco, tiene lugar la apertura del mayor museo del mundo dedicado a las ciencias del mar. Con una grandiosa fachada en un acantilado que da frente al Mediterráneo, es fruto del mecenazgo del soberano Alberto I, conocido como el «príncipe navegante», gran aficionado a la oceanografía.

¶ 1974. Descubrimiento del ejército de terracota. Uno de los hallazgos arqueológicos más relevantes de los últimos siglos es, sin duda, el conocido como «ejército de terracota». Se trata de un espléndido conjunto de esculturas en barro cocido, que representan figuras de guerreros y caballos, que ha causado admiración en todo el mundo y que ha sido declarado por la Unesco Patrimonio de la Humanidad. Fue el 29 de marzo de 1974 cuando unos agricultores que excavaban un pozo en un terreno cerca del distrito de Lintong, en Xian, provincia china de Shaanxi, encontraron a dos metros de profundidad unos fragmentos de cerámica roja; luego aparecieron puntas de flecha de bronce y ladrillos de terracota. El proceso se desbordó al desenterrar una primera cabeza; aquel hallazgo impulsó una excavación de una superficie de 20.000 m² que revelaría un ejército formado por más de ocho mil soldados y caballos de barro a tamaño natural, así como un centenar de carros en madera. También se encontraron espadas, ballestas y un arsenal con decenas de miles de armas de bronce, muchas de ellas en perfectas condiciones.

Aquel ejército, que a día de hoy no ha sido completamente excavado, llevaba enterrado desde hace 2200 años. Está situado a algo más de un kilómetro de distancia del túmulo —en forma de pirámide truncada— de 75 m de altura, donde están los restos de Qin Shi Huang, primer emperador de China. El conjunto es una enorme necrópolis, con una superficie estimada cercana a los 60 km² y con una profundidad que los expertos estiman entre 20 y 50 m metros. En aquella guarnición de guerreros de terracota, prevista para proteger al emperador de los espíritus malignos en el más allá, cada uno de los soldados tenía expresiones faciales únicas; estaban colocados según su rango, y dispuestos para el combate. Su estudio permitió concluir que se habían fabricado con piezas que se moldeaban y cocían por separado, para luego ensamblarlas. Por ejemplo, había diez formas distintas para los rostros, y diferentes indumentarias o armaduras que denotaban su rango; además, tras el montaje se añadían detalles con arcilla como bigotes, peinados y demás adornos para individualizarlos, y se completaba la tarea con el coloreado. Aunque hoy las pinturas han desaparecido en su mayor parte por la acción de la intemperie, las manchas de esmalte en rojo brillante, azul, dorado y rosa sugieren un aspecto deslumbrante.

El joven Qin Shi Huang, rey del antiguo estado de Qin (al noroeste de China) desde el año 247 a. C., había ido conquistando los territorios limítrofes de los otros seis estados feudales hacia el este, hasta que en 221 a. C. se autoproclamó «primer emperador» de China con treinta y ocho años, dando comienzo a la Dinastía Qin y creando un título —el de Huángdì o Emperador— que perduraría dos mil años. Tras iniciar diversos proyectos, como el de su propio mausoleo —que comenzó a construirse poco después de la unificación, donde trabajaron decenas de miles de personas y con el que pretendía crear un imperio subterráneo donde viviría para siempre— o el derribar los muros que habían sido frontera entre los estados, pero salvando los del norte, para integrarlos en lo que se convertiría en la gran muralla china, gobernó hasta su muerte a los cuarenta y nueve años de edad.

Todos los descubrimientos tienen sus protagonistas. En este caso no se trata de los campesinos que cavaban el pozo, que no dieron importancia alguna a los restos de cerámica y, de hecho, fueron a vender al peso las puntas de flecha de bronce que encontraron. El nombre que hemos de anotar es el de Zhao Kangmin, un arqueólogo autodidacta que fue capaz de ver en aquellos restos, cuando fue informado cuatro semanas después, el significado de los tesoros que encerraban, y de reconstruir las dos primeras figuras denominándolas Guerreros de terracota de la dinastía Qin. Zhao no informó a las autoridades temiendo que la Revolución Cultural considerase inapropiados aquellos testimonios del pasado. Aunque la noticia se filtró, no hubo motivos para el temor. Se organizó la primera excavación oficial y en los meses siguientes se desenterraron los primeros quinientos guerreros. Los arqueólogos chinos anunciaron al mundo el 11 de julio de 1975 el descubrimiento, junto con la intención de abrir en ese mismo lugar un museo, que se inauguró cuatro años después.

§ 1974. La sonda Mariner 10, que había sido lanzada el 3 de noviembre anterior, tiene su primer encuentro con el planeta Mercurio, llegando a 700 km de su superficie. Tras otras dos aproximaciones (en septiembre y octubre) obtiene las primeras fotografías de alta resolución de la superficie del planeta iluminada por el Sol (más del 40 % del planeta).

30 DE MARZO

§ 1759. El geólogo veneciano Giovanni Arduino dirige una carta a Antonio Vallisneri Junior, de la Universidad de Padua, en la que le propone una clasificación de las rocas, basada en sus estudios al sur de los Alpes. En ella las diferencia según su antigüedad en Primarias, Secundarias, Terciarias y Cuaternarias. Así denominamos hoy los períodos de la historia de la Tierra.

§ 1791. Tras una propuesta de la Academia de Ciencias, en la que participaron Antoine Lavoisier (químico), Jean-Charles de Borda (marino),

Joseph-Louis Lagrange (físico), Pierre-Simon Laplace (astrónomo), Gaspard Monge (matemático) y Nicolas de Condorcet (filósofo), la Asamblea Nacional Francesa aprueba que un metro sea la diezmillonésima parte de la distancia entre el polo norte y el ecuador. La Comisión estableció también que los múltiplos y submúltiplos fueran decimales.

§ 1842. El médico y farmacéutico Crawford W. Long, de Jefferson (Georgia, EE. UU.), utiliza por primera vez el éter como anestésico en una operación quirúrgica. Colocó una toalla empapada en éter etílico sobre el rostro del joven James M. Venable y procedió a extirparle un tumor en el cuello. Más adelante volvió a utilizarlo en amputaciones. Aunque representa un hito de la anestesia en cirugía, no existe otra constancia del hecho que una nota en el libro mayor de ese cirujano: «por tratar con éter y extirpar un tumor, 2,25 dólares».

§ 1858 El empresario de papelería Hyman L. Lipman, de Filadelfia, patenta el lápiz con la goma de borrar en un extremo, y vende la patente por 100.000 dólares. En un principio, la goma ocupaba la cuarta parte de la longitud del lápiz, y podía ser afilada. En 1920 todos los lápices en EE. UU. incluían esa goma de borrar.

§ 1871. La revista *Nature* publica un informe elaborado por una comisión de expertos por encargo de la reina Victoria de Inglaterra. La principal conclusión es que el sistema de educación de la ciencia mejoraría en gran medida si los profesores que la imparten recibiesen una formación que incluyera sobre todo las prácticas experimentales.

31 DE MARZO

§ 1851. A petición de Napoleón Bonaparte, el físico Leon Foucault realiza una demostración del experimento del péndulo que había ideado en el Panteón de París. Para ello utilizó una esfera de veintiocho kilos suspendida de un cable de sesenta y siete metros de longitud. El giro del plano de oscilación del péndulo demostraba, una vez más, la realidad de la rotación de la Tierra.

§ 1889. Este día Gustave Eiffel remata su torre en París. La torre más famosa de Francia hizo popular el apellido de un ingeniero emprendedor que se había especializado en la construcción de puentes y gozaba por ello de gran reputación profesional. Comenzada la segunda mitad del siglo XIX su empresa realizaba obras en países de todo el mundo, y una de las primeras que le reportó prestigio internacional fue el viaducto María Pía de Oporto, construido en 1876 sobre el Duero. El ferrocarril que uniría aquella ciudad con Lisboa debía franquear el cauce en una anchura de 160 m y con un solo tramo, pues la profundidad del río en aquel lugar hacía imposible cualquier apoyo intermedio. Eiffel propuso salvarlo con un arco de hierro en forma de cruasán de 42 m de flecha, sobre el que se apoyaría el tablero con las vías. Aquella construcción fue posible gracias a varias innovaciones técnicas, y resultó un logro del que el ingeniero estaba orgulloso.

Una de las claves del éxito de Eiffel radicó en la estandarización. Él concebía sus obras como auténticos mecanos, logrando construcciones mediante el ensamblaje de piezas prefabricadas en serie. El disponer de las piezas antes de que se produjera un encargo le permitía ofertar los menores plazos de entrega, y además el montaje era posible con obreros no especializados. No es de extrañar que terminase patentando sus puentes portátiles desmontables. En España construyó en 1881 un viaducto sobre el río Tajo, unos 30 km al norte de Cáceres, en la línea férrea de Madrid a Lisboa; hoy no se conserva, pues dejó de funcionar en 1932 y fue demolido.

Pero también había realizado otro tipo de construcciones, como la estación de ferrocarril de Pest en Hungría o distintas iglesias. Las obras más renombradas, como el mencionado puente de Oporto, el colosal viaducto de Garabit (el más alto del mundo), o la estructura metálica de la Estatua de la Libertad, ofrecían garantías de que resistirían el empuje de los vientos. Eiffel estaba acostumbrado a los grandes retos, y todo estaba preparado para afrontar uno nuevo: realizar la torre más alta del mundo, una construcción de 300 m destinada a la Exposición Internacional de París de 1889, para celebrar el centenario de la República francesa. El proyecto fue inicialmente criticado por artistas, escritores y políticos, aduciendo razones estéticas y anunciando su fracaso económico. Eiffel asumió todos los riesgos, y a finales de enero de 1887 se comenzó su construcción.

La Torre fue en verdad un mecano gigantesco, formado con 18.038 piezas prefabricadas de hierro forjado, que llegaron a los terrenos del Campo de Marte numeradas y listas para montar; allí fueron unidas por unos 250 obreros metalúrgicos que utilizaron dos millones y medio de remaches. Finalizada la construcción, el día 31 de marzo de 1889, Gustave Eiffel izó en el mástil que la coronaba una bandera tricolor. Estaba acompañado de unas cuarenta personas, de las 150 invitadas a la ceremonia, que consiguieron llegar a lo alto tras subir los 1792 escalones, pues los ascensores no estaban todavía disponibles. La apertura al público esperó al 15 de mayo, nueve días después de la inauguración de la Exposición Universal. Durante el tiempo de la Expo la torre recibió 12.000 visitas diarias, cerca de dos millones en total. Era la construcción más alta del mundo, y continuó siéndolo hasta 1930, cuando fue superada por el edificio Chrysler de Nueva York. Hoy es el monumento con tarifa de entrada más visitado del mundo, y continúa siendo el mascarón de proa de la ingeniería mundial.

§ 1903. Según varios testimonios, el granjero e inventor neozelandés Richard W. Pearse realizó por vez primera este día un vuelo de cientos de metros con un aparato más pesado que el aire, unos nueve meses antes que el famosísimo y mejor documentado vuelo de los hermanos Wright. El ingenio de Pearse era un monoplano dotado de alerones y con hélice tractora en la parte delantera.

ABRIL

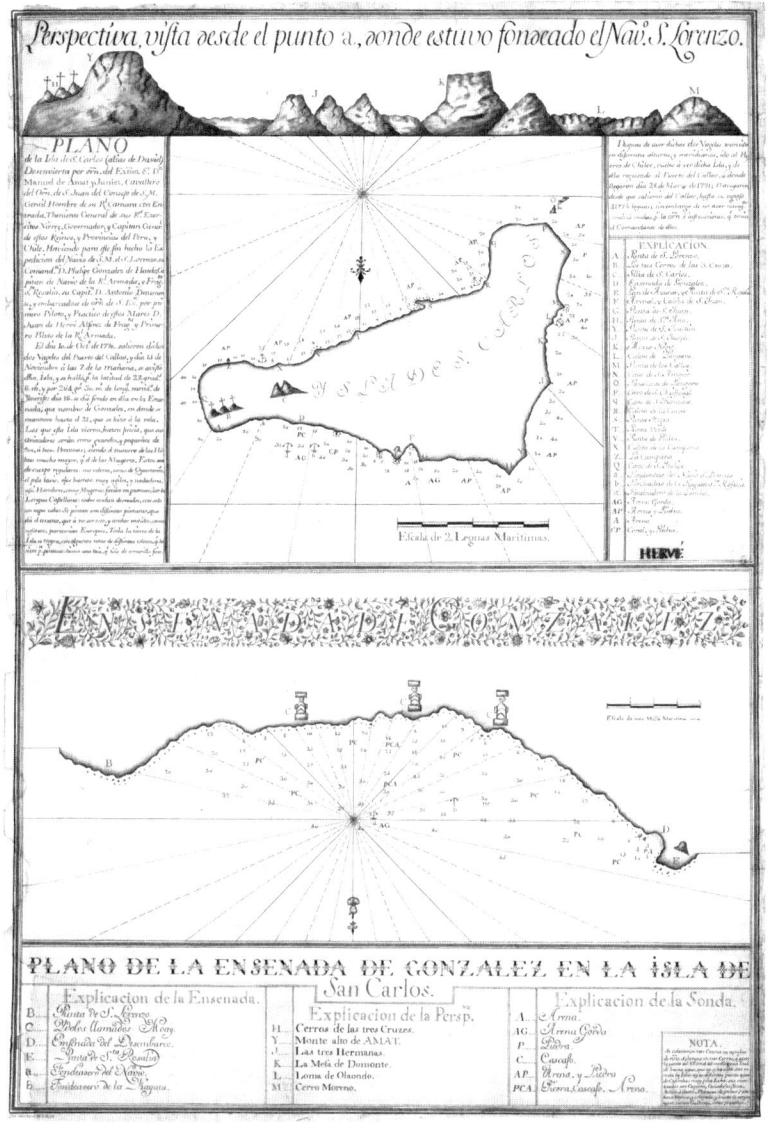

El 5 de abril de 1722 una expedición holandesa descubre la isla de Pascua, hoy famosa en todo el mundo por la presencia de moáis, enormes esculturas antropomórficas. El plano contiene el primer dibujo europeo de un moái, en la mitad inferior de un mapa español de 1770 de la isla de Pascua. Los mapas manuscritos originales de la expedición española se encuentran en el Museo Naval de Madrid y en la Jack Daulton Collection, EE. UU.

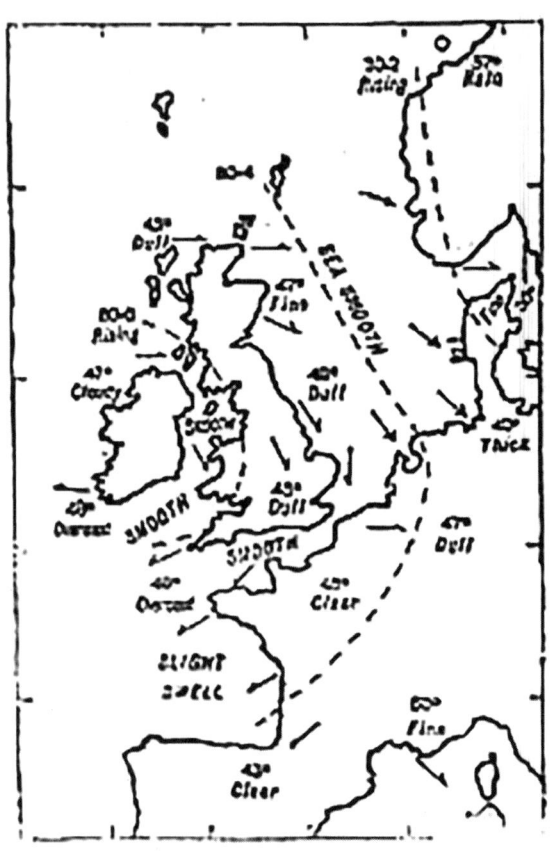

El primer mapa del tiempo se publicó en *The Times*,
su autor fue Francis Galton.

§ 1875. En el periódico londinense *The Times* se publica por primera vez un mapa del tiempo. Su autor es el polímata sir Francis Galton, iniciador de la meteorología científica, el primero en definir el anticiclón e introducir la representación de líneas de puntos de igual presión atmosférica (isobaras). También fue pionero en establecer un registro completo a escala europea de los fenómenos climáticos a corto plazo.

§ 1913. Comienza la revolución del mundo del automóvil. Tras cinco años de pruebas, en la planta de Highland Park, en Michigan, el día 1 de abril de 1913 comienza a funcionar la primera cadena de montaje para el Ford T, basada en la idea de piezas intercambiables. Al principio no fue el coche entero, sino solamente la magneto del motor, elemento que genera la electricidad con un voltaje suficiente, y así en cada bujía salta la chispa que provoca la explosión de la mezcla en los respectivos cilindros. Sería el primer paso hacia la producción en serie que en diciembre de aquel mismo año se implantaba en la fábrica para todo ese emblemático modelo de automóvil.

El método consistía en subdividir la compleja tarea de montaje en sucesión en otras más sencillas, que se desarrollaban sucesivamente por distintos operarios. Estos prácticamente no cambiaban de herramienta ni de posición, ya que las piezas llegaban a ellos por cinta transportadora. Hasta entonces, un mecánico cualificado tenía que realizar las diferentes tareas que implicaban el proceso de fabricación, manejando en cada caso las herramientas y máquinas necesarias; así, los tiempos de producción podían ser muy diferentes, en función de la habilidad y dedicación de cada uno. Con la cadena de montaje, dividida en ochenta y cuatro tareas que podían ser realizadas por personal no especialista, un Ford T podía estar listo en noventa y tres minutos, cuando antes se tardaban doce horas y media.

Henry Ford no fue el primero en usar el sistema, pues esa idea de organización del trabajo ya había sido expuesta por Frederick Taylor en su obra *Principles of Scientific Management* (1911). Tampoco hizo aportaciones significativas a la tecnología, pero su influencia histórica radicó en imaginar el automóvil como un medio de transporte popular: «Será tan barato que nadie que tenga un buen sueldo tendrá que privarse de uno, y de disfrutar con su familia de la bendición de horas de placer en los grandes espacios naturales creados por Dios». Hasta entonces los automóviles eran un artículo de lujo, accesible solamente a economías pudientes. El modelo T de Ford haría posible a muchas personas la libertad de desplazarse al lugar deseado sin depender del transporte colectivo. Comparado con disponer de un caballo, el auto era más rápido, pero además podía ser más barato y consumía solo mientras estaba en movimiento.

La producción en serie permitió el abaratamiento de costes. El número de horas de trabajo necesarias se había dividido por ocho, y consecuentemente el precio del vehículo se redujo de 850 dólares a 310, lo que significaba estar en el mercado un 40 % más barato que el más asequible de sus competidores. El montaje en cadena fue acompañado por cambios en el diseño del vehículo, en una búsqueda de sencillez para eliminar costes. El cuello de botella del proceso era la pintura, y para reducir al mínimo el tiempo se optó por la pintura Japan black, a base de alquitrán, que además del secado rápido ofrecía un acabado resistente. Ese fue el secreto de que durante doce años el Ford T únicamente pudo comprarse en color negro.

En 1914 crecieron las ventas, de modo que se llegó a los 250.000 ejemplares de ese modelo, y en 1924 vendieron el vehículo diez millones; hasta 1927, cuando cesó la fabricación, fueron quince millones los que salieron al mercado. El método de producción de autos en serie se extendió luego a las fábricas de Ford en Europa; en 1920 el ingeniero André Citroën sería el primer europeo en implantarlo, y pronto se convirtió en el proceso habitual para fabricar automóviles.

La producción en masa, que hacía posible la reducción de costes, necesitaba una demanda en consonancia. El aumento de salarios, pensó Ford, habría de llevar al incremento del consumo, lo que a su vez motivaría el subir la producción. En 1914, cuando el salario de un obrero era de 2,40 dólares al día, Ford pagaba 5 dólares, y un trabajador podría comprar un Ford T con el salario de cuatro meses. También se ganó en tiempo para el ocio: el nuevo modelo de trabajo permitió bajar la jornada laboral de nueve horas diarias a ocho, y en 1926 la empresa fue una de las primeras del mundo en implantar una semana laboral de cinco días.

Este modo de producción también presenta numerosas desventajas para los trabajadores, que ya un estudio sobre la industria del automóvil realizado por la Universidad de Yale en 1949 alertaba. La única cosa que les gustaba del trabajo en cadena era el salario, repudiando su carácter tedioso y repetitivo, teniendo que realizar los mismos movimientos cientos de veces al día, así como la frustración por no poder expresar su habilidad profesional al verse obligados a realizar únicamente una tarea simple. La popularización del automóvil influyó en el cambio experimentado por las ciudades y en muchos hábitos sociales, desde la concentración del comercio en grandes almacenes hasta la misma idea del fin de semana. Por su parte, la proliferación del motor de combustión ha determinado toda la economía mundial en el siglo XX, y es un factor principal en los problemas medioambientales de nuestros días.

§ 1948. El origen de los primeros átomos en el universo. La ciencia de hoy acepta de modo general que el universo comenzó a expandirse hace unos catorce mil millones de años, a partir de un punto extremadamente denso y caliente. Ya a finales de los años 20 del pasado siglo, enlazando caminos de las entonces nuevas teorías relativistas con observaciones experimentales, astrónomos como Georges Lemaître y Edwin Hubble estaban convencidos de que las galaxias se están separando. En consecuencia, propusieron la idea de que el universo está en permanente expansión, e incluso Lemaître, a pesar de su condición de sacerdote católico, extrapolando hacia atrás en el tiempo, llegó a formular una «hipótesis del átomo primigenio» para describir el origen del universo.

A comienzos de los años 40 todavía nadie se había puesto a pensar cómo serían los momentos iniciales de aquel proceso, y cómo se habría producido la evolución del universo hasta el estado actual. Fue George Gamow quien se planteó por primera vez, en 1946, que la teoría de la relatividad general indicaba que las primeras reacciones nucleares tuvieron lugar en cuestión de segundos. Para realizar los cálculos sobre las proporciones teóricas en que deberían encontrarse los productos de aquellas reacciones nucleares contó con la ayuda de un brillante doctorando a quien le dirigía la tesis sobre ese tema, Ralph Alpher. Juntos elaboraron una teoría, pero Gamow era un juguetón, y quiso que hubiese un tercer firmante del trabajo, con lo que invitó a leerlo a un amigo, el físico Hans Bethe, y así consiguió que los tres nombres ordenados adecuadamente recordaran el comienzo del alfabeto griego.

En consecuencia, el 1 de abril de 1948 apareció en la *Physical Review* un artículo con el título «The Origin of Chemical Elements», firmado por R. A. Alpher, H. Bethe y G. Gamow. A partir de la relatividad general y utilizando un modelo matemático, en él se da una primera descripción cuantitativa de cómo pudieron ser las reacciones nucleares en los instantes iniciales. Se postula que el universo comenzó como un fluido de neutrones —que era la materia más densa que ellos podían imaginar— y que en la expansión los neutrones irían liberando protones y electrones; luego, la unión de un protón y un neutrón originaría deuterio. Otras uniones harían posibles núcleos más pesados, como el helio. Sus resultados eran concordantes con las mediciones de abundancia relativa de los elementos, que los astrónomos entonces realizaban analizando los espectros de las estrellas, y aunque contenía algunas ideas que hoy se consideran erróneas —como la existencia del fluido de neutrones—, aquel artículo contribuyó a establecer las bases de la nueva teoría sobre el origen del universo. Alpher y Gamow llamaron «ylem» al plasma primordial, emulando a Aristóteles, que designó con esa palabra al principio básico de toda materia. Pero en una entrevista de radio, en marzo de 1949, el astrónomo de Cambridge Fred Hoyle, que era el gran opositor a la teoría, la calificó despectivamente como un «*big bang*», o gran explosión, y ese es el nombre que definitivamente se ha acuñado.

También en 1948, Gamow y Alpher, junto con Robert Herman, afirmaron que la radiación originada en el instante inicial, dada su extraordinaria temperatura, fue enorme, y que debería quedar todavía su huella en el espacio. Esa predicción fue olvidada hasta que en 1965 se descubrió la radiación de fondo en microondas, lo que significaba la primera prueba real de la existencia de una gran explosión. Tras la expansión inicial comenzaron a formarse partículas subatómicas, y luego los primeros átomos de hidrógeno. La mayor parte de los elementos de masas intermedias y superiores al litio (como el carbono, nitrógeno y oxígeno) se originaron posteriormente, ya en los procesos de fusión nuclear que definen la vida de las estrellas. Los átomos de elementos con masa superior al hierro se formaron en explosión de supernovas, dejando en el espacio nubes de polvo cósmico. De esas nubes surgieron por atracción gravitatoria nuevas estrellas, de segunda generación, con sus posibles sistemas planetarios. Ese es el motivo por el que con razón podemos decir que somos polvo de estrellas.

§ 1960. Desde cabo Kennedy se realiza el lanzamiento del Tiros-1, primer satélite meteorológico. El nombre corresponde a las siglas en inglés de Televisión por Satélite de Observación por Infrarrojos. Fue el primer satélite capaz de enviar información sobre la Tierra desde el espacio. La NASA quería comprobar que los satélites podían ser útiles en el estudio de la atmósfera. El programa, que duró solamente setenta y ocho días, sirvió para evaluar diseños de naves, instrumentos y parámetros de operación.

2 DE ABRIL

§ 1845. Con una exposición de 1/60 de segundo, los físicos franceses Armand Hippolyte Louis Fizeau y Léon Foucault obtienen un daguerrotipo del Sol, la imagen más antigua que se conserva de nuestra estrella, una placa nítida de 12 cm que muestra varias manchas solares.

§ 1889. El ingeniero químico Charles M. Hall recibe la patente de su método para fabricar aluminio. Es un proceso que había inventado en 1886 y se basa en el tratamiento por electrolisis de la bauxita, un óxido de ese elemento. El aluminio es el metal más abundante en la corteza terrestre, pero es difícil de separar del mineral por reacción con otra sustancia química.

§ 1926. Del puerto de Hamburgo parte el Baden-Baden, un barco impulsado por dos rotores ideado por el ingeniero aeronáutico Anton Flettner, que originalmente era una goleta de tres palos con el nombre de Buckau. Flettner había reemplazado los mástiles de proa y popa por sendos cilindros giratorios de eje vertical (rotores eólicos) de su invención, de 3 m de diámetro y 15 m de altura, que funcionaban por efecto Magnus. Llegaría a Nueva York el 29 de mayo.

3 DE ABRIL

§ 1918. El cambio de hora primaveral se realizó por primera vez en abril de 1916, en Alemania y el Imperio austrohúngaro, al parecer para poder tener abiertas las fábricas una hora más por exigencias de la Gran Guerra. Meses después lo hicieron en el Reino Unido, Holanda, Francia y Portugal. En España el horario de verano se estableció mediante Real Decreto del 3 de abril de 1918, en el reinado de Alfonso XIII. En él se disponía que el lunes día 15 de ese mes, a las 23:00 horas, había de adelantarse la hora legal en sesenta minutos, añadiendo que el 6 de octubre se restablecería la hora normal. Los motivos aducidos para ello fueron armonizar nuestro horario con los países vecinos. El cambio se realizó solamente ese año y el siguiente, y desde entonces su aplicación sufrió varias modificaciones a lo largo del siglo hasta 1973, cuando se consolidó la realización anual.

§ 1933. Primer trasplante de riñón. En una intervención que duró seis horas, el cirujano ucraniano Yurii Y. Voronoy realiza en Jersón el primer trasplante renal en seres humanos de la historia. La decisión se tomó porque una paciente de veintiséis años, que había sido ingresada con intoxicación aguda por mercurio en un intento de suicidio, no respondía al tratamiento convencional.

El riñón implantado procedía de un varón de sesenta años que acababa de fallecer por una lesión en la base del cráneo. Voronoy realizó todas las sutras necesarias, de modo que el riñón implantado excretó orina durante dos días. La incompatibilidad de los grupos de sangre fue la causa del fallecimiento de la paciente. El cirujano publicó esa intervención en 1936 en la revista española *El siglo médico*.

§ 1973. Histórica primera llamada con un teléfono portátil (tamaño ladrillo). La tarde del 3 de abril de 1973 la compañía Motorola había convocado una rueda de prensa en el hotel Hilton Midtown de Nueva York para presentar su modelo celular DynaTAC 8000x, el primer teléfono móvil. Antes de dar comienzo la misma, su inventor, el ingeniero eléctrico Martin Cooper, quiso comprobar su correcto funcionamiento y hacer una demostración ante un periodista, mientras bajaban por la Sexta Avenida entre las calles 54 y 53. Para ello había que realizar una llamada, y optó por hacerla a su rival Joel Engel, el ingeniero de los Laboratorios Bell, de AT&T. El mismo Engel recogió la llamada y escuchó: «Hola, Joel, soy Marty, Marty Cooper, y te llamo desde un teléfono celular, un móvil de verdad, personal...», a lo que siguió un silencio al otro lado de la línea, comprensible en quien había realizado importantes aportaciones a la tecnología celular. Tras realizar otras llamadas, Cooper permitió que periodistas y más personas lo utilizaran, compartiendo con ellas su satisfacción. Entonces comprendió que aquello hacía posible asignar un número de teléfono a una persona, ya no hacía falta que fuese a un domicilio, a un despacho o a otro lugar.

Cooper lo había desarrollado en tres meses de trabajo contra reloj, junto con su jefe en Motorola, el ingeniero John Francis Mitchell. Por entonces todas las grandes compañías de telecomunicaciones conocían el concepto de sistema celular, y el reto consistía en hacerlo realidad. Sus rivales de AT&T les llevaban la delantera en el desarrollo de teléfonos para automóviles, y Cooper pensó que el modelo personal sería su gran baza. El prototipo móvil usado el día de la presentación tenía 23 cm de altura, casi 13 cm de espesor, 4,4 cm de ancho y pesaba 1134 gramos. Con razón recibió el apodo «*the Brick*» («el Ladrillo»). Con ese aparato se podía tener una conversación de treinta y cinco minutos, lo que según Cooper era suficiente, pues nadie podía soportar ese peso durante tanto tiempo, y su recarga tardaba diez horas. Además de los diez pulsadores numéricos, tenía botones para descolgar y colgar. Aquel teléfono tardó diez años en salir al mercado, más delgado, con el peso reducido a la mitad y una batería que hacía posible hablar durante una hora, pero a un precio de casi 4000 dólares.

Para su primera e histórica llamada, Cooper utilizó la cobertura de una estación base que funcionaba a 900 MHz (UHF) y que había instalado Motorola en una terraza de un edificio próximo para poder conectarse a la red fija. Por entonces ya existía en algunas ciudades una rudimentaria red, utilizada por los únicos dispositivos móviles existentes, que eran los instalados en vehículos, puesto que necesitaban una batería potente, como las empleadas en los automóviles. Si alguien quería llevar teléfono en el coche, había de colocar en el maletero la unidad de emisión y recepción; perforar la chapa para dar salida a la antena, y llevar un cable con el micrófono hasta el salpicadero. Aquellos aparatos pesaban más de trece kilos y eran un producto realmente exclusivo.

Por entonces nadie podía imaginar lo que hoy podemos hacer con uno de estos aparatos, pero aquel era el nacimiento de la primera generación de teléfonos móviles. El sistema TACS (Total Access Comunication System) se utilizaría en España hasta 2003 con el nombre de MoviLine. La segunda generación (2G) vendría en la década de 1990, con la digitalización de las comunicaciones y la implantación del GSM en Europa, que permitía enviar mensajes de texto (SMS). El primero de estos se envió en 1992. Con la 2G comenzó la masificación del teléfono móvil. Los problemas de escasa velocidad que presentaba esa generación serían superados al comenzar este siglo XXI con la 3G mediante el sistema UMTS, que hizo posible las emisiones en *streaming*. Los terminales tienen acceso a internet, ya no buscan reducir tamaño, pues incrementan su pantalla, permiten descargar archivos y de hecho contienen en su interior un pequeño ordenador. Además, pueden conectarse con *bluetooth* y tienen capacidad wifi. Comienzan a llamarse «teléfonos inteligentes» («*smartphones*»). El primer iPhone aparece en 2008. Todos esos cambios y la creación de nuevas aplicaciones aceleraron su popularización. Una demanda imparable llevó a que la 4G proporcionase una velocidad diez veces superior y un ancho de banda que permitía, por ejemplo, una televisión en alta definición. Luego siguió la 5G, etc. El futuro empieza cada día.

§ 1727. Se presenta en la Royal Society de Londres un ejemplar del libro *Vegetable staticks*, cuyo autor es el reverendo Stephen Hales, pionero de la fisiología experimental. Hales había presentado anteriormente allí todas las experiencias que relata en la obra, cuya edición fue aprobada por Isaac Newton. Entre otras investigaciones, Hales mide la presión que hace posible el movimiento de la savia en las plantas; la velocidad de crecimiento de las hojas y los tallos; o la pérdida de humedad de las plantas por transpiración.

§ 1914. Hans Reck, del Instituto de Geología de la Universidad de Berlín, hace público, el 4 de abril de 1914, que ha descubierto en el desfiladero de Olduvai unos restos humanos junto a otros fósiles de animales del pleistoceno en una roca sedimentaria. Reck estimó que la antigüedad del cráneo encontrado era de unos 150.000 años. Fue el punto de partida para materializar la sospecha, ya planteada por Darwin, de que la especie humana podía tener sus orígenes en África. La garganta de Olduvai, al norte de Tanzania, es uno de los yacimientos paleoantropológicos más importantes del mundo. Con la colaboración de Reck, el matrimonio formado por Louis y Mary Leakey inició allí en 1931 sus trabajos de excavación, en los que entonces descubrieron hachas de mano de hace un millón de años. En 1961 encontraron los primeros restos considerados de homínidos (*Homo habilis*).

§ 1983. Comienza el viaje inaugural del orbitador del Programa del Transbordador Espacial Challenger, el segundo en entrar en servicio, tras el Columbia. Realizó con éxito nueve misiones, pero se desintegró en la décima, en enero de 1986, a los setenta segundos de su lanzamiento, falleciendo sus siete tripulantes. Fue reemplazado por el Endeavour, que voló por primera vez en 1992.

5 DE ABRIL

§ 1722. Una isla singular como regalo de Pascua. La luna llena lucía en la noche del miércoles primero de abril. Al sur del océano Pacífico, una expedición de tres navíos se alejaba de las costas de Chile al mando del neerlandés Jakob Roggeveen. Aquel era el primer plenilunio tras el equinoccio, por lo cual el domingo siguiente se celebraba en el orbe cristiano la Pascua de Resurrección. Fue ese día, 5 de abril de 1722, cuando avistaron una isla, ya a más de 3500 km del continente, y al marino explorador le pareció oportuno bautizarla como Paasch-Eyland (isla de Pascua). Hoy es famosa en todo el mundo, principalmente por la presencia en ella de los moáis, enormes esculturas de rostro humano. Roggeveen, de sesenta y tres años, había salido de la isla de Texel (Holanda) ocho meses antes comandando una expedición con unos 250 hombres, de los que unos sesenta eran soldados. Por entonces, el océano Pacífico albergaba muchas incógnitas, y el objetivo de la expedición era encontrar las míticas Terra Australis y la Tierra de Davis. Los holandeses estuvieron unos días en la isla, y hubieron de abandonarla tras un incidente en que un joven teniente sintió miedo al verse rodeado de indígenas altos y corpulentos, y disparó causando una docena de muertes.

La isla de Pascua tenía entonces entre 2000 y 3000 pobladores, que se cree la designaban con distintos nombres como Te Pito y también Te Henua (en 1877 se tradujo como «ombligo del mundo», aunque otros autores opinan que significa «tres finisterres», aludiendo a las tres puntas de la isla) y Mata ki te rangi («ojos que miran al cielo»). Los primeros mapas, donde ya están dibujados algunos moáis, fueron realizados en 1770 por marinos españoles en una expedición al mando del cántabro Felipe González Ahedo, que cartografió toda la isla. Este había salido del Perú, e ignorando que no eran los primeros, tomó posesión de aquel territorio en nombre de la Corona española y la llamó isla de San Carlos, como homenaje a Carlos III. Durante los sucesos esclavistas a partir de 1860 comienzan las referencias a la isla como Rapa Nui («isla Grande», en idioma de Tahití). Los isleños adoptaron luego para el territorio ese nombre y también el empleo en una sola palabra (*rapanui*) para su etnia y su cultura. Hoy es el nombre oficial.

Los moáis son 887 esculturas gigantes repartidas por toda la isla de Pascua, la mayoría en la costa y colocadas casi siempre de espaldas al Pacífico. Por término medio miden unos cinco metros de altura, si bien el más grande de los instalados llega a los diez y pesa noventa toneladas. Se tallaban en la cantera de piedra volcánica y eran transportados hasta su emplazamiento, a veces a 20 km de distancia. Algunos están enterrados varios metros, dejando visibles la cabeza y parte del torso. Se comenzaron a construir a partir del siglo XII y parece que continuaron esa tradición hasta después de la llegada de los europeos.

La isla había sido poblada en una fecha no definida, entre los siglos IV y XII de nuestra era, por navegantes de la polinesia que llegaron allí en canoas abiertas de doble casco donde llevaban, entre otras cosas, batatas, plátanos, caña de azúcar, gallinas y... ratas. Diversos estudios han demostrado que durante miles de años la vegetación fue exuberante en bosques de palmeras, pero acabó en deforestación. Sobre la población, algunas estimaciones señalan que en total pudo haber llegado a sobrepasar los 17.000 indígenas en el año 1500. Si bien existen diferentes criterios, y sabiendo que hubo también otros factores, que incluyen la superpoblación, las luchas de clanes —incluido el canibalismo— y la acción de las ratas, parece que aquella civilización comenzó a colapsar por el agotamiento de recursos naturales y estuvo a punto de extinguirse. En 1877, cuando los esclavistas y las enfermedades habían ayudado a diezmar la población, solamente había 111 indígenas. Desde su anexión a Chile —y a pesar de las vicisitudes que sufrieron recluidos en guetos, con opresión, maltrato, pobreza y explotación de recursos hasta mediados del siglo XX—, la población se recuperó lentamente, pero gran parte de su herencia cultural se perdió para siempre.

Hoy es el territorio habitado más aislado del planeta. La isla de Pascua es un vértice del llamado triángulo polinésico, siendo los otros dos Nueva Zelanda y Hawái. Con 164 km² de superficie está a más de 3500 km de la costa chilena. El último censo (2017) registró 7750 habitantes, de los cuales el 45 % se consideraban rapanui. Sus vecinos más próximos son los 926 habitantes del archipiélago Juan Fernández, unos 1850 km al este.

§ 1933. El cirujano Evarts A. Graham realiza en el Barnes Hospital de San Luis (Missouri) la primera operación de extracción de un pulmón, a un médico compañero que tenía un cáncer (como consecuencia del tabaco). La intervención le permitió superar la enfermedad. Graham junto con el epidemiólogo Ernst Wynder llevaron a cabo la primera investigación sistemática a gran escala (687 casos) sobre los efectos cancerígenos del tabaquismo y publicaron sus resultados en un artículo de 1950 en la *Journal of the American Medical Association*.

§ 1964. En Londres funciona un metro sin conductor. Por primera vez un ferrocarril metropolitano puede circular sin una persona que controle su velocidad. Sucede en la Victorian Line del metro de Londres, el 5 de abril de 1964. Una vez el operario cierra las puertas y presiona el botón de marcha, el tren circula por su cuenta hasta la siguiente estación, obedeciendo las órdenes de las balizas colocadas a lo largo de la vía.

En la actualidad existen varios sistemas de trenes automáticos. En España, casi todos los metros utilizan el denominado ATO (Automatic

Train Operation), que le dice al tren cuándo debe acelerar y frenar, permitiendo velocidades de hasta 80 km/h e intervalos de frecuencia de tres minutos. Con este sistema se optimizan el tiempo del recorrido y la frecuencia, el frenado se realiza uniformemente y se consigue que el tren se detenga en el punto exacto del andén.

6 DE ABRIL

§ 1618. Un extremeño identifica las ruinas de Persépolis. En 1618 en el Imperio iraní gobernaba con poderes absolutos Abbás I el Grande, principal miembro de la dinastía safávida, quien mantenía excelentes relaciones con Felipe III, rey entonces de España y Portugal. Esa relación incluyó un intercambio diplomático, siendo el extremeño García de Silva y Figueroa, ya con sesenta y cuatro años, el comisionado por el monarca español para encabezar la embajada ante la corte del sah de Persia.

Durante su estancia allí, Figueroa se ocupó de asuntos diplomáticos de importancia, como el acuerdo de una alianza contra el Imperio otomano, un viejo enemigo de las tres potencias implicadas: Persia, Portugal y España. En sus viajes por el país, el 6 de abril de 1618 reconoció en las ruinas de Tajt-e Yamshid, la antigua Persépolis, la ciudad palacio que había sido capital del gran Imperio persa 500 años a. C. Figueroa fue también el primer occidental en describir la escritura cuneiforme.

§ 1852. El astrónomo y geofísico irlandés Edward Sabine anuncia que el ciclo geomagnético terrestre es «absolutamente idéntico» al ciclo de manchas solares de once años, descubierto en 1844. Era la primera vez que, tras los trabajos de Newton sobre la gravedad, se demostraba una interacción de la actividad del Sol con la Tierra.

§ 1922. Un choque entre Einstein y Bergson ahonda la grieta entre las dos culturas. La reunión del 6 de abril de 1922 en la Sociedad de Filosofía en París se presentaba como histórica, y lo fue. En ella Albert Einstein, el científico más famoso, expuso sus ideas sobre relatividad, espacio y tiempo. El debate era profundo y animado cuando forzaron la intervención del filósofo francés Henry Bergson, para quien la percepción humana o intuitiva del tiempo era más relevante que el tiempo mismo. La réplica de Einstein terminó contundentemente: «El tiempo de los filósofos no existe; no hay un tiempo psicológico diferente al tiempo del físico». Bergson respondió en pocos meses con un libro titulado *Duración y simultaneidad*, donde criticaba la relatividad, considerando que tenía más de metafísica que de ciencia. Einstein recibió ese año el Nobel de Física, Bergson obtendría el de Literatura en 1927.

7 DE ABRIL

§ 1864. Tiene lugar en la Sorbona una reunión de gala. Se trata de una «velada científica» a la que asisten Alexandre Dumas (padre), la novelista George Sand y toda la intelectualidad de París. En ella escucharon a Louis Pasteur, un profesor de cuarenta y dos años que anuncia los resultados de unos experimentos que echaban por tierra toda idea de generación espontánea. El conferenciante estuvo claro, preciso y brillante: «No hay ningún caso confirmado en que hayan aparecido seres vivos microscópicos, sin gérmenes, sin unos padres semejantes a ellos».

§ 1964. La compañía IBM anuncia el lanzamiento de S/360, una familia de computadoras que permite intercambiar programas y periféricos entre distintos equipos. Eran de los primeros ordenadores que usaban circuitos integrados, y se consideran el comienzo de la tercera generación. Tuvieron un gran éxito en el mercado, ya que permitían a los usuarios comenzar con un sistema reducido, sabiendo que siempre podrían ampliarlo a más capacidad.

§ 1969. El ingeniero de la Universidad de California en Los Ángeles (UCLA) Steve Crocker publica un documento en ARPANET, denominado *host software*, que algunos consideran el punto de partida de lo que hoy es internet. Era el primero de los RFC (Request for Comments) y contenía las claves que irían definiendo la interconexión de los ordenadores en red.

8 DE ABRIL

§ 1820. Hallazgo de la Venus de Milo. Según la mitología griega, Eris (la diosa de la discordia) había ofrecido una manzana de oro a quien resultase más hermosa en la boda de Peleo y Tetis, lo que provocó el famoso conflicto entre otras tres diosas: Hera, Atenea y Afrodita. Por decisión de Paris, el premio recayó en esta última, la reina del amor y la belleza, aunque todo terminaría llevando a la Guerra de Troya.

La representación más famosa de Afrodita es la conocida como Venus de Milo, una estatua que fue encontrada semienterrada en la isla egea de Milo el 8 de abril de 1820 por un campesino. El hecho de que en las proximidades se hallasen también un fragmento de antebrazo y la mano con una manzana, que se suponen de la misma, ayudó a identificarla. Por vicisitudes propias (o no) de la guerra de independencia griega que estaba teniendo lugar, la preciosa escultura de mármol blanco terminó en el Museo del Louvre.

§ 1886. El científico, médico e inventor Carl Gassner obtiene la patente alemana de la primera pila seca, o pila de zinc-carbono. Utiliza zinc como electrodo negativo, que sirve de recipiente, y el electrodo positivo es una barra central de grafito. El electrolito va embebido en un soporte poroso. El mismo año extendió la patente a Austria, Bélgica, Inglaterra, Francia y Hungría.

§ 1947. Se registra la mancha solar más grande de la historia, con un tamaño estimado de 18.000 millones de kilómetros cuadrados (unas dos mil veces la superficie de China). Las manchas solares son áreas oscuras de la superficie de nuestra estrella en las que la temperatura es ligeramente inferior y están relacionadas con una actividad magnética fuerte.

9 DE ABRIL

§ 1860. Diecisiete años antes de que Edison inventara el fonógrafo, el francés Édouard-Léon Scott de Martinville graba en su «fonoautógrafo» el primer registro sonoro de la voz humana en la historia: unos veinte segundos de la canción infantil *Au clair de la lune*. Había patentado tres años antes aquel aparato, en el que llevaba trabajando desde 1853 y que trataba de emular al oído humano; consistía en un embudo receptor en forma de barril o cuerno que recogía las ondas sonoras hacia una membrana que haría de tímpano. En el centro de esa membrana, una cerda de jabalí de un centímetro de longitud recogía las vibraciones y las registraba en una placa de cristal ahumado, que se iba deslizando horizontalmente. Las placas que se han conservado de Scott adquirieron relevancia en 2008 cuando un equipo de técnicos consiguió digitalizar y reproducir los sonidos grabados. El «fonoautógrafo» desempeñó un papel histórico en el registro del sonido, pues Emile Berliner —el inventor del gramófono— trabajaría con él antes de disponer de su propia creación.

§ 1895. El astrónomo James E. Keeler realiza un estudio espectroscópico de los anillos de Saturno, demostrando que están compuestos por multitud de partículas meteóricas, como había imaginado James Maxwell. El espectrograma mostraba un efecto Doppler diferente en las partículas según su distancia al centro del planeta; cuanto más cerca, se movían más rápidamente, también de acuerdo con la tercera ley de Kepler.

§ 1981. Como recoge el libro *Guinness World Records* (Ed. 1996), en esta fecha la prestigiosa revista *Nature* publica el nombre científico más largo de la historia. Corresponde al ADN mitocondrial humano, y expresa en 207.000 letras del alfabeto el nombre sistemático de esa macromolécula que tiene 16.569 nucleótidos o pares de bases.

10 DE ABRIL

§ 1845. El industrial e inventor Erastus B. Bigelow (uno de los fundadores del Instituto Tecnológico de Massachusetts) patenta una máquina que permite fabricar las telas conocidas como *vichy* (porque existen referencias de su existencia en la ciudad francesa de Vichy en el siglo XVII). El año siguiente abre la primera fábrica de estos tejidos, popularizando así esas telas de algodón con cuadros característicos, generalmente en blanco y colores llamativos, que antes se hacían a mano. El *vichy* se sigue utilizando para prendas de ropa y artículos del hogar, como manteles, cortinas o delantales.

§ 1882. Robert Koch publica un artículo titulado «Die Ätiologie der Tuberkulose» («La etiología de la tuberculosis»), tres semanas después de haber anunciado ante la Sociedad de Fisiología de Berlín que había descubierto el bacilo responsable de esa enfermedad pulmonar. El fundador de la bacteriología publicaría en 1884 con el mismo título una versión ampliada en donde presentó los famosos «postulados de Koch», que constituyen el fundamento para el estudio de cualquier enfermedad infecciosa. Koch había identificado el bacilo en todos los casos analizados de enfermos, y fue capaz de aislarlo, estudiarlo y cultivarlo en laboratorio, comprobando que conservaba sus propiedades infecciosas. Recibió el Nobel de Medicina en 1905 «por sus investigaciones y descubrimientos sobre la tuberculosis».

§ 1912. El majestuoso Titanic inicia este día su viaje inaugural, con 2200 personas a bordo; pocos días más tarde se hundiría tras chocar con un iceberg a las 23:40 de la noche del domingo 14 de abril de 1912. Media hora después, Jack Phillips, primer oficial de radio, está manejando el mejor aparato de telegrafía sin hilos que se había construido nunca, un modelo de Marconi con antenas cuyas señales en código Morse podían reconocerse a 1600 kilómetros de distancia. Está emitiendo sin cesar mensajes que servirían para salvar a más de setecientas personas: «CQD... CQD... CQD» (el código de auxilio que usaban los buques británicos) cuando Harold Bride, su joven ayudante le sugiere bromeando: «Usa la nueva señal SOS, que quizás sea la última vez que puedas hacerlo». Ambos se encuentran al sur de Terranova, en el buque más grande y de mayor lujo, que navegaba orgulloso hacia Nueva York a más de 22 nudos (40 km/h).

El principal motivo de orgullo era precisamente la capacidad de poner a esa velocidad un gigante con unas 50.000 toneladas, de 265 m de eslora. Las calderas del Titanic, de 5 m de altura, y que ocupaban 96 m de pasillo, generaban vapor para dos motores de corriente alterna, que impulsaban las dos enormes hélices laterales de tres aspas y 7 m de diámetro, además de una turbina que accionaba la hélice central, también de bronce, con cuatro aspas y 5 m de diámetro. A toda máquina consumía 625 toneladas de carbón por día, pero el Titanic transportaba 6000 toneladas de combustible. Los gases de la combustión de las calderas se vertían a la atmósfera por tres enormes chimeneas, de 22 m de altura y unos 10 m de diámetro. Más que nada por razones estéticas se había colocado una cuarta chimenea de igual tamaño, que daba salida, entre otros, a los gases de cocinas.

Aquel poderío en tamaño colocaba a la naviera White Star por delante de su rival Cunard —que ya había conseguido poner buques de 30.000 toneladas a 26 nudos— en su competición para satisfacer el mercado de un transporte transoceánico que demandaban miles de emigrantes irlandeses. El Titanic no presentaba innovaciones, pero hacía gala de contar con los últimos adelantos de la tecnología: una centralita para sus cincuenta y cinco teléfonos y toda la iluminación eléctrica, con unas 10.000 bombillas y 320 km de cables, que se alimentaban con cuatro generadores que suministraban una potencia total de 400 kW. La electricidad servía también para calefacción, ventilación y sus cuatro ascensores, tres para los pasajeros de primera clase y uno para los de segunda. Disponía de tres circuitos de agua: potable, destilada (para limpieza) y salada, para retretes. Además de tamaño, el Titanic era lujo y opulencia.

El capitán, Edward J. Smith, con cuarenta y tres años de experiencia en navegación, viajaba satisfecho. Aquel gigante tenía un casco poderoso, formado por 26.000 toneladas de un acero templado obtenido en crisol abierto, en planchas de 9 m x 1,8 m, con un espesor de 2,5 cm, que iban armadas sobre cuadernas, y cosidas con tres millones de remaches de 7,5 cm de longitud. El buque tenía doble fondo, un espacio entre la quilla y la cubierta inferior, pero no disponía de doble casco. La seguridad ante una posible colisión se basaba en haber dividido el contenedor con mamparas en dieciséis compartimentos estancos.

En una noche fría y sin Luna, con la mar tranquila, el joven Frederick Fleet fue el primero en ver el iceberg desde su posición en el mástil de vigía. No tenía prismáticos. A la velocidad que iban, y aun tratando de corregir el rumbo y de frenar, la colisión tuvo lugar en menos de un minuto. El choque lateral hizo saltar los remaches en una zona de más de sesenta metros, por debajo de la línea de flotación, que afectó a seis compartimentos estancos. Los detalles del hundimiento se conocen como los de ningún otro accidente en el mar, no en vano significó la pérdida de 1500 vidas. Hoy se sigue especulando sobre los aspectos técnicos que pudieron evitar el desastre: el doble casco, la calidad de algunos de los remaches, un acero con menos azufre y menos quebradizo, la insuficiencia de botes salvavidas... y los inevitables condicionantes humanos.

§ 1944. El químico Robert Burns Woodward obtiene sintéticamente quinina por primera vez, en su laboratorio de la Universidad de Harvard, en colaboración con su ayudante William Doering. Hasta entonces ese alcaloide, utilizado para tratar la malaria, se obtenía a partir de la corteza del quino (*Cinchona ledgeriana*). Con este logro, Woodward introdujo la sistemática en las síntesis orgánicas, que hasta entonces se realizaban por ensayo y error.

11 DE ABRIL

§ 1815. El Tambora protagoniza la mayor erupción volcánica de la historia, cuyas consecuencias se materializaron en un «año sin verano». En una conferencia pronunciada en París en 1785, donde residía como ministro plenipotenciario de su país, Benjamin Franklin fue el primero en sugerir una causa para las bajas temperaturas que habían sufrido el verano del año anterior en Europa y Estados Unidos con una «niebla permanente» que se prolongó durante meses. Según él, podría estar causada por las cenizas procedentes de la erupción en Islandia del volcán Laki durante la segunda mitad de 1783.

Aquella hipótesis de Franklin fue ignorada durante más de un siglo, pero en un artículo sobre cambios climáticos publicado en 1913, el meteorólogo William Jackson Humphreys asoció el frío verano de 1816 con la erupción que tuvo lugar en el volcán Tambora, en Indonesia, el año anterior. La idea alcanzó total desarrollo al publicar en 1970 la Royal Society un amplio estudio del climatólogo Hubert Lamb sobre el papel del polvo volcánico en la atmósfera; en él analizaba las erupciones más notables desde comienzos del siglo XVI, y concluía que existe un impacto real de las mismas sobre el clima. Lamb llegó a establecer una escala para determinar la intensidad de ese efecto de cortina, que se conoce como Dust Veil Index (Índice de Velo de Polvo). La erupción volcánica a la que Lamb asignó el mayor DVI es la del Tambora en 1815 (DVI=1500), seguida de la del Krakatoa en 1883 (DVI=1000). Hoy se conoce como «invierno volcánico» la reducción de temperaturas como consecuencia de una erupción.

Todas las historias de la climatología moderna se refieren a 1816 como «el año sin verano», y señalan como causa primordial esa erupción volcánica en el monte Tambora, de la isla de Sumbawa, que alcanzó su mayor violencia los días 10 y 11 de abril de 1815. Las detonaciones se escucharon en la isla de Sumatra, a más de 2600 km de distancia, tras una explosión que hizo desaparecer gran parte de la montaña, reduciendo su altura en 1500 m, formando un cráter de 6 km de diámetro y 700 m de profundidad, y causando la muerte directa de diez mil personas. Según la escala logarítmica del índice de explosividad volcánica (IEV) —establecida en 1982 en función de la cantidad de material expulsado, la altitud alcanzada y el tiempo de la erupción— esta del Tambora alcanzaría un nivel 7 de un máximo de 8, constituyendo la explosión más violenta de los últimos 26.500 años.

Se estima que entonces el volcán envió a la atmósfera unos 160 km cúbicos de materiales. Las cenizas subieron hasta la estratosfera (43 km de altura) y poco a poco se esparcieron por todo el planeta. Aquella cortina, que disminuía la radiación solar que llega normalmente a la superficie, fue la causante de la bajada general de temperaturas, registrada al menos en Europa, Estados Unidos y Canadá. El año 1816 no solo no hubo verano, sino que los fríos evitaron la maduración de cereales, y entre heladas, granizadas, sequías e inundaciones se arruinaron las cosechas, dando lugar a la mayor hambruna del siglo XIX. Se calcula que la desnutrición y las enfermedades asociadas causaron otras 80.000 muertes.

Por aquellos años no existía en España registro meteorológico oficial, pero por diversos documentos sabemos que el verano de 1816 fue el más frío de nuestra historia, con temperaturas que no superaron los 15 °C y vendimias que no tuvieron lugar hasta finales de octubre, descendiendo notablemente la cantidad y calidad de las uvas. En su diario *Calaix de sastre*, el barón de Maldá dejó constancia diaria del tiempo en Barcelona; estimaba que las temperaturas de ese verano eran propias del mes de abril y destacó un gran número de días nublados, con lluvias y granizadas. Así mismo, hizo referencia a una «gran nevada en el centro de España» el 16 de julio. Ese día la temperatura en Madrid fue de 13 °C, y también sabemos que el 12 de agosto se registraron 12,5 °C.

§ 1962. Cincuenta y un países firman enmiendas al texto aprobado en 1954 y que cristalizan en un nuevo acuerdo de «International Convention for Prevention of Pollution of the Sea by Oil». Se prohíben los vertidos intencionados de productos petrolíferos al mar por barcos de más de 20.000 toneladas. A este tipo de operaciones para limpieza de tanques se achacan el 75 % del volumen de los vertidos petrolíferos. El 25 % restante corresponde a los accidentes.

§ 1986. Tras pasar por su perihelio el día 9 de febrero, el cometa Halley alcanza su mayor aproximación a la Tierra en esta visita, situándose a sesenta y tres millones de kilómetros de nosotros. Esta vez era difícil de ver a simple vista. La vez que pasó más cerca fue en el año 837 a. C., cuando llegó a estar a solo cinco millones de kilómetros (trece veces más lejos que la Luna). No volverá a visitarnos hasta el año 2061.

12 DE ABRIL

§ 1767. Se registra un caso de cuernos en un varón de la especie humana. En los archivos del Museo Nacional de Ciencias Naturales (Madrid) figura un documento de declaración jurada, remitido por el conde de Floridablanca al Real Gabinete de Historia Natural, acompañando dos astas pequeñas cortadas a un «caballero de distinción» por el cirujano Josef Correa. Se incluyen también las declaraciones de tres testigos. Según los declarantes, aquellos apéndices o «monstruosidades» fueron amputadas en media hora, un día entre el 8 y el 12 de abril de 1767, y eran «hablando con el respeto debido, dos palos de madera del aire o astas del mismo color, dureza, substancia y figura que los de un cordero». Una testigo precisa que uno de ellos es más largo que el otro y que ambos tienen «forma de caracol». Otro testigo declara que por su forma, color, dureza, dificultad en la sierra y polvo que se producía eran como cuernos de cordero.

§ 1829. Por invitación y con financiación del zar Nicolás I de Rusia, el naturalista Alexander von Humboldt comienza una expedición científica a las regiones inexploradas de Siberia. En ella comprobó que las temperaturas a una misma latitud variaban con la distancia al océano, utilizando isotermas y definiendo la idea de clima continental.

§ 1961. Este día Yuri Gagarin se convierte en el primer cosmonauta. Para empezar, hemos de reconocer que la ascensión al cielo no es cosa fácil. Dejando a un lado los sistemas de propulsión necesarios, al subir nos encontraremos con problemas del organismo debidos a cambios en el medio: descenso de temperatura; disminución de la presión atmosférica y de la cantidad de oxígeno disponible; aumento de la radiación cósmica, y otros inconvenientes para los animales que tenemos por costumbre vivir con los pies en la tierra. Las primeras ascensiones notables se hicieron en globos, y a comienzos del siglo XX, cuando aún no se habían superado los 10 km de altura, ya algunos intrépidos investigadores habían fallecido en la barquilla por carencia de oxígeno. El físico Auguste Piccard fue el primero, hace un siglo, en utilizar una cámara presurizada para comenzar a estudiar con detalle las variaciones de temperatura y presión en la estratosfera, y para medir la radiación cósmica. Piccard ascendió a 16 km de altura. Hoy el récord de ascensión en globo tripulado está en unos 40 km, desde donde puede verse perfectamente la curvatura de la Tierra y contemplar las estrellas sobre un cielo negro, aunque sea de día.

Aceptemos que subir al cielo implica alcanzar el espacio exterior, y en globo no se llega. Se considera que el espacio propiamente dicho comienza a una altura tal que la atmósfera es tan ligera que un avión no puede sustentarse de modo aerodinámico. Esa altura, denominada Línea de Kármán, está fijada por la Federación Aeronáutica Internacional a 100 km de la superficie terrestre. Cualquier vuelo por debajo de esa altura no se considera espacial. Los cohetes demostraron que al espacio se podía llegar, pero ignorábamos los efectos que aquel entorno extraño tendría para nuestro organismo. A los mencionados habría que añadir los propios de la ingravidez, que ahora sabemos que causa entre otros síntomas náuseas, dolor de cabeza y malestar general, y a largo plazo produce atrofia muscular y deterioro óseo. Había también dudas sobre la velocidad que podría soportar un ser humano.

Por eso se probó con animales, buscando sobre todo estudiar los efectos de la radiación cósmica y la ingravidez. Los primeros lanzados al espacio iban en cápsulas incorporadas a cohetes, tratando de recuperarlos luego con dispositivos dotados de paracaídas. Se comenzó con moscas de la fruta, que sobrevivieron, pero luego viajaron monos y ratones que en general tuvieron escasa suerte. Fruto de lo que se llamó «carrera espacial», la década de los 50 había contemplado numerosos ensayos. En la Unión Soviética preferían utilizar perros, pues son manejables y soportan bien la inactividad. Además, escogían canes vagabundos, que están acostumbrados a una vida más dura, y hembras, porque tienen menos exigencias para orinar. Otros animales se han utilizado para realizar estudios musculares, neurofisiológicos e incluso para estudiar cómo se ven afectados sus comportamientos.

Los primeros mamíferos en alcanzar el espacio fueron, en julio de 1951, las perritas Dezik y Tsygan, que llegaron a 110 km de altura en la cabina incrustada en un cohete R-IV e hicieron el final del regreso en paracaídas. En noviembre de 1957 la cápsula del Sputnik 2 ascendía a la perrita Laika; para ello hubo de soportar los 28.800 km/h que alcanzó el cohete R-7. Tras entrar en órbita, Laika falleció, oficialmente, por agotarse el oxígeno a las cinco horas de vuelo, pero probablemente por un fallo en la regulación térmica. Laika pasó del anonimato propio de su vida en las calles de Moscú a ser protagonista de primera plana en periódicos de todo el mundo. En agosto de 1960, la URSS realizó con éxito otra misión que incluía a las perritas Belka y Strelka; un conejo; cuarenta y dos ratones; dos ratas, y frascos con moscas de la fruta, además de hongos y plantas. Fue la primera vez que, tras un auténtico viaje espacial, los animales regresaban vivos. Con ello, el Programa Espacial Soviético inició el proceso para elegir a los primeros cosmonautas. La Fuerza Aérea presentó 154 candidatos, que fueron sometidos a sucesivas pruebas para medir su formación, su resistencia física y psicológica. El seleccionado fue Yuri Alesevich Gagarin, un piloto sonriente y bajito (1,57 m) de veintisiete años.

Encajado en la nave espacial Vostok 1, al escuchar el final de la cuenta que ponía en marcha su lanzamiento en el cosmódromo de Baikonur, el 12 de abril de 1961, Yuri Gagarin exclamó entusiasmado: *«¡Poyéjali!»* («¡Vamos!»). Aquel día se convirtió en el primer ser humano en orbitar alrededor de la Tierra. Dio una sola vuelta, a 315 km de altura, durante 108 minutos. La nave estaba dotada de radio, televisión y los medios necesarios para transmitir información, pero el control del vuelo estaba automatizado. Tras la reentrada en la atmósfera, a siete kilómetros del suelo se accionó el asiento eyectable y Gagarin abrió el paracaídas que facilitaría su descenso. Este detalle fue ocultado por la Unión Soviética, porque algunos reconocimientos internacionales exigían que el piloto había de regresar a tierra en la misma nave. Cayó cerca del pueblo de Smelovka, en la provincia de Sarátov (Kazajistán). Las primeras personas que lo vieron, todavía con su llamativo traje espacial de color naranja, fueron dos campesinas que estaban trabajando en un campo de patatas: Anna Tajtárova y su nieta Rita. A ellas tuvo que explicarles que venía del espacio, y ellas quizá pensaron que el vodka hace maravillas.

13 DE ABRIL

§ 1625. En una carta del médico Giovanni Faber a Federico Cesi, fundador de la Accademia dei Lincei (Academia de los Linceanos), Faber sugiere la palabra «microscopio» para designar el instrumento que permitía observar el mundo diminuto. Galileo, también miembro de la Academia, había construido aquel aparato en 1609 denominándolo «*occhiolino*», y se lo había presentado al príncipe Cesi en 1624.

§ 1970. Una explosión de un tanque de oxígeno del módulo de servicio de la nave espacial Odyssey durante la misión Apolo 13, destinada a aterrizar en la Luna, dio lugar a una de las misiones de rescate más espectaculares en la historia espacial. El accidente dejó a la tripulación durante cuatro días sin control a más de 322.000 kilómetros de la Tierra. La fuga de oxígeno obligó al comandante Jim Lovell y a los astronautas Fred Haise y Jack Swigert a abandonar la nave, dando la vuelta a la Luna y regresando en el módulo que estaba destinado al alunizaje. Millones de personas en todo el mundo observaron por televisión su amerizaje en el Pacífico.

§ 1974. La empresa Western Union, en cooperación con la NASA y Hughes Aircraft, lanza desde cabo Cañaveral en un cohete Delta el satélite geoestacionario Westar-1, el primero puesto en órbita de forma comercial en el mundo. Tras realizar diversas tareas de comunicaciones fue retirado del servicio en abril de 1983.

§ 1611. El bautizo del telescopio. El aparato que Galileo Galilei utilizó para descubrir los cráteres y montañas de la Luna; la complejidad de la Vía Láctea; las manchas en el Sol, y los satélites de Júpiter no tenía nombre. Galileo le llamaba *occhiale* (anteojo), si bien esa denominación, como la de catalejo, podía ser aplicada a instrumentos ópticos de mucha menor importancia. En sus propias palabras, «fui capaz de construirme un instrumento tan excelente, que las cosas vistas por medio de él aparecen casi mil veces mayores, y más de treinta veces más próximas que si se mirasen solo con las facultades naturales». En un banquete celebrado el 14 de abril de 1611 por la Academia de los Linceanos, uno de sus fundadores, el príncipe Federico Cesi, utiliza en público por primera vez la palabra «telescopio» para referirse a aquel instrumento. Con él, en aquella sesión pudo Galileo mostrar a los invitados las maravillas que el año anterior había descubierto en los cielos, e incluso pudieron ver una inscripción en un edificio situado a cinco kilómetros de distancia.

§ 1932. Primera fisión nuclear inducida. El físico irlandés Ernest Walton fue el primero en romper el núcleo atómico. Lo consiguió este día bombardeando átomos de litio con protones muy energéticos; al hacerlo observaba en la pantalla fosforescente los centelleos característicos de las partículas alfa. Cada núcleo de litio se había convertido en inestable al acoger un protón, dando lugar a dos núcleos de helio. La herramienta fundamental para conseguir protones de energía suficiente como para vencer la repulsión nuclear fue un acelerador de partículas. Walton lo había diseñado y construido, junto con el físico inglés John Douglas Cockcroft, en una habitación en desuso del Laboratorio Cavendish (Cambridge). Por aquellas investigaciones, ambos compartieron el Premio Nobel de Física en 1951.

§ 1961. La Comisión de Energía Atómica de los Estados Unidos anuncia la obtención del elemento químico de número atómico 103, que no existe en la naturaleza, es radiactivo y se ha conseguido después de tres años de investigación. El nuevo elemento, el último de los actínidos, se denominó Laurencio (Lr) en honor de Ernest O. Lawrence, inventor del ciclotrón.

§ 1561. Ambroise Paré publica en francés su *Anatomie universelle du corps humain* (*Anatomía universal del cuerpo humano*), basada en los trabajos de Andreas Vesalius. El considerado padre de la cirugía buscaba que aquellos conocimientos estuviesen al alcance de los barberos cirujanos que, como él, de origen humilde, no habían estudiado y no sabían latín.

§ 1770. Al final del prólogo de su *Introducción familiar a la teoría y práctica de la perspectiva*, el científico Joseph Priestley afirma que un fragmento de caucho puede borrar los trazos realizados con un lápiz. Añade que ello resultará de gran utilidad para los dibujantes y que una pieza de pocos centímetros puede durar años. Hasta entonces se utilizaba para borrar la miga de pan, pero resultaba menos eficaz.

§ 1877. Un prototipo, con dos hélices coaxiales de 1,8 m propulsadas por una ligera máquina de vapor, es capaz de despegar en vertical. Meses después, cerca de Milán, conseguiría estar en el aire durante veinte segundos, alcanzando unos trece metros de altura. Es el primer helicóptero, construido por el ingeniero y pionero de la aviación científica Enrico Forlanini.

§ 1885. El físico y matemático suizo Johann Balmer publica en *Annalen der Physik* un artículo sobre la relación matemática que había encontrado en noviembre pasado entre las longitudes de onda de las líneas del espectro visible del hidrógeno. Balmer llega a su resultado de forma exclusivamente empírica, pero aquellos datos encontrarían explicación en el modelo atómico de Bohr.

§ 1941. El ingeniero aeronáutico y pionero de la aviación Igor Ivánovich Sikorski realiza por primera vez un vuelo de duración superior a una hora en el Vought-Sikorsky VS-300, que había desarrollado en 1939, el primer helicóptero reconocido internacionalmente. Tenía un rotor de tres paletas de 8,5 m de diámetro, impulsado por un motor de 75 HP y permaneció volando durante más de sesenta y cinco minutos.

§ 1912. La coqueta y atrevida aviadora estadounidense Harriet Quimby se convierte en la primera mujer que sobrevuela el canal de la Mancha. Con un monoplano que le había prestado Louis Blériot, sale de Inglaterra hacia Francia una vez que le indicaron cómo funcionaba la brújula. A pesar de la niebla, cincuenta y nueve minutos más tarde aterriza en la costa continental, cerca de Hardelot. La noticia del hundimiento del Titanic eclipsó por completo su hazaña en los medios de comunicación. El 1 de julio de ese mismo año falleció en accidente con el avión que pilotaba en Massachusetts.

§ 1947. La NBC (National Broadcasting Company) realiza en Nueva York la primera demostración de una lente de zoom para cámaras de televisión. Antiguamente, para realizar el efecto de aproximación o de alejamiento era necesario desplazar la cámara. La patente fue registrada por su inventor, Frank Gerard Back, como «Lente varifocal para cámaras», y resultó un éxito, sobre todo en la retransmisión de eventos deportivos.

§ 1987. En Estados Unidos se acepta por vez primera la solicitud de una patente en relación con la ingeniería genética. Un año después se otorgará a los genetistas Philip Leder y Timothy A. Stewart de Harvard University. Esa primera licencia se refiere a un «oncoratón», diseñado para ser muy propenso a tener cáncer de mama. Se pretende utilizarlo para ensayar terapias más eficaces.

§ 1914. En esta fecha se crea el Instituto Español de Oceanografía. Aunque los océanos tengan una repercusión enorme en nuestra vida y en nuestra cultura, la historia de la investigación sobre los mismos comienza no hace mucho. No fue hasta 1886 cuando se creó en Santander el primer laboratorio español de biología marina que, a diferencia de muchos de los que existían en otros países, pretendía estudiar no solamente la vida de los ecosistemas próximos a la costa y propios de aguas superficiales, sino también los de aguas profundas. El nombre previsto para aquella pionera institución en el Real Decreto era Estación Marítima de Zoología y Botánica Experimental, pero pronto se quedó en Estación de Biología Marina. Los santanderinos la conocerían familiarmente como la Biológica.

La realización de investigaciones sobre el medio marino estaba motivada no solo por la natural ampliación de conocimientos científicos, sino también por un entonces naciente interés para conseguir el mejor aprovechamiento de los recursos pesqueros. En las reuniones internacionales sobre pesca, navegación y comercio marítimos se insistía en la necesidad de iniciar estudios oceanográficos de los mares europeos; se comenzaba a tener y divulgar información sobre especies de interés en la pesca, así como de la ubicación y características de los principales caladeros.

Fruto fundamentalmente del empeño del insigne naturalista Odón de Buen, en 1908 se inaugura oficialmente en Mallorca el Laboratorio Biológico Marino de Porto Pi. De Buen era un catedrático de Mineralogía, Botánica y Zoología, que en la Universidad de Barcelona se había distinguido por promover la experimentación y el estudio de la naturaleza en directo, y también por defender —pese a la oposición católica— las ideas darwinistas. Bajo su dirección, en este centro se realizaron por primera vez en nuestro país análisis biológicos y químicos de las aguas marinas. La historia de la oceanografía en España estaba comenzando.

Con el Mediterráneo como objeto de interés, durante algún tiempo se desarrollaron trabajos multidisciplinares en las costas de Melilla, y en 1911 la actividad investigadora cristalizó en Málaga con una pequeña «estación» que comenzaría a funcionar el año siguiente, asociada al Laboratorio de Porto Pi. El incansable Odón de Buen se traslada a Madrid, y allí continúa su actividad y sus gestiones para el desarrollo de los estudios sobre el medio marino hasta que, por fin, un real decreto del Ministerio de Instrucción Pública y Bellas Artes de fecha 17 de abril de 1914 crea el Instituto Español de Oceanografía (IEO). El detonante para esta decisión fue la Asamblea de Países Ribereños del Mediterráneo, celebrada en Roma y presidida por el príncipe Alberto de Mónaco, donde se acordó la elaboración de un plan común de investigaciones como base de la explotación pesquera. En el IEO se incluyeron inmediatamente los centros de Mallorca y Málaga, y tres años después el de Santander.

Odón de Buen, que ya había reclamado la coordinación de los centros oceanográficos de España en 1909 —cuando era senador por la provincia de Barcelona—, fue nombrado primer director del IEO. Según el real decreto, el objetivo del Instituto era el estudio metódico de las condiciones físicas, químicas y biológicas de las aguas «con sus aplicaciones a los problemas de la pesca». También establecía la creación de nuevos laboratorios en Vigo y en Canarias, aunque —sobre todo por falta de presupuesto— no serían realidad hasta años más tarde y tras distintas vicisitudes. En los años posteriores a la Guerra Civil, el IEO fue política-

mente marginado, y las tareas de investigación biológica marina se enco-
mendaron al CSIC (Consejo Superior de Investigaciones Científicas) y al
Instituto de Investigaciones Pesqueras. En el resurgir del IEO a finales
de los 60, se crearon nuevos centros en Murcia y La Coruña.

Esta nueva etapa se evidenció en la construcción del buque oceanográfico Cornide de Saavedra, que en 1972 comenzó las campañas de pros-
pección oceanográfica y pesquera. Con sesenta y siete metros de eslora,
y capacidad para albergar a veinticuatro investigadores, fue el buque
insignia del Instituto, y estaba equipado con los últimos adelantos técnicos del momento. De hecho, fue el primer barco español, y segundo en
el mundo, en llevar un ordenador a bordo (un IBM 1130, con unidad de
disco de 512K). Con su ayuda, el buque podía procesar de modo continuo datos de temperatura, salinidad, nutrientes y clorofila de las aguas.

El IEO cuenta con nueve centros oceanográficos en ciudades costeras y con siete buques que realizan campañas de estudios, agrupados
en tres áreas temáticas (pesquerías, acuicultura y medio marino), y que
abarcan multitud de temas: desde dinámica marina (corrientes, mareas,
oleajes...) y estudio de fondos y de contaminación hasta evolución de
poblaciones de distintas especies, pasando por otros muchos de ictio-
logía (peces), malacología (moluscos) o ficología (algas). Odón de Buen
colocó la palabra «oceanografía» en el diccionario en 1914.

§ 1930. El químico de DuPont Arnold M. Collins registra en su cuaderno
de laboratorio el descubrimiento de un nuevo compuesto similar al caucho. Una mezcla que había reposado desde semanas antes se había soli-
dificado «hasta formar masas blancas, algo parecidas al caucho», debido
a la polimerización del monovinilacetileno en presencia de ácido clorhídrico. El equipo del que formaba parte, con Elmer Bolton, Wallace
Carothers e Ira Williams, poco a poco se hizo consciente de que se trataba del primer caucho sintético, al que Carothers llamó «cloropreno».
Fue anunciado como *duprene* el 2 de noviembre de 1931. Tras un mayor
desarrollo y desde 1936 se conoce como *neoprene* (neopreno en castellano). El nuevo material presentaba muchas ventajas, como poder adoptar todos los colores, una gran resistencia química y mantener la flexibilidad a muchas temperaturas.

§ 1964. Geraldine *Jerrie* Mock aterriza en Columbus (Ohio), de donde había
partido, convirtiéndose en la primera mujer en completar un vuelo en
avión en solitario alrededor del mundo. Antes de esta hazaña, Jerrie era

un ama de casa con menos de ochocientas horas de vuelo en los siete años anteriores. El viaje duró veintinueve días y medio, con veintiuna escalas.

18 DE ABRIL

§ 1877. El francés Charles Cros, un hombre polifacético y creativo, poeta e inventor, víctima de la absenta, que ya había publicado sus ideas acerca de cómo conseguir la fotografía en color, comunica en un escrito de esta fecha haber inventado el «paleófono», un precursor del fonógrafo que nunca llegó a construir, pero que describe con detalle. En ese texto enviado a la Academia de Ciencias de París, Cros hace referencia a la existencia del fonógrafo, que Edison no registraría para su patente hasta diciembre de ese año.

§ 1906. En la mañana de este día tiene lugar en San Francisco (California) un terremoto de magnitud estimada hoy de 7,9 en la escala de Ritcher (XI en la escala Mercalli). Tras el seísmo se produjeron numerosos incendios, ocasionando al final la que se considera la mayor catástrofe en la historia de Estados Unidos. Se estima que hubo más de 3000 muertos, destruyendo el 80 % de los edificios y habiendo quedado sin hogar unas 250.000 personas en una ciudad que entonces tenía 400.000 habitantes.

§ 1925. Se inaugura en Chicago la Woman's World Fair, primera Feria Mundial de la Mujer, una iniciativa de Helen Bennett y Ruth Hanna McCormick. Durante ocho días, se mostraron en el American Exposition Palace testimonios del progreso aportado por las mujeres en setenta ramas diferentes del arte, la literatura, la ciencia y la industria. Se instalaron 280 stands y fue visitada por cerca de 200.000 personas. Se hizo resaltar expresamente el progreso desde la Exposición Universal de 1893, donde los únicos ejemplos de artesanía femenina estaban en relación con la costura.

19 DE ABRIL

§ 1770. En una expedición organizada por la Royal Navy y la Royal Society, el joven recién ascendido a teniente James Cook se convierte en el primer europeo en avistar la costa oriental de la actual Australia. Navega a bordo del HMB Endeavour, en un viaje cuyo primer objetivo había sido observar desde Tahití el tránsito de Venus por el disco solar el 3 de junio de

1769, y así poder determinar con mayor precisión la distancia a nuestra estrella. Un segundo objetivo era buscar alguna prueba de la existencia de la hipotética Terra Australis Incognita (Tierra del Sur Desconocida). En este día desembarcan en la bahía de Botany, al sur de la actual Sidney.

§ 1892. Charles E. Duryea prueba al volante el primer automóvil que había estado construyendo desde ocho meses antes en su taller de Springfield (Massachusetts, EE. UU.). El Duryea, un vehículo de un cilindro y 4 CV, se convertiría en el primer modelo de automóvil con motor de explosión fabricado regularmente para la venta en Estados Unidos.

§ 1924. En la dictadura de Primo de Rivera, por acuerdo entre la ITT (International Telephone and Telegraph Corporation) y un grupo de inversores españoles, se fundó la Compañía Telefónica Nacional de España (CTNE). El 29 de agosto se firmaría un acuerdo con el Estado por el que se cede el servicio telefónico a la CTNE en régimen de monopolio.

§ 1965. Formulación de la ley de Moore. La revista *Electronics* publicó este día un artículo del ingeniero Gordon Moore en donde predice que cada año se duplicará el número de transistores de un circuito integrado, lo que ha de implicar disminución de costes. En 1975 lo corrigió para afirmar que sería cada dos años. Este hecho empírico se conoce como ley de Moore. La consecuencia directa de esta tendencia es que los precios de los ordenadores han bajado al mismo tiempo que su potencia de cálculo aumentaba, y que los microprocesadores están hoy presentes en multitud de dispositivos. Aunque ha mantenido su vigencia durante medio siglo, se trata de un proceso efímero. El propio Moore afirmó en 2005 que su ley dejaría de cumplirse entre 2015 y 2020, con el final de la tecnología del silicio.

20 DE ABRIL

§ 1820. El ingeniero autodidacta Thomas Hancock, pionero de la vulcanización, obtiene su primera patente en Inglaterra. Se trata de una aplicación del caucho en algunas prendas donde se necesitaba elasticidad, como tirantes o medias. Así comenzó una línea de creación de utilidades derivadas, desde tejidos impermeables a cueros sintéticos.

§ 1862. En una reunión de la Academia de Ciencias francesa, Louis Pasteur y Claude Bernard finalizan el primer ensayo de pasteurización. Proceden a la apertura de sendos recipientes con sangre y orina de perro que habían sido cerrados el 3 de marzo y mantenidos a 30 °C. Ninguno de los dos fluidos había sufrido alteraciones en todo ese tiempo.

§ 1919. Primera visita de Marie Curie a Madrid. Cuando ya había recibido el Nobel de Física (1903), por sus investigaciones sobre radiactividad, y el de Química (1911), por el descubrimiento del radio y el polonio, la famosa investigadora Marie Curie visita Madrid. Lo hace para participar en el I Congreso Nacional de Medicina, que se inaugura con un solemne acto en el Teatro Real el 20 de abril de 1919. Dos días después pronunció una conferencia en el anfiteatro de la Facultad de Medicina de San Carlos (actual Centro de Arte Reina Sofía) sobre «El radium y sus aplicaciones», durante la cual realizó varios experimentos con la ayuda de su hija Irene. Así mismo ilustró su disertación con la proyección de fotografías, entre otras del barracón de madera en donde había comenzado sus trabajos en compañía de su marido Pierre. Madame Curie volvería a España en abril de 1931, invitada por el gobierno de la República, y de nuevo en 1933.

§ 1940. El ingeniero de los laboratorios RCA Vladímir Zvorykin, mundialmente conocido por su invención de la televisión con tubos de rayos catódicos, realiza en Filadelfia una demostración del microscopio electrónico. Se trataba de un aparato de más de tres metros de altura y media tonelada de peso, capaz de obtener 100.000 aumentos.

21 DE ABRIL

§ 1618. El misionero jesuita Pedro Páez encuentra las fuentes del Nilo Azul. El llamado Nilo Azul es un largo río que nace en Etiopía, corre por Sudán y va a encontrarse con el Nilo Blanco, que procede de Uganda, en Jartum, donde unidos siguen hasta el Mediterráneo, enriqueciendo Egipto. Las históricas crecidas del Nilo se deben en gran medida a las fluctuaciones anuales del poderoso caudal del Nilo Azul. A comienzos del siglo XVII existía en Etiopía una misión católica de la que formó parte el jesuita Pedro Páez Jaramillo, que se había ganado la amistad del emperador etíope Susinios Segued III, del que llegó a ser capellán personal. En una misión militar realizada a las montañas Sahala, el 21 de abril de 1618, y tras contemplar unas cataratas de «agua que echa humo», situadas 30 km río abajo del lago Tana, llegó con unos soldados a las fuentes del río Abai, el nacimiento del Nilo Azul. Era el primer europeo en pisar aquellos lugares, de lo que dejó constancia en su libro *Historia de Etiopía*.

§ 1820. A comienzos del siglo XIX la electricidad continuaba siendo el campo de la física con mayor interés experimental. Sobre todo en lo referente a los efectos de las corrientes eléctricas, que ahora resultaban factibles de crear con la pila inventada por Volta. Uno de los científicos atraídos por aquellos fenómenos era el danés Hans Christian Ørsted, quien desde 1812 comenzó a tener la atrevida idea de que existía una relación entre magnetismo y electricidad. Tras haberlo experimentado durante meses, durante una conferencia celebrada el 21 de abril de 1820, Ørsted demostró que la variación de una corriente eléctrica que pasa por un hilo conductor puede desviar la aguja de una brújula que se encuentre en las proximidades. La publicación de aquellos resultados tuvo gran repercusión en toda Europa, e influyó en el desarrollo de las primeras leyes de la electrodinámica, que serían formuladas por André-Marie Ampère. La Royal Society otorgó a Ørsted la medalla Copley, considerada entonces la mayor distinción científica.

§ 1864. Este día por primera vez un tren de viajeros cruza la frontera entre España y Francia a través del puente sobre el río Bidasoa. De ello dará cuenta en su número dieciocho la revista especializada *Gaceta de los Caminos de Hierro*, editada en Madrid, fundada y dirigida por el escritor francés Gustave-Adolphe Hubbard.

§ 1972. Los astronautas del Apolo 16 John Young y Charles Duke exploran las Tierras Altas de Descartes en la Luna. Gracias a la ayuda del Rover lunar, pudieron recorrer 26 km por la superficie de nuestro satélite, y traerse a la Tierra casi 100 kilos de rocas, de un material no volcánico y geológicamente más antiguo que el obtenido en misiones anteriores. También consiguieron el récord de velocidad en la Luna al conducir a 18 km/h.

§ 1994. El astrónomo de origen polaco Aleksander Wolszczan demuestra con pruebas irrefutables en una publicación en *Nature* la existencia de planetas extrasolares. Lo había anunciado en 1992, tras descubrir, en colaboración con el canadiense Dale Frail, un pulsar orbitado por dos planetas en la constelación de Virgo.

§ 1513. Juan Ponce de León descubre la corriente del Golfo al navegar por la costa este de la península de Florida (a la que semanas antes había bautizado como Pascua Florida por haberla descubierto el Domingo de Resurrección). Días después escribiría en el cuaderno de bitácora: «El agua fluía tan rápidamente que tenía más fuerza que el viento, y no permitía a los navíos avanzar, aunque habían izado todas sus velas».

§ 1715. Se cumple la predicción de Halley sobre el mapa de sombra de un eclipse. Los eclipses de sol tienen lugar cuando la Luna se interpone delante de nuestra estrella, ocultando su luz en totalidad para una franja estrecha de lugares de la Tierra, mientras que el fenómeno se observa de modo parcial en una zona de varios miles de kilómetros de ancho. Edmund Halley predijo con una precisión de cuatro minutos de arco el eclipse total que tuvo lugar en Inglaterra el 22 de abril de 1715 (3 de mayo según el calendario gregoriano), y realizó un mapa de la trayectoria prevista para su sombra. Anteriormente, Jean-Dominique Cassini había registrado la trayectoria de sombra del eclipse de 1699, y otros astrónomos como Symon van de Moolen, Andreas van Luchtenburg y Johann Gabriel Doppelmayr habían realizado mapas de sombra del eclipse de 1706.

§ 1823. Se patentan los patines sobre ruedas. Robert John Tyers, comerciante de frutas en Picadilly (Londres), patenta en este día los Rolitos, que eran unos «aparatos de acoplar al calzado… para viajar o para divertirse». Con plataforma de madera, llevaban cinco pequeñas ruedas metálicas en línea, siendo más grandes la delantera y la trasera, de modo que así se hacían más fáciles los giros. Un saliente metálico en la punta le servía como freno. Demostró su funcionamiento en una pista de tenis de Windmill Street, y más tarde fue usado por los patinadores sobre hielo que querían practicar en verano. No era, sin embargo, el uso más antiguo que se conoce del invento, pues ya el lutier y constructor de relojes belga Joseph Merlin hizo, también en Londres, el que se considera primer uso del artilugio para desplazarse según se cuenta en un relato de 1770: «Provisto de un par de estos patines y un violín, ingresó en un baile de disfraces».

§ 1932. La revista *Science* anuncia que el bioquímico Charles Glen King y colaboradores en la Universidad de Pittsburg han conseguido aislar la vitamina C. Para obtener los cristales de ácido ascórbico hubieron de procesar y analizar los componentes de miles y miles de limones, probando su capacidad antiescorbútica en cobayas. En los mismos años, el húngaro Albert Szent-Györgyi la obtiene a partir de los pimientos, y se le concede por ello en 1937 el Nobel de Medicina.

§ 1516. Entra en vigor en Baviera la ley de pureza cervecera: únicamente agua, cebada y lúpulo. A finales del siglo XV se producían multitud de bebidas producidas a partir de cereales fermentados, y con los aditivos más diversos; todas llevaban el nombre de «cerveza». Tratando de regularlo, surgió entonces la normativa más antigua que se conoce, que tenía aplicación exclusiva en Múnich. Poco después, tras la unificación de Baviera, quedó establecida el 23 de abril de 1516 la que se conoce como ley de pureza, que obliga a que los únicos ingredientes que se empleen en una bebida que quiera venderse como cerveza son cebada, lúpulo y agua. Con aquella medida se pretendía fundamentalmente que el trigo y centeno quedasen para uso exclusivo de los panaderos. También se descartaba así el empleo de otras plantas que entonces se usaban como aromatizantes (mirto, artemisa, brezo...) o conservantes (ortiga, beleño...), dándole la exclusiva al lúpulo, que cumplía ambas funciones. De hecho, se reducía ampliamente la variedad de cervezas posibles, pero la «birrodiversidad» no peligró porque estaba garantizada en otros países.

§ 1917. A partir de un diseño de los ingenieros Carlos Mendoza, Miguel Otamendi y Antonio González Echarte se comienzan este día las obras de construcción del metro de Madrid. La idea no había tenido buena acogida, y solamente fue después de que el rey Alfonso XIII decidiera invertir en el proyecto cuando se consiguió que otras empresas pusieran el capital necesario. En enero del siguiente año se fundó la Compañía Metropolitana Alfonso XIII, que haría posible las obras para que en octubre de 1919 funcionase la primera línea de metro en España.

§ 1982. La empresa Sinclair Research, fundada por Clive M. Sinclair, lanza al mercado el ordenador ZX Spectrum, lo que resultaría un hito en la informática doméstica, ya que fue uno de los más populares en Europa, entre otros motivos por su bajo precio, además de ser compacto y ligero. Permitía usar un televisor en color como pantalla (una novedad para la época) y en su primer modelo admitía 16 KB de RAM, que llegó a 128 KB en su última versión. El equipo tenía un microprocesador Zilog Z80A de 8 bits que corría a 3,5 MHz.

24 DE ABRIL

§ 1913. Después de tres años de obras se inaugura al sur de Manhattan, en Nueva York, el Woolworth Building, obra del arquitecto Cass Gilbert, que adopta un estilo «neogótico». Adornado con pináculos y gárgolas, era un icono de la arquitectura y orgullo de la ciudad. Con sus cincuenta y siete plantas y una altura de 241 m, fue el edificio más alto del mundo hasta 1930.

§ 1934. El ingeniero e inventor Laurens Hammond obtiene la patente de un «Instrumento musical eléctrico», que comenzará a llamar oficialmente «órgano» en 1939, con su tercera modificación. Este primer órgano sin tubos ni lengüetas fue presentado por vez primera en la Exposición Industrial de Nueva York de 1935.

§ 1962. Este día tiene lugar la primera utilización de un satélite para transmitir imágenes de televisión. Científicos del MIT (Instituto de Tecnología de Massachusetts) consiguen que el Echo-1, que lleva dos años en órbita, devuelva señales de una imagen enviada desde Camp Parkes (California) hasta Westford (Massachusetts), de modo borroso pero reconocible. El satélite Echo-1, el primero lanzado por Estados Unidos con fines de comunicaciones, era una esfera de Mylar o PET (Tereftalato de polietileno) brillante, de algo más de treinta metros de diámetro, que actuaba de reflector pasivo. Dos meses más tarde se lanzaría el Telstar-1 y pronto serían posibles las retransmisiones de televisión entre América y Europa.

25 DE ABRIL

§ 1719. Sale a la venta *Robinson Crusoe*, una novela pionera. «La vida e increíbles aventuras de Robinson Crusoe, de York, marinero, quien vivió veintiocho años completamente solo en una isla deshabitada en la costa de América, cerca de la desembocadura del gran río Orinoco; habiendo sido arrastrado a la orilla tras un naufragio, en el cual todos los hombres perecieron menos él. Con un relato de cómo al fin fue extrañamente liberado por piratas. Escrito por él mismo». Esa es la traducción del título completo de la que está considerada primera novela de la historia en lengua inglesa. Conocida simplemente por el nombre de su protagonista, es obra de Daniel Defoe y salió de la imprenta en Londres el 25 de abril de 1719. Meses después el autor añadió otro volumen con *Más aventuras de Robinson Crusoe*, y el año siguiente remató el conjunto con unas *Reflexiones serias*, que representaban una lectura alegórica de la novela original. El éxito de la publicación queda reflejado en el hecho de que a finales del siglo XIX existían más de setecientas versiones de la novela, incluyendo ediciones adaptadas para niños, y otras que eliminaban los párrafos más áridos. La primera traducción de la obra al castellano es de 1826, en una versión infantil, si bien la primera edición íntegra no llegó hasta 2012.

Elogiada por numerosos autores como Edgar Allan Poe, Virginia Woolf o James Joyce, se trata de mucho más que una novela de aventuras, es el Quijote de los ingleses, la obra escogida por Rousseau para ser la única lectura permitida a su Emilio antes de los doce años. Es un texto lleno de reflexiones religiosas, sobre la organización jerárquica de la sociedad y el desarrollo de la civilización, con un protagonista que representa un arquetipo y un símbolo de la humanidad en su relación con la naturaleza. El tema ha sido llevado al cine numerosas veces, siendo una de las primeras la que dirigió Luis Buñuel con el título *Aventuras de Robinson Crusoe*, estrenada en Nueva York en 1954.

El relato de Defoe es apócrifo, pero basado en realidades. La primera que tiene posibilidad de ser auténtica fue narrada por Inca Garcilaso de la Vega, que en 1609 incluyó en su obra *Comentarios reales* la historia de Pedro Serrano. Al parecer, este fue un capitán español que en 1526 se convirtió en el único superviviente de un naufragio, cuando navegaba en una pequeña embarcación a 130 millas de las islas de San Andrés en el Caribe; consiguió llegar nadando a un atolón y allí sobrevivió hasta que fue rescatado ocho años después. Ese banco de arena, formado por seis cayos, todavía no estaba en las cartas marinas, y aparecería por primera vez con el nombre de banco Serrana en un mapa holandés de 1545. El atolón carece de agua dulce y la vegetación es escasa, con lo que las condiciones eran ciertamente adversas para la supervivencia. Serrano almacenó agua de lluvia y se alimentó de peces y mariscos, tortugas y aves cazadas en trampas. Al regresar a España conservó la barba y el pelo tal como los traía hasta dar testimonio de su naufragio ante el emperador Carlos V, a quien visitó en Alemania. Es evidente que este relato contiene ingredientes que bien pudo conocer Defoe en uno de sus viajes a España.

Otro de los antecedentes históricos —este perfectamente documentado— es el caso de Alexander Selkirk (1676-1721). Se trata de un bucanero escocés que fue abandonado y estuvo cuatro años y cuatro meses en una isla desierta del Pacífico, en el archipiélago de Juan Fernández, a la altura de Santiago de Chile, cuyas dos islas principales llevan hoy el nombre del escocés y de Robinson Crusoe. En la isla llamada entonces Más a Tierra —de unos 48 km²—, Selkirk pudo alimentarse tanto de las langostas que pescaba como de diversos vegetales y de las cabras salvajes que había en el interior. A su regreso a Inglaterra, en 1709, los detalles de su supervivencia se difundieron ampliamente, lo que sin duda sirvió de inspiración directa a Defoe para su novela.

§ 1792. En la Place de Grève (actual plaza del Ayuntamiento) de París, se utiliza la guillotina por primera vez con una persona, el salteador de caminos Nicolas Jacques Pelletier. Según la *Chronique de Paris*, el pueblo quedó completamente defraudado porque todo fue demasiado rápido, y los curiosos se disolvieron pronto. El aparato ejecutor, ideado por el cirujano Antoine Louis, había sido diseñado y realizado por el fabricante de pianos alemán residente en Francia Tobias Schmidt.

§ 1859. Comienzan las obras del canal de Suez, el más largo del mundo. El sueño de enlazar el Mediterráneo con el mar Rojo venía de antiguo; ya en tiempos de los faraones existía un pequeño canal vinculado al Nilo, que el rey persa Darío I amplió permitiendo la navegación hasta el golfo de Suez hacia el año 500 a. C. Aunque algunos países eran escépticos ante el proyecto, el objetivo de acortar en unos seis mil kilómetros la ruta de comercio marítimo entre Europa y Asia era tan atractivo que comenzó a ser realidad. En el lugar de la costa mediterránea que luego sería conocido como Puerto Said, el 25 de abril de 1859 el empresario francés Ferdinand de Lesseps dio el simbólico primer golpe de pico para hacer realidad el canal más largo del mundo. La obra continuó gracias al trabajo forzoso de campesinos egipcios, de los que fallecieron decenas de miles. La introducción de dragas de excavación y máquinas de vapor permitió que el canal se inaugurase en 1869.

§ 1961. Se concede a Robert Noyce, de la compañía Fairchild Semiconductor, la patente del circuito integrado de silicio. Con ello se inicia una controversia con Jack Kilby, de Texas Instruments, que había registrado otra patente en 1958, pero utilizando germanio como semiconductor. Se resolvió a favor de Noyce, considerando que había resuelto los problemas que presentaba la anterior.

§ 1990. El telescopio espacial Hubble es situado en órbita a 593 km de la superficie terrestre. Al comienzo de su utilización se comprobó que el espejo primario, de 2,4 m de diámetro, daba imágenes borrosas, pero tras corregir esos fallos ofreció una nitidez que es imposible en otros telescopios situados en tierra debido a la influencia de la atmósfera.

26 DE ABRIL

§ 1848. El botánico Alfred Russel Wallace y el naturalista Henry Walter Bates salen del puerto de Liverpool para explorar la Amazonia. Wallace regresó a los cuatro años, perdiendo su colección en un naufragio, pero cuando Bates volvió, siete años más tarde, traía consigo más de 14.000 especímenes, sobre todo de insectos, entre los que ocho mil eran desconocidos entonces.

§ 1920. Da comienzo el Gran Debate sobre el tamaño del universo. Los astrónomos, con telescopios cada vez más potentes, seguían registrando novedades en el espacio infinito de la noche. Por ejemplo, Charles Messier había publicado en 1774 un «Catálogo de Nebulosas y Cúmulos estelares, que se observan entre las estrellas fijas sobre el horizonte de París». El astrónomo francés estaba más interesado en la búsqueda de cometas, y a diferencia de estos, que cambian de posición en días sucesivos, aquellas nubecillas luminosas permanecían inmóviles, noche tras noche, con respecto a las estrellas fijas de las constelaciones. Eso representaba una prueba de que no pertenecían al ámbito del sistema solar. La publicación de aquel catálogo estimuló a William Herschel, quien con los mejores telescopios —y con la importante ayuda de su hermana Caroline— además de descubrir el planeta Urano se dedicó a demostrar que en el «cielo profundo» había muchos más objetos nebulosos de los que había catalogado Messier.

A comienzos del siglo XIX, William y Caroline habían encontrado 2.514 nuevos objetos de luz difusa, que cataloga ban como distintos tipos de nebulosas y cúmulos estelares. Por otra parte, estimando la densidad de estrellas que se observaba en distintas direcciones, William llegó a proponer una forma para la Vía Láctea, de la que formaría parte el sistema solar y todas las demás estrellas que vemos. La ubicación de las nebulosas en el espacio continuaba siendo una incógnita a finales de aquel siglo, en que comenzaron a ponerse en práctica los métodos de cálculo de distancias estelares. Mientras algunos astrónomos defendían la idea —ya anticipada por el filósofo Kant— de que las nubecillas luminosas eran otros tantos «universos-isla», integrados por miles de estrellas y similares a la Vía Láctea, otros postulaban que las nebulosas elípticas y espirales eran torbellinos de gas donde se producían estrellas por condensación, pero que eran relativamente pequeñas y pertenecían a nuestra galaxia.

La ciencia del cosmos registra como un día histórico el 26 de abril de 1920, en que dos grandes astrónomos, los norteamericanos Harlow Shapley y Heber Curtis, protagonizaron en el *hall* de la Academia Nacional de Ciencias de Estados Unidos el comienzo del que se ha calificado como Gran Debate sobre el tamaño del universo. Shapley, del Observatorio de Monte Wilson, defendía que las nebulosas forman parte de la Vía Láctea, en tanto que Curtis, del Observatorio Lick de la Universidad de California, afirmaba que algunas nebulosas espirales, como Andrómeda (M31), eran en realidad otras galaxias diferentes a la nuestra, y se encontraban a distancias mucho mayores. Por falta de pruebas, el debate se mantuvo hasta 1924, cuando el astrónomo Edwin Hubble escribió una carta a Shapley, comunicándole que había descubierto una estrella variable cefeida en M31, y que estaba mucho más lejos de los límites de la Vía Láctea, con lo que se trataba de una galaxia diferente. Tras aquella carta, Shapley cambió la actitud de crítica que había mantenido hacia las ideas de Hubble, admitió la derrota de su hipótesis y comenzó un trabajo en el Observatorio del Harvard College en el que, entre 1925 y 1932, contribuyó a localizar 76.000 galaxias, siendo uno de los primeros astrónomos en pensar en la existencia de supercúmulos de las mismas.

Actualmente, sabemos que en el universo hay miles de millones de galaxias, que se agrupan en cúmulos y supercúmulos; también que la Vía Láctea contiene más de cien mil millones de estrellas, y que hay galaxias mucho mayores que ella. Todas las estrellas que vemos a simple vista se distribuyen en forma de un disco con un diámetro aproximado de 100.000 años luz, y la distancia a M31, la galaxia más cercana, es de 2,5 millones de años luz.

§ 1986. Este día tuvo lugar uno de los mayores desastres medioambientales de la historia, y la peor catástrofe ocurrida en una instalación nuclear, a 18 km de Prípiat, en Ucrania. Dos días después, el mundo conoció oficialmente el suceso. Aquel día, durante un ensayo en la planta nuclear de Chernóbil, uno de los cuatro reactores había sufrido un sobrecalentamiento que terminó en su explosión, falleciendo como consecuencia directa de la misma treinta y una personas, en su mayoría bomberos, y lanzando a la atmósfera una nube radiactiva que tuvo impacto internacional. Desde entonces, miles de personas han fallecido por efectos de la radiación y son millones las afectadas por el desastre, sin conocerse todavía realmente el alcance real de la tragedia. Gracias a la cooperación internacional, la central se cerró definitivamente en diciembre de 2000.

27 DE ABRIL

§ 1828. Por iniciativa de la Zoological Society of London y con el objetivo de servir al trabajo científico, se inaugura el zoo de Londres, situado en el extremo norte del Regent's Park. Es el tercero en el mundo, tras el Zoológico de Schönbrunn (Viena), creado como casa de fieras en 1752, y el Zoo del Jardín de las Plantas en París, de 1794. Un cuarto de siglo después incorporaría el primer acuario público del mundo.

§ 1887. George Thomas Morton realizó este día una operación de cirugía abierta, extirpando el apéndice para salvar la vida de un joven de veintiséis años a quien él mismo había diagnosticado una apendicitis aguda. Morton describió el caso en una monografía titulada «Inflammation of the Vermiform Appendix (1890)», donde afirma «creo que representa la primera operación con éxito basada en un diagnóstico para la extirpación del apéndice vermiforme». Sin embargo, hubo apendicectomías anteriores.

§ 1965. Se patentan las bolsas de plástico «de camiseta», un invento que morirá de éxito. A pesar de que se ha reducido considerablemente su uso, en España continúan distribuyéndose cada año unos 7000 millones de bolsas de plástico. Su presencia en la vida cotidiana alcanzó hace pocos años su máxima expresión, cuando en nuestro país casi llegamos a gastar una bolsa nueva por persona y día. La repercusión de estos números en nuestra economía es indiscutible, pues hasta 2011 España era el mayor productor en la Unión Europea, configurando un sector de 350 empresas y más de 11.000 trabajadores. Ampliando la perspectiva, sabemos que hoy cada europeo usa 200 nuevas bolsas por año, y se estima que en el mundo hay circulando entre 500.000 millones y un billón de bolsas de este tipo.

Tras la Segunda Guerra Mundial llegó el enorme desarrollo de la industria y las investigaciones sobre los plásticos, de modo que, por ejemplo, los químicos Karl Ziegler y Giulio Natta compartieron en 1963 el Premio Nobel de Química por sus estudios sobre polímeros. Ya fue posible obtenerlos sin necesidad de altas presiones, con la ayuda de catalizadores, lo que dio lugar a la producción en gran escala del polietileno y el polipropileno. Todo nace en el petróleo, por destilación del cual se obtienen las materias primas, que tras la polimerización se convierten en la granza de plástico, y luego estos gránulos se transforman en una película fina (de un grosor de unos 25 micrómetros), que servirá para la confección de las bolsas.

La clave del éxito estuvo en el genial diseño, potente tanto en su funcionalidad como en la sencillez de producción, y se recoge en una patente de «Bolsa con asas de material plástico», otorgada el 27 de abril de 1965 a una idea del ingeniero Sten Gustav Thulin, que trabajaba para la compañía pionera Celloplast en Norrköping (Suecia). Las bolsas de plástico se obtendrían en una sola pieza, a partir de un tubo aplanado de película, simplemente por sellado y recorte, y adoptaban la forma de una camiseta de tirantes. Tras acaparar en la práctica Celloplast el monopolio mundial de la fabricación de estas bolsas, y a la vista de su éxito arrollador, la patente fue revocada por la petroquímica Mobil en 1977.

En la actualidad, lo más usual es que las bolsas «de camiseta» se fabriquen con tubos de película de polietileno, bien de baja o de alta densidad (por sus siglas, respectivamente PE-LD y PE-HD). Estos plásticos se caracterizan por su gran resistencia química (a los ácidos y disolventes comunes) y también térmica (soportan agua a 100 °C); por su tenacidad y flexibilidad; su ligereza (densidad entre 0,92 y 0,95), y facilidad de procesado. Una de estas bolsas puede soportar hasta diez kilos de contenido. Estas propiedades deseables se sumaban a un diseño que minimizaba los costes de producción, al no tener que colocar las asas. El *boom* de su empleo vendría a partir de los años 80, como consecuencia de su entrega gratuita en supermercados y otros establecimientos, que también obtenían publicidad barata al incluir sus logotipos en la decoración de las bolsas.

Pero este logro del diseño y la tecnología iba a morir de éxito. Aquellas características de calidad de materiales y economía de fabricación, en el seno de una sociedad inconsciente, se tradujeron en un riesgo ambiental. Ello motivó medidas legislativas y decisiones que llevaron a la reducción de su empleo. Tras la entrada en vigor en España hace años de la ley de residuos y suelos contaminados, que prevé la «sustitución gradual de las bolsas comerciales de un solo uso de plástico no biodegradable» y su futura prohibición, los supermercados comenzaron a cobrarlas, lo que hizo disminuir su demanda en más de un 50 %.

Aunque oficialmente se las conoce como «bolsas de un solo uso», la verdad es que son reutilizadas con relativa frecuencia para depositar la basura de los hogares. Dada su composición, las bolsas en sí son reciclables, lo que quiere decir que si se colocan en un contenedor amarillo pueden llegar a convertirse de nuevo en granza de polietileno. Según Ecoembes, en España se recicla solamente el 10 % de las bolsas que salen de los supermercados. En todo caso, las recomendaciones a recordar son dos: evitemos el solicitarlas, evitemos el abandonarlas.

28 DE ABRIL

§ 1686. Este día Newton presenta el manuscrito de los *Principia*. La epidemia de peste bubónica en otoño de 1665 obligó al cierre de la universidad de Cambridge, y al joven Isaac Newton a pasar unas vacaciones forzosas en la casa de campo materna. Allí viviría la experiencia definitiva de un año genial, cuando quizás tuvo lugar la anécdota de la manzana y en el que, según sus propios recuerdos: «comencé a pensar en extender la gravedad hasta la órbita de la Luna...». Estuvo pensando más de veinte años. En todo ese tiempo dio vueltas a sus ideas y las hizo matemáticas, aprendió mucho —también de su odiado rival Robert Hooke, con quien mantenía disputas de modo continuo— y por fin, el 28 de abril de 1686 presentó a la Royal Society un manuscrito con el título *Philosophiae Naturalis Principia Mathematica*. Era el comienzo del tratado más importante en la historia de la ciencia, el que unificaba cielos y tierra.

§ 1903. Un hombre de cincuenta y tres años, impetuoso y lleno de vigor, Ivan Pavlov, presenta en Madrid una comunicación al Congreso Internacional de Medicina que lleva por título «Psicología y psicopatología experimentales en los animales». Aquella sería una disertación histórica, pues fue entonces cuando el científico ruso expuso por primera vez sus ideas sobre reflejos condicionados. Estaba naciendo una nueva rama de la ciencia, que buscaba explicar el comportamiento en clave fisiológica.

§ 1921. Las primeras vacunaciones en España se realizaron en 1800, pero su aplicación no mantuvo una línea regular, pues la población únicamente acudía en casos de brotes epidémicos. A ello se unía la dificultad de disponer en algunos casos del fluido vacunal. A lo largo del siglo XIX y principios del XX se dieron diversas normativas sobre la vacunación obligatoria contra la viruela, si bien esos mandatos recaían sobre la autoridad sanitaria, con lo que no llegaron a tener efectividad relevante. En el primer decenio del siglo XX se dieron en nuestro país 38.000 fallecidos por viruela. Como consecuencia de la aparición de brotes en varias ciudades, el 28 de abril de 1921 se publica una real orden sobre vacunación obligatoria, y se consigue que en dos años se inmunice el 45 % de la población, con un descenso de la mortalidad, de modo que en 1929 hubo solo dos defunciones.

§ 1947. Al mando del antropólogo Thor Heyerdahl, sale de Perú una balsa artesanal de madera, con seis tripulantes a bordo. La han bautizado con el nombre de Kon-Tiki, antiguo nombre del dios solar de los incas. Su idea es llegar a la Polinesia, y demostrar así que utilizando tecnología y materiales propios de tiempos precolombinos era posible realizar ese viaje, y que, por tanto, los primitivos habitantes de aquellas islas podían tener origen sudamericano. Efectivamente, impulsada por los vientos y las corrientes, la balsa construida con nueve troncos de catorce metros de largo unidos con cuerdas de cáñamo, recorrió casi 7000 km hasta llegar, 101 días más tarde, a un atolón de las islas Tuamotu. Durante la travesía se alimentaron de la pesca y de los cocos, batatas, raíces y frutas que llevaban, junto con mil litros de agua. La balsa original está ahora expuesta en el museo Kon-Tiki, en Oslo.

29 DE ABRIL

§ 1878. Se inaugura en Pavía un monumento en memoria del físico Alessandro Volta, obra del escultor Antonio Tantardini. Al acto acuden numerosas delegaciones de universidades y sociedades científicas. Con esta ocasión se otorgó el doctorado *honoris causa* (sin necesidad de presentación) a James Clerk Maxwell (Cambridge), William Thomson (Glasgow), Jean-Baptiste-André Dumas (París), Wilhelm Eduard Weber (Leipzig), Robert Bunsen (Heidelberg), Hermann von Helmholtz (Berlín), Franz Ernst Neumann (Königsberg) y Wilhelm Reiss (Berlín).

§ 1899. El piloto de automóviles belga Camille Jenatzy (apodado le Diable Rouge por su barba pelirroja) establece un récord al superar por primera vez los 100 km/h. Consigue su hazaña en su vehículo eléctrico, la Jamais

Contente, especialmente diseñado para batir un récord de velocidad, y alcanzando este día en Achères, cerca de París, los 106 km/h.

§ 1997. El cosmonauta Vasili Tsibliyev y el astronauta Jerry M. Linenger completaron el primer paseo espacial conjunto ruso-estadounidense, una excursión de cinco horas desde la estación espacial rusa Mir. Estaba situada en una órbita entre los trescientos y cuatrocientos kilómetros de la superficie terrestre, orbitando completamente la Tierra en menos de dos horas.

30 DE ABRIL

§ 1894. Avistado un iceberg antártico a menos de tres mil kilómetros del ecuador. Desde el buque de bandera británica Dochra, el 30 de abril de 1894 se observó en el Atlántico, a una latitud de 26,5⁰ sur (a la altura de Río de Janeiro), un iceberg antártico a la deriva. Es la primera, y de momento única vez, que se ha dejado constancia de una masa de hielo flotante tan cerca del ecuador. Aquella década fue especialmente intensa en el avistamiento de témpanos en el Atlántico sur. Por entonces ya se había registrado como llamativa una situación en 1893, cuando quince buques vieron icebergs en sus rutas por el cabo de Buena Esperanza. Según advertía entonces el periódico oficial Falkland Islands Gazette, nunca se había conocido la presencia de hielos flotantes en las islas Malvinas, y se advertía de que la situación era de extremo peligro. La punta meridional del continente americano es clave en rutas marítimas internacionales.

Los icebergs se producen al desprenderse de las zonas polares (ártica y antártica) grandes masas de hielo que flotan en el océano, de modo que son arrastradas por las corrientes marinas y constituyen un peligro para la navegación. La mayor parte del volumen de hielo está sumergida, y de ahí el origen de la expresión «la punta del iceberg», para expresar que la mayor parte de algo que puede ser amenazante no está a la vista. El tamaño de los mismos es variable, desde los quince metros de longitud o cinco metros de altura sobre el nivel del mar, que son las medidas acordadas como mínimas para ser así calificados, y las enormes masas que se desprenden de la Antártida, en la barrera de hielo de Ross, que pueden alcanzar centenares de metros de altura sobre el nivel del mar y albergar una masa de millones de toneladas.

En el norte, los icebergs del Ártico se originan sobre todo en los glaciares del oeste de Groenlandia, Noruega y Alaska. El desprendimiento se debe a la pérdida de consistencia por las grietas formadas en la masa de hielo debido a las tensiones provocadas por su propio peso, sobre todo al comenzar a flotar, conforme la lengua del glaciar alcanza el océano. Los icebergs que implican mayor peligro para la navegación son los originados en Groenlandia, que son arrastrados hacia el sur por la corriente del Labrador. A diferencia de los icebergs antárticos, que tienen forma tabular, o de plataforma flotante, los árticos tienen formas irregulares. En el hemisferio norte, el más grande observado se registró en 1958, con una altura de 168 m (un edificio de cincuenta y cinco pisos).

El riesgo que suponen estos enormes témpanos alcanzó repercusión mundial con el hundimiento del Titanic, un trasatlántico gigante —orgullo de la White Star Line— que navegaba de Southampton a Nueva York, cuando el 14 de abril de 1912 colisionó con un gran iceberg 600 km al sur de la costa de Terranova, a unos 41^0 norte. Hasta entonces no existía ningún sistema que permitiese prevenir ese riesgo. Tras aquella tragedia que ocasionó la muerte de más de 1500 personas, se aprobó en 1914 el primer Convenio Internacional para la Seguridad de la Vida Humana en el Mar, que incluía un protocolo de observación permanente de los icebergs mediante la Patrulla internacional del hielo, que alerta de la presencia de los mismos. En la actualidad, la gran mayoría de datos sobre la presencia de icebergs se obtiene mediante satélites.

La mayor parte de los icebergs antárticos comienzan con un tamaño tal que su desaparición en la deriva puede tardar varios años en producirse. En este camino, movidos por vientos y corrientes, se funden al sufrir la acción de la radiación solar; el calor del agua; el impacto de las olas que baten contra ellos; y el efecto de la sal marina. De esta manera van dejando en el océano su contenido, ya que como los glaciares de los que provienen, son portadores de rocas y materiales diversos. El resultado es la disminución de la salinidad del agua superficial y el aporte de minerales y nutrientes, con el consiguiente impacto en los ecosistemas marinos. El iceberg más grande observado hasta la fecha, en 1956, medía 335 km por 97 km (más grande que Cataluña), una auténtica isla de hielo cerca de la isla Scott. Afortunadamente, por aquellas latitudes (67^0 sur) no significaba riesgo alguno. Como tampoco lo implica el participar en el turismo de observación de icebergs desprendidos de los glaciares de Groenlandia, que entre los meses de primavera y comienzos del verano tiene gran aceptación en Terranova y Labrador (Canadá).

§ 1897. J.J. Thomson anuncia la existencia de partículas subatómicas. A finales del siglo XIX todo el mundo estaba convencido de que los átomos eran indivisibles (haciendo honor a su nombre, pues eso significa la palabra «átomo») y de que no existía nada material más pequeño. Por ello levantó revuelo la conferencia que Joseph John Thomson, director del prestigioso Laboratorio Cavendish en la Universidad de Cambridge, pronunció en la Royal Institution el viernes 30 de abril de 1897.

En ella anunció que a comienzos de ese año había realizado un sorprendente descubrimiento: al investigar las propiedades de los rayos catódicos, concluyó que era necesario afirmar la existencia de unas partículas materiales mil veces más ligeras que el menor de los átomos, y con carga eléctrica negativa. Thomson llamó «corpúsculos» (cuerpos pequeños) a aquellas diminutas partículas que, según él constituían los rayos catódicos. Hoy las llamamos electrones.

§ 1916. Estreno del horario de verano en centroeuropa. Hasta hace algo más de un siglo, fijar una hora oficial era algo que únicamente tenía que compaginarse con la altura del Sol. Por ello, en la España peninsular cada provincia tenía una hora diferente, como corresponde a un territorio en donde los gallegos ven amanecer tres cuartos de hora más tarde que los valencianos, y para entenderse en conjunto servía como referencia la hora del meridiano de Madrid. Pero el extraordinario desarrollo de las comunicaciones obligó a coordinar los horarios de los distintos países, y al comienzo del siglo XX se adoptaba como hora civil oficial en España la del meridiano de Greenwich, entonces llamada GMT (Greenwich Mean Time).

Al expresar hoy una hora solemos referirnos al Tiempo Universal Coordinado (UTC), o bien sencillamente TU. Los países coordinan su hora oficial en función de dos premisas: la primera es aceptar que el tiempo pasa para todos a la misma velocidad (para ello se confía en unos cuatrocientos relojes atómicos establecidos en casi setenta laboratorios) y la otra es seguir intentando que el mediodía del reloj se aproxime al momento de la posición más alta del Sol ese día. De hecho, los diferentes países unifican la hora en todo su territorio (con algunas excepciones cuando este es muy amplio) y optan por alguno de los husos horarios existentes, definidos fundamentalmente en función de los meridianos.

El 16 de marzo de 1940, España adoptó oficialmente la hora central europea, que correspondía al meridiano 15° este, con lo que desde entonces nuestros relojes marcan una hora más que la de Greenwich. Dicen las malas lenguas que fue una decisión que entonces solo buscaba mostrar nuestra afinidad con Alemania e Italia. Sea cual fuere el motivo, ahora España es el más occidental de los países de ese huso horario, nuestros relojes van siempre por delante del sol, y el mediodía —el momento de las sombras más cortas— siempre tiene lugar pasada la una de la tarde. Ese problema del desfase solar se agrava aún más con el horario de verano.

La idea de cambiar de hora al entrar la primavera se atribuye a distintas personas, entre ellas Benjamin Franklin, quien elogiaba los amaneceres veraniegos, e hizo famoso un antiguo aforismo inglés: «El acostarse temprano y levantarse temprano hacen al hombre sabio, rico y sano». Pero el primero en proponer formalmente un cambio de horario fue el entomólogo George Hudson, quien a finales del XIX pretendió en Nueva Zelanda alargar las tardes para dedicarse a sus aficiones coleccionistas. Algo después, el constructor William Willet impulsó la idea en Gran Bretaña, donde aprobaron el nuevo horario por ley, en mayo de 1916. Pero Alemania ya lo había hecho un mes antes: pensando en ahorrar carbón durante la guerra, el káiser Guillermo II decretó el cambio de hora, y de ese modo, junto con el Imperio Austro-Húngaro, fueron ellos los primeros en aplicarlo, el domingo 30 de abril de 1916. Dos años después se realizó por primera vez en España, aunque desde entonces hubo numerosas excepciones.

Es casi imposible hacer un recuento objetivo de las ventajas e inconvenientes del horario de verano. El más discutido es el del ahorro de energía. En España tenemos un dato oficial, pero muy limitado, pues se refiere exclusivamente al consumo doméstico de electricidad: un estudio del IDAE (Instituto para la Diversificación y Ahorro de la Energía) en 2011 estimó un ahorro del 5 %. Pero la energía se consume en muchos más lugares y de muchas otras formas; además, también habría que tener en cuenta la distribución de los picos de demanda. Otros factores que se han de poner sobre la mesa son los posibles efectos sobre el tráfico y los accidentes; la salud (problemas de sueño, cambios de humor); las tareas agrícolas; la asistencia a cines y espectáculos; las audiencias de televisión; la seguridad vial, y otros problemas de todo tipo, normalmente de menor trascendencia. La anécdota más curiosa se refiere a un hipotético nacimiento de gemelos durante el cambio de octubre. Si el primero de ellos nace a las 2:55 h y su hermano lo hace diez minutos después, el segundo será registrado a las 2:05 h, con lo que legalmente se convierte en el mayor, a pesar de haber nacido en segundo lugar. Hay polémica para rato.

MAYO

La patente de los pantalones vaqueros, confeccionados con la misma tela que se usaba para fabricar toldos y tiendas de campaña, se registró el 20 de marzo de 1873. Levi Strauss abrió su negocio mayorista, Levi Strauss & Co., con productos como ropa, ropa de cama, y accesorios. En sus inicios fabricó tiendas de campaña y posteriormente vaqueros. En 1871, el sastre Jacob W. Davis, cliente de Strauss en Reno, Nevada, desarrolló un método para reforzar los pantalones de trabajo con remaches y se asoció con Strauss para producirlos en masa. Levi Strauss & Co. se convirtió así en la primera empresa en fabricar pantalones vaqueros.

Ilustración del Crystal Palace en Hyde Park, tomada del libro *The Crystal Palace: Its Architectural History and Constructive Marvels*, de Peter Berlyn y Charles Fowler jr., con grabados realizados por George Measom (1818-1901). Construido para la Gran Exposición de 1851 en Londres, el Crystal Palace fue un símbolo de la innovación tecnológica y arquitectónica de la era victoriana, destacando por su estructura de hierro y vidrio que albergó a miles de expositores de todo el mundo.

1 DE MAYO

§ 1851. Londres se convierte en escaparate en la primera Gran Exposición Internacional. Al cruzar el ecuador del siglo XIX, el Reino Unido se había convertido en el país más avanzado del mundo en materia industrial, constituyendo un modelo técnico y económico para la nueva sociedad burguesa. Era entonces también el momento de máxima expansión del Imperio británico. La popular reina Victoria aún no había cumplido treinta y dos años, y ya tenía siete descendientes con su primo y esposo, el príncipe Alberto de Sajonia-Coburgo-Gotha. En esa situación, diversas circunstancias, como el detonante surgido de la muestra industrial en París de 1844, hicieron concebir para Londres una exposición universal, que convocando a todos los países demostrara la supremacía británica.

La organización corrió a cargo de una comisión, presidida por el príncipe Alberto, cuyo administrador principal era el polifacético diseñador Henry Cole, famoso por haber creado, entre otros inventos, la primera tarjeta de felicitación navideña e iniciar la costumbre de enviarlas. El joven príncipe consorte era una persona sensibilizada hacia la educación, la cultura y la modernidad expresada en las nuevas tecnologías, y desde el comienzo defendió que aquella exposición habría de ser universal, es decir, abierta a todas las naciones del mundo y a todo tipo de públicos. La propuesta de realizarla en Hyde Park, en el centro de Londres, tuvo oposición y fuertes críticas, que se solventaron con el compromiso de que las instalaciones se ubicarían allí de modo provisional, y evitando la tala de árboles que eran emblemáticos.

Fue por ello que tras un concurso fallido para buscar un diseño de edificio, fundamentalmente por razones económicas, se decidió optar por el Palacio de Cristal. Fue proyectado por Joseph Paxton, que tenía alguna experiencia en diseño de invernaderos, con la ayuda del ingeniero Charles Fox. Era una construcción novedosa, en donde con hierro de fundición y vidrio se delimitaba un enorme espacio (una superficie de 563 m por 138 m, con 34 m de altura) que sería diáfano y luminoso. La magnitud quedaba subrayada al albergar en su interior los árboles, en paseos con fuentes y grandes estatuas. Resultaría un palacio construido para disfrute del pueblo, una auténtica mole de vidrio con nervios de hierro, que se montó en veintidós semanas. El primero de mayo de 1851 se inauguró en ella la Gran Exposición de los Trabajos de la Industria de

Todas las Naciones, que estaría abierta hasta el 15 de octubre. El edificio se trasladó, como estaba previsto, al sur de Londres en 1854, y fue completamente destruido por un incendio en 1936.

La exposición evidenció el liderazgo industrial del Reino Unido, destacando en concreto que eran los mejores en hierro y acero, maquinaria, y productos textiles. Por ejemplo, en ella se pudo ver todo el procesamiento del algodón, desde la planta a tejidos acabados. Fue un escaparate de nuevo instrumental científico, como telescopios, barómetros, microscopios o telégrafos eléctricos, y de miles de inventos. El catálogo de objetos expuestos resulta de lo más variopinto, incluyendo lujosas porcelanas, diamantes enormes, joyas arqueológicas, candados novedosos, prótesis ortopédicas, daguerrotipos, instrumentos musicales y numerosas piezas exóticas, como un trono labrado enteramente en marfil. En general, destacaba la ornamentación de los objetos en clave artesanal, pero dando paso ya a nuevas formas que eran anticipo de lo que sería el diseño industrial y el comienzo de la fabricación en serie de piezas y máquinas. Así se testimoniaba el contraste entre lo nuevo y lo viejo; también entre los países de lo que entonces comenzarían a llamarse Primer Mundo y Tercer Mundo. La exposición, en particular, consolidaba la fe en el progreso basado en la ciencia, capaz de generar poderosos cambios en la sociedad y en la vida de las personas.

Una serie de medidas y circunstancias, como la bonificación en el precio de las entradas, la revolución de los transportes (con el ferrocarril y los buques a vapor), junto a la bonanza económica y las recientes conquistas sociales, hicieron que por primera vez una exposición de esas características pudiese llegar al gran público. Se calcula que acudieron cerca de un millón de trabajadores de fuera de Londres. Muchos extranjeros viajaron con ese motivo, suponiendo así también lo que algunos consideran el nacimiento del turismo moderno. Tuvo seis millones de visitantes, con una media de casi cuarenta y tres mil diarios. Por ella pasaron grandes personajes de la época, como Michael Faraday, Charles Darwin, Karl Marx, Charlotte Brontë, Charles Dickens, Lewis Carroll y George Eliot. Con los beneficios de la exposición se crearon, entre otras instituciones, los londinenses museos de ciencia, de historia natural y el Victoria Alberto, así como el Royal Albert Hall.

§ 1884. Este día comienza en Chicago la construcción del primer rascacielos del mundo, la sede de la Home Insurance Company of New York. Se trata de un edificio de diez plantas y cuarenta y dos metros de altura, diseñado por el ingeniero y arquitecto William Le Baron Jenney. En 1891 se le añadieron dos plantas más, llegando a los cincuenta y cinco metros, una altura sin precedentes. Esto fue posible gracias a la ingeniería de estructuras de acero, que ya no obligaba a que la construcción soportase su peso sobre las paredes. El peso del edificio era un tercio del que habría sido solamente con cemento. El inmueble sería demolido, junto con otros cinco, en 1929, para facilitar un solar donde se construyó en 1934 el Field Building, de cuarenta y cinco plantas (163 m).

§ 1922. Santiago Ramón y Cajal se jubila de la cátedra. Había recibido el Nobel a los cincuenta y cuatro años, ya reconocido internacionalmente por sus trabajos, que tuvieron su cénit en 1888, demostrando la individualidad de las células nerviosas. El premio le llegó tras haber disertado en la Royal Society, cuando era doctor *honoris causa* por Cambridge y miembro de numerosas academias europeas. A partir de ahí continuaron los honores y distinciones, pero no cesó de trabajar y publicar. El día de su jubilación, en su setenta cumpleaños, nos dejó escrito algo que debemos releer: «Se ha dicho hartas veces que el problema de España es un problema de cultura. Urge, en efecto, si queremos incorporarnos a los pueblos civilizados, cultivar intensamente los yermos de nuestra tierra y de nuestro cerebro, salvando para la prosperidad y enaltecimiento patrios todos los ríos que se pierden en el mar y todos los talentos que se pierden en la ignorancia».

§ 1931. Inauguración del Empire State Building. El edificio más emblemático de Nueva York es un rascacielos de estilo *art decó* que está situado en la esquina de la Quinta Avenida con la calle 34. Lleva el nombre del apodo con que los norteamericanos conocen al estado de Nueva York: «Estado Imperio». El Empire State Building es icónico por muchos motivos, como haber sido el más alto del mundo durante casi cuarenta años, y el primero que con 102 plantas superó los cuatrocientos metros. La construcción comenzó en marzo de 1930, y desde entonces pudo observarse crecer el armazón de acero a una velocidad de cuatro pisos y medio por semana, de modo que fue inaugurado pronto, el 1 de mayo de 1931. Ese día, desde la Casa Blanca, el presidente Hoover accionó el botón que simbólicamente encendería las luces. El país se encontraba en plena Gran Depresión, por lo que entonces el edificio tenía tres cuartas partes de sus espacios sin alquilar, y no fue rentable hasta veinte años después.

§ 1964. Primer programa en Basic. Hasta entonces, el procedimiento para introducir datos e instrucciones a un ordenador era muy complejo, y los lenguajes de computación que se manejaban, como Fortran o Algol, estaban en la práctica reservados a especialistas. Se consideraba necesario hacer asequible esa tarea de programación, al menos, a los estudiantes universitarios. Sobre las cuatro de la madrugada del día primero de mayo de 1964, dos profesores de matemáticas del prestigioso Dartmouth College (Hanover, Nuevo Hampshire), John G. Kemeny y Thomas E. Kurtz, ponen en marcha la unidad central del ordenador (un GE-225 de General Electric), que utiliza por vez primera su nuevo sistema de programación, apto para todos los públicos, y que será conocido por sus siglas: BASIC (Beginner's All-purpose Symbolic Instruction Code). En 1975 sería adaptado para ordenadores personales.

2 DE MAYO

§ 1775. Benjamin Franklin completa el primer estudio científico de la corriente del Golfo y realiza una carta detallada de la misma. Sus observaciones habían comenzado en 1769, cuando quiso explicar por qué un correo marítimo entre Inglaterra y las colonias americanas tardaba dos semanas más que en sentido inverso. El primer europeo en ser consciente de su existencia fue Juan Ponce de León, quien en 1513 dejó constancia de ello en su cuaderno de bitácora.

§ 1800. Al finalizar el siglo XVIII los científicos andaban apasionados en descubrir y estudiar nuevos efectos de la electricidad. La reciente invención de la pila voltaica permitía disponer de una alimentación eléctrica continua, que facilitaba en gran medida todo tipo de experimentación. Siguiendo indicaciones del propio Volta, el químico inglés William Nicholson y el cirujano Anthony Carlisle construyeron una pila, y el 2 de mayo de 1800 consiguen con ella producir una reacción en el agua. Descubrieron que si conectaban sendos cables a los polos de la pila y los introducían en agua, se observaba un burbujeo en los dos extremos. Un análisis demostró que el gas desprendido en el cable conectado al polo positivo era oxígeno, y que el desprendido en el negativo era hidrógeno. La electricidad era capaz de romper las moléculas de agua en un proceso que por ello se llamó electrolisis. Años más tarde se utilizaría ese procedimiento para la obtención de nuevos metales.

§ 1892. En Nueva York, el inventor Thomas L. Wilson y su socio John M. Morehead trataban de obtener calcio metálico a partir de cal en su horno de arco eléctrico con solera de carbón. Para su sorpresa, obtuvieron un sólido cristalino que desprendía un gas al entrar en contacto con el agua. El sólido era carburo de calcio, y aquel gas, que podía arder con llama luminosa, era acetileno. Poco después ese sería el procedimiento para la obtención industrial.

§ 1913. Este día se pone en marcha la fabricación en la empresa Formica Products Company. Era consecuencia de la conjunción de intereses de dos personas que trabajaban para Westinghouse y abandonaron la compañía: el ingeniero Daniel J. O'Conor, que había inventado tres meses antes un material a base de resina termoestable que era fuerte, ligero y excelente aislante de la electricidad (por cuya patente la empresa le había recompensado con un dólar), y el gerente Herbert A. Faber. Para el nuevo material laminado, tan prometedor como aislante, Faber ideó el nombre de Formica, dado que funcionaba como sustituto «*for mica*» («para mica», en inglés), el mineral exfoliable que normalmente se utilizaba para aislamiento eléctrico. La nueva empresa pronto se llamaría The Formica Insulation Company, y con dieciocho empleados cumplía con la demanda de piezas, sobre todo destinadas a motores eléctricos. Comenzaba así la era de los laminados plásticos.

3 DE MAYO

§ 1375 A. C. Probablemente, este día tuvo lugar el eclipse más antiguo registrado, según la interpretación de la fecha grabada en una tablilla de arcilla encontrada en la antigua ciudad de Ugarit, en la costa de la actual Siria. La otra alternativa de interpretación es el 5 de marzo de 1223 a. C. El primer eclipse solar total registrado de forma fiable por los chinos ocurrió el 4 de junio del año 180 a. C.

§ 1763. Florece la botánica en la Ilustración española gracias a Celestino Mutis. El joven profesor José Celestino Mutis había tenido éxito desde su primer día de clase. La lección inaugural del curso en la Cátedra de Matemáticas del Colegio del Rosario, en Santa Fe de Bogotá, supuso de hecho el inicio de una revolución intelectual en aquel Virreinato de Nueva Granada. Él quería «propagar las ciencias matemáticas y físicas, con la importante mira de habilitar a la juventud en sus estudios filosóficos», y allí llevó —no sin oposición— las ideas de Newton y el heliocentrismo de Copérnico, la ciencia «moderna», y el método experimental.

Con veintiocho años, Mutis había llegado de España en el navío Castilla, en la comitiva del nuevo virrey don Pedro Mexía de la Cerda, contratado como médico personal. Tras dos años de mandato, el virrey ya había fundado en Bogotá el primer colegio femenino de América y creado, por influencia de Mutis, cátedras de matemáticas en los centros de enseñanza superior. Al entusiasta profesor le sobraban motivos para estar orgulloso, pues incluso había recibido una carta del eminente Carl von Linné, como más tarde recordaría: «Aún mayor gusto tuve hallándome con el honor de una correspondencia entablada con el Sr. Linneo, honor a que no debía yo aspirar en mi corta edad». Su correspondencia futura con el autor de *Systema Naturae*, hasta el fallecimiento de este en 1778, sería amistosa y fructífera. De hecho, Mutis preparó para enviar a Suecia herbarios, descripciones de plantas, dibujos, semillas, frutas y aves disecadas, y por parte de Linneo vemos en una carta el encabezamiento: «Al varón amicísimo, suavísimo y candidísimo Dr. D. J. C. Mutis, botánico sapientísimo y agudísimo».

El día 3 de mayo de 1763 Mutis decide proponer al rey Carlos III una expedición botánica, con objeto de estudiar la fauna y flora de la América española, y solicitar fondos para elaborar una historia natural. La propuesta, con el informe favorable del virrey, señala también el interés que tendría crear en España un «Gabinete de Historia Natural en sus tres ramos superior a muchos particulares, y a los públicos de toda Italia, Alemania, Suecia, Inglaterra, y aun al magnífico de París». El escrito llama la atención del monarca sobre la necesidad de garantizar el suministro de la quina, cuyas propiedades medicinales eran bien conocidas para numerosos trastornos, sobre todo en el tratamiento de la malaria.

El no recibir respuesta no le desanimó. Además de seguir con sus clases y con la atención a enfermos, el médico del virrey realizaba ya en Nueva Granada sus primeros trabajos botánicos, materializados en el inicio de un herbario, y desde 1770 comenzó a buscar «la planta de las fiebres» en los bosques de las cercanías de Santa Fe, donde le habían asegurado que crecía. La encontró por vez primera en 1772, y al final de siglo había identificado hasta siete especies del género *Cinchona*, si bien no todas tenían propiedades terapéuticas.

La deseada expedición fue aprobada veinte años después por Carlos III, el 6 de septiembre de 1783. A ello contribuyó el que meses antes el nuevo arzobispo-virrey, Antonio Caballero, hubiese creado provisionalmente una expedición botánica de Bogotá, y certificado que Mutis llevaba veintidós años desempeñando trabajos en la materia. En un contexto de potenciar esas iniciativas en todas las regiones del Nuevo

Continente —en lo que supuso el llamado por algunos «descubrimiento científico de América»—, la Real Expedición Botánica de la América Septentrional inició ese mismo año sus trabajos, bajo dirección de Mutis, y con ella se prolongaron durante cinco lustros, en los que se estudió científicamente la naturaleza en unos 8000 km².

La apuesta de la corona por aquellas expediciones ilustradas fue bien valorada. Alexander von Humboldt manifestaría en su *Essay politique sur le Royaume de la Nouvelle Espagne*, de 1811, que «Ningún gobierno europeo ha invertido sumas mayores para adelantar el conocimiento de las plantas como el gobierno español». José Celestino Mutis, fallecido tres años antes, había escrito una importante página, que significó la eclosión de la botánica en la ciencia española de la Restauración, y no en vano fue calificado por el mismo Humboldt como «ilustre patriarca de los botánicos».

§ 1910. El médico y bacteriólogo Paul Ehrlich había dado a conocer el «606» en abril de 1910, en Wiesbaden, en el XXVII Congreso alemán de Medicina Interna. En este día defiende en Berlín ese medicamento contra la sífilis. El número se explica porque con su asistente japonés Sahachiro Hata habían experimentado con cientos de compuestos de arsénico para tratar a conejos infectados. Tras ver los resultados llegó un momento que Hata advirtió: «creo que el 606 es muy eficiente». El compuesto 606 era arsfenamina y sería comercializado con el nombre de Salvarsán.

4 DE MAYO

§ 1675. El rey Carlos II de Inglaterra anuncia la intención de construir el Real Observatorio de Greenwich, al sudeste de Londres, que sería efectiva el 22 de junio, cuando decreta «Considerando que, con el fin de conocer la longitud de lugares para perfeccionar la navegación y la astronomía, hemos resuelto construir un pequeño observatorio dentro de nuestro parque de Greenwich», nombra a John Flamsteed «astrónomo real» y le encarga a él su dirección. Al margen de sus logros, sería conocido en todo el mundo al fijarse allí en 1884 el meridiano cero, dando nombre a la hora media de Greenwich (GMT), precursora de la actual hora universal coordinada (UTC).

§ 1933. El ingeniero de radio Karl Guthe Jansky presenta en Washington su descubrimiento, que saldrá publicado en *The New York Times* al día siguiente: que la radiación de baja intensidad, que varía con la hora del día y con las estaciones, procedente del espacio a 20 MHz (longitud de onda de 14,6 m) no puede venir del Sol, sino del centro de la Vía Láctea. Llega a la conclusión tras meses de estudiar la señal, comprobando que se repite en ciclos de veintitrés horas y cincuenta y seis minutos (día sidéreo) y no de un día solar. También observó que era más intensa en la dirección de Sagitario, donde está el centro de la galaxia.

§ 2000. Un virus informático, el gusano *ILoveYou*, sale de Filipinas y paraliza unos cincuenta millones de ordenadores en todo el mundo, causando pérdidas que se estimaron en más de cinco mil millones de dólares. Un mensaje de correo portaba un anexo que al abrirse infectaba al ordenador con Windows y se autoenviaba a todas las direcciones de la agenda. En España, el 80 % de las empresas denunciaron el ataque del virus.

5 DE MAYO

§ 1819. Un barco de vapor cruza el Atlántico. El SS Savannah (SS son las siglas de «*screw steamer*», «vapor de ruedas» en inglés) había sido construido en Nueva York como barco de vela, pero antes de su botadura se reformó a petición de la empresa compradora. Tenían el proyecto de hacer con ese buque singladuras trasatlánticas, y pensaban que ser el primero en cruzar el océano a máquina les daría prestigio y publicidad. Al velero de madera, de 350 toneladas, se le incorporó una caldera de baja presión, un enorme motor de noventa caballos y se instalaron unas ruedas de paletas de casi cinco metros. El lujoso navío tenía treinta y dos camarotes, pero en ese primer viaje no hubo ningún pasajero porque nadie se atrevió a inscribirse; había miedo de que aquella aventura terminara con una explosión. El día 5 de mayo de 1819 partió del puerto de Savannah (Georgia, EE. UU.), con un depósito de carbón que le proporcionaba una autonomía de ochenta y cinco horas, por lo que habría de navegar a vela siempre que el viento lo permitiese. Realizó la travesía hasta Liverpool (Inglaterra) en veintinueve días y once horas.

§ 1834. Michael Faraday fue pionero en estudiar los efectos del paso de la corriente eléctrica por las disoluciones. Cuando elaboraba las leyes cuantitativas de la electroquímica, encontró ayuda en el teólogo, filósofo y científico William Whewell para ir poniendo nombres a los fenómenos que descubría y a los conceptos que proponía. Por ejemplo, él mismo quiso llamar «electrolisis» a la ruptura de las sustancias provocada por la corriente. Las palabras «ánodo» y «cátodo» para designar los electrodos fueron sugeridas por Whewell en una carta que le escribió el 5 de mayo de 1834, justificándose en los prefijos griegos «ana», que significa «arriba», y «cata», abajo. La idea base era que la electricidad consistía en un flujo —descendente, como el de las aguas— desde el polo positivo al negativo. Faraday le respondió que quedaba «encantado por la facilidad de expresión que me otorgan las nuevas palabras».

§ 1881. Louis Pasteur prueba su vacuna contra el carbunco. Al comenzar el último cuarto del siglo XIX, Pasteur estaba reconocido como una autoridad científica internacional, y sus teorías sobre el origen microbiano de las enfermedades eran ampliamente aceptadas. Entre sus preocupaciones de entonces figuraba el encontrar una solución al carbunco, o ántrax del ganado, que, según había demostrado el médico rural Robert Koch, estaba producido por una bacteria que él había descrito y cultivado.

Tras la experiencia positiva en una vacuna de aves, Pasteur decidió ensayar la vacunación del ganado con bacilos del ántrax que antes había atenuado por calentamiento y oxigenación. El 5 de mayo de 1881 inoculó con ellos a veinticuatro ovejas, una cabra, un buey y varias vacas, dejando sin vacunar a otros tantos animales. El día 31 de ese mismo mes, a unos y otros se les administró una dosis alta del bacilo letal. A los dos días, veintidós de los animales no vacunados habían fallecido, y entre los vacunados no se produjo ninguna baja.

§ 1913. El ingeniero e inventor Enrique Hauser, profesor jefe del Laboratorio de Química de la Escuela de Ingenieros de Minas de Madrid, presenta en la Sociedad Española de Física y Química su trabajo sobre obtención de metano, sus estudios sobre el gas grisú y la seguridad en las minas. Hauser era entonces también secretario de la Comisión del grisú, que se había creado en 1905 tras la catástrofe de las minas de carbón en Villanueva del Río y Minas (Sevilla), donde murieron sesenta y cuatro mineros.

6 DE MAYO

§ 1840. A la venta en el Reino Unido los primeros sellos de correos. Hasta entonces, el sistema postal británico establecía que los gastos del correo habían de pagarse por el receptor y en función de la distancia del envío. Tras la pertinente reforma, por iniciativa del profesor de matemáticas Rowland Hill, se estableció el franqueo postal previo, y el 6 de mayo de 1840 comenzó la venta oficial del primer sello de correos. Pegado a un sobre, indicaba el prepago de un penique que permitía realizar un envío de 1/2 onza (catorce gramos) a cualquier destino dentro del país. Los sellos se habían impreso en hojas de 240 unidades y, al no llevar perforaciones, en las oficinas de correos se separaban con tijeras. En la estampa del que ha pasado a la historia filatélica con el nombre de Penny Black figuraba el perfil en negro de la reina Victoria. Los sellos del Reino Unido se caracterizaron por llevar siempre la efigie del monarca, sin figurar el nombre del país emisor.

§ 1891. El presidente estadounidense Benjamin Harrison instaló las primeras luces eléctricas en la Casa Blanca. Un hombre de la Edison Electric Company, Irwin Hoover, llegó para hacer el trabajo, pero al finalizar la instalación fue contratado como electricista para encender y apagar las luces, porque la familia del presidente tenía miedo de recibir una descarga eléctrica al hacerlo. Hoover trabajó en la Casa Blanca durante más de cuarenta años. Las cuatro grandes farolas del pórtico frontal de la mansión presidencial permanecieron sin cambiarse, iluminadas por gas. Meses después, la página de sociedad del *New York Times* profetizó: «Puede que pase mucho tiempo antes de que la marcha vándala del progreso alcance estas antiguas y pintorescas farolas para destruir su encanto con la introducción de la electricidad».

§ 1937. El dirigible alemán LZ 129 Hindenburg, con treinta y seis pasajeros y una tripulación de sesenta y un hombres, se incendia al tratar de tomar tierra en Lakehurst (Nueva Jersey). Cuando la maniobra parecía normal, se apreció un destello debido a la tormenta y, en pocos segundos, el Zeppelin hizo explosión en una inmensa bola de fuego. Murieron treinta y cinco personas. Fue el fin de los dirigibles como medio de transporte.

7 DE MAYO

§ 1824. En el Teatro Imperial de Viena, Ludwig van Beethoven estrena su novena sinfonía. Ya estaba completamente sordo, pero a la vista de una copia de la partitura, las neuronas conceptuales de su cerebro le iban diciendo exactamente los sonidos que los demás escuchaban. Lo que no oía al finalizar el concierto era la atronadora ovación, pero se volvió hacia el auditorio cuando le avisó un miembro de la orquesta. Tras saludar agradecido, se retiró de la vida pública a sus cincuenta y tres años.

§ 1915. El Ministerio de Instrucción Pública y Bellas Artes, por Real Orden de 7 de mayo de 1915, aprueba, a instancia presentada por la Congregación de Siervas de María, ministras de los enfermos, «el programa de los conocimientos que son necesarios para habilitar de enfermeras a las que lo soliciten, pertenecientes o no a comunidades religiosas». Se establecen los conocimientos teóricos y prácticos necesarios, así como el modo de acreditarlos para poder desempeñar la enfermería, que queda reconocida como profesión. Desde mediados del siglo XIX habían nacido en Europa diversas iniciativas en este sentido, destacando la labor pionera de la británica Florence Nightingale.

§ 1895. El físico Aleksandr Stepánovich Popov, que trabajaba sobre las ondas hertzianas, presentó ante la Sociedad Rusa de Física y Química en San Petersburgo una invención que numerosas fuentes califican como el primer receptor de radio. No existen pruebas de que en esa ocasión hiciera ninguna demostración del mismo, y no lo haría hasta un año después. A mediados de 1895, ya Marconi transmitía mensajes por radio a ochocientos metros de distancia.

§ 1952. En un simposio celebrado en Washington sobre el progreso de los componentes electrónicos, el ingeniero Geoffrey Dummer, que trabajaba para el gobierno británico en el perfeccionamiento de los equipos de radar, presenta el 7 de mayo de 1952 la idea de que sería posible integrar múltiples elementos de un circuito sobre una pequeña placa de un semiconductor, como silicio, sin necesidad de cables. Sin embargo, sus intentos para construirlo fracasaron hasta 1956, y ya no conseguiría más apoyos para su idea. En 1958 Jack Kilby, de Texas Instruments, fabricó un circuito integrado con germanio y Bob Noyce, en Palo Alto, hizo lo propio utilizando silicio como semiconductor. Ahora sabemos que esas creaciones cambiarían la historia de la tecnología.

8 DE MAYO

§ 1790. Atendiendo a una propuesta del obispo y diplomático Charles Maurice de Talleyrand, la Asamblea Nacional Francesa decide crear un sistema decimal simple y estable de unidades de medida. La primera unidad escogida fue el metro, que no sería definido hasta dos años después. El sistema establecía prefijos en griego para los múltiplos (deca-, hecto-, kilo-...) y en latín para las fracciones (deci-, centi-, mili-...).

§ 1794. Este día tuvo lugar la condena y ejecución de Lavoisier. Existe unanimidad en considerar a Antoine-Laurent de Lavoisier como fundador o padre de la química. Es en vísperas de la Revolución francesa, en marzo de 1789, cuando él presenta su *Traité Élémentaire de Chimie*, libro editado en París con trece grabados originales de su esposa, Marie-Anne Pierrette Paulze. Ese Tratado Elemental de Química pronto sería valorado no solo como libro de texto y de divulgación, sino aclamado como documento fundacional de la química. Hasta entonces el campo del saber correspondiente a los cambios de la materia había estado embebido de formas e ideas propias de la alquimia. Además de establecer la noción de elemento químico sobre una sólida base empírica y otras importantes aportaciones, que explican procesos químicos y biológicos; sistematizar procedimientos, y potenciar una nomenclatura química racional, el texto enuncia la ley de conservación de la masa al establecer que «en toda operación hay una misma cantidad de materia antes y después de la misma». La balanza se convirtió en un instrumento imprescindible para la investigación, y con aquel principio de conservación, la química tenía su primera ley cuantitativa, entrando así con pleno derecho en el gremio de las ciencias.

Lavoisier era químico por vocación, pero sus ingresos provenían sobre todo de su trabajo y participación en la compañía Ferme Générale, que tenía asignado por arrendamiento de la corona el cobro de algunos tributos sobre la sal, alcohol y tabaco, y otro sobre las mercancías que entraban en París. Esa circunstancia condicionó su vida hasta el final de sus días. Un veterano compañero de empresa, Jacques Paulze, le convenció para que se casara con su hija Marie-Anne, de trece años. Antoine tenía veintiocho, pero el padre quería librar a su hija de un noble cincuentón que la pretendía y al que la adolescente rechazaba. El matrimonio tuvo lugar en diciembre de 1771, y comenzó una vida donde la pareja compartió ilusiones, relaciones y trabajos. La química les ocupaba seis horas a diario y los sábados completos. Vivían con holgura. Él entonces ya era miembro de la Academia de las Ciencias, y poco a poco iría asumiendo nuevas responsabilidades, de modo que cuando estalló la Revolución francesa, compatibilizaba cinco cargos públicos relevantes, por lo que era omnipresente en la vida parisina y su fortuna les permitía tener seis sirvientes (una cocinera, una criada, un cochero y tres lacayos). En todos sus trabajos, Lavoisier era preciso, sistemático, calculador, meticuloso y preocupado por evitar fraudes de cualquier tipo.

La situación de la pareja era envidiable para muchos revolucionarios. En enero de 1791, el periodista y frustrado aspirante a la Academia de las Ciencias Jean-Paul Marat —que había sido desacreditado como «charlatán seudocientífico» por Lavoisier— lo atacó públicamente en las páginas de *L'ami du peuple*, tachándolo, entre otras lindezas, de «aprendiz de químico» y «el mayor intrigante de la actualidad». Los ataques de Marat continuarían, y además Lavoisier era criticado desde más frentes por distintos motivos. Para colmo, la Ferme Générale contaba con el aprecio público que suelen tener las agencias tributarias. Un día de otoño de 1793, Lavoisier fue detenido en su domicilio, y en la mañana del 8 de mayo de 1794, un tribunal revolucionario lo condena a muerte por «favorecer por todos los medios posibles la victoria de los enemigos de Francia».

En la tarde de aquel mismo día, en carros escoltados por oficiales a caballo, que se abrían paso entre la multitud con sus sables en la mano, llevaron a Antoine-Laurent de Lavoisier y sus veintisiete compañeros de condena por las calles de París. Pasaron por delante de la Académie que tenía su sede en el Louvre, hasta la place de la Révolution —hoy de la Concorde— a donde llegaron a las cinco de la tarde. Los condenados fueron saliendo de los carros, con las manos atadas a la espalda y subieron las escaleras del cadalso. Jacques Paulze era el tercero de la fila, Lavoisier el cuarto. Allí, tras contemplar la ejecución de su suegro, el fundador de la química pasaría por la eficaz guillotina: en treinta y cinco minutos fueron despachados los veintiocho hombres. Los cuerpos fueron cargados en los carros, y las cabezas en grandes cestos de mimbre. Luego, todo fue sepultado en tumbas comunes. Hoy no existen restos de aquel cementerio. «Les bastó solo un instante cortar su cabeza, no bastará un siglo para que surja otra igual», dijo su amigo, el matemático Joseph-Louis Lagrange.

§ 1847. El inventor escocés Robert W. Thomson, obtiene la primera patente en Estados Unidos para los neumáticos, registrada como una «Mejora en las ruedas de carruajes» consistente en un «cinturón hueco de caucho de la India», inflado con aire. Un mes antes se había realizado una exhibición de las «ruedas aéreas» de Thomson en el Regent's Park de Londres. Allí pudo comprobarse que montadas en varios coches de caballos, se mejoraba la comodidad del viaje y reducía el ruido. Anteriormente había registrado la patente en Inglaterra y Francia.

§ 1980. La XXXIII Asamblea Mundial de la Salud declara oficialmente que «el mundo y todos sus habitantes se han liberado de la viruela». Enfermedad azote para la humanidad durante más de tres mil años, solo en el siglo XX causó la muerte de trescientos millones de personas. El último brote endémico se declaró en Somalia en 1977. Es la primera y, de momento, única enfermedad en desaparecer definitivamente.

9 DE MAYO

§ 1893. Thomas Alva Edison realiza la primera presentación de su «kinetoscopio» ante una audiencia de cuatrocientas personas en el Departamento de Física del Instituto de Brooklyn (Nueva York). El proyector mostraba imágenes en movimiento de un herrero y sus dos ayudantes forjando una barra de hierro y pasándose una botella de la que beben. Cada tira de película de celuloide de 19 mm, filmada previamente en el kinetógrafo, medía unos catorce metros y corría en bucle continuo a cuarenta imágenes por segundo.

§ 1950. Se crea SEAT, la Sociedad Española de Automóviles de Turismo, S.A. con capital del INI (Instituto Nacional de Industria) junto con cinco bancos y la colaboración del Grupo Fiat. Declara como objetivo «motorizar España». En 1953 entra en funcionamiento su primera fábrica, en la Zona Franca de Barcelona, que debuta con el modelo 1400. En 1957 lanzaría el Seat 600, el nuevo símbolo de movilidad para los españoles.

§ 1962. Científicos del MIT comprueban que un rayo láser de rubí, con luz roja de alta intensidad, rebota en la Luna. El área del impacto luminoso en la superficie de nuestro satélite tenía un diámetro estimado superior a los seis kilómetros. Midiendo el tiempo de ida y vuelta se calcula la distancia Tierra-Luna, con una precisión que se ha mejorado tras instalar reflectores allí durante la misión Apolo 11. Por ello sabemos que la Luna se aleja de nosotros unos 38 mm por año.

10 DE MAYO

§ 1852. Un joven químico inglés, Edward Frankland, afirma este día que los elementos tienen «valencias». A finales del siglo XVIII Joseph Louis Proust era profesor de química en Segovia, y en su bien equipado laboratorio realizó muchas de las experiencias que le llevaron a formular la llamada ley de las proporciones constantes. Observó que cuando dos o más elementos se combinan para dar un compuesto determinado, lo hacen siempre en la misma proporción de pesos. Por ejemplo, siempre que el carbono se combina con oxígeno para dar el gas que Joseph Black había llamado «aire fijo» en 1754, lo hacen en una proporción de 3 a 8. Pero esos dos elementos pueden dar lugar también a otro gas a todas luces diferente, que resultaba altamente tóxico, en el que la proporción era de

3 a 4. La formación de compuestos distintos entre dos elementos determinados interesó a John Dalton, quien en Manchester estudió comparativamente las proporciones de pesos en esos casos, concluyendo que al final había una relación de números enteros sencillos, en un enunciado que se conoce como ley de las proporciones múltiples. Esas y otras realidades experimentales le sirvieron para elaborar una teoría atómica que supuso un hito en la historia de la química.

En el primer decenio del siglo XIX, Dalton fue aquilatando una teoría según la cual los compuestos químicos tienen lugar por agrupación de átomos diferentes, y fue el primero en publicar una tabla de pesos relativos y símbolos de unos cuantos elementos. En su teoría toma de los antiguos filósofos la idea de átomos indivisibles, afirmando que los de un elemento son iguales entre sí, y que difieren de unos elementos a otros en su peso. Los compuestos estarían formados por moléculas, cada una de las cuales contiene átomos de varios elementos. En su obra *Un nuevo sistema de filosofía química* (1808) especifica que puede haber compuestos binarios, ternarios, etc., en función del número de átomos que contiene cada molécula. Todavía faltaba mucho para entender el porqué se formaban unos compuestos y otros no. La clave para ello está en un concepto que a finales de siglo llegaría a conocerse como «valencia».

De las pocas cosas de química que se aprendían hasta hace no mucho en la enseñanza obligatoria, la más común era esa idea de valencia. Había que saber de memoria las correspondientes a cada elemento químico, de modo que el alumnado fuese capaz de escribir las fórmulas de cualquier compuesto imaginable, al margen de su interés. Evidentemente, no era el mejor camino para enamorarse de la asignatura. La historia del concepto de valencia se inicia con un profesor de química en Glasgow, Thomas Thomson, quien en su estudio sobre la teoría de Dalton (1813) imaginó que los átomos de cada elemento tienen un número característico de puntos de unión, con los cuales forman los enlaces. Decenios más tarde, el 10 de mayo de 1852, el joven profesor Edward Frankland presentó en la Royal Society londinense un trabajo sobre una especialidad en la que era pionero, los compuestos organometálicos, donde establecía que cada átomo puede combinarse con un número limitado de otros, expresando así su «poder combinante» o «atomicidad», concepto que más tarde el químico alemán Richard Abegg comenzó a denominar valencia. Frankland concluyó que la atomicidad del hidrógeno era siempre uno, y en función de ello atribuía números a los elementos (tres para el nitrógeno, dos para el azufre...), encontrando que algunos podían tener varias atomicidades diferentes.

El concepto de valencia ayudó a explicar la estructura de compuestos estudiados tanto en la química del carbono como en la llamada química inorgánica. El primero en plasmar gráficamente estructuras moleculares (1864) fue el escocés Alexander Crum Brown, que representaba los átomos con símbolos rodeados por un círculo, y los unía con segmentos que representaban las valencias. Los avances en el conocimiento del interior de los átomos desde comienzos del siglo XX han permitido comprender el enlace químico, tanto para los compuestos que tienen estructura molecular como para los que forman redes de cualquier tipo. La palabra valencia ha pasado a ser un complemento (electrones de valencia, orbitales de valencia...) para referirse a la parte del átomo que se ve implicada en los enlaces químicos.

§ 1860. Los químicos Robert Bunsen y Gustav Robert Kirchhoff comunican a la Academia de Ciencias de Berlín el descubrimiento de un nuevo elemento, tras analizar el espectro de emisión del residuo sólido de las aguas minerales de Durkheim. Lo llamarán cesio (en latín *caesius*, «azul») por el color de sus vapores incandescentes. Ellos mismos descubrirían, en febrero de 1861, otro nuevo elemento alcalino en la mica lepidolita. Lo llamaron rubidio (del latín *rubĭdus*, «rojo oscuro"), pues ofrecía dos brillantes rayas de ese color en el espectro.

§ 1935. El cirujano John H. Gibbon mantiene con éxito la función cardíaca y respiratoria de un gato utilizando una máquina motorizada de corazón-pulmón artificial que había inventado en colaboración con su esposa Mary Hopkinson. Dieciocho años después, y tras sucesivas mejoras, utilizaría esa máquina haciendo un baipás cardiopulmonar total en la primera operación humana a corazón abierto, el cierre de una comunicación interauricular, en un paciente de dieciocho años que vivió más de treinta años después de la intervención.

§ 1975. Comienza a venderse en Japón el primer aparato para grabar y reproducir videos en cinta magnética, Betamax. Utilizaba cintas de 150 m que duraban una hora, pero un año después la empresa JVC presentó el sistema VHS, con cintas de dos horas. Betamax tenía una mejor calidad de imagen (unas 250 líneas de resolución) y también una mejor calidad de sonido, pero la guerra de formatos finalizaría con el triunfo de VHS en menos de diez años.

§ 868. El libro impreso más antiguo que se conoce es el *Sutra del diamante*, un texto chino descubierto en 1900 que se conserva en la British Library de Londres y que fue impreso en xilografía, con siete tiras de papel formando un rollo de cinco metros. En el texto consta que fue impreso en el noveno año de la era Xiantong de la dinastía Tang, en fecha que los expertos traducen al 11 de mayo de 868.

§ 1502. Cristóbal Colón (con cincuenta y un años, padeciendo de artritis y gota) sale de Cádiz en su cuarto y último viaje a las Indias con una tripulación de 144 hombres. La expedición consta de dos carabelas, la capitana Santa María y la Santiago de Palos, y dos navíos, el Gallego y el Vizcaíno. Tras cinco días en Canarias, el 25 de mayo zarpa de Gran Canaria y cruza el Atlántico en tan solo veintiún días.

§ 1811. En Siam (actual Tailandia) nacen de padres chinos los gemelos Chang y Eng Búnker. Estaban unidos por el esternón y una banda de cartílago en la cintura de diez centímetros de longitud, y no fueron nunca separados. Trabajaron con gran éxito desde 1829, sobre todo en Estados Unidos, en atracciones de feria donde eran presentados como Siamese twins (gemelos siameses). Así, su lugar de nacimiento dio origen a la palabra «siameses» para designar a los hermanos gemelos que permanecen unidos. Fallecieron el 17 de enero de 1874.

§ 1995. Los análisis realizados en Atlanta (EE. UU.) confirman que el virus del Ébola ha traspasado las fronteras de Zaire, descubriéndose un brote en la ciudad de Kikwit, de la República Democrática del Congo. Afectó a 315 personas, de las que fallecieron 285. Este brote constituye una de las epidemias mejor estudiadas que han tenido lugar hasta la fecha. Muchas de las lecciones aprendidas al identificar, contener y tratar el mismo son aplicables a futuros brotes virales, desastres naturales y ataques bioterroristas.

12 DE MAYO

§ 1912. El entonces llamado Museo de Ciencias Naturales de Madrid, dirigido por Ignacio Bolívar Urrutia, concluye el traslado iniciado en 1907, abandonando los bajos del Palacio de Museos y Bibliotecas en el paseo de Recoletos. Su nueva sede, donde también se ubicó la Real Sociedad Española de Historia Natural, está desde entonces en el paseo de la Castellana, en el Palacio de la Industria y de las Artes. El edificio, con profusión de hierro y ladrillo, se comenzó a construir en 1881 según diseño de Fernando de la Torriente, y fue finalizado por Emilio Boix para albergar la Exposición Nacional de la Industria y de las Artes que tuvo lugar en 1887.

§ 1931. Los miembros de una expedición de búsqueda en Groenlandia encuentran el cadáver congelado del geólogo y geofísico Alfred Wegener. Había sido visto con vida por última vez a comienzos de noviembre de 1930, en su tercer viaje a Groenlandia. Wegener propuso la teoría de la deriva continental y desde 1906 realizaba allí investigaciones sobre el espesor de la capa de hielo y el clima.

§ 1941. El ingeniero Konrad Zuse presenta en Berlín, ante científicos como los profesores Alfred Teichmann y Curt Schmieden del Deutsche Versuchsanstalt für Luftfahrt (Laboratorio Alemán de Aviación), la Z3, que había terminado de construir. Era la primera computadora digital controlada por programas y completamente operacional. Se trata de una máquina con 2600 relés que funciona en sistema binario. La Z3 fue utilizada por la industria aeronáutica alemana para resolver aspectos matemáticos de la vibración de los fuselajes.

13 DE MAYO

§ 1637. El poderoso cardenal Richelieu (Armand Jean du Plessis) exige en su servicio la incorporación del cuchillo de mesa, caracterizado por tener la punta redondeada y menos filo en el borde. Hasta entonces, para cortar la carne en el plato se usaban puñales, que también podían hacer el servicio de mondadientes, y algunos clavaban en la mesa, lo que sin duda desagradaba al cardenal. Pronto se imitaría la moda en las casas de clase alta de Francia y de allí se extendió a otros países.

§ 1913. El primer avión que mereció el título de «gigante del aire», con una envergadura de más de veintisiete metros, se pone en vuelo pilotado por su joven diseñador, Igor Sikorsky, y con una tripulación de tres personas, el día 13 de mayo de 1913 (según el calendario ruso), en San Petersburgo. El Bolshoi (Grande) de Sikorsky fue conocido oficialmente como Russky Vityaz (Caballero Ruso), y su dificultosa construcción llevó nueve meses. El aparato, precursor de los grandes aviones de pasajeros, estaba propulsado por cuatro motores Argus de 100 HP y pesaba más de 3,5 toneladas. La cabina incluía una mesa, cuatro sillas, un sofá, aseo y guardarropa, además de contar con un mirador y un puente de paseo. Aquel mismo año hizo un trayecto con ocho pasajeros más la tripulación. Aunque de corta historia, este modelo pionero haría cincuenta y ocho vuelos y cuenta con un lugar de honor en la historia de la aviación.

§ 1916. Inauguración del mercado de San Miguel en Madrid. Muy cerca de lo que hoy es plaza Mayor existía la iglesia parroquial (románica) de San Miguel de los Octoes, donde fue bautizado Lope de Vega en 1562. A su alrededor tenía lugar un mercado abierto, con puestos dedicados a la venta de los productos artesanales que producían los gremios. Tras un incendio que tuvo lugar a finales del XVIII, se recomendó la demolición del templo, que fue ordenada por José Bonaparte. En aquel lugar, un siglo después, tratando de solucionar los problemas de higiene propios de los mercados callejeros, y según proyecto del arquitecto Alfonso Dubé, en 1913 comenzaron las obras de construcción de un nuevo mercado, con columnas de hierro fundido y cubierta con un sistema aislante térmico, que fue inaugurado el día 13 de mayo de 1916. Hoy constituye una singular muestra en Madrid de la denominada arquitectura del hierro.

14 DE MAYO

§ 1796. Edward Jenner ensaya la vacuna contra la viruela. Avanzado el siglo XVIII, la viruela constituía una de las principales causas de mortalidad en Europa. Era una enfermedad que comenzaba manifestándose con escalofríos, fiebre, náuseas, vómitos, dolores musculares, de articulaciones y de cabeza, para aparecer días después una erupción de piel que evolucionaba dejando cicatrices permanentes en quienes llegaban a sobrevivir. Todos sabían que era imposible tener aquella enfermedad dos veces, y de hecho el único método para intentar evitarla era acudir a un curandero a provocar la inoculación, infectándose con el pus de un enfermo, en la confianza de que así pasaría la enfermedad de forma benigna. Pero aquella práctica era una auténtica ruleta rusa, que conducía a la muerte en uno de cada seis casos.

El cirujano Edward Jenner era una persona que amaba el campo, y estaba de médico rural en Berkeley (Inglaterra). Allí había aprendido que una enfermedad propia de las vacas, que producía llagas en las ubres de los animales y era conocida como viruela vacuna, a veces se transmitía a las personas, aunque se manifestaba de manera benigna. Se decía también que quienes eran afectados no podían contagiarse luego de la temible viruela humana. Entonces Jenner recordó una recomendación de su maestro, el famoso cirujano y anatomista John Hunter, que invitaba a experimentar en lugar de especular. Se preocupó de conocer todos los casos posibles de la viruela de las vacas, y de ver con detalle sus pústulas, para distinguirlas de las de otras enfermedades.

Tras observar que una joven lechera, Sarah Nelmes, tenía en la mano llagas por haber sido contagiada de las vacas, pensó que era la ocasión para inocular a una persona sana con el líquido de aquellas vesículas, y así comprobar si quedaba inmunizada contra la viruela. Pidió entonces permiso a su jardinero para realizar una prueba con su hijo de ocho años, James Phipps. El día 14 de mayo de 1796, practicó dos pequeños cortes en un brazo del pequeño, puso sobre ellos un poco del líquido tomado de una llaga de Sarah y vendó. El niño quedó contagiado de la vacuna, y durante unos días sufrió la dolencia. Pero faltaba la prueba de mayor riesgo, inocularle la temible viruela humana, lo que Jenner realizó el día 1 de julio, sin que el pequeño mostrase nunca síntoma alguno de la enfermedad. Había sido inmunizado por la vacuna.

El año siguiente Jenner envió un artículo a la Royal Society relatando sus resultados, pero no fue aceptado para su publicación. En julio de 1798, y tras realizar veintitrés vacunaciones, publicó por su cuenta un librito titulado *Investigación sobre las causas y efectos de la viruela vacuna*. La reacción, dado que Jenner carecía de estudios universitarios, no fue favorable, y no faltaron clérigos que se escandalizaron por haber infectado a seres humanos con enfermedades de animales. Pese a todo, la práctica de la vacunación se extendió rápidamente por el mundo. Jenner fue la primera persona en utilizar la palabra «virus». En esa publicación de 1798 aparece así por vez primera: «Lo que hace al virus de la vacuna tan extremadamente singular es que la persona que ha sido afectada está para siempre protegida de la infección de la viruela».

§ 1817. Primer testimonio de una tortilla de patatas. Existen varias historias sobre el origen de la tortilla española, pero todas coinciden (sin alternativa) en que para elaborar ese gran invento de nuestra cocina hubo de esperarse a la llegada de las patatas, cosa que en las cocinas de nuestro país no sucedió hasta bien entrado el siglo XVIII. El primer uso culinario fue el mezclarla, una vez cocida, con harina para hacer un pan que se guardaba más tiempo. En esa clave se cita, añadiendo huevo, una posible aplicación de frito concebido en Villanueva de la Serena (Badajoz) en 1798. Pero quizás aquel manjar se parecía más a una torta que a una tortilla. La palabra tortilla no aparece hasta el 14 de mayo de 1817, en un escrito de queja de un labrador navarro, que denuncia «dichosos los que tienen pan, dos o tres huevos en tortilla para cinco o seis, porque nuestras mujeres la saben hacer grande y gorda con pocos huevos, mezclando patatas, atapurres de pan, u otra cosa». Como vemos, es un plato de origen humilde, donde la patata pretende ocupar un lugar allí donde no hay muchos huevos.

§ 1856. Tras haber rumiado la idea durante veinte años, y después de hablar con Thomas H. Huxley y Josep Dalton Hooker en Downe (Londres) en abril de ese año, Darwin comenzó a escribir un libro que iba a titularse *Selección Natural*. Tres años y medio después saldría publicado un texto que es un hito fundamental de la historia de la ciencia. Su título final era algo más descriptivo: *Sobre el origen de las especies por medio de la selección natural, o la preservación de las razas favorecidas en la lucha por la vida.*

§ 1862. El relojero Adolphe Nicole, establecido en Londres, patenta un cronógrafo mecánico, con posibilidad de arranque, parada y mecanismo de puesta a cero. Por entonces Nicole tenía un socio, Jules-Philippe Capt, y juntos presentaron en la Exposición de Londres aquella patente, que es la base del cronógrafo moderno, un gran paso en el campo de la relojería.

15 DE MAYO

§ 1618. El astrónomo y matemático Johannes Kepler confirma su tercera ley, sobre las órbitas planetarias en el sistema solar, que establece que los cuadrados de la duración de los años en los planetas son proporcionales a los cubos de sus distancias medias al Sol. Esto quiere decir que, cuanto más lejos está un planeta del Sol, más lentamente se mueve. Junto con las otras dos leyes, serían enunciadas de nuevo por Kepler en el libro cuarto de su *Epitome astronomiae Copernicanae*, publicado en 1621. Aquellas leyes le permitirán postular la idea clave en su obra en cinco tomos titulada *Harmonices Mundi* (*La armonía del mundo*), completada el 27 de mayo de 1618 —mientras irónicamente Europa destrozaba toda posibilidad de armonía al comenzar la Guerra de los Treinta Años— y publicada en Linz el año siguiente. En ella intenta relacionar las proporciones y geometría de los movimientos planetarios con las notas musicales.

§ 1923. La compañía Lambert Pharmacal registra un producto desinfectante líquido de color amarillo con el nombre Listerine. En un principio se había concebido para emplear en cirugía, pero pronto descubrieron su utilidad como desinfectante bucal, y lo promocionan para combatir la halitosis. El nombre se le había dado en honor al pionero en emplear los procedimientos antisépticos en el quirófano, Joseph Lister.

§ 1953. En la revista *Science* correspondiente al 15 de mayo de 1953, se publica un histórico artículo del estudiante diplomado Stanley L. Miller. En él describe unas experiencias sobre la posible síntesis de aminoácidos —los elementos básicos de las proteínas— en condiciones que simulaban las de la atmósfera de la Tierra hace miles de millones de años. Sus resultados apoyan la idea de que el origen de la vida pudo surgir de manera espontánea mediante reacciones químicas. Las pruebas habían sido realizadas por Miller, bajo la dirección de su profesor en la Universidad de Chicago, el Nobel en Química Harold Clayton Urey. En un montaje de laboratorio, habían aplicado descargas eléctricas a una mezcla de gases (metano, amoníaco, dióxido de carbono, vapor de agua, nitrógeno e hidrógeno), y en la mezcla resultante detectaron la presencia de aminoácidos, ácido acético y glucosa.

16 DE MAYO

§ 1931. Comienza en Londres el primer servicio de trolebuses, que reemplaza a los tranvías. Los nuevos vehículos, que se habían probado en 1909, usan ruedas con neumáticos al igual que los otros automóviles, pero se alimentan con la electricidad que toman mediante un «trole» de dos astas que contactan con el tendido de sendos cables. La red londinense llegaría a contar con 1811 trolebuses, que hacían su servicio en sesenta y ocho líneas. Estuvieron funcionando hasta 1962.

§ 1946. El estadounidense Jack Mullin realiza la primera demostración pública de una cinta magnetofónica, creada por él tras estudiar el material que habían desarrollado en secreto los ingenieros alemanes desde 1943. Al finalizar la Segunda Guerra Mundial, Mullin se había llevado de una emisora de radio en Bad Nauheim (Hesse, Alemania) dos maletas con sendos magnetofones AEG de alta fidelidad, junto con cincuenta cintas que permitían grabaciones de quince minutos.

§ 1965. En el término municipal de Robledo de Chavela (Madrid) comienza a funcionar una estación de seguimiento de la NASA que pertenece a la red DSN (Deep Space Network o Red del Espacio Profundo). Su principal misión consistirá en establecer comunicación con las naves espaciales en ambos sentidos, y debutará oficialmente en el mes de julio con el seguimiento de la Mariner 4 en su viaje a Marte. Su elemento técnico emblemático es una antena espacial de forma paraboloide que se inauguró con veintiséis metros de diámetro y que sirvió de apoyo, junto al resto de antenas de la Red del Espacio Profundo, al vuelo del Apolo 11 en 1969, primera misión tripulada en llegar a la Luna.

17 DE MAYO

§ 1865. Se firma en París el convenio que establece la Unión Internacional de Telegrafía, la organización intergubernamental más antigua del mundo, antecedente de la actual Unión Internacional de Telecomunicaciones (UIT). Dependiente de las Naciones Unidas, es responsable de asuntos relacionados con las tecnologías de la información y las comunicaciones.

§ 1883. Durante una noche de insomnio, el químico sueco Svante Arrhenius concibe la disociación iónica: cuando una sal, un ácido o una base se disuelven en agua, se separan en iones cargados eléctricamente. Es decir, que en el mar o en una disolución de sal no hay cloruro de sodio, sino aniones cloruro y cationes de sodio. La idea fue controvertida al principio; muchos no podían imaginar que una simple carga eléctrica pudiera hacer tan diferentes a los átomos de sus iones. Ahora es una idea base para la comprensión de infinidad de procesos.

§ 1928. Se inaugura el servicio telefónico entre España y Portugal, continuando el sueño de una comunicación hablada que puede superar fronteras. Era nuestra primera conexión internacional, tras la de Gibraltar (en abril del año anterior). En ese mismo mes se hizo la conexión con Inglaterra, y en ese mismo año se completaría con otros países europeos, Estados Unidos, Canadá y México.

§ 1990. La Asamblea General de la Organización Mundial de la Salud (OMS) elimina la homosexualidad de su lista de enfermedades psiquiátricas. Anteriormente figuraba en la Clasificación Estadística Internacional de Enfermedades y otros Problemas de Salud (abreviado como CIE). Este documento tiene su origen en 1850, cuando se elaboró por primera vez una Lista internacional de las causas de muerte. Desde la sexta revisión, en 1948, su elaboración depende de la OMS y actualmente constituye uno de los estándares internacionales más usados para realizar estadísticas de morbilidad y mortalidad. La décima revisión (CIE-10) fue la realizada en 1990. Desde entonces prevalece el consenso generalizado de que la homosexualidad no es ninguna enfermedad, sino una variación natural de la sexualidad humana. *Potius sero quam nunquam* (versión latina de un refrán atribuido al filósofo griego Diógenes de Sínope).

18 DE MAYO

§ 1218. La primera empresa en la historia de España está vinculada al pastoreo. El fenómeno de la trashumancia se remonta a los mismos orígenes de la ganadería, cuando surge un tipo de pastoreo que ha de adaptarse a espacios geográficos de productividad variable. En definitiva, se trataba de trasladar periódicamente el ganado, normalmente ovino o bovino, a aquellas zonas que disponían de los mejores pastos en cada estación. En España, la trashumancia ha dejado su huella en las cañadas, cabañeras y otras vías pecuarias, que enlazaban los lugares de pasto en invierno con aquellos otros que eran fértiles en verano, cuidando siempre de no agotar el ecosistema y de respetar los terrenos de cultivo colindantes. Son vías que tuvieron su auge con la Reconquista, cuando el avance cristiano hacia el sur fue posibilitando que existiesen terrenos idóneos, los de la «extremadura». Ese término se aplicaba en general en toda la península a los territorios que eran entonces de la frontera, arrebatados a al-Ándalus.

Aquella franja de seguridad, que podía llegar a tener cien kilómetros de ancho, era una tierra de nadie, frecuente escenario de acciones bélicas, por lo que no resultaba terreno propicio para la agricultura, siendo más adecuado para los pastos de la trashumancia en otoño e invierno. En los siglos XII y XIII, la *extremadura* de Burgos y el Reino de Castilla era Soria, al igual que Cáceres formaba parte de la *extremadura* del Reino de León. Tras cada conquista, los ganaderos iban ganando pastos de invierno para sus rebaños, y creando dehesas, al tiempo que establecían acuerdos con los agricultores que poco a poco se atrevían a repoblar aquellas tierras de la *extremadura*.

Lo mismo sucedía en Aragón. Uno de los hitos de la Reconquista fue la toma de la Saraqusta islámica en 1118 por las huestes que había reunido Alfonso I el Batallador. Al conquistar luego los territorios del valle del Ebro, surgió para los ganaderos aragoneses su *extremadura*. En ese contexto histórico, el 18 de mayo de 1218, un jovencísimo rey Jaime I firmó el privilegio que nombraba una Justicia de los Ganaderos de Zaragoza, y le otorgaba la jurisdicción y defensa de derechos en relación con la ganadería en todo el reino. Ese fue el origen de la llamada Casa de Ganaderos, considerada como la primera empresa en la historia de España, que agrupaba a los principales propietarios de ganado, mayorales y pastores de Zaragoza. Desde entonces, y con distintas formas asociativas, ha existido sin interrupción, constituyendo hoy una cooperativa. En Aragón no existió una agrupación general de los ganaderos, a diferencia de lo que sucedió en Castilla con la Mesta.

Reuniendo a los pastores y ganaderos de León y de Castilla, Alfonso X el Sabio crearía en 1273 el Honrado Concejo de la Mesta, a cuyos integrantes, además de facilitar privilegios de paso y pastoreo, otorgaría otros como la exención del servicio de armas y de la obligación de testificar en los juicios. Con esa institución se pretendía evitar los conflictos entre agricultores y ganaderos, consolidando los derechos de paso por las cañadas dos veces al año. Algunos historiadores dan importancia especial en el éxito de la Mesta a la introducción de la oveja merina, producto de cruces con ejemplares procedentes del norte de África, que tenía una lana de mucha mejor calidad que la churra, que se emplea preferentemente para carne. La exportación de lana sería una de las primeras riquezas de Castilla y de Aragón en varios períodos de la Edad Media, de modo que la exportación de las ovejas merinas estaba prohibida y penalizada. En 1480 los Reyes Católicos decretaban el libre paso de rebaños entre los reinos de Aragón y de Castilla, fortaleciendo a una Mesta que existiría hasta 1836. El siglo XIX contempló la crisis de la trashumancia en España por diversos factores, fundamentalmente, el descenso en los precios de la lana. Hoy tiene una existencia puramente testimonial.

§ 1923. Se podrá establecer comunicación telefónica solo con marcar un número en el dial rotatorio. El teléfono, ese sistema que transforma el sonido en electricidad y viceversa, existía desde 1876 y el año siguiente ya estaba comercializado; pero en un principio y durante mucho tiempo las comunicaciones habían de realizarse a través de una operadora, una persona que en la centralita ponía en conexión los dos terminales, de modo que pudieran hablar y escucharse. La generalización de las llamadas automáticas llegó con la invención del disco de marcar, que permitía establecer conexión sin la intervención de operadora. El 18 de mayo de 1923 se concedió la primera patente para ese nuevo método de marcar el número de teléfono. La registró el ingeniero Antoine Barnay en Francia. Así fue durante casi medio siglo. El primer teléfono con teclas para cada dígito saldría en 1963, y en la década de los 70 comenzaría a desplazar a los teléfonos de disco.

§ 1952. El profesor de química en la Universidad de Chicago Willard Frank Libby data la creación del monumento megalítico de Stonehenge entre 1600 y 2000 años antes de nuestra era. Lo hace empleando un método inventado por él, basado en la vida media del carbono 14. Ese método, que revolucionó la arqueología y la paleontología, le valió el Premio Nobel de Química en 1960.

§ 1969. Tiene lugar el lanzamiento de la misión Apolo 10, un ensayo completo de la llegada a la Luna, pero sin llegar a descender a la superficie. Los astronautas orbitaron el satélite treinta y una veces a unos 14 km de distancia, la mayor aproximación hasta entonces alcanzada a otro cuerpo celeste, y tomaron fotografías de la zona donde estaba previsto el alunizaje del Apolo 11.

19 DE MAYO

§ 1743. El polímata francés Jean-Pierre Christin presenta en la Sociedad Real de Lyon su termómetro de mercurio, el primero en utilizar la escala centígrada de temperaturas tal como la conocemos hoy, es decir, con el cero en la temperatura de fusión del hielo y el 100 en el punto de ebullición del agua. La escala centígrada de temperaturas ya había sido propuesta en 1741 por Anders Celsius, pero establecía el punto cero en la ebullición del agua y atribuía el valor cien a la temperatura a la cual funde la nieve.

§ 1906. El rey de Italia y el presidente de la República Suiza inauguran oficialmente el túnel ferroviario de Simplon, que con una longitud de casi veinte kilómetros atraviesa los Alpes entre ambos países. La obra fue encargada en la década de 1890 a Alfred Brandt, director de una empresa de ingeniería alemana que había diseñado un plan de ventilación para combatir las altas temperaturas debidas a la profundidad del túnel. Fue excavado en la roca casi exclusivamente a mano por miles de obreros, sesenta y siete de los cuales fallecieron por accidentes durante la obra.

§ 1910. Este día la Tierra atraviesa la cola del cometa Halley, en lo que supone el contacto más próximo de nuestro planeta con un cometa en la historia. El evento había desatado en algunos las predicciones más alarmantes, como la posible presencia de gases venenosos (cianógeno) en la cola del Halley; aunque los astrónomos aclaraban que aunque así fuera sería en una concentración despreciable. Hubo oportunistas que vendieron «pastillas del cometa» como antídoto. Por supuesto, no hubo consecuencia alguna.

20 DE MAYO

§ 1515. Llega a Lisboa el rinoceronte que luego dibujó Durero. Aunque en el texto que acompaña el famoso grabado aparece —por error del tipógrafo— que fue en 1513, la realidad es que fue el 20 de mayo de 1515 cuando llegó a Lisboa, procedente de la India, como regalo para el rey Manuel I de Portugal, el primer rinoceronte que sería conocido en occidente gracias al dibujo de Durero. En la plancha de madera que contiene grabado el dibujo, figura el año correcto. De este exótico animal se dice que «tiene un cuerno agudo y fuerte encima de la nariz, que gusta de afilar allí donde hay rocas» y que «su color es como el de una tortuga moteada, y está muy protegidamente cubierto de gruesas escamas, y en tamaño es similar al elefante, pero más corto de piernas y mucho mejor preparado para la lucha».

§ 1570. El geógrafo y cartógrafo flamenco Abraham Ortelius publica el primer atlas moderno. El nacimiento de la geografía científica puede vincularse a Eratóstenes de Cirene (276-194 a. C.), quien hace más de veintitrés siglos concluyó que la Tierra era redonda y calculó de modo preciso la longitud del meridiano. Lo hizo tras comparar la altura del sol en el mediodía del solsticio de verano en Siena y Alejandría, ciudad donde él vivía como director de la Biblioteca. Eratóstenes también realizó el primer mapa del mundo conocido, dibujando por vez primera meridianos y paralelos. Otro director de aquella biblioteca, Claudio Ptolomeo, sería crucial en el desarrollo de la cartografía, en el siglo II de nuestra era, al utilizar por primera vez proyecciones cónicas, intentando representar en un plano de modo más fidedigno la realidad geográfica de un mundo que se sabía esférico.

Ptolomeo basó su trabajo cartográfico en el realizado por Marino de Tiro (60-130), un geógrafo y matemático que vivió en la isla de Rodas y fue el primero en asignar latitudes y longitudes. Marino estableció en Rodas el paralelo cero y puso el meridiano cero en las tierras más occidentales conocidas entonces, las llamadas islas Afortunadas. Desafortunadamente no se conservan los mapas originales que contenía la geografía de Ptolomeo, pero en el mapamundi realizado en el siglo XV a partir de los datos recogidos en aquella obra aparecen seis puntos blancos a la altura del norte de África, en el meridiano cero, lo que invita a pensar que aquellas islas son las Canarias. Para establecer las latitudes, Ptolomeo utilizó como referencia el Ecuador, y en consecuencia atribuye coordenadas cartográficas en costas, ríos y ciudades. La Geografía incluía veintisiete mapas del mundo conocido y habitado entonces. Aquel orbe dibujado por Ptolomeo permaneció prácticamente invariable en la cultura occidental hasta el siglo XVI.

La navegación y los viajes de exploración obligaban a rehacer continuamente la idea sobre el orbe terrestre. El Nuevo Mundo, en concreto, se iba definiendo gesta a gesta, mapa a mapa. La palabra América apareció por vez primera en un mapamundi de 1507 realizado por el geógrafo Martin Waldseemüller, donde ese continente figura aislado de Asia y rodeado de agua, aunque curiosamente todavía no se había descubierto el océano Pacífico. En aquella ebullición de datos, el erudito flamenco Abraham Ortelius, animado por el cartógrafo Gerardus Mercator, realizó una recopilación sistemática de los mapas que mejor permitían reflejar los descubrimientos en América y el Pacífico. El 20 de mayo de 1570 publicó en Amberes su *Theatrum Orbis Terrarum*, un conjunto de setenta mapas realizados por otros cartógrafos, en cincuenta y tres hojas. Eran impresos de grabados en cobre y coloreados a mano. La obra contenía un mapamundi, un mapa general de cada continente (Europa, Asia, África y Nuevo Mundo), cincuenta y seis de distintas zonas de Europa y diez de Asia y África. A las primeras ediciones en latín siguieron otras en siete idiomas diferentes y continuó completándose hasta 1612, cuando ya incluía 167 imágenes. La edición destacaba por el rigor crítico en la selección de mapas, la uniformidad en el formato de los mismos y por citar rigurosamente a los autores. Por primera vez todo el conocimiento geográfico del mundo se reunía en un solo libro.

En 1575 Ortelius fue nombrado geógrafo oficial de Felipe II, con lo que pudo acceder a los datos recogidos por los exploradores españoles y portugueses. Entre sus méritos también figura el haber sido el primero en imaginar la deriva continental, por comparación de las costas de América, Europa y África. Él no denominó atlas a su libro. El primero que utilizó esa palabra para referirse a una colección de mapas fue Mercator, en la obra publicada en 1594 *Atlas sive Cosmographicae meditationes de fabrica mvndi et fabricati figvra* (*Atlas, o meditaciones cosmográficas sobre la creación del universo y el universo como creación*). Pero el pionero en realizar uno con criterios modernos fue Abraham Ortelius.

§ 1747. El médico escocés James Lind comienza un experimento con los marineros del barco HMS Salisbury, tratando de remediar el escorbuto, aquella enfermedad que comenzaba destruyendo las encías, provocando llagas y finalizaba con la muerte. Divide al grupo de doce marineros enfermos en seis parejas, asignando suplementos diferentes a las dietas de cada una. Uno de los suplementos consistía en dos naranjas y un limón, y esta pareja fue la única que presentó mejoría en la enfermedad. Se cree que este fue el primer ensayo clínico de la historia.

§ 1873. Patente de unos pantalones de película. En Estados Unidos —y muchos otros países— los llaman *jeans*, a veces precisando *blue jeans*, aunque a menudo los mencionan por la marca que los inventó: Levi's, o bien por el tipo de tela resistente que los caracteriza: *denims*. En España hemos optado por llamarlos vaqueros, a veces tejanos, y también *texans* en catalán, *bakeroak* en euskera y *jeans* (también *vaqueiros*) en gallego. La Real Academia Española ha aceptado «bluyín». Se trata de un pantalón confeccionado en sarga de algodón, casi siempre azul; suele llevar doble pespunte en costuras vistas, con dobladillos o ribetes al borde y remaches de cobre en la esquina de los bolsillos. Son esos detalles los que dan identidad a la prenda y sirvieron de motivo para su patente.

Fue el 20 de mayo de 1873 cuando quedó registrada una idea que hizo historia. Nació del sastre de Nevada Jacob W. Davis, quien la compartió con el comerciante Levi Strauss, un judío asquenazi nacido en Baviera, que le suministraba telas desde San Francisco, en plena fiebre del oro, y haría de socio inversor. Pronto se fabricaron así los primeros pantalones vaqueros de Levi Strauss & Co, con la misma tela que usaban para hacer toldos y tiendas de campaña. La iniciativa respondía a una demanda de los trabajadores de las minas en California, que querían unos bolsillos con la resistencia capaz de llevar en ellos sus herramientas. En un comienzo los había en loneta color café y en sarga azul, pero desde el lanzamiento del modelo 501 en 1890 triunfó el color azul índigo del *denim*. Pero entonces terminó la patente y fueron numerosos los fabricantes que comenzaron a imitar el modelo, destacando los de Wrangler y Lee.

En realidad, y hasta bien entrado el siglo XX, eran prendas para trabajadores (mineros, mecánicos y granjeros), aunque es posible que los *cowboys* históricos no los hayan usado nunca. El apogeo de los movimientos de reses, con técnicas heredadas de los vaqueros mexicanos, tuvo lugar entre 1835 y 1870, mientras se construía el ferrocarril que haría desaparecer las diligencias, pero antes de que existiesen los pantalones de Levi's que nos ocupan. Aunque en Hollywood no importasen esos detalles de rigor histórico, el hecho es que el cine contribuyó en gran medida a convertir esa prenda de trabajo en icono de la moda y objeto de deseo para la juventud de todo el mundo occidental.

La primera película donde aparece un pistolero con esos pantalones es la cinta muda *The Untamed* (1920). Hubo que esperar a 1939, cuando John Ford vistió en *La diligencia* a un todavía desconocido John Wayne con unos 501 de Levi's, para que esa prenda se convirtiera en característica de los *cowboys*. Por eso comenzamos aquí a llamarlos vaqueros. Luego, en el cine de los años 50, ya no necesariamente del oeste, se los veríamos usar a Marlon Brando (*Salvaje*, 1953), James Dean (*Rebelde sin causa*, 1955) —símbolos de una contracultura— y también a Elvis Presley, que tras *El rock de la cárcel* (1957) los convirtió en prenda frecuente en sus actuaciones, ofreciendo un guiño de libertad de expresión con toques de *sex appeal*. También el vaquero femenino, que existía desde los años 30, triunfaría tras la Segunda Guerra Mundial, superadas las dificultades que eran producto de prejuicios sociales. Tras verlos llevar a estrellas del cine como Marilyn Monroe (*Encuentro en la noche*, 1952) y Audrey Hepburn (*Dos en la carretera*, 1967), la prenda dejó de ser transgresora y ya no tuvo problemas de aceptación. En *Matar a un ruiseñor* (1962), niño y niña llevan unos modelos con peto.

Es imposible continuar la relación, pues a partir de los años 70 su uso fue universal. Las distintas subculturas y generaciones juveniles convirtieron los pantalones vaqueros en iconos propios, manteniendo su esencia pero integrando variantes de la moda, desde ceñidos (*slim fit*) hasta acampanados. En su identidad, además de lo reseñado en la patente, tienen mucho que ver el tejido y el color. Para fabricar la sarga de algodón se crea una urdimbre en azul teñida con índigo, que se entreteje con la trama sin teñir en grupos de tres en tres hilos, de modo que resulte una textura densa, con líneas en diagonal. La tela resultante, de color azul, por un lado, y blanquecina por el revés, es resistente y no se deforma con el tiempo. El teñido tradicional se realizaba con índigo, un tinte originario de la India (de ahí su nombre) que se extraía de algunas plantas, pero actualmente se utilizan colorantes sintéticos. Tras los años 80, la moda comienza a incluir todo tipo de variantes: bordados, desgastados, descoloridos, parcheados, rotos y demás. El vaquero se adapta a todas las ideas de diseñadores para continuar siendo la prenda más popular del mundo. Y así seguimos.

§ 1927. A las siete y cuarenta de la mañana, Charles Lindbergh despega con el monoplano de un solo motor Spirit of St. Louis del aeródromo Roosevelt, en Long Island (Nueva York). Sería su histórico vuelo para cruzar en solitario y sin escalas el océano Atlántico, con el que llegó a París 33,5 horas más tarde, tras haber recorrido 3200 km. Lindbergh optaba a conseguir el premio de 25.000 dólares que había ofrecido en 1919 el filántropo Raymond B. Orteig para el primer piloto que realizara un vuelo transatlántico sin escalas entre Nueva York y París.

§ 1932. A las seis menos diez de la tarde, la aviadora Amelia Earhart despega de Harbor Grace, en Terranova, rumbo a Gran Bretaña, pero aterrizará en Londonderry (Irlanda del Norte) trece horas y media después. Era la primera mujer en cruzar el Atlántico en vuelo solitario y sin escalas. Lo consiguió en un Lockheed Vega, un monoplano de cabina cerrada.

21 DE MAYO

§ 1831. Louis Daguerre era un pintor y diseñador de escenografías para teatro, sobre todo conocido por sus dioramas, que se interesó en la cámara oscura y en la posibilidad de fijar las imágenes creadas en ella. Tras conocer a Joseph Nicéphore Niépce, y conocedor de que este había hecho progresos en ese campo (utilizando betún de Judea) forma con él en 1829 una sociedad en la que colaboran con ese objetivo, ensayando con placas de vidrio, cobre, estaño y plata. Según relata el científico y escritor Louis Figuier, en este día Daguerre escribe a Niépce comunicándole un descubrimiento casual y sugiriendo el uso de placas de plata yodada, como medio de obtener imágenes en la cámara. El futuro comienzo de la fotografía estaría basado en esa reacción de las sales de plata.

§ 1853. Este día se abrió el primer acuario público del mundo. Situado en el Regent's Park de Londres, tenía el nombre de Fish House (Casa de los Peces) o Aquatic Vivarium, y estaba diseñado por el reconocido divulgador y naturalista Philip Henry Gosse, especialista en biología marina, que más adelante propuso que se denominase «aquarium» a cualquier instalación de este tipo. La Casa de los Peces londinense fue pionera en usar grandes ventanas de vidrio para poder observar el interior de los tanques. La gestión de los peces se basaba en los últimos conocimientos sobre cómo toman el oxígeno del agua, y por ello se colocaban algas que lo reponían. En los tanques habitaba una gran variedad de invertebrados. En 1999 se inauguró en La Coruña la también conocida popularmente como Casa de los Peces, con el nombre oficial de Aquarium Finisterrae.

§ 1871. Para subir al monte Rigi (1797 m de altura) se pone en funcionamiento el primer ferrocarril de cremallera europeo, con origen en Vitznau (Suiza), abriendo el camino para el turismo en los Alpes. El viaje, de cinco kilómetros, tenía una hora de duración. Los trenes con engranajes en las ruedas son imprescindibles para acometer pendientes superiores al 4 %. La dirección del proyecto corrió a cargo del ingeniero suizo Niklaus Riggenbach.

§ 1894. La reina Victoria de Inglaterra inaugura oficialmente el canal de navegación de Manchester y nombra sir (caballero) a su ingeniero jefe y diseñador, Edward Leader Williams. La construcción había comenzado en 1887 y el canal se llenó completamente de agua en noviembre de 1893. Manchester ya no dependía del ferrocarril para transportar sus mercancías y suministros entre la ciudad y el mar. Aunque situada a sesenta kilómetros de la costa, consiguió ser el tercer puerto más activo de Gran Bretaña.

22 DE MAYO

§ 1613. Con el título *Istoria e dimostrazioni intorno alle macchie solari e loro accidenti*, se imprimen en Roma 1400 ejemplares de las tres cartas que escribió Galileo sobre las manchas solares entre mayo y diciembre de 1612. Su importancia radica en que eran una defensa de la idea de que el Sol tiene imperfecciones, lo que contradecía la visión aristotélica del cosmos. Pese a todo, Galileo es prudente en sus palabras: «no afirmo ni niego que estén sobre la superficie del Sol, simplemente digo que no está suficientemente demostrado que no lo estén».

§ 1892. En el último cuarto del siglo XIX la limpieza de dientes se realizaba con productos en polvo, más o menos abrasivos, que se vendían en botes o frascos rígidos. El dentista Washington Shefield comenzó por crear una crema dentífrica con varios ingredientes, alguno de los cuales, como la menta, le proporcionaba un sabor agradable. Tratando de facilitar más las cosas, en esta fecha propone el tubo metálico flexible para dispensar la «pasta de dientes», y ese mismo año comenzaron a aparecer en el mercado. El sistema de tubos flexibles ya se utilizaba para pinturas al óleo, del que hay una patente desde 1841.

§ 1960. Este día de domingo, se produce el conocido como gran terremoto de Chile, el mayor sismo registrado en la historia de la humanidad (9,5 en la escala sismológica de magnitud de momento, que mide la energía total liberada); tuvo una duración de diez minutos. Con epicentro en Valdivia, costó la vida a cerca de 2000 personas y hubo dos millones de damnificados. Las localidades costeras sufrieron las consecuencias del tsunami y originó maremotos que se apreciaron en las costas de Japón, donde perecieron más de un centenar de personas.

23 DE MAYO

§ 1622. Mientras el *botafumeiro* cruza oscilando majestuosamente la nave de la catedral de Santiago —con el mecanismo de polea que se había instalado en 1604— a una velocidad próxima a los 70 km/h, se rompe la maroma que lo sustenta y se estrella contra el suelo, cerca de los hombres encargados de accionarlo. Aquel gran incensario era entonces de plata maciza y funcionaba desde 1554, cuando lo donó Luis XI de Francia, apodado el Prudente. En 1809 las tropas de Napoleón, al mando del mariscal Soult, se llevaron aquel enorme ambientador. La cuerda, de sesenta y cinco metros, estaba hecha de cáñamo o esparto.

§ 1785. Una carta de Benjamin Franklin con esta fecha hace referencia a sus gafas bifocales. Escribe desde Francia a su amigo George Whatley, contándole su solución de «gafas dobles» en lugar de usar dos pares de gafas para ver de cerca o de lejos: «Hice que me cortaran las gafas y asociaran la mitad de cada tipo en el mismo círculo... solo tengo que mover los ojos hacia arriba y hacia abajo según quiero ver de lejos o de cerca». Algunos historiadores sostienen que ya otros fabricaban con anterioridad gafas bifocales, pero aun a falta de más testimonios, a Franklin corresponde el crédito de su popularización.

§ 1825. Con motivo de la lectura de un artículo publicado en la *Transactions of the Society of Arts* de Londres, el físico e inventor William Sturgeon realiza por primera vez una demostración de un electroimán en funcionamiento. Un trozo de hierro de doscientos gramos en forma de herradura, sobre el que enrolló en dieciocho vueltas un alambre de cobre, podía levantar cuatro kilos de hierro al conectar el cable a una pila.

24 DE MAYO

§ 1844. El inventor Samuel F.B. Morse transmite desde Washington a Baltimore, utilizando el código de puntos y rayas que ha creado, su primer mensaje telegráfico por cable. Decía «What hath God wrought!» («¡Lo que ha hecho Dios!»), en referencia a un versículo del Libro de los Números en la Biblia. Con ello se inauguraba la primera línea telegráfica del mundo, de setenta kilómetros de longitud.

§ 1862. Hoy tiene lugar el viaje de pruebas inaugural en el metro londinense. Era el primer tren de pasajeros subterráneo del mundo, cuya apertura al público tendría lugar meses más tarde, el 10 de enero de 1863. Ese día, con trenes que circulaban en horas punta cada diez minutos, utilizaron aquel nuevo sistema de desplazamiento 38.000 personas. El trayecto inicial, entre Farrington Street y Paddington, tenía una longitud de 6,4 km, con un total de siete paradas, y se recorría en treinta y tres minutos. El convoy disponía de vagones de tres clases, con coches de madera iluminados con luz de gas, y locomotoras de vapor, lo que obligaba a tener en los túneles chimeneas de ventilación.

El servicio de transporte subterráneo en Londres era fruto del empeño del procurador Charles Pearson, que lo había propuesto para reducir el tráfico en una ciudad cuyos suburbios crecían con rapidez. En agosto de 1854 se fundó la Metropolitan Railway Co. (de donde deriva el nombre abreviado del sistema), y una vez salvadas las dificultades financieras, bajo la dirección del ingeniero John Fowler, se comenzaron las obras en 1860. Los túneles se construían por el procedimiento denominado «*cut and cover*» o «de falso túnel», es decir, excavando enormes zanjas a cielo abierto para colocar las vías y construyendo luego la losa superior que soportaría la circulación en superficie. Aunque el recorrido discurría fundamentalmente bajo la New Road, fue necesario derribar numerosas viviendas, cuyos gastos de expropiación elevaron notablemente el presupuesto de las obras.

El ejemplo londinense fue reproducido luego en Budapest (el primero en funcionar con locomotoras eléctricas) y Glasgow, que inauguraron su metro en 1896. La primera propuesta de transporte subterráneo para Madrid es de 1892, pero el proyecto que saldría adelante es de 1913, diseñado por los ingenieros Carlos Mendoza, Miguel Otamendi y Antonio González Echarte, cuando la ciudad contaba con 600.000 habitantes. La primera línea, entre Puerta del Sol y Cuatro Caminos, fue inaugurada el 17 de octubre de 1919 por el rey Alfonso XIII; tenía un recorrido de 3,5 km, con ocho estaciones, y en su primer año de funcionamiento tuvo catorce millones de usuarios. El primer túnel para el metro de Barcelona comenzó a construirse por iniciativa municipal en 1911 bajo la Vía Laietana por el procedimiento de «cut and cover», pero el servicio no comenzó a funcionar hasta 1924.

§ 1865. Primera edición de *Alicia en el País de las Maravillas*. Con un texto firmado por Lewis Carroll, seudónimo del escritor, matemático y fotógrafo Charles Lutwidge Dodgson, este relato aparece hoy en lugar destacado en numerosas listas de libros. Está entre las fuentes de citas preferidas por los científicos; los libros para niños más traducidos en la historia; y los que tienen los dibujos más famosos. Desde esa primera publicación no ha dejado de estar en venta, y la ilustración de sus continuas reediciones —realizadas en 174 idiomas— ha sido siempre un reto para nuevos dibujantes. A pesar de existir excelentes muestras de acompañamiento gráfico del texto, siguen siendo los grabados de John Tenniel, correspondientes a la primera edición, los que gozan de mayor popularidad. Tan celoso estaba el artista de la calidad de su trabajo que, insatisfecho con la impresión que se había realizado, logró suspender el lanzamiento del libro.

El editor Macmillan and Co. había encargado dos mil ejemplares al impresor Clarendon Press, de Oxford, y ya estaban dispuestos el 24 de mayo de 1865, fecha en la que Charles Dodgson les escribió una carta solicitando cincuenta muestras encuadernadas para repartirlas entre sus amistades. Ya lo había hecho cuando la protesta de Tenniel hizo que esa edición no llegara a venderse en Inglaterra. Dodgson ordenó una nueva impresión a otra empresa (sufragando personalmente los gastos) y solicitó que le devolvieran los libros que había obsequiado, con la promesa de que los enviaría de nuevo. Unos mil ejemplares de la primera tirada no llegaron a tener sus tapas en tela roja, y el año siguiente, tras cambiar su portada, fueron encuadernados y vendidos al editor Appleton, de Nueva York, lo que significó la primera edición en Estados Unidos. Para Navidades ya estaba también la nueva reimpresión en Inglaterra, en la que los periódicos destacaron la calidad de los dibujos de Tenniel. Con la portada original, fechada en Londres en 1865, existen en la actualidad una veintena de ejemplares, codiciados por bibliófilos de todo el mundo, y por uno de los cuales se han pagado 1,5 millones de dólares en una subasta realizada en 1998.

Dodgson, profesor de matemáticas en el Christ Church College, había escrito el relato a raíz de un paseo en barca por el Támesis, cuando hubo de entretener a las tres hijas mayores del decano Henry Liddell con un cuento fantástico, lleno de juegos intelectuales y de retos a la lógica. Aquel relato, hilvanado de historias disparatadas, fue de especial interés sobre todo para la niña mediana, Alice, de diez años, quien le insistió para que escribiese el cuento. Más de un año después, en noviembre de 1864, Dodgson dedicó a la niña un manuscrito encuadernado con treinta y siete ilustraciones, dibujadas a plumilla por él mismo.

Pero Dodgson no era buen dibujante, y pensando en la edición del libro optó por John Tenniel, que gozaba ya de gran prestigio por sus caricaturas en la revista humorística y satírica *Punch*, y que asumió el encargo, no sin pensárselo unos meses. La relación entre ambos nunca fue amistosa, y aunque Dodgson dio al ilustrador todo tipo de detalles sobre su idea del relato, facilitando incluso una fotografía de una niña «modelo» para el personaje de Alicia, parece que sus sugerencias no fueron atendidas. Tenniel antepuso su experiencia como caricaturista a la definición de unos caracteres que resultan fascinantes, como el gato de Cheshire, el conejo blanco, el sombrerero, la oruga y hasta objetos que adquieren aspecto antropomorfo. John Tenniel entregó los dibujos a principios de mayo de 1865, y fueron grabados en madera para realizar la impresión.

El libro es, sin duda alguna, un relato también para adultos, pleno de alusiones y símbolos, de ejercicios mentales y juegos de palabras, de sátiras y actitudes de rebeldía, con claves matemáticas, lógicas y con referencias a la política y a la educación de la época. El trabajo de Tenniel como ilustrador se repitió en 1871, con resultado incluso más reconocido, en la segunda parte de la historia: *A través del espejo y lo que Alicia encontró allí*.

§ 1852. El mismo año en que Elisha Graves Otis inventó lo que le hizo más famoso (su ascensor de seguridad, que utilizaba dispositivos de frenado automático para detener la caída de la cabina si se rompía el cable), en este día recibe la patente de un «Freno para vagones de ferrocarril» con una palanca única que activaba los frenos de todos los vagones. Por entonces, Otis ya había registrado también una rueda hidráulica de turbina (1848), y luego anotaría un arado de vapor (1857), un horno giratorio (1858) y un ascensor de vapor (1861).

§ 1940. Howard Florey, Ernst Chain y Norman Heatley realizan el test con animales más famoso de la historia. Inoculan a ocho ratones una dosis letal de estreptococos, y a cuatro de ellos les inyectan penicilina. Al día siguiente los que no recibieron la penicilina estaban muertos, y los otros permanecían sanos. Aquellos tres científicos de Oxford habían producido suficiente antibiótico para llevar a cabo las pruebas, aislando el ingrediente activo de lo que Fleming había llamado «jugo de moho». El interés de Fleming había decaído diez años antes, cuando descubrió que la producción de penicilina era difícil, que era muy inestable, que no tenía efecto sobre ciertas bacterias (cólera, peste bubónica) y también que no funcionaba en animales cuando se administró por vía oral.

§ 1961. Este día tuvo lugar una histórica intervención del presidente de los Estados Unidos, John F. Kennedy. Dirigiéndose al Congreso afirmó: «Creo que esta nación debería comprometerse a lograr el objetivo, antes de que termine esta década, de llevar un hombre a la Luna de modo que vuelva a la Tierra sano y salvo. Ningún programa espacial en este período será más impresionante para la humanidad, ni más importante en la exploración del espacio a largo plazo; y ninguno será tan difícil o costoso de lograr». Hoy sabemos que, ocho años y un mes después, Neil Armstrong se convirtió en el primer hombre en poner un pie sobre la Luna. Desgraciadamente, Kennedy ya no estaba para verlo.

§ 1328. El franciscano William Ockham (para nosotros, Guillermo de Occam) se escapa del convento donde estaba retenido desde 1324, tras el Proceso en Aviñón donde se le imputaron «56 errores» según John

Lutterell, exrector de Oxford. A los diez días de su fuga fue excomulgado por el papa Juan XXII. No fue la acusación de Lutterell lo que provocó esa excomunión, sino su postura sobre el grado de pobreza que deberían practicar los religiosos, enconado tema de debate por entonces en la orden franciscana y en toda la Iglesia.

Guillermo de Occam abrió un camino «moderno» al conocimiento, en contraposición a las antiguas vías de Tomás de Aquino y Duns Scoto. Nos ofreció en general una filosofía crítica y escéptica (aquí confieso mi debilidad por el cinismo de la frase «no se llega a la certeza con la razón sino con la fe») que, revisando a Aristóteles y en contra de doctrinas oficiales, justificaba un positivismo lógico, una ciencia nueva que se basaba no en lo que las cosas «son», sino en lo que conocemos de ellas y en un método.

El legado que ha hecho más famoso a este franciscano es la llamada «navaja de Occam». Su enunciado habitual expresa que *non sunt multiplicanda entia praeter necessitatem*, aconsejando reducir al mínimo el número de motivos y objetos (en general, de entes) a los que tenemos que recurrir para justificar algo. También implica que en el conjunto de teorías ofrecidas para explicar un hecho hemos de preferir la más simple. El escritor Umberto Eco hace un homenaje a Occam al llamar Guillermo al protagonista de *El nombre de la rosa*.

§ 1857. El metalúrgico británico Robert F. Mushet recibe la patente por un método para fabricar acero por el procedimiento Bessemer, de modo que resulte más maleable. Se basa en la adición de manganeso, evitando la incorporación de azufre, fósforo y silicio; el acero además resultaba con una mayor resistencia al desgaste. Mushet también descubriría los aceros al wolframio, y se le reconoce como pionero en los aceros de alta calidad.

§ 1884. En la Universidad de Upsala (Suecia), el joven Svante Arrhenius, de veinticinco años, presenta su tesis para la obtención del doctorado. Ya había sido publicada el año anterior con el título «Investigaciones sobre la conductividad galvánica de los electrolitos», y desde entonces estuvo el hombre preparando los exámenes orales de matemáticas, física y química que debería pasar antes de defender su trabajo. En una exposición de cuatro horas, la tesis de Arrhenius fue criticada, sobre todo en su parte experimental y, tras la deliberación del tribunal, la calificación resultó ser un raspado, matizado y humillante *non sine laude approbatur*, que no le permitía ejercer la docencia en la universidad.

Aquella idea, sin embargo, le hizo merecedor —casi veinte años más tarde— del premio Nobel. La teoría de Arrhenius afirmaba que los electrolitos, que son substancias que se disuelven en agua dando una disolución que conduce la corriente eléctrica, están en el seno de la misma disociados en partículas cargadas eléctricamente, llamadas iones, aun cuando no pase corriente alguna por la disolución. Como todo el mundo reconocería, el suponer que, por ejemplo, en una disolución de sal los átomos de sodio y cloro se encuentran separados resultaba demasiado atrevido. Más aún, era increíble pensar que únicamente por el hecho de tener una carga eléctrica, los iones de sodio y de cloro que nos bebemos tranquilamente con el agua salada fueran tan diferentes del sodio (un metal que reacciona violentamente con el agua) y del cloro (un gas venenoso y oxidante).

§ 1927. De la fábrica en Highland Park (Michigan), sale el último ejemplar de Ford T, tras haberse vendido unos quince millones de unidades en diecinueve años. Henry Ford con su hijo Edsel hicieron honores a aquel cupé negro, llevándolo con toda ceremonia hasta el aparcamiento donde estaba el primer vehículo fabricado por Ford en 1896. El modelo Ford T, fabricado entre 1908 y 1927, popularizó la producción en cadena, permitiendo bajar precios y facilitar la adquisición de automóviles a la clase media.

27 DE MAYO

§ 1919. A comienzos de este siglo se buscaban vidrios que fueran resistentes a la temperatura. Uno de los primeros capaces de soportar el calor de una bombilla era Nonex, un producto de Corning Glass Works, donde trabajaba el físico Jesse Littleton. Buscando un material que resistiera para cocinar mejor que el barro, su esposa Bessie le pidió algún fragmento que pudiera utilizar como recipiente, y ella hizo ensayos con éxito. Tras investigar sobre el tema, pocos años después, en este día los químicos de Corning Eugene C. Sullivan y William C. Taylor reciben la patente del vidrio Pyrex. Era un vidrio borosilicatado, con un contenido en sílice de más del 70 %, resistente a los ataques químicos y a los cambios de temperatura, con aplicaciones en laboratorios y en cocina.

§ 1931. Despegando de Augsburgo (Alemania), el físico suizo Auguste Piccard y su ayudante Paul Knipfer se convierten en los primeros seres humanos en alcanzar la estratosfera. Lo hacen con un globo de hidrógeno que porta una cabina presurizada que había diseñado Piccard, y alcanzan una altura de casi dieciséis kilómetros. El equipamiento incluía un electroscopio para investigar la radiación cósmica.

§ 1937. Apertura del puente Golden Gate. Tras cuatro años de obras, y una inversión de más de treinta y cinco millones de dólares, tiene lugar la inauguración del puente más famoso de San Francisco. En este primer día se dio preferencia a los peatones. A las seis de la mañana ya había 18.000 personas esperando para cruzar esta «puerta dorada» que en total abarca unos dos kilómetros, y al final del día unas 200.000 personas lo habían pisado. Al día siguiente, ya abierto al tráfico, lo cruzarían 32.300 vehículos y casi otros 20.000 peatones. El Golden Gate, uno de los más emblemáticos del mundo, es un puente colgante que se soporta en dos torres de 227 m de altura separadas 1280 m, de las que cuelgan los cables principales. La calzada tiene seis carriles para vehículos y otros protegidos para peatones y bicicletas. Bajo la misma queda una altura libre de sesenta y siete metros por la que puede circular el tráfico marítimo de entrada y salida de la bahía de San Francisco.

28 DE MAYO

§ 1932. En una iniciativa provocada por las desastrosas inundaciones de 1916, tras cinco años de obras, este día se completa en Holanda el dique de cierre Afsluitdijk, de treinta y dos kilómetros de largo, para sellar el Zuiderzee, una entrada poco profunda del Mar del Norte. La presa tiene un ancho de 90 m, a una altura inicial de 7,25 m sobre el nivel del mar, y fue construida utilizando principalmente materiales dragados del fondo. Más tarde, gran parte del Zuiderzee, ya con agua dulce y rebautizado como lago IJsselmeer, se drenó para crear 1650 km^2 de tierra firme.

§ 1959. Las monitas Able y Baker fueron lanzadas desde Cabo Cañaveral (Florida) para un vuelo suborbital de quince minutos en un misil Júpiter AM-18. Alcanzaron los 480 km de altura y viajaron 2500 km a velocidades de más de 16.000 km/h. Se controló la frecuencia cardíaca, la temperatura corporal, la presión arterial y la radiación, además del rendimiento muscular mediante un electromiograma. Las monitas sobrevivieron al vuelo y al aterrizaje, y se convirtieron en los primeros seres vivos recuperados con éxito tras un vuelo espacial.

§ 1971. La Unión Soviética lanza la sonda Mars 3, que llegaría a Marte el 2 de diciembre. El módulo de aterrizaje fue liberado del orbitador y se convirtió en la primera nave espacial en aterrizar con éxito en Marte. Falló después de transmitir veinte segundos de vídeo al orbitador. Este envió mediciones de la temperatura de la superficie y la composición atmosférica del planeta hasta agosto de 1972.

29 DE MAYO

§ 1879. El diplomático y empresario francés Ferdinand de Lesseps, que había sido condecorado por su éxito con el canal de Suez (un canal a nivel), presenta en la Sociedad de Geografía de París su proyecto de canal interoceánico también a nivel, sin esclusas, para el istmo de Panamá. Lo había aprobado el día anterior una comisión técnica presidida por él. Esa obra fue imposible, y en 1888 se comenzaría la construcción de un canal con esclusas. La quiebra de la empresa terminó en un gran escándalo.

§ 1919. El eclipse de Sol de este día hace triunfar a Einstein. La revista *Annalen der Physik* había publicado en marzo de 1916 un artículo de Albert Einstein titulado «Los fundamentos de la teoría general de la relatividad». La principal novedad del mismo no estaba en la idea relativista, planteada por él ya diez años antes, sino en aplicarla de un modo general. Si con la teoría de la relatividad especial, o restringida, en 1905 Einstein había puesto en duda la existencia de un tiempo y un espacio absolutos —como los había pensado Newton—, en esta nueva publicación ampliaba sus dudas; ahora planteaba que también la gravedad, la fuerza común a toda la materia, que gobierna los movimientos de los cuerpos celestes y terrestres, está sometida a la relatividad, y de hecho no es más que una consecuencia de la deformación, por la presencia de una masa, del espacio-tiempo de cuatro dimensiones. Pero hemos de recordar que por entonces Albert Einstein era un completo desconocido. Sus ideas eran difíciles de entender, y eran pocos en el mundo quienes comprendían aquello de la curvatura del espacio-tiempo.

La idea relativista era todo un desafío a la mecánica newtoniana que había funcionado durante siglos, y por ello había científicos interesados en comprobarla, como el astrofísico Arthur Stanley Eddington, director del observatorio de Cambridge, y Frank Dyson, astrónomo real y director del Observatorio de Greenwich. Para ello nada mejor que un eclipse total de sol. Ya en 1911 Einstein había publicado un artículo «Sobre la influencia de la gravedad en la propagación de la luz», en donde explicaba que en un eclipse de Sol podría medirse la desviación de la posición aparente de una estrella si su luz pasaba cerca del borde solar. En concreto, los cálculos relativistas cifraban en 1,74 segundos de arco la desviación de los rayos luminosos que rozasen la corona solar.

Sabiendo que el 29 de mayo de 1919 tendría lugar un eclipse de Sol en una zona del cielo donde había estrellas brillantes, Frank Dyson comenzó en 1917 los preparativos para estudiar la desviación de su luz durante el mismo. Se realizarían dos expediciones, a ambos lados del Atlántico, para incrementar las garantías de buen tiempo, a sendos lugares de la zona ecuatorial donde el eclipse era total. Una de ellas, comandada por el mismo Eddington, iría a la isla de Príncipe, en el golfo de Guinea, y la otra a Sobral, al nordeste de Brasil (donde por cierto, ahora existe un Museo del Eclipse, ubicado en el mismo lugar en que tuvo lugar la observación, que conserva el telescopio refractor y fotografías originales de aquel día), e iría comandada por Charles Davidson, ayudante de Dyson.

Llegado el día, las condiciones meteorológicas fueron favorables en ambas estaciones, y durante los cinco minutos que duró la fase total del eclipse pudieron tomarse numerosas fotografías de unas trece estrellas en las proximidades de la aurora solar. Al comparar sus posiciones con las que esas estrellas tienen habitualmente, pudo medirse que la desviación observada era la prevista por Einstein.

El 30 de octubre, Dyson, Eddington y Davidson enviaron para su publicación en las *Philosophical Transactions* un artículo con el título «Cálculo de la desviación de la luz por el campo gravitatorio del Sol, a partir de observaciones hechas en el eclipse total del 29 de mayo de 2019». Pero aquella noticia desbordó los ámbitos de la ciencia y llegó a la opinión pública: El 7 de noviembre *The Times* desplegaba titulares como «Revolución en la ciencia», «Nueva teoría del universo» y «Las ideas newtonianas superadas», y tres días después hacía lo propio *The New York Times*. Pronto la noticia corrió por todo el mundo, y Albert Einstein se hizo famoso.

§ 1953. A las once y media de la mañana del 29 de mayo de 1953, el apicultor y escalador aficionado de treinta y tres años, Edmund Hillary, y el sherpa Tenzing Norgay, de treinta y ocho años, llegan a la cima del Everest. El neozelandés Hillary estaba en plena forma y el sherpa nepalí era el hombre que conocía mejor la montaña más alta del mundo. Tras abrazarse por el éxito, pasaron quince minutos en la cumbre, en los que tomaron algunas fotografías para acreditar su hazaña.

§ 1817. Se bota el primer vapor comercial español, que sería conocido como El Betis. Aunque la historia de la máquina de vapor está plagada de protagonismos, sobre cuya originalidad y autenticidad se sigue discutiendo, nadie pone en duda que la primera aplicación que convirtió calor en movimiento, usando como medio el vapor de agua, es la llamada *eolípila*, ideada por el ingeniero e inventor Herón de Alejandría en el siglo I de nuestra era. Esa maquinita consistía en una esfera hueca que giraba, al estar dotada de dos escapes tangenciales, cuando se insuflaba vapor en su interior. Hasta llegar a la historia oficial, con Thomas Savery, Thomas Newcomen y James Watt como grandes protagonistas en el siglo XVIII, hubo muchos otros que se preocuparon y entretuvieron con la idea de aplicar la fuerza del vapor para mover algo. Entre ellos suele citarse a Denis Papin (s. XVII) al que sin duda podemos echar la culpa de las ollas a presión, y al español Blasco de Garay (s. XVI) autor de diversos inventos, uno de los cuales consistió en mover un barco con ruedas de paletas. Está por verificar si estas ruedas se movían por vapor, o por la fuerza motriz humana. El caso es que su propuesta, materializada en un ensayo en el puerto de Barcelona el 17 de junio de 1543, no consiguió la aprobación de Carlos I, porque el tesorero Rávago (un puesto similar al de ministro de Hacienda) se negó a aprobar el proyecto, aduciendo entre otras cosas que los hombres que operaban en las máquinas habían de trabajar cual remeros. Del posible invento de Garay nada se supo hasta 1825, casi tres siglos después.

Entonces ya había máquinas de vapor. A finales del XVIII James Watt había mejorado de forma notable su utilidad al incluir un condensador externo, y por esos años ya hay varias iniciativas para mover barcos con la nueva fuente de energía. En 1803 el ingeniero Robert Fulton construye la primera embarcación de vapor con dos ruedas de paletas, probándola en el Sena, al que sucedería cuatro años después, en Estados Unidos, la primera que tuvo un éxito comercial, que se inició con un viaje entre Nueva York y Albany por el río Hudson. Es el precedente de los vapores de ruedas que hacían recorridos fluviales por el Misisipi y que pertenecen a la iconografía popular. Curiosamente, los barcos de vapor nacieron vinculados a los ríos.

El primer vapor de ruedas construido en España fue el Real Fernando, así llamado en honor a Fernando VII, pero el pueblo lo bautizó inmediatamente como El Betis. Fue botado en Sevilla el 30 de mayo de 1817, con idea de realizar el tráfico entre ese puerto y el de Sanlúcar de Barrameda, para seguir luego a Cádiz. Con un casco de madera de veinte metros de eslora, construido en los astilleros de Triana, y una máquina de vapor de 20 CV que vino de Birmingham, lucía una chimenea de más de seis metros de altura. El recorrido de Sanlúcar a Sevilla duraba nueve horas, cuando ese mismo trayecto a vela nunca bajaba de las quince, siendo antes frecuentes las travesías de dos o tres días de duración, dependiendo siempre de los vientos.

Según las crónicas de la época, debido a la falta de mecánicos preparados, el barco tuvo muchas averías, y parece que se vendió para desguace un año después de iniciar su servicio. Pero la navegación de vapor ya era una realidad. El Betis fue sustituido por el vapor Infante Don Carlos, y poco a poco, a pesar de que en España eran tiempos de crisis, fueron desapareciendo las velas y los remos. En 1834 se iniciaron las rutas de vapores entre Barcelona y Palma, y durante todo el siglo XIX continuó el auge de la navegación de vapor, pues suponía un avance en todas las rutas marítimas, al no depender de la meteorología. El comienzo del siglo XX, con la aparición de los motores diésel, supondría el comienzo del ocaso de los barcos de vapor. El último construido en España sería el Hidria II, de treinta metros de eslora, que salió de los astilleros de Vigo en los años 60. Actualmente es un buque museo.

§ 1817. Se inaugura el Jardín Botánico de La Habana. A comienzos del XIX los más importantes eran el Real Jardín Botánico (Kew Gardens), en Londres; el Jardín de las Plantas de París; y el Real Jardín Botánico de Madrid, que había sido inaugurado en 1781, convirtiéndose en principal receptor de los envíos que realizaban las expediciones científicas a países del Nuevo Mundo, normalmente auspiciadas por la Corona. Con la Real Expedición Botánica a la Nueva España, en 1788 se creó el Real Jardín Botánico de México. En una Cuba donde las principales materias primas vegetales eran la caña de azúcar, el café, el cacao y el tabaco, distintas instituciones estaban interesadas en que se realizasen estudios para la utilización industrial de esas plantas. Por su iniciativa se fundó el Jardín Botánico de La Habana, que fue inaugurado el 30 de mayo de 1817. Cuatro años después, una real orden creó una cátedra de Botánica, nombrando titular de la misma y director del Jardín Botánico a Ramón de la Sagra.

§ 1898. El químico Morris William Travers, que trabajaba en Londres con sir William Ramsay, descubre el gas noble kriptón. Tras someter a destilación fraccionada una gran cantidad de aire líquido, observaron que en el espectro de la fracción más densa había unas líneas que no correspondían a ningún elemento conocido. Su presencia en el aire es de 1 ppm.

§ 1578. En Roma, unos obreros descubren por casualidad —tras un derrumbe del terreno— una cámara sepulcral, que resultó ser parte de las catacumbas que habían utilizado los cristianos sobre el siglo III. El historiador dominico español Alfonso Chacón sería el primero en estudiarlas, realizando copia de todas las pinturas y dibujos de los sarcófagos y esculturas.

§ 1879. Se inaugura en Berlín la Exposición Industrial, cuya principal atracción fue la primera locomotora eléctrica, fabricada por Siemens & Halske, presentada allí por los hermanos Siemens. Tenía un motor de 3HP que funcionaba a 150 voltios. En un trayecto circular de trescientos metros arrastraba tres pequeños vagones, con dieciocho pasajeros en total. Tras esa presentación sería empleada en tranvías, y luego evolucionó para dar lugar a las locomotoras que sustituyeron a las de vapor.

§ 1966. La ciencia tiene ya ministerio en España. Fue en la Constitución de Cádiz cuando se reguló por vez primera la acción del Gobierno en materia de enseñanza, si bien no existió un ministerio del ramo hasta el año 1900. Entonces se creó el llamado Ministerio de Instrucción Pública y Bellas Artes, que asumía también las competencias de cultura, y mantuvo aquel nombre hasta la Guerra Civil, tras la cual se llamó Ministerio de Educación Nacional. Una ley de 31 de mayo de 1966 cambió su denominación por la de Ministerio de Educación y Ciencia, que existiría durante treinta años, incluyendo entre sus competencias el impulsar el desarrollo científico y fomentar la investigación. En 1996 se fusionaron de nuevo Educación y Cultura, desapareciendo en los ministerios la referencia científica, hasta el año 2004 que se recuperó la cartera de Educación y Ciencia. Entre 2008 y 2011 existió específicamente por primera vez un Ministerio de Ciencia e Innovación.

JUNIO

FRANKENSTEIN.

"By the glimmer of the half-extinguished light, I saw the dull, yellow eye of the creature open; it breathed hard, and a convulsive motion agitated its limbs. ... I rushed out of the room."

Page 43

London, Published by H. Colburn and R. Bentley, 1831.

En el estío de 1816, conocido como el año sin verano debido a que la erupción del volcán Tambora de 1815 provocó una bajada generalizada de temperaturas, Mary Shelley escribió su célebre novela *Frankestein o El moderno prometeo*.

Antena en Holmdel, de los Laboratorios Bell, Nueva Jersey. Construida en 1959, fue pionera en la comunicación con los satélites ECHO I de la NASA. Con una estructura de aluminio sobre una base de acero, la antena tenía 16 metros de largo y pesaba 18 toneladas. En 1964, los radioastrónomos Robert Wilson y Arno Penzias descubrieron la radiación de fondo cósmico con ella, ganando el Premio Nobel en 1978.

Imagen del WMAP (Wilkinson Microwave Anisotropy Probe) que muestra la anisotropía de la temperatura del fondo cósmico de microondas (CMB), revelando las variaciones de temperatura a gran escala que nos proporcionan información clave sobre el origen y la estructura del universo.

1 DE JUNIO

§ 1921. El médico aragonés Fidel Pagés Miravé ha pasado a la historia por haber inventado la anestesia epidural, una técnica que elimina el dolor en gran número de operaciones quirúrgicas y en los partos. Alistado como médico militar, participó en la Guerra del Rif, donde surgió su interés por la investigación sobre técnicas de anestesia. Durante la Primera Guerra Mundial estuvo como cirujano ayudante en Viena, y es allí donde concretó sus ideas sobre el tema. De vuelta a España, fundó la *Revista Española de Cirugía*, y el día 1 de junio de 1921 publica en ella un texto con el título «Anestesia metamérica», en donde describe con detalle e ilustraciones lo que hoy se conoce como anestesia epidural y que él había aplicado en cuarenta y tres intervenciones. El hecho de que el artículo apareciese únicamente en esa revista hace que apenas tuviera eco en la comunidad internacional. Diez años después, un médico italiano se atribuyó el descubrimiento, hasta que finalmente terminó por reconocer la primacía de Pagés.

§ 1965. La radiación de fondo de microondas es un «eco del Big Bang». Aunque no lo buscaron nunca, y se pasaron meses sin saber que habían encontrado algo, Arno Penzias y Robert Wilson obtuvieron el Nobel de Física en 1978 por haber realizado uno de los descubrimientos más importantes del siglo XX. Este caso —paradigmático de serendipia o chiripa— empezó como quien no quiere la cosa. La sensible antena de bocina de seis metros que tenían los Laboratorios Bell en Crawford Hill, al nordeste de Nueva Jersey, había sido construida en 1960. Estaba destinada a registrar el rebote de las señales de radio en los globos metalizados del proyecto Echo que se lanzarían a la alta atmósfera, pero pronto quedó obsoleta, al comenzar a operar los satélites de comunicaciones Telstar. Fue así como aquellos dos físicos, especialistas en radioastronomía, pudieron utilizarla como radiotelescopio con idea de mapear emisiones débiles en la Vía Láctea. Para ello necesitaban escrupuloso silencio, pero se encontraron con un ruido de fondo continuo e inevitable, una especie de interferencia que les trajo de coronilla, pues no eran capaces de saber su procedencia.

Se trataba de una radiación de microondas, en concreto con una longitud de onda de 7,35 cm y de intensidad débil (equivalente a 3,5 K de temperatura), que venía de todas las direcciones del espacio de modo prácticamente uniforme, y que no variaba con las estaciones del año, al menos en el período observado entre julio de 1964 y abril de 1965. El que estuviera presente en todas direcciones les hizo pensar que podía proceder de las proximidades de la antena. Descartaron que el origen estuviese en la vecina Nueva York, e incluso llegaron a sospechar si la culpa sería de los excrementos de paloma (un «material dieléctrico blanco» en palabras de Penzias) que encontraron en el interior de la bocina y que limpiaron, tras lo cual alejaron como pudieron a las aves responsables.

Pero el ruido continuaba. Fue entonces cuando tuvieron noticia de que a pocos kilómetros de allí, en Princeton, el profesor Robert Dicke manejaba la idea de que si el cosmos hubiera comenzado con un Big Bang, aquella gran explosión habría dejado un ruido residual que sería perceptible en todo el universo, y supieron que además estaba pensando en construir una antena para poder detectarlo. El encuentro entre ambos equipos era imprescindible, y tras entrar en contacto y reunirse, juntos comprobaron que ya se había encontrado lo que Dicke quería buscar. En junio de 1965, juntos acordaron enviar a *The Astrophysical Journal* sendos artículos para que fuesen publicados simultáneamente.

El firmado por Penzias y Wilson —fechado el 13 de mayo— habla de la detección de una radiación de fondo débil, cuyas características se describen con detalle, pero sin dar pista alguna sobre el origen de la radiación. Allí aclaran que en ese mismo número de la revista se incluye un escrito de Robert Dicke y colaboradores que da una posible explicación a ese exceso de ruido observado, y agradecen al equipo de Princeton los «fructíferos debates» sobre los resultados antes de su publicación. El otro artículo, firmado por R. H. Dicke, P. J. E. Peebles, P. G. Roll y D. T. Wilkinson, sobre la radiación cósmica está fechado el 6 de mayo. Ambos trabajos trajeron como consecuencia la consolidación y aceptación por parte de la comunidad científica de la teoría del Big Bang, relegando la idea del estado estacionario. Todo induce a pensar que el universo surgió en una gran explosión, hace unos 13.700 millones de años.

Aquella antena obsoleta, pero construida para detectar ecos, había alcanzado su gloria registrando el más lejano de todos, el eco del Big Bang.

§ 1985. Los Reyes de España, Juan Carlos y Sofía, inauguran en La Coruña la Casa de las Ciencias. Se trata del primer museo interactivo de titularidad pública en el país, y es una iniciativa del ayuntamiento de la ciudad, presidido por el alcalde Francisco Vázquez. Esta actuación, financiada exclusivamente por el ayuntamiento, se continuaría más tarde con la apertura de otros dos museos científicos municipales: la Domus (1995) y el Aquarium Finisterrae (1999).

§ 1686. Las actas de la Royal Society de Londres recogen este día un acuerdo en el que «se ordena que el libro del señor Newton sea impreso, que el señor Halley se encargue de la tarea y de imprimirlo a su costa». Se trata del texto en latín de *Philosophiae Naturalis Principia Mathematica*, considerado el documento más importante de la historia de la ciencia y calificado por autores como Lagrange, Laplace o Gauss como la mayor producción creada por la mente humana.

El impulso final para que Newton escribiese su obra le vino de Edmund Halley. En 1684 Halley tenía veintisiete años. Ya habían pasado casi veinte desde aquel día en que supuestamente la caída de una manzana hizo pensar a Newton en la fuerza con que la Tierra atrae las cosas. Quizás —pensó— fuera la misma atracción que hacía que la Luna girase alrededor de la Tierra, y también que todos los planetas lo hiciesen en torno al Sol. Pero era difícil llegar a calcular matemáticamente la intensidad de esa fuerza que parece disminuir con la distancia. Newton había preferido dejar los cálculos a un lado y dedicarse a otros temas.

Varios miembros de la Royal Society, como Robert Hooke, Christopher Wren y el joven Halley, trataban de encontrar también por entonces una solución al problema de cuál sería el tipo de fuerza que ocasionaba el giro de los planetas. En agosto de 1684, Halley acudió a su admirado Newton a preguntarle algo que había planteado Wren: cómo se moverían los planetas si hubiese una fuerza de atracción entre los cuerpos que disminuyese con el cuadrado de la distancia. La respuesta de Newton fue inmediata: «Describirían órbitas elípticas, naturalmente», afirmando que lo había demostrado y contándole las ideas que se le habían ocurrido en aquel retiro de 1666. Tras recibir días después la demostración, Halley animó a Newton a publicar un libro con aquellas conclusiones que consideraba importantes. Estaba dispuesto a corregir las pruebas y a correr con los gastos, dado que acababa de heredar tras la muerte de su padre. Isaac Newton era el único que había llegado a demostrar matemáticamente lo que otros (como Hooke) intuían: que una trayectoria elíptica es la consecuencia de una fuerza que disminuye con el cuadrado de la distancia. Newton convirtió las nueve páginas de su carta a Halley en los tres tomos que constituyen su libro *Principios Matemáticos de la Filosofía Natural* que, gracias a Halley, vio la luz el 5 de julio de 1687.

§ 1873. Con la experiencia adquirida en las minas de California, donde se movían vagonetas de mineral con tracción por cable, se comienza a construir el primer «cable-car», de funcionamiento parecido a un funicular, para transporte de pasajeros en San Francisco. En Clay Street, los vagones movidos por un cable subterráneo podrían ascender por una pendiente superior al 11 %.

§ 1896. El ingeniero eléctrico Guglielmo Marconi presenta en Inglaterra la solicitud de su primera patente de la radio, por «Mejoras en un aparato que transmite señales e impulsos eléctricos» mediante telegrafía sin hilos. La patente le fue concedida el 2 de julio de 1897. Así se adelantó a Nikola Tesla, que ya había inventado un sistema para transmitir mensajes de voz sin cables, aunque la autoría del invento de la radio es un tema muy controvertido.

3 DE JUNIO

§ 1859. Meses antes de la publicación de *El origen de las especies*, el biólogo y filósofo Thomas Henry Huxley realizó en la Royal Institution de Gran Bretaña su primera defensa pública de la teoría de Charles Darwin. Con el título «Sobre los tipos persistentes de vida animal», Huxley discutió las dificultades para comprender las relaciones entre los organismos que vemos en formas fósiles y los actuales. «La modificación gradual de especies preexistentes» descrita en la teoría de Darwin explica mejor los hechos descubiertos por los paleontólogos. «De unos doscientos órdenes de plantas conocidos, ninguno es exclusivamente fósil. Entre los animales no existe una sola clase totalmente extinta». Darwin reconoció el apoyo de Huxley en el «bosquejo histórico» de su libro.

§ 1920. Ernest Rutherford postula la existencia de neutrones. Antes de la Primera Guerra Mundial, la comunidad científica ya era consciente de la existencia de isótopos, palabra que inventó Frederick Soddy para designar átomos con distinta masa, pero que tienen igual número atómico, lo que ya se sabe está vinculado a la carga del núcleo. Hubo de finalizar la contienda para seguir avanzando en la comprensión del interior del átomo. Con el título «La constitución nuclear de los átomos», Ernest Rutherford pronunció, el 3 de junio de 1920, una conferencia en la Royal Society de Londres. En ella justificaba los isótopos, y planteó la posible existencia de neutrones: «es posible que el electrón se combine mucho más estrechamente con el núcleo de hidrógeno, formando una especie de doblete neutro». La existencia del neutrón sería descubierta en 1932 por James Chadwick.

§ 1948. En el Observatorio de Monte Palomar entra en funcionamiento el telescopio Hale, que con su lente de más de cinco metros de diámetro sería el más grande del mundo durante cuarenta y cinco años. La fabricación de la lente partió de un disco de vidrio de veinte toneladas que tras la fusión necesitó once meses para enfriarse. El laborioso trabajo de esmerilado y pulido posterior hubo de interrumpirse durante la Segunda Guerra Mundial.

4 DE JUNIO

§ 1872. Robert Chesebrough, un químico de origen inglés que había trabajado en los campos petroleros de Pensilvania, recibe la patente de un proceso para mejorar la fabricación de vaselina, un producto que él había inventado y que en forma de pomada se usa como cosmético. La vaselina se elabora a partir del residuo sólido que queda en la destilación del petróleo. Chesebrough propone destilar al vacío, lo que implica menos calentamiento y se produce una vaselina de mejor calidad. En 1874 se vendían 1400 tarros de vaselina cada día.

§ 1875. Se oficializa en España el título de «cirujano dentista», que se obtiene mediante estudios y exámenes; habilita para «limpiar y extraer dientes y muelas, y las reglas generales que deben tenerse presentes en estas operaciones». Hasta entonces esas prácticas eran realizadas por sangradores o ministrantes y "«practicantes», e incluso aficionados. En 1901 se creó la titulación de odontólogo.

§ 1783. Demostración del globo de los hermanos Montgolfier. Los hermanos Joseph-Michel y Jacques-Étienne Montgolfier eran miembros de una familia numerosa de fabricantes de papel. Desde niños estaban habituados a todo tipo de experiencias en relación con ese material; de ellos, Joseph fue el primero en construir paracaídas, así como cajas capaces de ascender con el impulso del humo producido por el fuego. El 4 de junio de 1783, ya adultos, Joseph, con la ayuda de su hermano, realizó en Annonay (departamento francés de Ardèche) una demostración en la que el globo de aire caliente que ambos habían construido voló durante diez minutos hasta casi dos mil metros de altura. Era una esfera de lino forrada de papel de once metros de diámetro y con un peso total de 226 kg.

§ 1799. Comienza en La Coruña el gran viaje del descubrimiento científico de América. Se dice que Alexander von Humboldt fue el último polímata de la historia, al tiempo que un vínculo entre el empirismo ilustrado y el idealismo romántico. Hijo de una acomodada familia prusiana, tanto él como su hermano mayor Wilhelm recibieron una esmerada educación, que los llevó a destacar en diversos campos de la cultura. Alexander, en particular, dominado por una curiosidad insaciable, dejó a la posteridad sus aportaciones a la geografía y al estudio de la naturaleza, donde destacaron sus notables conocimientos en física, química, tecnología, geología, minería, botánica, zoología, anatomía, etnografía, antropología, climatología, oceanografía y astronomía. Además, toda su vida declaró un «deseo vehemente de hacer un viaje a países lejanos y poco visitados por europeos».

El fallecimiento de su madre en 1796 le hizo heredar una considerable fortuna, y así pudo tener la capacidad económica para financiar el viaje de sus sueños. La imposibilidad de realizar una expedición al norte de África y Egipto le hizo cambiar sus planes, e iniciar el camino a las regiones ecuatoriales del Nuevo Mundo, que comenzaría por viajar a España y solicitar permiso a la Corona. Acompañado del botánico francés Aimé Bonpland cruza la frontera en La Junquera, desde donde se desplazan a Valencia con idea de comenzar allí un estudio del perfil de la Península en la dirección sureste-noroeste. Humboldt descubrió entonces la Meseta española al ir midiendo, con ayuda de un barómetro, la altura sobre el nivel del mar, en aquel viaje desde Valencia a La Coruña, pasando por Madrid.

Tras llegar a la capital, Humboldt es recibido en Aranjuez por Carlos IV. En el escrito que presenta para solicitar el permiso alega la perfección de sus nuevos instrumentos de medición atmosférica, geográfica y geológica. El pasaporte real facilitado instaba a todas las autoridades a facilitarle la realización de exploraciones y experimentos, así como la recolección de especímenes, con el compromiso de suministrar materiales para el Real Jardín Botánico y el Real Gabinete de Historia Natural. De allí completan su itinerario hasta La Coruña, de donde partirán en la corbeta Pizarro el 5 de junio de 1799.

Tras una semana en Tenerife, con escalada del Teide y sus imprescindibles anotaciones, cruzaron el océano llegando a Nueva Andalucía (Venezuela) a mediados de julio. Allí comenzaron, fascinados, sus observaciones de la jungla, de poblados indígenas, navegando ríos, escalando montañas y explorando cuevas, descubriendo todo un mundo geológico y poblado de especies animales y vegetales desconocidas. Viajarían luego a Cuba, realizando anotaciones geográficas y también de tipo económico y social, con crítica de la esclavitud incluida. Luego continuaron por Nueva Granada (Colombia), donde conocieron a José Celestino Mutis, y siguieron a Ecuador y Perú, realizando exploraciones de volcanes que encontraron relacionados con algunos movimientos sísmicos. De allí fueron a Nueva España (México), y cerrarían el viaje con una segunda visita a Cuba, para finalizar en Estados Unidos, siendo recibidos por Jefferson. Regresaron a Europa en agosto de 1804, cinco años después de su partida.

El viaje de Humboldt fue el primero que se realizó en la historia con finalidad exclusivamente científica y financiación privada. Hasta entonces, los viajes de exploración estaban vinculados a intereses políticos de expansión, y aquellos pocos de carácter científico que habían tenido lugar, como el de Mutis al Reino de Nueva Granada, eran prácticamente desconocidos, y fueron posteriormente valorados gracias a Humboldt. Aquel viaje estableció un modelo para futuras expediciones de carácter científico. A su regreso, dio cuenta exhaustiva del mismo en varias publicaciones: *Cuadros de la naturaleza, Viaje a las Regiones Equinocciales del Nuevo Continente, Ensayo político en el reino de la nueva España* y *Ensayo político sobre la isla de Cuba.*

Todo ello, y hoy es lo que más se le valora, con una visión integradora del saber.

§ 1972. Cada año el 5 de junio celebramos el Día Mundial del Medio Ambiente para conmemorar que fue en esa fecha de 1972 cuando dio comienzo la Conferencia de Estocolmo, llamada oficialmente Primera Conferencia de Naciones Unidas sobre Medio Humano, y después Cumbre de la Tierra de Estocolmo. Era la primera reunión internacional convocada para abordar los problemas relativos al entorno del ser humano, a la interacción entre nuestra especie y el planeta Tierra. El encuentro tuvo lugar entre los días 5 y 16, y contó con la participación de representantes de 113 Estados miembros de las Naciones Unidas, además de delegados de organismos especializados. En ella se abordaron, sobre todo, los problemas de contaminación vinculados a urbes e industrias y el agotamiento de recursos naturales. También, por vez primera, se pusieron de manifiesto las diferentes perspectivas de países según su nivel de desarrollo. Se emitió una Declaración de veintiséis principios y un plan de acción con 109 recomendaciones y una resolución. En concreto, se fijaron algunas metas: moratoria de diez años a la caza de ballenas, prevención de descargas deliberadas de petróleo en el mar y un informe sobre los usos de la energía. Entonces dio comienzo la toma de conciencia política internacional sobre los problemas ambientales globales.

Las ideas que hoy calificamos de ecologistas pueden encontrar sus raíces en el siglo XVIII con Buffon y Linneo, para continuar con Lamarck, Darwin o Wallace, pero no es hasta el XIX cuando comienza a evidenciarse una realidad social en ese sentido. Un primer antecedente lo tenemos en el Movimiento Conservacionista Americano (1890-1920), que si bien no entró a analizar en profundidad la dimensión económica de los problemas ambientales, sí constituyó la primera toma de conciencia, tanto en el ámbito social como en el político, sobre los mismos y dio lugar a iniciativas concretas para conservar ecosistemas naturales y la vida salvaje. De ese Movimiento surgieron ideas como la de la creación de parques nacionales y reservas para la fauna; la necesidad de educación ambiental; de legislación para controlar la contaminación, y la conciencia del carácter limitado de los recursos naturales. El ideario de ese Movimiento hereda ideas de autores que habían reflexionado en dos líneas; por una parte, en clave estética y afectiva, sobre el disfrute de la naturaleza virgen de unos territorios que los inmigrantes occidentales estaban descubriendo en su camino hacia el oeste, y que también —en clave ética— merecían ser preservados para futuras generaciones; por otro lado, en clave racional y económica, planteando la realidad de una interacción mutua entre el ser humano y el medio ambiente, de consecuencias a veces irreversibles, que llevaban a proponer, por ejemplo, una política forestal que frenase la tala indiscriminada de bosques. Surge entonces una demanda social de que la naturaleza necesita de una legislación específica y una protección estatal, al tiempo que se reivindicaba una gestión «sabia» y «científica» de los recursos.

El siglo XIX vio también el comienzo de la creación de instituciones preocupadas por la naturaleza, como la Sociedad Zoológica de Londres (1826), el Sierra Club en California (1892) o la Sociedad Nacional Audubon para la protección de aves (EE. UU., 1896). A las iniciativas inglesas y norteamericanas seguirían otras en Francia, Alemania y España. Por otra parte, en 1864 se crea por ley el parque público de Yosemite (California), que sirve de precedente para declarar en Yellowstone (Wyoming) el primer Parque Nacional de Estados Unidos (1872). Aquel modelo de parques nacionales sería imitado en todo el mundo, dando como resultado que en 1918 se crearan los primeros en España (Covadonga y Ordesa).

La conciencia social sobre el tema no ha cesado de crecer en el tiempo transcurrido desde Estocolmo. En 1992 tuvo lugar la Cumbre de la Tierra en Río de Janeiro, donde se consagró la idea de desarrollo sostenible como un derecho humano y se firmaron sendos convenios sobre biodiversidad y cambio climático; tras ella tuvieron lugar la Cumbre del Milenio (Nueva York, 2000), y ya en este siglo la Cumbre de la Tierra en Johannesburgo (2002), y la Cumbre sobre Desarrollo Sostenible (Río, 2012) que reunió a representantes de 191 países. Los diecisiete objetivos de desarrollo sostenible entraron en vigor en 2016. La meta es que se cumplan para el año 2030.

§ 1981. Primera noticia del sida. A comienzos de 1981 Michael S. Gottlieb era un profesor ayudante de treinta y tres años en el Centro Médico de la UCLA (Universidad de California en Los Ángeles) que estaba especializándose en inmunología. Los pacientes de esta especialidad no abundaban, y por ello tenían que buscar enfermos candidatos para sus casos de estudio por todo el hospital. Por entonces fue cuando comenzaron a analizar la situación de un joven paciente homosexual, también llamado Michael, que había sido internado porque manifestaba fiebres inexplicables e importante pérdida de peso. Un análisis de sangre reveló que tenía el sistema inmunitario gravemente deteriorado, como si hubiera sido un paciente de cáncer tratado con quimioterapia. Pero Michael había estado perfectamente sano hasta hacía poco. El diagnóstico planteaba un enigma. En cinco días le dieron el alta, aunque reingresó tras una semana con fiebre y neumonía y en menos de un año falleció.

Ese paciente fue, aunque de forma anónima, uno de los cinco jóvenes protagonistas de un breve informe que fue publicado por Gottlieb y otros médicos, con aportación especial de Joel Weisman, quien estaba intrigado por otros casos de pacientes homosexuales de Los Ángeles que en la boca presentaban lesiones propias de una candidiasis, una dolencia provocada por hongos que se asociaba a veces a una deficiencia de linfocitos T. La publicación tuvo lugar el 5 de junio de 1981, en el Informe Semanal de Morbilidad y Mortalidad (MMWR), que es el boletín de los Centros para el Control y Prevención de Enfermedades en Estados Unidos. En aquel texto se hablaba por primera vez de una nueva enfermedad extraña que se daba entre homosexuales y que con el tiempo se llamaría sida. Nadie se imaginaba entonces que cuarenta años más tarde el Síndrome de Inmunodeficiencia Adquirida sería una pandemia con millones de muertes en todo el mundo (se calcula que han fallecido alrededor de treinta y tres millones de pacientes a causa de enfermedades relacionadas con el sida), o que en 2019 había treinta y ocho millones de personas portadoras del virus que pueden transmitir la enfermedad. Aquel informe no era exhaustivo en lo que respecta a la relación de síntomas o complicaciones —muchos han sido descubiertos posteriormente— y no aportaba datos sobre las causas de la enfermedad. De hecho, el virus del sida (VIH) no sería aislado hasta 1983.

Aquel mismo año, Gottlieb fue el autor principal de la primera descripción detallada sobre la enfermedad, que apareció en *The New England Journal of Medicine* en diciembre de 1981. Entonces ya hacía una descripción de las deficiencias en número y función de los linfocitos T colaboradores (CD4+); también afirmaba que se trataba de una inmunodeficiencia que podía ser contagiada, y sugería que el contacto sexual era un factor de transmisión. Gottlieb dedicó toda su carrera a tratar pacientes de sida y a promover la investigación sobre esa enfermedad. Fue uno de los primeros especialistas en utilizar el antirretroviral AZT (zidovudina) para el tratamiento.

Gottlieb, Weisman y otros habían descubierto que aquella nueva enfermedad daba paso a infecciones oportunistas, como las neumonías causadas por la bacteria *Pneumocystis carinii*, la misma que había contraído Michael. En verano y otoño de aquel mismo año comenzaron a publicarse otros informes sobre pacientes homosexuales que presentaban sarcoma de Kaposi, un extraño cáncer de piel, tanto en California como en Nueva York. En pocos meses aparecieron los primeros casos en Europa. Con el tiempo, el sida se ha manifestado a través de muchas y diversas infecciones que no afectan a quienes tienen sano su sistema inmunitario, y de varios tipos de cáncer. La principal causa de las muertes entre las personas con sida es la tuberculosis. Hoy sabemos que el virus VIH se propaga de modo sexual, a través de la sangre y de madre a hijo, durante el embarazo, parto o lactancia. Desde mediados de los años 90 se emplea como tratamiento una triple terapia antirretroviral que ha convertido lo que era una enfermedad mortal en dolencia crónica, al menos en los países desarrollados económicamente.

§ 1977. El primer ordenador personal producido a gran escala, el Apple II, se puso a la venta el 5 de junio de 1977. Era una creación de los jóvenes Steve Wozniak y Steve Jobs, que un año antes habían fundado la empresa de la manzana. Dotado con un microprocesador 6502 que funcionaba a una velocidad de 1MHz, permitía la realización de gráficos en pantalla, tenía sonido y estaba provisto de ratón o joystick, además del teclado. Con una memoria interna (ROM) de 12 KiB, y una RAM entre 4 y 48 KiB, contaba en total con seis *slots* de expansión, para añadir periféricos. A diferencia de los ordenadores anteriores, el Apple II parecía un electrodoméstico, y estaba concebido para entrar en los hogares. A pesar de ser más caro que los competidores de mercado que salieron más tarde aquel mismo año, el TRS-80 y el Commodore PET, al final se impuso Apple, en lo que fue el nacimiento de una empresa diferente, que creó varios productos revolucionarios en el mercado.

6 DE JUNIO

§ 1799. Se construyen en platino (con un 10 % de iridio) los primeros prototipos definitivos del metro patrón y del kilogramo patrón. Se realizaron de acuerdo a las definiciones del sistema métrico establecidas por la Asamblea Nacional Francesa en 1795, que para el metro se basaban en función del meridiano terrestre. Aquella barra metálica continuó siendo el metro patrón internacional hasta 1960.

§ 1880. En el Vesubio se inaugura el primer funicular para transporte de pasajeros en un volcán activo. La cabina tenía capacidad para cuatro asientos, y subía la pendiente tirada por un cable conectado a una máquina de vapor. Hasta entonces, los turistas eran llevados en sillas de manos portadas por cuatro hombres. Aquel mismo año comenzó a cantarse la melodía napolitana *Funiculì, funiculà*.

§ 1907. Con el nombre Persil, la empresa Henkel publicita y pone a la venta en Alemania el primer detergente en polvo, que integra también un blanqueador. Su nombre viene de las primeras sílabas de dos de sus aditivos principales: perborato de sodio y silicato de sodio, cuya acción conjunta funciona como oxidante (blanqueador) sin olor. Diez años más tarde sería registrada la marca.

7 DE JUNIO

§ 1671. Incendio de la biblioteca de El Escorial. La Real Biblioteca del Monasterio de El Escorial fue fundada por Felipe II con la intención de convertirla en la gran biblioteca de España. La ubicó allí, donde quería perpetuar su memoria, en contra del consejo de sus asesores que preferían Valladolid o Salamanca. Comenzó la adquisición de fondos en 1565 y el inventario de 1576 recoge ya 4546 volúmenes, entre manuscritos y libros impresos, algunos de gran valor. El 7 de junio de 1671 se originó un incendio, que afectó a la biblioteca y parte del monasterio. En él se destruyeron más de cinco mil códices, entre ellos un manuscrito iluminado de Dioscórides. También perecieron en las llamas los manuscritos originales de los diecinueve volúmenes de la *Historia Natural de las Indias* que había confeccionado Francisco Hernández de Toledo tras siete años de investigación. Afortunadamente, veinte años antes la Academia de los Linceanos romana había realizado una edición de la obra, que se conoce con el nombre de *Tesoro Messicano*.

§ 1742. En esta fecha el matemático ruso Christian Goldbach escribe una carta a Leonhard Euler en la que le plantea una conjetura que hoy formulamos así: «Todo número par mayor que dos puede escribirse como suma de dos números primos». Aunque su validez se ha comprobado con ordenadores hasta números muy altos, continúa sin demostrarse su validez universal.

§ 1753. Con la aprobación del rey Jorge II y por acuerdo del Parlamento, se crea el British Museum, primer museo nacional en el mundo, a partir de 71.000 piezas propiedad de sir Hans Sloane, un médico londinense que legó en su testamento toda la colección que había recopilado durante más de sesenta años al rey Jorge II para la nación, a cambio del pago de 20.000 libras esterlinas a sus herederos, y con la condición de que el Parlamento creara un museo público nuevo y de libre acceso para albergarla. Se abriría al público en 1759.

8 DE JUNIO

§ 1637. René Descartes publica en Leiden (Holanda), en francés de forma anónima, su ahora célebre *Discours de la méthode* (de título completo en español *Discurso del método para conducir bien la propia razón y buscar la verdad en las ciencias*) un libro que en su «Parte Cuarta» contiene el famoso «*Je pense, donc je suis*» —ignoro por qué casi siempre se cita en latín— e incluye tres apéndices, sobre la dióptrica, los meteoros y la geometría. Los dos primeros ya formaban parte del proyecto de *Le Monde*, una obra cartesiana tres años anterior que no llegó a ver la luz porque su autor se enteró a tiempo de que Galileo había sido condenado en Roma (1633) por apoyar el sistema copernicano, algo que él también defendía. El libro presenta la geometría analítica, tras expresar su disconformidad con la filosofía tradicional y con las limitaciones de la teología. Este tratado está considerado como una obra clave en la historia de la ciencia y las matemáticas. Como anécdota, en él por primera vez se emplean las letras últimas del alfabeto para expresar incógnitas. Cuando el impresor estaba haciendo la composición del apéndice de «Geometría», con los tipos metálicos característicos, advirtió que le faltaban tipos de algunas de las letras, mientras que tenía muchos de las últimas del alfabeto. Entonces preguntó a Descartes si podía utilizar la «x», la «y» y la «z» para representar las variables, en lugar de las letras empleadas en el manuscrito original, a lo que él respondió que era indiferente. Descartes lo explica con las siguientes palabras: «*et pour ce que CB et BA sont deux quantités indéterminées et inconnuës, ie les nomme, l'une y; et l'autre x*». Como decimos por aquí: «llámale equis».

§ 1918. La astrónoma británica Alice Grace Cook confirma el descubrimiento, realizado por el médico polaco aficionado a la astronomía Zygmunt Laskowski, de una nova en la constelación del Águila, que ahora conocemos como V603 o Nova Aquilae 1918. Era la más brillante desde la que registró Kepler en 1604. Durante los meses que brilló fue la estrella más luminosa del cielo, y está situada a 1200 años luz de distancia. Siete años más tarde se desvaneció en una estrella azulada.

§ 1975. La Unión Soviética lanza al espacio rumbo a Venus la sonda Venera 9, que en el momento del lanzamiento tiene una masa de 4936 kg. El 22 de octubre, el módulo de aterrizaje de la nave pudo alcanzar suavemente la superficie del planeta vecino, soportando presiones de noventa atmósferas y una temperatura de 485 °C, y enviar las primeras imágenes de la superficie. Continuó funcionando durante cincuenta y tres minutos.

9 DE JUNIO

§ 1805. Robert Brown, botánico del barco HMS Investigator, da por finalizado el trabajo realizado en Port Jackson (Australia). Desde su llegada a la costa occidental del continente (entonces conocido como Nueva Holanda o Terra Australis) había reunido una enorme colección de muestras de plantas, que clasificó y nombró. Identificó 3400 especies, de las cuales unas 2000 eran desconocidas. Publicó los resultados en su famoso *Prodromus Florae Novae Hollandiae* en 1810, ahora un clásico de la botánica sistemática, aunque no estaba ilustrado y no logró venderse bien entonces. En 1827 describió el movimiento aleatorio de polen sumergido en agua al observarlo con un microscopio, que ahora se llama en su honor «movimiento browniano», y sería explicado por Einstein en 1905.

§ 1905. En la revista *Annalen der Physik* aparece el análisis de Albert Einstein sobre la teoría cuántica de Max Planck y su aplicación a la luz. Fue por este trabajo, que explicaba el efecto fotoeléctrico o la emisión de electrones por algunos materiales al incidir la luz sobre ellos. Por ello se le concedió en 1921 el Premio Nobel de Física.

§ 1914. El incansable Thomas A. Edison recibe (ya con sesenta y siete años) tres patentes relativas al «fonógrafo-reproductor», que mejoraban el volumen y calidad del sonido al variar el sistema de suspensión de la aguja, para darle un mayor grado de libertad de movimientos (tanto en horizontal como en vertical).

10 DE JUNIO

§ 1854. En una histórica conferencia pronunciada en Gotinga (Alemania) a instancias de Gauss, («On the Hypotheses Which Lie at the Foundations of Geometry»), el matemático Bernhard Riemann propone la idea de que el espacio no es plano ni tridimensional, sino que tiene curvatura, y, por tanto, no tienen por qué cumplirse en él las propiedades —como el teorema de Pitágoras— que son propias de los espacios euclidianos (en la superficie de una esfera, por ejemplo, puede dibujarse un triángulo con tres ángulos rectos). En su teoría general de la relatividad (1915), Einstein utilizaría esta idea, incluyendo el tiempo como una cuarta dimensión.

§ 1869. Por primera vez se transporta alimento refrigerado durante varios días. Un pedido de carne de Texas llega en el barco de vapor Agnes a Nueva Orleans. El buque estaba dotado de dos cámaras aisladas térmicamente; una albergaba las reses y la otra llevaba toneladas de hielo y sal. A través de esta mezcla se insuflaba aire, que luego servía para refrigerar la cámara con la carne.

§ 1955. El bioquímico Heinz Fraenkel-Conrat (uno de los pioneros en el estudio de virus) junto con el biofísico Robley C. Williams, del Departamento de Virología de la Universidad de California en Berkeley, publican un informe revolucionario, sobre la separación de los componentes del virus del mosaico del tabaco. También demuestran que podría recomponerse un virus funcional a partir del ARN y el recubrimiento de proteína.

§ 1644. Invención del barómetro. En una carta al cardenal y matemático Michelangelo Ricci, fechada el 11 de junio de 1644, el científico florentino Evangelista Torricelli expresa su idea de la presión atmosférica afirmando que vivimos «en el fondo de un océano de aire» («*Noi viviamo sommersi nel fondo d'un pelago d'aria*») y describe la invención de lo que hoy llamamos barómetro, después de un estudio experimental que había comenzado con su maestro Galileo en 1641. Sus últimos ensayos consistían en colocar boca abajo sobre una cubeta de mercurio, un tubo cerrado de un metro de altura, y lleno de ese metal líquido. El tubo se vaciaba en la cuarta parte superior del mismo, dejando un vacío, y manteniendo en el resto la columna de líquido, sostenida por la presión de la atmósfera. La altura de la columna en el tubo variaba ligeramente de un día a otro, lo que llevó a Torricelli a sospechar que ello mostraba una variación en la presión atmosférica, con lo que aquel dispositivo serviría para medirla.

§ 1895. Primera carrera contrarreloj de vehículos automóviles. Los participantes en la París-Burdeos-París (1178 km) comenzaron a tomar la salida, uno cada dos minutos, a partir del mediodía del 11 de junio de 1895. Eran veintiséis automóviles, con motor de petróleo (diecisiete), de vapor (siete) o eléctrico (dos) y cuatro motocicletas (dos de petróleo y dos de vapor). Hubo diez abandonos a lo largo del recorrido. El mejor tiempo fue para Émile Levassor con cuarenta y ocho horas y cuarenta y ocho minutos, haciendo una media de 24,5 km/h. Conducía un Panhard-Levassor de dos asientos y motor de 1205 cc. El premio de 31.500 francos, sin embargo, fue para el Peugeot de Paul Koechlin, aunque tardó once horas más, pues revisadas las normas se comprobó que exigían que los coches fueran de cuatro asientos. La carrera significó un triunfo para los motores de petróleo, que obtuvieron los nueve mejores tiempos.

§ 1919. Se registra la primera especialidad farmacéutica española. El recientemente aprobado «Reglamento para la elaboración y venta de especialidades farmacéuticas», disponía que ningún medicamento pudiera ponerse a la venta sin estar antes registrado en la Inspección General de Sanidad. La primera especialidad fabricada en España se registró el 11 de junio de 1919 con el nombre Antiúrico Weiss, y era un antirreumático que podía dispensarse sin receta. En los dos meses posteriores se registraron un centenar de otras fórmulas farmacéuticas. El «antiúrico» había sido preparado en Toledo por Carlos Cuerda de la Fuente, quien con ese epónimo honraba al médico austríaco Jules Weiss (1867-1954), a quien se atribuye la invención del remedio. Los anuncios de la época prometían para los casos de reuma y gota una «curación pronta y radical, según certificado de médicos alemanes, franceses y españoles».

§ 1975. El profesor de Estudios Ambientales en Harvard Michael McElroy y otros científicos preocupados por el descenso de la concentración de ozono en capas altas de la atmósfera proponen la prohibición de los derivados clorofluocarbonados (CFC) como propelentes en pulverizadores. La idea fue recogida en el protocolo de Montreal, que entró en vigor en 1989.

12 DE JUNIO

§ 1837. Los inventores británicos William F. Cooke y Charles Wheatstone (famoso por su invento para medir resistencias eléctricas) obtienen la patente de un telégrafo electromagnético que han inventado. Entró en servicio en 1839, cinco años antes de que Morse emitiera su primer telegrama. El telégrafo de Cooke y Wheatstone ganó popularidad en 1845, pues contribuyó a la detención de John Tawell, un criminal que había asesinado a su amante Sarah Hart envenenándola con cianuro. Cuando se supo que Tawell había tomado un tren con destino a Londres, la policía utilizó el telégrafo para enviar sus datos de identificación a la terminal de Paddington y arrestarlo allí. Luego fue condenado a morir en la horca.

§ 1893. El microbiólogo ruso Sergey Winogradsky presenta en la Academia de Ciencias francesa su descubrimiento del proceso biológico de la nitrificación. Afirmó que son necesarias determinadas bacterias en el suelo para que se produzca la oxidación del amonio necesaria para que el nitrógeno sea metabolizable por los seres vivos.

§ 1979. El vehículo modelo Gossamer Albatross cruza volando el canal de la Mancha desde Inglaterra a Francia, utilizando como única propulsión el pedaleo del ciclista de fondo Bryan Allen, que consiguió despegar a 75 rpm como había ensayado. El aparato, con estructura de fibra de carbono, tenía una masa de solamente treinta y dos kilos, e hizo el recorrido, de 42 km, en dos horas y cuarenta y nueve minutos a una altura siempre superior a 1,5 m sobre la superficie. El Gossamer Albatross se expone en el Museo Nacional del Aire y el Espacio en Washington.

13 DE JUNIO

§ 1611. El médico y astrónomo alemán Johannes Fabricius, de veinticuatro años, fue el primero en publicar observaciones sobre las manchas solares, aunque el inglés Thomas Harriot ya las hubiese detectado con telescopio en diciembre de 1610, y también Galileo por las mismas fechas. Johannes estudió, junto con su padre David, las manchas del Sol al amanecer del 9 de marzo de 1611. Escribió un librito sobre el tema titulado *De maculis in Sole observatis, et apparente earum cum Sole conversione, Narratio*, que publicó el 13 de junio, y en donde supone, con timidez, una «aparente» rotación del Sol. El libro de Fabricius permaneció prácticamente ignorado hasta 1723. La existencia de manchas propias del Sol sería para Galileo una prueba de que nuestra estrella no era algo perfecto e inmutable, como quería el modelo aristotélico, y su cambio de posición resultaba una prueba de la rotación del astro, como razona en su *Istoria e dimostrazioni intorno alle macchie solari e loro accidenti*. Las manchas solares, observadas ya por astrónomos chinos en la Antigüedad, son oscuras y de forma variable, con una vida media de unas dos semanas. Hoy sabemos que corresponden a zonas más frías que el resto de la superficie solar y con intensa actividad magnética. Una sola mancha puede medir tanto como un diámetro terrestre. Al medir el desplazamiento de las manchas sobre el disco solar se ha deducido que el Sol tiene un periodo de rotación de unos veintisiete días, y que no es el mismo en su ecuador que en los polos. El número de manchas es un indicador de la actividad solar. Esta varía cíclicamente y se están estudiando las posibles correlaciones de esos ciclos con fenómenos atmosféricos y biológicos.

§ 1877. En una granja cercana a Chartres (Francia), Louis Pasteur selecciona tres cadáveres de animales diferentes (una oveja, un caballo y una vaca) muertos por efecto del carbunco o ántrax en distintos tiempos (respectivamente dieciséis, veinticuatro y cuarenta y ocho horas antes). Al analizar su sangre encuentra que la abundancia de microbios disminuye con el tiempo. Fue uno de los pasos en su arduo desarrollo de una vacuna contra la enfermedad, logro que consiguió en 1881.

§ 1983. La sonda Pioneer 10 sobrepasa la órbita de Neptuno y se convierte en el primer objeto lanzado por el ser humano que abandona el sistema solar. Se aleja del Sol a una velocidad constante de 12 km/s. Más o menos viaja en dirección a la estrella Aldebarán, una gigante roja que asociamos con el ojo del toro que da nombre a la constelación de Taurus, a donde podría llegar dentro de 1,7 millones de años (*Deo volente*).

14 DE JUNIO

§ 1699. En una reunión de la Royal Society, el inventor Thomas Savery realiza una demostración, con un modelo a escala, de la máquina de vapor que había patentado el año anterior. En aquella sesión subrayó sobre todo la utilidad que tendría para bombear agua de las minas.

§ 1714. Con Dom Pérignon comienza la historia oficial del champán. Cuenta Plinio que hace unos dos mil años —finalizadas las aventuras de Julio César en la guerra de las Galias— comenzaron a cultivar la viña en la región de la Champagne, al nordeste de Francia. Durante la Edad Media fueron fundamentalmente clérigos los que elaboraban los vinos para su propio consumo y para la nobleza, y así continuaban las cosas a finales del siglo XVII, cuando aún no existía el champán. Aquella región daba caldos tintos o rosados, que trataban de competir con los de la vecina Borgoña, obtenidos en su mayoría a partir de la variedad de uvas *pinot noir*.
Esta cepa fue denominada así, «piña negra», porque esos racimos de frutos oscuros recuerdan por su forma compacta a una piña de pino. Su cultivo es complejo, pues requiere un emparrado minucioso debido a que es muy sensible al viento y las heladas, y sus uvas tienen una piel muy fina (con pocos fenoles y taninos), lo que causa problemas en la fase de envejecimiento del vino. Esas dificultades estaban implícitas en el tratado *La Maniere de Cultiver la Vigne et de Faire le Vin en Champagne*, publicado en 1718 por Canon Jean Godinot, con indicaciones que se atribuían al hoy famoso Dom Pierre Pérignon. Es ahí donde se dice, entre otras recomendaciones sobre la poda y la vendimia, que los vinos espumosos deben hacerse exclusivamente con la variedad *pinot noir*.

Por entonces comenzaba a preferirse conservar el vino en botellas, y con ello aparecieron los problemas de las burbujas, vinculados también al hecho de ser la región de la Champagne una de las de clima más frío entre las enológicas. Resulta que una vez iniciada la fermentación de los mostos, esta se detenía cuando llegaban temperaturas propias del invierno, con lo que parte de los azúcares de las uvas quedaban en el líquido al embotellar el vino. Después, con la primavera, las levaduras despertaban de su letargo y se iniciaba así una segunda fermentación, que transformaba aquel azúcar en alcohol y dióxido de carbono, gas que formaba burbujas en las botellas hasta que saltaban los tapones o reventaban. Tal desastre hacía que se les llamasen «vinos del diablo».

En la portada de su número correspondiente al 14 de junio de 1914, el suplemento de *Le Petit Journal* afirma que se cumplían entonces «exactamente» doscientos años desde que Dom Pérignon descubrió el método para «hacer espumar» el vino de Champagne. Aquel monje benedictino, que a comienzos del XVIII actuaba de «procurador» de la abadía de Hautvillers mientras sus compañeros se dedicaban a la biblioteca, es hoy afamado en todo el mundo. Era el responsable de la elaboración del vino, y su virtud consistía en pretender el mejor. Sabemos que escogía las uvas y estudiaba mezclas de variedades, cuidando todos los pasos de la vinificación hasta conseguir de la uva *pinot noir* unos magníficos blancos. También se dice que Dom Pérignon fomentaba la fermentación secundaria en botella, evitando el estallido de las mismas, poniendo vidrios más gruesos y sustituyendo los tapones de madera y tela, que se usaban entonces en Francia, por otros de corcho procedente de España, bien asegurados con alambres.

Aunque fuera él quien consagró los vinos espumantes en la Champagne, la práctica de añadir cantidades apreciables de azúcar y melaza al vino para conseguir la segunda fermentación ya era sin duda conocida. La primera vez que se documentó fue el 17 de diciembre de 1662 por el científico inglés Christopher Merret, al presentar ante la Royal Society de Londres una comunicación titulada «Some Observations concerning the Ordering of Wines».

Tres siglos después, la fermentación secundaria se consigue añadiendo al vino el llamado «licor de tiraje», que contiene fundamentalmente azúcares y levaduras. Tras esa segunda fermentación en botella, se quitan los posos con el trasiego y degüelle de la misma, y luego se añade un «licor de expedición» —a base de vino añejo y otros ingredientes—, para finalmente encorchar y colocar la grapa o malla. Falta les hace, porque las modas han llevado a que las botellas de los vinos espumosos de hoy lleguen a tener una presión interior de cinco o seis atmósferas.

§ 1770. Descubrimiento de un misterioso cometa. Messier fue un astrónomo cuyo nombre quedó vinculado al primer catálogo de los llamados objetos del espacio profundo (hoy sabemos que son galaxias, nebulosas y cúmulos estelares). Curiosamente ese conjunto tenía poco interés para él, centrado como estaba en el descubrimiento de cometas. Entre 1760 y 1785 Messier descubrió trece cometas, de los cuales el más famoso es precisamente uno que no lleva su nombre. Lo observó por primera vez en la constelación de Sagitario el 14 de junio de 1770. Una semana después, el cometa podía verse a simple vista en la noche, y así fue durante tres meses, salvo cuando pasó por detrás del Sol. Messier fue anotando su aspecto y cambio de posición prácticamente día a día, hasta el 3 de octubre, que lo vio por última vez. Desde entonces, nunca ha vuelto a ser observado.

El cometa Lexell es uno de los pocos que no llevan el nombre de su descubridor, sino del astrónomo que calculó su órbita, Anders Johan Lexell, un joven amigo del gran matemático Leonhard Euler, que vivía en el floreciente San Petersburgo de Catalina la Grande. Por aquellas fechas, Lexell estaba particularmente interesado en órbitas de cometas, y uno de los que estudió fue el que nos ocupa. Tras unos cálculos que le llevaron varios años, concluyó que tenía una órbita elíptica, pero con un período de solamente 5,58 años, lo que planteaba el interrogante de cómo no había sido observado antes. Lexell explica que si en esta ocasión lo fue, sería debido a que su órbita había sido modificada al pasar muy cerca de Júpiter en el afelio de 1767, sufriendo por ello una atracción gravitatoria que Lexell estimó en tres veces la solar. Aquella nueva trayectoria era lo que lo habría hecho visible para Messier. Lexell también predijo que tras un nuevo y mayor acercamiento a Júpiter en 1779, con una atracción 250 veces superior a la del Sol, el cometa sería expulsado del sistema solar interno.

Pero el cometa ya no pudo verse en 1776, lo que contribuyó a que fuese objeto de interés en astronomía, y hasta la Academia de Ciencias de París ofreció un premio para quien aportase nuevos datos sobre su órbita. Las contribuciones más relevantes en esta historia fueron de Pierre-Simon Laplace y Urbain Le Verrier. Laplace concretó más la idea de Lexell, y concluyó que antes de 1767 el cometa tenía un período de 48,5 años con un perihelio ligeramente menor que la órbita de Júpiter, con lo que al estar tan lejos del Sol no podía ser observado, y que después del segundo encuentro con Júpiter, el período pasó a ser de veinte años, con un perihelio más del doble de la órbita de Marte. Por su parte,

Le Verrier concluyó que el cometa escapó incluso de la órbita de Júpiter. Desde entonces han sido numerosas las hipótesis sobre el destino de aquel cometa, que fue el que pasó más cerca de la Tierra en la historia, ya que el día primero de julio de 1770 estuvo solamente a 2,2 millones de kilómetros, que es unas seis veces la distancia a la Luna.

A día de hoy, el cometa Lexell (nombre oficial D/1770 L1) sigue siendo una incógnita. En un trabajo publicado en febrero de 2018 por los astrónomos Quan-Zhi Ye, Paul A. Wiegert y Man-To Hui, especialistas en NEOs (Near-Earth Objects), se afirma que tras realizar simulaciones computacionales de la órbita hasta el año 2000, hay un 98 % de posibilidades de que siga formando parte del sistema solar, siendo uno de los mayores entre los cometas próximos a la Tierra, con un núcleo de hielo y rocas del orden de diez kilómetros de diámetro. Dado que hasta el momento no se ha detectado una lluvia de meteoritos que pueda asociársele, suponen que el cometa cesó su actividad como tal antes de 1800. Además, identificaron algún asteroide que podría considerarse candidato a ser resto del núcleo de ese cometa. En definitiva, es el primer objeto que ha pasado a considerarse NEO, una etiqueta que los astrónomos asignan a los objetos celestes pequeños próximos a la Tierra y que se acercan al Sol a menos de doscientos millones de kilómetros. El conjunto está formado por asteroides, cometas, meteoroides e incluso restos de naves espaciales. Pero seguimos sin conocer con certeza lo que ha sido del cometa Lexell.

§ 1822. En la Royal Astronomical Society (Londres), el matemático Charles Babbage anuncia el diseño de la máquina diferencial, el primero de sus prototipos mecánicos, capaz de manejar funciones polinómicas. Sus inventos fueron ridiculizados y considerados inútiles hasta mediados del siglo XX. Hoy se considera a Babbage el padre de las máquinas computadoras.

§ 1951. En esta fecha se puso en servicio el primer ordenador comercial fabricado para fines no militares. Era el UNIVAC I (UNIVersal Automatic Computer I), diseñado por J. Presper Eckert y John William Mauchly, que habían sido también los creadores del ENIAC cinco años antes. Fue instalado en la Oficina de Censos de Estados Unidos, y era un artefacto que medía unos 3 m de alto, 2,5 m de ancho y 5 m de largo. Además, pesaba más de siete toneladas, funcionaba gracias a cinco mil tubos de vacío y podía ejecutar unos mil cálculos por segundo. Era capaz de sumar, multiplicar, dividir, ordenar números y hacer raíces cuadradas y cúbicas.

§ 1667. Primera transfusión de sangre. Un joven de quince años, extraordinariamente debilitado, pues se le habían practicado veinte sangrías con sanguijuelas tratando de calmar unas fiebres, fue el primer receptor de una transfusión de sangre que se ha documentado en la historia. En una operación realizada en La Sorbona (París) el día 15 de junio de 1667, Jean-Baptiste Denys, médico de cabecera de Luis XIV, canalizó unos 340 cc de sangre de oveja directamente del animal al brazo del paciente, que sobrevivió unos días. Denys realizó aquel año alguna transfusión más, siempre con pequeñas cantidades de sangre, pero cesó de hacerlas cuando se le acusó de la muerte de Antoine Mauroy, a quien había realizado tres transfusiones. En la época se consideraba que aportar sangre de otro animal «menos contaminada de vicios y pasiones» podría contribuir a sanar muchas enfermedades. Las transfusiones no fueron seguras para los seres humanos hasta que a comienzos del siglo XX Karl Landsteiner descubrió los grupos sanguíneos.

§ 1752. Este día tiene lugar el histórico vuelo de una cometa. La correspondencia de Benjamin Franklin con el naturalista Peter Collinson, miembro de la Royal Society londinense, nos revela que les unía un interés común por los fenómenos eléctricos. En una carta de 1750 el científico estadounidense ya había sugerido a Collinson instalar pararrayos en las casas como medida preventiva, y aquel mismo año ideó un experimento consistente en colocar, en lo alto de una colina, una cabina con una barra puntiaguda en el techo y conectada a una botella de Leyden, para así recoger la carga eléctrica y demostrar que el rayo es una forma de electricidad. El experimento definitivo (y hoy famoso) tuvo lugar en Filadelfia el 15 de junio de 1752. En plena tormenta, Franklin se dispuso a hacer volar una cometa de estructura metálica atada a un hilo de seda (un material mal conductor de la electricidad). La cometa también llevaba unida una llave a través de una cuerda de cáñamo mojada (buena conductora), lo que le permitió confirmar que la llave quedaba cargada de electricidad adquirida de las nubes al ver saltar chispas de ella.

§ 1869. Los hermanos John Wesley e Isaiah Hyatt obtienen la patente de «Un método mejorado de fabricación de colodión sólido» Era el primer termoplástico, que más tarde se llamaría celuloide. Primero se utilizó para el recubrimiento de bolas de billar y para hacer cuellos y puños de camisas, entre otros fines. Luego sería fundamental en la industria fotográfica.

§ 1991. En la isla filipina de Luzón, el volcán Pinatubo hace erupción tras quinientos años de inactividad, expulsando 10 km³ de lava y cenizas a una altura de treinta y cuatro kilómetros. El aviso de dos indígenas hizo posible una evacuación que salvó miles de vidas. Los daños materiales fueron muy importantes. Como consecuencia de la erupción se enfriaron las temperaturas y descendió temporalmente el nivel del mar.

16 DE JUNIO

§ 1612. Galileo Galilei apuesta por la divulgación científica. El científico había realizado en marzo de 1610 un alarde de periodismo científico publicando el *Sidereus nuncius* (*Noticiero sideral*), una monografía ilustrada sobre las novedades asombrosas que había encontrado en el cielo con su telescopio. El librito salió a los doce días de su última observación. Sin duda había descubierto un mundo nuevo: montañas en la Luna; nuevas estrellas fijas; que la Vía Láctea era «un montón de innumerables estrellas esparcidas en grupos», y que había satélites en torno a Júpiter. Pero el *Sidereus nuncius* estaba escrito en latín, y, por tanto, solo al alcance de eruditos. En una carta fechada el día 16 de junio de 1612, al referirse a su nueva publicación sobre las manchas solares *Istoria e dimostrazioni intorno alle macchie solari e loro accidenti*, Galileo comenta a su amigo, el canónigo Paolo Gualdo: «*Io l'ho scritta volgare perché ho bisogno che ogni persona la possi leggere*, es decir «La he escrito en idioma vulgar porque he querido que toda persona pueda leerla». Era la primera declaración explícita de una voluntad divulgadora en la historia de la ciencia.

§ 1816. En la madrugada de este día nació Víctor Frankenstein. A mediados del mes de abril de 1815 el volcán Tambora, en la isla de Sumbawa (Indonesia), había protagonizado la mayor erupción de la historia. Más de 160 km³ de materiales fueron lanzados a la atmósfera, y con tal energía que las cenizas subieron hasta unos 43 km de altura; luego, en unos meses, se fueron esparciendo por todo el planeta. Aquella cortina de polvo volcánico hizo disminuir la radiación solar que llega normalmente a la superficie terrestre, y por ello tuvo lugar una bajada general de temperaturas en el hemisferio norte. Al finalizar la primavera de 1816 hacía más frío de lo habitual, y el cielo se veía siempre cubierto por un velo de bruma cenicienta, notable en especial con la luz del atardecer. Aquella atmósfera de tintes pardo-rojizos espectaculares quedó inmortalizada en obras del paisajista romántico J. M. W. Turner, y fue el escenario donde nació el personaje de Víctor Frankenstein, el que soñaba con crear vida de modo artificial.

El desencadenante fue una reunión de jóvenes, que resultaría histórica, durante unos días de vacaciones en Villa Diodati, una casa alquilada por Lord Byron a orillas del lago de Ginebra. Además del propio Byron, allí estaban —entre otros— su médico personal (John Polidori) y el poeta Percy Shelley con su amante Mary Godwin (que iba acompañada por su hermanastra Claire Clairmont, quien por cierto estaba embarazada de Byron). En una de aquellas tardes encerrados alrededor de la chimenea por el frío y la lluvia, se dedicaron a la lectura de relatos alemanes de fantasmas y a charlar acerca de los progresos de la ciencia, de la frontera de la vida y de la generación espontánea., También a conversar sobre los famosos efectos de la electricidad en músculos de animales muertos, un fenómeno que había descubierto el físico Galvani un cuarto de siglo antes. Fue entonces cuando, a sugerencia de Byron, se plantearon el reto de quién sería capaz de escribir el relato más macabro y terrorífico.

Aquella noche Mary Godwin se acostó nerviosa, y tardó en conciliar el sueño. En su duermevela no podía parar de pensar en los temas de la pasada tertulia, obsesionada por el relato que debía escribir. Eran las dos de la madrugada del domingo, 16 de junio de 1816, cuando por la ventana de su dormitorio entró un rayo de luz de Luna —que estaba casi en cuarto menguante—, y aquella claridad cenicienta bastó para hacerla despertar. Entonces pudo enfriar la pesadilla que estaba teniendo, en la cual un hombre extraño trataba de hacer revivir un cadáver; y fue aquello lo que —según sus propias palabras— le sirvió de inspiración. La fusión de la luz de Luna y la pesadilla había hecho nacer un mito, y al día siguiente Mary escribió las primeras ideas del relato. Así nació la novela gótica de terror *Frankenstein, el moderno Prometeo*, escrita por una joven de dieciocho años que sería conocida como Mary Shelley —pues a finales de ese año terminó casándose con Percy tras el suicidio de la primera mujer de este—. La obra sería publicada en 1818 de forma anónima, y con prólogo de su marido. Doscientos años después, el personaje llamado doctor Frankenstein sigue vivo.

§ 1903. Se registra en la Oficina de Patentes de Estados Unidos la marca Pepsi-Cola, una bebida que se vendía en la farmacia de Caleb D. Bradham en New Bern (Carolina del Norte). La llamaron así porque creían que ayudaba a la digestión, como la pepsina (enzima que hidroliza las proteínas en el estómago), y porque contenía, además de vainilla, extracto de nuez de cola.

§ 1966. Se crea por decreto el Museo de Aeronáutica y Astronáutica de España, más conocido como Museo del Aire y del Espacio. Depende del Ministerio del Aire. Desde 1975 está ubicado en el histórico aeródromo de Cuatro Vientos (Madrid), y alberga más de un centenar de aeronaves. Su apertura al público tuvo lugar el 24 de mayo de 1981, exponiendo dieciocho piezas en su plataforma exterior y veinticinco más en los hangares.

§ 1980. En una decisión histórica de la Corte Suprema de los Estados Unidos, con cinco jueces a favor y cuatro en contra, se admite que pueda patentarse un ser vivo obtenido por ingeniería genética. El microbiólogo indio Ananda Chakrabarty había creado en 1971 una nueva bacteria, del género *Pseudomonas,* capaz de romper las moléculas de hidrocarburos, lo que podría ser útil en caso de vertido de petróleo. El debate posterior desató todo tipo de especulaciones, como lo que sucedería si una de esas bacterias se escapa a vivir a una refinería o a un campo petrolífero.

17 DE JUNIO

§ 1837. El químico e ingeniero autodidacta Charles Goodyear obtiene su primera patente tras innumerables experimentos para mejorar el caucho natural, tratándolo con disoluciones de óxidos de magnesio o calcio y muchos otros reactivos. Hasta entonces, las gomas se volvían quebradizas en invierno y se derretían volviéndose pegajosas con el calor del verano. Seis años después, Goodyear lograría la vulcanización del caucho, cuya patente recibió el 15 de junio de 1844.

§ 1936. Uno de los inventores más prolíficos de la radio, el ingeniero eléctrico Edwin H. Armstrong, realiza en la sede de la FCC (Comisión Federal de Comunicaciones de EE. UU.) una demostración oficial de la emisión en FM (onda de frecuencia modulada), con lo que se eliminaban numerosas interferencias en comparación con la emisión por modulación de la amplitud de onda (AM). Utilizó para ello la reproducción de un disco de jazz, emitiéndose primero el sonido en AM y luego en FM. Los periodistas presentes afirmaban que en este segundo caso no diferenciaban el sonido de una actuación en directo.

§ 1943. El primer bolígrafo del mundo sale a la venta en Buenos Aires. El húngaro László J. Bíró había tenido la idea mucho antes, en Budapest, dicen que al ver a unos críos jugando a las canicas y comprobar que una bola marcaba su trayectoria tras pasar por un charquito de agua. Compartió la idea con su hermano mayor György, que era químico, y entre ambos cristalizaría el proyecto: una pluma con una tinta viscosa y con punta en forma de esfera que giraba libremente. Presentaron su invento en 1931 y lo patentaron en 1938, pero no llegaron a comercializarlo. Debido a la persecución judía, László hubo de emigrar, junto con su hermano y su amigo Juan Jorge Meyne, a Buenos Aires en 1940; allí crearon la compañía Biro, Meyne & Biro. Al recibir la patente se pusieron a producir bolígrafos (el problema principal radicaba en fabricar bolitas tan pequeñas), comenzando a venderlo el 17 de junio de 1943.

Se anunciaba como «esferográfica Birome». El invento tenía indiscutibles ventajas: la tinta secaba rápidamente, no dejaba borrones, servía para escribir en aviones y funcionaba con el papel carbón, entre otras cosas. La patente sería adquirida en 1945 por Marcel Bich, quien comenzó la producción de un bolígrafo que registró en Francia con la marca Bic, para que en el mundo de habla inglesa nadie pensara en «*bitch*».

§ 1950. Se realiza el primer trasplante de riñón con éxito. La historia de los trasplantes de órganos está vinculada al desarrollo de la sutura vascular, a comienzos del pasado siglo, por parte del gran cirujano Alexis Carrel. Con ello se hicieron las primeras prácticas en animales, comenzando con perros y, en concreto, con el riñón. Por ahí comenzaron también los trasplantes en seres humanos. La primera operación de trasplante de riñón tuvo lugar el 17 de junio de 1950 en un hospital de Evergreen Park (Illinois, EE. UU.). Fue realizada por Richard H. Lawler a una mujer de cuarenta y cuatro años, Ruth Tucker, que sufría una dolencia renal poliquística. El riñón trasplantado provenía de un paciente recién fallecido por una cirrosis hepática y funcionó perfectamente durante al menos cincuenta y tres días. Transcurrieron cuatro años antes de otro trasplante renal con supervivencia a largo plazo. El primero en España se realizaría en 1965.

18 DE JUNIO

§ 1783. Se observa en ciudades como París, Turín y Padua la nube negra proveniente del volcán Laki (al sur de Islandia), que entró en erupción el 8 de junio y continuó activo ocho meses. Al ocasionar una bajada de temperaturas dificultando la radiación solar, en los dos años siguientes causará una gran hambruna, con un saldo de seis millones de muertes. Se ha descrito como «el desastre natural más mortífero de la historia de la humanidad».

§ 1912. Patente de una lámpara de vapor de mercurio. El ingeniero Peter Cooper Hewitt, un estudioso del efecto fluorescente, obtiene la patente para una lámpara de vapor de mercurio que había inventado en 1901. Su eficiencia era mucho mayor que la de las bombillas de incandescencia, aunque tenía el inconveniente de que la luz emitida era de un color frío (azulado verdoso), que limitaba su uso a aplicaciones determinadas, como la fotografía. Estas lámparas se han usado también sobre todo en medicina, para la esterilización del agua potable y para iluminar espacios públicos, como autopistas, carreteras, parques, naves industriales y en general lugares poco accesibles, ya que el periodo de mantenimiento era muy largo.

§ 1981. Se anuncia la primera vacuna creada por técnicas de ingeniería genética. Fue posible tras haber descubierto que se adquiría inmunidad a la fiebre aftosa (o glosopeda) con una inyección de VP3, una proteína derivada del recubrimiento del virus. Luego insertaron un plásmido al que habían incluido el gen de VP3 en bacterias de *Escherichia coli* para su reproducción.

19 DE JUNIO

§ 240 a. C. Eratóstenes de Cirene, astrónomo, geógrafo y matemático, estimó la circunferencia de la Tierra. Era director de la Biblioteca de Alejandría y había leído que en Siena (hoy Asuán, en Egipto), al acercarse el solsticio de verano las sombras de las columnas de los templos se iban acortando, hasta que al mediodía del solsticio habían desaparecido. En ese momento, el Sol estaba en el cenit, y su luz llegaba al fondo de los pozos más profundos. Él comprobó que en Alejandría (casi 1000 km al norte de Siena) no ocurría lo mismo, encontrando la explicación en el hecho de que la Tierra no es plana. Con esa información, midiendo el ángulo de las sombras en Alejandría y estimando la distancia entre las dos ciudades pudo calcular por vez primera la circunferencia terrestre.

§ 1912. El danés Niels Bohr concibe su modelo atómico. Al joven físico se le atragantaba la redacción de textos, de modo que incluso para escribir una tarjeta postal hacía borradores previos. Sus biógrafos relatan que fue su madre quien le volcó al dictado la tesis doctoral que presentó en 1911, sobre la aplicación de la teoría de los electrones a metales; y era frecuente que la realización final de un escrito fuera precedida por seis o siete borradores. No es de extrañar, por tanto, que las ideas geniales que constituyen su modelo de átomo, aunque publicadas en julio de 1913, existieran ya en su mente más de un año antes.

En septiembre de 1911, y gracias a una beca otorgada por la cervecera Carlsberg, a sus veinticinco años, Bohr se fue desde Copenhague a estudiar a Cambridge con el profesor J.J. Thomson, autor de un modelo que suponía que el átomo era una esfera de carga positiva en la cual se encontraban incrustados los electrones, como las pasas en un pudin. Thomson había recibido cinco años antes el Nobel de Física y tenía un gran prestigio, pero en pocos meses Bohr se desencantó de que no prestara atención a su tesis, y en marzo de 1912 se trasladó a Manchester, para trabajar en The Victoria University con el grupo de Ernest Rutherford, donde se respiraba un ambiente de creativa colaboración.

El año anterior, el profesor Rutherford se había inventado el núcleo de los átomos, tras analizar la desviación de partículas radiactivas al atravesar una fina lámina de oro, según las experiencias realizadas por los miembros de su equipo Geiger y Marsden en 1909. Como la mayor parte de las partículas alfa pasaban como si tal cosa, mientras unas pocas rebotaban, Rutherford pensó que la masa de los átomos había de estar concentrada en un punto diminuto de su interior, de carga positiva, mientras que los aún más minúsculos electrones se moverían alrededor, como planetas alrededor del Sol. La estabilidad de este modelo atómico chocaba con las leyes de la física clásica, pues un electrón que gira alrededor del núcleo teóricamente debería desprender energía y acercarse a él describiendo una espiral para terminar cayendo. Bohr había de explicar por qué en el átomo real no sucedía esto, y lo hizo recurriendo a las novedosas ideas de la física cuántica, que habían sido planteadas por Planck.

El 19 de junio de 1912 Bohr escribe una carta a su hermano Harald (matemático, pero también medalla de plata con la selección de fútbol de Dinamarca en las Olimpiadas de 1908), y le cuenta: «Quizás haya descubierto algo sobre la estructura de los átomos. No se lo digas a nadie, (...) todavía puedo estar equivocado, ya que por ahora la teoría no está elaborada del todo (aunque no creo que esté mal), (...) estoy ansioso por terminarla, y por ello me he tomado un par de días de vacaciones fuera del laboratorio (esto también es un secreto)».

El 4 de noviembre, Bohr anuncia a Rutherford que tendría acabado ese trabajo «en pocas semanas», pero no es hasta marzo de 1913 cuando le envía la redacción que sería definitiva. Tras el correspondiente debate, el maestro no modifica el texto salvo para retocar el inglés de Bohr. En el mes de julio saldría publicado en la revista *Philosophical Magazine* con el título «On the Constitution of Atoms and Molecules». A este seguirían otros dos artículos, ampliando el modelo a átomos más complejos que el de hidrógeno. Bohr propone que los electrones únicamente circulan en «ciertas órbitas» circulares de radio determinado, y que mientras se mueve en ellas no emite ni gana energía. Pero esos electrones pueden saltar a una órbita más energética, es decir, más separada del núcleo, absorbiendo la correspondiente energía, o bien volver a un nivel inferior, cediendo la diferencia en forma de radiación electromagnética de una frecuencia determinada. Las ideas de Bohr explicaban con brillantez, por vez primera, las líneas encontradas en los espectros de emisión del hidrógeno.

§ 1963. Una paracaidista amateur de ventiséis años se convierte en la primera mujer astronauta. La soviética Valentina Teréshkova, apodada Chaika (Gaviota), regresa a la Tierra en paracaídas desde seis kilómetros de altura, tras haber pasado tres días en el espacio, a bordo de la nave Vostok 6. En ese tiempo —no sin sufrir frecuentes náuseas durante el vuelo— dio cuarenta y ocho vueltas a nuestro planeta. En su primera órbita se acercó a cinco kilómetros de la nave Vostok 5, que estaba pilotada por Valeri Bikovski, colega que habiendo salido dos días antes que Teréshkova regresó tres horas después de ella. Lo hizo también en paracaídas, pues las naves Vostok no tenían sistema para aterrizar.

Para el Programa Espacial Soviético, entre los objetivos del vuelo estaba el estudiar las posibles diferencias del organismo femenino y masculino en su adaptación tanto física como psicológica al ambiente espacial. En esa misión se ensayaron las comunicaciones con tierra por radio en onda corta, así como en el espacio de nave a nave (Teréshkova conversó con Bikovski cuando logró su máxima aproximación). Así mismo, se resolvieron problemas relacionados con la alimentación de los astronautas, pues de hecho ella pasó hambre durante el vuelo.

El jerarca Nikita Jrushchov había escogido entre las cinco finalistas —seleccionadas entre más de cuatrocientas candidatas— a Valentina, que cumplía las condiciones físicas, pero no tenía experiencia alguna como piloto, por su habilidad como paracaidista aficionada, a lo que se había dedicado desde 1959, pero sobre todo por su ortodoxia y sus antecedentes —tanto personales como familiares— de fidelidad al régimen. El entrenamiento de las finalistas durante varios meses incluyó pilotaje de reactores, decenas de saltos en paracaídas, pruebas de ingravidez, de aislamiento, de soportar temperaturas de 70 °C y muchas otras.

Valentina nunca volvió al espacio, pero hizo carrera política: llegó a ser un miembro importante del PCUS y representante del Gobierno. Su vuelo sirvió para mostrar logros del socialismo, no solo en tecnología espacial, sino haciendo ver que en aquella sociedad las mujeres tenían iguales posibilidades que los hombres. Sin embargo, pasaron diecinueve años antes que otra soviética, Svetlana Savítskaya, volara al espacio en 1982. En 1984 repetiría, convirtiéndose en la primera mujer en dar un paseo espacial durante tres horas y media, fuera de la estación soviética Salyut 7. La tercera mujer astronauta sería la estadounidense Sally Ride, que en 1983 voló en el transbordador espacial Challenger.

20 DE JUNIO

§ 1908. En Friedrichshafen (al sur de Alemania) Ferdinand von Zeppelin prueba su cuarto dirigible en un vuelo de dieciocho minutos. Diez días después, el LZ4 haría ya un vuelo de doce horas donde recorrió 386 km, y el 5 de agosto inició un viaje de veinticuatro horas por las principales ciudades del sur de Alemania. Mientras estaba amarrado en Echterdingen, los fuertes vientos lo arrancaron del mástil y quedó destruido por un incendio. Como el interés por los Zepelines era creciente en el país, el accidente se consideró un desastre nacional. Las donaciones espontáneas dieron como resultado unos 5,5 millones de marcos y permitieron a Zeppelin —que estaba casi en quiebra— continuar su trabajo.

§ 1939. En Peenemünde (costa este de Alemania) vuela por vez primera el avión cohete experimental He-176 de Ernst Heinkel, el primero del mundo propulsado únicamente por un cohete de combustible líquido. Probó un motor basado en el cohete de peróxido de hidrógeno del ingeniero Hellmuth Walter. Era un avión pequeño, construido casi enteramente de madera, que en su morro acristalado acomodó al piloto de pruebas Erich Warsitz. El vuelo duró cincuenta segundos y supuso una prueba para el uso de cohetes.

§ 1963. EE. UU. y la URSS firman en la sede de Naciones Unidas en Ginebra un memorando de entendimiento para el establecimiento de una línea directa de comunicaciones entre ambos Gobiernos para usar en caso de crisis. Ha pasado a la historia con el nombre de «teléfono rojo», pero no fue ni teléfono ni rojo. Era una línea de teletipo cuyo cable submarino iba de Washington a Moscú, pasando por Londres, Copenhague, Estocolmo y Helsinki.

§ 1838. El inventor Charles Wheatstone detalla, en un artículo que presenta ante la Royal Society de Londres, su invención del estereoscopio. Este visor ofrece la impresión tridimensional de un objeto cuando se ofrece a cada ojo una perspectiva del mismo ligeramente distinta. Por ese logro, y por su explicación de la visión binocular, sería galardonado en 1840.

§ 1913. La jovencísima Georgia Broadwick —más conocida por Tiny, no en vano pesaba treinta y nueve kilos y medía metro y medio— es la primera mujer en saltar en paracaídas desde un avión, pilotado y construido por el pionero Glenn L. Martin, que volaba a una altura de trescientos metros, en Griffith Field (Los Ángeles). Aunque se habían realizado saltos en paracaídas desde globos mucho antes, y Tiny ya lo había hecho con quince años, el salto desde los primitivos aviones ofrecía dificultades, y de hecho cuando saltó Broadwick el aparato volaba solo a unos 60 km/h. El paracaídas de seda se abrió tras descender treinta metros en caída libre. Se calcula que a lo largo de su vida, Tiny realizó 1100 saltos en paracaídas.

§ 1948. Presentación del primer microsurco. Entre todos los sistemas de grabación y reproducción del sonido que existieron en el siglo XX tuvo especial significado el LP, iniciales que hacen referencia a su larga duración. A mediados de siglo todo lo que podía conseguirse de un disco de frágil acetato, que se reproducía a 78 rpm, eran unos cuatro minutos por cada cara, lo que por cierto es el motivo de que esa fuera la duración máxima de muchas canciones de la época.

El día 21 de junio de 1948, la empresa Columbia Records (CBS) presentó al público en Nueva York el primer «long-playing». El elepé estaba hecho de vinilo —con rigor, de PVC— irrompible y con un diámetro de treinta centímetros tenía 118 surcos por centímetro, casi cuatro veces más que sus predecesores. Era un «microsurco», diseñado para girar a 33 y 1/3 rpm, con lo que podía llegar a veintitrés minutos de música en cada cara. El disco ofrecía también una mayor uniformidad y fidelidad de sonido. Su reinado duraría treinta años, hasta que en 1979 surgió el CD (compact disc).

§ 1633. Galileo Galilei abjura ante la Inquisición. El 22 de junio de 1633 un científico anciano, vestido con la camisa blanca de penitente, tuvo que arrodillarse ante la autoridad de la Iglesia Católica para declarar: «Yo, Galileo, hijo de Vicenzo Galileo de Florencia, a la edad de setenta años, comparecido personalmente en juicio y arrodillado ante vosotros, eminentísimos y reverendísimos señores cardenales, inquisidores generales en toda la República Cristiana contra la herética perversidad; teniendo ante mis ojos los sacrosantos Evangelios, que toco con mis propias manos, Juro...». Es así como comienza el texto que, tras haber sido condenado, Galileo Galilei leyó en la sala capitular del convento Santa Maria sopra Minerva de Roma. Al renunciar a seguir defendiendo públicamente que la Tierra se mueve alrededor del Sol, Galileo aportó una cordura y un pragmatismo que le permitirían seguir trabajando por el triunfo de la razón y completar la última y más importante de sus obras. Aquella abjuración supone una enseñanza más del gran experimentador: la ciencia no necesita mártires.

Quizás todo comenzó en 1610. Fue entonces cuando Galileo publicó el *Sidereus Nuncius* (*Noticiero sideral*), un librito ilustrado donde se apresuró a contar las novedades que tenía tras observar el cielo por primera vez con un catalejo, y que definió en el título como «espectáculos grandes y muy admirables (...) en la faz de la Luna, en innumerables estrellas fijas, en el Círculo Lácteo, en estrellas nebulosas, pero especialmente en cuatro planetas que giran alrededor de Júpiter». Esta última frase ya podía resultar llamativa: ¿hay algo que no gira alrededor de la Tierra? Aquella publicación hizo famoso a Galileo en toda Europa y suscitó debates sobre si la Tierra era realmente el centro del universo o se movía del modo que había propuesto Copérnico.

El conflicto de la Iglesia Católica contra Galileo se inició, de hecho, el Día de Difuntos de 1612, cuando el fraile dominico Niccolò Lorini, un noble florentino de sesenta y siete años, que por cierto no sabía de astronomía, pronunció un sermón contra la idea heliocéntrica de un tal «Ipérnico, o como se llame». Si bien no tuvo repercusión alguna hasta dos años más tarde, marca el punto de partida de los ataques hacia Galileo, cuando el mismo Lorini se encargó de enviar a la Inquisición romana una copia manuscrita de una carta que Galileo había enviado a su antiguo discípulo y amigo, el matemático Benedetto Castelli. En esa, de diciembre de 1613, Galileo daba respuesta a la inquietud que Castelli le había manifestado, al ver que los anticopernicanos utilizaban las

Sagradas Escrituras como argumento a favor de Aristóteles y para afirmar la inmovilidad de la Tierra. Hasta entonces, Galileo había evitado el tema, pero ya se ve obligado a pronunciarse, y en la carta razona por qué no puede usarse la Biblia como base para la elaboración de ciencia. Los argumentos de la misiva, de ocho páginas, se desarrollan con mayor amplitud en otra de cuarenta dirigida a Cristina de Lorena, gran duquesa de Toscana. En esta última (1615), Galileo cita al eminente cardenal Cesare Baronio para concluir: «La intención del Espíritu Santo fue enseñarnos cómo se va al cielo y no cómo va el cielo».

En febrero de 1616 la Inquisición condena la teoría de Copérnico por ser «necia y absurda en filosofía; y formalmente herética, por contradecir la Sagrada Escritura». Es entonces cuando el cardenal Belarmino le exige formalmente a Galileo que no discuta ni escriba sobre ese tema, prohibición que el científico cumple durante unos años. En 1622 un cardenal amigo de Galileo es elegido papa (Urbano VIII), y él deja de tener problemas con la Inquisición, de modo que en 1632 se atreve a publicar su *Diálogo sobre los dos máximos sistemas del mundo*, obra donde se burla del sistema geocéntrico, defendido por Simplicio, uno de los tres interlocutores. Parece que entonces pierde la amistad papal, y es citado a juicio, donde es acusado de herejía. Tras su abjuración se le conmutó la pena por un arresto domiciliario. Galileo pasó los últimos años de su vida en su casa de Arcetri, en las proximidades de Florencia, recibiendo visitas de discípulos como Viviani y Torricelli. Allí terminó de escribir los *Discorsi e dimostrazioni matematiche intorno à due nuove scienze* (*Dos nuevas ciencias*, suele traducirse de forma abreviada en español), una pieza fundamental en la historia de la mecánica, que marca el fin de la física aristotélica y se publicaría en Leiden (Holanda) en 1638. Galileo falleció en 1642. En 1992 el papa Juan Pablo II reconoció los errores cometidos en el juicio de 1633.

§ 1802. El inventor Thomas Wedgwood, junto con el joven químico Humphry Davy, se convierten en profetas de la fotografía al publicar un artículo en la Royal Institution. Se titula «Relato de un método inventado por T. Wedgwood para copiar pinturas sobre vidrio y hacer perfiles, por la acción de la luz sobre nitrato de plata, con observaciones de Humphry Davy».

§ 1911. Antes de cumplir los veintitrés años, Julio Rey Pastor toma en este día posesión de la cátedra de Análisis Matemático de la Universidad de Oviedo, aunque se iría a Berlín para seguir estudiando becado por la

Junta para la Ampliación de Estudios. Quien pronto sería conocido como «el innovador de la matemática», a los veintiún años ya había fundado con otros doctores y profesores la Sociedad Matemática Española, cuyo primer presidente fue José Echegaray. Rey Pastor es uno de los matemáticos españoles más importantes, y un gran impulsor de la divulgación científica.

23 DE JUNIO

§ 1868. El inventor, editor de periódicos y político Christopher Latham Sholes recibe la patente de la primera máquina de escribir. Lo que él designó como Type-Writer fue una de las primeras que se fabricó industrialmente, por Remington en 1873, y creó historia por haber incorporado el famoso teclado QWERTY, que sigue empleándose en los ordenadores de sobremesa. Con esta máquina se escribía solo en mayúsculas y aún no permitía ver lo que se estaba tecleando.

§ 1961. Entra en vigor el Sistema del Tratado Antártico, un conjunto de acuerdos que establecen allí una reserva científica y limitan la actividad militar en el continente, sus islas y plataformas de hielo. En él se define la Antártida como todas las tierras y barreras de hielo ubicadas al sur de la latitud 60° sur.

§ 1964. Los primeros circuitos integrados y sus patentes. El físico e ingeniero Jack S. Kilby, empleado de Texas Instruments, había conseguido en 1958 un nuevo método para reducir el tamaño de un circuito electrónico, pero no es hasta el 23 de junio de 1964 cuando recibe la patente, solicitada cinco años antes, por la invención de «Circuitos electrónicos miniaturizados». Lo conseguía «integrando todos sus componentes en un bloque de un material semiconductor», para lo cual él utilizó el germanio.

Aunque el británico Geoffrey W.A. Dummer había concebido y publicado en 1952 el modo de funcionar de un circuito integrado utilizando silicio, nunca consiguió fabricar uno que fuese operativo. Meses después del registro de la patente de Kilby, el también ingeniero, e «inventor» de Silicon Valley, Robert Noyce, registró otro circuito integrado que había construido de modo totalmente independiente.

§ 1517. Sabemos, por un documento que se encuentra en el Archivo de Simancas (Valladolid), que en su primer viaje Colón llevaba entre sus provisiones, vino del Ribeiro. En el Nuevo Continente, los indígenas fabricaban una bebida con las uvas de distintas vides silvestres (de una acidez enorme) y otras frutas, a la que añadían miel. Al no haber vino, durante más de treinta años América fue el principal destino de los producidos en España, incluyendo los necesarios para la celebración de la misa, que demandaban los misioneros.

No sabemos cuándo se elaboró el primer vino en América, pero existen fuentes que datan en el 24 de junio de 1517 una comida, que el explorador Juan de Grijalva ofreció a cinco delegados de Moctezuma II, en la que brindaron con vino. Sin embargo, algunos expertos afirman que pudo ser un año más tarde, cuando Grijalva exploró aquella zona de México. En 1524, Hernán Cortés fue el gran promotor de la introducción de la *Vitis vinífera* en México, primer país americano donde se cultivó, y muchos conventos se rodearon de viñedos.

§ 1527. El alquimista, médico y astrólogo que se hizo llamar Paracelso (equiparándose al romano Aulo Cornelio Celso) quema públicamente las obras de Galeno y Avicena, las autoridades consagradas de la medicina hasta entonces. Con ello pretendía autocalificarse de médico excelente, moderno y revolucionario, pero consiguió ganarse muchos enemigos.

§ 1568. Felipe II regula la unidad de medida de paños. Desde 1261, cuando el rey Alfonso X el Sabio dictó el primer decreto para intentar unificar las medidas en los reinos de Castilla y León, fueron varios los intentos infructuosos en ese sentido, a pesar de la amenaza de multas e incluso de la privación de libertad. El caso se hizo más grave, y con mayor trascendencia económica, al extenderse los mercados e incrementarse el comercio. En el siglo XVI se hizo difícil la coexistencia —literal— de una doble vara de medir, en el floreciente mercado de telas, paños y lienzos. El problema es que se usaban indistintamente la vara de Burgos y la de Toledo, cuando trece de las primeras equivalían a doce de las últimas. Es por ello que el 24 de junio de 1568 Felipe II firma una Pragmática que establece que «*la vara castellana que se ha de usar en todos estos reynos, sea la que hay y tiene la ciudad de Burgos*». La vara de Burgos tenía una longitud de tres pies, cada uno de 27,86 cm.

§ 1881. El astrónomo William Huggins realiza el primer espectro fotográfico de un cometa, descubriendo en longitudes de onda ultravioletas una radiación que demostraba la presencia de gas cianógeno (NCCN). Este hecho provocaría casi una histeria colectiva veintinueve años más tarde, cuando la Tierra pasó por la cola del cometa Halley, y muchos temieron por la vida en nuestro planeta, o al menos por la suya.

25 DE JUNIO

§ 1867. En la conquista del Oeste americano fueron históricos los conflictos entre agricultores y ganaderos. El alambre de espinos, patentado este día por el comerciante Lucien B. Smith, de Kent (Ohio), sería causante de unos cuantos, pues permitió el cierre barato de las fincas, impidiendo el paso del ganado. Esa patente fue, sin embargo, caso de litigio en los tribunales, sobre todo con Joseph Glidden, quien había introducido unas variantes en 1892. El tribunal dictaminó que Glidden tenía los derechos exclusivos para vender el nuevo producto, con lo que el invento le generó importantes ingresos y en el momento de su muerte era uno de los hombres más ricos de los Estados Unidos.

§ 1921. El químico e industrial alemán Friedrich Karl Bergius consigue obtener gasolina y aceites lubricantes por síntesis. Para ello trataba una mezcla de lignito en polvo con hidrógeno a alta presión y temperatura en presencia de un catalizador. Por ello recibió el Nobel de Química en 1931. Sus métodos permitieron la obtención de hidrocarburos sintéticos, sin depender del petróleo, lo que resultaba de interés para Alemania.

§ 1924. Ya hay vacuna contra la tuberculosis. Los seres humanos conocen esa enfermedad desde hace casi 20.000 años, habiéndose detectado su huella en huesos datados en el Neolítico, cuando se domesticaba ganado bovino en África. Existen referencias escritas de hace miles de años, pero sería Hipócrates de Cos, en el siglo V a. C. quien en el libro primero de su Tratado sobre las Enfermedades, describe el cuadro clínico de la tisis, caracterizado por los daños pulmonares. Aunque el padre de la medicina supuso erróneamente que se trataba de un mal hereditario, Aristóteles ya habló de la posibilidad de contagio a través de la respiración. En el siglo II, Galeno fue el primero en proponer medidas terapéuticas que incluían el uso de opio como antitusígeno, además de la dieta y el reposo.

No se registraron grandes avances en el conocimiento y lucha contra la tuberculosis hasta bien entrado el siglo XIX, cuando se produce también el auge de la enfermedad, fundamentalmente por las condiciones precarias de vida de los campesinos que se trasladaron a las ciudades, como consecuencia de la Revolución Industrial. Uno de cada cinco europeos fallecía por esa causa. Es entonces cuando llega a demostrarse fehacientemente que la enfermedad es contagiosa y cuando Robert Koch aplica un original método de tinción que hace visible al microscopio el *Mycobacterium tuberculosis*, presente en los esputos de enfermos; el agente causante de la enfermedad se llamaría luego en su honor bacilo de Koch.

En 1908, el mismo Koch había desarrollado la «tuberculina» (un extracto proteico obtenido a partir del bacilo) en colaboración con el veterinario francés Jean-Marie Camille Guérin, cuyo padre había fallecido víctima de la enfermedad en 1882 (que sería también causa de la muerte de su esposa, en 1918). Los intentos de utilizar la tuberculina como prevención no tuvieron éxito. Por entonces Guérin trabajaba en el Institut Pasteur de Lille, organismo dirigido por el biólogo y doctor en medicina Albert Calmette, discípulo de Pasteur. Tras el fallecimiento de Koch, ambos se centraron en buscar una vacuna contra la tuberculosis. Guérin pensó que el bacilo de la variante bovina podría llegar a inmunizar a los animales sin desencadenar la enfermedad, y trabajó con Calmette en desarrollar estrategias para reducir su virulencia mediante cultivos sucesivos. Trataban de modificar una cepa de *Mycobacterium bovis* que cultivaban en rodajas de patata sumergidas en bilis de buey.

En 1915, sus investigaciones se vieron interrumpidas por la ocupación alemana, que entre otras cosas les dificultaba obtener el material bovino. Continuaron en 1918, después de la liberación de Francia, y finalmente en 1921 comprobaron que tras 231 reproducciones de cultivos *in vitro*, habiendo transcurrido trece años, las colonias mostraban una morfología diferente y la cepa había perdido su virulencia en humanos, pero aún seguía siendo suficientemente antigénica para crear una respuesta inmune. Esa muestra recibió el nombre de bacilo Calmette Guérin o BCG, y fue ensayada con éxito en la inmunización de vacas. Tras probar su eficacia en unos trescientos niños durante tres años, el día 25 de junio de 1924 Calmette y Guérin exponen en la Academia de Medicina de París la eficacia de su vacuna contra la tuberculosis. Es entonces cuando se autoriza al Instituto Pasteur de Lille a distribuir muestras del BCG a otros laboratorios en todo el mundo, de modo que en 1927 eran sesenta los países que habían recibido gratuitamente cultivos del mismo.

Entre 1924 y 1928 fueron vacunados en Francia 114.000 niños sin que se presentaran complicaciones importantes. El BCG sigue siendo la vacuna más utilizada en el mundo. Pese a todo, su utilidad siempre estuvo envuelta en polémica por su retraso en efectividad (2-3 meses) y su limitada persistencia (10-15 años). Las recomendaciones de la OMS sobre su uso varían según la prevalencia de la enfermedad en los distintos países. En España comenzó a utilizarse en 1927, pero se recomendó de forma sistemática en 1965, con el Plan Nacional de Erradicación de la Tuberculosis. Desde 1992 ya no se emplea en recién nacidos. En la actualidad el objetivo es contar con vacunas eficaces contra la mayoría de las formas transmisibles de la tuberculosis. La esperanza está en que las técnicas de ingeniería genética puedan ser de utilidad para el desarrollo de una vacuna mas efectiva que la BCG. Cada día mueren en el mundo cuatro mil personas por esta causa. La OMS tiene como objetivo erradicar la tuberculosis para 2050.

§ 1949. Explosión de antibióticos. En 1945 se había otorgado a Fleming, Florey y Chain el Nobel de Medicina por su aportación al descubrimiento de la penicilina, y los antibióticos en general provocaban una ebullición de las investigaciones en microbiología. En particular, la lucha contra la tuberculosis merecía especial interés. Uno de los científicos que trabajaban en este campo era el bioquímico Selman Waksman, que había conseguido aislar la neomicina a partir de una cepa de la bacteria *Streptomyces fradiae*, que la produce naturalmente. Los ensayos en animales dieron resultado positivo, de modo que el 25 de junio de 1949 se pudo comunicar la noticia en Nueva York. La neomicina se utiliza en la actualidad exclusivamente en aplicaciones cutáneas, dada su toxicidad renal. A Waksman, que recibiría el Nobel de Medicina de 1952 por la estreptomicina, se debe el uso del término «antibiótico».

26 DE JUNIO

§ 1886. Se consigue aislar el elemento químico más reactivo. Tras la invención de la electrólisis, a comienzos del siglo XIX, eran muy frecuentes los descubrimientos de nuevos cuerpos simples, y cuando Mendeléyev puso orden en los elementos químicos en 1869, colocándolos en una tabla periódica, quedaron huecos que para los químicos resultaba imprescindible rellenar. Uno de los retos más difíciles representó aislar el flúor, pues es un gas que reacciona con casi todos los metales, e incluso con el vidrio del laboratorio. Después de muchos intentos fallidos, y de tener que interrumpir su trabajo cuatro veces por envenenamiento, el 26 de junio de 1886, el farmacéutico francés Henri Moissan consiguió separarlo en un ánodo de platino e iridio, trabajando —para reducir la reactividad— a -23 °C, la temperatura más baja que pudo conseguir. En 1906 le otorgaron el Nobel de Química.

§ 1974. Productos con código de barras. Una bolsa de diez paquetes (cincuenta barras) de chicle que se vendía a sesenta y siete centavos de dólar, y que lleva un código de barras impreso, es el primer producto en pasar por primera vez el escáner capaz de leer la información allí codificada. Sucede a las 8:01 del 26 de junio de 1974, en un supermercado de Troy (Ohio). Un paquete del mismo suministro está actualmente en el National Museum of American History de la Smithsonian Institution en Washington. La idea del código de barras se remonta a 1949 y se atribuye a los ingenieros Norman Joseph Woodland y Bernard Silver, aunque no pudo ser realidad hasta veinticinco años después, concretándose en un sistema de reconocimiento —creado por George Laurer y auspiciado por IBM— que se basa en un código de doce números que registra la identidad del fabricante y otros datos. En nanosegundos esa información se transmite a los ordenadores, que la incorporan a los datos de inventarios de almacén y de caja.

§ 2000. Bill Clinton, presidente de los Estados Unidos, acompañado por representantes del Proyecto Genoma Humano y de la empresa Celera Genomics, anuncia que, tras diez años de intensos trabajos, se dispone ya de un primer borrador que contiene el 95 % de nuestro genoma. Se piensa que el conocimiento de la base genética de enfermedades contribuirá a la curación de muchas de ellas.

27 DE JUNIO

§ 1865. Se concede al ingeniero Linus Yale jr. en Estados Unidos la patente de «Cerraduras de cilindro y otras con pasadores que se ajustan empujando la llave hacia adentro». Se trata de la cerradura de cilindro de pernos, o de tambor de pines de distinta longitud, una versión de su invento más importante, y que transformaría la industria del sector. Ese dispositivo continúa siendo la base de muchas de las cerraduras actuales.

§ 1954. Se pone en marcha la primera central productora de electricidad a partir de energía nuclear. Situada en Obninsk (a 110 km de Moscú, en aquel momento la Unión Soviética) utilizaba un reactor de uranio que utilizaba grafito como moderador, se refrigeraba por agua y tenía una potencia de seis megavatios. Suministró electricidad hasta 1968, y después se utilizó para la red de agua caliente en la ciudad hasta 2002.

§ 1960. El químico Robert Burns Woodward consigue, en el Converse Laboratory de la Universidad de Harvard, la síntesis de la clorofila, el pigmento de las plantas verdes responsable de la fotosíntesis. Woodward era un experto en síntesis de moléculas orgánicas complejas y obtendría por ello el Nobel de Química en 1965. Ya había también sintetizado la quinina (1944), el colesterol (1951), la cortisona (1951), la estricnina (1954), la reserpina (1956) y luego la tetraciclina (1962).

§ 1967. Primer cajero automático del mundo. Nos estamos acostumbrando al vértigo del avance tecnológico. En poco tiempo nos hemos habituado además a numerosos modos de pago sin ver el dinero. Tanto, que hasta puede parecernos obsoleto aquel procedimiento en el que, por primera vez, con máquinas se sustituía a las personas que atendían en las ventanillas de caja que había en todos los bancos.

Todo empezó un sábado de 1965, cuando el ingeniero e inventor John Shepherd-Barron, que vivía en el campo, se acercó hasta Londres para retirar dinero en su oficina bancaria. Llegó allí un minuto tarde (esta es su versión), con lo que tuvo que regresar al pueblo y pedir al dueño de su garaje el favor de que le hiciera efectivo un cheque, para tener dinero el fin de semana. Aquella misma noche se puso a pensar en que la solución sería una máquina que no tuviese horario de oficina, como no lo tenían las expendedoras de chocolatinas, chicles y caramelos, que facilitaban el producto con solo insertar una moneda y accionar una palanca. La solución consistiría en sustituir el acceso con moneda por otro con clave numérica. Parece que la primera idea de Shepherd-Barron fue crearla de seis dígitos, pero su mujer le convenció de que una de cuatro sería más fácil de recordar, y así fue. Para no tener que revelar el sistema de decodificación de la máquina, se negó a patentar el invento.

El primer cajero automático, fabricado por la empresa donde él trabajaba —que hasta entonces hacía máquinas para contar monedas—, estuvo operativo el 27 de junio de 1967, en una oficina de Barclays Bank en Enfield, un municipio al norte de Londres. No funcionaba con tarjetas, sino con unos cheques impregnados en un compuesto radiactivo de carbono 14. El cajero pedía además el código de seguridad de cuatro cifras y daba un billete de diez libras esterlinas. En un principio se instalaron seis máquinas en otras tantas localidades de la periferia de Londres, y a pesar de algunos problemas iniciales de vandalismo, el invento supuso un gran éxito para Barclays. De manera independiente, el escocés James Goodfellow, inventor de las tarjetas de plástico y del «número de identificación personal» (PIN, por sus siglas en inglés), de cuatro cifras, reclamó también la paternidad del invento, pero el cajero de John Shepherd-Barron fue el primero.

28 DE JUNIO

§ 1565. El naturalista y médico Conrad von Gesner finaliza este día en Zurich, pocos meses antes de morir por la peste, su obra *De rerum fossilium*, un hito de la paleontología. En ella se trata de minerales, fósiles, gemas, metales, rocas y, en general, todo aquello que puede ser encontrado bajo tierra. Es el primer libro sobre «el tercer reino de la naturaleza» con ilustraciones, el primero en mencionar la utilidad de las colecciones y el primero en urgir la cooperación entre científicos. También destaca por introducir un primer intento de clasificación de las sustancias pétreas, que hasta entonces se ordenaban por orden alfabético. Gesner ya había escrito una *Historia Animalium* (se le considera el fundador de la zoología moderna) y una *Opera Botanica*.

§ 1846. Se concede la patente del saxofón. El joven Adolphe Sax experimentaba en el taller de instrumentos que tenía su padre en Bruselas. Tenía obsesión por inventar un instrumento de viento que, sin perder fuerza e intensidad, por su timbre se pareciera a los de cuerda. Tratando de resolver problemas acústicos del clarinete, cierto día se le ocurrió combinar su boquilla de una sola caña con una versión ensanchada del tubo cónico del oboe, y de esa idea nació lo que hoy conocemos como saxofón.

Las primeras piezas que fabricó fueron de madera, pero pronto cambió a metal. Él mismo fue el primer intérprete con el nuevo ingenio de la música, que presentó en público en 1841. Sus ensayos constantes por mejorarlo y diversificarlo, con idea de que formara parte de orquestas y bandas militares, le llevaron a obtener la patente en París, el 28 de junio de 1846, de toda una familia de instrumentos elogiada por Hector Berlioz —amigo de Sax— y hoy indisolublemente ligada al jazz, la big band y la música popular.

§ 1935. El bioquímico Wendell Stanley consigue cristalizar la nucleoproteína del virus del mosaico del tabaco. La demostración de las propiedades moleculares del virus impulsó un nuevo enfoque de investigación en virología, el estudio de los mismos como macromoléculas. Esto supuso un alejamiento de la visión exclusiva de los virus como causantes de enfermedades. Stanley recibió por ello el Nobel de Química en 1946.

29 DE JUNIO

§ 3123 a. C. Según una interpretación de una tablilla de arcilla, en este lejano día, un astrónomo sumerio observó un asteroide enorme y devastador que probablemente impactó en los Alpes austríacos. El trabajo fue realizado por investigadores de la Universidad de Bristol, y los resultados fueron publicados en *The Times* el 31 de marzo de 2008. La fecha fue determinada a partir de una recreación por ordenador del cielo nocturno usando los símbolos que registran las posiciones de las constelaciones en aquella tablilla. Esa pieza, en escritura cuneiforme, fue encontrada por el arqueólogo Austen Henry Layard en Nínive (actual Mosul, en Irak), y es una copia del año 700 a. C. de las notas originales del astrónomo sumerio.

§ 1916. Albert Einstein publica un artículo donde predice la existencia de ondas gravitatorias. La primera detección de esas ondas se lograría el 14 de septiembre de 2015 mediante el experimento LIGO, un siglo después de que Einstein hubiera previsto su existencia como una consecuencia de la relatividad general. Las ondas gravitatorias se mueven a la velocidad de la luz, y se forman siempre que un cuerpo muy masivo del cosmos se acelera o frena. Se podrían generar, por ejemplo, en la explosión de una supernova, en la colisión de dos agujeros negros o cuando dos estrellas de neutrones giran muy próximas entre sí. Aunque existe un manuscrito fechado tres meses antes, la idea de esas ondas apareció publicada por vez primera el 29 de junio de 1916, en un artículo titulado «*Näherungsweise Integration der Feldgleichungen der Gravitation*» («Integración aproximada de las ecuaciones de campo gravitatorio»), y apareció en la revista *Sitzungsberichte der Königlich Preussischen Akademie der Wissenschaften Berlin*.

§ 1971. Por primera vez tres hombres mueren en el cielo. Este día regresa a Tierra la Soyuz 11, con los cadáveres de sus tres tripulantes. Vladislav Vólkov (ingeniero de vuelo, treinta y cinco años), Georgi Dobrovolski (piloto y comandante de la misión, cuarenta y tres años) y Viktor Patsayev (ingeniero, treinta y ocho años) habían fallecido poco antes por asfixia, al producirse un escape de aire en la cápsula, pues no llevaban trajes espaciales. La muerte les sobrevino en pocos minutos. Los cosmonautas en esta misión habían habitado por primera vez una estación espacial, la Salyut 1, y establecido un nuevo récord de permanencia en el espacio (veinticuatro días).

30 DE JUNIO

§ 1860. Siete meses después de la publicación de *El Origen de las Especies* tiene lugar en Oxford, en el Museo Universitario de Historia Natural, el histórico Debate de Oxford sobre la evolución. Era un sábado, y ante cientos de asistentes en él participaron varios notables científicos, filósofos y teólogos, destacando el enfrentamiento entre Thomas Henry Huxley, que se hizo acreedor a su título de «el bulldog de Darwin» y Samuel Wilberforce, doctor en teología y obispo anglicano de Londres, que también se hizo famoso, porque al parecer en un momento del debate le preguntó a Huxley si era descendiente del mono por parte de su abuelo o de su abuela.

§ 1908. Este día sucedió el misterioso evento de Tunguska. El 30 de junio se celebra oficialmente el Día Internacional del Asteroide, con idea de que reflexionemos sobre el riesgo de los impactos de objetos extraterrestres en nuestro planeta. Se ha calculado que de los más de 750.000 asteroides que hay en el sistema solar unos 16.000 tienen órbitas «cercanas» a la nuestra, y 875 de ellos tienen más de un kilómetro de diámetro. El grupo de los asteroides potencialmente peligrosos (*potentially hazardous asteroid*, PHA), que son los más cercanos —a unos pocos millones de kilómetros—, lo componen unos 1800, con tamaños de más de 150 m. El riesgo de que uno de ellos llegue a acercarse es real, pues solo es cuestión de tiempo, pero la investigación para conocer su tamaño, composición, estructura y trayectoria, así como la posible tecnología para tratar de interceptarlo, representa lo único que podemos hacer. El motivo de haber escogido ese día para acordarse de ellos es un evento para el cual aún no hay una explicación concluyente.

Fue el día 30 de junio de 1908, alrededor de las siete y cuarto de la mañana, al noroeste del lago Baikal, en la Siberia rusa, cuando algunos testigos vieron cómo cruzaba el cielo una enorme esfera de fuego azulado, casi tan luminosa como el Sol y que desprendía un calor intenso y vientos abrasadores. Estaban a menos de cien kilómetros de distancia de aquel extraordinario suceso. Minutos más tarde escucharon un estampido seco, con varias repeticiones, y una onda de choque se hizo notar en un radio de 650 km, haciendo temblar el suelo, romper ventanas y volar tiendas, derribando árboles, personas y animales. Se ha evaluado que el equivalente sísmico fue el de un terremoto de nivel 5 en la escala de Richter, y se sabe que las fluctuaciones en la presión atmosférica fueron detectadas en Gran Bretaña. Es el mayor impacto de origen extraterrestre registrado en la historia. Resulta inevitable pensar lo que hubiera sucedido si el suceso se produce en un área metropolitana. Los expertos estiman que un suceso de estas características puede tener lugar cada trescientos años.

La primera investigación científica del evento la llevó a cabo en 1921 el geólogo Leonid Kulik, conservador principal de la colección de meteoritos del Museo de San Petersburgo; tras concluir, por las declaraciones de testigos que se trataba del impacto de un gran meteorito. Cuando años después pudo llegar a la zona central, vio con gran sorpresa que no había cráter alguno, ni encontró restos del meteorito. En aquel lugar los árboles no habían sido tumbados, pero quedaron sin rama alguna, como postes de teléfono. En las zonas más alejadas, los árboles fueron derribados, en direcciones radiales. Más adelante se verificó que el impacto había abatido y quemado unos ochenta millones de árboles en más de 2000 km² de bosque, resultando el impacto en un diseño en alas de mariposa de setenta kilómetros de amplitud, lo que sugiere que existieron varias explosiones en línea recta.

Desde entonces se han publicado un millar de trabajos científicos sobre el suceso, tratando de esclarecer las numerosas incógnitas, como la huella química, y también se han postulado distintas posibilidades de existencia de cráteres, ninguna concluyente. La explicación más plausible es que un meteoroide, quizá un fragmento de cometa compuesto de hielo y polvo, de unos cincuenta metros de diámetro, a una velocidad de 15 km/s, había penetrado en la atmósfera, calentándose hasta casi unos 25.000 °C y haciendo explosión, desintegrándose a una altura entre 6 y 10 km del suelo, con lo que no dejó cráter alguno. También sabemos que el día anterior se dio una abundante lluvia de estrellas, las beta Táuridas, que se piensa que son restos del cometa 2P/Encke. Se trata de un cometa viejo, que se deshace rápidamente, y que se convertirá en asteroide. Quizás en él estén las claves del enigma de Tunguska.

§ 1939. En el Laboratorio Nuclear Crocker, de la Universidad de California en Berkeley, el físico Ernest O. Lawrence pone en marcha el primer ciclotrón, un acelerador de partículas que permitió la síntesis de nueve elementos químicos, comenzando con el Neptunio, por Edwin McMillan, y el Plutonio, por Glenn T. Seaborg. Los radioisótopos que se usan en medicina se fabrican bombardeando isótopos estables con protones acelerados. Ese primer ciclotrón dejó de funcionar en 1962.

§ 1980. El Real Decreto 1691/1980 de 30 de junio crea en España el Museo Nacional de la Ciencia y la Tecnología. Su inauguración oficial tuvo lugar más de treinta años después, en La Coruña el 4 de mayo de 2012, a cargo de los Príncipes de Asturias. El conocido como MUNCYT tiene además otra sede en Alcobendas (2014), y conserva una biblioteca, archivo, almacenes y centro de investigación en la antigua estación de ferrocarril de Madrid-Delicias.

JULIO

Huella del astronauta Buzz Aldrin en la superficie lunar. Su bota (con nueve
costillas) era más grande que la de Armstrong (de ocho costillas), por lo
que era posible identificar las huellas de cada uno en las fotografías.

León Noël

Luis de Frey.

En 1796, el cirujano inglés Edward Jenner inoculó al niño James Phipps con viruela, demostrando la eficacia de la inmunización previa con suero de viruela vacuna.

1 DE JULIO

§ 1796. El maestro cirujano de Berkeley (Inglaterra) Edward Jenner inocula al niño James Phipps, hijo de su jardinero, el virus de la temible viruela en ambos brazos. El crío no contrae la enfermedad, porque había sido tratado por Jenner dos meses antes con suero de una vejiga del dedo de una lechera, producida por la viruela vacuna, para ensayar su capacidad de inmunizar. Un año después envió un escrito relatando esta experiencia de vacunación a la Royal Society, que rechazó su publicación. En julio de 1798, tras realizar veintitrés vacunaciones, Jenner publicó por su cuenta un librito titulado *An Inquiry into the Causes and Effects of the Variolae Vaccinae, a Disease Discovered in some of the Western Counties of England, particularly Gloucestershire, and Known by the Name of Cow Pox* (*Investigación sobre las causas y efectos de la viruela vacuna* es su título abreviado en español).

§ 1825. En este día Mary Somerville comienza sus investigaciones sobre las posibilidades de alterar el magnetismo de un metal utilizando la luz del espectro visible de mayor frecuencia. Esa física y divulgadora escocesa sería la primera mujer en presentar un trabajo ante la Royal Society. Salió publicado el 2 de febrero siguiente en la *Philosophical Transactions* con el título «The magnetic properties of the violet rays of the solar spectrum».

§ 1874. Circulan los primeros billetes en pesetas. A comienzos del siglo XXI en toda Europa comenzó a utilizarse con sorprendente facilidad una moneda común: el euro. El 21 de noviembre de 2000 en la Fábrica Nacional de Moneda y Timbre se habían impreso los últimos billetes en nuestra antigua divisa, que eran los de 10.000 pesetas. Tanto el papel como la moneda, que dejó de acuñarse siete meses más tarde, seguirían en circulación hasta el 28 de febrero de 2002. Se ponía así fin a un período de 134 años de historia, que protagonizó la peseta desde que se convirtió en la única moneda de curso legal en España.

Anteriormente y durante siglos coexistieron en nuestro país básicamente tres monedas: escudos, reales y maravedíes, que se acuñaban respectivamente en oro, plata y cobre. Como también circularon en ocasiones otros dineros, y el problema de la proliferación era similar en muchos países, en 1865 se estableció la Unión Monetaria Latina, un acuerdo por el que Francia, Bélgica, Italia y Suiza se comprometen a unificar sus divisas nacionales estableciendo estándares en oro y plata. Grecia se uniría en 1868 y España suscribió un convenio bilateral en ese mismo año.

Es entonces cuando nació la «peseta», un término que ya aparecía a comienzos del siglo XVIII para designar popularmente los dos reales de plata, como diminutivo de «peso». Más tarde, y ya de modo oficial durante el anecdótico reinado de José Bonaparte (José I de España entre 1808 y 1813), existieron pesetas en la zona napoleónica, así como en tiempos de Isabel II, que las utilizó para pagar a sus tropas en la primera guerra carlista (por ello llamados «peseteros»).

La unificación monetaria en España y sus colonias vendría definitivamente del decreto del Gobierno provisional en octubre de 1868 que define la peseta, dividida en cien céntimos. El año siguiente, el Gobierno decide cerrar las distintas cecas o casas de moneda que había en España, manteniendo únicamente la de Madrid, que daría lugar a la Fábrica Nacional de Moneda y Timbre (FNMT). Ese año ya circuló la primera moneda de una peseta, acuñada en plata. Por su parte, los billetes no aparecieron hasta el 1 de julio de 1874, a raíz de un decreto de 19 de marzo que otorgaba al Banco de España el monopolio de la emisión. Así se ponía fin a la capacidad que tenían las entidades bancarias de emitir documentos en papel que garantizaban su canje por monedas, en función de la cantidad depositada. Desde finales de la Edad Media esos recibos comenzaron a circular como medio de pago, sobre todo cuando se trataba de cantidades importantes, y basándose en la confianza en el emisor.

Los primeros billetes donde se garantiza el pago «al portador» circularon en Suecia en el siglo XVII; esos, y los equivalentes en otros países durante más de dos siglos, continuaron siendo convertibles en monedas si se acudía al emisor. Es tras la crisis del 1929 cuando el billete va perdiendo su convertibilidad y adquiere su carácter de dinero real, son billetes «de curso legal», y pagando con ellos lo estamos haciendo también «en metálico». El billete ya no es un representante de la moneda, es moneda, y así cobra mayor importancia el dificultar su falsificación. Para ello se recurre a la elaboración de papeles especiales, dibujos elaborados, métodos de impresión complejos e incorporación de otros elementos. El método de impresión más fiable es el calcográfico, o estampación en hueco, utilizado en España desde 1783. El papel se fabrica con fibra de algodón, en cuya estructura pueden incorporarse diversas señas de seguridad, como marcas de agua, hilos, bandas o fibras adheridas. También ha de tener las características físicas que permitan una resistencia a la fractura y al plegado en consonancia con su uso.

La primera emisión de billetes en pesetas recoge en su diseño imágenes de personajes del mundo de las artes, como Juan de Herrera, Goya o Alonso Cano. Los billetes siguieron recogiendo retratos de varones ilustres en relación con la cultura, las finanzas o la política, así como obras de arte y diversos motivos alegóricos, históricos y religiosos. La primera aparición de un científico ocurre en 1935, con la efigie de Ramón y Cajal en un billete de cincuenta pesetas, y la primera mujer (tras alguna reina) hubo de esperar a 1979, cuando Rosalía de Castro tuvo su rostro en los billetes de quinientas pesetas. Salvo error por mi parte, el único billete con retrato de una mujer científica es uno de diez libras del Royal Bank of Scotland (2016), donde aparece la física y matemática Mary Somerville. Dicen que el futuro de estos modos de pago con elementos materiales es incierto; el euro lo dirá, pero sin duda durante largo tiempo seguirán existiendo aficionados a la numismática.

§ 1913. La revista *Philosophical Magazine* publica en su número de julio de 1913 un artículo del físico danés Niels Bohr titulado «On the Constitution of Atoms and Molecules», que supondría la consagración del modelo atómico más popular del siglo XX. La nueva teoría complementa la idea de la existencia de un núcleo diminuto en el interior de los átomos, propuesta por su maestro Rutherford, y establece unas condiciones para la situación de los electrones, de acuerdo con los principios de la nueva mecánica cuántica. Bohr postula que los electrones se pueden mover solamente en círculos, en «ciertas órbitas» de determinados radios, y que lo hacen en ellas sin perder ni ganar energía. Si saltasen a una órbita más energética (más separada del núcleo), sería absorbiendo la correspondiente energía, y si volviesen a un nivel inferior, cederían la diferencia en forma de radiación electromagnética de una frecuencia determinada. Así se explicaban las líneas luminosas observadas en los espectros de emisión del hidrógeno.

2 DE JULIO

§ 1698. El mecánico e ingeniero militar inglés Thomas Savery, preocupado por hacer más fácil el trabajo de las minas al bombear el agua que se filtraba en ellas, patenta una máquina de vapor que funcionaba con carbón; este invento serviría de base para el diseño de James Watt en 1769. La primera patente de una máquina de vapor es del español Jerónimo de Ayanz, en 1606.

§ 1729. Cuando la electricidad no se conocía más que en fenómenos electrostáticos, como producto de la fricción de algunos materiales, el físico inglés Stephen Gray estudió sistemáticamente la conductividad eléctrica de los cuerpos, es decir, las circunstancias en que la electricidad podía moverse. Logró transmitir electricidad de un punto a otro y estableció que había materiales conductores y aislantes.

§ 1900. El Zeppelin LZ-1 fue lanzado desde un hangar flotante en el lago Constanza, al sur de Alemania. Con 120 m de longitud tenía una estructura rígida que albergaba las celdas de hidrógeno que lo sustentaban. En este primer vuelo iban cinco personas, que ascendieron a 410 m y recorrieron 6 km en diecisiete minutos, antes de realizar un aterrizaje de emergencia. Fue el primer dirigible rígido que tuvo éxito.

3 DE JULIO

§ 1424. Un exhaustivo tratado sobre el vino. En la Biblioteca Nacional de España existe un manuscrito (núm. 5240) que contiene once tratados en relación con la medicina, la farmacia y la dietética. Uno de ellos es el Kitāb fī l-šarāb o Tratado sobre el Vino, original de Al-Razi (Rhazes), cuya copia terminó de realizarse en Toledo el 3 de julio de 1424. Al-Razi (865-925) fue un médico y filósofo persa racionalista que escribió numerosos libros sobre temas de medicina y alquimia. Está considerado como el más importante de los médicos musulmanes. El ameno tratado que nos ocupa está dedicado a exponer los beneficios, perjuicios y efectos del vino. Está lleno de anécdotas escritas con todo detalle, que sugieren la amplia experiencia personal del autor en el tema.

§ 1886. El ingeniero e inventor alemán Karl Benz conduce por vez primera en el mundo un automóvil, llegando a alcanzar una velocidad de 16 km/h. Aquel vehículo de tres ruedas lleva un motor de combustión interna de un cilindro (958 cc) y cuatro tiempos, refrigerado con agua, que funciona con gasolina o petróleo y que tiene una potencia de 0,75 HP. El día 29 de este mes solicitó la patente del vehículo.

§ 1913. Un ejemplar de charrán común (Sterna hirundo, especie de ave marina y migratoria) es anillado por los ornitólogos en Eastern Egg Rock, una isla de la costa este de Estados Unidos, donde anidan unas 1400 parejas de esa especie. El animal se encontró muerto en agosto de

1917 en la desembocadura del Níger, en África Occidental, siendo la primera prueba de un ave que cruza el Atlántico (ignorando por completo las escalas que pudo realizar).

§ 1987. En el globo más grande construido hasta entonces, lleno con 65.000 m³ de aire caliente, el emprendedor multimillonario inglés Richard Branson y el aventurero sueco Per Lindstrand son los primeros en completar así la travesía del Atlántico. En treinta y tres horas hicieron el vuelo de 4947 km, entre Sugarloaf (Maine, EE. UU.) y Limavady (Londonderry, Irlanda del Norte).

4 DE JULIO

§ 1054. Astrónomos chinos registran la observación de una «estrella invitada» que fue visible de noche durante casi dos años, e incluso durante el día durante veintitrés jornadas. También fue registrada por astrónomos árabes, y en Norteamérica existen petroglifos que sugieren que los indios de Arizona y Nuevo México también la vieron. Curiosamente, no se conoce ningún registro europeo del evento. La denominada hoy SN 1054 es la supernova más célebre de la historia de la astronomía, y se cree que sus restos constituyen la nebulosa del Cangrejo, el objeto celeste más observado fuera del sistema solar. Cuando Charles Messier esperaba descubrir el regreso del cometa Halley en 1758, lo confundió con esta nebulosa, con lo que decidió hacer un catálogo de los objetos celestes borrosos que, a diferencia de los cometas, no cambiaban de constelación. El primero de su lista fue esta nebulosa del Cangrejo, con lo que también se la conoce como M1.

§ 1483. Primera edición impresa de las Tablas Alfonsíes. El impresor alemán radicado en Venecia Erhard Ratdolt publica el 4 de julio de 1483 la obra *Tabulae Alphonsinae*, que lleva el nombre de su impulsor, el rey Alfonso X el Sabio. Gracias a la imprenta, la obra alcanzó una gran difusión. Las Tablas habían sido elaboradas entre 1262 y 1272 en Toledo por unos cincuenta astrónomos, basándose en traducciones latinas de las tablas toledanas del árabe Azarquiel (1029-1087). En las Tablas Alfonsíes se encuentran las posiciones de 1020 estrellas, medidas con un error, con respecto a los datos actuales, en muchos casos inferior a solo 2 minutos de arco. También se registran, tras numerosas rectificaciones experimentales, conjunciones de planetas y eclipses de Sol y de Luna, permitiendo realizar predicciones. La duración del año solar se fija en 365 días, 5 horas, 4 minutos y 16 segundos, un valor que mantuvo su validez hasta 1582.

§ 1920. Los automóviles en serie se pintan de colores. Una de las frases más emblemáticas de la historia del automóvil es de Henry Ford. Él mismo la reproduce en su autobiografía (*My life and work*, 1922), cuyo texto la sitúa en 1909: «*Any customer can have a car painted any colour that he wants so long as it is black*»; es decir, «Cualquier cliente puede tener un coche pintado en el color que quiera, mientras sea negro». El contexto era que debía ofrecerse además un solo modelo, con un único chasis, si se quería tener un automóvil que fuese «asequible a todo trabajador con un buen sueldo», huyendo de la idea de auto como símbolo o artículo de lujo. Con esa filosofía apareció el Ford T. Entre 1908 y 1927 se fabricaron quince millones de unidades, todos prácticamente iguales.

Pero por supuesto que antes de esa revolución había coches de colores, y ni siquiera los primeros Ford T fueron negros, lo que sí sucedió desde 1914. Las razones para ello no están claras, aunque el objetivo de reducir costes en una producción en cadena sí lo estuviera. Se habla del precio de la pintura; de su duración; del tiempo de secado; y de optimizar la línea de producción con menos errores y menor coste unitario. El ahorro se traducía también en productividad, como queda claro en el hecho de que en 1914 Ford producía más coches que todo el resto de fabricantes, con la quinta parte de trabajadores. La realidad es que durante los años de fabricación del Ford T se utilizaron unos treinta tipos de pintura negra, barata y resistente, a base de asfalto y muchas veces con negro de carbón como pigmento.

Antes, las cosas eran diferentes. Debemos recordar que los primeros automóviles se pintaban con los mismos materiales que se habían empleado hasta entonces en carrozas y carruajes de tracción animal. Las pinturas o barnices, aplicados para proteger la madera, se elaboraban a base de aceites y resinas vegetales, como el aceite de linaza, y el proceso de pintado podía alargarse hasta cuatro semanas. Según el ingeniero Charles Kettering, vicepresidente de General Motors, en el acabado de sus coches de lujo se utilizaba el mismo barniz empleado en los pianos, lo que suponía un tiempo total de finalización de treinta días. Ello no resultaba satisfactorio para un inventor como él, y se propuso reducir ese tiempo buscando pinturas de secado rápido. Hasta que encontró una solución.

El 4 de julio de 1920, científicos del laboratorio Redpath de Dupont que experimentaban con una laca de nitrocelulosa, descubrieron por accidente una sustancia que era capaz de disolver una cantidad inusualmente alta de pigmentos, la piroxilina. Conocido el interés de Charles Kettering en el tema, y ya con la ayuda de ingenieros de General Motors, comenzaron el desarrollo de una nueva laca de secado rápido, que sería conocida comercialmente como Duco, y que pronto revolucionó el acabado de automóviles. Se aplicaba con pistola, secaba pronto, era más resistente y necesitaba de menos capas. Se utilizó por primera vez en un nuevo modelo de GM, el True Blue Oakland Six, presentado en 1923. Así terminaría de hecho el reinado del negro como único color práctico y duradero de automóviles. Dos años después, todos los vehículos de General Motors se ofrecían en una variedad de colores. La era del Ford T también finalizó en 1927. Entonces llegaron nuevos modelos, con nuevos motores, carrocerías que comienzan a ser metálicas y sobre todo, con nuevos colores. La pintura, que no es solamente decoración, sino sobre todo protección, tiene unas exigencias distintas para la corrosión. Más adelante comenzaron a utilizarse las pinturas sintéticas a base de resinas alquímicas, con acabados más brillantes, y en los años 60 vendrían las acrílicas, a las que sucedieron los acabados metalizados o perlados. Las pinturas más utilizadas un siglo después son acrílicas, de poliuretano o de poliéster.

§ 1951. El transistor, considerado por muchos como el principal invento del siglo XX, dio lugar a la era de las comunicaciones. En rueda de prensa, Bell Telephone Laboratories anuncia en este día la invención del transistor de contacto. Fabricado con germanio, es fruto del trabajo del físico teórico John Bardeen, junto con Walter H. Brattain, el amigo que traducía en experimentos las ideas de John. Con los años, Bardeen se convertiría en la primera persona que obtuvo dos premios Nobel en Física. El primero de ellos (1956) lo compartió con Brattain y también con el jefe del grupo, William Shockley, «por su investigación en semiconductores y por el descubrimiento del efecto transistor».

Tras el anuncio, Shockley acaparó el protagonismo del invento, lo que llevó a la ruptura con Brattain y Bardeen, que aquel mismo año abandonaría la empresa para ser profesor en la Universidad de Illinois. Pero el objetivo se había alcanzado. Habían conseguido un nuevo tipo de amplificador, diferente de las lámparas o válvulas que usaban los aparatos de radio desde comienzos del siglo XX. Aquellas válvulas de vacío con electrodos (triodos y pentodos) eran frágiles, voluminosas y devoraban energía, pero el transistor solucionaba esos tres problemas. La primera aplicación fue en audífonos, y en pocos años los aparatos de radio podrían ser portátiles. El primer receptor de radio comercial con transistores fue fabricado en Japón en agosto de 1955 por Tokyo Telecommunications Engineering Corporation. Se llamó Sony TR-55 y cabía en el bolsillo de un abrigo. Al año siguiente se venderían 40.000 ejemplares del Sony TR-72, y en 1958 la empresa cambiaría su nombre a Sony.

Un transistor de germanio o de silicio es capaz de amplificar una señal eléctrica y también de abrir o cerrar un circuito como un interruptor. Esas propiedades le servirán para transformar la electrónica, revolucionar la tecnología y, como consecuencia, toda la cultura. El pequeño amplificador hace posible la miniaturización de multitud de aparatos. No solo se utiliza en audífonos; aparatos de radio y TV; reproductores de sonido; teléfonos, y muchos otros equipos de telecomunicaciones, sino que gracias a ellos los ordenadores que en los años 50 ocupaban una habitación entera caben ahora en un bolsillo.

Así es; aunque, haciendo honor a su origen, en el vocabulario popular un «transistor» siga siendo (por ahora) un receptor de radio que no tiene válvulas, el invento alcanzaría su gloria en la industria de los ordenadores. Un microchip contiene un circuito integrado que puede albergar hoy miles de millones de transistores. Cada uno de ellos opera como un interruptor que en tiempos brevísimos puede pasar del «*off*» al «*on*», lo que constituye la clave para controlar la transmisión de información en códigos binarios. Los transistores han evolucionado de forma extraordinaria y los límites son difíciles de imaginar.

5 DE JULIO

§ 1841. El empresario Thomas Cook organiza un viaje en tren para unas quinientas personas, entre Leicester y Loughborough (Inglaterra), para acudir a un congreso sobre alcoholemia. Aunque no tuvo mucho éxito, de esta iniciativa pionera le surgió la idea de crear la primera agencia de viajes de ámbito mundial, la que llevó su nombre y llegó a ser una de las más reconocidas hasta 2019.

§ 1865. En Gran Bretaña se impone un límite de velocidad (Red Flag Act) para vehículos automóviles, de dos millas por hora (3,2 km/h) en las ciudades y de 4 mph en carretera. Se trataba de asumir las exigencias de los propietarios de coches de caballos. Además, un automóvil tenía que ir precedido por alguien que portara una bandera roja sesenta yardas (cincuenta y cinco metros) por delante del vehículo. La medida estuvo vigente hasta 1896, que la velocidad límite pasó a ser de 14 mph (23 km/h).

§ 1946. Este día tuvo lugar la explosiva presentación del bikini en París. Existen numerosos mosaicos romanos de los siglos III y IV que muestran a féminas vistiendo una prenda de dos piezas: sujetador y braguita. Pero en toda la historia no se habló de «bikini» hasta 1946. Fue cuando el diseñador de automóviles francés Louis Reard lo reinventó como traje de baño, tras observar en las playas de Saint-Tropez que las chicas recogían los bordes del bañador para conseguir bronceado en una mayor superficie de su piel. El área cubierta por los cuatro triángulos que formaban el bikini diseñado por Reard no llegaba a 200 cm². Y tuvo problemas para presentarlo, pues no contó con la colaboración de las modelos profesionales. Al fin, el 5 de julio de 1946 una chica *stripper* de diecinueve años exhibió el modelito —y su propio ombligo— en una popular piscina de París. El nombre que Reard dio a la prenda venía dado por el del atolón del Pacífico donde cinco días antes se había realizado un primer ensayo con bombas nucleares.

6 DE JULIO

§ 1885. Louis Pasteur realiza la primera vacunación contra la rabia. Desde Alsacia viajaron a París a visitar a Pasteur, el 6 de julio de 1885, el niño de 9 años Joseph Meister —que había sido mordido por un perro rabioso dos días antes— acompañado de su madre y del vecino que era propietario del animal. La rabia era entonces una enfermedad muy temida, que causaba demencia y llevaba inexorablemente a la muerte. En su laboratorio, Pasteur había experimentado con perros una vacuna que inmunizaba contra el «microbio» causante de la rabia. Aquel mismo día, y arriesgándose a ser perseguido por practicar la medicina sin licencia para ello, Pasteur hizo uso por primera vez en seres humanos de aquella vacuna con «gérmenes atenuados». El tratamiento del niño continuó con resultados satisfactorios, de modo que pudo regresar a su casa el 27 de julio.

§ 1905. Sabemos que ya en el 2000 a. C. se utilizaban las huellas dactilares en Babilonia para estampar una firma, y existen documentos en China del año 246 a. C. que fueron autenticados mediante un sello de arcilla con la huella de un funcionario impresa. En Europa se condenó por vez primera a un delincuente utilizando sus huellas como prueba en 1902, y el 6 de julio de 1905 se intercambió la información dactilar de John Walker, un ladrón de ganado, entre las policías de Londres y St. Louis (Missouri, EE. UU.)

§ 1952. En este día dejan de funcionar en Londres los tranvías eléctricos, que llevaban haciéndolo desde comienzos de siglo, y fueron sustituidos por los trolebuses eléctricos, que no necesitaban vías. El último tranvía hizo su recorrido antes de la medianoche, siendo observado por multitud de curiosos durante su recorrido de ocho kilómetros. Desde 1931 habían comenzado a considerarse ruidosos y peligrosos.

7 DE JULIO

§ 1514. Leonardo da Vinci se ocupa de la «cuadratura del círculo». Convencido de que todas las estructuras del mundo natural se sujetan a proporciones geométricas y están sometidas a reglas matemáticas, Leonardo se enfrenta al problema «por excelencia» de la geometría: la cuadratura del círculo, que consiste en construir, con un compás y una regla no graduada, un cuadrado que tenga la misma superficie que un círculo trazado previamente. En más de una ocasión Leonardo afirma haberlo resuelto. Posiblemente sea de 1504 una nota del Códice Madrid II, en donde afirma (folio 112) haber resuelto la cuadratura del círculo «en la noche de San Andrés» (en la madrugada del 30 de noviembre). En el Códice Atlántico lo reitera cuando anuncia que va a comenzar su tratado *De ludo geométrico* (*Sobre juegos geométricos*), y un folio del mismo fechado en 7 de julio de 1514 contiene más estudios sobre el tema.

§ 1855. Una carta de Michael Faraday publicada en el periódico *The Times* de Londres denuncia el grado de contaminación del Támesis que había observado en un paseo en barco: «Todo el río era un fluido opaco de color marrón pálido. Para probar el grado de opacidad, dejé caer trozos de cartulina al agua en cada muelle al que llegaba el barco; antes de hundirse una pulgada dejaban de verse, aunque el sol brillaba intensamente». El texto concluye categóricamente: «No se debería permitir que el río que fluye a lo largo de tantas millas a través de Londres se convierta en una alcantarilla infecta».

§ 1914. El físico e inventor estadounidense Robert H. Goddard recibe este día su primera patente, de las 214 que obtendría como revolucionario pionero en la construcción de cohetes. En ella se describe el funcionamiento de un aparato de múltiples fases y combustible sólido. Una semana después obtiene otra, donde además se concreta la cámara de combustión para poder funcionar con el combustible y el oxidante en estado líquido. El primer cohete de carburante líquido —una pieza de menos de un metro de longitud que quemaba gasolina con oxígeno líquido— fue lanzado por Goddard en marzo de 1926. Sirvió para demostrar que un cohete podría llegar a funcionar en ausencia de oxígeno exterior.

8 DE JULIO

§ 1497. El navegante y explorador portugués Vasco da Gama parte del puerto de Santa Maria de Belém, a orillas del Tajo, en Lisboa, rumbo a la India. Ese viaje inicial, bordeando el cabo de Buena Esperanza, fue el primero en unir Europa y Asia por una ruta marítima, a través de los océanos Atlántico e Índico. Llegó a Kozhikode (también conocida como Calicut) el 20 de mayo de 1498. Esta ruta serviría para afianzar la economía del Imperio portugués, comenzando por el comercio de especias, sobre todo de pimienta y canela.

§ 1716. Correos se convierte en servicio del Estado. Aunque la existencia de portadores de cartas en España se remonta al siglo XIII, no existió una verdadera estructura postal hasta el XVI, cuando los reyes conceden ese servicio en régimen de monopolio a distintas familias. A ellos se encomendaba, tanto en los territorios de la corona en Europa como en los de América, toda la tarea de organizar las postas y el tráfico postal. Tras el cambio de régimen, el 8 de julio de 1716, el servicio pasó a estar directamente administrado por el Estado. Mediante un marco legal de ordenanzas y reglamentos, comenzó entonces un control de tarifas e implantación de itinerarios postales con periodicidad establecida; por ejemplo, desde 1764 zarparía cada mes una embarcación con correspondencia desde La Coruña a La Habana. En 1866 recibían correspondencia diaria en 7864 ayuntamientos, el 84 % de los que había en España.

§ 1994. En la sierra de Atapuerca, al norte de Ibeas de Juarros (Burgos), se descubren fragmentos fósiles del *Homo antecessor*. El primer hallazgo, de la arqueóloga Aurora Martín Nájera, se produce en el estrato TD6 del yacimiento denominado Gran Dolina, en las excavaciones que realiza un grupo de científicos bajo la dirección de los paleoantropólogos Juan Luis Arsuaga, José María Bermúdez de Castro y Eudald Carbonell. El *Homo antecessor* (que significa hombre pionero) vivió hace unos 800.000 años, siendo, por tanto, la especie del género *Homo* más antigua de Europa. El equipo de Atapuerca considera que es el último ancestro común entre los neandertales y los humanos modernos.

9 DE JULIO

§ 1893. En un hospital de Chicago, el cirujano Daniel H. Williams sutura el pericardio de un joven que había sido apuñalado. Williams llevó a cabo la operación de extraer la navaja, abrir la caja torácica y coser el pericardio, sin anestesia del herido. El paciente se recuperó perfectamente, y vivió al menos veinte años más. La primera operación de corazón realizada en la historia (un drenaje de pericardio) la había llevado a cabo el cirujano español Francisco Romero en la primavera de 1801 al agricultor de treinta y cinco años, Antonio de Mira.

§ 1902. Los químicos de la empresa Bayer Emil Fisher y Josef von Mering sintetizan el primer barbitúrico, el barbital (o veronal), de propiedades sedantes e hipnóticas. Comenzó a comercializarse en 1904 como la gran esperanza para los pacientes de insomnio, pero los riesgos de sobredosis y el que cause drogodependencia motivaron que a partir de los años 60 del pasado siglo fuera sustituido por las benzodiacepinas.

§ 1979. A las 22:29 h (UTC) la sonda estadounidense Voyager 2 pasa a 721.670 km del centro de masa de Júpiter, siendo este su mayor acercamiento al gigante gaseoso. Entonces descubrimos que el planeta tiene un pequeño anillo, y que la atmósfera de hidrógeno y helio está sometida a una dinámica compleja, motivada por el hecho de que el planeta emite más energía que la que recibe del Sol. La sonda transmitió también fotos de sus satélites.

10 DE JULIO

§ 1517. Se completa la obra más representativa del Renacimiento en España, la Biblia Políglota Complutense. El texto ofrece versiones en griego, hebreo y arameo, junto con el latín tomado de la Vulgata. Se trata de un proyecto del cardenal Cisneros, realizado por un grupo de teólogos, humanistas, orientalistas y filólogos de la Universidad de Alcalá de Henares. Fue el 10 de julio de 1517 cuando se finalizó el último de los seis volúmenes de los que consta la obra, considerada como un hito en la historia de la imprenta. Cinco años después comenzaron a distribuirse los seiscientos ejemplares de una edición que fue considerada además como un éxito técnico, demostración de lo bien que se había adaptado España a los requerimientos del invento de Gutenberg.

§ 1908. En el laboratorio criogénico que había creado en la Universidad de Leiden (Países Bajos), y tras varios años de trabajo, el físico neerlandés Kamerlingh Onnes consiguió licuar el gas helio a una temperatura de 4,2 K (unos 269 °C bajo cero). Tres años después descubriría la superconductividad a temperaturas próximas al cero absoluto. Por esos trabajos recibió el Nobel de Física en 1913.

§ 1962. El ingeniero de Volvo Nils Bohlin obtiene la patente del cinturón de seguridad de tres puntos, que los automóviles de esa marca habían comenzado a instalar en 1959. Aunque ya había dispositivos para fijar las personas al asiento, todos presentaban riesgos. El nuevo diseño salvaba muchas vidas, y Volvo liberó la patente para que otros fabricantes pudieran utilizarla.

§ 1962. El 10 de julio de 1962 se puso en órbita el Telstar 1, una esfera de 88 cm de diámetro y 77 kg de masa, destinada a conectar por teléfono y televisión Europa y América, cambiando radicalmente el mundo de las comunicaciones. Su misión era recibir las ondas emitidas en estaciones situadas en ambos continentes, amplificarlas y transmitirlas en otra frecuencia. Su órbita, una elipse que era recorrida por el satélite en dos horas y treinta y siete minutos, estaba inclinada 45^0 con respecto al ecuador a una distancia de la superficie terrestre entre 1000 km y 6000 km. No era una órbita geoestacionaria, y en cada pasada sobre el Atlántico se veía el satélite simultáneamente desde los dos continentes solo durante treinta minutos, por lo que esa era la duración máxima de una retransmisión. Fruto de un proyecto financiado por varias compañías de ambos lados del océano, había sido construido por un equipo de Bell Telephone Laboratories. El lanzamiento desde Cabo Cañaveral, montado en un cohete Thor-Delta, corrió a cargo de la NASA.

Poco antes de la medianoche (GMT) del día 10 de julio los técnicos norteamericanos habían activado el satélite, y durante siete minutos emitieron desde Estados Unidos la primera imagen, que fue captada en la estación francesa. Esta transmisión no fue pública y consistió en la emisión de imágenes en directo de una bandera en el exterior de la estación transmisora de Andover (costa de Maine, EE. UU.). Al cabo de un cuarto de hora recibieron la noticia de que la señal había llegado a la estación de Pleumeur-Bodou, en Bretaña (Francia). La retransmisión pública que sirvió para estrenar «mundovisión» tuvo lugar el día 23 de julio.

La iniciativa era una respuesta tecnológica a los atascos que a finales de los años 50 sufrían las comunicaciones telefónicas en los cables submarinos por el Atlántico, que suponían un freno para el desarrollo económico. Se trató de poner solución al problema con la firma de un protocolo de colaboración entre Francia, Gran Bretaña y Estados Unidos para crear un sistema de telecomunicaciones vía satélite. La transmisión del Telstar no tendría inconvenientes de suministro eléctrico, al llevar pilas de níquel-cadmio recargables, gracias a 3600 células fotoeléctricas que se alimentaban del Sol; su limitación radicaba en que solamente tendría una potencia de catorce vatios, por lo que las antenas de tierra habían de ser enormes.

La solución llevó por parte americana a la construcción de una estación en Andover (Maine), con una antena en forma de cuerno paraboloide móvil, de unos cincuenta y cuatro metros y 340 toneladas, que estaba protegida por un radomo de poliéster de la altura de un edificio de catorce plantas. Por parte europea se concretó en la instalación de dos antenas receptoras en sendos finisterres, una británica en Goonhilly Downs (Cornualles) y otra francesa en Pleumeur-Bodou (Bretaña), que por cierto no estuvo disponible hasta tres días antes del lanzamiento del Telstar. También se instalaron antenas en Canadá, Alemania e Italia. Aquellos ingenios tenían que localizar una esfera de menos de un metro de diámetro, que se movía a una velocidad de 8 km/s y a más de mil kilómetros de altura.

El Telstar mejoraba en gran medida las posibilidades en telecomunicación: desde 1960 se contaba con el Echo 1, primer satélite pasivo, que consistía simplemente en un enorme globo, de treinta metros de diámetro (podía observarse a simple vista desde la Tierra), recubierto de aluminio y que actuaba de espejo para devolver hacia la superficie las microondas que recibía. El nuevo satélite era mucho más sofisticado; contenía en su interior mil transistores, era capaz de amplificar la señal más de diez mil veces, transformaba la frecuencia de las microondas (de 6 GHz a 4 GHz) y las transmitía en todas direcciones. Dejó de funcionar el 21 de febrero de 1963, víctima de la Guerra Fría y sus correspondientes pruebas nucleares de altura, que llenaron de radiaciones el cinturón de Van Allen y dificultaron el funcionamiento de sus transistores.

11 DE JULIO

§ 1811. El físico y químico Amedeo Avogadro publica en el *Journal de Physique, de Chimie et d'Histoire Naturelle* un ensayo donde parte de la hipótesis de que dos volúmenes iguales de gases diferentes en las mismas condiciones de presión y temperatura tienen el mismo número de moléculas. De ese modo, es capaz de asignar masas relativas a las moléculas de los gases, y en consecuencia comienzan a usarse los conceptos de masa atómica y masa molecular. Con ello puede concluir que la mayor parte de los gases comunes (oxígeno, nitrógeno, cloro…) tienen moléculas diatómicas. Hasta entonces no era fácil distinguir entre átomos y moléculas de gases.

§ 1979. La estación espacial Skylab, con una masa de 76,7 toneladas, hace su reentrada en la atmósfera terrestre. Entonces se desintegró, esparciendo fragmentos por el sureste del océano Índico y sobre una zona del oeste de Australia escasamente poblada, pero una vaca murió tras ser golpeada por uno de los fragmentos. La NASA reconoce que «las lecciones aprendidas al sacar de órbita grandes naves espaciales como Skylab y otras servirán de base para la eventual salida de órbita de la Estación Espacial Internacional».

§ 1997. Un equipo de científicos dirigido por el biólogo sueco Svante Pääbo publica en la revista *Cell* la primera secuenciación de fragmentos de ADN extraídos del primer neandertal encontrado (1856), a partir de una muestra de ADN mitocondrial de un hueso del brazo. Los resultados sugieren que los neandertales se separaron de los humanos hace poco más de 550.000 años como una especie diferente.

12 DE JULIO

§ 1618. El rey Jacobo I de Inglaterra e Irlanda y VI de Escocia crea el título de baron Verulam para Francis Bacon, que a partir de entonces firmaría como «Francis, Lord Verulam». De este modo salió publicado en 1620 el *Novum Organum*. Con esa expresión, Bacon quería indicar que estaba presentando una alternativa al famoso *Organon*, una recopilación medieval de escritos aristotélicos que se fundamentaba en la lógica deductiva. El nuevo método de Bacon consistía esencialmente en la observación sistemática de los hechos, para así poder estudiar e interpretar los fenómenos naturales. El método empírico parte de la base de que todo conocimiento viene de la experiencia, y no de la autoridad, y, por tanto, sacar deducciones a partir de las antiguas «verdades» es una tarea estéril. Con el método experimental e inductivo, aplicado a los hechos de forma rigurosa, Bacon pretende llegar a una nueva ciencia, útil para el dominio del universo.

§ 1812. Primera experiencia de Michael Faraday en electroquímica. Aún no ha cumplido los veintiún años, pero ya lleva nueve trabajando de aprendiz de encuadernador. Su insaciable curiosidad científica, alimentada por la lectura de todos los libros sobre el particular que pasaban por sus manos, había forjado su decisión de dedicarse a la ciencia. En esta fecha Faraday da a conocer, en una carta a su amigo Benjamin Abbott, su primer experimento electroquímico: había construido una pila voltaica con siete monedas de cobre de medio penique, siete láminas de cinc y sendos discos de papel mojados en agua salada; y con esa pila consiguió descomponer una disolución de sulfato de magnesio. Era el primer paso de uno de los más grandes científicos experimentales de la historia.

§ 1912. Nace la cristalografía de rayos X. El físico Max von Laue estuvo contratado por la Universidad de Múnich entre 1909 y 1912, en el departamento del profesor Arnold Sommerfeld, con quien realizaba el doctorado Paul Peter Ewald. Fue este joven quien tuvo la idea de que las redes cristalinas podrían estar constituidas por planos de átomos ordenados, e hizo pensar a von Laue que si las distancias entre las filas de átomos fueran semejantes a la longitud de onda de los rayos X se podrían dar fenómenos de difracción. La experiencia, realizada por otros dos discípulos de Sommerfeld, Walter Friedrich y Paul Knipping, se presentó el 12 de julio de 1912 en la Academia de Ciencias de Baviera. A una lámina muy fina de un cristal de blenda habían hecho llegar un haz de rayos X, y en la placa fotográfica quedó marcada la prueba de la difracción, formando un diagrama geométrico que hoy conocemos como «lauegrama». Quedaba demostrada la naturaleza ondulatoria de los rayos X, y se abría una nueva etapa de la cristalografía.

§ 2000. Tras ser aprobado por la FDA (Administración de Alimentos y Medicamentos en Estados Unidos) se utiliza por vez primera el sistema quirúrgico Da Vinci. Esta intervención consistió en la extracción por laparoscopia de una vesícula biliar. La paciente, de treinta y cinco años, dio una rueda de prensa a las cuatro horas y fue dada de alta.

13 DE JULIO

§ 1574. Francisco Sánchez de Sousa, filósofo de ascendencia judía nacido en Tuy, recibe el doctorado en Medicina en la Universidad de Montpellier. Sánchez sería denominado el Escéptico por las ideas expuestas en su obra *Quod nihil scitur* (*Que nada se sabe*), publicado en Lyon en 1581, texto que pudo influir en el *Discurso del Método* de Descartes (1637). La primera versión española es de 1927.

§ 1718. Orígenes de la peseta. Desde tiempos antiguos, el acuñar moneda era una forma de declarar la soberanía sobre un territorio, y por parte del pueblo el aceptar o pagar con una moneda determinada suponía reconocer la autoridad de ese soberano. En nuestra historia, la acuñación era un privilegio real, como consta ya en las Partidas de Alfonso X el Sabio, donde se especifican los castigos para los falsificadores y sus cómplices (hasta muerte en la hoguera), y se consigna que se confiscaría la casa donde se había cometido el delito. Es el caso que a principios del siglo XVIII, tras finalizar la guerra de sucesión española, el nuevo monarca, Felipe V de Borbón, ordenó retirar todas las monedas que habían sido emitidas por su rival el archiduque Carlos de Austria (que también había pretendido suceder a Carlos II), entre ellas unas piezas de dos reales de plata acuñadas en Barcelona, que el pueblo denominaba en catalán *peçetas*, un diminutivo de *peças*. A cambio, la Casa de la Moneda de la Corte devolvería al contado su «intrínseco valor». Para puntualizar y regular las cosas, el 13 de julio de 1718 se emite un edicto en el cual, entre otros cambios, se establece que «a la peseta de 84 dineros, le tocan 56 y medio y un octavo de baja». Es el primer documento oficial donde en España aparece la palabra peseta. Pocos años después, el Diccionario de Autoridades (1737) ya recoge esa entrada con la siguiente definición: «La pieza que vale dos reales de plata de moneda provincial, formada en figura redonda. Es voz modernamente introducida». Es decir que durante el siglo XVIII, antes de la unificación monetaria en España, ya había monedas en los territorios de la antigua Corona de Aragón que se conocían popularmente como pesetas.

Pero las primeras monedas que llevaron impreso en su relieve ese nombre no existieron hasta el siglo XIX. Fue en 1809, durante el reinado de José I Bonaparte, hermano de Napoleón, cuando se troquelaron por primera vez en Barcelona, aunque no era la moneda oficial. Posteriormente, también se acuñarían pesetas durante el reinado de Isabel II, que fue cuando se generalizó el término. Pero la peseta no nació oficialmente como unidad monetaria, o moneda de curso legal en España y sus territorios de Ultramar, hasta el decreto del Gobierno Provisional, presidido por Francisco Serrano, el 19 de octubre de 1868, tras el derrocamiento de Isabel II. La nueva moneda sustituyó al escudo, haciendo desaparecer además otras divisiones como los reales y los maravedíes, hasta un total de veintiuna monedas diferentes que entonces había en circulación.

Aquella primera peseta era de plata y pesaba cinco gramos. Inspirada en unas monedas que había acuñado el emperador Adriano en el año 136, en su anverso figuraba una matrona, representación de Hispania, recostada sobre los Pirineos, con el peñón del Gibraltar a sus pies y la leyenda «Gobierno Provisional» con la fecha 1869. En el reverso aparecía el escudo de España en la forma que luego heredó la Primera República, con la leyenda «Una peseta. 200 piezas en kilogramo». En plata había además monedas de 2 y 5 pesetas y fraccionarias de 20 y 50 céntimos. Las de 10, 5, 2 y 1 céntimo eran de bronce, y la de 100 pesetas, en oro de ley, no llegó a acuñarse. Por decisión del Gobierno, toda la producción de moneda se centralizó en la Ceca de Madrid. La peseta fue de plata hasta 1937, cuando la Segunda República emitió las primeras realizadas en latón; por su color, y por llevar en el anverso una alegoría consistente en un rostro femenino de perfil, fueron calificadas popularmente de «rubias».

§ 1724. Parten de Cádiz con destino a Veracruz (México), en el que sería su último viaje, los llamados «galeones del azogue», que transportaban el mercurio obtenido en las minas de Almadén en bolsas de cuero de cuarenta y seis kilos, protegidas en barriles y cajas. El mercurio se utilizaba en destino para disolver el oro y la plata.

§ 1891. Una publicación registra por vez primera la palabra neurona con el significado de «célula nerviosa». Aparece en un artículo firmado por el patólogo alemán Wilhelm Waldeyer en la revista *Berliner klinische Wochenschrift*, y se refiere a los descubrimientos de Cajal. La palabra había sido utilizada antes con otros significados, ahora obsoletos.

§ 1919. En la Pulham Airship Station, de Norfolk (Inglaterra), se completa el primer vuelo transatlántico de ida y vuelta realizado por un dirigible. El R 34, de 195 m de longitud y 24 m de diámetro, transportaba en total treinta personas, incluyendo la tripulación, y en su viaje de regreso desde Long Island (Nueva York) invirtió setenta y tres horas, en las que recorrió 6138 km. En el viaje de ida había empleado más de 108 horas.

14 DE JULIO

§ 1791. Al cumplirse dos años de la toma de la Bastilla, en Birmingham queman la casa, el laboratorio y la biblioteca del teólogo y químico inglés Joseph Priestley. Los autores son unos fanáticos religiosos que se oponían a los ideales de la Revolución francesa, cuyos principios habían sido defendidos por el científico. Por entonces, Priestley ya había inventado el agua con gas, además de descubrir y estudiar las propiedades del oxígeno. Tuvo que marcharse a Londres y luego emigrar a los Estados Unidos.

§ 1867. Alfred Nobel demuestra la estabilidad de la dinamita. El empleo de la nitroglicerina que tuvo más repercusión económica está vinculado al mundo de los explosivos, en donde por su gran potencial comenzó a usarse para reemplazar a la pólvora, a pesar de los grandes riesgos de su manipulación. La solución vendría con Alfred Nobel, un químico sueco que había conocido a Ascanio Sobrero en París, tres años después de que este descubriese la nitroglicerina. Alfred había aprendido de su padre la importancia de los explosivos, sobre todo para la construcción de puentes y carreteras, y desde pequeño se interesó por esa especialidad de la química, a la que dedicaría su profesión. En 1864, una explosión de nitroglicerina en la fábrica de Estocolmo mató a cinco personas, una de ellas el hermano menor de Alfred, y este hecho supuso un acicate para que él se volcase en investigar un modo de hacer más seguro su manejo.

La opción que dio lugar a la dinamita fue el usar tierra de diatomeas —proveniente de fósiles marinos— como «esponja» para absorber la nitroglicerina, formando una pasta que Nobel terminó envasando en tubos de cartón («cartuchos»). El día 14 de julio de 1867 hizo una demostración pública de su invento en una cantera de Merstham (Surrey, Inglaterra): la dinamita se podía golpear e incluso quemar al aire libre sin riesgo alguno, pues para conseguir la potente explosión era necesario un detonador eléctrico o químico. Aunque aquello no sirvió para convencer a las autoridades, en Alemania y los países escandinavos ya se fabricaba el explosivo recién inventado, y los británicos autorizarían la producción dos años después. La patente de este invento, que pronto extendió su uso en la industria, la minería y el armamento de todo el mundo, hizo ganar a Nobel una gran fortuna, que al final cristalizó en la dotación de los premios que llevan su nombre. Posteriormente, la dinamita fue relegada por otros explosivos más manejables, que incorporan un absorbente plástico, como en la goma-2 ECO (con nitroglicol) o el Titadine (con TNT o trinitrotolueno).

§ 1911. Un dirigible del español Leonardo Torres Quevedo encabeza este día el desfile de la República en París, después de que la casa francesa Astra adquiere sus patentes del trilobulado «autorrígido». En febrero de 1911 el ingeniero español había finalizado la construcción del flamante

Astra-Torres num. 1, un modelo de 1600 m³, 36 m de longitud y 8 m de diámetro, capaz de alcanzar los 70 km/h con un motor de 70 HP. Era más rápido, estable y manejable que todos los anteriores. El sistema parecía demostrar ser el mejor medio de transporte aéreo, cuando los aeroplanos continuaban acumulando accidentes.

§ 1965. El Mariner 4 fotografía Marte por primera vez. Después de siete meses y medio de viaje, cuando se encontraba a 215 millones de kilómetros de nosotros, la nave espacial comienza a enviar, el 14 de julio de 1965, la señal digital de fotografías del planeta rojo, tomadas a 10.000 km de su superficie. Eran las primeras imágenes de otro planeta que llegaban a la Tierra. Además de una cámara digital, con telescopio, filtros y cinta de almacenamiento de 5,24 millones de bits (para unas 20 fotografías), llevaba aparatos para realizar medidas de campos magnéticos, radiaciones y polvo cósmico. El satélite finalizó su vida útil cinco meses más tarde.

15 DE JULIO

§ 1662. Por real decreto de Carlos II de Inglaterra se crea la Royal Society of London, a partir de la Sociedad para la Promoción del Aprendizaje Experimental de Física y Matemáticas que se había constituido en 1660 tras una reunión de una docena de científicos en el Gresham College, celebrada con motivo de una conferencia del astrónomo Christopher Wren. La Royal Society goza del mayor prestigio en el ámbito científico internacional. Su lema *Nullius in verba* significa «no basta la palabra de nadie», expresando la necesidad de verificar los hechos experimentalmente.

§ 1753. Carolus Linnaeus publica la primera edición de *Species Plantarum*, una obra en dos volúmenes en la que dio nombres sistemáticos a las plantas. Fue el primero en formular principios para definir géneros y especies —tanto de plantas como de animales— y en crear un sistema uniforme para nombrarlos. Linneo había inventado un lenguaje internacional para designar a todos los seres vivos.

La importancia del trabajo de Carl Linné se agranda cuando reparamos en la enorme variedad de especies que pueblan el planeta, y en la necesidad de poner orden para acercarse a estudiar su conjunto. Considerando solamente las plantas, pensemos que el primer botánico de la Antigüedad, Teofrasto, discípulo de Aristóteles, identificó quinientas especies de plantas, pero Linneo ya catalogó nueve mil, y Cuvier llegó a mencionar las 50.000 a comienzos del siglo XIX. Actualmente se cree que existen unas 250.000 especies de plantas, y que se han extinguido muchísimas más. La cuestión se complica si además con frecuencia las plantas, como los peces, las algas, las setas o los organismos en general, tienen varios nombres en cada idioma, dependiendo de las regiones. La posibilidad de comunicación científica pasaba necesariamente por disponer de un lenguaje universal.

§ 1783. Un cuarto de hora río Saona arriba (contra corriente), en Lyon, duró el ensayo del Pyroscaphe, un navío de 46 m de eslora y 150 toneladas. Era el primer éxito de un barco de vapor, propulsado por dos grandes ruedas de paletas. Su inventor fue el marqués Claude de Jouffroy d'Abbans, a quien la Académie des Sciences había prohibido hacer pruebas en París. Tuvo que repetir más adelante su ensayo en el Sena, esta vez ante los comisarios de la Academia.

16 DE JULIO

§ 1741. Los europeos descubren Alaska. La gloria es para el incansable marino y explorador danés Vitus Bering, en una expedición financiada por Rusia. Bering fallecería de escorbuto en diciembre de ese año junto con otros veintiocho compañeros. En su honor nombramos el estrecho que une y separa Asia y América, camino por el que se produjo la entrada de la humanidad en el continente americano.

§ 1867. Un jardinero francés Joseph Monier patenta el hormigón armado. Insatisfecho con la fragilidad de las macetas, pilas, depósitos para el agua y otros recipientes propios de su profesión que había en el mercado, Monier sería el inventor del hormigón armado. Lo primero que hizo fue construir macetas de cemento y reforzarlas colocando en el interior de la masa una malla metálica. Ni corto ni perezoso, llevó su invento a la Exposición Universal de París de 1867, y el 16 de julio de ese año obtuvo su primera patente por un «Sistema de macetas y depósitos portátiles, en hierro y cemento, aplicables a la horticultura». A esa siguieron otras muchas, incluso de puentes y edificios, pero que debido a su falta de formación en ingeniería no optimizaban el empleo del hierro en el armazón. Pero él fue pionero en hacer hormigón armado.

§ 1918. La joven matemática Emmy Noether no había podido presentar su teorema, por su condición de mujer. Hija de un matemático, a quien sustituiría ocasionalmente en sus clases en la Universidad de Erlangen (Baviera), donde ella había obtenido el doctorado, y en la que durante siete años trabajó sin cobrar, Emmy Noether fue considerada por Albert Einstein como la mujer más importante en la historia de la matemática. Son fundamentales sus aportaciones al álgebra abstracta y otros trabajos de aplicación en la física teórica. En 1915 Noether fue invitada a entrar en el prestigioso departamento de Matemáticas de la Universidad de Gotinga por los profesores David Hilbert y Felix Klein. Fue este último quien, en una reunión de la Real Sociedad de las Ciencias de Gotinga, presentó el 16 de julio de 1918 el artículo de Emmy Noether titulado «Invariante Variationsprobleme», que recoge el hoy denominado teorema de Noether, uno de los pilares en que se basa la relación entre leyes de conservación y relatividad general.

§ 1965. Se abre el túnel del Mont Blanc. Tras seis años y medio de obras, en los que se extrajeron un millón de metros cúbicos de roca, el 16 de julio de 1965 se abre al tráfico el túnel, de 11,6 km de longitud y 8,6 m de anchura, que atraviesa las entrañas del Mont Blanc, el pico más alto de Europa. Se facilita así la comunicación entre la Alta Saboya, en Francia, y el Valle de Aosta, en Italia. Desde entonces circulan por él una media de 17.000 vehículos cada día.

17 DE JULIO

§ 709 a. C. Tiene lugar el registro más antiguo de un eclipse total de Sol en cualquier civilización. En China, en el período de las Primaveras y Otoños, «Tercer año, séptimo mes, primer día. El Sol fue eclipsado y fue total». Esa fecha, comparada con el calendario juliano, coincide exactamente con la de un eclipse solar que tuvo lugar este día, según los cálculos. Una referencia a ese mismo eclipse aparece siglos después en el *Libro de Han*, también en China (*Historia de la antigua dinastía Han*, siglo I d. C.): «... el eclipse pasó centralmente a través del Sol; arriba y abajo era amarillo». Los escritos chinos anteriores que se refieren a un eclipse lo hacen sin mencionar la totalidad.

§ 1850. William C. Bond, director del Observatorio Astronómico de Harvard, y el fotógrafo de Boston John A. Whipple hacen un daguerrotipo de la estrella Vega, una de las del Triángulo de verano. Es la primera foto de una estrella (distinta del Sol). El daguerrotipo se obtenía en una placa de cobre pulida y plateada, expuesta a vapores de yodo para hacerla fotosensible y con una exposición de noventa segundos.

§ 1959. En la garganta de Olduvai, en las llanuras del Serengeti de Tanganica (ahora Tanzania, África Oriental), la antropóloga británica Mary Leakey descubre un cráneo fósil de homínido, primer ejemplar de una nueva especie. El tamaño cerebral es de unos 530 cm^3. En un principio, Louis Leakey lo consideró un antepasado humano (*Zinjanthropus boisei*), pero en 1967 fue reclasificado como *Australopithecus boisei*. Vivió hace 1,8 millones de años.

§ 1975. En la última misión del programa Apolo estadounidense, la cápsula con tres astronautas se acopla a una cápsula soviética Soyuz, con dos tripulantes, dando lugar a la primera unión de naves espaciales de las dos naciones. La carrera espacial llegó a su final, que tres años antes se había firmado por el presidente estadounidense Richard Nixon y el premier soviético Alekséi Kosygin.

18 DE JULIO

§ 1627. El misionero francés Joseph de La Roche Daillon registra que en este día observaron que brotaba un manantial de agua con petróleo del suelo cerca del pueblo de Cuba (Nueva York, EE. UU.). Es la primera mención registrada de petróleo en el continente americano. Los seneca y otros pueblos indígenas anteriores habían aprendido a utilizar el agua contaminada de petróleo con fines medicinales. Hoy en día los seneca de la reserva india Oil Springs operan allí dos gasolineras libres de impuestos para generar ingresos para la reserva.

§ 1860. Sesenta astrónomos se reúnen en las proximidades del castillo de Quintanilla de la Ribera (Álava) acompañando a Warren de la Rue, un especialista en fotografía solar, para observar un eclipse de Sol. Es el 18 de julio de 1860. En el lugar también hay algunos vecinos, entre los que se hallaba el niño de ocho años Santiago Ramón y Cajal, que había acudido con su padre, gran aficionado a la astronomía. El Nobel recordaría aquel evento años después. Van a fotografiar un eclipse por primera vez. De la Rue quería estudiar con detalle las protuberancias que se observaban en los eclipses alrededor del borde lunar, y determinar si se trataba de un fenómeno óptico, o bien provenían del Sol o de la Luna. A 500 km de distancia, en el desierto de Las Palmas (Castellón), el astrónomo jesuita Angelo Secchi pudo fotografiar la corona solar en ese mismo eclipse. El estudio y comparación de ambas fotografías demostró que las llamaradas eran reales y producidas por el Sol.

§ 1898. Los físicos Pierre y Marie Curie presentan a la Academia de las Ciencias de París un artículo titulado «*Sur une substance nouvelle radio-active, contenue dans la pechblende*», comunicando haber descubierto un nuevo elemento químico, para el que proponían el nombre de polonio, en honor a la tierra natal de ella. En aquel texto se utilizaba por primera vez la palabra radiactividad para referirse al fenómeno descubierto por Henri Becquerel dos años antes y que este denominaba «fosforescencia invisible». Meses después anunciarían el descubrimiento del radio.

§ 1968. Robert Noyce y Gordon E. Moore crean la empresa NM Electronics, que meses después se llamaría Intel Corporation, por reducción de Integrated Electronics. Su primer producto, en 1969, fue un chip de RAM (Random Access Memory). Más adelante crearían el microprocesador 8080, que formó parte de los primeros ordenadores personales y de centenares de dispositivos electrónicos.

19 DE JULIO

§ 1533. En la isla que Colón llamó La Española, el maestro cirujano Joan Camacho realizó en este día la separación de dos siamesas, hijas de José López Ballesteros. Habían nacido unidas por el abdomen el día 10 de ese mes y fueron bautizadas con los nombres de Joana y Melchiora. Las niñas fallecieron tras su separación. El cronista Gonzalo Fernández de Oviedo presenció los hechos y los describió en su *Historia general y natural de las Indias*: «*Se deben alegrar los que lo vieron, y los que aquesto leyeren, en quedar certificados que subieron dos ánimas al cielo a poblar aquellas sillas que perdió Lucifer y sus secuaces, pues dos niñas que juntas nacieron, recibieron el sacramento del bautismo conforme a la Iglesia*».

§ 1843. Tiene lugar en Bristol (Inglaterra) la botadura del trasatlántico de lujo S.S. Great Britain, el primero en tener casco de hierro y en ser propulsado con hélice. Aunque dotado de máquina de vapor, tenía también seis mástiles para vela. Con noventa y ocho metros de eslora, fue el barco más grande del mundo hasta 1854. El 26 de julio de 1845 partió en su viaje inaugural de Liverpool a Nueva York, cruzando el Atlántico en catorce días.

§ 1849. Una ley de Isabel II establece el sistema métrico decimal como sistema oficial de medidas en España. La medida comenzó a aplicarse y en 1880 sería obligatorio en educación, cuestiones legales y todas las transacciones comerciales. Se modificó así el Real Decreto de 1801, primer intento serio de unificación, que había fijado como medida de longitud la «vara de Burgos».

20 DE JULIO

§ 1221. Sobre el solar de la antigua catedral románica y en presencia de los promotores, el rey Fernando III de Castilla y el obispo Mauricio, prelado de la diócesis desde 1213, se coloca la primera piedra de la actual catedral de Burgos. La construcción siguió patrones góticos franceses (París o Reims), si bien el proyecto fue modificado en los siglos XV y XVI.

§ 1807. El ingeniero Robert Fulton, que ya había construido en Francia un pequeño barco de vapor, presenta orgulloso en el puerto de Nueva York el navío North River Steamboat, más tarde apodado Clermont; dotado de una máquina de vapor de 19 HP fabricada en Birmingham, tenía cuarenta y tres metros de eslora y alcanzaba una velocidad media de 4,7 nudos. Las paletas tenían un ancho de 1,2 m y un diámetro de 4,6 m. Comenzó a realizar el servicio en el río Hudson, entre Nueva York y Albany, el 17 de agosto.

§ 1969. A las 20:17:39 (hora internacional UTC) del 20 de julio de 1969, desde el módulo lunar de la misión espacial estadounidense Apolo 11, Neil Armstrong comunica a la base: «*The Eagle has landed*». Esas fueron realmente sus primeras palabras al llegar a la Luna tras cuatro días, seis horas y cuarenta y seis minutos de viaje. En una maniobra manual, Armstrong había conseguido posar suavemente el Eagle en la superficie de nuestro satélite. Cinco horas y media más tarde, él y Buzz Aldrin serían los primeros hombres en poner el pie sobre la superficie lunar. Arriba, en el módulo de mando Columbia, les esperaba Michael Collins.

§ 1976. Por vez primera, un objeto terrestre aterriza en Marte. La sonda Viking Lander 1 lo ha conseguido tras un viaje de once meses. Pronto comienza a enviar fotografías de la superficie del planeta rojo. Más tarde conseguiría realizar registros meteorológicos, así como ensayos biológicos y químicos del suelo a partir de muestras tomadas con un brazo robotizado. Allí estaría operando durante 2245 días marcianos, o bien 2307 días terrestres (más de seis años).

21 DE JULIO

§ 1904. Después de trece años de trabajos, este día se completó el ferrocarril transiberiano. Con un trazado de 9288 km facilitó la ocupación de Siberia a gran escala (entre 1906 y 1914 se instalaron allí seis millones de inmigrantes de Rusia y Ucrania) y posteriormente se construyeron ramales, alcanzando los 10.267 km. La línea de Moscú a Vladivostok unía la Rusia europea con las provincias del Extremo Oriente ruso en la costa del Pacífico, y facilitaba enlaces con Mongolia, China y Corea del Norte. Su construcción comenzó por iniciativa de Sergei Yulyevich Witte, ministro de Hacienda cuando estaba en el poder el zar Alejandro lll. En su construcción trabajaron 90.000 hombres. Se trata del ferrocarril de transporte más largo del mundo, que atraviesa ocho franjas horarias y tarda una semana en completar el recorrido.

§ 1969. Este día los seres humanos dan sus primeros pasos sobre la Luna. Había sido en 1962 cuando el presidente John F. Kennedy pronunció el discurso más famoso de su vida. En el campus de la Universidad Rice, en Houston (Texas), anunció públicamente que antes de finalizar aquella década los Estados Unidos conseguirían emprender un viaje de ida y vuelta tripulado a la Luna. Era su reto personal en lo más crudo de la Guerra Fría, cuando la URSS ya había demostrado su poderío tecnológico, adelantándose con el lanzamiento del Sputnik (1957) y enviando al primer hombre al espacio, Yuri Gagarin, en 1961. Un mes después de conocer que aquel soviético se había convertido en el primer astronauta de la historia, Kennedy solicitó al Congreso nuevos fondos para cambiar el objetivo del programa Apolo, incluyendo un viaje a la Luna a corto plazo.

La carrera espacial gozó entonces en Estados Unidos de la primacía presupuestaria que haría posible el desafío de su presidente. Sucesivas misiones fueron poniendo a prueba nuevas aleaciones y materiales de todo tipo, además de computadoras, motores, cohetes, combustibles, instrumentos y otros dispositivos, así como los sofisticados trajes espaciales y sistemas de vuelo, de control y de comunicación. También se realizaron ensayos de todas las maniobras y se escogió el lugar del alunizaje. Desde el Apolo 8 los lanzamientos de misiones tripuladas tuvieron lugar con el cohete Saturno V, que con una altura de 110,64 m fue el mayor de los construidos por la NASA. La nave espacial en sí constaba de dos elementos: el módulo lunar, con el que se realizaría el alunizaje de dos de los tres astronautas, y el módulo de comando y servicio, donde estaban los sistemas de propulsión propios de la nave.

El día 16 de julio de 1969, los invitados de primera fila en cabo Cañaveral (Florida) pudieron contemplar (a casi seis kilómetros de distancia, por motivos de seguridad) cómo el poderoso Saturno V se levantaba venciendo la gravedad terrestre y desprendía sus primeras fases hasta perderse de vista. A bordo de la nave iban los astronautas Neil Armstrong, Edwin Aldrin y Michael Collins, rumbo a la inmortalidad. Cinco días más tarde, los dos primeros consiguieron posar el módulo lunar en el Mar de la Tranquilidad, mientras Collins les esperaba orbitando a decenas de kilómetros de altura.

Cinco horas después, el comandante Armstrong fue el primer ser humano en pisar la superficie de nuestro satélite, a las 2:56 horas (UTC) de la madrugada del día 21 de julio de 1969, y es entonces cuando pronuncia la frase prevista «*It's one small step for man, one giant leap for mankind*»; luego descendería Collins, y por allí estuvieron durante dos horas en las que colocaron instrumentos y recuerdos (incluyendo una bandera de barras y estrellas), tomaron muestras de suelo lunar y sacaron fotografías. La escena fue presenciada en directo, desde el planeta Tierra, por más de seiscientos millones de telespectadores, muchos de los cuales también podían observar incrédulos desde sus ventanas una luna en cuarto creciente. El resto es el regreso; tres días después finalizó la misión con un perfecto amerizaje en el océano Pacífico. El presidente Kennedy no pudo ver cumplido su reto. Había sido asesinado en 1963.

§ 1970. Se completa la enorme presa de Asuán, en Egipto, con una altura de 111 m y una longitud de 3600 m, construida para capturar las aguas del Nilo, evitando las inundaciones anuales. Se utiliza para la producción de electricidad y ha contribuido a incrementar notablemente la riqueza agrícola del país. La contrapartida es un gran impacto ecológico. El país está orgulloso del logro, y la prensa comentaba en su día que los materiales empleados en la fabricación del dique tenían un volumen semejante a diecisiete veces la gran pirámide de Giza.

§ 1933. El aviador Wiley Post completa el primer vuelo alrededor del mundo en solitario, en el monomotor Lockheed Vega 5B Winnie Mae, en un tiempo de siete días, dieciocho horas y cuarenta y nueve minutos. El aparato podía mantener una velocidad de 193 km/h. Post había realizado su primer vuelo en 1926, cuando obtuvo su licencia para pilotar, firmada por Orville Wright, a pesar de llevar un parche en el ojo izquierdo, que había perdido en un accidente.

§ 1946. Se celebra en Nueva York una conferencia internacional en la que se decide la creación de la Organización Mundial de la Salud (OMS), firmada por los representantes de sesenta y una naciones. El primer punto de su declaración afirma: «La salud es un estado de completo bienestar físico, mental y social y no solamente la ausencia de afecciones o enfermedades».

§ 1971. En la necrópolis granadina de Baza (antigua Basti), el arqueólogo gallego Francisco José Presedo Velo descubre una figura femenina sentada en trono, tallada en un bloque de piedra arenisca y policromada, de unos ochocientos kilos, que conocemos como la Dama de Baza. Presedo data la creación de la pieza a comienzos del siglo IV a. C. Se la considera una pieza fundamental del arte ibérico, la primera descubierta *in situ*.

§ 1888. El veterinario escocés John Boyd Dunlop solicita una patente para «Una mejora en los neumáticos o ruedas para bicicletas, triciclos y otros neumáticos de carretera». Había ensayado la idea comparando cómo rodaban una rueda de madera de noventa y seis de diámetro en la que había montado un neumático de caucho, con una de las ruedas metálicas del triciclo de su hijo. Los resultados fueron tan evidentes que el primer beneficiado fue su hijo, de nueve años, que usaba el triciclo para acudir diariamente a la escuela por los irregulares pavimentos de las calles de Belfast. El neumático ya había sido inventado en 1845 por Robert William Thomson, quien lo había registrado para ruedas de carro, pero tuvo poca demanda. Dunlop desarrolló la idea y creó una compañía que en 1900 se convirtió en Dunlop Rubber Co.

§ 1921. Aislamiento de la insulina. La diabetes es una enfermedad conocida desde la Antigüedad; aun cuando médicos indios y árabes ya lo hubieran registrado, el inglés Thomas Willis, uno de los fundadores de la Royal Society, fue (que se sepa) el primero en occidente en probar el sabor de la orina de un paciente, asegurando que era «dulce como la miel», por lo que la enfermedad comenzó a apellidarse «mellitus». Hasta hace un siglo, los pacientes no tenían posibilidad de tratamiento. Aquellas personas que por motivos genéticos o causados por diversas enfermedades tenían problemas para metabolizar los azúcares terminaban, a pesar de sus esfuerzos con la dieta, con unos altos índices de glucosa en sangre, lo que se manifestaba en síntomas como un anormal incremento de sed y de apetito, exceso de orina y grave adelgazamiento. La enfermedad derivaba en numerosas complicaciones agudas y crónicas que en muy frecuentes casos acarreaban la muerte.

La relación de la diabetes con el páncreas fue establecida a finales del siglo XIX, tras los experimentos realizados con perros, que desarrollaban la fatal enfermedad si se les extirpaba ese órgano. Pocos años antes, el estudio al microscopio de la estructura de los tejidos pancreáticos había revelado la existencia de unas pequeñas islas, ínsulas o islotes celulares que fueron descritos por vez primera por el estudiante de medicina Paul Langerhans en 1869. Langerhans había estudiado durante dos años aquellos tejidos en diversos animales, sobre todo en conejos, y ese fue el tema de su tesis doctoral, aunque no conocía la función de aquellas células que aparecían asociadas en pequeños grupos. Hubo que esperar tres decenios hasta que el histólogo Édouard Laguesse sugiriese que en ellos se fabricaba alguna sustancia química de secreción interna y por vez primera los denominó «islotes de Langerhans». También existía la sospecha de que la diabetes mellitus estaba causada por la carencia de una hormona segregada en aquellos islotes pancreáticos, pero no se consiguió aislarla. El fisiólogo Edward Schäfer, considerado fundador de la endocrinología, fue quien primero designó a esa hormona como insulina en 1916.

Durante los primeros años del siglo XX se realizaron numerosas experiencias con animales diabéticos, tratando de precisar la relación entre sus niveles de azúcar en la sangre y orina con la administración de extractos pancreáticos. El 27 de julio de 1921, en el laboratorio de John MacLeod (quien supervisaba los trabajos) de la Universidad de Toronto, el joven médico Frederick Banting y su ayudante Charles Best consiguieron aislar la hormona. Luego, con su inyección, lograron revertir la glucemia durante setenta días en una perra diabética de aquel laboratorio. Meses después contaron con la crucial colaboración del bioquímico James Collip, que logró la purificación de una insulina de páncreas de ternera, lo que mejoró notablemente los resultados y permitió que se aplicase a pacientes humanos. Los canadienses Banting y MacLeod publicaron sus resultados en febrero de 1922 y recibieron por ello el Premio Nobel de Medicina en 1923, cuyo importe ambos compartieron respectivamente con Best y Collip.

La decisión de los diecinueve profesores del Instituto Karolinska generó diversas reclamaciones, de investigadores (de Alemania, Estados Unidos y Rumanía) que afirmaban haber realizado con anterioridad experiencias semejantes, e incluso haber publicado o patentado sus descubrimientos. De hecho, el médico rumano Nicolae C. Paulescu en su libro *Traité de Physiologie Médicale* (1920) ya se refiere a la administración de extractos pancreáticos a perros con la enfermedad, y el 23 de julio de 1921 había publicado las comunicaciones presentadas por él en meses anteriores ante la Sociedad Rumana de Biología sobre sus investigaciones sobre el tema, incluso sobre el aislamiento de la hormona antidiabética, que llamó pancreína. Ante las alegaciones presentadas defendiendo la primacía de Paulescu en este descubrimiento, el director del Instituto Nobel respondió en 1969 que el fisiólogo rumano no recibió el Nobel porque no fue nominado, y también que no se puede retirar un premio que ya ha sido concedido.

§ 1965. El primer trasplante en España, comienzo de una gran historia. Actualmente, cada año son miles las personas que en nuestro país reciben un trasplante de riñón, y hay decenas de miles de pacientes que están sometidos a hemodiálisis. Ambas opciones médicas comenzaron a ser posibles hace pocos decenios, y de hecho, a comienzo de los años sesenta del pasado siglo, un enfermo con insuficiencia renal severa tenía pocas posibilidades de supervivencia, ya que las posibilidades del urólogo para tratar la enfermedad eran nulas. En este tiempo, los avances en la cirugía y en los tratamientos con inmunosupresores han convertido el trasplante en la mejor opción para el tratamiento de la insuficiencia renal severa, de modo que hoy se practica en todos los hospitales importantes del país.

La primera hemodiálisis extracorpórea en España la realizó en febrero de 1957 el doctor Emilio Rotellar, en el Hospital de la Cruz Roja de Barcelona, con una máquina que había construido él mismo, siguiendo la pauta del rudimentario riñón artificial creado y utilizado por el doctor. Willem Kolff clandestinamente en la Holanda ocupada por los nazis. El aparato, basado en las ideas expuestas casi un siglo antes por Thomas Graham —quien realizó estudios en los que separaba sustancias a través de membranas semipermeables— empleaba papel de celofán para filtrar algunos componentes de la sangre de enfermos renales cuyo exceso era nocivo, como la urea. En 1957, en Europa existían solamente cinco máquinas que había fabricado el propio Kolff. Desde mediados de los años 60, la hemodiálisis se convirtió en el tratamiento más común para la insuficiencia renal, aunque son numerosos los condicionantes y efectos secundarios de su práctica.

La diálisis permitía suplir en parte el trabajo de unos riñones que no funcionaban. Por los de una persona sana pasan cada día unos 1500 litros de sangre, que se depuran gracias a los más del millón de filtros diminutos que se encuentran en cada uno de esos órganos. Pero además de esa función de eliminar las sustancias de desecho que se producen en el metabolismo, los riñones cumplen una función endocrina, pues producen sustancias que son necesarias para los huesos, como la vitamina D activa, o para la formación de glóbulos rojos, como la eritropoyetina (EPO). En definitiva, que la diálisis tampoco lo arregla todo, y puede pensarse que la mejor forma de suplir un órgano enfermo es con otro órgano similar sano.

Paralelamente vendrían los primeros trasplantes de riñón. El primero con resultados positivos tuvo lugar en Estados Unidos en 1954, y fue realizado entre dos gemelos idénticos de veintidós años, pero no fue hasta junio de 1963 cuando se consiguió reutilizar un órgano de un cadáver. Lo hizo el doctor Guy Alexandre, un cirujano de la Universidad Católica de Lovaina, en Bélgica, a partir de un accidentado que había ingresado en el hospital en coma profundo, por grave traumatismo craneal. Aquella decisión, de extraer un riñón de un cuerpo humano cuando todavía mantiene el pulso, puede considerarse histórica; fue entonces cuando comenzó a hablarse de «muerte encefálica», la situación de coma irreversible previa a la parada cardiorrespiratoria. Aquel receptor falleció a los tres meses por una septicemia, pero en 1964 se realizaron ya en Europa dos trasplantes en esas circunstancias, con resultados mucho más esperanzadores.

A comienzos de los 60 se habían practicado en Madrid dos intentos de trasplante renal, ambos sin éxito, y con donante vivo; uno fue entre hermanos gemelos y el otro de padre a hijo, con ensayos de tratamiento para evitar el rechazo. Además, en la Unidad experimental de trasplante renal, creada en el Hospital Clínico de la Universidad de Barcelona, se experimentaba con órganos de animales, el mejor modo de conservación previo al implante, y otros aspectos de la técnica quirúrgica. El primer trasplante de éxito resultaría el efectuado por el urólogo doctor José María Gil-Vernet en colaboración con el nefrólogo doctor Antonio Caralps el 23 de julio de 1965, colocando a una mujer de treinta y cinco años un riñón de un joven de veinticuatro, que había fallecido por traumatismo craneoencefálico en accidente de motocicleta. Ese mismo año el equipo de la cátedra de Urología implantó otros ocho riñones más con éxito inmediato.

En España se daría marco legal al trasplante de órganos de cadáveres con la Ley 30/1979, que reconoció el concepto de «muerte cerebral», aceptando el llamado «criterio de Harvard», que en 1968 había definido la situación de «coma irreversible» cuando se comprueba un daño total y permanente en el encéfalo. Hasta la entrada en vigor de esa ley, todas las extracciones de órganos en España habían de esperar a la parada cardíaca del donante.

24 DE JULIO

§ 1773. Llega a España el elefante indio del Museo Nacional de Ciencias Naturales, una de las joyas taxidérmicas de su colección. El animal, un macho de cinco años, era un regalo del gobernador de Filipinas para Carlos III. Fue embarcado en una fragata de la Armada que llegó a San Fernando (Cádiz) el 24 de julio de 1773, tras de seis meses desde Manila. En tierra salió hacia la Granja de San Ildefonso, donde veraneaba el monarca, en un viaje de más de ochocientos kilómetros que duró cuarenta y dos días. Fue trasladado a El Escorial y a Madrid, donde fue paseado durante un mes en el que se hizo popular. El paquidermo vivió en la Casa de Vacas de Aranjuez hasta finales de 1777, cuando tras su fallecimiento fue disecado por el gran ilustrador valenciano Juan Bautista Bru para ser exhibido en el Real Gabinete.

§ 1911. Noticia de la existencia del Machu Picchu. El explorador estadounidense Hiram Bingham, que pudo llegar allí por estar casado con Alfreda Mitchell, nieta de Charles Tiffany (el fundador de la famosa joyería de Nueva York), comunica haber descubierto en la región de Cuzco, en Perú, las ruinas de una ciudad inca a más de 2400 m de altura.

En uno de los templos encontrados figuraba una firma en carbón vegetal: «Lizárraga 14 de julio de 1902». Era una prueba de que el agricultor cuzqueño Agustín Lizárraga había estado en las ruinas. Pero Bingham fue el primero en documentar, fotografiar y cartografiar la zona, y en realizar una excavación arqueológica de lo que se revelaría como una obra maestra de la arquitectura y la ingeniería. También el primero en llevarse sin permiso 46.332 piezas arqueológicas, que en principio fueron para la Universidad de Yale, que comenzaron a ser devueltas en 2011. Parte del resto está también en el Museo Británico, el Museo del Louvre o en colecciones particulares.

§ 1918. En la cordillera cantábrica, entre Asturias, León y Cantabria, por decreto de Alfonso XIII se crea el primer espacio protegido en España. Bajo el nombre de Parque Nacional de la Montaña de Covadonga es un modelo de ecosistemas propios del bosque atlántico y actualmente designado como Parque Nacional de los Picos de Europa. Inicialmente comprendía 16.925 ha, pero se amplió hasta las 67.127 ha actuales.

§ 1938. En Suiza, la compañía Nestlé lanza al mercado el Nescafé, un café soluble instantáneo. En 1901 el químico japonés Satori Kato había presentado en la Exposición Panamericana el primer café con esas características, aunque el diario de Nueva Zelanda *Southland Times* informó que había una patente del proceso registrada por David Strang en 1889. Nestlé mejoró el proceso de fabricación, consistente en partir de una mezcla específica de variedades, tostado, molienda, cocción, filtración y posterior pulverización en secaderos de acero para eliminar el agua y obtener los gránulos del producto.

25 DE JULIO

§ 1814. Georde Stephenson prueba su primera locomotora, a la que llamó Blücher en honor del mariscal de campo (Gebhard Leberecht von Blücher) que comandaba las tropas prusianas que lucharon junto a los aliados británicos, holandeses y alemanes contra Napoleón en 1813 y 1814. Entonces se estaban poniendo las bases de lo que ha llegado a ser uno de los grandes medios de transporte para la humanidad: el ferrocarril, una red de caminos de hierro en donde circulan hileras de vagones arrastrados por un artefacto esencial, la locomotora.

A comienzos del XIX, el ingeniero Richard Trevithick llegó a construir algunos modelos de máquinas locomotoras, buscando fundamentalmente el menor tamaño y la mayor potencia, pero que por unas u otras razones no fueron viables, o se quedaron en simples atracciones de feria. Por su parte, Matthew Murray y John Blenkinsop habían fabricado en 1812 una máquina de cremallera y de dos cilindros (que llamaron Salamanca para conmemorar el triunfo militar del 22 de julio contra los franceses en la batalla de los Arapiles), y luego otras tres semejantes, que funcionaron para el transporte de carbón, cubriendo un kilómetro y medio entre la mina de Middleton y la zona industrial de Leeds, en Inglaterra. Pero aquel sistema resultaba complejo y caro. De hecho, en 1835 esa línea volvió a la tracción animal.

Si a George Stephenson se le atribuye el título de «padre de los ferrocarriles» es por haber creído que aquel medio podría aplicarse al transporte de viajeros, y por una serie de aportaciones que comienzan el 25 de julio de 1814, cuando realiza con éxito la prueba de su primera locomotora, que pondría a funcionar dos días después. Aquella máquina era capaz de remolcar ocho vagones cargados con treinta toneladas de carbón a una velocidad de 6,4 km/h en un trayecto con ligera pendiente (0,3 %). La denominada Blücher fue la primera de una serie de cuatro o cinco máquinas construidas por Stephenson para las minas hulleras de Killingworth, donde trabajaba, al norte de Newcastle. El ingenio contaba con cuatro ruedas lisas y de pestaña, con un peso que facilitaba su adherencia, y mantenía un sistema de transmisión por ruedas dentadas.

El ingeniero William Hedley ya había construido en 1813 una locomotora que funcionaba sin cremallera, y consiguió que las ruedas no patinasen, pero lo cierto es que aquellos diseños de Stephenson fueron de tal éxito que llegaron a marcar los parámetros estándar del ferrocarril, y cuando se puso en marcha la primera línea de pasajeros, entre Liverpool y Manchester (1830), tenía el mismo tipo de raíles y el mismo ancho de vía que la Blücher. Desde entonces, el ancho se ha normalizado en casi todos los países (incluyendo la alta velocidad en España) al estándar actual de ocho pies y ocho pulgadas y media (1,435 m). El ancho de vía era crucial, entre otros factores, porque limitaba el diámetro de las calderas, y, por tanto, la potencia de las máquinas.

Aunque todas aquellas locomotoras eran artesanales, su tecnología conoció entonces una época de rápido desarrollo, y Stephenson creó en Newcastle en 1823 la primera fábrica del mundo especializada en su fabricación, Robert Stephenson & Co, que llevaba el nombre de su hijo, entonces de diecinueve años. Juntos construirían en 1829 la Rocket, que incluía diversas innovaciones, como una caldera multitubular que le daba más potencia. Ello era en parte para poder competir en el histórico concurso de Rainhill, que había sido convocado para seleccionar una máquina que hiciese el servicio en la nueva vía férrea Liverpool and Manchester Railway, y en concreto capaz de alcanzar la velocidad que requería un tren de pasajeros. Las normas eran muy estrictas, fijaban condiciones de peso y se exigía una media como mínimo de 16 km/h. Participaron cinco locomotoras, y la ganadora (única que cumplió todos los requisitos) fue la máquina de los Stephenson, por lo que se les realizó el encargo.

Así fueron los comienzos. Las locomotoras de vapor fueron la forma predominante de tracción en los comienzos del ferrocarril en todo el mundo y durante más de cien años, hasta que a mediados del siglo XX comenzaron a ser sustituidas por máquinas diésel o eléctricas.

§ 1909. El francés Louis Blériot cruza el canal de la Mancha en un monoplano diseñado por él, con motor de 25 CV, volando de Calais a Dover en treinta y siete minutos angustiosos. A pesar de la oposición de su esposa Alicia, él respondía a la recompensa de mil libras que había ofrecido el *Daily Mail* a quien primero lo lograse, cuando en Francia se decía que era una tarea imposible y se trataba de una operación de publicidad barata del periódico londinense. Blériot realizó el vuelo a unos ochenta metros de altura y a poco más de 60 km/h, sin brújula ni referencias de posición. En sus propias palabras, «solo y perdido», pero por primera vez se cruzaba en avión un estrecho marino entre dos países.

§ 1978. Nació Louise Brown, primera «bebé probeta». Hoy son ya millones las personas en el mundo cuya vida comenzó en un laboratorio, en lo que conocemos como fertilización in vitro. Los pioneros de esta técnica fueron el fisiólogo Robert Edwards y el ginecólogo Patrick Steptoe, que se decidieron a utilizarla por vez primera con el matrimonio formado por Lesley y John Brown, que habían acudido a Steptoe para solucionar su esterilidad tras nueve años de relaciones. Lesley tenía una obstrucción en las trompas de Falopio. Fruto de ese tratamiento se conseguiría el embarazo, y el día 25 de julio de 1978 nació por cesárea, en el Hospital General de Oldham, una niña de 2,608 kg que recibiría los nombres de Louise Joy. Aunque su fertilización tuvo lugar en una placa Petri, Louise Brown sería conocida como la primera «bebé probeta». La noticia causó un revuelo internacional.

26 DE JULIO

§ 1716. Se crea un depósito legal para nutrir la Real Biblioteca Pública. La financiación de la Real Biblioteca Pública en España, abierta desde 1712, había sido problemática desde sus comienzos, y para ello hubo de recurrirse a impuestos que gravaban el tabaco o el juego. Una vez aprobada oficialmente la creación de la institución y redactadas sus primeras constituciones, el 26 de julio de 1716 se estableció por real decreto el precedente del depósito legal. Por esta norma, toda persona que financiase la impresión de libros y papeles, con independencia de que fuese su autor, impresor o editor, estaba obligado a entregar a esta biblioteca un ejemplar encuadernado. Entre otras razones, gracias a ello, la Biblioteca Nacional de España (BNE) atesora treinta millones de ejemplares. Aquella ley fue modificada en 2011 para incluir «los documentos electrónicos en cualquier soporte que el estado de la técnica permita en cada momento, y que no sean accesibles libremente a través de Internet».

§ 1775. Un año antes de la declaración de independencia de los Estados Unidos —y toda su turbulencia— tiene lugar el nombramiento de Benjamin Franklin como director general de Correos para las Colonias Americanas del Reino Unido. Ello le llevó a estudiar con detalle la Gulf Stream (corriente del Golfo, que toma su nombre porque nace en el golfo de México) que explica por qué los veleros transatlánticos que transportaban el correo tardaban menos en cruzar el océano en una dirección (de oeste a este) que en la otra. Recoge sus resultados en su obra *Sundry Maritime Observations* (1786), facilitando descripciones detalladas y mapas precisos.

§ 1895. En Sceaux, una población de casi cuatro mil vecinos próxima a París, el recién doctorado Pierre Curie, de treinta y seis años, contrae matrimonio civil con una joven de veintisiete años y de origen polaco graduada en Física, Maria Salomea Skłodowska, que por ello adquiere el apellido de su marido y la nacionalidad francesa. La novia viste un vestido azul oscuro que le servirá de bata de laboratorio muchos años. Juntos salen de viaje de luna de miel en sendas bicicletas.

27 DE JULIO

§ 1823. Descubrimiento de la catálisis. En este día, el profesor de química en la Universidad de Jena (Alemania) Johann Döbereiner descubre que el platino en polvo acelera notablemente la velocidad de la reacción del hidrógeno con el oxígeno del aire. Se trata de un proceso donde se produce agua y se desprende energía, espontáneo pero lento, que puede aumentar su velocidad en presencia de platino, de modo que incluso llega a producirse la ignición, y el platino no se consume. El término «catálisis» no sería utilizado hasta 1836, cuando el químico sueco Jöns Jacob Berzelius escribe: «Se ha probado que algunas sustancias simples o compuestas, solubles o insolubles, tienen la propiedad de ejercer sobre otras un efecto muy diferente al de la afinidad química. Por medio de este efecto (...) se forman nuevos compuestos en cuya composición no intervienen (...) llamaré catálisis a la descomposición de sustancias provocada por dicha fuerza».

En general, los procesos catalíticos son variados y muchos de ellos conocidos desde la Antigüedad, aunque no se percibieran como tales (por ejemplo, la fermentación de mosto para convertirse en vino es un proceso catalizado por la zimasa que segregan las levaduras). Hoy llamamos catálisis al fenómeno en que una reacción química modifica su velocidad en presencia de algo que no se consume ni se produce a lo largo de la misma. Esta variación de velocidad es muy importante, ya que sin catalizador algunas reacciones son tan lentas que parecen no tener lugar, y otras, ante la presencia de un inhibidor o un catalizador negativo, se ralentizan por completo. La catálisis está hoy presente en la síntesis industrial de la casi totalidad de productos químicos. También son esenciales los catalizadores en algunos procesos biológicos, como los enzimáticos. En química suele distinguirse entre catálisis homogénea y heterogénea, siendo la primera aquella en que el catalizador está en el mismo medio (normalmente gaseoso o líquido) en que están los reactivos y productos.

La primera aplicación práctica de la catálisis heterogénea fue un encendedor, inventado por el mismo Döbereiner pocos días después. El dispositivo funcionaba al hacer pasar hidrógeno naciente (al reaccionar ácido sulfúrico con zinc) por una esponja de platino, con lo que se producía la ignición espontánea con el oxígeno del aire. Este artilugio sustituyó al engorroso procedimiento de hacer fuego teniendo que crear chispas con pedernal en las proximidades de yesca. Prueba de su éxito es que del encendedor de Döbereiner se vendieron un millón de unidades en los diez años siguientes. Por cierto, que Goethe, aunque treinta años mayor, tenía una cierta amistad con Döbereiner y asistía con frecuencia a sus charlas en Jena; en la idea de afinidad química, propia de compuestos que solo reaccionan en determinadas circunstancias, se inspira la novela *Las afinidades electivas* (1809), escrita antes del descubrimiento de la catálisis. A saber si la segunda parte de *Fausto* (1832) tiene ya alguna idea catalítica. En la lápida de la tumba de Döbereiner, en Jena, puede leerse: «Consejero de Goethe, creador de la teoría de las tríadas, descubridor de la catálisis del platino».

Un siglo después, un apasionado por los coches de carreras, el ingeniero francés Eugene Houdry, estudió procesos de catálisis para obtener hidrocarburos ligeros mediante craqueo, e inventó el convertidor catalítico para automóviles, capaz de reducir la cantidad de monóxido de carbono e hidrocarburos residuales en los gases de escape. Patentó el ingenio en 1956, pero no pudo funcionar hasta que se eliminó de las gasolinas el plomo que envenenaba el metal catalizador. Por fin, en 1975 comenzaron a instalarse los convertidores catalíticos para controlar la emisión de gases contaminantes tóxicos en los coches. En España son obligatorios desde los pasados años noventa.

Los convertidores catalíticos de hoy trabajan en dos fases. En una primera reducen los óxidos de nitrógeno producidos en la combustión, de modo que se forman de nuevo oxígeno y nitrógeno, y en la segunda fase oxidan los restos de hidrocarburos y el monóxido de carbono. El resultado final es nitrógeno, vapor de agua y dióxido de carbono, gases no contaminantes (salvo efecto invernadero). Ese proceso catalítico se consigue al hacer pasar los gases que salen del motor por un cilindro a alta temperatura en cuyo interior hay una estructura cerámica en celdillas muy pequeñas que están impregnadas de los metales que facilitan el proceso, los catalizadores: platino, paladio y rodio.

§ 1866. Los telegramas comienzan a cruzar el Atlántico. La inmensa mayoría de las comunicaciones del planeta dependen hoy de los cables submarinos intercontinentales, por mucho que nos imaginemos que los protagonistas de ese milagro cotidiano son los satélites. La red mundial de telecomunicaciones está basada en los cables de fibra óptica, tendidos sobre los fondos marinos, que con sus más de 900.000 km enlazan todas las costas del mundo. Son descendientes directos de aquellos hilos de cobre, recubiertos de aislante, que sirvieron para enviar los primeros telegramas atravesando mares. A mediados del XIX se habían tendido y puesto en servicio para el telégrafo varios cables submarinos entre las islas británicas y la Europa continental, pero cruzar el océano seguía siendo un reto para ingenieros, científicos, técnicos y empresarios.

El primer tendido intercontinental que se consiguió, en 1858, entre Terranova e Irlanda, consistía en un cable de cobre protegido por un aislamiento exterior de gutapercha, un polímero parecido al caucho que se extraía del látex de los árboles del género *Palaquium*, propios del sudoeste de Asia. Gracias a aquel hilo telegráfico se pudieron intercambiar entonces felices y eufóricos mensajes la reina Victoria y el presidente James Buchanan. La calidad de la transmisión era muy pobre (seis palabras por hora), el sistema se deterioró pronto y en menos de un mes quedó fuera de servicio. Pero ya se habían probado las mieles de lo que suponía el que un mensaje de texto pudiera llegar, en cuestión de horas, de el uno al otro lado del Atlántico, en lugar de los diez días que como mínimo tardaba un barco con el correo.

El desafío continuó en pie durante ocho años. Después de superar numerosos reveses, la empresa Atlantic Telegraph Company, dirigida por el perseverante empresario Cyrus West Field, consiguió completar el tendido del primer cable que enlazó definitivamente Europa y América para comunicaciones telegráficas. La fecha histórica fue el viernes 27 de julio de 1866, cuando el SS Great Eastern —un buque que, propulsado por vapor y velas, con sus 211 m de eslora, era entonces el mayor del mundo— logró terminar de extender sobre el fondo arenoso del Atlántico Norte los 4200 km de alambre conector. Aquel cable de cobre con siete hilos era mucho más grueso (980 kg/km), tenía una mayor resistencia a la torsión y mejor aislamiento, y con él podían transmitirse mensajes en código morse a la velocidad de ocho palabras por minuto. Asignatura aprobada.

Al final del siglo XIX ya cruzaban el océano quince cables submarinos, y se extendía rápidamente la comunicación telegráfica. Compañías inglesas llevaron a cabo la instalación de los primeros cables en España, en 1872 entre Bilbao y Falmouth (Inglaterra), y en 1885 se conectó la Península con las Baleares. El primer cable telefónico trasatlántico (TAT-1) hubo de esperar a 1956, y tenía inicialmente treinta y seis canales, aunque los tendidos fueron incrementando progresivamente su capacidad. Con la aparición de la fibra óptica a finales de los 80, la comunicación por cable comenzó el gran auge que continúa en nuestros días.

§ 1949. Comienza a prestar servicio el primer avión comercial a reacción, el británico de *Havilland Comet* (DH. 106 Comet). Hasta entonces los aparatos utilizaban motores de explosión y el transporte aéreo no tenía la velocidad y el confort que se requería para su popularización. Fue el desarrollo de motores a reacción durante la Segunda Guerra Mundial lo que llevó a este hito de la aviación. Los problemas del Comet sirvieron para mejorar el diseño de los grandes reactores comerciales en la segunda mitad del siglo XX.

28 DE JULIO

§ 1851. En el Real Observatorio de Königsberg, en Prusia (hoy Kaliningrado, Rusia) se registra en un daguerrotipo por vez primera un eclipse total de Sol. Lo consigue poco después de la totalidad, el fotógrafo local Johann Julius Friedrich Berkowski, con un pequeño telescopio refractor de seis centímetros y una exposición de ochenta y cuatro segundos. La placa se conserva en el archivo del Observatorio de la Universidad de Jena (Alemania).

§ 1883. En este día Jack Ferry cruzó el canal de la Mancha pedaleando en un triciclo flotante. Salió de Dover hacia las nueve de la mañana y llegó a

Calais en menos de nueve horas. La distancia en línea recta era de veinte millas, pero las corrientes obligaban a un esfuerzo mucho mayor. El triciclo llevaba dos grandes ruedas laterales con neumáticos, provistos de paletas, y una rueda delantera que actuaba de timón. La revista *Science* dio cuenta del evento el 14 de diciembre de ese año.

§ 1951. Se estrena en Nueva York la película de dibujos animados *Alice in Wonderland,* de Walt Disney, basada en los libros de Lewis Carroll *Alicia en el país de las maravillas* y *A través del espejo y lo que Alicia encontró allí.* Disney cumple así un antiguo deseo, pues la idea se remontaba a 1923 y en un principio esta iba a ser su primera película de animación, en lugar de *Snow White and the Seven Dwarfs* (Blancanieves, 1937). Los amantes de la obra de Lewis Carroll criticaron duramente la película.

29 DE JULIO

§ 1870. El químico belga Edward Joseph de Smedt, en la Universidad de Columbia (Nueva York), había inventado el «hormigón asfáltico» y lo patentó en Estados Unidos. En este día se utiliza por primera vez su invento, una mezcla de arena y asfalto, para pavimentar una calle de Newark (Nueva Jersey). Hasta entonces la mayor parte de las vías eran de tierra compactada. Los primeros en disfrutar de las nuevas superficies lisas fueron los ciclistas.

§ 1890. El empresario y prolífico inventor Laroy Sunderland Starrett recibió una patente estadounidense para su calibre de tornillo micrométrico, transformando este instrumento de medida. El micrómetro, o tornillo de Palmer (así llamado por la importante contribución del mecánico francés Jean Laurent Palmer en 1848) adquirió con Starret la forma definitiva, y llega a una precisión de centésimas o milésimas de milímetro.

§ 1927. En el Hospital Bellevue (Nueva York) se instala por primera vez en el mundo un pulmón de acero (ventilador de presión negativa), para tratar a los pacientes en la epidemia de polio. Había sido inventado por Philip Drinker y Louis Agassiz Shaw, de la Harvard School of Public Health, y consiste en una cámara cilíndrica de acero que rodea el cuerpo del paciente, excepto la cabeza, y alterna rítmicamente la presión atmosférica ambiental con una presión negativa, provocando así la inhalación.

30 DE JULIO

§ 1789. Un noble español de origen napolitano, Alejandro Malaspina, encabeza la expedición de dos corbetas gemelas, Atrevida y Descubierta, que parte del puerto de Cádiz para el viaje político-científico más importante de la Ilustración española. A bordo viajan los científicos más notables del reino. Entre muchos otros logros, a su regreso a España habían reunido una amplia colección de especies botánicas y minerales y trazado setenta nuevas cartas náuticas. Malaspina presentó un informe titulado «Viaje político-científico alrededor del mundo» (1794), que incluía un relato con observaciones críticas de carácter político sobre las instituciones ultramarinas españolas, favorable a una autonomía de los territorios, virreinatos y provincias de ultramar. Al año siguiente fue acusado por Manuel Godoy de revolucionario, y posteriormente condenado a diez años de prisión.

§ 1876. Según datos de la Universidad de Sevilla, recogidos en un estudio del geógrafo José Jaime Capel sobre un siglo de observaciones térmicas (1871-1970), este día se registra la mayor temperatura de la historia en la capital hispalense, con 51 °C. Es también el récord de temperatura en Europa.

§ 1887. Este día se concluyen los trabajos de cimentación de la Torre Eiffel, que habían comenzado el 26 de enero. Los cimientos constan de dieciséis pilares de hormigón de dos metros de espesor que se apoyan sobre cinco metros de grava compactada. Dos de los pilares descienden a un nivel inferior al lecho del Sena. Gracias a esos cimientos, la torre que tiene 7300 toneladas de hierro, solamente transmite una presión al suelo entre 3 y 4 kp por centímetro cuadrado.

§ 1946. Durante la Segunda Guerra Mundial, los cohetes V2 que había ideado von Braun para Alemania llevaban una ojiva (cabeza cónica) con casi una tonelada de explosivos. Finalizada la contienda, tanto Estados Unidos como la URSS buscaron la colaboración de los técnicos alemanes para utilizar los cohetes con fines científicos. En esta fecha, un V2 alimentado con alcohol y oxígeno líquido lanzado en White Sands (Nuevo México, EE. UU.) portaba en la ojiva cámaras, sensores y equipos científicos, superando los 150 km de altura.

§ 1826. Cuando en Europa se avanza en la Revolución Industrial, con lo que ello implica de transformación tecnológica, económica y social, este día es ahorcado en Valencia el maestro de escuela librepensador Cayetano Ripoll. Había sido condenado a muerte por un Tribunal de la Fe (o Junta de Fe, sucesora de la Inquisición) en el que sería el último auto de fe realizado en España. Unos vecinos le habían denunciado, con lo que fue encarcelado en 1824 y finalmente acusado de hereje pertinaz, por no creer los dogmas católicos, no cumplir las enseñanzas de la Iglesia y no aceptar retractarse.

§ 1971. David Scott, comandante de la misión Apolo 15, es la primera persona en conducir un vehículo sobre la superficie de nuestro satélite. Se trata del Lunar Rover, un todoterreno de 209 kg alimentado con una batería que accionaba motores de 200 W en cada rueda, con tracción independiente. El automóvil, fabricado por Boeing, recorrió en total veintiocho kilómetros, en los cuales Scott recogió setenta y seis kilos de piedras lunares. Simultáneamente, Alfred Worden se convierte en el ser humano más aislado de la historia. Mientras sus compañeros David Scott y James Irwin están explorando, él se quedó en el módulo de mando Endeavour, dio setenta y cuatro vueltas a la Luna, realizando experimentos y haciendo fotos con cámaras de rayos X y rayos gamma, a una distancia de ellos que llegó a ser de hasta de 3600 km.

§ 1990. El Comité Asesor de ADN Recombinante (RAC), de los Institutos Nacionales de Salud (NIH) en Estados Unidos, aprueba los experimentos de terapia génica mediante la inserción de nuevos genes en células del cuerpo humano. Los primeros ensayos reales fueron para tratar la deficiencia de la proteína adenosina desaminasa (ADA), un trastorno hereditario raro relacionado con la activación de los linfocitos, fundamental en la respuesta a las infecciones. Por primera vez se piensa que la terapia génica es una herramienta más para combatir enfermedades.

AGOSTO

La sonda Lunar Orbiter realizó la primera foto de la Tierra amaneciendo
por el horizonte de la Luna el 23 de agosto de 1966.

JOSEPH PRIESTLEY,

Born near Leeds, England, March 13, 1733; died in Northumberland, Pa., February 6, 1804.
(119)

Joseph Priestley (1733–1804), el científico británico del siglo XVIII que aisló y caracterizó ocho gases, incluyendo el oxígeno, no solo se dedicaba a la ciencia: también defendió su hogar contra turbas enfurecidas. En 1794, fue recibido en Estados Unidos como un destacado pensador y amigo de la nueva república, conocido tanto por sus escritos políticos y teológicos como por sus logros científicos [Science History Institute].

§ 1774. Joseph Priestley descubre y estudia el oxígeno. Cuando todavía se recordaba que el aire era uno de los cuatro elementos de la Antigüedad, en los años 70 del siglo XVIII los químicos distinguían unos cuantos tipos de «aires», una vez constatadas sus diferentes propiedades. Por ejemplo, se hablaba de «aire fijo», «aire inflamable», «aire asfixiante», «aire ácido», «aire alcalino» y «aire desflogisticado». Este último da por aceptada la teoría del flogisto, una idea que había desarrollado el médico alemán Georg Ernst Stahl a principios de siglo, cuando designó con ese término algo que se liberaba en las combustiones. Para Stahl el flogisto era el principio ígneo que aportaba a las sustancias su inflamabilidad o capacidad de arder. Al quemarse desprendían el flogisto, y, por tanto, cuando este se agotaba finalizaba la combustión. Viene todo esto a cuento porque, si bien no podemos vincular el descubrimiento del oxígeno a una sola persona, los dos químicos que tienen mayor crédito en ello —el británico Joseph Priestley y el sueco Carl Wilhelm Scheele— eran partidarios de esa teoría.

Priestley fue un químico, teólogo, filósofo y educador que aprendió de adolescente la teoría del flogisto, y entre muchos otros motivos (escribió unos 150 tratados), pasaría a la historia por haber inventado las bebidas con burbujas, o al menos el agua con gas. Priestley estaba de ministro unitario en una capilla de Leeds (Yorkshire) y tenía cerca de allí una cervecería, donde descubrió que el gas denso que se desprendía en las cubas de fermentación era el llamado «aire fijo» (hoy es nuestro famoso dióxido de carbono). Procedió a recogerlo, y lo hizo pasar a través de agua, escribiendo en 1767 sobre la «peculiar satisfacción» que encontró al beber aquella agua burbujeante. En 1772 publicó un trabajo titulado *Directions for Impregnating Water with Fixed Air* (*Instrucciones para impregnar agua con aire fijo*). Pero Priestley no estaba interesado en las aplicaciones prácticas de sus descubrimientos; la primera fábrica de agua con gas fue construida en Manchester por el boticario Thomas Henry (padre de Willian Henry, químico que estudió la solubilidad de los gases en agua), y en 1783 el joyero alemán Jacob Schweppe crearía una empresa para la producción a gran escala de botellas con esa agua carbonatada.

En el primer tomo de su obra *Experiments and Observations on Different Kinds of Air* (1774), Priestley relata sus investigaciones sobre distintos tipos de «aires». El día primero de agosto de 1774 enfocó con una «lupa de quemar», de 30 cm de diámetro, los rayos del sol sobre una porción de polvo rojo de «cal de mercurio», recogiendo sobre mercurio líquido el gas desprendido. Estudió luego las propiedades de este gas, observando que era «cinco o seis veces tan bueno como el aire común», de manera que en él las llamas ardían de forma más viva y un ratón encerrado en una campana con ese «aire» vivía cuatro veces más que si la misma se llenaba con aire atmosférico. Priestley afirma que el aire no es un elemento, sino una mezcla, y llamó al gas que había obtenido «aire desflogisticado», o aire sin flogisto, y realizó con él numerosas experiencias, hasta incluso respirarlo, relatando que «Esa sensación en mis pulmones no era muy diferente a respirar aire común, pero sentía el pecho más ligero durante un rato. Quizás dentro de un tiempo este aire tan puro se convierta en un artículo de moda, en un lujo. De momento, no obstante, solo dos ratones y yo hemos tenido el privilegio de respirarlo».

Dos años antes, el farmacéutico sueco Carl Wilhelm Scheele lo había obtenido por calentamiento de diversas sustancias y lo llamó «aire de fuego», pero no publicó sus experiencias hasta 1777. Tras entrevistarse en París con Priestley, Antoine-Laurent Lavoisier repitió los recientes experimentos del químico británico con cales (hoy óxidos) de mercurio y otros metales, y acordó designar el gas desprendido como «oxígeno» (del griego «oxys» y «genes»: «generador de ácidos»), ya que comprobó que muchos ácidos lo contenían. Lavoisier continuó investigando sobre la combustión y respiración, de modo que en 1783 descartó por completo la existencia del flogisto e incluyó el oxígeno en su lista de elementos químicos, tras haber hecho reaccionar ese gas con «aire inflamable» (hidrógeno). Dejando a un lado a quién podemos atribuir el descubrimiento del oxígeno, Priestley fue el que mejor y primero investigó sus propiedades.

§ 1793. Laboriosa invención del metro. No sorprenderá a nadie el hecho de que muchas unidades de medida de longitudes están basadas en nuestro propio cuerpo. Eso de hablar de distancias en pulgadas, pies, palmos o cuartas, pasos, codos y toesas tenía la gran ventaja de que cada cual llevaba consigo los instrumentos de medición. La toesa, antigua medida de longitud francesa, equivalía a seis pies castellanos. La palabra proviene del francés *toise*, que a su vez lo toma del latín clásico *tensus* (tenso), y significaba la longitud comprendida entre los extremos de ambas manos con los brazos extendidos en cruz. Evidentemente, como no todos los seres humanos tienen iguales medidas, se realizaban patrones metálicos. En 1688 en Francia se creó la *toise de Châtelet*, una barra de hierro de esa longitud que estaba incrustada en la gran escalinata del patio del Grand Châtelet de París. Aquel patrón estaba al alcance de todos, pero fue deteriorándose y en 1766 la medida fue sustituida oficialmente por la «toesa de la academia» (también llamada «toesa del Perú»).

Toda esa introducción servirá para comprender que cuando se definió el metro había que partir de una longitud medida y expresada en otra unidad ya existente. La Convención Nacional de Francia había resuelto, el día 1 de agosto de 1793, adoptar un sistema uniforme de pesos y medidas, propuesto por la Academia de Ciencias. El metro quedaba allí definido como la diezmillonésima parte del cuadrante del meridiano terrestre que pasa por París. Pero había que medirlo, o al menos medir un trozo y extrapolar matemáticamente. Se decidió hacer la medición del meridiano entre los paralelos de Dunquerque y Barcelona, ciudades ambas al nivel del mar, y en dos países distintos, pues se quería que la nueva unidad fuera universal. En julio de 1792 se comisionó a los astrónomos Pierre Méchain, que comenzaría en Barcelona, y Jean-Baptiste Delambre, que lo haría en Dunquerque, teniéndose que encontrar en Rodez (Occitania). Habían de realizar escrupulosamente la tarea, dividiendo el trayecto en una cadena de triángulos geodésicos (con vértices en montañas o campanarios) que resolverían con trigonometría. Dificultades de toda índole hicieron que no finalizaran hasta seis años después, pero había urgencia en poner en marcha la unificación, con lo que se adoptó un valor provisional para el metro, basándose en datos obtenidos cincuenta años antes por Giovanni Cassini: ese cuadrante equivalía a 5.132.430 toesas. Definido así el metro, se realizaron dieciséis placas de mármol, que se instalaron en otros tantos lugares de París, para que la ciudadanía se familiarizase con la nueva medida. Cada placa mostraba la longitud de un metro dividido en decímetros, y mostrando los centímetros en el último de ellos.

En junio de 1799, Méchain y Delambre dieron a la Asamblea Francesa la medida definitiva del cuadrante de meridiano, siendo su valor de 5.130.740 toesas. De ahí salió la definitiva longitud del metro (0,5131 toesas), se realizó un primer metro patrón en platino y a partir de él se fabricaron réplicas durante casi un siglo. Para que no hubiese que acudir al Archivo de la República francesa a contrastarlos, se creó un organismo internacional que se encargaría de difundir en todo el mundo el Sistema Métrico Decimal. España lo adoptó en 1848. La Oficina Internacional de Pesos y Medidas nació en 1875 por un tratado entre diecisiete países, entre ellos España, representada por Carlos Ibáñez de Ibero, quien fue su primer presidente. Fue entonces cuando se dio la definición que recordarán algunos mayores, basada en el metro patrón, una nueva barra de platino e iridio que se conserva en la Oficina de Pesos y Medidas de Sèvres (París). Por iniciativa de Ibáñez, se entregó un prototipo de metro a cada uno de los países participantes en la Conferencia de 1889.

Los avances en espectrometría y el anhelo de encontrar un patrón no destructible llevaron, en 1960, a definir el metro en función de la longitud de onda de una raya naranja en el espectro del isótopo 86 del Kriptón. Dado que la amplitud de esa raya presentaba inconvenientes de precisión, se pensó en utilizar otras referencias, como algún láser o la velocidad de la luz. Desde 1983 el metro «es la longitud del trayecto recorrido por la luz en el vacío durante 1/299.792.458 segundos». Una precisión de nueve cifras significativas en una constante universal, pero que está referida a otra unidad básica, el segundo. Desde el 20 de mayo de 2019 todas las unidades de medida están basadas en constantes de la naturaleza, por ello, el segundo se define en función de las oscilaciones de un reloj atómico de cesio 133. El Sistema Internacional de unidades (SI) da una definición de las siete unidades básicas: metro (m), kilogramo (kg), segundo (s), amperio (A), kelvin (K), mol (mol) y candela (cd).

§ 1912. Tras dieciséis años de trabajos, se inaugura la estación de Jungfraujoch, en los Alpes suizos, que se convierte en la cumbre ferroviaria de Europa, a 3454 m sobre el nivel del mar. A ella accede el tren del Jungfrau, un ferrocarril de cremallera con un empinado trayecto de 7 km desde Eigergletscher. El recorrido es por túnel casi en su totalidad. En la cumbre, el regalo de un paisaje alpino hecho de hielo, nieve y roca.

2 DE AGOSTO

§ 1602. En Valladolid, en las aguas del Pisuerga, ante el rey Felipe III y una multitud, el navarro don Jerónimo de Ayanz y Beaumont realiza una demostración del equipo de buceo que había inventado, que permitió a un hombre estar sumergido durante una hora. En 1606 Ayanz recibiría del monarca el «privilegio de invención» de cuarenta y ocho ingenios.

Nunca un español había inventado tanto, y no en vano se le quiere comparar con Leonardo, que había fallecido un siglo antes, pues también fue hombre polifacético, coincidiendo con Da Vinci en ser tanto inventor como pintor y músico, si bien Ayanz fue primero notable militar y administrador de minas. Entre los años 1598 y 1602 realizó la mayor parte de sus invenciones: además de la máquina de vapor que permitía desaguar minas, y un sistema para acondicionar el aire de las mismas, ideó una bomba para achicar barcos, una «barca submarina», un horno para desalinizar agua, una balanza capaz de pesar «la pata de una mosca», piedras cónicas y rodillos metálicos para molinos y bastantes otros ingenios.

§ 1744. Se puede contemplar una aurora austral en la ciudad del Cuzco, la «capital histórica» del Perú. El gobernador tuvo problemas por el pánico desatado entre los ciudadanos, que veían en ello el anuncio de un castigo divino. No hay constancia de que se haya visto nunca otra aurora tan cerca del ecuador (14⁰ sur).

§ 1841. Invención de la palabra dinosaurio. El anatomista y naturalista Richard Owen, de treinta y ocho años, utiliza por primera vez el término «dinosaurio» en una conferencia que impartió en la reunión anual de la British Association en Plymouth titulada «Informe sobre reptiles fósiles de Gran Bretaña». El neologismo, de raíces griegas, significa algo así como «lagarto terrible». Quien en 1881 sería impulsor del Museo de Historia Natural de Londres, propone además que ha de establecerse una clasificación diferente a la de Linneo para las especies extintas.

§ 1892. George A. Wheeler, de Nueva York, patenta sus ideas sobre la construcción de escaleras mecánicas. Algunas de ellas sirvieron de base para el prototipo creado en 1899 por Otis Elevator Company, y el invento se presentaría al mundo en la Exposición Universal de París en 1900. El primer «ascensor inclinado» de uso público, con patente del ingeniero Jesse W. Reno, se instaló en el parque de atracciones de Coney Island (Nueva York) en 1896.

§ 1938. Tiene lugar la presentación del primer cepillo de dientes que en lugar de utilizar crines de animales emplea cerdas de nailon, producto sintetizado por DuPont. Con el apelativo de «cepillo milagro», la empresa Weco Products Company garantiza una mayor duración y mejor poder de limpieza. En 1950 comenzaron a fabricarse con filamentos más blandos.

3 DE AGOSTO

§ 1769. Joan Crespi, un franciscano en la expedición de Gaspar de Portolá, el primer gobernador de Las Californias, escribe en su diario que «había amplias lagunas de un asfalto que llaman chapapote. Discutimos si esta sustancia, que fluye del interior de la tierra, podría causar tantos terremotos». El lugar, en el condado de Los Ángeles, se conoce hoy como la Brea Tar Pits, y es una importante reserva de subfósiles. Las charcas de asfalto se forman al brotar el petróleo a la superficie a través de las grietas del terreno y evaporarse los componentes más volátiles del crudo.

§ 1857. Louis Pasteur descubre secretos de los vinos. Desde los tiempos de Lavoisier se consideraba que la fermentación que da origen al vino constituía un proceso químico, en el que a partir del azúcar de la uva se forma alcohol, agua y dióxido de carbono gaseoso, que se desprende formando burbujas. Por otra parte, sin conocer realmente cómo intervenían en ese tipo de procesos, y, por tanto, sin poder controlarlos, se sabía que existían levaduras, como las que utilizaban los panaderos y cerveceros, pero que en la fabricación de vino y queso no parecían necesarias. No había que añadirlas. Si estaban presentes en el vino, se pensaba que eran, quizás, un producto de la fermentación, y que se habrían formado por «generación espontánea».

Con treinta y pocos años, Pasteur era profesor de química y decano de la Facultad de Ciencias en la Universidad de Lille. Por entonces, su principal interés radicaba en averiguar por qué a veces los vinos se estropeaban con el tiempo, volviéndose siruposos o ácidos, lo que causaba importantes pérdidas económicas a los vinateros franceses, ya que era algo que no podían evitar ni sabían prevenir. En 1856 un industrial de Lille, Monsieur Bigot, que era padre de uno de sus alumnos, le solicitó que estudiase la causa de ese tipo de procesos, pues él se dedicaba a fabricar alcohol a partir del azúcar de remolacha, y tenía problemas porque a veces, en alguna de las cubas de fermentación se formaba un líquido ácido y grisáceo, sin producción de alcohol en absoluto. Al realizar las correspondientes observaciones microscópicas, Pasteur observó que en las cubas donde se producía correctamente el alcohol había unos glóbulos esféricos de levadura, mientras que en el líquido estropeado había otros cuerpos distintos, mucho más pequeños y con forma de bastoncillos. Lo mismo sucedía al observar muestras de vinos sanos y de otros caldos malogrados.

Ello le llevó a pensar que existían dos tipos de levaduras, y que mientras una de ellas causaba la producción de alcohol, la otra provocaba la formación de ácido láctico. El día 3 de agosto de 1857 envió un escrito a la Academia de Ciencias (que a comienzos de ese año había rechazado admitirle como miembro), en el que afirma que la fermentación alcohólica que da origen al vino, a partir del mosto de uva, se debe a la actividad bioquímica de levaduras. En los años siguientes, Pasteur llegó a identificar y aislar aquellos tipos que eran responsables de las fermentaciones normales y anómalas en vinos, cerveza, vinagre y también en la leche. Las levaduras eran unos seres vivos diminutos, que podían estar en el aire, en la piel de las uvas, en nuestras manos y por todas partes, pero cada una provenía de otra anterior, y nunca aparecían por generación espontánea. Pasteur fue el primero en afirmar que las fermentaciones estaban producidas por esos organismos microscópicos, y también que no necesitaban oxígeno. Era una posición contraria a la que había mantenido el prestigioso científico Justus von Liebig, que defendía que la fermentación era un proceso puramente químico, sin intervención de ningún ser vivo. El tiempo dio la razón a Pasteur.

§ 1958. El submarino nuclear USS Nautilus (SSN-571) se convierte en el primer vehículo en navegar bajo los hielos del polo norte geográfico. Gracias a la propulsión atómica, tenía una autonomía de varias semanas de inmersión y 140.000 km, a velocidad de crucero (veintitrés nudos). Los intentos previos realizados aquel mismo año habían fracasado porque no había espacio suficiente entre los hielos y el fondo marino.

4 DE AGOSTO

§ 1496. El navegante Bartolomé Colón, hermano del descubridor, fundó este día la ciudad de Santo Domingo de Guzmán en la isla de La Española. La que hoy es capital de la República Dominicana fue la primera ciudad creada por europeos que resultó permanente en América, y también la primera sede del Gobierno de la Corona de Castilla en el Nuevo Mundo.

§ 1615. En este día el médico inglés William Harvey es nombrado profesor de la cátedra Lumleiana, para que durante un período de siete años imparta conferencias con el propósito de «difundir la luz» y aumentar el conocimiento general de la anatomía en toda Inglaterra. En 1618 Harvey sería médico extraordinario de la Corte del rey James I (Jacobo I de Inglaterra y

VI de Escocia), al que atendió en sus últimos días. Luego pasó a ser médico personal de su hijo y sucesor, Carlos I, a quien no tuvo que atender mucho, pues gozó de buena salud hasta que fue ejecutado en 1649. Las investigaciones de Harvey sobre la circulación sanguínea fueron siempre estimuladas por este monarca, quien ayudó a facilitarle muchos animales diferentes para disección y estudio. En 1628, cuando ya contaba cincuenta años de edad, Harvey publicó en Fráncfort su *Exercitatio Anatomica de Motu Cordis et Sanguinis in Animalibus* (*Ensayo anatómico sobre el movimiento del corazón y la sangre en los animales*). En aquel librito de setenta y dos páginas, que sería conocido como *De Motu Cordis*, se refuta la doctrina oficial de Galeno. Harvey tenía todo aquello en la cabeza al menos desde 1603, cuando escribió: «El movimiento de la sangre tiene lugar constantemente de forma circular y es el resultado de los latidos del corazón».

§ 1881. Según datos de la Universidad de Sevilla, recogidos en un estudio del geógrafo José Jaime Capel sobre un siglo de observaciones térmicas (1871-1970) en esa ciudad, el día 4 de agosto de 1881 se llega a 50 °C. Es el segundo registro de temperatura más alto de la capital andaluza, pues el 30 de julio de 1876 habían alcanzado los 51 °C.

§ 1897. Aunque se ha puesto en duda la identidad del protagonista del hallazgo, todo lo demás es cierto. La versión oficial dice que el joven Manolico, que se encuentra realizando labores agrícolas en La Alcudia (Elche), se tropieza con una piedra que al levantarla revela el rostro tallado de una mujer. Hoy conocemos como la Dama de Elche a esa escultura en piedra caliza, una obra maestra de arte íbero que fue tallada entre los siglos V y IV a. C. Tras diversas vicisitudes de la pieza, Manuel Campello Esclapez volvió a ver a su «dona» en el Museo del Prado en 1959.

5 DE AGOSTO

§ 1666. Con el patrocinio del primer ministro de Luis XIV, Jean-Baptiste Colbert, se funda en París la Académie des Sciences, o Academia de Ciencias de Francia, que «Anima y protege el espíritu de la investigación, y contribuye al progreso de las ciencias y de sus aplicaciones». Funcionó hasta la llegada de la Revolución francesa, que suprimió todas las Academias Reales en 1793. Luego se integró en el Instituto de Francia con su creación en 1795. A ella pertenecieron científicos como Laplace, Lavoisier, Pasteur y el español Jorge Juan.

§ 1864. ¿Por qué brillan los cometas? A esa pregunta respondió Giovanni Batista Donati, tras realizar el 5 de agosto de 1864 la primera observación espectroscópica de la cola de un pequeño cometa, el que ahora llamamos Tempel 1864 II. Por entonces, Donati ya había descubierto seis cometas, incluyendo en 1858 el que lleva su nombre, considerado como el más hermoso de la historia. El astrónomo toscano concluyó que, mientras está alejado del Sol, el espectro de un cometa es idéntico al solar y es visible solamente porque refleja la luz de nuestra estrella. Sin embargo, al acercarse al Sol, el cometa se calienta y su cola contiene un gas que adquiere luminosidad propia, que se manifiesta con tres líneas en el espectro. Esas bandas fueron posteriormente observadas en otros cometas y relacionadas con la presencia de moléculas diatómicas de carbono.

§ 1888. Bertha Benz se convierte en pionera de las excursiones en automóvil. Ni corta ni perezosa, sin consultarlo con su marido Karl, el 5 de agosto de 1888 Bertha salió de Mannheim (Alemania) por la mañana temprano, con sus dos hijos mayores, de quince y trece años, en una excursión a Pforzheim, donde vivía su madre. Así recorrió 106 km en el flamante Benz Patent-Motorwagen núm. 3. El motivo oficial era visitar a la abuela, pero en realidad ella también quería demostrar a su esposo que el automóvil que él había creado (y en el que ella había invertido), podía ser útil para todo el mundo. Con anterioridad nadie había utilizado un automóvil más que en circuitos cerrados, en distancias cortas y con asistencia de mecánicos. En aquel viaje tuvieron que resolver numerosos problemas antes de llegar a su destino al anochecer, como comprar bencina en una farmacia y refrigerar el motor con agua de las fuentes. Hasta sus hijos hubieron de emplearse en empujar el vehículo para subir alguna cuesta cuando la potencia del motor no era suficiente.

§ 1962. Descubrimiento de los cuásares. La ocultación de la Luna durante la noche del día 5 de agosto de 1962 permitió fijar con precisión, en la constelación de Virgo, la posición de la fuente de radioondas 3C273, que el año siguiente inauguró una categoría de objetos celestes denominados cuásares o «fuentes de radio cuasi estelares». En el observatorio de Monte Palomar (San Diego, California), con un telescopio óptico, Maarten Schmidt pudo ver en aquel punto del firmamento un objeto que era como una estrella débil. Pero su espectro del hidrógeno manifestaba unas líneas muy desplazadas hacia el rojo, lo que se explica en relatividad si la fuente se aleja a gran velocidad. El 3C273 es uno de los objetos visibles más lejanos, es el cuásar más brillante de todos los conocidos y desprende más energía que un centenar de galaxias.

6 DE AGOSTO

§ 1181. En este día astrónomos chinos descubren una nueva estrella en la constelación conocida en Occidente como Casiopea, y hay registros de un día después de su observación desde Japón. La nueva estrella estuvo visible durante 185 días. En 1960 se descubrieron unos restos, denominados 3C58, que se cree pueden corresponder a esa supernova.

§ 1753. El físico ruso de origen alemán Georg Wilhelm Richmann, encargado del observatorio astronómico de la Academia de Ciencias de San Petersburgo, murió tratando de reproducir la experiencia realizada un año antes por Franklin para estudiar la electricidad atmosférica. Durante una tormenta quedó electrocutado, mientras observaba de cerca el dispositivo que había instalado para «cuantificar la respuesta de una varilla aislada a una tormenta cercana». Es la primera persona en la historia que fallece al realizar una experiencia con electricidad.

§ 1856. El ingeniero escocés James Nasmyth, famoso por su invención del martillo pilón y de un coche propulsado por vapor capaz para ocho pasajeros, interviene en la reunión de la British Association en Cheltenham (Inglaterra) para hablar de «La formación de los rayos». Es el día 6 de agosto de 1856, cuando a los cuarenta y ocho años ya había decidido dedicarse por entero a sus aficiones: la astronomía y la fotografía. En su charla, Nasmyth afirmó que en la naturaleza los rayos en las tormentas nunca tienen el recorrido en zigzag con que se representan habitualmente (idea probablemente tomada de antiguas imágenes de Zeus), sino que describen líneas curvas, simples o ramificadas, que parten de la superficie terrestre hacia la nube, para rebotar hasta llegar a otro lugar distante de la superficie. Le siguió un coloquio muy animado.

7 DE AGOSTO

§ 1420. Se inicia la construcción de la cúpula del Duomo de Florencia. La catedral se había comenzado en 1296, pero más de un siglo después la techumbre presentaba un gran hueco en la zona del crucero, de unos cuarenta y cinco metros de diámetro, esperando la construcción de una cúpula en consonancia con la grandiosidad del templo. En 1418 las autoridades florentinas decidieron poner fin a la espera y convocaron un concurso, conscientes de que había que afrontar numerosos problemas. El ganador fue Filippo Brunelleschi, quien afirmó que podía hacer una cúpula sin columnas y construirla sin grandes andamios apoyados en el suelo, sin usar armazón y a un costo menor que los demás arquitectos. La obra comenzó el 7 de agosto de 1420 y terminó en 1436. No es solamente la cúpula de albañilería mayor del mundo, es mascarón de proa del Renacimiento, un ejemplo de elegancia de formas y de innovación en la ingeniería de su construcción, que incluyó máquinas elevadoras diseñadas también por Brunelleschi.

§ 1495. Maximiliano I de Habsburgo, emperador del Sacro Imperio Romano Germánico, abuelo de Carlos V (de Alemania y primero de España), emite un edicto declarando que la sífilis que había comenzado a hacer estragos en Europa es un castigo de Dios por la blasfemia. En España se llamaba a esa enfermedad «morbo gálico», y en Países Bajos, Italia y Portugal se la conocía como «enfermedad española». Hasta 1905 no se supo que el culpable de todo era un diminuto sacacorchos (espiroqueta) que llamamos *Treponema pallidum*.

§ 1912. El físico austríaco Victor Franz Hess descubre la radiación cósmica. A sus veintiocho años, Hess se sentía atraído por temas tan en boga en aquellos días como la radiactividad y la electricidad atmosférica, y en 1911 comenzó las investigaciones que un cuarto de siglo más tarde le harían merecedor del Premio Nobel de Física. Uno de los hechos que desconcertaba a los científicos era el que los electroscopios se descargaban por muy bien aislados que estuvieran, lo que indicaba la existencia de iones en el aire. Se había descubierto que ese era uno de los fenómenos asociados a las sustancias radiactivas, y por ello se pensaba que la radiactividad natural propia de la Tierra podría ser la causante de la ionización del aire. De ser así, debería disminuir con la altura.

Ya en 1910 un profesor de física, el jesuita Theodor Wulf, comparó la existencia de iones en el aire al pie y en lo alto de la Torre Eiffel, a unos trescientos metros del suelo, encontrando que arriba era mayor de lo esperado, lo que sugería una fuente de radiación extraterrestre. Sin embargo, se desconfiaba de los instrumentos de medida, y tanto sus mediciones como las realizadas desde globos por otros científicos de entonces no fueron tenidas en cuenta.

Pero Victor Hess había calculado que si la radiación causante de la ionización del aire procedía solamente de la tierra, su efecto no debería detectarse ya a unos quinientos metros, y preparó instrumentos para medirla de modo que no influyeran la presión ni la temperatura del aire. En distintas ascensiones en globo tomó datos para comprobar si la radiación ambiente podía proceder del Sol, posibilidad que descartó tras hacer mediciones de noche y también durante el eclipse del 12 de abril, pero necesitaba tomar datos a más de cinco mil metros de altura.

El 7 de agosto de 1912, acompañado de un piloto de globos y un meteorólogo, lo consiguió, encontrando niveles de ionización dobles de los existentes en superficie. Publicó su conclusión el año siguiente: «una radiación de muy alto poder de penetración entra en nuestra atmósfera desde arriba». En 1925 Robert A. Millikan comenzaría a llamarla «radiación cósmica». En 1928 Walther Bothe y Werner Kolhörster demostraron que estaba formada por partículas cargadas, que dada su alta energía eran capaces de atravesar la atmósfera. Debido a su naturaleza son desviadas por el campo magnético terrestre, y por ello su intensidad es menor en el ecuador y máxima en los polos. La mayor parte tienen carga positiva, y se trata de protones (núcleos de átomos de hidrógeno), así como núcleos de helio y de otros átomos mayores. Hoy sabemos que las que llegan a la superficie terrestre son de muchos tipos. Su característica más relevante es su altísima energía, pues algunas de las partículas primarias pueden contener la misma que una pelota de tenis durante un primer saque, aún teniendo una masa incomparablemente menor (diez elevado a veinticuatro veces menor). Esas energías, propias de velocidades muy próximas a la de la luz, son inalcanzables en los aceleradores de partículas situados en la Tierra. Los físicos siguen preguntándose dónde y cómo se consiguen; suponemos que en sucesos astronómicos violentos en nuestra galaxia, pero también quizás en el núcleo de otras galaxias donde haya agujeros negros.

Al entrar en la atmósfera terrestre, esas partículas primarias van chocando con los átomos de nitrógeno y oxígeno que se encuentran, dando lugar a una cascada de interacciones que producen una gran variedad de partículas, e incluso antipartículas y también fotones, pero sobre todo muones, cuya vida media se ve dilatada por efecto de la relatividad, al ir a una velocidad tan elevada. Todo eso es lo que llega abajo. También algunas de las partículas primarias consiguen llegar a la superficie terrestre sin chocar antes, pero desgraciadamente para los investigadores son pocas: solo una por kilómetro cuadrado cada siglo. Las secundarias son mucho más frecuentes, e incluso se estima que a nivel del mar, colocando nuestra mano abierta en horizontal, es atravesada por una partícula cada segundo.

§ 1269. Primer tratado sobre magnetismo. La ciencia experimental, que tuvo su eclosión en occidente tras el Renacimiento, tiene sus raíces en la Baja Edad Media. Uno de los testimonios fundamentales se debe a Pedro de Maricourt, llamado el Peregrino, de cuya biografía se conoce poco, aunque Roger Bacon lo ensalza como matemático que basa sus certezas en los experimentos; lo hizo en un texto exhaustivo sobre las propiedades de los imanes, un tratado escrito en forma de carta que lleva la fecha de 8 de agosto de 1269 y lleva por título *Epistola de magnete*. Pierre Pèlerin de Maricourt deja en esa epístola los resultados de una experimentación sistemática y ordenada, sin acudir a la autoridad tradicional: explica su idea de los polos magnéticos, de cómo al romper un imán se generan nuevos polos en cada fracción, así como la vinculación de la piedra imán con los polos de la Tierra, y trata de la construcción de brújulas.

§ 1709. En su quinto intento, ante la corte de Juan V de Portugal, en la sala de audiencias del Palacio Real de Lisboa, se presenta la primera demostración de la ascensión de un globo de aire caliente. La realiza el inventor, científico y jesuita Bartolomeu de Gusmão, que consigue que el pequeño aerostato —que fue llamado Passarola— se levante hasta el techo, a cuatro metros del suelo, sin quemarse. Se cree que para idear el dispositivo se inspiró al ver que una pompa de jabón subía en las proximidades de la llama de una vela.

§ 1916. Con el nombre de Spanish Aerocar, se inaugura sobre el Niágara en Ontario (Canadá) un teleférico creado por el ingeniero español Leonardo Torres Quevedo. El trayecto internacional tiene una longitud de 539 m y está a 61 m de altura sobre el río. El transbordador cuelga de seis cables de acero de 25 mm de diámetro, y está propulsado por un motor eléctrico de 50 HP, que consigue una velocidad de 7 km/h. Un siglo después seguía en funcionamiento.

9 DE AGOSTO

§ 1173. Según diseño del escultor Bonanno Pisano (así lo afirmó Giorgio Vasari), se inicia la construcción de la torre de Pisa. Cinco años después, una vez concluido el tercer piso, se observa que el edificio se inclina, por unos cimientos inadecuados para aquel tipo de suelo. La construcción se aplazó durante un siglo, en el que parece que el terreno se asentó, y se construyeron cuatro plantas más, ya teniendo en cuenta la inclinación. En 1372 se colocó un campanario como última planta.

§ 1721. Lucha contra la viruela en Europa. Alguna fuente señala que ya en el siglo XI en Asia central se practicaba la inoculación de la viruela («variolización») para prevenir esa enfermedad. Hay testimonios del siglo XVI que acreditan que entonces el recurso se conocía y empleaba en China, y poco después en la India, Sudán, Turquía y otros países de la zona. Existían diversas variantes en el procedimiento para conseguir el contagio, siempre a partir de las pústulas de algún enfermo que había superado la dolencia en forma leve. La práctica consistía en la administración a una persona sana de pústulas secas molidas o rayadas por los orificios nasales, en incisiones provocadas en la piel o haciendo que un niño sano llevase la ropa usada por otro que había tenido la enfermedad.

La viruela era una enfermedad grave y muy contagiosa que comenzaba con fiebres, se continuaba con la aparición de vesículas con pus en la piel, que dejaban una huella imborrable en cicatrices o ceguera, cuando el proceso no finalizaba en la muerte. Parece que desde comienzos del siglo XVII el virus se volvió más agresivo —hoy diríamos que por una mutación— y en Europa fueron más frecuentes las epidemias, donde se ha calculado que cada año fallecían por esta causa 400.000 personas.

También se cree que antes del siglo XVIII en algunos lugares de Europa la tradición popular, no escrita, era conocedora de esas prácticas que se ejecutaban en distintas modalidades y que seguramente eran calificadas de supersticiones, sobre todo debido a los rituales que a veces acompañaban, pero que estaban basadas en la realidad empírica de que quienes contraían una vez la enfermedad quedaban inmunizados contra ella. La variolización recibió el refrendo en Occidente con la variante subcutánea, procedente de Estambul, y son dos médicos quienes independientemente la ejecutan por vez primera a comienzos de ese siglo, cuando también se conocen oficialmente detalles de la práctica china por inhalación, llegando en varios casos informes sobre el tema a la Royal Society de Londres.

Es entonces cuando entra en escena una persona que resultaría fundamental en esta historia. Se trata de lady Mary Montagu, mujer decidida e inteligente que había visto morir a un hermano por la viruela y ella misma tenía el rostro deformado por las cicatrices. Estaba casada con un diplomático que fue enviado a Constantinopla como embajador británico en la corte otomana. Dos años de estancia allí sirvieron a lady

Mary para asimilar en profundidad la cultura turca y conocer con detalle la práctica de la inoculación. Convencida de su eficacia, decidió que Charles Maitland, médico en la embajada, se la aplicase a su hijo de seis años. De regreso a Londres, se convirtió en una defensora de esa técnica, que planteaba rechazos entre la comunidad médica y en general. Es cierto que presentaba sus riesgos, y en algunos casos las personas inoculadas podían morir, pero otras críticas tenían base religiosa, como afirmar que toda epidemia era un castigo divino y la inoculación iba en contra de la voluntad de Dios.

En 1721 hubo una grave epidemia en Gran Bretaña, y lady Mary pidió a Maitland que inoculara a su hija de tres años, en presencia de otros médicos. El éxito de la operación hizo que la noticia se expandiese por Londres, de modo que el interés llegó a la Casa Real. Como medida de precaución, antes de aplicarlo se decidió realizar una prueba con seis presos que iban a ser ejecutados. El 9 de agosto de 1721, ante unos veinticinco médicos, cirujanos y miembros de la Royal Society, tuvo lugar lo que se llamó el Real Experimento. El resultado fue favorable y los presos fueron liberados. Pronto seguirían otros ensayos en niños, de modo que en abril de 1722 ya serían inoculadas dos hijas de la princesa de Gales. La técnica se extendió paulatinamente, de modo que ya se aplicaba en muchos otros países cuando a final del siglo el médico rural Edward Jenner utilizó la primera vacuna de la historia, inmunizando con el virus proveniente de la viruela de las vacas. La vacunación se impondría porque era más segura y eficaz, dejaba poca huella en el lugar de inyección y los vacunados no transmitían la enfermedad.

§ 1803. El ingeniero y empresario Robert Fulton ensaya en el Sena y ante una multitud su pequeño barco de vapor, de veinte metros de eslora, con ruedas de paletas. El proyecto se realizaba con la colaboración de la embajada de los EE. UU. en París. Cuatro años después, el 17 de agosto de 1807, presentaría una versión mejorada, su vapor Clermont, en Nueva York, subiendo río arriba el Hudson desde Greenwich Village hasta Albany. El trayecto duró treinta y dos horas, mientras lo habitual para los buques de vela era tardar hasta cuatro días

10 DE AGOSTO

§ 1519. Este día partió de Sevilla la hoy famosa expedición de Magallanes. Despachado por su rey Manuel I, en octubre de 1517 el navegante portugués Fernando de Magallanes, inició las gestiones para presentar en Castilla la idea de dirigir una expedición a las islas de las Especias (las Molucas, en Indonesia) siguiendo una ruta hacia el oeste. Para ello habían de encontrar un modo de pasar del Atlántico al Mar del Sur —cuya existencia había descubierto Núñez de Balboa en 1513—, lo que por entonces era empresa incierta. El proyecto, además de abrir una nueva vía de navegación, supondría la posibilidad de otorgar a la Corona de España la primacía en el negocio más lucrativo de la época, el comercio de las especias. Menos de un año después, en las Capitulaciones de Valladolid, el nuevo rey Carlos I aceptó la propuesta, dando por sentado que habría de ser «sin ir ni tocar en cosa que al rey de Portugal pertenezca», y contribuyó a financiarla, otorgando a Magallanes varios títulos y beneficios.

La empresa no resultaría fácil. Además de los problemas políticos y diplomáticos que había en relación con Portugal, y que continuaron durante toda la travesía, se daban los económicos, que se solventaron gracias a la aportación de la Corona, pero también de un hombre de negocios como Cristóbal de Haro y otros mercaderes de Burgos. También había dificultades técnicas, por un lado, para conseguir las naves y abastecerlas adecuadamente y, por otro, no resultaba fácil disponer una tripulación que se atreviese a participar en tan incierta aventura, sabedores de que no había cartas de navegación para algunos tramos cruciales del periplo.

De acuerdo con lo establecido en Valladolid, se dispusieron para la empresa cinco naves que se equiparon en Sevilla: la Trinidad, que sería capitaneada por Magallanes; la San Antonio; la Concepción —donde iba de contramaestre Juan Sebastián Elcano, quien tenía entonces problemas con la justicia—; la Victoria, y la Santiago, la más pequeña. A bordo embarcaron casi doscientos cincuenta hombres, fundamentalmente portugueses y españoles, que salieron del puerto de Triana, río abajo, el 10 de agosto de 1519, para hacer escalas en Sanlúcar de Barrameda, ya con vistas al océano, y Santa Cruz de Tenerife. Desde allí, recorriendo siempre mares que según el Tratado de Tordesillas eran castellanos, habrían de llegar a su destino.

Tras bordear hacia el sur la costa sudamericana se produjo el naufragio de la nao Santiago y la deserción de la San Antonio, pero las tres naves restantes encontraron el paso en el laberíntico estrecho que ahora lleva el nombre de Magallanes. El almirante bautizó entonces con el nombre de Pacífico aquel océano que se le presentaba acariciado por los vientos alisios. El viaje estuvo plagado de incidentes: además de naufragios y deserciones, hubo motines, rebeliones, intrigas, ejecuciones, destierros, y sobre todo hambre, sed y escorbuto. Magallanes moriría en Filipinas, en un enfrentamiento con los nativos, tras lo cual quemaron la Concepción, distribuyendo la tripulación en las dos naves restantes, y llegaron por fin a las Molucas, donde cargaron especias.

La nao Victoria fue la única que resistiría el viaje. El resto de la expedición, ahora al mando de Elcano, inició el viaje de regreso a través del Índico, por una ruta meridional, esquivando puertos y flotas portuguesas. Tres años después de su partida llegaron a Sanlúcar de Barrameda solo dieciocho desfigurados supervivientes, tras haber recorrido 14.460 leguas en aguas de lo que resultó ser un único océano. Con la venta de las especias —fundamentalmente clavo, algo de canela, nuez moscada y sándalo— se obtuvieron beneficios superiores a los del coste de toda la expedición. Pero aquellos hombres, hambrientos, enfermos y heridos, habían comprobado que la Tierra era redonda e inventaron la globalización.

§ 1675. El rey Carlos II de Inglaterra coloca la primera piedra del Observatorio Real de Greenwich. El edificio fue diseñado por sir Christopher Wren (que también era profesor de astronomía), y su construcción finalizó al año siguiente, siendo nombrado primer astrónomo real John Flamsteed. La misión del observatorio era utilizar la astronomía para la navegación y medir el tiempo mediante la determinación de las posiciones de las estrellas. En 1767, el observatorio comenzó a publicar *The Nautical Almanac,* que establecía la longitud de Greenwich como base para los cálculos del tiempo.

§ 1897. El químico Felix Hoffmann, que trabaja para Friedrich Bayer & Co, consigue crear una forma pura y estable del ácido acetilsalicílico. Había ensayado con éxito el nuevo medicamento para aliviar la artritis reumatoide de su padre, que difícilmente podía llevar el tratamiento con salicilatos de sabor amargo, que además en altas dosis causan dolencias estomacales. Había nacido la aspirina, que fue patentada en 1899. En la misma línea de investigación (es decir, acetilando compuestos de efectos ya conocidos), el día 21 de ese mismo mes Hoffmann obtiene la diamorfina, que sería comercializada con ilusión por Bayer en 1898 como «heroína, un sustituto no adictivo de la morfina», que tuvo su éxito hasta que fue prohibida en 1925. Este logro no es tan reconocido.

§ 1877. Descubrimiento de los satélites de Marte. Asaph Hall fue un astrónomo autodidacta que llegó a ser director del Observatorio Naval de Washington. La noche del 11 de agosto de 1877 estaba tratando de ver, con el gran refractor de 66 cm, si había en realidad alrededor de Marte un satélite que le había parecido observar la noche anterior; pero por fin decidía abandonar su empeño. Al retirarse, se lo comunica a su esposa, la matemática y sufragista Angeline Stickney, pero ella le anima: «por favor, inténtalo solo otra noche más». Fue precisamente entonces cuando Hall descubrió el primer satélite del planeta rojo, al que, inspirándose en la *Ilíada,* llamaría Deimos, y cinco días después vio otro al que denominó Fobos. En la mitología griega, Fobos y Deimos son los hijos de Ares (Marte) con Afrodita (Venus).

§ 1913. Comienza la construcción de los edificios de la Residencia de Estudiantes en Madrid. Una Real Orden del Ministerio de Instrucción Pública autoriza, el 11 de agosto de 1913, la construcción de unos nuevos edificios en los terrenos de los Altos del Hipódromo, en Madrid, que se extendían hasta los jardines del Palacio de la Industria (que ese mismo año pasaría a denominarse Museo Nacional de Ciencias Naturales). Los arquitectos Antonio Flórez y F. Javier Luque fueron los encargados de la construcción de estos pabellones para la Residencia de Estudiantes. La institución había sido creada por la Junta de Ampliación de Estudios en 1910, y se ubicaría en los nuevos edificios en 1915. La Residencia fue un foco de modernidad en España, buscando propiciar una cultura que no separase ciencias y artes, así como ser centro de acogida de las vanguardias internacionales. En ella estuvieron, entre muchos otros, Lorca, Dalí, Buñuel, Unamuno, Falla, Ortega, Blas Cabrera, Ochoa y Alberti.

§ 1962. Año y medio después de que Yuri Gagarin se convirtiera en primer astronauta, la URSS pone en el espacio la Vostok 3 con el cosmonauta Andrián Nikoláyev, que establece un récord de permanencia de noventa y cuatro horas en el espacio, en las que dio sesenta y cuatro vueltas a la Tierra. Por haber permanecido cuatro días aislado y en silencio se le llamó en la URSS «el hombre de hierro», pero el 3 de noviembre de 1963 se casó con Valentina Tereshkova, que había volado al espacio en junio de ese año.

§ 1978. En el globo Double Eagle II, lleno con 4500 m³ de helio, los aeronautas Ben Abruzzo, Maxie Anderson y Larry Newman comienzan el vuelo que los llevará a cruzar el Atlántico con éxito por primera vez, en 137 horas, desde Maine (EE. UU.) hasta cerca de París, en un trayecto de cinco mil kilómetros. Anteriormente, la hazaña se había intentado durante un siglo catorce veces, y costó la pérdida de siete vidas.

12 DE AGOSTO

§ 1792. Tiene lugar en España la primera ascensión en globo. Fue realizada en Madrid, en el Jardín del Buen Retiro, como espectáculo benéfico financiado por el rey Carlos IV. Lo realiza Vincenzo Lunardi, que ya hizo exhibiciones similares en Gran Bretaña e Italia, y el vuelo duró una hora. Tres meses después se llevó a cabo la construcción del primer globo español. Este proyecto se basó en cálculos matemáticos, de modo que el ingenio pudiera elevarse hasta una altura adecuada para descubrir y «registrar el campo enemigo con comodidad». El globo tenía cuarenta y cinco pies de diámetro y noventa y tres pies de largo, y tenía la forma «de una bota de vino». Tras varias pruebas, el 14 de noviembre de este mismo año se realizó una exhibición en El Escorial, en presencia del Rey, en la que ascendieron, con Joseph Louis Proust, tres oficiales y dos cadetes del Colegio de Artillería de Segovia.

§ 1851. Este día Isaac M. Singer patenta la primera máquina de coser que tendría éxito, incorporando varias mejoras que la hacen capaz de dar novecientas puntadas por minuto. Tras pagar los derechos que correspondían a Elias Howe por su otra patente, y con ayuda de amigos, Singer monta en Boston un establecimiento de fabricación y venta de máquinas que popularizaría el invento, de modo que en 1861 es la principal empresa del mundo en su género. Tenía una revista para los clientes, servicio postventa y aceptaban el pago a plazos.

§ 1865. El cirujano Joseph Lister vence las infecciones. A mediados del siglo XIX toda intervención quirúrgica era un último recurso, algo que procuraba evitarse a toda costa, pues aunque la operación se realizase correctamente, el riesgo de infección hospitalaria llevaba a la muerte en el 46 % de los casos. Aunque —siguiendo las ideas imperantes— las habitaciones se ventilaban a mediodía para evitar las «miasmas», pensemos en unas instalaciones sin agua corriente, con estancias que se calentaban con braseros de carbón, donde la iluminación era escasa, todo estaba oscuro e inevitablemente sucio, y no era inusual que dos pacientes tuvieran que compartir cama. Aun así, se realizaban amputaciones, pues la tasa de mortalidad en las personas que habían sido heridas de importancia por cualquier tipo de accidente era incluso superior.

El día 12 de agosto de 1865 el niño de once años James Greenlees fue atropellado en una calle de Glasgow por un carro de caballos, lo que le originó una fractura abierta en una pierna. Lo previsible —porque siempre sucedía— era que aquella herida pronto comenzase a desprender pus cada vez en mayor cantidad, y luego siguiese una descomposición de los tejidos, acompañada por fiebre general, llevando al fallecimiento en pocos días. En aquella época, ese tipo de heridas hacían presagiar una sentencia de muerte.

Pero el niño fue llevado a la Enfermería Real de Glasgow, donde quedó al cuidado de Joseph Lister. Este joven cirujano, que había estudiado la reciente teoría sobre los gérmenes de Pasteur, tenía una idea personal sobre el tratamiento de heridas y decidió ponerla en práctica. Entablilló la pierna para ayudar a soldar correctamente el hueso fragmentado y aplicó a la herida vendas con disolución de ácido carbólico (hoy lo llamamos fenol) y aceite de linaza. Si el procedimiento no funcionaba, procedería a la amputación. Cuatro días después, quitó la venda y no vio señal alguna de infección, lo que le animó a colocar otra con el fenol más diluido. Al cabo de seis semanas, James salía del hospital con el hueso soldado y la herida cicatrizada. Era el primer caso de curación sin infección y sin amputación.

En los dos años siguientes Lister reuniría once casos similares, en los que continuó usando su protocolo de higiene quirúrgica, aplicando fenol tanto a las vendas, instrumentos e hilos de sutura (fue él quien usó primero el catgut reabsorbible) como a sus propias manos, y directamente a las heridas, y diseñó un pulverizador para aplicarlo; así redujo la tasa de mortalidad al 15 %. Lister denominó a su técnica «antisepsia», que significa «contra la infección». En 1867 expuso sus ideas en la revista *The Lancet* con sucesivos artículos sobre «el principio antiséptico en la práctica quirúrgica». Su técnica tuvo una importancia trascendental en la historia de la cirugía, y en que hoy podamos pensar en un quirófano con mucha mayor tranquilidad.

Por pertenecer a una familia que fabricaba vinos, Lister agradecía las investigaciones en las que Pasteur descubrió que los caldos se estropeaban por la acción de levaduras; sabía que los «gérmenes invisibles», descritos por el químico francés —y que eran también los causantes de enfermedades— estaban en el aire, en el agua y en todas partes, así como que podían eliminarse por la acción de agentes químicos y otros procedimientos. También suponía que el ácido carbólico mataba los gérmenes, pues como disminuía el hedor de las aguas residuales ya había sido utilizado por algunos ayuntamientos para tratarlas y poder así emplearlas para el riego, habiéndose demostrado que ello no afectaba a los animales que luego se alimentaban en aquellos campos. La lógica le decía que valdría la pena experimentar, viendo si aquella sustancia también podía evitar una infección. Así descubrió el primer antiséptico; hoy existen una amplia variedad de ellos y están presentes en todos los hogares.

§ 1912. En la noche de este lunes, las costas vizcaínas y guipuzcoanas fueron escenario de una tragedia. Cuando habían salido tratando de mejorar una campaña del bonito con pobres resultados, una galerna se llevó la vida de 142 hombres, que faenaban en chalupas de vela y remos, a cuarenta y cinco millas del cabo Machichaco, siendo Bermeo la localidad más castigada. En el Cantábrico oriental puede surgir una galerna en días plácidos del verano, cuando la suave brisa del sur vira de repente, se convierte en un viento del noroeste muy fuerte, y se generan grandes marejadas, mientras desciende bruscamente la temperatura. El problema de las galernas radica en la imposibilidad de pronosticarlas con los modelos a gran escala.

§ 1960. El primer satélite de telecomunicaciones, Echo 1, fue un gran globo, diseñado para reflejar de modo pasivo las ondas electromagnéticas, igual que la Luna refleja la luz del Sol. Lanzado al espacio el 12 de agosto de 1960, iba desinflado y empaquetado en un cohete Thor-Delta. A unos 1600 km de altura se desplegó y se infló con gas a baja presión hasta crear un globo esférico de 30,5 m de diámetro. El material de la pared era un PET metalizado. El día 15 de agosto, en su vuelta treinta y uno a la Tierra, se realizó un primer ensayo con un enlace telefónico mediante microondas entre terminales situadas en California y Nueva Jersey, comprobándose que la recepción fue satisfactoria tanto para las voces de una conversación como para la música. Posteriores ensayos con señales de radio y televisión también dieron resultado positivo. El satélite era visible a simple vista desde la mayor parte de la Tierra hasta que se quemó al volver a la atmósfera en 1968.

§ 1990. La inquieta exploradora Susan *Sue* Hendrickson descubre en Dakota del Sur tres huesos fósiles de lo que sería el mayor ejemplar fósil de *Tyrannosaurus rex* existente en el mundo, con casi trece metros de longitud. Los restos, recuperados en diecisiete días por un equipo de seis personas, finalmente suponen el 90 % del esqueleto, que puede contemplarse en el Museo Field de Historia Natural (Chicago).

13 DE AGOSTO

§ 1672. El neerlandés Christiaan Huygens, con un telescopio refractor de cincuenta aumentos, dotado de lentes de 5 cm de diámetro y con un tubo de 3,5 m de longitud, descubre este día una difusa superficie blanca en el polo norte de Marte. Huygens ya había observado la planicie oscura (el volcán Syrtis Major) del polo sur marciano, y lo hizo constar en sus dibujos.

§ 1903. Los físicos británicos William Ramsay y Frederick Soddy publican en la revista *Nature* que en las emisiones del radio se encuentra helio. Nadie podía imaginar entonces que de un elemento químico pudiera salir otro diferente. En 1908, Rutherford confirmaría que las partículas alfa emitidas por los cuerpos radiactivos eran realmente núcleos de helio.

§ 1913. Invento de un acero que resiste al vinagre y al limón. Durante el siglo XIX la ciudad de Sheffield en Inglaterra había alcanzado gran reputación por su fabricación de aceros, sobre todo utilizando el método del crisol, un procedimiento ideado por el relojero Benjamin Huntsman (1704-1776), que en su fábrica de muelles para relojes había conseguido así un material más uniforme y con menos impurezas. Con este método, la ciudad fabricaba la mitad del acero que se hacía en Europa. El día 13 de agosto de 1913, un profesional de la industria metalúrgica en los Brown Firth Laboratories de Sheffield, llamado Harry Brearley, obtuvo en un horno eléctrico el primer acero realmente inoxidable.
Brearley estaba buscando un material que fuera más resistente a la erosión, manifestada en la superficie interior de los cañones de armas de fuego, sobre todo al calentarse con su uso. Las variables a controlar eran las proporciones de carbono, que había de ser baja, y de cromo, superior al 6 %. Para ello, comenzó por incrementar la cantidad de cromo de la aleación, pues sabía que con ello se aumentaba el punto de fusión. El análisis metalográfico de laboratorio incluía el estudio de la microestructura de los aceros, para lo cual Brearley los trataba con una disolución diluida de ácido nítrico en alcohol, antes de examinarlos al microscopio. Así se encontró con que una aleación de hierro que contenía el 0,24 % de carbono y el 12,8 % de cromo era resistente a aquel ataque químico.

354

Luego expuso aquel acero también a la acción de vinagre y otros ácidos caseros, como zumo de limón, y se encontró con el mismo resultado. Inmediatamente, pensó que el descubrimiento podría revolucionar la industria de la cuchillería de forja, que había hecho famosa a Sheffield desde el siglo XVI. Hasta entonces, los cuchillos habían de lavarse y secarse a conciencia, pues de otro modo se oxidaban. La patente del acero inoxidable no sería registrada por Brearley, sino por su sucesor en aquel laboratorio, W. H. Hatfield, que —tras la Primera Guerra Mundial— desarrolló en 1924 un acero que aún hoy es la aleación más usada de este tipo; además de cromo (18 %) incluye níquel (8 %), y en consecuencia se llama inox 18/8.

Como es usual, existen otras personas que merecen crédito en el proceso de «invención» del acero inoxidable, si bien el clima político internacional de aquellos tiempos hace posible que muchas investigaciones se realizasen en paralelo. En concreto, los alemanes P. Monnartz y W. Borchers descubrieron en 1911 la relación entre el contenido en cromo y la resistencia a la corrosión, estableciendo que se daba un cambio significativo al superar el 10,5 % de cromo.

Brearley se referiría a su nueva aleación como *rustless steel* (acero inoxidable), aunque luego triunfó otra denominación más sonora en inglés, *stainless steel* (acero inmaculado). Hoy existen diversos tipos de aceros inoxidables, que en general se caracterizan por tener un contenido en cromo superior al 12 %, y que pueden contener además níquel y molibdeno. Otros aceros especiales incluyen pequeñas cantidades de titanio, wolframio, cobre y otros metales, dando lugar a productos de aplicaciones específicas. Los aceros inoxidables se usan principalmente en la industria (de automoción, alimentos, petróleo...), en construcción y en electrodomésticos.

14 DE AGOSTO

§ 1457. Se remata la impresión del segundo libro en la historia, tras la Biblia de Gutenberg. Es el primero con fecha conocida, y también el primero realizado con dos tamaños de letra, con iniciales decoradas e impreso en dos tintas. Es un libro de los Salmos conocido como *Salterio de Maguncia*, obra de los impresores Johann Fust y Peter Schöffer. Fust había sido el socio capitalista de Gutenberg, y Schöffer su principal ayudante. Se conservan diez ejemplares de esa edición, con lo que es más escaso que la Biblia de Gutenberg.

§ 1815. El mecánico alemán Johann Nepomuk Mälzel presenta el metrónomo que ha inventado. Aunque se trate de un instrumento utilizado por los músicos, todos hemos visto y escuchado alguna vez el monótono y regular marcador del ritmo, cuya frecuencia puede variarse moviendo una pesa-cursor a lo largo de la varilla que oscila como un péndulo. Cuanto más arriba se coloca la pesa, el ritmo es más lento. Desde que Galileo dio sus indicaciones sobre el funcionamiento del reloj de péndulo, fueron muchos los que intentaron construir un aparato que pudiese marcar intervalos iguales en el transcurso del tiempo. Fue el 14 de agosto de 1815 cuando Mäzel —que tendría una cierta amistad con Beethoven, para el que fabricó el primer audífono— patentó el metrónomo. Hoy es una herramienta imprescindible en la composición e interpretación musical.

§ 1994. El telescopio espacial Hubble fotografió Urano, mostrando grandes nubes brillantes de metano que forman enormes tormentas. Gracias al Hubble, los astrónomos pudieron estudiar detalles del planeta, además de sus anillos y satélites, que antes solo habían sido vistos brevemente cuando la nave Voyager 2 lo sobrevoló.

15 DE AGOSTO

§ 1885. Aparece la primera publicación sobre la *Escherichia coli,* en un artículo titulado «La bacteria intestinal de los niños y recién nacidos». Su autor, el pediatra austro-alemán especialista en infecciones Theodor Escherich, la descubrió en el pañal de un niño. La bacteria, que en 1919 fue denominada así en su honor, se ha convertido en una estrella de la ciencia moderna, con un papel esencial en la historia de la ingeniería genética.

§ 1914. Después de más de treinta años de trabajos, se abre el canal de Panamá, con el paso del vapor de carga Ancón. Hasta entonces, el comercio marítimo rodeaba el cabo de Hornos. Con una longitud de ochenta kilómetros hizo posible mediante esclusas la navegación entre el Atlántico y el Pacífico. Es la obra de ingeniería más importante de la historia, y su apertura modificó los patrones del comercio marítimo mundial, pero el mundo no se enteró, porque entonces las tropas alemanas se dirigían hacia París tras haber invadido Bélgica. La noticia de aquel primer tránsito pasó inadvertida, en las últimas páginas de los diarios. Una vez finalizada la Primera Guerra Mundial, el canal fue declarado utilizable oficialmente el 12 de julio de 1920, por el presidente de los Estados Unidos, Woodrow Wilson.

§ 1994. El estadounidense Instituto Nacional de Estándares y Tecnología (NIST) afirma que han enfriado átomos a 700 nanokelvins, la temperatura más baja registrada hasta entonces. Los físicos del NIST enfriaron una nube de átomos de cesio muy cerca del cero absoluto utilizando láseres para confinarlos en una jaula óptica. Los átomos alcanzaron 700 milmillonésimas de grado por encima del cero absoluto, la temperatura a la que cesaría el movimiento térmico.

16 DE AGOSTO

§ 1858. Tras diez días de ensayos, la reina Victoria envía desde Londres el primer mensaje telegráfico oficial de la historia a través del Atlántico, al presidente James Buchanan en Washington. La emisión de un texto de noventa y nueve palabras y un total de 509 letras comenzó a las 10:50 y finalizó a las 4:30 del día siguiente, tardando casi dieciocho horas en llegar a Terranova, a unos dos minutos por letra. El primer telegrama continuó luego hasta su destino por cables submarinos y aéreos.

§ 1918. Un real decreto de esta fecha declara Parque Nacional del Valle de Ordesa o del río Ara, al situado en el Pirineo de Huesca, limitando con Francia. Es el segundo Parque Nacional de España, y alberga el monte Perdido, la montaña caliza más alta de Europa (3355 m) y uno de los últimos glaciares de la península ibérica. Cuenta con numerosos endemismos exclusivamente pirenaicos.

§ 1964. *The New York Times* publica un artículo de Isaac Asimov titulado «Visit to the World's Fair of 2014», donde predice que en medio siglo (2014) existirán paneles publicitarios luminosos, cine en 3D, robots, televisores planos, naves enviadas a Marte, ventanas con vidrios polarizados... y epidemia de enfermedades mentales.

17 DE AGOSTO

§ 1714. Este día es bueno para hablar de la historia de las fresas que comemos, una variedad que nunca fue silvestre, y mucho menos salvaje (como quiso el título español de una gran película). El cultivo de la fresa comenzó en el siglo XIV con la variedad que era predominante en Europa, aquella que todavía saluda la primavera de nuestros campos con unos aromáticos corazoncitos rojos de sabor delicado e intenso; que fue cantada por poetas como Ovidio y Virgilio hace más de dos mil años, y que en 1753 habría de ser incluida por Linneo en su trabajo *Species Plantarum* con el nombre de *Fragaria vesca*. Sin embargo, los fresones orondos y opulentos que hoy llegan a las mesas no existieron nunca en la naturaleza, y son fruto de plantas que tienen su origen genético en América.

La primera descripción científica de nuestras fresas silvestres la realizó el botánico y médico Hyeronimus Bock a comienzos del siglo XVI, y así aparece en su herbario, ilustrado por David Kandel en 1546. Por entonces ya los europeos habíamos tenido noticia de que existían otras especies en el continente que se estaba descubriendo. Pocos años antes, Pedro de Valdivia contaba en una de sus cartas desde Chile que «es imponderable la abundancia de frutilla, perla que producen los campos desde los 36° para el polo». Aquella «frutilla» (así se llaman aún las fresas en Sudamérica) es también citada por Alonso de Ercilla en su poema épico *La Araucana* y estaba destinada a ser protagonista del futuro.

En el puerto de Marsella desembarcó el 17 de agosto de 1714 el joven ingeniero y matemático Amédée François Frézier, que había sido enviado por Luis XIV para espiar las fortificaciones defensivas de los puertos de Chile y Perú en el Imperio español de su nieto Felipe V de Borbón. Frézier regresó de su expedición con cinco ejemplares de plantas de la «fresa blanca de Chile», que sería citada en su crónica del viaje como *Fragaria Chiloensis, fructu maximo, foliis carnosis, hirsutis, vulgo frutilla*. Le habían llamado la atención sus hojas redondeadas, y unos frutos «grandes como nueces», de color rojo blanquecino.

Los intentos de cultivarla en Europa fueron inmediatos, pero el problema estaba en que, aunque se habían reproducido por estolones, aquellas plantas no daban fruto. A mediados de siglo llegaron a concluir que los cinco ejemplares traídos por Frézier tenían únicamente flores femeninas, y que se necesitaba polen para fecundarlas; por ello se comenzó por entonces a colocar en los cultivos, para que actuase como polinizador, una planta de fresa silvestre europea cada seis plantas de la especie chilena; pero el éxito real en la fructificación únicamente vendría al cruzar la traída de Chile con otra fresa de frutos grandes.

El jovencísimo botánico Antoine Nicolas Duchesne (1747-1827) comenzó en el verano de 1764 sus ensayos sistemáticos de hibridación de la frutilla chilena, lo que le llevó a obtener la especie de fresones que hoy más se cultiva, a la que denominó *Fragaria x ananassa*. La consiguió por cruce entre la susodicha especie chilena —que ahora llamamos *Fragaria chiloensis*— y la *F. virginiana*, que provenía del este de

Norteamérica. Esta especie ya era conocida en Francia e Inglaterra desde finales del XVI, y había comenzado a cultivarse en Europa, pues era más productiva y tenía frutos mayores que las silvestres.

Hoy los fresones constituyen un cultivo ampliamente extendido, en el que existen centenares de variedades, y es tan popular que lo vemos hasta en macetas de hogares urbanitas. en todo un mundo donde España es el primer país exportador y —tras China y Estados Unidos— el tercer productor.

§ 1771. Los años más fecundos en la vida del polifacético Joseph Priestley estuvieron dedicados a investigar científicamente sobre distintos «tipos de aires», o gases. Una de las experiencias que tendría mayor trascendencia fue el descubrimiento del papel de las plantas en la regeneración del aire, que se deteriora durante las combustiones o la respiración. El día 17 de agosto de 1771, tras verificar que en una campana de vidrio cerrada, con una vela encendida en su interior, esta termina apagándose, coloca un manojo de menta y vuelve a cerrar. Diez días después puede encender la llama (con la ayuda del Sol y un espejo), que ahora continúa encendida mucho más tiempo. Así concluye que las plantas contribuyen a la recuperación de la atmósfera, hallazgo que llevaría al descubrimiento de la fotosíntesis.

§ 1896. Hoy muere la primera víctima por atropello de automóvil. Se trata de la señora Bridget Driscoll, de cuarenta y cuatro años, que se encontraba paseando, con una amiga y su hija mayor, por una terraza del Crystal Palace de Londres y fue arrollada por un «carruaje sin caballos» que circulaba —dicen— a 6 km/h en una exhibición. Falleció a los diez minutos por el impacto sufrido al golpearse en la cabeza contra el suelo. En su memoria, la OMS declaró el 17 de agosto como Día Mundial del Peatón.

18 DE AGOSTO

§ 1522. Primera patente de invención dada en España. A finales del siglo XV comenzaron a extenderse en España, a imitación de lo que se hacía en Florencia y Venecia, las «cédulas de privilegio» por invenciones, lo que hoy consideramos patentes. Estos documentos servían para proteger los derechos intelectuales de los inventores, y en ocasiones de ayuda para la obtención de fondos con que desarrollar y construir prototipos. La primera otorgada en nuestro país data del tiempo de Carlos I. Se trata de una cédula de privilegio fechada en Palencia el 18 de agosto de 1522 al catalán Guillén Cabier, que le garantiza de por vida y en exclusiva el poder construir una máquina con la que un navío «de alto bordo» pudiese avanzar en el océano en tiempo de calma, sin utilizar velas ni remos. No parece que Cabier tuviera el éxito esperado, pues no tenemos referencias posteriores del invento.

§ 1839. Así nació la fotografía. El químico y litógrafo Joseph Nicéphore Niépce fue el primero en obtener imágenes fotográficas mediante un proceso químico, cuando en 1825 logró capturarlas en negativo sobre papel. En los años siguientes obtendría ya imágenes en positivo, aunque sin posibilidad de hacer reproducciones. En 1829 firmó un contrato con Louis Daguerre para desarrollar y comercializar fotografías, pero falleció cuatro años después. El 18 de agosto de 1839 Daguerre anunció públicamente en París la invención del daguerrotipo, el proceso fotográfico que había conseguido, el primero que permitía fijar químicamente una imagen nítida y de modo permanente. Aunque el anuncio del descubrimiento ya había sido revelado a comienzos de ese año, hasta esta fecha no se dieron detalles del mismo. El gobierno francés había comprado los derechos para ofrecerlo de manera libre a todo el mundo

§ 1868. El helio es un elemento químico que primero fue extraterrestre, de ahí su nombre. Con la publicación de la *Óptica* de Newton en 1704 se habían desentrañado los secretos de la dispersión de la luz, un fenómeno que se ponía de manifiesto, por ejemplo, en el arcoíris. Se había demostrado que un prisma podía descomponer la luz blanca, sin añadir ni quitarle nada, en los colores que la integraban, del rojo al violeta. La invención del espectroscopio un siglo más tarde supuso el desarrollo de una nueva ciencia, la espectrometría, que relacionaba la materia con el tipo de luz que esta era capaz de emitir o absorber, y permitía, entre otras cosas, identificar la presencia de átomos o moléculas al analizar los espectros luminosos de las distintas sustancias. No todas las luces eran iguales. No era igual la llama de combustión del alcohol que la del acetileno, y colocando una brizna de un producto en la llama de un mechero un químico podía detectar la presencia de muchos iones metálicos. Del mismo modo, el análisis espectral de su luz permitía identificar la presencia de elementos químicos en las estrellas, o en el Sol.

Al observar desde la India el eclipse total de Sol del 18 de agosto de 1868, el astrónomo francés Pierre Jules Janssen descubrió, en el espectro de destello con el que comienza a finalizar la ocultación total, que en la cromosfera de nuestra estrella había una línea de luz amarilla que nunca se había registrado. El inglés Joseph Norman Lockyer, otro astrónomo aficionado a analizar los espectros (y que el año siguiente fundaría la revista *Nature*), observó dos meses más tarde con un espectroscopio la existencia de aquella línea amarilla, y años después terminó concluyendo que no podía explicarse por ningún elemento químico conocido. Lockyer supuso que se trataría de algo existente en el Sol, con lo que se decidió llamar *helium* al nuevo elemento («helios» en griego es Sol). Tras el hidrógeno, el helio es el segundo elemento en abundancia en el universo, la mayor parte del cual se formó minutos después del Big Bang. Ahora continúa apareciendo nuevo helio, en los procesos de fusión nuclear que suceden en el interior de las estrellas, pero también como radiación alfa en la desintegración natural de algunos núcleos radiactivos. Durante treinta años se supuso que aquel elemento existía solamente en el Sol, hasta que en 1895 el químico británico William Ramsay pudo observar la misma línea espectral en el gas que se liberaba al tratar con ácido la cleveíta, un mineral radiactivo de uranio. La presencia de aquel gas atrapado en el mineral se explica por la mencionada emisión de partículas alfa en la desintegración del uranio.

Pronto se descubrió que el helio en condiciones normales no reaccionaba químicamente con nadie, con lo que se le incluiría en el nuevo grupo de los gases nobles. Ramsay había anunciado en 1894 el descubrimiento del argón, el primero de los gases que en 1898 se denominaron «nobles» en analogía con los metales nobles, por su baja tendencia a reaccionar químicamente. El argón formaba parte de la atmósfera terrestre, alrededor de un 1 %. Ramsay descubriría en 1898 el kriptón, neón y xenón por licuefacción y destilación fraccionada del aire. El radón, gas hoy famoso por sus características radiactivas, también fue descubierto ese mismo año, aunque no sería bautizado hasta 1923. A comienzos del siglo XX, tras aceptar el descubrimiento del helio y argón, Mendeléyev incluyó un nuevo grupo de elementos en su sistema. Era una familia singular de la tabla periódica cuyo primer integrante fue descubierto en el Sol.

§ 1870. A primeras horas de la mañana cae con gran estruendo al sur de Murcia un meteorito, siguiéndole un minuto de detonaciones que causaron alarma en la población. Se estima que la masa total del mismo era de unos cincuenta kilogramos, y se encontraron fragmentos en un área de 10x20 km. Se conoce como meteorito Cabezo de Mayo.

§ 1871. El ingeniero francés Alphonse Penaud consigue por primera vez el vuelo de un planeador sin motor. El llamado Planóforo, de 51 cm de longitud y 46 cm de envergadura, iba impulsado por bandas de goma que hacían girar unas palas a modo de hélice y voló 40 m durante once segundos en el jardín de las Tullerías. Penaud, considerado padre del aeromodelismo, fue el primero en introducir una estructura en forma de cruz en la parte posterior de los aparatos y las alas ligeramente curvadas hacia arriba en los extremos, lo que los dotaba de mayor estabilidad. Sus diseños fueron utilizados por ingenieros aeronáuticos posteriores, así como para algunos modelos de los hermanos Wright.

§ 1960. Se pone a la venta en Estados Unidos la píldora por antonomasia. Conocida oficialmente como «píldora anticonceptiva oral combinada» (PAOC) es un medicamento basado en varias hormonas, cuya acción conjunta previene la ovulación. Ha sido considerado uno de los inventos más importantes de la historia. En España se legalizó el 7 de octubre de 1978.

19 DE AGOSTO

§ 1856. El inventor estadounidense Gail Borden recibe la patente para un procedimiento de elaboración de leche condensada azucarada, para lo que creó una fábrica años después. Durante la guerra civil americana, la instalación procesaban en Nueva York 76.000 litros de leche al día. El éxito continuó, pues permitía la conservación por tiempos más prolongados sin necesidad de refrigeración, facilitando el abastecimiento a grandes ciudades. Borden continuó experimentando en concentrar muchos otros alimentos.

§ 1887. Para observar mejor un eclipse de Sol, el profesor de química de cincuenta y tres años, Dmitri Mendeléyev, que ya había publicado su Tabla periódica de los elementos, utiliza un globo con el que asciende a 3500 m cerca de Moscú. No tenía experiencia alguna en el manejo de globos, lo que causó inquietud en su familia, pero él no se preocupó de cómo podría bajar hasta que no completó sus observaciones.

§ 1960. Se produce el lanzamiento del Sputnik 5 (más correctamente Korabl-Sputnik 2), que lleva a bordo las perritas Belka (Ardilla) y Strelka (Flechita), además de un conejo, cuarenta y dos ratones, dos ratas, moscas y diversas plantas y hongos. La nave regresó al día siguiente y aseguran que todos los animales fueron recuperados sanos. Fue la gran prueba antes del vuelo de Yuri Gagarin, ocho meses después.

§ 1897. Tras cinco años de búsqueda, en un rudimentario laboratorio de Secunderabad (India), el médico británico Ronald Ross consiguió encontrar el parásito de la malaria (*Plasmodium*) en el estómago de un mosquito *Anopheles*. El demostrar que estos insectos podían transmitir la malaria, y con ello poner trabas al contagio de la enfermedad, le valió el Nobel de Medicina de 1902. Tras el descubrimiento, escribió un poema sobre el tema, y se lo envió a su esposa. Ross era un polímata, que además de escribir poemas, publicó novelas, compuso canciones y disfrutó del arte y las matemáticas.

§ 1911. Un mensaje da la vuelta al mundo por cable telegráfico y las comunicaciones humanas comienzan a empequeñecer el planeta. Fue emitido a las 19:00 horas desde la sede del periódico *The New York Times*, en el piso diecisiete del edificio Times de Manhattan, la famosa esquina de Broadway con la Séptima Avenida, en la calle 42 de la Gran Manzana. El texto dice simplemente «*This message sent around the world*», y se recibe en el mismo lugar dieciséis minutos y medio más tarde, después de haber recorrido 46.048 km y de haber sido reenviado en estaciones de San Francisco, Honolulu, Midway (más tarde famoso por la batalla), Manila, Hong Kong, Saigón, Singapur, Madrás, Bombay, Adén, Suez, Puerto Saíd, Alejandría, Malta, Gibraltar, Lisboa y Azores para volver a *Times Square*.

El 4 de julio de 1903, ya finalizado el tendido de cable submarino a través del Pacífico, el presidente de los Estados Unidos, F.D. Roosevelt, había enviado un mensaje institucional al que se le dio prioridad en la transmisión, por lo que el tiempo empleado (menos de diez minutos) no era representativo. Ahora se trataba de evaluar la duración de una transmisión «estándar» y averiguar el camino que seguiría. *The New York Times* destacó la porción de la ruta recorrida entre Madrás y Bombay, imaginando el paso por lugares poblados por tigres, panteras y serpientes pitón, donde el zumbido de los cables telegráficos sin aislamiento supondría el único «signo de civilización».

A mediados del siglo XIX habían comenzado a enviarse mensajes de texto mediante el telégrafo eléctrico, utilizando normalmente el código que había inventado Samuel Morse. Se trata de un lenguaje que expresa cada letra y cada número en diferentes combinaciones de puntos y rayas, que se escribían pulsando un interruptor. Al principio el telegrafista era el encargado de escribir y leer los mensajes, pero más adelante salieron máquinas que traducían automáticamente el código, como el teletipo, cuyo emisor contaba con un teclado de máquina de escribir.

Tanto en Europa como en Estados Unidos comenzaron a establecerse líneas que conectaban por telégrafo las ciudades, muchas veces de la mano de las compañías ferroviarias. Las líneas se diseñaban de modo que la atenuación de la señal fuera mínima y que no emitiesen en modo alguno energía radiada. Se construyeron tendidos terrestres, formados por cables de cobre que iban sostenidos por postes de madera, y también se instalaron cables submarinos, de cobre revestido de gutapercha, que servía de aislante. En 1858 se concluyó la primera línea transoceánica en el Atlántico, y en 1866 era operativa la conexión entre Terranova e Irlanda. En 1890 había por todo el mundo ciento cincuenta mil kilómetros de cable submarino en funcionamiento.

Entre 1908 y 1921 en España se completó la primitiva red telegráfica en estrella, construida en la segunda mitad del XIX y que tenía centro en Madrid, con líneas perimetrales que conectaban directamente Barcelona, Valencia, Sevilla y La Coruña, pasando poco a poco a una red de malla. En 1900 existían en total más de 32.500 km de red, de los cuales 3.300 km eran de cables submarinos, que establecían conexiones entre Baleares, Canarias y con el norte de África. En 1910, ya con casi cuarenta y tres mil kilómetros de red, se pusieron en España 4.244.380 telegramas interiores en más de 1900 oficinas. La tarifa era de una peseta por cada diez palabras o fracción.

§ 1977- En un cohete Titán-Centauro, la NASA lanza la Voyager 2. Era una nave espacial no tripulada para explorar los planetas exteriores (Júpiter, Saturno, Urano y Neptuno), en los que también descubrió y fotografió muchas lunas, anillos y otras características hasta entonces desconocidas. Un disco fonográfico dorado de doce pulgadas. que llevaba a bordo, contenía saludos en cincuenta y cinco idiomas, muestras de música y sonidos de la naturaleza. En palabras de Carl Sagan, era como lanzar una «botella dentro del océano cósmico».

§ 1986. Más de 1700 personas y unas 6000 cabezas de ganado murieron asfixiadas al desprenderse una nube de dióxido de carbono del Nyos, un lago volcánico al noroeste de Camerún, en África occidental. Al ser más denso que el aire, el gas se pegaba al suelo y fluía por los valles a gran velocidad, y arrasó también la vegetación hasta una distancia de veinticinco kilómetros del lago. Además de las muertes humanas, fueron hospitalizadas 845 personas por asfixia. Es la explosión de este tipo más grave de la historia. El lago Nyos tiene una superficie de unos pocos kilómetros cuadrados y una profundidad de unos 200 m.

§ 1993. Tres días antes de que según lo previsto comenzara a orbitar el planeta rojo, la NASA pierde misteriosamente el contacto con la nave espacial Mars Observer, tras la presurización de los tanques de combustible de los propulsores del cohete. La Mars Observer (también conocida como Mars Geoscience/Climatology Orbiter) iba a ser, dieciocho años después de las misiones Viking, la primera nave espacial para estudiar Marte.

§ 1996. Se lanza el satélite estadounidense de observación auroral FAST. Fast Auroral Snapshot Explorer, diseñado por la NASA para estudiar los rápidos cambios que se producen en los campos magnético y eléctrico de la Tierra en alturas de entre 350 y 3500 km, y que llevan a que se produzcan las auroras boreales. Estuvo funcionando durante doce años y ocho meses.

22 DE AGOSTO

§ 1865. Un jabón líquido para usos domésticos: disolver una porción de jabón sólido en agua, y añadir luego poco a poco cien partes de amoníaco, hasta que el líquido adquiere una consistencia semejante a las melazas. Esta es en resumen la receta para fabricar el primer jabón líquido, cuya patente fue otorgada a William Sheppard, de Nueva York, el 22 de agosto de 1865. La patente, registrada como «Jabón líquido mejorado» sugiere que existían otras fórmulas anteriores, pero no se tiene constancia de las mismas, aunque se sabe que en algunas industrias se usaban jabones líquidos desde comienzos del siglo XIX. En la patente se afirma que el producto resultante tiene cualidades detergentes superiores al jabón sólido, y se «espera que sea útil tanto en usos domésticos como industriales». La popularización de jabones líquidos no llegaría hasta la década de 1980.

§ 1962. El buque mixto (de pasaje y carga) NS Savannah completa su viaje inaugural. De diseño futurista, y equipado como un trasatlántico, se distinguía por contar como suministro de energía con un reactor nuclear, que estaba conectado a un sistema de turbinas de vapor que movían una sola hélice. Se trataba de demostrar que la energía nuclear podría utilizarse de forma pacífica. Anteriormente, la URSS había botado en 1957 el rompehielos Lenin, primer navío con propulsión nuclear, con dos reactores y cuatro turbinas de vapor, que prestó servicio desde 1959 hasta 1989.

§ 1963. El piloto Joseph A. Walker bate el récord mundial de alejamiento de la superficie terrestre al alcanzar una altitud de 108 km en el vuelo número noventa y uno de una serie de ensayos con el avión cohete X-15. La estructura interna del aparato era de titanio, y estaba recubierta con una aleación de cromo y níquel. Un mes antes, el 19 de julio, había alcanzado los 106 km de altura en el vuelo noventa. Los ensayos realizados con el X-15 entre 1959 y 1968 facilitaron datos sobre flujo del aire, calentamiento y estabilidad en vuelos supersónicos, así como sobre técnicas de reentrada que se utilizarían en los programas espaciales Mercury, Gemini y Apolo.

23 DE AGOSTO

§ 1609. Ante las autoridades y comerciantes de Venecia, Galileo Galilei realiza una demostración de uno de los telescopios construidos por él. Con solo ocho aumentos logró asombrar a la concurrencia, que pudieron comprobar su utilidad, sobre todo para prever ataques por vía marítima. Pero Galileo lo utilizaría un año después para cambiar la historia de la ciencia.

§ 1617. Una resolución del Ayuntamiento de Londres establece por vez primera que existan calles de dirección única. La normativa tenía por objeto evitar «los desórdenes y comportamientos descorteses» de todo tipo de conductores de vehículos; se aplicaba a un total de diecisiete calles, que se caracterizaban por ser estrechas y con tráfico frecuente, sobre todo las que confluían en Thames Street. La disposición fijaba las multas para la primera infracción, doblando el importe para los reincidentes y retirándoles la autorización para usar carruajes. Esa regulación del tráfico se mantuvo durante dos siglos.

§ 1966. Primera fotografía de la Tierra desde la Luna. Fue en la estación espacial de Robledo de Chavela (Madrid) donde se recibió por radio la primera fotografía de la Tierra tomada desde la Luna. Era una imagen en blanco y negro, de poca definición, que la sonda Lunar Orbiter consiguió utilizando un ordenador, cuando el proceso de obtener imágenes computadas estaba en sus comienzos. El primer orbitador lunar obtuvo entonces cuarenta y dos imágenes en «alta resolución» (algunas de las cuales se dañaron), y 187 de resolución media. En total, envió 207 fotos de la superficie del satélite, utilizando para ello un equipo de tan solo veinte vatios de potencia. En dos de ellas podía verse, por encima del horizonte lunar, en el cielo negro, la imagen resplandeciente de nuestra Tierra; la primera es del 23 de agosto de 1966, y sería conocida como la fotografía de la *Tierra naciente* o de la *Salida de la Tierra* (*Earthrise*) y calificada por muchos periodistas como «la foto del siglo». La escena cubre unos 550 km de horizonte lunar, y se ve nuestro planeta a 380.000 km de distancia. Dos días después se obtendría la segunda, que es muy similar, pero por supuesto no sería tan famosa. Finalizada la misión, la sonda se estrelló a finales de octubre de forma controlada contra la superficie lunar.

La idea de sacarle fotos a nuestro planeta, a nuestra casa, desde el lugar más lejano posible, se remonta a los años 30 del pasado siglo. Fue en 1935 cuando se obtuvo la primera imagen, desde un globo aerostático dirigido por los pilotos Orvil Anderson y Albert Stevens, que entonces establecieron un récord mundial de ascensión al llegar a 22 km de altura, con todas las dificultades que entraña el enrarecimiento de la atmósfera. Once años más tarde, se obtendría una imagen ya desde fuera de la atmósfera, a una altura cinco veces superior, con una cámara de 35 mm aplicada a un misil V2 que los Estados Unidos habían requisado a los nazis. Aunque la máquina se hizo añicos en la caída del cohete, se pudo salvar el carrete con las imágenes. Al comenzar los 60 se daría un salto significativo, y entonces, ya desde más de 600 km de distancia, tuvimos imágenes de la Tierra extraídas de la cinta magnética de televisión que grababa el satélite Tiros I. Pero una foto desde la Luna era otra cosa.

24 DE AGOSTO

§ 79. El monte Vesubio entra en erupción, enterrando en cenizas y piedras volcánicas las ciudades romanas de Pompeya y Herculano. Se estima que entonces pudieron haber fallecido hasta unas 20.000 personas. La erupción fue precedida por un terremoto diecisiete años antes, pero Plinio el Joven dice que los habitantes no se alarmaban, pues los sismos eran frecuentes en aquella comarca.

§ 1853. Se ha puesto esta fecha (no puedo confirmarlo) al nacimiento de las patatas *chip*. Una historia dice que este día George Crum, cocinero en Moon's Lake House (Saratoga Springs, Nueva York) recibió una queja del magnate ferroviario Cornelius Vanderbilt (llamado el Comodoro) que estaba cenando allí, de que las patatas estaban cortadas muy gruesas. Crum reaccionó cortándolas muy finas y friéndolas hasta que se volvían crujientes. Al magnate le gustaron y las patatas chip fueron un éxito que ya recoge un libro de cocina de 1858. Una vez más, *se non è vero, è ben trovato*.

§ 1909. En Gatún, los obreros vierten el primer hormigón para la primera esclusa del canal de Panamá, un trabajo que llevaría casi cuatro años. La represa de Gatún se cerró el 27 de junio de 1913, lo que permitió que el lago artificial se llenara hasta la profundidad prevista. Unos meses más tarde, el 26 de septiembre, un remolcador realizó una prueba de funcionamiento de las esclusas. Todo fue perfectamente. A diferencia del canal de Suez, que une dos mares al mismo nivel, el de Panamá utiliza esclusas para subir y bajar los barcos. El Pacífico está 20 cm más alto, y tiene variaciones por marea mucho mayores que el Atlántico.

25 DE AGOSTO

§ 1973. Se realiza el primer escáner cerebral. El ingeniero electrónico Godfrey Hounsfield, que trabajaba para EMI (Electrical and Musical Industries) en Londres, había construido en 1967 el primer aparato que permitía observar los tejidos blandos del cerebro sin necesidad de cirugía ni medios de contraste. Publicó su invento en 1972 y con ello llegó su prestigio. El 25 de agosto de 1973, en la clínica Mayo se realiza por primera vez un escáner cerebral por tomografía axial computarizada (TAC). La demanda de tomógrafos entonces fue abrumadora en todo el mundo. Hounsfield obtuvo el Nobel de Medicina en 1979.

§ 1981. La nave Voyager 2, que ya había visitado Júpiter en 1979, se acerca a 100.000 km de Saturno, penetra la cubierta de nubes y nos envía las fotografías más próximas de los anillos, que se nos revelan como miles de elementos, así como también de alguno de sus satélites. La sonda seguiría hasta Urano (1986) y Neptuno (1989) antes de abandonar el sistema solar.

§ 1999. El periódico londinense *The Independent* informa sobre el testimonio de un murciélago salvaje de treinta y tres años, récord de edad para un animal europeo de esa especie. Era un ejemplar macho de orejas de ratón que dos investigadores suizos de la Universidad de Lausana habían recogido en el alero de una iglesia de Fully, una comuna del suroeste de Suiza.

26 DE AGOSTO

§ 1856. El primer tinte sintético revoluciona la moda. El químico William Henry Perkin solicitó el 26 de agosto de 1856 una patente para el teñido de telas con un producto de su invención que funcionaba con tejidos «de seda, algodón, lana u otros materiales». Le sería concedida medio año después. Era el primer tinte sintético, que él había descubierto por casualidad, cuando —a los 18 años— estaba tratando de obtener quinina (para tratar la malaria) a partir de alquitrán de hulla. Con la ayuda económica de su padre, montó una fábrica y comenzó a producir aquel tinte violeta, el más difícil de conseguir naturalmente (por ello hasta entonces las túnicas de ese color eran signo de distinción). El nuevo color se puso de moda, sobre todo después de que la reina Victoria luciera en la Real Exposición de 1862 un vestido de seda así teñido. Los nuevos tintes sintéticos revolucionaron la moda femenina en la segunda mitad del siglo XIX.

§ 1883. El domingo 26 de agosto el volcán Krakatoa, en la isla de Rakata del estrecho de Sonda, en Indonesia, comienza a realizar explosiones violentas que destruyen dos tercios de la isla y producen un tsunami que arrasa la región, provocando unas 36.500 víctimas. La explosión más intensa de aquellas fue la mayor registrada en la historia, y se escuchó en Australia (a 3110 km).

§ 1959. La British Motor Corporation presenta el auto Morris Mini-Minor, diseñado por el ingeniero Alec Issigonis, que se convertirá en el más popular de los fabricados en Gran Bretaña. Tras su éxito de ventas fue popularmente conocido como Mini. Destacaba por su corta longitud, siendo capaz para cuatro personas, su estabilidad y su bajo precio. Según su diseñador, la clave estuvo en ganar espacio al montar el motor en posición transversal.

§ 1783. En el Campo de Marte, de París, tiene lugar la ascensión del primer globo de hidrógeno. Tiene cuatro metros de diámetro y ha sido llenado con el gas producido en la reacción de 225 kg de ácido sulfúrico con media tonelada de hierro. Su construcción, a cargo de los hermanos Robert, fue supervisada por el físico e inventor Jacques A. C. Charles.

§ 1875. Al observar en el espectro de una pequeña muestra de mineral de zinc del Pirineo una línea violeta de origen desconocido, el químico experto en espectrometría P. E. Lecoq de Boisbaudran descubre un nuevo elemento, al que decide denominar galio «en honor a su país, Galia». Las malas lenguas afirmaron que lo hacía como auto-homenaje, dado su apellido (*Le coq* = el gallo), lo que él negó en 1877.

§ 1956. En la costa del mar de Irlanda, cerca de Seascale, al noroeste de Inglaterra, se conecta a la red eléctrica la primera central nuclear de la historia en el mundo occidental. Aquella central de Calder Hall, cuya construcción había comenzado en 1953, funcionó durante cuarenta y siete años. Tenía cuatro reactores Magnox, que generaban cincuenta megavatios. Dos años antes había entrado en funcionamiento una pequeña central nuclear en Óbninsk (Rusia), la primera que produjo electricidad comercial y estuvo durante cinco años conectada a una red, si bien a pequeña escala.

28 DE AGOSTO

§ 1789. Sir William Herschel descubre Encélado, uno de los satélites de Saturno. Se supo muy poco sobre él hasta que las sondas Voyager nos informaron. Con unos 500 km de diámetro, su importancia actual radica en que es uno de los lugares del sistema solar donde vale la pena explorar sobre la existencia de vida. En él, como en el satélite Europa de Júpiter, hay una especie de fumarolas y géiseres expulsando agua y otras sustancias.

§ 1837. Los farmacéuticos John W. Lea y William H. Perrins, de Worcester (Inglaterra), comienzan a vender una salsa. En principio habían utilizado una receta traída de la India, pero al considerarla de sabor desagradable abandonaron la idea. El producto estuvo abandonado en un recipiente en el sótano durante un año, pero antes de deshacerse del contenido quisieron recordar el sabor, comprobando que el envejecimiento había mejorado el producto. En 1843, Lea&Perrins vendían cerca de 15.000 frascos de salsa Worcester al año.

§ 1845. Un excéntrico retratista, maestro de escuela, inventor y editor llamado Rufus Porter saca a la luz el primer número de la revista *Scientific American*, que comenzó siendo un semanario de cuatro páginas con una tirada de trescientas copias. Pronto puso la cabecera en venta, que fue adquirida por los jóvenes Alfred E. Beach y Orson D. Munn. Tres años más tarde, la circulación era de 10.000 ejemplares, y en 1853, de 30.000.

29 DE AGOSTO

§ 1831. Como muchos otros días, Michael Faraday experimenta en el pequeño laboratorio de los sótanos de la Royal Institution, en el centro de Londres. Estaba convencido de que, al igual que la electricidad ocasionaba efectos magnéticos, el magnetismo que se produce en una bobina podría «inducir» la formación de una corriente eléctrica en otra bobina. Este día es histórico porque fue entonces cuando utilizando su «anillo de inducción» lo consiguió. Había creado el primer transformador eléctrico de la historia. Faraday realizó aquellas experiencias con un anillo de hierro de unos 15 cm de diámetro, que en lados opuestos tenía arrollados dos alambres aislados. Uno de los arrollamientos en hélice estaba conectado a una pila y el otro a un galvanómetro muy sensible. Observó con satisfacción que al cerrar el interruptor del circuito de la pila se producía un salto de la aguja del galvanómetro en el otro circuito, indicando paso de corriente, aunque luego no había inducción mientras el circuito primario estaba cerrado. Para su sorpresa, al abrir el circuito se producía otro salto de la aguja, esta vez en sentido contrario. O sea que había inducción de corriente solamente al abrir y cerrar el circuito, mientras variaba la fuerza magnética.

§ 1982. Llega a Greenwich, de donde había partido en septiembre de 1979, la expedición Transglobe, después de recorrer ochenta y cuatro mil kilómetros por tierra y mar, pero con la particularidad de que por vez primera se circundaba el mundo pasando por los polos. El viaje del explorador Ranulph Fiennes y su ayudante Charlie Burton fue iniciado también por el explorador Oliver Shepard, pero este hubo de abandonar la empresa tras cruzar el Polo Sur. El itinerario fue realizado completamente por superficie, sin vuelos, tratando de alejarse lo menos posible del meridiano de Greenwich. El tránsito de la Antártida les llevó sesenta y siete días, en vehículos motorizados. Alcanzaron el Polo Sur el 15 de diciembre de 1980, y pasaron el Polo Norte catorce meses después, el 11 de abril de 1982. Fiennes publicó un libro con el relato del viaje titulado *To the Ends of the Earth*.

§ 1982. Físicos del Centro de Investigación de Iones Pesados en Darmstadt (Alemania) consiguen fabricar por fusión nuclear un elemento nuevo, de número atómico 109. Proponen nombrarlo como Meitnerio (Mt), en homenaje a la científica austríaca Lise Meitner, que fue nominada diecinueve veces al Nobel de Química y veintinueve veces al de Física, pero que había fallecido en 1968 sin ser galardonada.

§ 1991. En el *New England Journal of Medicine* se publica la «primera evidencia de asociación verificable biológicamente entre el estrés y una enfermedad infecciosa». Esta prueba de enfermedad psicosomática se concretó en una mayor facilidad de contagio ante el virus del resfriado por parte de las personas que tenían un alto grado de estrés.

30 DE AGOSTO

§ 1570. Este día parte de Sevilla la primera expedición científica al Nuevo Mundo. El descubrimiento científico de América vendría de la mano de la medicina; antes había sido el médico y botánico Nicolás Monardes el primero en informar sobre los remedios curativos de las poblaciones indígenas, en un libro sobre «todas las cosas que traen de nuestras Indias occidentales que sirven al uso de medicina», obra que comenzó a publicarse en 1565. Monardes cultivó en su huerto sevillano plantas americanas y experimentó con ellas tratando de evaluar su poder curativo. Pero su interés trascendió esos límites, y de las plantas comestibles se interesó, entre otras, por el pimiento, la piña tropical, la guayaba, el girasol, el cacahuete, la mandioca y el maíz. Su obra tuvo repercusión fuera de nuestras fronteras, como indica el que en un siglo se publicasen cuarenta y dos ediciones en seis idiomas. Pero aún sería mayor la de otro médico que también ejerció en Sevilla, Francisco Hernández de Toledo.

El 11 de enero de 1570 el rey Felipe II había firmado el nombramiento de Francisco Hernández, uno de sus médicos de cámara, como protomédico general de todas las Indias. A él encomendaba que embarcase hacia

Nueva España (México) en una misión para preguntar a los médicos, cirujanos y sanadores indígenas y «tomar relación generalmente de ellos de todas las yerbas, árboles y plantas medicinales que hubiese en la provincia donde os halláredes». La orden daba instrucciones concretas a Hernández de contrastar con la experiencia la validez de aquellos remedios, informar sobre el cultivo de las plantas y en su caso enviar ejemplares a España, «entendiendo que de las que ansí enviáredes no las hay en estos reinos».

Siete meses tardó Hernández en preparar la expedición, en la que iban un cosmógrafo, médicos, botánicos y dibujantes. Partieron de Sevilla a finales de agosto de 1570 y llegaron a Veracruz seis meses después. Por primera vez la misión de una expedición al Nuevo Mundo no era de conquista, ni diplomática, ni religiosa, sino únicamente científica. El protomédico estableció su base en la ciudad de México, y completó el equipo con especialistas y trabajadores indígenas, comenzando un ingente trabajo que durante tres años consistiría en viajar a distintas zonas del territorio del extenso virreinato para recoger, describir y dibujar todo cuanto interesaba al propósito. Otros tres años más los dedicaría a analizar, ordenar y clasificar en despacho todos aquellos materiales de campo.

En 1576 Hernández envió a Felipe II desde México una primera versión de su obra en latín, con cuatro volúmenes de texto manuscrito y otros diez con más de dos mil láminas coloreadas, además de herbarios e índice. El trabajo recogía cerca de tres mil especies vegetales, más de cuatrocientas animales y algunos minerales con aplicación en medicina. Pero también aclara que el trabajo no está terminado, y apunta: «No es nuestro propósito dar cuenta solo de los medicamentos, sino reunir la flora y componer la historia de las cosas naturales del Nuevo Mundo, poniendo ante los ojos de nuestros coterráneos, y principalmente de nuestro señor Felipe, todo lo que se produce en esta Nueva España». Hernández había comenzado a pensar en una obra de mucha mayor trascendencia que un manual de remedios curativos. Él mismo había realizado la traducción y comentarios de la Historia Natural de Plinio el Viejo, y quería emular esa obra con la correspondiente al Nuevo Mundo. A su regreso a España al rey le fueron entregados minerales, cubetas con plantas vivas, sacas de semillas y raíces, herbarios, pieles, plumas, animales disecados y ocho volúmenes con textos y dibujos.

Pero la edición de todo aquel material sobrepasaba los planteamientos reales. El monarca —un hombre enfermo y obsesionado por la medicina— quería que el trabajo se limitase a esos aspectos, y no realizar un tratado de historia natural. En 1580 el napolitano Nardo Antonio Recchi es nombrado nuevo médico de cámara y recibe —con gran disgusto de

Hernández— el encargo de resumir la obra, realizando un compendio que prestase atención a los aspectos médicos. Aquel compendio no se editó en España, pero fue la base de la primera edición en México (1615), sin ilustraciones y con el explícito título «Cuatro libros de la naturaleza, y virtudes de las plantas, (...) muy útil para todo género de gente que vive en estancias y pueblos donde no hay médicos ni botica». Hernández no vería nunca publicada la obra. Su difusión en Europa corrió a cargo de la Accademia dei Lincei, recientemente fundada en Roma por Federico Cesi, que por aquellos años publicaba también los *Diálogos*, la obra cumbre de Galileo. Los linceanos lanzaron por fin en 1651 una edición ilustrada con el título *Rerum Medicarum Novae Hispaniae Thesaurus*, también conocida como *Tesoro Mexicano*, que hoy está presente en las mejores bibliotecas de todo el mundo. La obra de Hernández había despertado grandes expectativas en los medios científicos de la época, y tuvo enorme influencia en los estudios naturalistas de los siglos XVII y XVIII. La primera edición en España salió en 1790, en tres volúmenes sin ilustraciones.

§ 1885. En Alemania se patenta la considerada primera motocicleta del mundo. Lo hace el ingeniero Gottlieb Daimler y la denominó Reitwagen. Aunque previamente existieron otros vehículos impulsados a vapor, este era el primero que tenía motor de combustión interna, lo que parece ser condición *sine qua non* para llamarse motocicleta.

§ 1901. El ingeniero británico Hubert Cecil Booth presenta una patente de aspirador eléctrico. Booth hizo un experimento colocando un pañuelo sobre el respaldo de un asiento tapizado. Se acercó a él con los labios y tras aspirar observó un círculo de puntos negros en el otro lado del pañuelo. Pronto puso en marcha un servicio de limpieza móvil: montada sobre un carro tirado por caballos, su máquina aspiradora tenía un motor que accionaba una bomba con una manguera larga que llegaba hasta la casa que se iba a limpiar.

31 DE AGOSTO

§ 1895. El ingeniero y empresario conde Ferdinand von Zeppelin patenta en Alemania su invención de un dirigible rígido, que se conocería con el nombre de su apellido. También obtuvo una patente española y otra norteamericana. El primer vuelo con un artefacto de esta naturaleza, que tenía 128 m de largo y 12 m de diámetro, tuvo lugar en el lago de Constanza en julio de 1900.

§ 1909. Tras haber ganado el premio Nobel por sus contribuciones a la comprensión del sistema inmunitario, el bacteriólogo alemán Paul Ehrlich inició la primera quimioterapia (un término que él acuñó). Ehrlich le había pedido a su ayudante japonés, Sahachiro Hata, que probase dos compuestos de arsénico como tratamiento contra la sífilis. El *Treponema pallidum* no podía cultivarse in vitro, pero Hata había conseguido infectar de esa enfermedad a unos conejos. El 31 de agosto de 1909, probaron la «preparación número 606» en un conejo con úlceras sifilíticas. Al día siguiente no se encontraron treponemas en su sangre y las úlceras sanaron en un mes. Así, la sífilis fue la primera enfermedad causada por un microorganismo que se curó con quimioterapia.

§ 1964. La ciencia imagina el origen de la materia. Los físicos François Englert y Robert Brout firman en el número de la *Physical Review Letters* publicado el 31 de agosto de 1964 un artículo titulado «Broken Symmetry and the Mass of Gauge Vector Mesons», al que seguiría en octubre otro de Peter Higgs («Broken Symmetries and the Masses of Gauge Bosons»), y uno más en noviembre («Global Conservation Laws and Massless Particles») firmado por otros tres físicos: Guralnik, Hagen y Kibble. Estos tres trabajos independientes constituyen la base teórica que llevó a formular la existencia de una partícula —hoy la designamos como bosón de Higgs—, que es clave para justificar la formación de la materia en el origen del universo. En 2012, en el CERN de Ginebra, confirmó la existencia de la misma, y un año después Englert y Higgs recibieron el Premio Nobel (Brout había fallecido). Esa fue la opción del comité del galardón, que no puede ser otorgado a más de tres personas.

SEPTIEMBRE

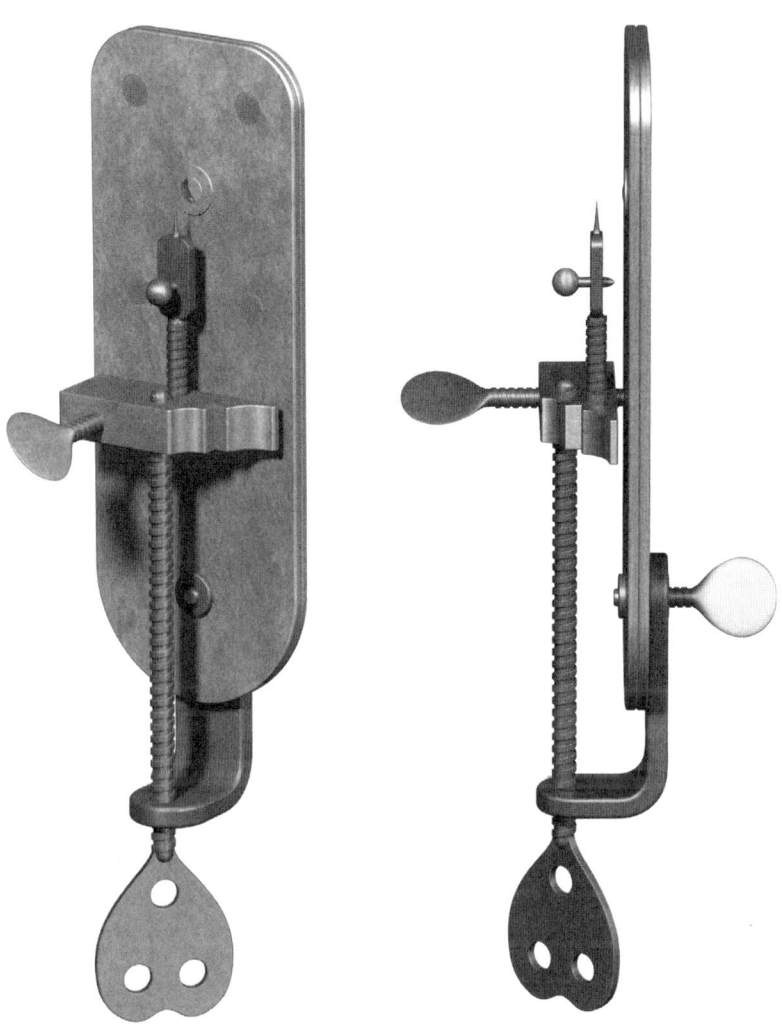

Modelo de un microscopio diseñado por Antoni Leeuwenhoek, gracias al que describió por primera vez seres vivos invisibles al ojo humano en septiembre de 1674 [Javier Jaime].

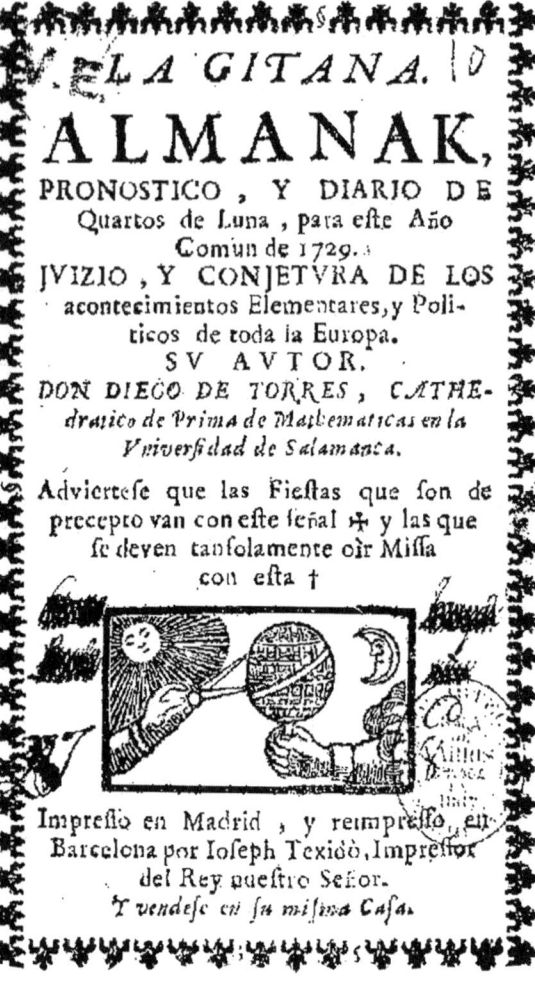

EL A GITANA. 10
ALMANAK,
PRONOSTICO , Y DIARIO DE
Quartos de Luna , para eſte Año
Común de 1729.
JVIZIO , Y CONJETVRA DE LOS
acontecimientos Elementares, y Poli-
ticos de toda la Europa.
SV AVTOR.
DON DIEGO DE TORRES , CATHE-
dratico de Prima de Mathematicas en la
Vniverſidad de Salamanca.

Adviertese que las Fieſtas que ſon de
precepto van con eſte ſeñal ✠ y las que
ſe deven tanſolamente oìr Miſſa
con eſta †

Impreſſo en Madrid , y reimpreſſo, en
Barcelona por Ioſeph Texidò, Impreſſor
del Rey nueſtro Señor.
Y vendeſe en ſu miſma Caſa.

La gitana, Almanak, 1729. Frontis de uno
de los almanaques de Diego de Torres Villarroel.

§ 1718. En esta fecha, el polifacético salmantino Diego de Torres Villarroel publica su primer almanaque. Antes de que se inventase la imprenta ya existían los almanaques y en ellos se registraban los cambios de posición previstos para los planetas. También se pretendía anunciar las nuevas lluvias, los nuevos calores, las inundaciones; en definitiva, se hacía una «predicción» del tiempo meteorológico. Tras la introducción de la imprenta, los almanaques vieron un auge, dedicando su atención a pronósticos vinculados a la astrología, e incluían recomendaciones para agricultores, proverbios, poemas, cuentos y otros elementos de cultura popular. A comienzos del XVIII se publicaban en España más de cincuenta almanaques distintos. De todos ellos, los más notables son los editados por Diego de Torres Villarroel, que se inician con el titulado *Ramillete de los astros* el 1 de septiembre de 1718. En él incluye las celebraciones civiles y religiosas con el santoral, las efemérides astronómicas y las obligadas previsiones (que él no se creía) para el año siguiente. Por entonces era profesor interino de la cátedra de Astrología y Matemáticas, que eran sus intereses más directos, pero ello no le permitía una independencia económica, que sí le proporcionaba la venta del almanaque.

§ 1881. En una reunión en York de la Asociación Británica para el Avance de la Ciencia, sir William Thomson (que más tarde sería Lord Kelvin, el primer científico británico en ser admitido en la Cámara de los Lores) describe todas las fuentes de energía de las que disponemos para producir trabajo: alimentos, combustibles, viento, lluvia y mareas. Según él, excepto esta última, todas están originadas en definitiva por el Sol.

§ 1898. En un artículo sobre la radiactividad del uranio publicado en *Philosophical Magazine* («Uranium Radiation and the Electrical Conduction Produced by It»), Ernest Rutherford utiliza por primera vez los términos α (alfa) y β (beta) para designar dos tipos diferentes de emisiones. Apunta que la radiación beta es mucho más penetrante y que los rayos alfa son absorbidos con mayor facilidad.

§ 1666. En la madrugada del domingo 2 de septiembre de 1666 se originó un fuego en una panadería de Londres, generando un incendio que se mantuvo vivo tres días. Las llamas arrasaron la mayor parte de la ciudad medieval —cerrada por la muralla romana—, con calles muy estrechas, construcciones en madera de varias plantas y tejados de paja. Desaparecieron más de 13.000 casas, decenas de iglesias, la antigua catedral gótica de San Pablo, el ayuntamiento y otros edificios públicos, dejando un número desconocido de fallecidos, y a unas 80.000 personas sin hogar. El rey Carlos II estimuló la elaboración de proyectos para la reconstrucción de la ciudad, con calles más anchas y edificios de ladrillo que no fueran tan vulnerables al fuego. Se presentaron diversos planes (entre ellos uno del físico Robert Hooke), algunos de transformación radical, pero finalmente se reconstruyó la ciudad con base en el antiguo trazado. El científico y arquitecto Christopher Wren diseñó la actual catedral de San Pablo y otras cincuenta iglesias.

§ 1813. El que sería ilustrado matemático y topógrafo Domingo Fontán obtiene el título de Licenciado en Filosofía, comenzando entonces las clases con José Rodríguez González (*O matemático de Bermés*), quien le inspiró la idea de realizar la triangulación geodésica de Galicia. Fontán dedicó veinte años de su vida a la elaboración de la Carta Geométrica de Galicia, un mapa con una precisión impensable en su tiempo.

§ 1930. Tras treinta y siete horas y dieciocho minutos, finaliza en Valley Stream (Nueva York) el primer vuelo desde Europa sin escalas, recorriendo 6200 km. Los aviadores Dieudonné Costes y Maurice Bellonte habían salido de París en el biplano Breguet 19 Point d'Interrogation (así llamado porque el famoso perfumista François Coty, que era el patrocinador, quiso permanecer en el anonimato).

§ 1952. Los cirujanos Floyd John Lewis, Mansur Taufic, Clarence Walton Lillehei y Richard Varco realizan en el Hospital Universitario de Minneapolis (EE. UU.), el día 2 de septiembre de 1952, la primera operación quirúrgica a corazón abierto a una niña de cinco años que padecía un defecto congénito. Hasta ese día, la posibilidad de reparar el interior del corazón era algo inconcebible, y desde entonces, los cirujanos cardíacos tendrían aureola de mitos. Para ralentizar el ritmo cardíaco, el cuerpo de la paciente se refrigeró con un baño de hielo y agua.

§ 1752. Este día no existió en Gran Bretaña y sus colonias, ni tampoco los diez siguientes, para adaptarse (¡por fin!) al calendario gregoriano. El nuevo calendario había sido instituido por el papa Gregorio XIII en 1582 y fue inmediatamente adoptado en España, Italia, Polonia y Portugal; meses después lo haría Francia. Otros países, entre ellos Rusia, no cambiaron hasta el siglo XX.

§ 1803. La invención de los átomos se atribuye a los presocráticos Leucipo y Demócrito, que allá por los siglos V y IV a. C. afirmaron que hay unas partículas indivisibles que son las que agrupadas forman todos los objetos materiales. El atomismo continuó en terrenos puramente filosóficos hasta comienzos del siglo XIX, cuando las primeras leyes ponderales de la materia permitieron una formulación científica. Fue el día 3 de septiembre de 1803 cuando el químico John Dalton, en un cuaderno sobre «Observaciones sobre las últimas partículas de los cuerpos y sus combinaciones» hizo una anotación, introduciendo por primera vez unos símbolos para los diferentes átomos. Dalton publicaría en 1808 su teoría en un libro titulado *A New System of Chemical Philosophy*.

§ 1917. Las bacterias se pueden combatir con virus. A mediados del siglo XIX, Louis Pasteur nos legó la potente idea de que todas las enfermedades infecciosas son causadas por gérmenes, o seres diminutos, que se multiplican en el cuerpo del paciente tras haber llegado a él de algún modo en el contagio. Esa idea chocaba, sin embargo, con que no era capaz de ver al microscopio al agente causante de la rabia, una enfermedad que era contagiosa. Sospechó que aquel germen sería demasiado pequeño como para poder observarlo. Pronto se descubrió que los microbios podían ser aislados del fluido que los contenía utilizando filtros, y en esos casos se demostraba que el líquido resultante ya no transmitía la enfermedad. A final de aquel siglo era creencia general de los médicos que todos los agentes infecciosos podían eliminarse por filtración. Pero no siempre era así, y por ejemplo, el que era causante de la rabia traspasaba los filtros. Se pensó que podría ser un líquido. Fue por entonces cuando se descubrió que los agentes causantes de la enfermedad del mosaico del tabaco solo se multiplicaban dentro de células vivas, y eran extremadamente más pequeños que las bacterias, por lo que traspasaban los filtros de porcelana. Se les llamó «virus», un término que ya había usado Jenner al hablar de la viruela: «Lo que hace al virus de la vacuna tan extremadamente singular es que la persona que ha sido afectada está para siempre protegida de la infección de la viruela». Mucho antes, el médico Celso, en el siglo I d. C., y hablando precisamente de la rabia, registró por primera vez el síntoma llamado hidrofobia, y sugirió que la saliva de los animales infectados contenía un «limo o veneno», que llamó «virus».

En 1928 se descubre la penicilina, viendo que las bacterias tenían en algunos hongos un enemigo natural, y se abrió con ello todo un nuevo mundo en la lucha contra las enfermedades infecciosas. Los antibióticos serían considerados el mejor invento del siglo XX, pero hoy se incrementa la prudencia en su uso, dada la resistencia que presentan nuevas formas bacterianas, y comienza a pensarse seriamente en atacar a las bacterias con virus. Se trata en concreto de los virus bacteriófagos, que ahora llamamos fagos a secas. Es curioso que fueron descubiertos diez años antes que la penicilina. En 1915 Frederick Twort publicó en *The Lancet* un artículo sobre una «sustancia» capaz de destruir las bacterias, y que pasaba los filtros, a la que llamó «agente bacteriolítico», pero que suponía era una enzima. El microbiólogo Félix d'Herelle, en una nota que envía el 3 de septiembre de 1917 a la Academia Francesa de Ciencias, acuña el término «bacteriófago» para referirse a ciertos «microbios invisibles» que llevaban al fracaso sus experimentos con bacterias. Encontró bacteriófagos muy distintos, y vio que son muy específicos, es decir, que cada bacteria tiene su bacteriófago, e incluso comenzó a utilizarlos para combatir enfermedades. El progreso de la genética y de la técnica hizo que hoy conozcamos mucho mejor a este tipo de virus, que sin duda tendrá futuro. El auge de los antibióticos tras la Segunda Guerra Mundial hizo que Occidente se olvidara del descubrimiento de los fagos, y de la posibilidad de solicitar su ayuda en la lucha contra las bacterias.

4 DE SEPTIEMBRE

§ 1781. En la región conocida por los nativos como Valle del humo, allí donde los franciscanos españoles Juan Crespí y Junípero Serra habían fundado una misión, el andaluz Felipe de Neve, gobernador de las Californias, estableció una población colonial de cuarenta y cuatro vecinos, entre ellos dos españoles. Su nombre sería El Pueblo de Nuestra Señora la Reina de los Ángeles del Río de Porciúncula. Es el origen de la actual ciudad de Los Ángeles (EE. UU.).

§ 1882. El primer generador y sistema de suministro eléctrico para iluminación tiene lugar en la ciudad de Nueva York, en Pearl Street, al sur de Manhattan, a cargo de la Edison Electric Illuminating Company. El joven Thomas Edison lo pone en marcha este día accionando un interruptor desde un despacho de Wall Street. La central de corriente continua, con una dinamo de vapor que pesaba veintisiete toneladas, estaba refrigerada por aire.

§ 1888. George Eastman obtiene la patente para una cámara de fotos de caja y la registra con la marca Kodak. Fue la primera máquina producida en serie y dada su facilidad de uso permitió la popularización de la fotografía. El rollo de película (entonces de papel) permitía obtener cien imágenes. Una vez realizadas todas las exposiciones, se enviaba la cámara a la fábrica de Rochester, donde se retiraba la película, se procesaba y se imprimía. Luego la cámara se recargaba con una película nueva y se devolvía al cliente.

5 DE SEPTIEMBRE

§ 1857. Con esta fecha Charles Darwin escribe al destacado botánico y naturalista estadounidense Asa Gray contándole lo que pensaba sobre la evolución de las especies. La respuesta le dio ánimos, lo que unido a saber que Alfred Russell Wallace había llegado a la misma teoría hizo que Darwin decidiera por fin la publicación de sus ideas. Darwin envió a Gray un ejemplar de *El origen de las especies* que Gray recibió el día de Nochebuena de 1859, y finalizó de leerlo antes de fin de año.

§ 1862. Récord de ascensión en globo. El meteorólogo James Glaisher, miembro de la Royal Society, y el piloto de globos Henry Tracey Coxwell consiguen ascender a más de 8800 m de altura el día 5 de septiembre de 1862. Aunque sabemos que el haber superado esa altura es un récord, desconocemos la magnitud real de la hazaña, ya que entonces Glaisher perdió el conocimiento y no pudo hacer lecturas del barómetro. Afortunadamente, la actuación del piloto pudo evitar su fallecimiento. La altura total alcanzada puede estimarse por extrapolación de las otras medidas realizadas durante aquella ascensión, y se calcula que superó los 10.000 m sobre el nivel del mar. Durante los cuatro años siguientes, Glaisher realizó numerosas ascensiones para hacer medidas de las variaciones de temperatura y humedad de la atmósfera con la altura.

§ 1871. Descubrimiento de las ruinas del Gran Zimbabue. En unas colinas al sureste del actual Zimbabue, en la provincia que limita con Mozambique, y cerca de su capital, se encuentran las ruinas que hoy dan nombre a ese país subsahariano, término que en el idioma local significa «casas grandes de piedra». Las primeras referencias publicadas en Europa de la existencia de esa ciudad de construcción colosal —el Gran Zimbabue— son del historiador portugués João de Barros (1538), que aunque nunca estuvo allí, recoge el testimonio de unos moros que la visitaron. Los exploradores portugueses conocían sin duda los restos de aquella ciudad desde comienzos del siglo XVI y la vinculaban a un pasado relacionado con la producción y el comercio del oro. La ciudad figura con el nombre de Simbaoe en el mapa Africae Tabula Nova, de Abraham Ortelius (1570).

El descubrimiento oficial se lo debemos al explorador alemán Karl Mauch, quien soñaba con encontrar la bíblica región de Ofir, famosa por su riqueza y ser patria de la reina de Saba. Impresionado por el desconocimiento que existía entonces sobre gran parte del continente negro, y tras prepararse concienzudamente, emprendió desde Sudáfrica una dificultosa exploración hacia el interior del continente. Alertado por el cazador Adam Render de unas ruinas que «jamás habrían podido ser construidas por los africanos», y posiblemente guiado por nativos, el 5 de septiembre de 1871 se encontró en medio de los árboles de la sabana un conjunto de recintos pétreos que ocupaban más de setecientas hectáreas. Mauch pudo admirar aquellos restos de paredes sinuosas, algunas de más de diez metros de altura, construidas con bloques de granito bien acabados, sin mortero que los uniese. Creyó realmente que había descubierto las ruinas de Ofir y las vinculó a las míticas minas del rey Salomón y a la reina de Saba.

Los escritos europeos posteriores sobre el Gran Zimbabue estuvieron llenos de prejuicios, fantasías y un omnipresente racismo. Aquellas construcciones se atribuían siempre a hombres blancos, árabes o fenicios, por exploradores incapaces de asumir que los antepasados de las actuales tribus del África pudieran levantar algo más que chozas. Hubo que esperar a 1906 para que el arqueólogo David Randall-MacIver acreditara su auténtico origen tras un trabajo científico de investigación. Los constructores fueron indígenas shona, de la etnia bantú, quienes tuvieron allí su capital entre los siglos XII y XV, llegando en su apogeo de la ciudad a superar los 10.000 habitantes, en una civilización que desaparecería. Las investigaciones posteriores corroboraron esas fechas, si bien la datación por carbono 14 de algunos objetos revela que ya había asentamientos desde el siglo V.

Entre los restos arqueológicos encontrados destacan las ocho «aves de Zimbabue», unas tallas de pájaros en esteatita de cuarenta centímetros de alto. También hay otras estatuillas del mismo material y marfiles muy elaborados; gongs, alambres y azadas de hierro, objetos de cerámica, lingotes y alambres de cobre, pulseras, colgantes y cuentas de oro, abalorios de vidrio y objetos de porcelana procedentes de China y Persia, lo que indica el activo comercio de aquel reino, sobre todo de oro y marfil. Desde hace más de un siglo, el lugar sufrió repetidas veces el saqueo y expolio de objetos de oro, cuya búsqueda llevó a un gran deterioro de las construcciones. El Gran Zimbabue es hoy un Monumento Nacional, reconocido por la Unesco como Patrimonio de la Humanidad.

6 DE SEPTIEMBRE

§ 1492. Cristóbal Colón parte de la isla canaria de La Gomera en su primer viaje, en el que pretende llegar a las Indias navegando hacia el oeste. Ya no vería tierra hasta treinta y seis días después. La expedición consta de dos carabelas (la Pinta y la Niña) y una nao (la Santa María), y en ellas van al menos unos noventa hombres, pero ninguno de ellos era fraile ni soldado (lo que quiero recordar, pensando en ilustraciones épicas que se hicieron más adelante).

§ 1522. *Primus circumdedisti me.* Cuando Fernando de Magallanes partió río abajo con sus naves del puerto de Triana, el 10 de agosto de 1519, lo hizo sin intención alguna de dar la vuelta al mundo. Su expedición tenía como único objetivo el encontrar una nueva vía —la ruta hacia el oeste— para llegar a las islas de las Especias, camino que se intuía posible bordeando el extremo sur del continente americano, sin atravesar mares que según el Tratado de Tordesillas correspondían a la corona de Portugal. Para llegar en barco a la Especiería (islas Molucas, Indonesia) habían de encontrar un modo de pasar desde el Atlántico hasta aquel Mar del Sur que había descubierto Núñez de Balboa en 1513.

Se dispusieron para la empresa cinco naves, que se equiparon en Sevilla: la Trinidad, capitaneada por Magallanes, la San Antonio, la Concepción —donde iba de contramaestre Juan Sebastián Elcano—, la Victoria y la Santiago. Aunque se trataba de un viaje de ida y vuelta, la empresa estaba llena de incertidumbres, por carecer de cartas de navegación para gran parte de la ruta, y por ello no había sido sencillo encontrar tripulación. Al final, esta incluía no solo amantes de la aventura, sino desesperados y algunos que tenían problemas con la justicia, como el propio Elcano. Según el cronista Antonio Pigafetta, «antes de la partida, el capitán general quiso que todos confesasen, y no consintió que ninguna mujer viniese en la armada, para mayor respeto». Eran unos 240 hombres y llevaban alimentos para 756 días.

El periplo estuvo plagado de incidentes: además de tormentas, hubo motines, ejecuciones y destierros. Tras cruzar el Atlántico y bordear hacia el sur la costa sudamericana, se produjo el naufragio de la nao Santiago y la deserción de la San Antonio, que regresó a Sevilla, pero las otras tres naves encontraron el paso por el laberíntico estrecho que ahora lleva el nombre de Magallanes. El capitán bautizó entonces con el nombre de Pacífico un océano que se le presentaba acariciado por los suaves vientos alisios. Tras el paso por las Marianas, Magallanes murió en Filipinas, en un enfrentamiento con los nativos. Los supervivientes optaron por quemar la nao Concepción, que tenía problemas, distribuyendo la tripulación en las dos naves restantes, y llegaron por fin a las Molucas, donde cargaron de especias. La Trinidad navegaba mal y se quedó en el puerto de Tidore para ser reparada y volver por el Pacífico hasta Panamá, aunque terminó en manos de los portugueses. La pequeña nao Victoria, una carraca artesanal construida en astilleros de ribera del Cantábrico, de veintiocho metros de eslora y con tres palos, fue la única que completaría el periplo. Un tornaviaje hacia el este presentaba numerosas dificultades de navegación. Por entonces Elcano había sido elegido capitán, y tomó la decisión de hacer el viaje de vuelta continuando hacia el oeste a través del Índico, por una ruta meridional y sin escalas, tratando de esquivar puertos y flotas portuguesas. Resultaría un trayecto lleno de trabajos y penurias, de hambre, frío, sed y escorbuto. Pero iban capitaneados por un marino que conocía aquellos vientos.

Tres años después de su partida, llegaron a Sanlúcar de Barrameda dieciocho hombres de los que habían partido, el sábado 6 de septiembre de 1522. De allí remolcaron la nao Victoria hasta Sevilla. Con la venta de las especias —clavo, algo de canela, nuez moscada y sándalo— se obtuvieron beneficios superiores a los del coste de la expedición. Además, aquellos héroes, hambrientos y enfermos, habían comprobado que la Tierra era redonda. Poco después de su llegada a España, Juan Sebastián Elcano escribió a Carlos V afirmando que «*lo que en más avemos de estimar y temer es que hemos descubierto e redondeado toda la redondeza del mundo, yendo por el occidente e viniendo por el oriente*». Además, con un lenguaje castellano tosco, directo y escaso de protocolo (no era su lengua materna) solicita distintos privilegios, como ser nombrado caballero de la orden de Santiago, a lo que el monarca no accedió. En cambio, el emperador otorgó a Elcano una renta anual de quinientos ducados de oro (que nunca llegaría a percibir), y un escudo de armas que lleva como cimera un yelmo de caballero y una esfera del mundo con la leyenda *Primus circumdedisti me.*

§ 1978. Generación de bacterias que fabrican insulina humana. Aunque la diabetes es una enfermedad conocida desde la Antigüedad, todavía a comienzos del pasado siglo su único tratamiento se reducía a controlar la dieta, tratando de suavizar así los picos de azúcar en sangre. Fue en 1921 cuando en la Universidad de Toronto Frederick Bantin, Charles Best y John Macleod realizaron sus famosos experimentos, en los que se vinculaba esa dolencia a una sustancia producida en el páncreas, que está implicada en el metabolismo de la glucosa. Tras los ensayos con animales, a comienzos de 1922 se realizaron las primeras aplicaciones de insulina animal a pacientes humanos de diabetes. En octubre de ese mismo año, en Barcelona, el médico Rossend Carrasco comenzó a combatir la diabetes de un joven con insulina, obtenida a partir del páncreas de cerdos sacrificados en el matadero municipal. Era la primera vez que en Europa se realizaba ese tipo de tratamiento, que pronto se supo tenía sus inconvenientes.

La insulina es una hormona de molécula relativamente pequeña. Aunque su distribución espacial es compleja, sus átomos están ordenados formando dos cadenas de aminoácidos, una de veintiún eslabones y otra de treinta, que están a su vez unidas por puentes con dos átomos de azufre. Excepto algunos insectos, todos los animales tienen insulina, y su mecanismo de acción es similar, tanto en peces o mamíferos como en gusanos nematodos. Lo que sucede es que no son exactamente iguales las respectivas moléculas. La extraída del páncreas de vacas se diferencia de la humana en tres aminoácidos, y la porcina solamente en uno. El problema principal del tratamiento radicaba en las impurezas que inevitablemente acompañaban la insulina obtenida de animales, causando reacciones alérgicas. Aunque a mediados de los años 70 se había llegado a obtener una pureza del 99 %, aquella medicación era muy cara, pues para satisfacer la demanda anual de un diabético eran necesarios los páncreas de cincuenta cerdos. La principal empresa productora de insulina animal a mediados de siglo procesaba diariamente casi una docena de toneladas de páncreas de cerdo, procedentes de 100.000 animales. Había que pensar en una producción más asequible, y con menos inconvenientes de aplicación.

El pequeño tamaño de la molécula de insulina era una ventaja para intentar sintetizar y clonar el gen que ordena su producción. Tras un trabajo conjunto de los investigadores de la firma Genentech Inc, en San Francisco, y el Centro Médico Nacional City of Hope, de Los Angeles, el 6 de septiembre de 1978 se anuncia que han conseguido la producción de insulina humana por parte de bacterias de *Escherichia coli*. Comenzaron por sintetizar las dos cadenas de ADN correspondientes al gen de nuestra insulina, y por separado realizaron un proceso de producción para cada una de ellas. Primero las insertaron en sendos plásmidos (moléculas circulares de ADN) y luego introdujeron esos plásmidos en las *E. coli*, habituales en nuestro intestino. Luego, al reproducirse normalmente, esas bacterias sintetizan las proteínas codificadas en sus propios genes, pero también multiplican y expresan adecuadamente el ADN humano que se les ha introducido, generando así las hileras de aminoácidos exactamente iguales a las de nuestra insulina. Finalmente, por métodos químicos se purificaban y enlazaban las dos cadenas, dando lugar a la insulina humana en su forma activa. La compañía Eli Lilly la puso en el mercado en 1982.

Era el primer gran logro de la ingeniería genética. Desde entonces se han producido con esas técnicas gran número de moléculas complejas como hormonas; enzimas; anticuerpos monoclonales, para evitar el rechazo de trasplantes; vacunas; factores antihemofílicos; proteínas terapéuticas; interferones, para controlar enfermedades como la leucemia, la hepatitis y la esclerosis múltiple, y muchos otros fármacos de gran interés para la humanidad.

7 DE SEPTIEMBRE

§ 1674. Antoni Leeuwenhoek, un funcionario metido a científico, comunica que ha descubierto los microbios. El 7 de septiembre de 1674, un funcionario municipal en Delft (Países Bajos), que había tenido una mercería y tienda de telas, Antoni Leeuwenhoek, envió una carta a la Royal Society de Londres en la que describía por primera vez seres vivos invisibles al ojo humano. Era ya la sexta misiva de una correspondencia, escrita en holandés, que había comenzado el año anterior y mantuvo durante medio siglo. Todas esas cartas se refieren a las observaciones que realizaba con los microscopios que él mismo construía, e iban acompañadas de dibujos. En la primera de ellas ya demostró la calidad de sus descripciones, que de hecho enmendaban incluso algún error cometido por Robert Hooke en su *Micrographia* (1665). Las cartas tenían una redacción coloquial, un tanto desordenada, e incluían todo lo que Leeuwenhoek consideraba relevante, aun siendo detalles personales. Pero tenía la precaución de dar medidas de todo lo que observaba, siendo más preciso que la mayoría de los científicos de entonces, y jamás mezclaba los hechos observados con sus especulaciones.

Aquella histórica carta se refiere a la observación al microscopio de gotas de las aguas de un lago cercano, viendo que el verdor de las mismas era debido a pequeñas «rayas», del grosor del cabello humano, que se arrollaban «como los tubos de cobre que usan para enfriar en la destilación de licores». Pero no todo era inmóvil; además, encontró «muchos pequeños animales (...) algunos redondeados, otros mayores y ovalados. En uno de estos últimos vi dos pequeñas patitas cerca de la cabeza (...) El movimiento de la mayoría de esos animálculos en el agua era tan ágil y variado que resultaba una delicia verlo». Aquellas criaturas eran, según él, mil veces más pequeñas que el menor ser vivo de todos los conocidos. Durante su vida, Leeuwenhoek estudió muchos de esos «animálculos», la mayoría de los cuales hoy clasificamos en el llamado reino de los protistas, que son organismos formados por una sola célula no especializada, pero con núcleo diferenciado (eucariota). En 1677 el propio Hooke pudo comprobar, con su antiguo microscopio compuesto, la existencia de los «animálculos» que Leeuwenhoek había descubierto. El hallazgo quedaba, para la comunidad científica, fuera de toda duda.

En 1677, un estudiante de medicina en Leiden llevó a Leeuwenhoek una muestra de semen de alguien con una enfermedad venérea, en la cual se podían ver al microscopio «animales» con cola. Pensando en que la razón de su presencia no estaba en la enfermedad, Leeuwenhoek decidió observar luego su propio semen, obtenido —según recalca— «no por vía pecaminosa, sino como consecuencia natural del coito conyugal». Así pudo observar una multitud de «animálculos» como pequeños renacuajos, dotados de una cola «cinco o seis veces más larga que el cuerpo» y que se movían accionando la misma como un látigo. Calculó que harían falta un millón para tener el tamaño de un grano de arena.

Al comunicar estos resultados en su carta al presidente de la Royal Society le ruega que no la publicase si estimaba que podía ser molesta o escandalosa. Se publicó, y Christiaan Huygens comentó a Leeuwenhoek que aquellas observaciones eran de las más importantes que había realizado. En los cuarenta años siguientes examinó al microscopio espermatozoides de moluscos, peces, anfibios, aves y mamíferos, concluyendo que aquellos «animales espermáticos» se creaban en los testículos, y que la fertilización tenía lugar cuando el espermatozoide penetraba en el huevo.

Leeuwenhoek fabricó más de cuatrocientos microscopios, de los que se conservan nueve. No se parecían a ninguno de los que imaginamos. Eran del tamaño de una tarjeta de crédito, y tenían una sola lente biconvexa (casi esférica) pequeña como una cabeza de alfiler. No sabemos cómo fabricaba esas lentes para sus microscopios, pero eran de una calidad extraordinaria. La mejor lente que se conserva tiene 275 aumentos, pero tuvo que fabricar algunas incluso más potentes. La lente iba situada en un orificio entre dos placas metálicas, normalmente de plata o bronce. El objeto a estudiar debía acercarse mucho a la lente, dada la corta distancia focal, para enfocarlo adecuadamente. Luego, para observar, se aproximaba el microscopio al ojo, contando con la luz del sol o de una vela. La observación resultaba, sin duda, fatigosa, y no está claro cómo era capaz de iluminar adecuadamente. Siempre mantuvo en secreto sus técnicas de observación.

Usando esos estupendos instrumentos y demostrando extraordinarias dotes para la observación y descripción, Leeuwenhoek realizó otros muchos estudios a lo largo de cincuenta años. Pudo observar los capilares sanguíneos en la cola de renacuajos y en angulas, concluyendo que arterias y venas estaban enlazadas (es de resaltar que no conocía la observación que había hecho en 1660 el médico Marcello Malpighi —otro de los pioneros de la microscopía— en pulmones de rana). También descubrió los glóbulos rojos de la sangre y los espermatozoides; vio el núcleo de las células, y estudió numerosos órganos y tejidos animales. Todo lo pequeño fue objeto de su curiosidad.

§ 1854. Darwin decide comenzar a estudiar el origen de las especies. Tras su viaje alrededor del mundo en el Beagle, Darwin se dedicó durante casi veinte años al estudio de los cirrípedos —el grupo de extraños crustáceos al que pertenecen los percebes— hasta que, una vez publicado el segundo tomo de ese trabajo, decide ocuparse en clarificar y elaborar las ideas que darían como fecundo resultado la teoría evolutiva. Según sus propias palabras: «Desde septiembre de 1854 dediqué todo mi tiempo a ordenar el montón enorme de mis notas, a observar y a investigar en relación con la transmutación de especies». Reconoce que en el viaje le habían impresionado los fósiles de la Pampa, que eran parecidos al armadillo y las variaciones entre especies animales al viajar hacia el sur del continente americano, o entre las diferentes islas del archipiélago de las Galápagos.

§ 1914. Marie Curie crea los «coches radiológicos». Cuando las tropas alemanas invadieron Francia en la Primera Guerra Mundial, la viuda Marie Curie ya tenía dos Premios Nobel. Casi veinte años antes, Röntgen había descubierto el poder de los rayos X para hacer visible el interior del organismo, y poder localizar, por ejemplo, la situación de una bala en el interior del cuerpo de un herido o la importancia de una fractura de hueso. Sin embargo, los equipos de radiología eran escasos, y no existían en los hospitales militares.

Marie Curie dedicó el mes de septiembre de 1914 en París a trabajar intensamente en el montaje de servicios médicos de rayos X. Tras hacer un inventario de los aparatos existentes en la universidad, decidió crear los «coches radiológicos», equipados con tubos de Röntgen que se alimentaban con una dinamo conectada al motor. Además de poner en funcionamiento veinte de estas unidades —que fueron conocidos en el frente como Petites Curies— Marie creó más de doscientas salas de radiología en hospitales, en donde se estima que recibieron atención más de un millón de heridos.

§ 1936. En el Zoo Hobart, de Australia, muere una hembra de edad avanzada del último ejemplar registrado de tigre de Tasmania (*Thylacinus cynocephalus*), también llamado lobo marsupial y tilacino. El nombre científico *Thylacinus* proviene del griego (*thylakos*=saco), y el apellido *cynocephalus* significa «cabeza de perro». Era el único marsupial carnívoro que vivía en Australia. Esta especie había sido perseguida en estado salvaje por los ganaderos, pues era un depredador de sus animales de granja. La especie fue declarada oficialmente extinta en 1980.

8 DE SEPTIEMBRE

§ 1888. Ya desde unos años antes se manejaba la idea de crear un buque que fuera capaz de navegar sumergido, pero en esta fecha el marino Isaac Peral consigue, con el apoyo del ministerio de Marina, proceder a la botadura en San Fernando (Cádiz) del primer submarino operativo del mundo. Era un buque propulsado por electricidad, construido en acero, que podía sumergirse hasta treinta metros y tenía una autonomía de sesenta y seis horas.

§ 1930. El inventor Richard G. Drew, que trabajaba para la empresa 3M, consigue obtener una cinta transparente a base de celofán que era adhesiva por contacto; se pondría en el mercado con la marca Scotch Brand Cellulose Tape. Tras la Gran Depresión, los estadounidenses optaron por pegar los objetos rotos con cinta en lugar de cambiarlos, y la Scotch encontró numerosas utilidades.

§ 1961. Se confirman los problemas del hábito de fumar. Con el título «Smoking Habits and Coronary Atherosclerotic Heart Disease», el *Journal of the American Medical Association* publica un trabajo de David M. Spain y Daniel J. Nathan, de Brooklyn (Nueva York). Tras haber estudiado estadísticamente tres mil casos de varones, encontraron que los menores de cincuenta y un años que fumaban más de dos paquetes diarios de cigarrillos tenían doble riesgo de contraer enfermedad coronaria. Más aún, entre los que estaban afectados de la enfermedad, la frecuencia de infarto era notablemente superior entre los fumadores habituales. Los autores afirman prudentemente que permanece abierta la cuestión de si fumar puede ser causa del endurecimiento de las arterias coronarias.

9 DE SEPTIEMBRE

§ 1839. El astrónomo británico John Herschel realiza la primera fotografía que se conserva sobre una placa de vidrio. En ella aparece el famoso telescopio de cuarenra pies utilizado por su padre William y su tía Caroline, en Slough (Inglaterra). En escritos publicados entre 1840-42 John acuñó los términos fotográficos «emulsión», «positivo» y «negativo».

§ 1896. Por parte del cirujano alemán Ludwig Rehn, se realiza en Fráncfort la primera sutura con éxito del músculo cardíaco. Así cerró una herida de 1,5 cm, producida por una puñalada durante una pelea que afectó el ventrículo derecho de Wilhelm Justus, un joven jardinero de veintidós años. Era una operación que entonces nadie consideraba posible.

§ 1934. Un objeto fabricado por el ser humano rompe la barrera del sonido. En Staten Island (Nueva York), la American Rocket Society (ARS), fundada por varios escritores entusiastas de la ciencia ficción, pionera en diseño y ensayo de cohetes de combustible líquido, lanza su Cohete ARS-4, que supera los 1100 km/h, usando como base el diseño del Mirak alemán.

§ 1963. Nacimiento del primer panda en cautividad. Tras ocho años de intentos, en el zoo de Pekín tuvo lugar por primera vez el nacimiento de un panda gigante. Se trata de Ming Ming, un ejemplar hembra que pesa 218 g al nacer y que bate todos los récords de peso, pues lo usual es que una cría de panda pese solo entre 80 g y 190 g. La madre, Li Li, cuidó día y noche al recién nacido durante un año, cuando dio a luz de nuevo. Ming ming murió de un fallo renal cuando tenía treinta y cuatro años.

10 DE SEPTIEMBRE

§ 1913. Concluye la excavación en el canal de Panamá. En mayo de 1913, dos palas de vapor se habían encontrado por vez primera frente a frente en la mitad del llamado Corte Culebra, una trinchera de 12,6 km de longitud que ahora forma el tramo más estrecho del canal de Panamá. Aquel enorme cañón artificial serviría para enlazar el océano Atlántico con el Pacífico, una vez que, en la mañana del 10 de septiembre de 1913, una máquina levantase el último fragmento de roca dinamitada y lo cargase al tren de desechos. Dado que ya se habían finalizado las esclusas, tan solo dos semanas después el buque remolcador Gatún pudo realizar el primer cruce de prueba. En octubre se anegaba el Corte Culebra y en noviembre el vapor USS Ancon fue el primero en navegar por completo el canal. Por fin, el 15 de agosto de 1914 se inauguró la instalación, pero sin ceremonia alguna y dejando de ser noticia, pues una guerra mundial captaba la nueva atención del mundo.

La construcción de aquella brecha, finalizada por el ingeniero militar George Washington Goethals, fue una de las grandes obras de ingeniería del siglo XX y estaba motivada tanto por la importancia del canal para la navegación mundial como por los intereses estratégicos de los Estados Unidos. Así conseguían crear un camino corto para que sus flotas pudieran acceder fácilmente de San Francisco al Caribe.

La excavación, que supuso la extracción de 300.000 toneladas de roca empleando 27.000 toneladas de dinamita, había sido iniciada en 1880 por Ferdinand de Lesseps, el artífice del canal de Suez, quien pretendía crear un paso al mismo nivel, pero hubo de renunciar a su proyecto y vendió en 1904 sus derechos a los Estados Unidos, tras el acuerdo establecido por Washington con la frágil república panameña, una vez independiente de Colombia. El nuevo proyecto contemplaba un corte más ancho (hasta 540 m en la parte superior) pero de menor profundidad a la prevista por Lesseps, pues incluía seis gigantescas esclusas de hormigón, que permitirían superar un desnivel de 26 m.

Aquella realidad finalizaba un sueño de cuatro siglos. Ya con el descubrimiento del Mar del Sur (el océano Pacífico) el 25 de septiembre de 1513, por Núñez de Balboa, comenzó a pensarse en la excavación de un paso navegable a través del istmo. Carlos V encargó al gobernador regional de Panamá un estudio para posibilitar una ruta entre los océanos siguiendo el río Chagres, y aunque entonces fue descartada, esta misma idea se utilizó como punto de partida en la construcción del canal. No en vano, aquellos ochenta kilómetros constituyen el punto más angosto de todo el continente americano. Los problemas a solucionar eran montañas de más de seiscientos metros, una selva impenetrable —con mosquitos portadores de malaria y fiebre amarilla—, un sol implacable, una humedad agobiante como consecuencia de la evaporación de las lluvias torrenciales y unas complejas formaciones geológicas que incluían zonas de rocas volcánicas. Se estima que fallecieron unos 20.000 obreros a causa de enfermedades y accidentes, de los 75.000 que en total trabajaron en la construcción.

El canal permite hoy el tránsito diario de unos cuarenta buques de hasta 294 m de eslora y 32,3 m de manga. Las naves ascienden a través de las tres cámaras de las esclusas hasta un nivel de 26,5 m, para luego descender de nuevo hasta el otro mar.

§ 1919. Misterioso naufragio del vapor Valbanera. Aún estaba reciente en la memoria la tragedia del Titanic, por ello no es de extrañar que cuando se hundió el vapor español Valbanera, un gran buque correo trasatlántico que había salido de Canarias con más de mil emigrantes a bordo, hubo quien lo denominase «el Titanic de los pobres». El naufragio del Valbanera superó en número de víctimas al del Príncipe de Asturias, buque insignia de la marina mercante española, que se había hundido en las costas de Brasil en 1916, y se convirtió desde entonces en la mayor tragedia de la marina española en tiempo de paz. Posteriormente, solo habría más víctimas en el crucero Baleares, que fue torpedeado por el destructor Lepanto, en marzo de 1938, y en el buque Castillo de Olite, cañoneado poco antes de finalizar la Guerra Civil a la entrada del puerto de Cartagena.

A comienzos del siglo XX, la naviera Pinillos, Izquierdo y Compañía, creada en Cádiz en 1840 por el riojano Miguel Martínez de Pinillos, trasladaba a miles de emigrantes españoles a América. El Valbanera fue construido en Glasgow en 1906, siendo bautizado con ese nombre en honor de la Virgen de Valvanera (con uve), patrona de La Rioja. Era un buque mixto de carga y pasaje, con casco de acero, que con 122 m de eslora desplazaba 12.500 toneladas y podía alcanzar los doce nudos. Tenía capacidad para 1200 pasajeros, distribuidos en cuatro clases (incluyendo la de emigrantes, que no ocupaban camarotes y eran alojados en literas metálicas en las bodegas) y realizó regularmente la ruta transatlántica entre Canarias y Puerto Rico, Cuba y Golfo de México, aunque también hizo viajes a Brasil y Río de la Plata.

El Valbanera había salido el 21 de agosto de 1919 del puerto de Santa Cruz de La Palma (Canarias) con 1.142 pasajeros y 88 tripulantes, si bien alguna fuente señala que eran numerosos los polizones. Tras hacer escala en Puerto Rico, arribó a Santiago de Cuba, donde desembarcaron 742 pasajeros, aunque muchos de ellos tenían billete hasta el destino final en La Habana. Parece que la rudimentaria previsión meteorológica ya anunciaba un huracán en los próximos días, pero el capitán Ramón Martín Cordero, de treinta y cuatro años, estimó que antes le daría tiempo a llegar a la capital cubana. Al presentarse allí, el 9 de septiembre, se encontraron con que el puerto ya estaba cerrado debido al ciclón tropical, por lo que el capitán puso rumbo mar adentro, para evitar los riesgos de la costa. Al comenzar el 10 de septiembre de 1919, el buque se hundía sin dejar supervivientes.

Los restos fueron localizados nueve días después por un pequeño guardacostas de los Estados Unidos; el casco estaba reposando sobre su costado de estribor a doce metros de profundidad en los llamados Bajos de la Media Luna, un fondo de arenas movedizas situado cuarenta millas al oeste de Cayo Hueso (Florida) y cien millas al norte de La Habana. No encontraron ningún cadáver y todas las lanchas salvavidas estaban en su sitio. Las desconcertantes noticias llegaron luego a España, tarde y de modo confuso. No hubo testigos y nunca se hizo una investigación oficial del suceso. Muchos detalles continúan siendo desconocidos, e intrigantes. En Cayo Hueso sigue viva la leyenda del Valbanera, de aquel buque español del que se cuenta que llevaba un cargamento de oro y que fue saqueado por los cazadores de esponjas griegos; ello inspiró a Ernest Hemingway a escribir en 1933 el cuento breve *Después de la tormenta*.

§ 1984. El biólogo británico Alec Jeffreys descubre la huella genética. En el 0,1 % del genoma que nos diferencia a unas personas de otras hay fragmentos de distinta longitud —especialmente en regiones que no codifican— que se repiten de modo que permiten identificarnos. En la Universidad de Leicester, el equipo del genetista Alec John Jeffreys estudiaba esos fragmentos buscando marcadores de enfermedades raras. Tras procesar las muestras, observó algo muy parecido a un código de barras. Al estudiar los patrones de bandas en todo el personal del laboratorio, vieron que siempre eran diferentes. El 10 de septiembre de 1984 Jeffreys dedujo que estaba ante una nueva forma de identificación de personas basada en el ADN, que llamó «huella genética». Desde entonces se ha utilizado en pruebas de paternidad, identificación de cadáveres e investigación de delitos.

11 DE SEPTIEMBRE

§ 1820. La relación entre electricidad y magnetismo quedó corroborada desde que Ørsted realizó su famosa experiencia de desviar la aguja de una brújula en las proximidades de un cable conductor por el que pasaba una corriente variable. El 11 de septiembre de 1820 François Aragó repite en París el experimento de Ørsted en presencia del también físico y matemático Ampère, y poco después comienzan a hacer públicos sus descubrimientos. El día 24 Aragó anuncia que un cable de cobre conectado a los polos de una pila atrae las limaduras de hierro, y también que ha conseguido imantar agujas de acero colocadas perpendicularmente al conductor. El 25, Ampère comunica su descubrimiento de la interacción entre dos corrientes paralelas y construye un aparato para medir intensidades, la llamada «balanza de Ampère». Conjuntamente, experimentaron el efecto de arrollar el cable de cobre en hélice para conseguir un mayor efecto magnético. El camino al electroimán estaba trazado.

§ 1822. El colegio cardenalicio anuncia que en lo sucesivo «se permite la impresión y publicación de obras que traten del movimiento de la Tierra y la estabilidad del Sol, de acuerdo con la opinión general de los astrónomos modernos». Dos semanas después, el papa Pío VII ratificó ese decreto. Hacía casi dos siglos que Galileo había sido condenado por defender esa idea.

§ 1873. La meteorología mundial se coordina. La curiosidad sobre los meteoros y los cambios en la temperie es tan antigua como la humanidad misma. En textos hinduistas que algunas fuentes datan en hace cinco mil años, se contienen reflexiones filosóficas sobre los procesos de formación de nubes y lluvias, así como de los cambios estacionales en función de las posiciones relativas de la Tierra y el Sol. Cuatro siglos antes de nuestra era, Aristóteles publicó, con el título de *Meteorología, o tratado de los meteoros* un texto el que habla de las nubes, del viento, del rocío y la escarcha, de las tormentas, huracanes y torbellinos, y en general de todas las interacciones observadas entre sus cuatro elementos (tierra, agua, aire y fuego), a las que da cumplida explicación y también una primera y correcta descripción del ciclo del agua en la naturaleza. Los trabajos de Aristóteles y su discípulo Teofrasto, que ya se atrevió a hacer predicciones del tiempo, tuvieron influencia durante veinte siglos.

La meteorología científica propiamente dicha nacería con los instrumentos de medida: del Renacimiento provienen los primeros anemómetros e higrómetros, y con el siglo XVII vinieron el termógrafo de Galileo, el barómetro de Torricelli y el pluviómetro de Cristopher Wren, a los que en el siguiente siglo se incorporaron escalas y explicaciones cuantitativas sobre numerosos fenómenos atmosféricos. Todo ello conducía a la necesidad de clasificación; se definieron diversos tipos de nubes, y se ordenaron los vientos según su intensidad. Un hito en la historia de la meteorología fue la invención del telégrafo por Samuel Morse, en 1843, que permitía intercambiar con rapidez los datos de la realidad atmosférica en cada lugar. A mediados de ese siglo, la Smithsonian Institution en Estados Unidos, con el liderazgo del físico Joseph Henry, establece una red de observatorios meteorológicos en ciento cincuenta puntos del país, que se intercambian datos telegráficamente. Por entonces comenzó a comprobarse la utilidad de representación en los mapas de datos sobre presión (isobaras) y temperaturas (isotermas), así como de expresar con símbolos convencionales los vientos y las precipitaciones.

La primera reunión internacional sobre cuestiones meteorológicas tuvo lugar en Bruselas en 1853, con la participación de oficiales de marina de diez países, y se centró en sistematizar los métodos de observación en los océanos, dada su importancia para la navegación. Esa conferencia fue precursora del Primer Congreso Mundial de Meteorología, que tendría lugar en Viena veinte años después. Durante su desarrollo, el día 11 de septiembre de 1873, se creó la Organización Meteorológica Internacional (IMO, por sus siglas en inglés), el primer organismo de coordinación a escala mundial, con el objetivo de intercambiar información sobre el tiempo entre todos los países, conscientes de que los fenómenos atmosféricos ignoran las fronteras políticas y que ese intercambio es esencial para una adecuada predicción. Tras la Segunda Guerra Mundial, en 1951 los objetivos de la IMO fueron asumidos por la WMO (o bien OMM, Organización Meteorológica Mundial, dependiente de las Naciones Unidas); desde entonces ha tenido un papel fundamental en la coordinación de las actividades en materia de meteorología y climatología, apoyando a los respectivos servicios nacionales (en España, la AEMET).

Sin embargo, en la primera mitad del siglo XX la meteorología no contaba con las herramientas suficientes para realizar pronósticos más allá de la realidad empírica, la observación y la experiencia. Era necesario estudiar el tema como un resultado de la física de la atmósfera, identificando sus variables, teniendo en cuenta que se trata de un sistema tridimensional —no solamente de superficie— midiendo valores a distintas alturas con los globos meteorológicos, tratando de formular una predicción a partir de un conjunto de ecuaciones. El problema era demasiado complejo, y hubo que esperar a la llegada de ordenadores más potentes. En 1950 se realizó la primera predicción con éxito basándose en sistemas numéricos. Pronto se incrementaría la toma de datos, con satélites y radares. En el siglo XXI son muchas las técnicas empleadas no solamente para realizar pronósticos meteorológicos, sino también para el estudio del clima y su evolución. Necesitamos realizar predicciones sobre el futuro del planeta. La climatología es no solo relevante y de gran impacto en nuestras vidas, sino un ámbito científico de nivel planetario, de escala temporal muy amplia y en relación con numerosas ramas de la ciencia.

12 DE SEPTIEMBRE

§ 1940. Descubrimiento de las pinturas rupestres de Lascaux. En la colina de Lascaux, cerca del pueblo de Montignac, en la Dordoña francesa, se encuentra el «Versalles de la Prehistoria», una gruta que contiene pinturas rupestres de unos diecisiete mil años de antigüedad. Alrededor de seiscientas imágenes en paredes y techos, resultado del trabajo pictórico de muchas generaciones, representan un admirable conjunto de animales grandes, propios de la fauna local durante el Paleolítico Superior.

Existen diferentes versiones sobre los detalles de su descubrimiento. Coinciden en que el 12 de septiembre de 1940 el joven Marcel Ravidat volvió con tres amigos para explorar la gruta cuya entrada había descubierto cuatro días antes en un paseo, pues había llamado la atención de su perro. Los cuatro adolescentes quedaron fascinados cuando contemplaron la sala de los toros, e incapaces de guardar el secreto, informaron a un antiguo maestro, quien tras comprobar el hallazgo puso al corriente a la comunidad de arqueólogos.

§ 1958. En Texas Instruments, el ingeniero recién contratado Jack Kilby presenta a su supervisor el funcionamiento de una invención en la que había estado trabajando durante el verano. Era un circuito electrónico en miniatura, basado en una lámina de germanio que actuaba de semi-conductor. Kilby solicitó una patente el 6 de febrero de 1959, que se concedió en 1964.

§ 1959. La primera sonda espacial en alcanzar las proximidades de nuestro satélite, a comienzos de 1959, llevaba el nombre de Mechta (en ruso, Sueño), denominación que más tarde se cambiaría por Luna 1. Tenía forma esférica, aunque sobresalían las antenas y partes de algunos instrumentos. No llegó a impactar en la Luna como estaba previsto, pero se quedó en órbita solar, entre la Tierra y Marte. La Unión Soviética alcanzaría el objetivo lunar meses más tarde. Desde el cosmódromo de Baikonur, el 12 de septiembre de 1959, se lanzó Luna 2, una sonda de diseño análogo, con 390 kg y un diámetro de 0,9 m. Iba equipada con instrumentos para detectar y medir durante el trayecto la radiación ionizante, los campos magnéticos y los micrometeoritos. No tenía ningún sistema de propulsión autónoma. Tras treinta y seis horas de viaje se convirtió en la primera sonda humana en impactar sobre la superficie lunar, en el gran Mare Imbrium.

§ 1962. El presidente de los Estados Unidos, John F. Kennedy, pronuncia su famoso discurso en el estadio de Rice University (Houston, Texas), declarando la intención de llegar a la Luna en aquel decenio: «*We choose to go to the moon. We choose to go to the moon in this decade and do the other things, not because they are easy, but because they are hard, because that goal will serve to organize and measure the best of our energies and skills, because that challenge is one that we are willing to accept, one we are unwilling to postpone, and one which we intend to win*».

13 DE SEPTIEMBRE

§ 1884. El químico ruso Constantin Fahlberg había descubierto en 1879, cuando trabajaba con el profesor Ira Remsen en la Universidad Johns Hopkins de Estados Unidos, el gran poder edulcorante de uno de los derivados del alquitrán de hulla. El 13 de septiembre de 1884 obtiene la patente en Bélgica, Francia y otros países para la obtención de lo que entonces denominó «sacarina». Fahlberg lo había solicitado sin informar de ello a Remsen y sin citarlo. Dos años después comienza a producirla en Magdeburgo (Alemania) y pronto se hizo rico, con gran disgusto de Remsen.

§ 1900. Los Estados Unidos habían enviado a Cuba una comisión de médicos para investigar las enfermedades infecciosas más frecuentes en la isla, con especial atención a todo lo relativo a la fiebre amarilla, que cada vez provocaba más víctimas entre las tropas norteamericanas. En este día un miembro de la comisión, el doctor Jesse William Lazear, de treinta y cuatro años, fue picado por un mosquito mientras realizaba experimentos en Los Quemados (La Habana). Doce días después falleció de fiebre amarilla, confirmándose que el portador de la enfermedad era el mosquito *Aedes aegypti*.

§ 1906. El pionero de la aviación brasileño Alberto Santos Dumont había sido el creador del denominado 14-Bis, un aparato biplano que en este día consiguió levantarse del suelo en las instalaciones del Aéro-Club de France en París. Fue un salto de unos seis metros a una altura de setenta centímetros. No puede considerarse el primer vuelo, pero era la primera vez que algo así sucedía en Europa, lo que fue aplaudido por la numerosa concurrencia. Semanas después, el 23 de octubre, Santos-Dumont consiguió volar con ese aparato más de cincuenta metros a una altura de unos cuatro metros.

14 DE SEPTIEMBRE

§ 1752. El jueves 14 de septiembre de 1752 fue en el Imperio británico el día siguiente al miércoles 2 de septiembre. Ese salto de once días era el necesario para adoptar el llamado New Style, evitando con esa denominación hacer referencia alguna al calendario gregoriano. La ley que promulga el nuevo estilo no cita en ningún momento al papa Gregorio. También cambiaron el comienzo del año, que antes era el 25 de marzo, al 1 de enero.

§ 1816. El francés René Laennec aprende a diagnosticar de oído, e inventa el estetoscopio. Si se considera a René Laennec uno de los médicos más importantes de la historia es por la invención del estetoscopio y revelar su importancia en el diagnóstico clínico. Resulta curioso pensar que el reconocimiento físico de los pacientes no se generalizó hasta mediados del siglo XIX, aunque para explicar las enfermedades el cuerpo humano sea una «caja negra» cuyo interior hemos de conocer sin tener que recurrir a abrirla. Hace dos siglos, la información venía —tras el imprescindible diálogo con el paciente— de la observación de su aspecto exterior (color de la piel, temperatura, pulso) y de sus emisiones (secreciones, heces). La vista y el tacto eran sentidos claves para el diagnóstico, pero nadie prestaba atención a los posibles sonidos interiores, por mucho que ya Hipócrates (siglo V a. C.) hubiera recomendado aplicar la oreja al tórax del paciente.

Ningún médico pensaba que había que escuchar los sonidos que se producen debajo de la piel, donde se mueven muchas cosas. En el siglo XVII Robert Hooke escribió: «He podido escuchar muy claramente el latido del corazón de un hombre. Quién sabe, digo, si fuese posible descubrir los movimientos de las partes internas de los cuerpos (…) y por ese medio saber qué instrumento o motor está descompuesto». Por otra parte, a mediados del XVIII, siendo médico en el Hospital militar español de Viena, J. L. Auenbrugger comenzó a emplear el «método de percusión», consistente en aplicar unos golpecitos en el tórax, para decidir por el sonido si —por ejemplo— las vías respiratorias contenían mucosidades, del mismo modo que un bodeguero sabe por percusión si un tonel está más o menos lleno. Pero la consolidación del uso de los sonidos internos como elemento de diagnóstico sería la gran obra de René Laennec. Cuando tenía treinta y cinco años, y era médico jefe en el Hospital Necker de París, un día de septiembre de 1816, fue requerido para reconocer a domicilio a una joven, rellenita y bien dotada, que parecía tener un problema cardíaco. El pudor de René —incrementado por la presencia del esposo y de la madre de la chica— no le permitía aplicar la oreja al pecho de la enferma. Por ello, optó por hacer un tubo con unos papeles a modo de trompetilla, y lo aplicó adecuadamente, escuchando que los sonidos internos se percibían incluso mejor. Durante tres años investigó en perfeccionar aquel invento, y tras hacer varios prototipos, bautizó como «estetoscopio» a un tubo perforado de madera, de treinta centímetros de largo y cuatro de diámetro. Como filólogo aficionado que era, le interesaban los nombres de las cosas, y quiso llamarle así, pues esa palabra (pariente de otros tubos para mirar, como telescopio y microscopio) nacía del griego, donde «*stethos*» es pecho. Según él, aquel aparato permitía «ver» el interior del tórax.

En 1819 Laennec publicó un tratado sobre la auscultación mediata. Estudió a muchos enfermos de tuberculosis, en los que describió variedad de soplos pulmonares y tipos de estertores respiratorios. Él falleció a los cuarenta y cinco años de la misma enfermedad, contraída al cortarse mientras realizaba autopsias de fallecidos por esa causa, tratando de contrastar sus diagnósticos. Pero entonces, ya había comenzado una nueva era en la medicina, donde la auscultación pasó a ser elemento clave de la práctica clínica. Todavía hoy, con el estetoscopio —objeto icónico en medicina— se obtiene información a la que no se llega por otros medios mucho más sofisticados.

§ 1905. En la isla de Man (entre Gran Bretaña e Irlanda) tiene lugar por primera vez la carrera de coches más antigua que aún se celebra. Se trata del International Tourist Trophy, organizado por el Royal Automobile Club (RAC), que tendría lugar en ese circuito hasta 1922, para luego tener distintos escenarios. El 14 de septiembre de 1905 tomaron la salida cuarenta y dos vehículos, de los que menos de la mitad finalizaron la prueba de cuatro vueltas al circuito, totalizando 335,5 km. El primer vencedor, en unas seis horas, fue John Napier, en un Arrol-Johnston escocés, primer fabricante de automóviles británico.

15 DE SEPTIEMBRE

§ 1830. Tiene lugar la pomposa ceremonia inaugural de la primera línea ferroviaria de pasajeros en el mundo, entre Liverpool y Manchester. Estaba operada exclusivamente por máquinas de vapor y había sido construida por el ingeniero George Stephenson. Un total de seiscientas personas participaron en el convoy en procesión, formado por la hoy legendaria Rocket y seis locomotoras más, cada una de las cuales tiraba de cuatro vagones.

§ 1835. El bergantín HMS Beagle llega a la isla de San Cristóbal (isla Chatham para los ingleses), la más oriental del archipiélago de las Galápagos, unos mil kilómetros al oeste de Ecuador. A bordo viaja el joven naturalista Charles Darwin, quien durante los treinta y cuatro días que duró su estancia en las islas establecería el germen de su teoría sobre la evolución. Todo comenzó porque en esa isla Darwin encontró un sinsonte diferente, aunque parecido a otros que había visto en Chile, el *Mimus melanotis*, un ave canora que solo se encuentra en esa isla y además en ella es el único sinsonte.

§ 1910. El jesuita alemán Theodor Wulf, profesor de física, publica un artículo sobre la radiación cósmica en la revista *Physikalische Zeitchrift*. En él da cuenta del resultado de cuatro días de medidas de la intensidad de radiación, que había realizado al pie y en distintas alturas de la Torre Eiffel. Deduce que no se puede atribuir la radiación exclusivamente a los minerales terrestres, sino que tiene que haber una fuente que viene del espacio.

§ 1968. Desde el cosmódromo de Baikonur se lanza la nave espacial soviética Zond 5, que cuatro días después será la primera en volar alrededor de la Luna, acercándose a menos de dos mil kilómetros de su superficie. La nave portaba tortugas, insectos, lombrices y bacterias, y volvió a entrar en la atmósfera terrestre el día 21, siendo recuperada el mismo día.

16 DE SEPTIEMBRE

§ 1521. Este día Juan Sebastián Elcano se convierte en capitán de la nao Victoria, con la que completará la vuelta al mundo. Debemos recordar que Magallanes tiene el mérito de haber propuesto y conseguido financiación para un viaje a las islas Molucas, en Indonesia, siguiendo una nueva ruta hacia el oeste, con el fin de dar a España la primacía en el comercio de las especias. Aquel viaje estuvo lleno de dificultades. Tras su muerte en Filipinas, resultó fundamental el hecho de que Elcano fuese elegido, el 16 de septiembre de 1521, capitán de la nao Victoria. Él fue quien tomó la audaz decisión de volver a España a través del Índico, por una ruta meridional, evitando puertos y flotas portuguesas, y culminando así la primera vuelta al mundo. Magallanes no lo hubiera hecho.

§ 1884. Tras realizar numerosos ensayos en animales, el cirujano oftalmólogo Carl Koller —un austríaco de origen judío— utiliza, a sugerencia de Sigmund Freud, cocaína para inmovilizar el ojo durante una operación a un paciente. Aunque la prescripción de cocaína estaba muy restringida, su éxito inició la era de los anestésicos locales.

§ 1987. En septiembre de 1984, en una reunión de la American Chemical Society, los químicos F. Sherwood Rowland y Mario J. Molina habían presentado un extenso informe en el que se demuestra que los gases de freón liberados por los pulverizadores destruyen la capa de ozono, un efecto que había comenzado a observarse a mediados de los años 70, en especial en la zona de la Antártida. Por ello piden que se prohíba su liberación a la atmósfera. Los freones o derivados clorofluorocarbonados (CFC), utilizados también en los circuitos de refrigeración, tienen mucha estabilidad química en la atmósfera, pero al alcanzar la estratosfera absorben luz ultravioleta, lo que provoca la liberación en cadena de átomos de cloro. Esos átomos de cloro, a su vez, descomponen el ozono destruyendo nuestro escudo frente a la radiación UV. El ozono sirve de filtro para los rayos ultravioleta que provienen del Sol, por lo que esa disminución acarrearía riesgos de cáncer de piel, además de incrementar la temperatura del planeta, con los fenómenos climáticos consiguientes.

El 16 de septiembre de 1987 se firmó en Montreal un acuerdo entre cuarenta y tres países para dejar progresivamente de utilizar esos compuestos. Como consecuencia de la medida, la concentración de ozono se está recuperando adecuadamente.

17 DE SEPTIEMBRE

§ 1822. En la ciudad costera de Rosetta, en el delta del Nilo, un soldado de Napoleón había desenterrado en julio de 1799 una piedra singular. Era de una roca granítica oscura, y con una masa de 760 kg presentaba una superficie plana de 112 cm x 75 cm que contenía tres bandas de inscripciones: la superior estaba en jeroglíficos egipcios, la central en escritura demótica (la utilizada en la última etapa del Egipto antiguo) y la inferior en griego. Pronto se sospechó que las tres inscripciones eran otras tantas versiones idiomáticas del mismo texto, y la piedra fue analizada por diversos estudiosos. El historiador Jean-François Champollion comenzó a hacerlo en 1808, y el 17 de septiembre de 1822 leyó en la Académie Royale des Inscriptions, de París, una carta que le había remitido al secretario de la Academia donde describía su solución, que suponía el descifrado de los textos jeroglíficos y establecía un hito en la egiptología.

§ 1871. Con la apertura del túnel de Mont Cenis, en la Saboya francesa, se pueden cruzar los Alpes once años antes de lo previsto. El túnel de montaña más importante del mundo, de trece kilómetros de longitud, se inauguró el 17 de septiembre de 1871. Las obras de este punto clave del ferrocarril entre Lyon y Turín comenzaron en 1857, y se calculaba que durarían veinticinco años, pero todo cambió radicalmente en 1861, cuando tras tres años de tedioso trabajo manual donde se avanzaban veinte centímetros al día, el ingeniero del proyecto Germain Sommeiller introduce una perforadora neumática diseñada por él, con la que se avanzan 4,5 m/día. Los obreros de ambos lados se encontraron el 26 de diciembre de 1870, finalizando la obra con once años de antelación. El 16 de octubre comenzaría el tránsito regular de trenes, lo que suponía adelantar en 24 horas el servicio de correos entre ambos lados del túnel.

§ 1931. Primeros discos de «larga duración». La Radio Corporation of America (RCA) realiza una demostración en el Savoy Plaza Hotel de

Nueva York de los primeros discos de vinilo, que giran mucho más lentamente (a 33,33 revoluciones por minuto), pero también aprietan los surcos hasta tener 118 por centímetro, en discos de 10 y de 12 pulgadas de diámetro, y al final permiten una duración cinco veces mayor de los que iban a 78 rpm. El primer disco fue la Quinta Sinfonía de Beethoven, interpretada por la Philadelphia Symphony Orchestra bajo la dirección de Leopold Stokowski. Los tocadiscos, sin embargo, eran tan caros que el invento no duró en el mercado más que dos años y no saldría adelante hasta después de la Segunda Guerra Mundial, en 1948, cuando Columbia, la compañía rival de RCA, comenzó la producción en serie de los LP (Long Playing).

18 DE SEPTIEMBRE

§ 1783. En San Petersburgo, mientras en la sobremesa está discutiendo con su discípulo Anders Lexell sobre las peculiaridades de la órbita del planeta Urano, recientemente descubierto por Herschel, el gran matemático Leonard Euler sufre un derrame cerebral que le origina la muerte. El matemático y filósofo Nicolas de Condorcet escribió: «*il cessa de calculer et de vivre*» («dejó de calcular y de vivir»).

En matemáticas, el nombre de Euler aparece por todas partes. Los estudiantes de la materia aprenden —al menos oyen hablar de— ecuaciones de Euler, ángulos de Euler; indicador de Euler; período de Euler; característica de Euler; circuitos de Euler; fórmula de Euler; polinomios de Euler; número de Euler y números eulerianos; métodos de Euler; teorema de Euler; identidad de Euler; función de Euler; algoritmos de Euler; secuencia de Euler; constante de Euler; integrales eulerianas; problema de Euler; circunferencia de Euler; recta de Euler; y curva de Euler. Creo que la relación no es completa. Es evidente que resulta difícil optar por una de las aportaciones de este prolífico genio a la historia de la ciencia.

§ 1928. El ingeniero murciano Juan de la Cierva cruza el canal de la Mancha en un vuelo que partió del aeropuerto de Croydon y finalizó en Calais, recorriendo la distancia de cuarenta kilómetros en dieciocho minutos. Va pilotando un autogiro de su invención, el modelo C-8 Mark II, un prototipo que tuvo otras numerosas versiones. En este viaje iba acompañado del periodista francés Henri Bouche, editor y director de la revista mensual ilustrada *L'Aeronautique*, que era un entusiasta del invento.

§ 1965. Registro de un ejemplar del ave viviente de mayor envergadura. Los especialistas en evolución sitúan la aparición de las aves en el final del Jurásico, hace unos 150 millones de años. Fue entonces cuando vivió el *Archaeopteris lithographica*, y aunque todavía conservaba características específicas de sus antepasados, los dinosaurios, se corresponde con el primer fósil considerado propio de un ave. Los restos de este vertebrado, de pequeño tamaño y amplias alas, fueron encontrados por primera vez en Baviera en 1861 (dos años después de que Darwin publicase *El origen de las especies*), y desde entonces se ha ido hilvanando científicamente una historia evolutiva que conduce a comprender mejor un presente de lo más variado, con más de 10.000 especies de aves.

Los miembros de esa categoría taxonómica habitan hoy en todos los biomas terrestres, y también en todos los océanos. Su tamaño varía entre los seis centímetros del diminuto colibrí zunzuncito, o pájaro mosca, descubierto en Cuba en 1944, y los 2,74 m que ha medido algún ejemplar de avestruz. Al igual que esta última, existen numerosas especies de aves extintas que no fueron capaces de levantar el vuelo. Entre ellas, el récord de tamaño corresponde a la *Dromornis stirtoni*, que con sus tres metros de altura y quinientos kilogramos vivió también en Australia hace unos siete millones de años. Sus restos fósiles revelaron que tenía unas patas robustas, y alas muy pequeñas.

Pero lo que más identifica a las aves y nos fascina de ellas es su capacidad para volar. En la actualidad existen dudas —no exentas de rivalidad— sobre cuál habrá sido la mayor de las grandes voladoras del pasado. En 1979 fueron encontrados cerca de Buenos Aires los restos de un ejemplar de enorme envergadura, que habitó la Patagonia hace siete millones de años. Se la denominó *Argentavis magnificens*, y, considerando la longitud de sus plumas remeras, se estima que sus alas abiertas abarcaban más de siete metros (el ancho de una portería de fútbol). Se cree que volaba como los deportistas de alas delta, es decir, lanzándose al vacío desde los riscos y aprovechando las corrientes de aire para planear sobre la llanura. Un resto fósil de otro gigante volador, con una antigüedad de unos veinticinco millones de años, fue encontrado en 1983 en Carolina del Sur. Aunque en este caso no había restos de plumas, los estudios publicados en 2014 le atribuyeron una envergadura similar o incluso superior, y los asociaron a un ave marina, que se denominó *Pelagornis sandersi*. Tenía las patas muy cortas, y se cree que también volaba planeando, dejándose caer desde lo alto de los acantilados costeros. Como los albatros de nuestros días, pasaría gran parte del tiempo sobrevolando el océano.

Aun con tales dimensiones, esas dos especies de aves están lejos de ostentar el título de volador más grande del pasado, que sin duda corresponde a un reptil de los llamados *pterosaurios* (literalmente, lagartos voladores), que fueron los primeros vertebrados capaces de alzar el vuelo, y algunos de los cuales alcanzaban una amplitud de alas de más de once metros. El *Quetzalcoatlus northropi* es probablemente el mayor ser vivo que jamás haya surcado los aires de nuestro planeta.

Ninguna especie de aves voladoras de hoy se acerca a ese tamaño. La de mayor envergadura es el albatros viajero (*Diomedea exulans*), de la que se ha medido un ejemplar macho que con las alas extendidas abarcaba 3,63 metros. Fue capturado por la tripulación del buque de investigación antártica USNS Eltanin, en el mar de Tasmania, el 18 de septiembre de 1965, y pertenece a la especie de albatros más extendida. Los miembros de esa familia de aves se mueven en el aire de manera muy eficiente, y recorren grandes distancias con poco esfuerzo debido a su capacidad de planear, pues logran avanzar más de veinte metros en cada metro que descienden. Esa facilidad para volar hace que puedan hacer enormes desplazamientos sin escalas. A finales de la década de 1980 se registró, al sudoeste del océano Índico, el vuelo de un grupo de seis ejemplares de esa especie que cubrieron más de ochocientos kilómetros a una media de 56 km/h. En los viajes de búsqueda de alimentos para su única cría llegan a recorrer hasta 10.000 km. Para ahorrar energía, en ausencia de corrientes de aire, prefieren estar en reposo sobre la superficie del agua, de la que despegan batiendo enérgicamente las alas. Entre las aves terrestres, el récord corresponde al cóndor de los Andes —en cierta medida pariente del Argentavis—, cuyos ejemplares superan a veces los 3,1 m de envergadura.

A diferencia de los grandes planeadores, los colibríes han de batir sus alitas a toda velocidad para conseguir mantenerse flotando en el aire. El mencionado zunzuncito (*Mellisuga helenae*) las agita unas ochenta veces por segundo, haciéndolas invisibles y aparentando así la levitación de un cuerpecillo que pesa tan solo 1,8 gramos. En algún caso experimental se ha registrado que uno de estos pájaros mosca ha llegado a estar suspendido en el aire durante cincuenta minutos. El enorme esfuerzo que realiza para volar es máximo durante el apareamiento, cuando puede mover las puntas de sus alas remeras hasta doscientas veces por segundo. Las aves nos ofrecen hechos fascinantes. Sea agitando frenéticamente las alas, o bien planeando, volar es uno de los sueños históricamente deseados por el ser humano.

§ 1977. La sonda espacial estadounidense Voyager 1, que había sido lanzada el día 5 de este mes, obtiene la primera fotografía donde aparecen en la misma toma la Tierra y la Luna. Esa imagen, que se ha convertido en mítica, fue obtenida cuando la nave estaba a cerca de doce millones de kilómetros de nosotros, comenzando un viaje de exploración del sistema solar.

19 DE SEPTIEMBRE

§ 1783. En el Palacio de Versalles (París), en presencia de Luis XVI y María Antonieta, ante una multitud, Jacques Etienne Montgolfier —el más joven de los famosos hermanos— embarca una oveja, un gallo y un pato en una cesta atada a un globo de aire caliente, el Aérostat Réveillon, con el fin de obtener permiso para realizar un posterior vuelo con seres humanos. El vuelo duró ocho minutos, en los que recorrieron 3,2 km alcanzando una altura de 450 m. El aterrizaje del globo se realizó sin problemas para los animales.

§ 1916. Dado el intenso tráfico de carruajes y tranvías (tirados por caballos y a vapor) que existía alrededor de la Puerta del Sol, desde 1892 existía en Madrid un proyecto de ferrocarril subterráneo, de trazado radial y alimentación eléctrica, aunque nunca llegó a ejecutarse. En 1915, y cuando las líneas de tranvías ya estaban electrificadas, el ingeniero Miguel Otamendi diseñó e impulsó el plan que se haría realidad. Las obras de construcción de la primera línea del llamado Ferrocarril Metropolitano de Madrid (el Metro) se adjudicaron el 19 de septiembre de 1916, y para llevarlas a cabo se constituyó una sociedad anónima.

§ 1991. En la frontera entre Austria e Italia, a una altura de 3200 m en el glaciar Similaun de los Alpes de Ötztal, dos montañeros alemanes encuentran la momia de un hombre, que un periodista apodó como Ötzi. Había fallecido a los cuarenta y seis años de edad hacia el 3255 a. C. Se trata de la momia humana natural más antigua de Europa.

20 DE SEPTIEMBRE

§ 1853. El inventor Elisha Graves Otis vende su primer dispositivo de seguridad para ascensores, que había inventado un año antes, y el cliente lo aplicaría a un montacargas. Tras hacer una demostración pública del invento en el Crystal Palace de Nueva York en 1854, se incrementó la demanda, y en 1857 se instaló el primer ascensor de seguridad para personas en el edificio E. V. Haughwout de Nueva York. Era un edificio de cinco plantas y veinticuatro metros de altura que se construía al sur de Manhattan. El ascensor hidráulico tenía una velocidad de 0,2 m/s.

§ 1952. Se confirma que la herencia genética está contenida en el ADN. Desde finales del siglo XIX se conocía la existencia química del ADN, aunque en las primeras décadas del pasado siglo aún se creía que la herencia genética estaba materializada en las proteínas. Las dudas comenzaron en 1944, pero la incógnita sobre el soporte de la información bioquímica que se transmite no sería resuelta hasta el 20 de septiembre de 1952, tras los experimentos de Alfred Hershey y Martha Chase.

En esa fecha publican un informe donde concluyen que el material hereditario está en el ADN y no en las proteínas. Para ello habían utilizado el virus bacteriófago T2, marcando de manera diferente el ADN y la cubierta proteica del virus. Luego dejaron que los virus infectaran a bacterias de *Escherichia coli*; al reproducirse ese virus en su interior la destruye (por eso le llaman bacteriófago), y los T2 resultantes infectan a otras bacterias, pero se comprueba que el código viral que había pasado a ellas es el que estaba en el ADN.

§ 1954. Un programador del equipo de John W. Backus en IBM, Harlan Herrick, realizó la primera prueba de ejecución de un programa de ordenador que daría lugar a un lenguaje completamente operativo, el Fortran. Como su nombre indica (FORmula TRANslator), fue diseñado para aplicaciones técnicas y científicas.

21 DE SEPTIEMBRE

§ 1921. Fallecen casi seiscientas personas y hay unos dos mil heridos tras una tremenda explosión en una fábrica de abonos de BASF, en Oppau (Alemania). El fertilizante era una mezcla en polvo de nitrato y sulfato de amonio. Para deshacer los grumos formados se empleaba dinamita en pequeñas cargas, lo que en este caso causó la explosión en un silo donde había 4500 toneladas de mezcla, creando un cráter de más de noventa metros de diámetro y veinte metros de profundidad. La detonación se oyó a trescientos kilómetros de distancia.

§ 1928. El rompehielos ruso Krassin había participado en junio en el rescate de siete supervivientes del accidente del dirigible Italia que, comandado por el famoso explorador polar Umberto Nobile, había alcanzado el Polo Norte. Este día parte de las islas Spitzberg y llega a los 81º 44' N, latitud jamás alcanzada antes por ningún buque. El día 26 se ordena su regreso a Leningrado dada la imposibilidad de seguir navegando.

§ 1954. En el río Thames (Connecticut) tiene lugar la botadura del submarino nuclear USS Nautilus. Propiedad de la Armada de los Estados Unidos, es el primer navío con propulsión nuclear del mundo, lo que le permite estar largos periodos de tiempo navegando sumergido. En 1958 será el primero en cruzar bajo los hielos del polo Norte.

22 DE SEPTIEMBRE

§ 1888. Este día se publica el primer ejemplar de *National Geographic Magazine*, la revista de la Sociedad Geográfica Nacional en los Estados Unidos, que había sido fundada nueve meses antes. En un principio era una publicación académica que se enviaba a los 165 miembros fundadores. Hasta 1905 no incluyó fotografías.

§ 1947. Durante la Segunda Guerra Mundial, el robusto cuatrimotor Skymaster C-54 (un derivado del Douglas DC-4) se convirtió en un avión emblemático de Estados Unidos y los aliados, siendo además utilizado habitualmente, entre otros, por Franklin D. Roosevelt y Winston Churchill. Uno de esos aparatos fue protagonista del primer vuelo transatlántico realizado exclusivamente con piloto automático. Tuvo lugar el 22 de septiembre de 1947 con catorce personas a bordo. En las diez horas y quince minutos que duró el vuelo, ni el comandante John D. Wells ni ningún miembro de la tripulación tuvieron que intervenir personalmente.

§ 1991. La Biblioteca Huntington (San Marino, California) anuncia que en este día se pone a disposición de los académicos sin restricciones un ejemplar fotográfico completo de los *Manuscritos del Mar Muerto* o *Rollos de Qumrán*. El reducido grupo de expertos que durante cuarenta años tuvieron acceso restringido no habían completado aún la traducción de la tercera parte de los textos.

§ 1846. Tras el descubrimiento de Urano por William Herschel en 1781, los astrónomos estaban desconcertados porque su órbita tenía irregularidades con respecto a lo que le correspondía según las leyes de Newton. Una hipótesis para explicarlo era suponer la existencia de atracción por parte de otro planeta entonces desconocido. Después de minuciosas observaciones —y los necesarios cálculos matemáticos—, de un modo independiente, Urbain Le Verrier en París y John C. Adams en Cambridge llegaron a predecir dónde debería buscarse un nuevo planeta del sistema solar. Tras solo una hora de observación, con el telescopio del observatorio de Berlín, pasada la medianoche del 23 de septiembre de 1846, el astrónomo Johann G. Galle lo encontró, a un grado de distancia de la posición que había anticipado Le Verrier. Lo llamó Neptuno, como el dios de los mares, por su color azul intenso.

§ 1859. En el puerto de Barcelona, el ingeniero Narciso Monturiol hace la presentación pública de su «barco-pez». Ante los accionistas que habían financiado la iniciativa, periodistas y numeroso público, el Ictíneo navega sumergido durante más de dos horas y regresa a la superficie.

§ 1879. El editor Richard S. Rhodes padecía una sordera notable y no soportaba el uso de la trompetilla, la única ayuda auditiva conocida entonces. Por azar se dio cuenta de que podía escuchar el tic-tac de su reloj de bolsillo si lo metía en la boca. Con esa idea patentó este día el primer audífono, basado en transmitir las ondas sonoras por los dientes y huesos del cráneo.

§ 1913. En la ciudad tunecina de Bizerta finaliza, el domingo 23 de septiembre de 1913, el viaje de casi ocho horas que supuso cruzar sobrevolando por primera vez el Mediterráneo. La hazaña la realizó el pionero piloto francés Roland Garros a bordo de su hidroavión monoplano Morane-Saulnier, llegando a su destino con cinco litros de gasolina y tras haber superado en Córcega una avería del motor. Roland Garros tenía entonces veinticuatro años y era tenista amateur. Luego intervino como destacado piloto de guerra en la Primera Guerra Mundial y falleció en combate la víspera de su treinta cumpleaños. En 1928 se dio su nombre a un estadio de tenis de París, sede de un torneo hoy conocido en todo el mundo.

§ 1852. Un vuelo de París a Trappes sirve de demostración del primer dirigible a motor, a cargo del ingeniero Henri Giffard. Es el primer vuelo controlado de la historia y tiene lugar en un vehículo que flota gracias a dos mil quinientos metros cúbicos de gas, dotado con una máquina de vapor de 3HP que consigue recorrer una distancia de veintisiete kilómetros en tres horas.

§ 1855. El fisiólogo Claude Bernard comunica a la Academia Francesa de las Ciencias el descubrimiento de que el hígado contiene glucógeno, lo que representa una forma química de almacenar glucosa (una función similar a la que realiza el almidón de las plantas), aunque no pudo purificarlo hasta 1857. Una molécula de glucógeno puede contener hasta 120.000 monómeros de glucosa.

§ 1879. El paleontólogo Marcelino Sanz de Sautuola regresa a la cueva de Altamira (Santillana del Mar, Cantabria) esta vez acompañado de su hija de ocho años María, en busca de rastros de asentamiento humano. Mientras él realiza su trabajo, la niña se adentra en la cueva y descubre las pinturas rupestres situadas en el techo, corriendo luego para avisar a su padre.

§ 1820. El físico francés François Arago publica en la revista *Annales de chimie et de physique* que un alambre de cobre conectado a los polos de una pila voltaica atrae las limaduras de hierro. El descubrimiento se produce el mismo año en que Ørsted descubrió que una corriente eléctrica que circula por un cable desvía la aguja de una brújula cercana. Arago describió en la misma publicación cómo había logrado provocar magnetismo permanente en agujas de acero colocadas perpendicularmente al alambre de cobre.

§ 1878. Charles Drysdale, médico jefe del Metropolitan Free Hospital de Londres, denuncia en el periódico *The Times* «el enorme consumo de tabaco en todos los estados europeos». Afirma que «el uso del tabaco es una de las señales de retroceso más evidentes de nuestro tiempo». Ya en 1864 había publicado en una circular médica los daños del fumar en exceso, como de un joven que tenía «palpitaciones del corazón muy angustiosas».

§ 1906. En presencia del rey Alfonso XIII y ante una multitud reunida en el puerto de Bilbao, el cántabro Leonardo Torres Quevedo demuestra oficialmente con éxito el funcionamiento de su Telekino, controlando un bote desde la orilla. Esa invención se considera el nacimiento del control remoto y del mando a distancia.

§ 1956. Comienza a funcionar el primer sistema de cable telefónico transatlántico del mundo (TAT-1) desde Clarenville (Terranova) a Oban (Escocia). Los cables anteriores se habían utilizado exclusivamente para transmisiones telegráficas. En las primeras 24 horas de servicio se intercambiaron setecientas llamadas telefónicas entre ambos lados del Atlántico. Estuvo en funcionamiento hasta 1978.

26 DE SEPTIEMBRE

§ 1818. El médico James Blundell realiza en el Guy's Hospital de Londres la primera transfusión en Gran Bretaña de sangre humana. Utilizando un instrumento de su propio diseño, el médico transfundió unos 350 cc de sangre procedente de un donante en una vena del brazo del paciente. Durante más de media hora sus constantes mejoraron (su pulso y temperatura). Sin embargo, murió cincuenta y seis horas después.

§ 1905. En el que fue su *annus mirabilis*, el joven físico Albert Einstein, que trabaja en una Oficina de Patentes en Berna (Suiza), ve publicado el tercero de sus artículos en la revista *Annalen der Physik*. Es un estudio sobre «La electrodinámica de los cuerpos en movimiento», que expone las ideas del autor sobre la relatividad especial. Por cierto que a él no le gustaba ese nombre, y se refería a ella como «la, así llamada, teoría de la relatividad». Einstein prefería designarla teoría de los invariantes, ya que los intervalos en el espacio-tiempo son los mismos para todos los observadores.

§ 1934. Tras algunas demoras en su construcción por motivos económicos, se produce la botadura del trasatlántico RMS Queen Mary, de la empresa naviera Cunard Line. Había sido diseñado para realizar la ruta entre Southampton y Nueva York de la forma más rápida. Entró en servicio en 1936.

§ 1618. A finales del siglo XVI y comienzos del XVII estaba en auge la exploración de las vías marítimas que, al extremo sur del continente americano, servían para conectar los océanos Atlántico y Pacífico. Los holandeses Willem Schouten y Jacob Le Maire descubrieron en 1616 el cabo que llamamos de Hornos y el estrecho de Le Maire. Por allí habían realizado también incursiones y abordajes corsarios ingleses como Francis Drake y Thomas Cavendish.

Todo ello llevó a que Felipe III, el monarca ibérico (entonces lo era de España y Portugal), organizase una expedición, para reconocer el paso que declaraban los holandeses, y estudiar las dificultades del estrecho de Magallanes. Salieron de Lisboa dos carabelas, el 27 de septiembre de 1618, al mando de los hermanos Bartolomé y Gonzalo García de Nodal, apodados los Nodales y naturales de Pontevedra, y llevaban de piloto mayor a Diego Ramírez, que daría su nombre a las islas más australes. Regresaron en menos de diez meses sin perder hombres ni barcos. El diario del viaje, publicado en 1621, cuenta con el mapa del itinerario elaborado por el notable cartógrafo Pedro Teixeira.

§ 1825. La locomotora Active, comandada por su fabricante George Stephenson, arrastra una carga de ochenta toneladas de carbón en once vagones, junto con otros veinte vagones construidos especialmente para llevar pasajeros, en los que se estima viajaban unas trescientas personas. El trayecto de Darlington a Stockton (Inglaterra) se realizó a una velocidad media de 7,5 km/h. Es el primer viaje de personas en ferrocarril.

§ 1910. Los químicos Fritz Haber y Robert Le Rossignol obtienen la patente de un proceso para obtener amoníaco a gran escala, a partir de nitrógeno e hidrógeno, haciendo pasar una mezcla de esos gases a alta presión y temperatura a través de un catalizador. El disponer de amoníaco abrió la puerta a la fabricación de otros compuestos nitrogenados.

§ 1962. La publicación de un libro en Estados Unidos causa revuelo y comienza el proceso al DDT. Lleva por título *Silent Spring*, y su autora es Rachel Carson, una bióloga estadounidense que ostenta varios galardones en divulgación. Ya meses antes, al avanzarse algunos fragmentos en la revista *The New Yorker*, el texto había sido objeto de controversia y su autora se había visto amenazada con acciones legales, pero triunfa saliendo al mercado, y esa publicación se considera hoy el detonador que puso en marcha el movimiento ecologista en el mundo. En 2006 la revista *Discover Magazine* lo incluyó en la lista de los «25 mejores libros de ciencia» de todos los tiempos. El texto constituye una advertencia apasionada sobre el peligro de la contaminación ambiental para la vida existente en la Tierra, y su título alude a la pesadilla de imaginar una primavera futura sin cantos de pájaros, una vez han sido víctimas de la contaminación; en particular, del DDT, que puede persistir en el ambiente durante largo tiempo y acumularse al final en vertebrados, sobre todo en sus tejidos grasos. Carson denuncia el riesgo del uso masivo que se hacía de productos insecticidas en Estados Unidos, buscando el sueño de la abundancia y la supremacía económica, sin antes conocer sus efectos sobre el medioambiente y la salud humana.

§ 1981. Francia estrena un Turbotrain à Grande Vitesse (TGV). Este día entra en funcionamiento el primer tren de alta velocidad de Francia, que hace el trayecto de París a Lyon. Se considera TGV aquel que supera los 250 km/h en vías especiales y que puede alcanzar una media de 200 km/h en vías estándar adaptadas, pero en realidad es uno de los trenes más rápidos del mundo, operando a velocidades de hasta 320 km/h.

28 DE SEPTIEMBRE

§ 1569. Se publica en Basilea (Suiza) la primera Biblia en castellano. Casiodoro de Reina fue un religioso jerónimo, ingresado en un monasterio de Santiponce (Sevilla) e interesado en la Biblia, cuya traducción al castellano ansiaba realizar. Tras abrazar el protestantismo, sufrió la presión de la Inquisición, y optó por huir a Ginebra en 1557 con Cipriano de Varela y otros amigos de confianza. Cinco años después, todos ellos fueron quemados «en efigie» durante un auto de fe en Sevilla. Por entonces, Reina ya había comenzado la versión de la Biblia en español, a partir de los originales hebreos. Tras diversas vicisitudes, por fin se publica en Basilea, el 28 de septiembre de 1569, aquella primera versión de una Biblia en castellano. En el frontispicio aparece un oso tratando de atrapar un panal de miel, de ahí el nombre con el que se conoce la edición, la «Biblia del oso». El texto sería retocado por Cipriano de Varela —el hereje español por antonomasia— en la que fue denominada «Biblia del cántaro» (1602), más tarde conocida como «versión Reina-Varela».

§ 1858. El fotógrafo William Usherwood, utilizando una cámara de baja distancia focal, presenta el primer daguerrotipo de un cometa, el que había sido descubierto por Giovanni Donati el día dos de junio. Era un astro muy brillante, con una espectacular cola de polvo en curva y dos delgadas colas de gas ionizado.

§ 1865. Primera mujer europea licenciada en Medicina. A sus veintinueve años, tras atender como enfermera en un hospital de Londres y realizar por su cuenta los estudios de medicina, ya que había sido rechazada su admisión en las facultades, Elizabeth Garret se examina por oral, el 28 de septiembre de 1865, para mostrar en la Sociedad de Boticarios sus conocimientos en medicina, partos y patologías clínicas. Ella mereció uno de los tres aprobados entre siete candidatos, y por ello recibió el certificado que la habilitaba para practicar medicina y cirugía. Era la primera mujer que conseguía ese título en Europa.

En España se autorizó que las mujeres estudiasen medicina en la Universidad en 1872, por una Real Orden de Amadeo I. Las dificultades burocráticas hicieron, sin embargo, que los primeros títulos no fuesen otorgados hasta 1882. Serían para Dolors Aleu Riera, Martina Castells Ballespí y María Elena Maseras Ribera, en la Universidad de Barcelona.

29 DE SEPTIEMBRE

§ 1913. Enigmática muerte de Rudolf Diesel. El famoso ingeniero Diesel, de cincuenta y cinco años, inventor de un motor de explosión interna de un solo cilindro y que funcionaba sin bujías, viajaba por el canal de la Mancha a bordo del SS Dresden, un ferry a vapor que lo llevaba de Amberes a Londres la noche del 29 de septiembre de 1913. Tras cenar y retirarse a su camarote, aquella noche desapareció misteriosamente, y su cadáver apareció flotando en el río Escalda a los veinte días. La causa de su muerte ha sido motivo de diversas conjeturas. Diesel había desarrollado su motor veinte años antes, patentándolo en 1898. Este invento, empleado en centrales eléctricas, para bombear líquidos y para mover tractores, camiones y barcos, le había convertido en millonario.

§ 1920. Cambio de paradigma en el mundo de la radio al ponerse aparatos receptores a la venta. En los primeros tiempos de su existencia, a principios del siglo XX, la «transmisión inalámbrica» mediante «ondas hertzianas» se utilizaba casi exclusivamente para las comunicaciones entre navíos militares y la costa, y ese empleo como medio de comunicación bilateral se intensificó durante la Primera Guerra Mundial. Pero el reciente invento estaba siendo objeto de estudio y de múltiples experimentos en todo el mundo occidental; poco a poco se realizaban mejoras técnicas y había radioaficionados en muchos países. Muchos de ellos construían sus propios receptores de galena, capaces de detectar las señales de radio de amplitud modulada (AM) en las bandas de onda media y onda corta. Al finalizar la contienda, cuando el desarrollo de los micrófonos hizo eficaz la conversión del sonido en ondas electromagnéticas, comenzaron a darse las primeras emisiones en abierto, con mayor o menor regularidad, en principio con la finalidad de entretenimiento. Para sorpresa de muchos, el futuro de las ondas hertzianas no estaría en la comunicación interpersonal, sino en la radiodifusión.

En el nacimiento de la radio jugó un papel importante un ingeniero de Westinghouse Electric en la planta de Pittsburg, el inventor Frank Conrad, que era un entusiasta de la comunicación por las ondas. Tras construir él mismo un equipo emisor con cristal de galena, obtuvo una licencia de aficionado para su estación experimental, que quedó definida por las siglas 8XK. En principio solo emitía en código morse, pero en octubre de 1919 comenzó a ofrecer programas de conciertos con la música que reproducía en su gramófono. Pronto una tienda local de discos le cedería gratuitamente los mismos, a cambio de que anunciase dónde se podían adquirir. Era el nacimiento de la publicidad por radio. En el verano de 1920, Conrad ya emitía regularmente (dos días por semana) programas de 20 minutos desde el garaje de su casa de Pittsburg, que eran escuchados por una creciente audiencia de radioaficionados. Las emisiones incluían noticias deportivas y de otros tipos, además de la música de novedades discográficas que le permitían ofrecer «conciertos en el aire».

A la vista del creciente interés despertado por las emisiones de Conrad, los almacenes Joseph Horne decidieron instalar en la tienda un aparato receptor funcionando a modo de demostración y anunciar, a través del diario *The Pittsburgh Sun*, el 29 de septiembre de 1920, que en aquella ciudad de Pensilvania ponían a la venta unas sencillas «estaciones inalámbricas» receptoras de radio que venían ya montadas, y con solo enchufarlas podían captar la emisora de Franz Conrad y escuchar aquellos conciertos. En el futuro podrían hacerlo también con otras frecuencias de emisoras, pues contaban con un botón para la sintonía. Los aparatos se escuchaban con auriculares y podían ser utilizados por varios oyentes a la vez. Este acontecimiento, la venta al público de receptores de radio, que entonces fue asumido sin mayor trascendencia, ponía de hecho las bases para la creación de una radio comercial, tal como hoy la conocemos en todo el mundo. Al ver aquel anuncio, la Westinghouse decidió crear una emisora de radiodifusión para estimular la venta de sus nuevos aparatos destinados al público en general.

En noviembre de aquel año comenzó a emitir regularmente desde Pittsburg la KDKA, considerada la primera emisora de radiodifusión en el mundo. En pocos meses proliferaron las licencias de emisoras, que en Estados Unidos pasaron de ser 30 en 1922 a 556 un año más tarde. En aquel tiempo también se habían vendido medio millón de receptores, que iban incorporando importantes mejoras, como integrar los altavoces dentro del chasis, tras la incorporación de válvulas (o lámparas) de vacío. A partir de 1924 los aparatos podían enchufarse, y prescindir así de las voluminosas baterías recargables, que, por cierto, en la mayoría de los casos no tenían la potencia suficiente para que funcionaran los altavoces. Sintonizar una emisora tampoco era una cosa fácil. Pese a todo, la radio salió adelante y se convirtió en el invento icónico de los felices años 20.

En Europa, las emisiones comenzaron desde París en 1921 con la Poste de la Tour Eiffel, que utilizaba como antena la famosa torre para ofrecer, sobre todo, información meteorológica. En Inglaterra, un año después, la estación 2MT desde Chelmsford emitía dos programas diarios, uno musical y otro con noticias, y meses más tarde se fundó en Londres la British Broadcasting Corporation (BBC). Por entonces, la forma más barata de escuchar una emisora seguía siendo a través de las radios de galena, aunque fuera más dificultosa la sintonización y necesitase de auriculares, pero con la ventaja de no requerir alimentación externa. La radio de galena funcionaba siempre que hubiera una emisora próxima, o de señal potente. España no era la excepción. En septiembre de 1923 se inauguró la Radio Ibérica de Madrid, que comenzó a emitir, aunque de modo discontinuo, y a partir del verano de 1924 se otorgaron concesiones a las emisoras privadas EAJ (E de España, y AJ de telegrafía sin hilos). La primera en obtener licencia fue Radio Barcelona, EAJ-1. Aquella década contempló el nacimiento de emisoras en toda España, con una programación que comenzó siendo de diarios hablados, programas culturales y música, para incorporar más adelante novedades como retransmisiones taurinas o deportivas. En el siglo transcurrido, la radio vería grandes progresos técnicos, como la llegada de la FM, del transistor, de la vía satélite o la versión online, pero el concepto todavía tiene mucho futuro.

§ 1954. Los doce Estados miembros ratifican el convenio que crea oficialmente en Ginebra (Suiza) el CERN (siglas de Centre Européen pour la Recherche Nucléaire). La primera idea para la creación del organismo partió del físico francés Louis de Broglie en 1949. España es miembro del CERN desde 1983, y el nombre oficial en castellano es Organización Europea para la Investigación Nuclear.

30 DE SEPTIEMBRE

§ 1906. En el Jardín de las Tullerías de París, 250.000 personas contemplan a las 4 de la tarde la salida de la primera carrera internacional de globos, en la que participan aeronautas de siete países. El ganador llegó a Scarborough (Inglaterra) en veintidós horas y quince minutos, cubriendo una distancia de 650 km. Solo siete de los dieciséis participantes alcanzaron la meta.

§ 1927. La séptima Conferencia General de Pesos y Medidas modifica ligeramente la definición de metro. Aunque sigue siendo la distancia existente entre dos marcas de una determinada barra de platino iridiado, ahora se especifica que además ha de estar horizontal, y apoyada en dos cilindros de menos de 1 cm de diámetro, colocados simétricamente y separados 571 mm.

§ 1929. Tras numerosos intentos, el fabricante de automóviles Fritz von Opel realiza el ensayo definitivo de un planeador cohete. Con él consigue volar en las proximidades de Fráncfort durante setenta y cinco segundos, en los cuales recorrió tres kilómetros, pero con un aterrizaje accidentado. Ese fue el logro final de su pionero programa RAK, de dispositivos impulsados por cohetes, con el que llegó a alcanzar, sobre raíles y sin piloto, los 281 km/h.

OCTUBRE

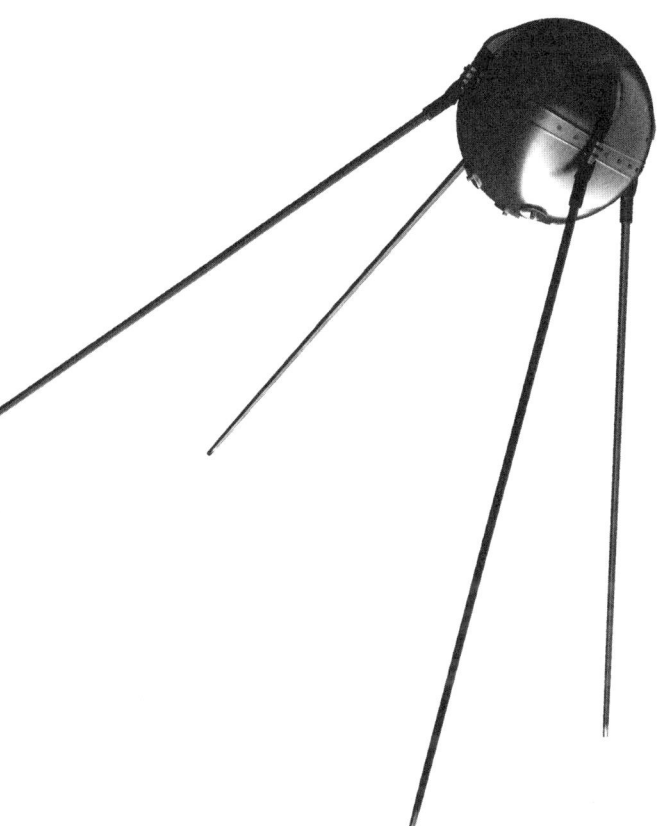

Replica del Sputnik, el primer satélite artificial puesto en orbita
el 4 de octubre de 1957, desde el cosmódromo de Baikonur, en
Kazajistán (en aquel momento parte de la Unión Soviética).

Las primeras tarjetas postales se emitieron en Austria-Hungría en 1869 como *Correspondenz Karte*. Creadas inicialmente para que los soldados se comunicaran con sus familias, ofrecían ventajas como un franqueo económico y la ausencia de sobre. En tres meses se vendieron tres millones de unidades.

1 DE OCTUBRE

§ 1847. La astrónoma estadounidense Maria Mitchell descubre un cometa. Perteneciente a una familia cuáquera, defensora de la igualdad de género, Maria había recibido una educación similar a la de sus hermanos, y acudió a la escuela de su padre, quien además cuando ella tenía doce años le enseñaba en casa astronomía con el telescopio. Más tarde, ella se dedicó también al magisterio y fue bibliotecaria. Conociendo que el rey de Dinamarca Federico VI había ofrecido una medalla de oro a quien descubriera un cometa con el telescopio, al comenzar la noche del día 1 de octubre de 1847 y ver en los alrededores de la estrella polar un punto brillante que no estaba en los días anteriores, tomó nota precisa de sus coordenadas. En pocos días comprobó que por su cambio de posición se trataba de un cometa, lo que le hizo ganar la recompensa. Más tarde calcularía su órbita. Por ello recibió, a los veintinueve años, el reconocimiento internacional, su aceptación como astrónomo profesional y su elección como primera mujer de la Academia Americana de Artes y Ciencias.

§ 1869. Primera tarjeta postal. Con el propósito inicial de que los soldados tuviesen un modo económico de estar en contacto con sus familias, la administración postal de Austria-Hungría autoriza el 1 de octubre de 1869 la primera tarjeta postal en el mundo, conocida como Correspondenz Karte. Las tarjetas presentaban ventajas, como no utilizar sobre y llevar un franqueo más económico. Se hizo tan popular que en los primeros tres meses se vendieron tres millones de ejemplares. Pronto serían implantadas en otros países. La primera tarjeta postal oficial en España se emitió en diciembre de 1873; llevaba en una cara el franqueo y el espacio para escribir la dirección, mientras el reverso estaba completamente en blanco, para incluir el mensaje.

§ 1908. El automóvil de Ford modelo T, el primero fabricado en serie, se pone en el mercado al precio de 825 dólares, con gran éxito. Alcanzaba los 70 km/h y consumía veinte litros de gasolina en 100 km. Con el tiempo llegaría a ser el modelo más vendido en los Estados Unidos. Al crecer la producción, bajaron los precios, y en 1925 costaba 525 dólares.

§ 1608. El neerlandés Hans Lippershey solicita una patente y realiza una demostración de su nuevo invento, un tubo con dos lentes en sus extremos «para ver las cosas lejanas como si estuvieran cerca». Con esa idea, Galileo fabricó los catalejos con los que realizaría las observaciones descritas en su *Sidereus Nuncius* (*Noticiero sideral*) en 1610, y que se llamarían telescopios desde 1611.

§ 1955. Tras nueve años de funcionamiento, este día se desconecta para siempre el ENIAC (Electronic Numerical Integrator And Computer o, en español, Computador e Integrador Numérico Electrónico). Era el primer ordenador electrónico de uso general, programado para resolver problemas de cálculo de tablas de tiro en artillería. Había sido concebido y diseñado por los pioneros John Mauchly y J. Presper Eckert, y construido bajo su dirección en la Universidad de Pensilvania. Ocupaba una superficie de 167 m² y operaba con un total de 17.468 válvulas, que permitían realizar cerca de cinco mil sumas y trescientas multiplicaciones por segundo.

§ 1984. Los cosmonautas soviéticos Oleg Atkov (cardiólogo), Vladimir Solovyov (propagandista) y Leonid Kizim (piloto) regresan a la Tierra tras permanecer en órbita 237 días, batiendo un nuevo récord de permanencia en el espacio, a bordo de la Saliut 7. La estación espacial había sido puesta en órbita en 1982 y estuvo habitada hasta 1986. En total permaneció en el espacio durante ocho años y diez meses.

3 DE OCTUBRE

§ 1714. Una real cédula de Felipe V, de fecha 3 de octubre de 1714, aprueba la creación de la Real Academia Española, con veinticuatro asientos. El monarca la declara bajo «su amparo y real protección», lo que otorgaba a los académicos similares prerrogativas que las propias de la servidumbre de la casa real. Por iniciativa de Juan Manuel Fernández Pacheco, marqués de Villena, y otros ilustrados que se reunían habitualmente en su casa, en 1713 se había fundado la Academia con el propósito de constituir una institución de utilidad pública dedicada a preservar y establecer la pureza de la lengua castellana, que se reconoce sometida a naturales modificaciones. Se tomaba como modelo la Academia Francesa, que había sido creada ochenta años antes, y celebraba sus primeras reuniones. Su primera publicación sería el llamado Diccionario de Autoridades, impreso en seis tomos entre 1726 y 1739.

§ 1941. Inventado por los entomólogos Lyle D. Goodhue y William N. Sullivan, investigadores de la Oficina de Entomología y Cuarentena Vegetal de los Estados Unidos, se patenta en este día el primer envase con pulverizador a presión. Para ello, disolvieron un insecticida en un gas licuado bajo presión y lo encerraron en un robusto recipiente de acero. Los soldados lo utilizarían luego, durante la Segunda Guerra Mundial, para combatir los insectos portadores de enfermedades en la zona del Pacífico. Fue el precursor de todos los pulverizadores modernos.

§ 1947. Se finaliza la construcción del telescopio de Monte Palomar, del Instituto de Tecnología de California, tras once años de trabajo en su lente de cinco metros de diámetro. Para fabricarla se había partido de veinte toneladas de vidrio, que se fundieron en un molde en 1934, dejándolo enfriar durante once meses. Fue el telescopio más grande del mundo durante cuarenta y cinco años.

4 DE OCTUBRE

§ 1882. Martina Castells i Ballespí lee su tesis doctoral en la Universidad de Madrid (la única que entonces podía en España otorgar el título de doctor), convirtiéndose en la primera mujer española con doctorado en Medicina. Su tesis se tituló «Educación física, moral e intelectual que debe darse a la mujer para que esta contribuya en grado máximo a la perfección y a la de la humanidad». Cuatro días después se doctoró, también en Medicina y con la tesis «De la necesidad de encaminar por una nueva senda la educación higiénico-moral de la mujer» Dolors Aleu i Riera, que ejerció su profesión en Barcelona, donde tuvo una consulta especializada en ginecología y pediatría durante veinticinco años.

§ 1957. Desde el cosmódromo de Baikonur, en Kazajistán, la Unión Soviética envió a los cielos el 4 de octubre de 1957 el primer satélite de la historia. Era una esfera brillante de aluminio, de cincuenta y ocho centímetros de diámetro, que llevaba hacia un lado cuatro finas antenas de 2,4 m a 2,9 m de longitud. Su órbita alrededor de la Tierra distaba de la superficie de modo variable, desde un apogeo que fue disminuyendo entre los 950 km iniciales hasta 600 km, y un perigeo de unos 200 km. Tenía una masa de ochenta y cuatro kilogramos y en su interior, presurizado con nitrógeno, llevaba instrumentos para medir la temperatura en esa zona de comienzo de la exosfera, donde ya los gases de la atmósfera están muy enrarecidos. También portaba dos emisores de radio, que durante tres semanas —hasta que se agotaron las baterías— estuvieron emitiendo un *bip-bip* en longitud de onda de 15 m y 7,5 m, que muchos aficionados de todo el mundo se afanaban por detectar. Fue un acontecimiento inesperado, para algunos inimaginable, y sin duda histórico. Con el Sputnik nació la era espacial.

El día siguiente, *The New York Times* abría a toda página con la noticia, destacando que el satélite sobrevolaba Estados Unidos quince veces al día. Aquel suceso, en plena Guerra Fría, conmocionó a la opinión pública norteamericana hiriendo su orgullo nacional; al margen de las repercusiones políticas y sociológicas, el Sputnik hizo que Estados Unidos reflexionara sobre su propia capacidad tecnológica: cambió la educación de la ciencia, impulsó el periodismo científico y puso en marcha una carrera espacial, de competitividad científica y técnica, entre las dos superpotencias del momento. Los otros dos hitos destacados de esa carrera, que duró poco más de un decenio, serían la puesta en órbita de Yuri Gagarin (URSS, 1961) y la llegada del ser humano a la Luna (EE. UU., 1969).

En gran medida, la clave para la puesta en órbita del satélite estaba en disponer de un cohete propulsor adecuado, y el hombre protagonista sería Serguéi Koroliov. A pesar de que los gobernantes de la URSS se inclinaban por potenciar el desarrollo de misiles militares, una vez que por fin se había ensayado con éxito en agosto de 1957 el poderoso R-7 Semiorka, Koroliov convenció a Nikita Jrushchov para que le autorizase el proyecto de poner un satélite en órbita, convencido de la repercusión internacional que tendría. El cohete necesitaba pocas modificaciones y el diseño del satélite se realizó en menos de un mes. El módulo central del cohete, de veintiséis metros de longitud y con una masa de 7,5 toneladas, también estuvo en órbita, y era observable de noche a simple vista desde la Tierra como un objeto de primera magnitud, privilegio que no tuvo el pequeño satélite. El Sputnik estuvo en órbita hasta el 4 de enero de 1958, completando 1440 vueltas alrededor de nuestro planeta.

§ 1971. Este día la Conferencia General de Pesos y Medidas (CGPM) toma la decisión de incorporar al Sistema Internacional de Unidades Científicas (SI) un séptimo patrón de medida, que servirá para indicar cantidad de materia: será el mol, o cantidad de sustancia que contiene tantos átomos, moléculas, iones o unidades elementales de la misma como hay en 0,012 kilogramos de carbono 12.

5 DE OCTUBRE

§ 1582. Este día no existió en España, y el mes de octubre de 1582 pasó a nuestra historia con pocos acontecimientos. El motivo no es otro que el haber tenido menos días de lo habitual; en concreto, diez días menos. Al finalizar aquel septiembre en España seguía utilizándose el calendario juliano, así llamado por haber sido establecido por Julio César en el 46 a. C. Este fijaba la duración del año (el tiempo que pasa entre un equinoccio de primavera y el siguiente) en 365,25 días; es decir, que para que no hubiera un desfase en el comienzo de las estaciones había de intercalarse un año de 366 días (que sería llamado *bisextus*) por cada tres años de 365. Aun así, se iba acumulando un error de un día cada 128 años, con lo que entonces el comienzo real de las estaciones ya tenía lugar diez días antes de lo que marcaba el calendario. Esa desviación era bien conocida, y en las Tablas Alfonsíes, redactadas en el siglo XIII por astrónomos encargados por Alfonso X el Sabio, se cifraba en diez minutos y cuarenta y cuatro segundos por año.

El desfase era importante, sobre todo, para el calendario litúrgico de la Iglesia, que fijaba fechas como la de Pascua en función de la primera Luna llena de primavera. Al retrasarse el comienzo oficial de la primavera, la Pascua se acercaba al verano real. Para arreglarlo, había que suprimir días del calendario, y así lo había autorizado el Concilio de Trento. Tras estudios previos de la Universidad de Salamanca, el papa Gregorio XIII creó una comisión encargada de redactar una propuesta, en la que destacaron el filósofo y cosmógrafo Luis Lilio (que falleció en 1576, antes de concluir los trabajos), y el matemático y astrónomo jesuita Cristóbal Clavio. También participaron otros como el matemático salmantino Pedro Chacón y el cosmógrafo dominico Ignazio Danti.

En consecuencia, Gregorio XIII decide un cambio de calendario que, además de subsanar el error acumulado de diez días, evite en lo posible que se sigan sumando en el futuro; para ello establece que no siempre los años múltiplos de cuatro han de ser bisiestos, y crea algunas excepciones. La bula Inter gravissimas ordena al clero adoptar el nuevo sistema, y exhorta a los monarcas católicos a hacer lo mismo. El jueves 4 de octubre de 1582 fue el último día del calendario juliano, y el día siguiente, viernes, sería 15 de octubre del nuevo calendario, que se llamaría gregoriano. La medida fue decretada en España por Felipe II, quien concretó detalles en la Pragmática sobre los diez días del año, donde, entre otras medidas, se indica: «Otrosí mandamos que se rebatan y bajen de los sueldos y salarios del dicho mes de octubre, los diez días que se han de contar menos, pues no sirviéndolos ni habiéndolos, no se deben, ni es justo se paguen. Y que sobre todo, se tenga atención a que de este nuevo calendario y ley no redunde fraude ni perjuicio a nadie. Porque la intención de su Santidad y nuestra no ha sido tal, sino solamente de entender y corregir el error y engaño que había en el verdadero cómputo del año, como está referido».

En definitiva, que los días del 5 al 14 de octubre de 1582 no existieron en España, Portugal y demás territorios en Europa dependientes de la monarquía hispánica de Felipe II. Aquel mismo año se cambió también el calendario en Francia, Polonia y países del Sacro Imperio Romano Germánico. En años inmediatamente posteriores se aplicó la reforma en los virreinatos de América y Filipinas, pero tardaría en aplicarse en países de tradición protestante y ortodoxa. El Reino de Gran Bretaña y sus colonias americanas lo adoptaron en 1752, Japón lo hizo en 1873 y los países de tradición ortodoxa a comienzos del siglo XX.

El cambio de calendario proporcionó algunas anécdotas. Por ejemplo, la noche del 4 al 15 de octubre de 1582 fue cuando falleció en Alba de Tormes Teresa de Jesús, que sería canonizada cuarenta años después por Gregorio XV. El hecho de que la reforma no fuera aceptada al mismo tiempo en diferentes países es motivo de que si bien se dice que Cervantes y Shakespeare murieron el 23 de abril de 1616, en realidad no lo hicieron el mismo día. El dramaturgo inglés falleció cuando en Inglaterra todavía no habían implantado la reforma gregoriana. Por ello, el día de la muerte de Shakespeare en España era 3 de mayo, y Cervantes ya había expirado diez días antes. En la misma línea, la Revolución bolchevique tuvo lugar el 25 de octubre de 1917, pero en la Unión Soviética se introdujo el cambio de calendario cuando Lenin ya estaba en el poder, en enero de 1918, por lo que la también llamada Revolución de Octubre celebró siempre su aniversario el 7 de noviembre.

El calendario gregoriano sigue vigente y es el más empleado en todo el mundo. Aún tiene un error de medio minuto por año, lo que supone el retraso de un día cada 3323 años. Ajustarlo es complejo, pero no tiene prisa; ya lo arreglaremos.

§ 1905. En Dayton (Ohio), los hermanos Wright establecieron un nuevo récord con su tercer avión propulsado. Orville voló el Flyer III durante un recorrido total de 38,9 km en poco más de treinta y ocho minutos, dando veintinueve vueltas alrededor del aeródromo, resultando una velocidad media de más de 60 km/h. Este Flyer III fue su primer avión realmente práctico.

§ 1931. Los aviadores Clyde Pangborn y Hugh Herndon completaron en su Miss Veedol (un monoplano Bellanca Skyrocket) el primer vuelo sin escalas a través del Pacífico. Desde Japón llegaron al Estado de Washington en cuarenta y una horas, recorriendo 8851 km. Para reducir el peso de la aeronave (que necesitaba llevar cerca de 3500 litros de gasolina) habían prescindido del tren de aterrizaje del aparato y ellos volaron con lo mínimo y sin zapatos.

6 DE OCTUBRE

§ 1807. Primeros metales obtenidos por electrólisis. Desde la Edad Media se venían utilizando las cenizas de plantas halófitas (amigas de la sal) para la fabricación de jabones. Esas cenizas contenían potasa y sosa, dos sustancias que están consideradas como los álcalis fuertes por antonomasia. A partir de ambas, el químico británico Humphry Davy consiguió obtener los correspondientes metales, llamados alcalinos, el potasio y el sodio. Él fue pionero en utilizar la pila de Volta para la descomposición electrolítica de sustancias, obteniendo así elementos nuevos, que nunca se habían podido aislar por procedimientos químicos. El primer metal que descubrió fue el potasio, haciendo pasar una corriente eléctrica por potasa cáustica fundida, el 6 de octubre de 1807. Por el mismo procedimiento, poco después aislará el sodio (a partir de sosa cáustica), y más adelante el bario, calcio, estroncio, magnesio y boro.

§ 1956. El virólogo polaco de origen judío Albert Sabin (nacido Abram Saperstein) informa en Estados Unidos que la vacuna oral contra la polio que había desarrollado estaba lista para ser ensayada a nivel internacional, de modo que produzca inmunidad a largo plazo. Cree que una sola dosis es efectiva contra las tres principales cepas del virus de la polio. La vacuna se probó en más de cien millones de personas.

§ 1995. La noticia del primer planeta extrasolar aparece en las páginas de *Nature* el día 6 de octubre de 1995, en un artículo firmado por los astrónomos Michel Mayor y Didier Queloz, del Observatorio de la Alta Provenza, en Francia. Se trata de una masa esférica 160 veces superior a la de la Tierra, que gira alrededor de la estrella 51 Pegasi. Aunque informalmente se conoce como Belerofonte, su nombre oficial es 51 Pegasi b.

§ 1997. El neurólogo y bioquímico Stanley B. Prusiner recibe el Premio Nobel de Fisiología o Medicina por el descubrimiento de los priones, un nuevo género de agentes causantes de enfermedad, término que él acuñó por síntesis de las palabras «proteico» e «infección». Son proteínas invisibles al microscopio. Los priones fueron la explicación de la enfermedad de las vacas locas o encefalopatía espongiforme bovina, y su equivalente humano, la enfermedad de Creutzfeldt-Jakob.

7 DE OCTUBRE

§ 1806. Tratando de buscar una máquina para que los ciegos pudieran escribir sin los problemas de manejar la tinta, el inventor Ralph Wedgwood (de la famosa familia de ceramistas) propone que lo hagan con un punzón metálico, que se pasa sobre un papel especial que tiene la cara inferior ennegrecida, colocado sobre la superficie donde se quiere escribir. El ennegrecimiento del papel se conseguía saturándolo de tinta de imprenta y luego se cuajaba entre pliegos de papel secante. Como consecuencia de esos trabajos, el 7 de octubre de 1806 presenta la primera patente del «papel carbón», definido como «aparato para realizar duplicados de escritos». Hasta bien avanzado el siglo XX fue el procedimiento más empleado para obtener varias copias al escribir un texto, sobre todo con la máquina.

§ 1931. En los laboratorios de investigación de Eastman Kodak, en Rochester (Nueva York) se toma este día la primera fotografía bajo luz infrarroja. Participaron cincuenta personas en esta prueba, donde en una habitación a oscuras se utilizó una película sensible a radiación térmica, de longitudes de onda superiores al espectro visible (de 700 a 900 nanómetros). La técnica se utilizará posteriormente para aplicaciones médicas, en la detección de masas forestales, en astronomía y en arte.

§ 1952. Norman Woodland y Bernard Silver, dos colegas del Instituto de Tecnología de Drexel (Filadelfia), reciben la patente sobre el código de barras, que permite asociar datos relativos a un objeto mediante una etiqueta con líneas verticales de diferentes anchos y espaciados. Se inspiraron en la secuencia de puntos y rayas del código morse.

§ 1959. La sonda espacial soviética Luna 3 consiguió fotografiar la cara oculta de nuestro satélite. Durante cuarenta minutos tomó veintinueve instantáneas desde unos 65.000 km de distancia. Las imágenes cubren aproximadamente el 70 % de ese hemisferio, revelando que es mucho más accidentado que la cara visible, con cráteres inmensos y ausencia de mares.

8 DE OCTUBRE

§ 1515. Con tres carabelas y una tripulación de setenta hombres sale del puerto de Lepe (Huelva) —en misión secreta por voluntad del rey Fernando el Católico, de quien era amigo— la expedición de Juan Díaz de Solís, que había sido nombrado «piloto mayor» de la Casa de la Contratación de Indias en Sevilla. Cuatro meses después llegó a descubrir el estuario del Río de la Plata.

§ 1895. El joven de dieciséis años Albert Einstein comienza a realizar el examen de ingreso en el Instituto Politécnico de Zurich, una prueba que duraría varios días. El día 14 se publicaron los resultados, y Einstein obtuvo un suspenso. Aunque hizo bien las tareas de matemáticas y ciencias, no pudo compensar sus deficiencias en idiomas e historia.

§ 1906. Cabellos con ondulado permanente. El compositor Francisco Alonso estrenó en 1931 una de sus más populares revistas: *Las Leandras*. En ella se canta el famoso chotis *Pichi*, donde en un momento dado el «chulo que castiga» (en su estreno en Madrid, Celia Gámez vestida de hombre) recomienda displicente: «Anda y que te ondulen con la *permanén*, y pa suavizarte que te den *col-crém*». Nos queda claro que eran épocas donde el ondulado permanente seguía de moda, así como el empleo de la *cold cream*. Aunque de esta crema hidratante —que llegó a España en 1927 de la mano de Pond's, y que se llamó así porque refrescaba al aplicarla— se quiere escribir una historia que se remonta hasta el mismísimo Galeno, lo de hacer la permanente del cabello era cosa entonces completamente nueva y muy novedosa.

La permanente, es decir, el conseguir un ondulado duradero, implica en esencia deshacer la estructura interior del cabello, rompiendo enlaces entre las cadenas de proteína (una queratina rica en azufre) y luego reestablecerlos, una vez se ha dado al pelo la forma deseada. La clave de la forma (liso, ondulado o rizado) está en los enlaces de azufre, cuya ruptura se consigue por vía química y térmica. Por aplicación de calor funcionaban ya a finales del XIX unas tenazas curvas que se aplicaban al pelo, una vez calentadas a la llama de alcohol. En teoría, la temperatura idónea se contrastaba con un papel de periódico: si este se tostaba ligeramente, era la correcta; pero en realidad la operación terminaba muchas veces oliendo a cuerno quemado. Una aportación importante fue la del peluquero Karl Ludwig Nessler, que tenía un salón de belleza en la londinense Oxford Street y que cambiaría su nombre afrancesándolo a Charles Nessler. Él había ensayado distintos agentes químicos para doblegar el cabello de forma duradera y sin dañar la piel, de modo que el 8 de octubre de 1906 realizó ante otros profesionales la primera demostración de ondulado permanente. Para ello, humedecía el cabello con un álcali suave (usó primero una mezcla de orina de vaca y agua), colocó unos rulos para enroscarlo por mechones, y luego les aplicó unas pinzas cilíndricas calientes.

Pronto realizó el calentamiento con resistencia eléctrica. La primera máquina de Nessler, en 1909, obligaba a montar una docena de rulos de latón, cada uno de los cuales pesaba casi un kilo, y solo podía usarse con pelo largo; además, el proceso duraba más de cinco horas, y resultaba caro. Pero el camino así iniciado cambiaría los estilos de peinado durante el siglo XX. Los años siguientes fueron de perfeccionamiento del sistema, usando otros álcalis y adaptando la máquina para las nuevas modas del pelo corto. Con la huida de Nessler a Estados Unidos por la guerra —era un alemán en Inglaterra—, el relevo en Londres lo tomaron el peluquero suizo Eugène Suter y el técnico español Isidoro Calvete, que en 1917 desarrollaron una máquina eléctrica basada en calentadores tubulares de aluminio, que podía usarse para cabellos cortos. Su alianza no terminó muy bien, y al final se comercializaron por separado los productos de Eugène y las máquinas de Calvete, que se vendieron con la marca ICall. A lo largo del siglo se desarrollarían los tratamientos químicos que permiten una permanente «en frío», y procurando el menor daño para la piel y para una larga vida de la cabellera. La variedad en la estética capilar nunca alcanzó los niveles actuales, posibles gracias a numerosas innovaciones químicas y tecnológicas.

§ 1958. En el Instituto Karolinska de Estocolmo, el cirujano Åke Senning realiza por primera vez la colocación de un marcapasos cardíaco, que había sido inventado a principios de ese año por el médico Rune Elmqvist. Tenía 5,5 cm de diámetro y 1,5 cm de espesor. En su interior llevaba dos transistores de silicio y una batería de níquel-cadmio recargable. Ese primer prototipo funcionó solo tres horas, pero el receptor (Arne Larsson) vivió cuarenta años más, cambiando de marcapasos veinticinco veces.

9 DE OCTUBRE

§ 1874. En el primer Congreso Postal Universal, que tiene lugar en Berna (Suiza) y al que asisten representantes de veintidós países, se firma un tratado que establece la unión postal, cuyo objetivo es velar por la organización y el mejoramiento de los servicios postales, y promover la colaboración internacional en el ámbito cultural, social y económico.

§ 1890. Este día el ingeniero eléctrico francés Clément Ader fue el primero en pilotar un avión, el Eole, con motor de vapor y forma de murciélago. Me explico, aunque solamente consigue elevarse del suelo unos centímetros durante cincuenta metros, Ader acuñó en francés la palabra «avion» para designar aquel ingenio y sus semejantes. Se dice que la palabra es un acrónimo de Appareil Volant Imitant les Oiseaux Naturels, o sea Aparato Volador que Imita los Pájaros Naturales.

§ 1933. Sorprende a los astrónomos una lluvia de estrellas con la que no contaban, que se supone vinculada al cometa 21P/Giacobini-Zinner, que había sido descubierto a finales de 1900. Con una frecuencia media de cien estrellas fugaces por minuto, es una de las más intensas de la historia. Tuvo su máximo alrededor de las 20 h (GMT) pero duró poco tiempo.

10 DE OCTUBRE

§ 1724. El matemático real de Francia Louis Feuillée, perteneciente a la orden de los Mínimos, finaliza en las islas Canarias sus trabajos de observación astronómica y cálculos matemáticos para determinar el primer meridiano. Fijó la posición exacta tanto del meridiano de El Hierro como del meridiano del Teide.

§ 1933. Se otorga en Estados Unidos al ingeniero químico Waldo L. Semon una patente de plastificación del cloruro de vinilo, obteniendo una forma versátil de PVC (cloruro de polivinilo), idónea para su uso «en calzados, prendas y suelos impermeables». Semon creó más de cinco mil polímeros sintéticos, pero pasó a la historia como el inventor del PVC, uno de los plásticos más utilizados.

§ 1933. La empresa Procter & Gamble comercializa el primer detergente sintético de éxito, un polvo blanco que lleva la marca Dreft, y es una alternativa al jabón, tanto para prendas delicadas como para la vajilla, que tiene la ventaja de funcionar bien incluso en aguas duras. Fundamentalmente, es un sulfonato de un alcohol graso. Era el comienzo de toda una revolución en el mundo del lavado.

11 DE OCTUBRE

§ 1802. El aeronauta André-Jacques Garnerin, discípulo de Jacques Charles —el científico experto en gases que descubrió la ley que lleva su apellido— se había hecho famoso por ser el primero en saltar en paracaídas, y también por atreverse a subir en globo a jovencitas (que se suponía eran frágiles ante la menor presión atmosférica). La pionera en soportar —o disfrutar— esa prueba fue la hermosa Citoyenne Henri, en julio de 1798, y cuatro meses después Garnerin ascendería con su admiradora Jeanne Geneviève Labrosse, que se convirtió luego en su esposa y sería a su vez pionera en saltar en paracaídas, realizando exhibiciones en distintos puntos de Europa. El 11 de octubre de 1802 Jeanne Geneviève solicitó una patente, en nombre de su marido, para un diseño de paracaídas «destinado a frenar la caída de la cesta una vez que se quema el globo».

§ 1881. El 11 de octubre de 1881, el inmigrante escocés en Estados Unidos David H. Houston, autor de numerosos inventos en el campo de la fotografía por los cuales se haría millonario, recibe la patente de un «aparato fotográfico» que incluye «un rollo de papel sensible a la luz o cualquier otro soporte adecuado que pueda descubrirse, y una bobina vacía, en la que se enrolla la cinta sensible tan pronto como haya sido impresionada por la luz». Ese carrete fotográfico puede ser considerado también precursor de las películas de cine, pues se hace constar que su objeto era «facilitar la toma sucesiva de numerosas fotografías en un tiempo corto».

§ 1984. La geóloga Kathy Sullivan, a bordo del transbordador espacial de la NASA (Space Shuttle) se convierte en la primera mujer que da un paseo espacial sin ataduras a la nave. Ella y David Leestma probaron durante tres horas y media un sistema para demostrar que un satélite podía repostar en órbita.

12 DE OCTUBRE

§ 1492. Colón comienza a descubrir América. Como es bien conocido, fue en la madrugada del viernes 12 de octubre de 1492 cuando el marinero Rodrigo de Triana dio el grito de «¡Tierra!» desde la carabela la Pinta. Según la «Relación del primer viaje de D. Cristóbal Colón para el descubrimiento de las Indias», de Bartolomé de las Casas, «llegaron a una islita de los Lucayos, que se llamaba en lengua de indios Guanahaní», donde «vinieron gente desnuda y el almirante salió a tierra en la barca armada». Colón bautizaría la isla como «de San Salvador». El lunes 15 descubre otra isla «adonde todos estos hombres que yo traigo de la de San Salvador hacen señas que hay muy mucho oro y que lo traen en los brazos en manillas y a las piernas y a las orejas y al nariz y al pescuezo (...) Son estas islas muy verdes y fértiles y de aires muy dulces, y puede haber muchas cosas que yo no sé, porque no me quiero detener por calar y andar muchas islas para hallar oro».

§ 1908. El químico alemán Fritz Haber logra sintetizar el amoníaco, a partir de nitrógeno e hidrógeno, utilizando un catalizador. El logro resultó de gran importancia para la fabricación de abonos nitrogenados. Por ello obtuvo el Nobel de Química en 1918. La técnica sería perfeccionada para su aplicación industrial por Karl Bosch, Nobel de Química en 1931.

§ 1964. La Unión Soviética logra el primer vuelo espacial de tres cosmonautas. Tras haber conseguido anteriormente enviar al espacio —con regreso feliz— animales y plantas, las experiencias astronáuticas de seres humanos comenzaron el 12 de abril de 1961, cuando el piloto de veintisiete años Yuri Gagarin dio una vuelta a nuestro planeta a bordo de la nave Vostok 1. Aquel vuelo breve —duró en total 108 minutos— sería el desencadenante de la carrera espacial.

La siguiente noticia de atractivo popular en esa singular competición fue protagonizada por la primera mujer cosmonauta, Valentina Tereshkova, en 1963, de modo que entonces lo esperado sería que los

Estados Unidos utilizasen ya la cápsula Gemini para colocar en órbita a dos astronautas. Sin embargo, la noticia tuvo lugar del mismo bando, y fue el 12 de octubre de 1964. Aquel día se lanzó desde el cosmódromo de Baikonur (Kazajistán) la nave Voskhod 1, un vehículo de 2,3 m de diámetro que pesaba en total unas cinco toneladas y que seis días antes ya había realizado una salida de 24 horas al espacio sin tripulación alguna (vuelo Kosmos 47). Ahora llevaba tres personas a bordo: además del piloto, comandante Vladimir Komarov, iban el científico e ingeniero diseñador de naves espaciales Konstaintin Feoktistov y un médico interesado en ingravidez y medicina del espacio, Boris Yegorov, que de hecho controlaría los parámetros fisiológicos de los tres durante el vuelo.

Se dice que para conseguir impacto mediático hubo algunas decisiones improvisadas, como colocar tres personas donde en un principio iban a viajar dos, e indudables prisas por adelantarse al lanzamiento del programa estadounidense, y a ello achacan algunas fuentes que —por ejemplo— el vehículo no dispusiese de asientos eyectables, lo que supuso de hecho una menor seguridad.

Aquel primer Voskhod (Amanecer, en ruso) tuvo gran impacto mundial, y significó unos cuantos récords que sirvieron para calentar aún más la carrera espacial: era la primera vez que viajaban al espacio juntas tres personas, dos de las cuales no eran pilotos y tuvieron una preparación para el vuelo más corta de lo habitual; tampoco llevaban trajes espaciales presurizados, y pudieron soltarse de los cinturones de seguridad una vez alcanzada la órbita. Tras dar dieciséis vueltas a la Tierra y batir también el récord de alejamiento al llegar a los 336 km de altitud, la nave regresó felizmente al suelo, usando un cohete de frenado antes del descenso en paracaídas. El vuelo duró veinticuatro horas y diecisiete minutos.

Durante esta misión se realizaron principalmente estudios biomédicos y ensayos sobre la coordinación de la tripulación, distribuyendo los períodos de sueño y los trabajos espaciales. Desde el espacio se emitieron imágenes por Eurovisión y Komarov realizó algunas emisiones de radio, entre ellas un saludo a los participantes en los Juegos Olímpicos de Tokio 1964. Los astronautas pudieron observar sobre la Antártida una aurora austral.

§ 1868. Edison registra su primera patente. Thomas Alva Edison es hoy un arquetipo de los inventores. Fue el más prolífico y también uno de los más importantes de la historia. No era un hombre de ideas geniales, como Nikola Tesla —con quien tuvo un duro enfrentamiento—, pero sí un emprendedor de grandes ambiciones, al que le preocupaba más acumular patentes que tener buenas ideas. Fue una pieza fundamental del complejo mecanismo que relaciona ideas, patentes, tecnología y dinero.

A los veintinueve años se propuso «lograr un invento menor cada diez días y uno grande cada seis meses más o menos». El registro de su primera patente lo había firmado el 13 de octubre de 1868. Su invención consistía en un «Registrador electrográfico de votos», que diseñó pensando en cuerpos legislativos. Con él se podría votar a favor o en contra de una propuesta accionando un interruptor. La idea resultó un fracaso, pero a lo largo de su vida registró en Estados Unidos unas 1500 patentes y otras 1239 en treinta y cuatro países.

§ 1773. Charles Messier descubre la galaxia Remolino. La práctica totalidad de los amantes de la astronomía coinciden en afirmar que la galaxia del Remolino es uno de los objetos más hermosos del firmamento. Su descubridor no pudo apreciar el grado especial de su belleza, dado que únicamente contaba con un telescopio para aficionados, un reflector de 100 mm instalado en el Hôtel de Cluny, al sur de París. Era un instrumento suficiente para realizar la que era su pasión absoluta, desde que llegó a enamorarse de la astronomía: la caza de cometas. Dicen que fue la contemplación del famoso cometa de seis colas, en 1744, lo que cautivó al adolescente Charles Messier para la ciencia. Quien sería calificado por el rey de Francia Luis XV como «*le furet des comètes*» («hurón de cometas») llegó a descubrir trece de estos objetos celestes y estudió escrupulosamente a lo largo de su vida cuarenta y cuatro de ellos.

Pero a este cazador de cometas le «estorbaban» algunos otros objetos del cielo. Eran también puntos de luz difusa, pero a diferencia de aquellos nunca desaparecían, y su posición era inmutable con respecto a las estrellas fijas de las constelaciones. Tanto es así que decidió hacer un catálogo de esos otros objetos nebulosos que los nuevos buscadores de cometas habían de descartar. El primer objeto que incluyó en su catálogo, que comenzó a conocerse como M1 (o Messier 1) es el que hoy conocemos como nebulosa del Cangrejo, que está en la constelación de Taurus. En un principio creyó que se trataba del cometa Halley, al que confiaba ver por allí, porque le habían facilitado datos (erróneos) sobre la posición en que sería observable la vuelta del mismo, pero tras ver algo por la zona en 1758, en pocos días pudo comprobar que aquello no era un cometa, e inauguró con ese objeto la lista. Al ir elaborando lo que sería su «Catálogo de Nebulosas y Cúmulos de Estrellas, que se observan entre las estrellas fijas sobre el horizonte de París», y mientras seguía incansable como cazador de cometas, en 1764 incorporó treinta y ocho miembros a su lista, entre ellos la nebulosa de Orión (M42) y dos descubiertos por él: la M27 y la M31 (galaxia de Andrómeda). El día 13 de octubre de 1773 anotó la M51, que hoy conocemos como galaxia del Remolino. La lista de Messier alcanzó los 103 objetos en 1784, y ha crecido hasta 110. Ese catálogo, aún popular entre los aficionados a la astronomía, le hizo acreedor a una fama que no le dieron los cometas.

El progreso científico hizo crecer esa familia de objetos, y John Herschel publicó en 1864 un Catálogo General (GC) con unas cinco mil entradas —de las cuales la mitad eran observaciones de su padre William y su tía Caroline—, que fue enriquecido en la década de 1880 para dar lugar al Nuevo Catálogo General (NGC), con 7840 objetos difusos, y en el que la galaxia del Remolino se denomina NGC 5194. En este catálogo se designa además como NGC 5195 una pequeña galaxia que acompaña a M51 en uno de sus brazos. Ya había sido observada en 1781 por Pierre Méchain, astrónomo editor de la revista que publicó por vez primera el catálogo de Messier; la interacción de las dos configura una de las parejas más famosas de la astronomía.

Como queda dicho, hace 250 años Messier no pudo contemplar (y entonces mucho menos fotografiar) los elegantes brazos que dan nombre a la fascinante galaxia del Remolino. Se encontraba en la constelación de Canes Venatici (los perros de caza) y mostraría por vez primera su naturaleza espiral en 1845 cuando el irlandés William Parsons (lord Rosse) con el enorme reflector que había construido —con tubo de 184 cm de diámetro y ocho metros de longitud— pudo describir y dibujar minuciosamente su estructura, dándole el nombre de Whirlpool (remolino), pues era la primera espiral que se veía en el universo. Por entonces todavía se pensaba que todas las nebulosas formaban parte de nuestra galaxia. Habría que esperar a los trabajos de Edwin Hubble, a partir de 1921, para concluir que tanto la nebulosa del Remolino como la de Andrómeda eran realmente otras galaxias, muy lejanas de la nuestra.

Hoy sabemos que M51 está a unos treinta millones de años luz y es más pequeña que nuestra Vía Láctea. También hemos llegado a contemplar y fotografiar los distintos objetos del cielo profundo descubriendo mundos insospechados. El telescopio espacial Hubble ha revelado secretos de su núcleo central amarillento, donde se ubican las estrellas más viejas ocultando su agujero negro central supermasivo, y de sus brazos espirales con nubes de gas y polvo, donde se forman nuevas estrellas, blancas y azules, las más calientes y luminosas. El telescopio Herschel envió en 2009 impresionantes imágenes en el infrarrojo, y el James Webb promete sin duda nuevas ilusiones.

§ 1914. Garrett Augustus Morgan, un hijo de esclavos de Kentucky que no pudo finalizar sus estudios primarios, inventó y patentó este día una máscara antigás capaz de filtrar el aire contaminado por humos. La máscara sería utilizada en la Primera Guerra Mundial y más tarde fue implantada por los servicios de bomberos. Morgan fue un prolífico inventor.

14 DE OCTUBRE

§ 1863. El químico sueco Alfred Nobel obtiene la primera patente sobre nitroglicerina. Ascanio Sobrero era un químico italiano que trabajaba en París como ayudante en el laboratorio del investigador Théophile-Jules Pelouze, mientras estudiaban la acción del ácido nítrico sobre diferentes sustancias orgánicas y analizaban algunos explosivos que así se obtenían, como la nitrocelulosa. En 1847 estaba estudiando la acción del ácido nítrico sobre distintos compuestos orgánicos cuando sufrió en carne propia los dolorosos efectos de un «aceite explosivo». Aquella nueva sustancia química destrozó el tubo de ensayo que la contenía, por el simple hecho de haberlo agitado, dejándole cicatrices en la cara. Acababa de descubrir la nitroglicerina. Por la dificultad en su manejo, Sobrero no pensó que pudiera tener utilidad práctica.

El joven Alfred Nobel había ido también a París, en 1850, a estudiar en el laboratorio de Pelouze. Fue allí desde San Petersburgo, donde su padre había montado una fábrica de maquinaria —y de minas explosivas— en la que además trabajaban como ingenieros sus hermanos mayores. A sus diecisiete años, Alfred tenía aficiones literarias, pero había decidido dedicarse a la química, e iba a pasar un año con Pelouze por recomendación de su profesor Nikolai N. Zinin, quien le había despertado un interés especial por el descubrimiento de Sobrero. Desde allí, Nobel contactó con él.

Primero en San Petersburgo, impulsados por la quiebra de la empresa, y luego en Suecia afronta junto con su padre el reto de domar una sustancia tan peligrosa y hacerla manejable, de modo que una semana antes de cumplir los treinta años, el 14 de octubre de 1863, Alfred Nobel pudo obtener la primera patente en Suecia de un procedimiento para que el «aceite explosivo» actuara de manera controlada, con un detonador. Era su cuarta patente, de las 355 que registraría. En 1864 su hermano Emil y varios trabajadores fallecieron como consecuencia de una explosión en la fábrica de armamento que tenían los Nobel en Estocolmo, lo que —además de obligar a trasladar la fábrica fuera de la ciudad— estimuló aún más su determinación de llegar a controlar el explosivo de mayor potencia.

La nueva sustancia se obtenía por la acción de ácido nítrico sobre glicerina, añadiendo también ácido sulfúrico. En condiciones ambientales es un líquido oleoso de aspecto parecido a la glicerina, aunque algo amarillento. Aparentemente inofensivo, puede hacer explosión simplemente con agitarlo, y lo hace de modo muy potente, pues al descomponerse libera una gran cantidad de gases. Dos moléculas de nitroglicerina dan lugar a diecisiete moléculas gaseosas, lo que significa que 454 gramos (menos de medio litro del aceite) generan unos 380 litros de gases a presión y temperatura ambiente. Este extraordinario incremento de volumen en un proceso muy rápido es lo que constituye una explosión.

El conocido éxito final de Alfred Nobel vino en 1867 cuando consigue estabilizar la nitroglicerina haciendo que se absorba en tierra silícea de diatomeas (*kieselguhr*) y obtiene la patente de la dinamita, que se vendería en los característicos cartuchos de cartón. A los cuarenta años era un hombre rico. Falleció a los sesenta y tres, y se calcula que su fortuna en aquel momento era de 33.000.000 coronas, de las que legó a su familia unas 100.000. El resto fue destinado a los Premios Nobel.

La nitroglicerina se utiliza también como vasodilatador en las dolencias cardíacas de isquemia coronaria y en el infarto. De hecho, casi todos los medicamentos utilizados para dilatar las coronarias son derivados de esa sustancia. Ascanio Sobrero ya había observado que si se ingiere provoca dolores de cabeza, pero quien primero describió el efecto beneficioso en las cardiopatías fue William Murrell en 1879. A Alfred Nobel le fue recetada mes y medio antes de su muerte (1896), y entonces escribió a un amigo «¡Es irónico que me hayan recetado nitroglicerina por vía interna! La llaman trinitrina, para no meter miedo a las farmacias ni a la gente».

§ 1947. El piloto militar estadounidense Chuck Yeager, de veinticuatro años, se convierte en el primer ser humano en romper la barrera del sonido. Lo hace en un vuelo horizontal nivelado en un Bell XS-1, un pequeño avión experimental propulsado por cohetes, a una altura de 13.700 m.

§ 1968. El Apolo 7 asombró al mundo con la primera retransmisión por televisión en directo desde el espacio. El día 14 de octubre de 1968 los astronautas Schirra, Eisele y Cunningham enviaron imágenes del interior de la nave y de nuestro planeta visto a través de sus ventanas, así como de algunas maniobras realizadas por ellos mismos. Estaban en una órbita de aparcamiento, entre 230 km y 285 km de altura, en un satélite que había sido lanzado tres días antes, y cuya misión duró casi once días, en los que dieron 263 vueltas a la Tierra.

15 DE OCTUBRE

§ 1765. Hoy se inaugura un nuevo sistema de alumbrado en Madrid, que consta de 4408 faroles que funcionan con algodón empapado en aceite. Iban colocados en aceras alternas a 34 o 64 pasos de distancia (según el ancho de la calle) y en cada anochecer son encendidos por 152 faroleros. La llama duraba hasta la medianoche.

§ 1783. El 15 de octubre de 1783, el profesor de física y química Jean Pilâtre de Rozier realizó una ascensión en globo cautivo, en los jardines de La Muette, un palacio real en el Bois de Boulogne (París). Era la primera vez que un ser humano ascendía del suelo. El globo fabricado por los hermanos Montgolfier, Aerostat Reveillon, se elevó hasta el final de su cuerda de ochenta metros. Permaneció en el aire durante quince minutos y luego aterrizó de forma segura.

§ 1920. Divulgación de la relatividad en España. El científico e ingeniero Emilio Herrera ha pasado a la historia por muchas razones. Quizás la más conocida sea el haber sido el primero en cruzar por vía aérea el estrecho de Gibraltar en 1914, pero este granadino aficionado a la aviación y a la aerostática, que fue presidente de la República en el exilio (entre 1960 y 1962), también diseñó un traje espacial que había de servir para alcanzar en globo la estratosfera. En 1933 creó una «escafandra estratonáutica» que permitía la movilidad, aislaba del frío y soportaba las bajas presiones, al tiempo que suministraba oxígeno.

Anteriormente, sus inquietudes científicas le llevaron a interesarse por la cosmología y los espacios de «n» dimensiones, lo que desembocaría en una relación con Einstein. El 15 de octubre de 1920 Herrera publica en el diario independiente *El Sol* un artículo divulgativo sobre la teoría de la relatividad con el título «La cuarta dimensión: El tiempo». Una semana después apareció otro texto suyo que también se hizo popular, «La cuarta dimensión: el hiperespacio».

16 DE OCTUBRE

§ 1846. El dentista estadounidense William T.G. Morton realiza por primera vez una demostración pública del éter como anestésico, que administra por inhalación a un paciente que es operado de un tumor superficial en la mandíbula. Dos semanas antes, él mismo lo había usado en una extracción molar.

§ 1927. Tres días antes del cierre previsto de los trabajos en una excavación arqueológica en la cueva Zhoukoudian, en las afueras de Pekín (China), el paleontólogo sueco Anders Birger Bohlin descubre un molar bien conservado. Tras su estudio, junto con los hallazgos anteriores, el antropólogo canadiense Davidson Black dedujo que pertenecían a un ancestro humano primitivo al que llamó «hombre de Pekín», *Homo erectus pekinensis*. La búsqueda de fósiles de homínidos se había iniciado allí en primavera. En 1928 se encontraron más dientes y fragmentos de mandíbula, y en 1929 se desenterró en el mismo lugar un cráneo casi completo y bien conservado de un adolescente.

§ 1951. En el Hospital Montefiore de Nueva York se proyecta la primera película sobre el interior de un corazón vivo. La cinta, de nueve minutos y medio, mostraba la apertura y cierre de la válvula mitral del corazón de un perro. El interés radicaba en estudiar el funcionamiento de una estructura afectada frecuentemente por la fiebre reumática, que produce una cicatrización de las válvulas.

17 DE OCTUBRE

§ 1604. Johannes Kepler registra la posición de una estrella nueva en Ofiuco. A comienzos del siglo XVII en el mundo occidental seguía imperando una cosmología basada en las ideas de Aristóteles, uno de cuyos pilares era la inmutabilidad de los cielos. La observación decía que las estrellas eran siempre las mismas, y la idea de perfección que el filósofo estagirita había asignado al mundo celestial estaba en consonancia con ello: lo que es perfecto no puede cambiar, porque si lo hace dejaría de serlo (o bien antes no lo era). Ese dogma comenzó a cuestionarse en 1572 cuando el gran astrónomo danés Tycho Brahe contempló una estrella nueva en la constelación de Casiopea, y plasmó en un libro (*Stella Nova*) los cambios en su brillo y el detalle de su posición, ofreciendo las medidas que permitían afirmar que estaba mucho más lejos que la Luna, y desafiando por vez primera la ausencia de cambios entre las estrellas fijas. La hoy llamada «supernova de Tycho» estuvo visible durante año y medio.

El golpe definitivo a la idea de inmutabilidad de la esfera de las estrellas vendría en octubre de 1604, cuando Johannes Kepler comenzó a estudiar una nueva estrella que apareció, esta vez en la constelación de Ofiuco. Era la segunda vez que ello ocurría en una generación (Kepler ya había nacido cuando apareció la de Tycho), y fue la última hasta el presente que se observó una supernova en la Vía Láctea. Varios astrónomos, entre ellos Jan Brunowski, que era ayudante de Kepler, vieron la nueva estrella por vez primera el 8 de octubre. Kepler pudo registrar su posición el día 17, tras haber comenzado a trabajar —sucediendo a Brahe— como matemático imperial en la corte de Rodolfo II en Praga, y continuó observándola hasta comienzos de 1606, cuando la estrella dejó de ser visible a simple vista. Recordemos que por entonces nadie había mirado al cielo con un telescopio. Kepler recogió todas sus observaciones en el libro *De Stella nova in pede Serpentarii* (*Sobre la nueva estrella en el pie de Ofiuco*, Praga, 1606).

El haberla estudiado tan ampliamente hace que hoy se la conozca como «supernova de Keple»r, a pesar de no haber sido el primero en observar aquella nueva estrella que llegó a ser más brillante en el cielo que el planeta Júpiter, siendo visible de día durante varias semanas. La nueva estrella fue objeto de controversias, siendo la más notable entre Lodovico delle Colombe, el primero en registrar su aparición, el 9 de octubre, y Galileo Galilei. Delle Colombe defendió, en una publicación que dedicó al arzobispo de Florencia, que aquella no era una estrella nueva, ni tampoco un cometa, sino una estrella fija que no había sido visible antes por diversas causas. Esta defensa de la visión aristotélica fue criticada por Galileo, que era entonces profesor de la Universidad de Padua, afirmando que se trataba de una nueva estrella y que la astronomía no necesitaba de la filosofía de Aristóteles. El debate entre los dos se prolongó y agudizó después, tras las observaciones publicadas por Galileo en su *Noticiero Sideral* (1610).

Hoy sabemos que lo que entonces vieron no fue el nacimiento de una nueva estrella, sino más bien la explosión con la que algunas ponen fin a su vida. En este caso se trataba del final de un sistema binario, formado por dos estrellas de diferente tamaño situado a 16.300 años luz del Sol. Cuando la de mayor masa se convierte en una enana blanca, comienza a atraer material de la otra hasta llegar un momento (una masa equivalente a 1,44 veces la del Sol) en que se produce la fusión de núcleos de carbono y aparecen elementos de número atómico superior al hierro. Esa explosión puede incrementar en cientos de miles de veces su brillo, dando lugar a la supernova. El resultado final depende de la masa del sistema, y puede dar como resultado una estrella de neutrones, un agujero negro o la destrucción total. Según recientes estudios, hay unas cuantas estrellas en la Vía Láctea que pueden dar lugar a supernovas, como Eta Carinae, que está situada a unos 7500 años luz de nosotros. Si hubiese hecho explosión allá por el Neolítico, a lo mejor la vemos brillar un año de estos.

La explosión de supernovas, con la enorme energía que hace posible la fusión nuclear capaz de generar átomos pesados, es la que explica la existencia en la Tierra (en el universo) de elementos de masa superiores al hierro. Todos los átomos de cobre, de plata, de oro, que hay en nuestro planeta, se crearon en la explosión de una estrella de una generación anterior, que dejó en el espacio ese polvo estelar que sería ingrediente en la formación de nuestro sistema solar, hace 4500 millones de años. El hecho de que muchos átomos de nuestro cuerpo (como el hierro de nuestra hemoglobina) se hayan formado en esas explosiones justifica el afirmar que somos polvo de estrellas.

§ 1814. Este día tiene lugar en Londres una riada de cerveza. Henry Meux & Co era uno de los mayores productores de cerveza Porter, y tenía desde 1764 su popular establecimiento Horseshoe en la esquina de Tottenham Court Road y Oxford Street. La Porter, un tipo de cerveza negra, fuerte, muy aromatizada con lúpulo y que se hacía envejecer durante meses en grandes toneles de madera, se había hecho popular entre los porteadores de los mercados y otros trabajadores, como los que vivían casi hacinados en las casuchas de alrededor de aquel punto de encuentro en St. Giles. Al atardecer del 17 de octubre de 1814 las cinchas metálicas de un barril inmenso, mal diseñado y afectadas por la corrosión, no pudieron resistir la presión interior, con lo que se inició la mayor riada de cerveza de la historia. Los 600.000 litros del tonel tumbaron paredes de ladrillo y provocaron otras roturas en bodegas particulares, con lo que la inundación alcanzó niveles desastrosos. Fallecieron en total ocho personas.

§ 1855. Henry Bessemer revoluciona la fabricación de aceros. A mediados del siglo XIX la producción de acero a partir de hierro dulce era laboriosa y escasa, lo que llevaba a unos precios elevados, y por ello se utilizaba fundamentalmente el hierro de fundición o de forja, con el inconveniente de su fragilidad. El cambio de método de fabricación en las acerías fue uno de los factores que desencadenaron la llamada Segunda Revolución Industrial. Entre 1850 y 1855, el ingeniero experto en metalurgia Henry Bessemer ideó y experimentó un método para obtener acero, que en esencia consistía en insuflar aire comprimido a través del hierro fundido para eliminar por oxidación las impurezas y el exceso de carbón. La reacción producida desprende calor y ayuda a mantener el hierro líquido, ahorrando combustible. Patentó su procedimiento el 17 de octubre de 1855. Con ese invento comenzó la producción de acero a gran escala.

§ 1919. Inauguración del metro de Madrid. Al finalizar el siglo XIX, el pionero metro de Londres se había ampliado notablemente y funcionaba ese sistema de transporte urbano también en Nueva York, Chicago, Budapest, Glasgow y París. Aunque ya hubo por entonces un proyecto para dotar a Madrid de ferrocarril metropolitano subterráneo, la idea no llegó a realizarse. Serían tres ingenieros, Carlos Mendoza, Miguel Otamendi y Antonio González Echarte, en 1913, los promotores definitivos del metro de la capital de España, una ciudad que entonces tenía 600.000 habitantes. Ellos diseñaron el proyecto inicial, de cuatro líneas que sumaban en total 154 km.

El presupuesto para la línea Norte-Sur, que enlazaría la barriada obrera de Cuatro Caminos con la Puerta del Sol, se estimaba en ocho millones de pesetas. Al no conseguir financiación suficiente en la empresa privada, optaron por presentar la idea al rey Alfonso XIII, quien entusiasmado optó por aportar personalmente un millón. Con aquella participación real y la inversión del Banco de Vizcaya, que había ofrecido cuatro millones, fue posible animar a otras entidades a completar los fondos necesarios. Así se creó la que fue llamada Compañía del Metropolitano Alfonso XIII, con un capital inicial de diez millones. Las obras de la primera línea comenzaron en 1917, excavando los túneles a cielo abierto, sobre todo a golpe de pico y pala, y solucionando como se podía los conflictos con las existentes conducciones del canal de Isabel II.

El 17 de octubre de 1919, el rey inauguró oficialmente aquella primera línea del metro de Madrid. La conexión subterránea disponía de ocho estaciones en una longitud total de tres kilómetros y medio. Los trenes realizaban el recorrido en menos de diez minutos, lo que suponía una notable reducción de tiempo frente a otros medios de transporte de superficie como el tranvía, que en ese mismo trayecto empleaba media hora. Dos semanas después se abrió el servicio al público, y el primer día la recaudación fue de 8433 pesetas. El nuevo medio de transporte tuvo una gran acogida entre los madrileños, de modo que en un año contabilizó más de catorce millones de viajeros. Tras Madrid, en 1924 fue Barcelona la segunda ciudad española en disponer de una línea de metro y a finales del pasado siglo se inauguraron los de Valencia y Bilbao.

§ 1991. La revista *The New England Journal of Medicine* informa que una bacteria famosa, la *Helicobacter pylori*, de la cual se sabe desde 1979 que es culpable de úlceras, puede también estar relacionada con un cáncer de estómago que desarrollan en la tercera edad algunas personas que estuvieron infectadas con la bacteria en su infancia.

18 DE OCTUBRE

§ 1863. Acostumbrados a admirar fotografías del paisaje terrestre desde lo alto, e incluso hasta desde satélites, es bueno hacer un homenaje a los pioneros. Parece ser que la primera fotografía aérea la hizo en 1858 el periodista, novelista y gran fotógrafo Gaspard-Félix Tournachon, más conocido por su seudónimo de Nadar, que además era entusiasta constructor y piloto de globos (un proyecto suyo inspiró a Verne su novela *Cinco semanas en globo*). Desgraciadamente no se conservan las primeras fotos aéreas de Nadar, por lo que la imagen más antigua del género es de James Wallace Black (4 de abril de 1863) y corresponde a una vista de Boston desde 650 m de altura. La primera que se conserva de una «vista aérea» obtenida por Nadar fue desde un globo en París, en el Campo de Marte, el 18 de octubre de 1863.

§ 1955. Siguiendo una idea del físico italiano Oreste Piccioni, en la Universidad de California en Berkeley, el equipo de Emilio Segrè descubre una nueva partícula subatómica idéntica al protón, pero de carga negativa. Lo hará público al día siguiente. Se denomina «antiprotón», y es un nuevo miembro de la familia de la antimateria, que había nacido en 1932 con el positrón. El logro mereció el Nobel de Física de 1959.

§ 1962. Se concede el Premio Nobel de Fisiología y Medicina a James Watson, Francis Crick y Maurice Wilkins por haber determinado la estructura del ADN. Otra protagonista del descubrimiento, Rosalind Franklin, había fallecido en 1958, y no llegó a conocer que su contribución había tenido importancia histórica.

El logro objeto del galardón tuvo lugar un decenio antes, pasando casi inadvertido para el gran público. Watson y Crick se conocieron en 1951, en el Laboratorio Cavendish de la Universidad de Cambridge. El primero, de veintitrés años, ya tenía un doctorado en Zoología y había centrado sus investigaciones en el estudio de las moléculas de ácidos nucleicos, Francis Crick era un físico de treinta y cinco convertido a la biología, que trabajaba en su tesis doctoral estudiando la estructura de proteínas. El 25 de abril de 1953, la revista *Nature* publicó el artículo de una página donde ambos describen la estructura del ADN, y hacen notar que la misma «sugiere inmediatamente un posible mecanismo de copia del material genético». Hoy esa página es un hito de la historia de la ciencia.

Al final del texto, los autores reconocen la contribución de «resultados experimentales no publicados e ideas» de Maurice Wilkins y Rosalind Franklin, del King's College de Londres. Tanto el físico Wilkins como Franklin —que había hecho el doctorado en química física— habían aplicado la técnica de difracción de rayos X para estudiar la estructura molecular del ADN con distintos grados de hidratación. En resumen, el crédito incluye que entre otras informaciones, Wilkins —amigo de Crick— mostró la hoy famosa Fotografía 51, obtenida por Franklin en 1952 y sin su permiso, a Watson, y fue aquello lo que les dio la pista fundamental para proponer el modelo de doble hélice.

El hecho científico, considerado hoy como uno de los más relevantes del siglo XX, tuvo escaso eco en los periódicos. En aquellos meses de 1953, Inglaterra celebró otras cosas como la primera escalada a la cumbre del Everest y la coronación de la reina Isabel II. En España, la principal noticia consistió en que el Barcelona ganó una liga donde el máximo goleador fue Telmo Zarra, y que el Real Madrid —tercero— se reforzaría ese verano con Di Stéfano y Gento.

Por su parte, la comunidad científica tardó años en aceptar la propuesta de la doble hélice. Ya se dice que Franklin había comentado sobre aquel modelo que «es muy bonito, pero ¿cómo van a probar que la realidad es así?». Era evidente el rigor y el carácter experimental de las investigaciones de Rosalind, una científica de carácter a quien gustaba mirar a los ojos y que no tenía mucha relación con el tímido Wilkins, entre otras cosas porque —por ser mujer— no le estaba permitido el acceso a la cafetería del King's College donde iban sus colegas.

Aún sin demostración física, los genetistas fueron los primeros en adoptar el modelo de doble hélice, y esa aceptación se fue ampliando hasta 1961 a medida que Wilkins y colaboradores recogían datos experimentales para demostrar y refinar la estructura propuesta. Con la concesión del Nobel, el 18 de octubre de 1962, el reconocimiento fue general.

El ADN es una sustancia blanquecina. Hoy todos los estudiantes saben que su molécula consiste en dos cadenas paralelas extraordinariamente largas que se retuercen juntas en hélice como un sacacorchos. Es una hélice doble. Cada una de estas cadenas está formada por eslabones de dos tipos que se van alternando: fosfato y azúcar. Pero enlazadas a todos los eslabones de azúcar, y dispuestas hacia el interior de las cadenas, hay otras unidades, llamadas genéricamente bases nitrogenadas, que pueden ser de cuatro tipos: adenina (A), guanina (G), citosina (C) y timina (T). Lo fundamental es que las bases de una de las cadenas se unen con las de la otra, pero no de cualquier forma: la adenina solo lo hace con la timina y la citosina con la guanina. La imagen final del ADN es similar a la de una larga escalera de cuerda retorcida, donde los peldaños son esos pares de bases. Y la secuencia que siguen esas bases en una de las dos cadenas (GAGTATTTAAAACC...) constituye el código en el que está escrita la información genética que permite fabricar todas las proteínas diferentes de cada ser vivo. Separando las dos cadenas del ADN se pueden generar dos copias iguales a la precedente. Así puede transmitirse la herencia. Ese era, según Francis Crick, el «secreto de la vida».

19 DE OCTUBRE

§ 1860. Los ingenieros Felice Matteucci y Eugenio Barsanti (también sacerdote), inventores en 1853 del primer motor de combustión interna, crean en Florencia una sociedad anónima destinada a la fabricación de motores de explosión de tres tiempos, para los que también contaban con patente británica, otorgada el 12 de junio de 1854. Eran mucho más eficientes que las máquinas de vapor. El primero de esos motores se había instalado en 1856 en la estación de ferrocarril de Florencia.

§ 1872. A las dos de la madrugada de este día Mark Hammond, Moses Bell y William Hunt, tres trabajadores en la mina Star of Hope de Nueva Gales del Sur (Australia) encuentran la mayor pepita de oro de la historia, conocida como «pepita de Holtermann», por ser Bernhardt Holtermann uno de los propietarios de la mina. En realidad no era una pepita, sino una masa pétrea de oro, cuarzo y pizarra, que medía 144,8 cm x 66 cm x 10 cm, y pesaba 285 kg. De ella se extrajeron 93,2 kg de oro, una pequeña fortuna (cuando esto escribo, 6,8 millones de euros).

§ 1952. Alain Bombard, un médico y biólogo francés de veintisiete años, quiere estudiar las condiciones que contribuyen a la supervivencia de los náufragos. Tras realizar durante dos semanas del verano un viaje de ensayo en el Mediterráneo, acompañado de un compañero, pero sin agua ni provisiones, el 19 de octubre de 1952 parte de Las Palmas en una lancha neumática de cuatro metros equipada con una vela, con intención de cruzar el Atlántico en solitario. Como única ayuda de navegación llevaba un sextante. Durante sesenta y cinco días capturó peces con una especie de arpón de fabricación propia, recogió plancton de la superficie y bebió ocasionalmente sorbos de agua de mar. Al llegar a Bridgetown (Barbados) el 23 de diciembre había perdido unos treinta kilogramos.

20 DE OCTUBRE

§ 1623. Primer manual del método científico. El tratado de Galileo Galilei que lleva por título *El ensayador* es importante en la historia de la ciencia porque en él se establecen por vez primera las bases del método científico, lo que significaba una revolución en la época. Es en ese texto donde el autor afirma que el «gran libro de la naturaleza» está continuamente abierto a nuestros ojos, pero escrito en lenguaje matemático, y no puede leerse con la filosofía escolástica. *Il Saggiatore* vio la luz en Roma el 20 de octubre de 1623 y su edición corrió a cargo de la Accademia dei Lincei, a la que pertenecía Galileo. El libro está dedicado al nuevo papa Urbano VIII y redactado en forma de carta, tratando de intervenir en la polémica creada por el Tratado sobre los Cometas, escrito en 1618 por el matemático jesuita Orazio Grassi.

§ 1906. El inventor estadounidense Lee DeForest, uno de los «padres de la radio» anuncia el descubrimiento del tubo de vacío de tres elementos, que conoceríamos como tríodo. Se convirtió en un elemento fundamental en receptores de radio y televisión hasta la década de 1960, cuando llegaron los transistores.

§ 1984. Inauguración de un acuario de referencia. En la bahía de Monterey (California) existían fábricas de conservas de sardina que terminaron quebrando cuando la sobrepesca acabó con los bancos de peces. La última conservera cerró en 1973, y en 1977 un grupo de biólogos de la Estación Marina Hopkins, de Stanford, lanzó la idea de crear allí un acuario dedicado a mostrar los ecosistemas de aquella bahía. El proyecto fue asumido por Julie Packard, una especialista en algas marinas que pudo solicitar a su padre David (cofundador de Hewlett-Packard) los cincuenta y cinco millones de dólares que se necesitaban. Se le puso una doble condición: construir el mejor acuario del mundo y que habría de autofinanciarse. El 20 de octubre de 1984 se inauguró, bajo la dirección de Julie, el Monterey Bay Aquarium, hoy un modelo para los acuarios de todo el mundo.

21 DE OCTUBRE

§ 1824. Patente del cemento Portland. Al menos desde dos o tres siglos a. C. se utilizaba el *opus caementicium*, cemento romano o natural, elaborado a partir de un aglutinante, como cal o yeso, ceniza volcánica y áridos o piedras de todo tipo. Se empleaba tanto para rellenar los huecos entre otros materiales de construcción como en encofrado. Con él se construyó, por ejemplo, el Panteón de Roma.

Una alternativa fue patentada en Yorkshire (Inglaterra) el 21 de octubre de 1824 por el cantero Joseph Aspdin con el nombre de «cemento Portland». Lo fabricaba quemando en hornos a alta temperatura una mezcla de cal y arcilla finamente pulverizadas. El polvo resultante se endurecía al contacto con el agua. Lo llamó cemento Portland porque se parecía a una piedra muy apreciada en construcción que se extraía de la isla de Portland, en el canal de la Mancha.

§ 1852. El prestigioso ingeniero inglés John Fowler, artífice de trazados ferroviarios y puentes, recibe una patente relativa a la aplicación de las máquinas de vapor al trabajo agrícola, en lo que serían los primeros tractores de preparación de las tierras de cultivo. Fowler fue pionero en la construcción de máquinas para drenaje y para el arado.

§ 1854. La británica (nacida en Florencia) Florence Nightingale, apóstol de la enfermería, con un equipo de treinta y ocho voluntarias a quienes enseñó personalmente, parten este día hacia el Imperio otomano. Su objetivo es servir como enfermeras en la guerra de Crimea. Un artículo del periódico *The Times* publicado el 8 de febrero de 1855 describe a Florence con un candil en la mano realizando rondas nocturnas para atender a los heridos y enfermos de tifus, cólera y disentería causados por la deficiente higiene. Tras el final de la guerra, ella sería conocida como «*the lady of the lamp*» («la dama de la lámpara»).

§ 1879. Durante año y medio, en el laboratorio de Thomas A. Edison en Menlo Park (New Jersey) se habían realizado miles de ensayos, buscando el material ideal para el filamento de una bombilla eléctrica. En este día tuvo lugar una demostración del primero que tendría posibilidades comerciales; uno de algodón carbonizado que permaneció incandescente durante cuarenta horas.

22 DE OCTUBRE

§ 1511. Primera farmacopea editada en España. El 22 de octubre de 1511 los boticarios de Barcelona editan una obra de extraordinario valor histórico, cuya portada declara: «Concordie apothecariorum barchinone in medicine compositis Liber feliciter incipit», es decir, «Comienza felizmente el libro de la Concordia de los boticarios de Barcelona sobre los medicamentos compuestos». Se trata de un texto excepcional, que homologa todas las fórmulas de recetas de farmacia que se elaboran en la ciudad. Del libro se realizarían reediciones en 1535 y 1587, y el conjunto de esas tres publicaciones se conoce como las Concordias de Barcelona.

Se trata de la primera farmacopea, o libro de recetas médicas, editada en España y la segunda en todo el mundo, después del *Ricettario Fiorentino* de 1498, del que se distingue porque fue redactado por médicos («*Nuovo receptario composto dal famossisimo chollegio degli eximii doctori della arte et medicina della inclita cipta di Firenze*»). Las Concordias, sin embargo, fueron escritas por boticarios, hecho que implicará una mayor consideración social de la profesión farmacéutica, lo que sin duda podemos relacionar con el primer real privilegio, que el año anterior había concedido Fernando el Católico al Col·legi d'Apotecaris de Barcelona para regular las preparaciones farmacéuticas. El texto reúne 370 fórmulas para 617 medicamentos, en su gran mayoría de composición vegetal, aunque hay cincuenta y ocho que incluyen ingredientes animales y cuarenta y seis con componentes minerales.

Ha de considerarse que por entonces los médicos hacían prescripciones de fórmulas magistrales, que se elaboraban en cada botica «según arte», ayudándose de los escasos recetarios, redactados por antiguos médicos y reproducidos por copistas, que el profesional podía tener a mano, con lo que surgían variantes en composición, calidad y precio muchísimo más amplias de lo que hoy pueden concebirse entre genéricos farmacéuticos de cualquier tipo. Con la puesta en marcha de las Concordias, los médicos podían saber más o menos exactamente lo que se había suministrado a un enfermo al que hubieran recetado un jarabe o un ungüento determinado.

Los medicamentos muy complejos seguían, no obstante, teniendo sus problemas. En el *Libro de enfermedades contagiosas y de la preservación dellas*, de Francisco Franco (1569) se dice de «la famosa» triaca que es «composición tan celebrada de los antiguos, y tan trabajosa de hacer, no sé si diga imposible». Ello se explica dada su complejidad, la variedad de fórmulas existente y la necesidad, para bien elaborarla, de una experiencia que no puede reflejarse en los escritos («engañarse ha como el que quisiere ser piloto solamente por el libro»). Citando a Galeno, el autor afirma que además de contar con sus muchos componentes, han de ser todos de auténtica calidad, refiriéndose —por ejemplo— a un vino o a una miel de determinada y muy específica procedencia, como así también de cualesquiera otras «hierbas, raíces o simientes» y «hasta tener en cuenta con los morteros en que se muelen las simientes, pues quiere que sean de Egipto». Aunque las dificultades serían notables, el proceso de normalización científica de la farmacia había comenzado, y por ello las Concordias tienen importancia histórica.

Las recetas recogidas en las Concordias provienen fundamentalmente de los Cánones de Mesué el Joven (1410), del Antidotario atribuido a Nicolás de Salerno (1140, impreso en 1471), así como de autores como Rhazes, Avicena y Arnau de Vilanova. A las Concordias siguieron otras farmacopeas, en Zaragoza (1546), Valencia (1601) y Madrid (1739). En 1794 se unificaron todas en la *Pharmacopoea Hispana*.

§ 1797. Desde un globo de hidrógeno a 350 m de altura, en el parque de Monceau de París y a la vista de miles de personas, el piloto de globos André Jacques Garnerin hizo por primera vez con éxito un salto en paracaídas. El dispositivo, de siete metros de diámetro, no tenía armazón, era de seda y tenía un eje central hasta la góndola donde iba Garnerin, con lo que parecía un enorme paraguas.

§ 1884. El meridiano de Greenwich será la referencia. Se atribuye a Ptolomeo la primera versión de un sistema para situar las posiciones a lo ancho del (viejo) mundo. El origen, como quizás no podía ser de otro modo para un diestro, lo dispuso en occidente, con lo que todas las otras tierras venían a quedar «a la derecha». Por ello, la más pequeña y occidental de las Canarias, la isla de El Hierro, sirvió para definir el primer meridiano cero. De ello quedó constancia en cartografía medieval, y así además lo decidieron oficialmente el cardenal Richelieu y Luis XIII de Francia en 1634, aunque continuaron usándose otras referencias, e incluso los franceses pronto comenzaron a utilizar el meridiano de París. En una reunión celebrada en Washington el 22 de octubre de 1884, delegados de veinticinco países (incluida España) acordaron que el meridiano cero sería el que pasa por el Observatorio de Greenwich, cerca de Londres, a partir del cual —tanto hacia el este como hacia el oeste— se medirían las otras longitudes. El meridiano de Greenwich había comenzado a utilizarse como referencia por los ingleses en 1851.

23 DE OCTUBRE

§ 1803. En una reunión de la Manchester Literary and Philosophical Society, el científico John Dalton presentó un ensayo sobre la absorción de gases por el agua, facilitando al final una serie de pesos atómicos para veintiuna sustancias. En ese artículo, que no fue publicado hasta 1805, Dalton no explica cómo llegó a esos valores. Pero estaba comenzando a elaborar su teoría atómica. Cada átomo tiene su peso.

§ 1814. El cirujano Joseph C. Carpue realiza la primera cirugía plástica moderna en el Hospital Duke of York (Chelsea, Inglaterra). Tras haber practicado primero con varios cadáveres, realizó un colgajo, retirando tejido de la frente para reconstruir la nariz. En 1816 publicó *Account of Two Successful Operations for Restoring a Lost Nose from the Integument of the Forehead* (*Relato de dos operaciones con éxito para restaurar una nariz perdida a partir de tejidos de la frente*).

§ 1977. El paleobotánico estadounidense Elso S. Barghoorn anunció el descubrimiento en Transvaal (Sudáfrica) de microfósiles de algas unicelulares esféricas del Precámbrico (*Eobacterium*), las primeras formas de vida en la Tierra. Barghoorn junto con J. William Schopf estudiaron las proporciones de rubidio y estroncio en la roca para determinar su antigüedad, que fijaron en 3400 millones de años. Aquellas eran unas algas productoras de oxígeno, y sabemos que fue entonces cuando comenzó a cambiar la atmósfera reductora primordial de la Tierra por la oxigenada que tenemos hoy.

§ 1870. Auroras boreales que causan inquietud. Cuando escuchamos hablar de auroras boreales solemos pensar en los países del norte. Ciertamente, es allí a donde hemos de viajar si queremos tener mayores posibilidades de disfrutar de uno de esos espectaculares fenómenos, pero también es cierto que son posibles en nuestras latitudes, si bien siguen considerándose motivo de efeméride.

La primera de la que se tiene constancia en España tuvo lugar posiblemente en 1701, cuando uno de los creadores del movimiento Novatores, el matemático y teólogo Tomás Vicente Tosca, dejó escrito que «se vio un resplandor luminoso é intenso en Valencia durante la noche». A lo largo de aquel siglo XVIII se encuentran, de lo que por entonces todavía se denominaba «luz zodiacal», unos ochenta episodios hasta en diez localidades distintas, algunos de los cuales están minuciosamente descritos. Durante la primera mitad del siglo XIX ya se habla de «auroras boreales» en los fenómenos luminosos nocturnos observados en Valladolid, Valencia, Cádiz, La Coruña, Cartagena y otras localidades. Tiene especial importancia la ocurrida en 1870, pues ha sido recientemente estudiada y se distinguió por ofrecer incluso tonos blancos verdosos, cuando las escasas auroras en nuestras latitudes suelen manifestar exclusivamente colores rojizos. Esta aurora pudo contemplarse desde numerosos puntos de Europa, Estados Unidos, lugares de Oriente Medio e incluso en países del hemisferio sur, como Brasil.

En España fue observada por el asturiano Máximo Fuertes Acevedo, catedrático de Física y Química en el Instituto de Santander, que describió la aurora del día 24 de octubre de 1870 de un color uniforme rojo intenso, como «el reflejo de un inmenso fuego», y en la del día siguiente, cuando el fenómeno se presentó con mayor dinamismo, el científico usó la metáfora para concretar «brillantes claraboyas hacia el norte de un color violeta rojizo». Dieron noticia de aquel fenómeno distintos diarios de Madrid, Valencia, Palma de Mallorca, Mahón y Gerona.

Las crónicas reflejan la escasa comprensión que se tenía del mismo, en una sociedad en que el vulgo lo relacionaba como anuncio de guerras, pestes y otras desgracias. El diario *La Época* decía entonces: «¿Qué relación hay entre las auroras boreales y los trastornos y las desdichas terrenales? De cierto no lo sabemos», y en *El Imparcial* se lee: «Las auroras boreales han sido objeto constante de preocupaciones mantenidas por la ignorancia, y que han tenido muy poco cuidado en desvanecer aquellos que (...) están en el deber de enseñar a distinguir lo que es sobrenatural de aquello que está sujeto a las leyes físicas de la naturaleza». Algún otro diario optaba por un enfoque más científico, afirmando que aunque no se conocía la causa del fenómeno, ya se sabía que estaba relacionado con el magnetismo terrestre, pues se correspondía con alteraciones en las brújulas.

Hace pocos años se han estudiado a fondo esas auroras de 1870 por científicos de las universidades de Extremadura, Lisboa y Coimbra. Los registros geomagnéticos de la época revelan que aquellos dos días tuvieron lugar sendas tormentas solares de alta intensidad, y existen fotografías del Sol que evidencian manchas de larga duración, lo que avala esa relación. Desde esas manchas se libera al espacio el viento solar, un flujo de electrones y otras partículas con carga eléctrica, que tarda pocos días en llegar a nuestro planeta. Aquí, al interaccionar con el campo magnético terrestre, se desvían hacia los polos, y en contacto con los gases atmosféricos dan lugar a las auroras. La luz proviene de la vuelta a su estado normal de los átomos que han sido excitados por la acción del viento solar (en un modo semejante a la emisión de los tubos fluorescentes). Una aurora típica tiene lugar a una altura de 250-400 km, si bien cuando las tormentas solares son de gran intensidad generan electrones muy energéticos que pueden llegar hasta nuestros 90 km de altura, como quedó revelado en aquella ocasión por los colores violeta y verdosos, procedentes de las emisiones del oxígeno y el nitrógeno molecular atmosféricos. Los electrones lentos dan como resultado excitaciones menos energéticas, que devienen en colores rojizos.

El 25 de enero de 1938, en plena guerra civil española, tuvo lugar otra célebre aurora boreal que pudo ser observada en España, y que en algunos medios ya se relacionaba con «un grupo extraordinario de manchas solares». La frecuencia de las auroras depende de la actividad solar, siendo mayor unos dos o tres años antes o después de un máximo de actividad. Como sabemos, estos se repiten en ciclos de unos once años.

§ 1939. La empresa DuPont había comenzado en 1938 la era de los nuevos materiales con la fabricación de nailon, la primera fibra sintética elaborada exclusivamente con materias primas minerales. Dado que era muy resistente, flexible, a prueba de polilla y no absorbía la humedad, parecía un material adecuado para competir con la seda en el mercado femenino de las prendas de vestir. El 24 de octubre de 1939, la compañía puso a la venta por vez primera las medias de nailon en exclusiva en los establecimientos de Wilmington (Delaware), donde estaba ubicada la fábrica. Siete meses más tarde se pondrían en el mercado estadounidense, con gran éxito. Las mujeres dejaron a un lado las medias de seda y comenzaron a utilizar aquellas que llegaban hasta la mitad del muslo y se sujetaban con ligas o ligueros.

§ 1946. Este día se tomó la primera fotografía de la Tierra desde el espacio. La recoge desde 105 km de altura una cámara de cine de 35 mm, con película en blanco y negro, montada en un cohete V-2 que fue lanzado en White Sands (Nuevo México, EE. UU.). Ese cohete era una versión modificada de los misiles balísticos V-2 de la Alemania nazi a los que tuvieron acceso los estadounidenses.

25 DE OCTUBRE

§ 1671. El astrónomo Giovanni Cassini descubre desde el Observatorio de París uno de los satélites de Saturno. Hoy sabemos que entre las más de cincuenta lunas de ese planeta es la tercera en tamaño y una de las más extrañas, por su coloración (uno de sus hemisferios es mucho más oscuro que el otro) y las características de su órbita, alejada e inclinada. Se le dio el nombre de Jápeto.

§ 1955. El horno de microondas quiere hacerse familiar. El primero que fue comercializado no estaba destinado a los hogares. Se presentó en 1947 por la compañía Raytheon con el nombre de Radarange, haciendo clara alusión a su parentesco con el radar. Era un enorme aparato esmaltado en blanco, similar exteriormente a una gran nevera de 1,8 m de alto, que llevaba refrigeración por agua, con lo que pesaba 340 kg. Como además su precio superaba los cinco mil dólares tuvo muy escasas ventas, incluso entre restaurantes, pero fue el punto de partida para imaginar que las cocinas de la segunda mitad de siglo podrían tener un nuevo inquilino capaz de calentar los alimentos con rapidez, de descongelar e incluso de cocinar.

El 25 de octubre de 1955 la empresa de hornos estadounidense Tappan, que había suscrito un acuerdo con Raytheon y además tenía una infraestructura de distribución y *marketing* adecuada para el mercado doméstico, puso a la venta un aparato que funcionaba a 220 voltios, con posibilidad de trabajar a 500 y 800 vatios, y que tenía el tamaño de un horno convencional. El exterior era de acero inoxidable, llevaba puerta con ventana de vidrio y hasta un cajón con libro de recetas. Fue sin duda el primer microondas doméstico, aunque su precio (1300 dólares) lo alejaba de la inmensa mayoría de los hogares. El éxito de este tipo de aparatos no llegó en Estados Unidos hasta finales de los años 60, cuando ya se vendían por menos de 500 dólares. En España no llegaron a comercializarse hasta los años ochenta, pero a finales del pasado siglo ya estaban presentes en seis de cada diez de nuestros hogares.

El horno de microondas es un pariente tecnológico de los sistemas de radar utilizados durante la Segunda Guerra Mundial. Al comienzo del conflicto, los físicos de la Universidad de Birmingham habían inventado el magnetrón, un generador de microondas que permitió mejorar la capacidad de los equipos de radar utilizados por los británicos para detectar los aviones nazis. Finalizada la contienda y cuando trabajaba para la mencionada Raytheon, el ingeniero e inventor Percy L. Spencer advirtió un día que una chocolatina que llevaba en un bolsillo estaba derretida. Dado que había estado manejando un magnetrón, supuso que la radiación emitida podía ser la responsable del fenómeno, y movido por su curiosidad, realizó experiencias los días siguientes. Sometió al efecto de las mismas microondas unos granos de maíz, que terminaron convirtiéndose en palomitas, y un huevo de gallina que comenzó a oscilar y tras un curioso baile acabó reventando. El 8 de octubre de 1945, Spencer solicitó la patente de un «método para tratar alimentos» utilizando la energía de las ondas electromagnéticas. Su invento se completaría creando una caja metálica donde las radiaciones quedasen atrapadas, posibilitando así un rápido calentamiento. Era un horno que funcionaba electrónicamente.

Ese calentamiento se produce cuando las moléculas que tienen carácter polar, como las de agua y de otras sustancias presentes en los alimentos, se ponen a oscilar estimuladas por las microondas. Es así como la energía electromagnética de estas se convierte al final en energía calorífica, elevando la temperatura de los alimentos. El calentamiento es uniforme hasta los 2-4 cm de profundidad; a partir de ese espesor no actúan las microondas, pero el calor sigue penetrando, fundamentalmente por convección. Aunque tuvo sus detractores, la destreza en su utilización y la combinación con otros dispositivos de calentamiento hace que el uso de este tipo de hornos se extienda, siendo aceptado incluso por los exigentes de la cocina.

§ 1960. En Nueva York se pone a la venta el primer reloj de pulsera electrónico. Es el Accutron 214, de Bulova, que utiliza un circuito con transistor de germanio. Con vibración a 360 Hz ofrecía una desviación inferior a dos segundos por día, por lo que mejoraba sustancialmente a los relojes mecánicos de muelle. En 1977 comenzó a ser desplazado por los mecanismos de cuarzo.

§ 1990. En el Stanford University Medical Center (California), el cirujano Vaughn A. Starnes realiza la primera operación de trasplante pulmonar con donante vivo, de una madre para su hija de doce años. Starnes se había especializado en cirugía torácica de niños, y en su historial también destaca un trasplante de corazón y pulmón a un bebé de cuatro meses.

26 DE OCTUBRE

§ 1885. En la Academia de Ciencias, en París, Louis Pasteur da a conocer sus trabajos sobre inmunización contra la rabia. Desde 1880 había trabajado en la creación de una vacuna inoculando la enfermedad a conejos y luego extrayendo porciones de su médula espinal, que ponía a secar durante varias semanas. Comprobó que así se atenuaban los gérmenes y procedió a ensayar la inoculación, primero en animales. Aquel mismo año había tenido éxito al tratar por primera vez en humanos al niño de nueve años, Joseph Meister, que había sido mordido por un perro enfermo.

§ 1977. Se detecta en Somalia el último caso registrado de viruela por contagio natural. El último. Tres años después, la OMS declaró oficialmente erradicada la enfermedad en el mundo. Solo en el siglo XX habían muerto trescientos millones de personas por esa causa.

§ 1984. Una niña prematura, conocida como Baby Fae, se convirtió en el primer recién nacido en recibir un xenotrasplante de corazón. Leonard L. Bailey, cirujano del Centro Médico de la Universidad de Loma Linda (California), le trasplantó el corazón, del tamaño de una nuez, de un babuino joven. La niña había nacido con un subdesarrollo letal del ventrículo izquierdo del corazón. Bailey pensó que con la ayuda de ciclosporina y dado que la niña tenía un sistema inmunitario no completamente desarrollado, podría evitarse el rechazo, pero Baby Fae murió veinte días después.

27 DE OCTUBRE

§ 1553. En la colina de Champel, en Ginebra, con vistas al lago Leman (Suiza), los calvinistas queman vivo al teólogo, médico y humanista aragonés Miguel Servet, junto con algunos ejemplares de su obra *Christianismi Restitutio,* que había sido publicada en Viena ese mismo año. La obra es un tratado de teología donde incluye un párrafo que es fisiología y anatomía, y que significa históricamente la primera descripción de la circulación pulmonar. Allí dice que la sangre «es impulsada desde el ventrículo derecho por un circuito a través de los pulmones», donde tras ser «elaborada», y adquirir color claro brillante, «la mezcla total es atraída desde el ventrículo izquierdo del corazón por la diástole». De la obra se imprimieron ochocientos ejemplares, que fueron en su práctica totalidad destruidos por orden de Calvino.

Las afirmaciones de aquel libro—del que existen fragmentos manuscritos ya de 1546— aunque envueltas en interpretaciones filosóficas, están basadas en sus observaciones anatómicas directas. Las claves son dos: el gran diámetro de la arteria pulmonar, que no se justifica más que si por ella ha de pasar toda la sangre del cuerpo (y no solo la que se necesita para nutrir los pulmones), y por otro, la ausencia de poros en el *septum*, la pared que separa los ventrículos del corazón. Servet había realizado disecciones entre 1535 y 1539, con su compañero, el famoso Vesalio, en la cátedra de Anatomía de Jacob Silvius. Allí se examinaban hasta el más pequeño corte cadáveres de animales y también de humanos, siendo una actividad que se realizaba en la clandestinidad desde antiguo por motivos religiosos.

El libro de Servet fue quemado con él, y no sería citado hasta siglo y medio después (1694, William Wotton), cuando ya otros habían publicado sobre el tema, como el veterinario zamorano Francisco de la Reina, que habló genéricamente de circulación de la sangre (1547); el palentino Juan de Valverde, que describió la circulación pulmonar (1556), y, sobre todo, el médico inglés William Harvey en 1628, que desarrolló un modelo completo sobre la circulación sanguínea en el cuerpo humano. El desconocido precursor de todos ellos fue en el siglo XIII el médico árabe Ibn al-Nafis, quien en su *Comentario sobre la anatomía del Canon de Avicena* describe la circulación pulmonar y afirma la ausencia de poros en el tabique interventricular, pero su obra no fue descubierta hasta 1924. Pero que conste, la primera edición en castellano del *Christianismi Restitutio* no llegó hasta 1980.

§ 1873. El granjero Joseph F. Glidden solicita una patente del alambre de espinos, que obtendría en noviembre de 1874. Las púas delgadas se cortaban de planchas metálicas y se insertaban entre dos cables, tras lo que se provocaba la torsión de los mismos. El invento cambiaría la historia del oeste americano, favoreciendo los intereses de los agricultores frente a los ganaderos. Con ello se hizo millonario.

§ 1938. El nuevo material de moda se llamará «nailon». Hasta entonces no tenía un nombre, pero ya tres años antes, el químico Wallace Hume Carothers, trabajando para la empresa DuPont, había obtenido una nueva fibra sintética, una poliamida que daba hilos fuertes y elásticos. El 27 de octubre de 1938, el vicepresidente de DuPont anuncia el nombre de aquella fibra que ya habían patentado un mes antes: *nylon*. Sin embargo, no se registró la marca, con idea de que se convirtiese en un genérico y así alcanzar mayor penetración en el mercado. El decir nailon debería ser igual que nombrar otro material, igual que hablar de algodón, madera o vidrio. Las fibras de nailon eran «fuertes como el acero, finas como el hilo de araña y elásticas como ninguna fibra natural». Llegó al mercado en cerdas de cepillos de dientes, y en 1940 comenzó la gran revolución de las «medias de nailon», pero que no se completaría hasta después de la Segunda Guerra Mundial, cuando realmente llegaron a hacer olvidar las de seda.

28 DE OCTUBRE

§ 1848. Con todas las autoridades y ante miles de personas tiene lugar este día la inauguración oficial del ferrocarril entre Barcelona y Mataró, la primera línea en la España peninsular. Era una iniciativa del mataronés Miquel Biada i Buñol, que en 1837 había visto en Cuba el funcionamiento del nuevo medio de transporte. Para ello creó en 1844 la Compañía del Camino de Hierro de Barcelona a Mataró, con la mitad del accionariado inglés. El 5 de octubre se realizó la primera prueba, y tres días después un tren hizo el recorrido con cuatrocientas personas. La línea tenía un trazado de 28,4 km y la duración del viaje era de treinta y cinco minutos.

§ 1848. El ingeniero de minas Paul Borie junto con su hermano Henri patentan en Francia el ladrillo con huecos que, sin perder resistencia, es mucho más barato y ligero. Los nuevos ladrillos tenían entre un 40 % y un 80 % menos peso que los compactos, lo que disminuía notablemente los costes. Por ello fueron galardonados en la Gran Exposición de Londres en 1851.

§ 1886. En la bahía de Nueva York se inauguró la Estatua de la Libertad, un regalo del pueblo de Francia para conmemorar el centenario de la independencia estadounidense, que había tenido lugar diez años antes.

Su autor es el escultor Frédéric Auguste Bartholdi, y la estructura interna de la misma es obra del ingeniero Gustave Eiffel, mientras que la selección del cobre para la realización corrió a cargo del arquitecto Eugène Viollet-le-Duc. La estatua, de cuarenta y seis metros de altura, fue realizada en Francia y se envió a Nueva York en cajas.

§ 1892. Émile Reynaud inicia, en el Musée Grévin de París, la proyección de sus *Pantomimas luminosas* sobre una pantalla de tela mediante un teatro óptico. La sucesión de quince imágenes por segundo presta ilusión de movimiento a aquellas escenas dibujadas y coloreadas a mano por él mismo. El programa incluía tres películas: *Pauvre Pierrot, Le clown et ses chiens* y *Un bon bock*. Las proyecciones continuaron sin interrupción durante dieciséis meses, y por esta iniciativa se considera a Reynaud el creador de los dibujos animados.

29 DE OCTUBRE

§ 1876. Inspirada por la filosofía krausista, se crea en España la Institución Libre de Enseñanza. Era una iniciativa del político Laureano Figuerola, junto con un grupo de catedráticos separados de la universidad, por defender la libertad de cátedra, negándose a ajustar su docencia a ningún tipo de dogma religioso. El proyecto fue apoyado por personalidades como Ramón y Cajal; Joaquín Costa; Ramón Menéndez Pidal; Leopoldo Alas, Clarín; Ortega y Gasset; Gregorio Marañón; Antonio Machado; Joaquín Sorolla, y otros.

§ 1969. Charley Kline, estudiante de la Universidad de California en Los Ángeles (UCLA), envió desde su ordenador un mensaje a su profesor, el ingeniero Leonard Kleinrock, de la Universidad de Stanford, a quinientos kilómetros de distancia. Aquellos puntos eran los dos primeros nodos de la ARPAnet, la primera red de ordenadores, que con el tiempo daría lugar a Internet.

§ 1998. Mediante el orbitador Discovery da comienzo la STS-95, una misión del transbordador espacial donde participa Pedro Duque, el primer astronauta español. La estrella de la misión era el veterano John Glenn, que con setenta y siete años volvía al espacio. Glenn había sido en 1962 el primer estadounidense en orbitar la Tierra.

§ 1894. Anticipándose a la práctica del estricto control del tiempo laboral, característico de la producción en cadena, Daniel M. Cooper recibe la primera patente en Estados Unidos de un reloj de fichar. Al introducir la tarjeta en la máquina —al entrar y al salir del trabajo— quedaba impresa la hora. De este modo, las empresas podían ahorrarse el sueldo de los vigilantes que hasta entonces se encargaban de anotar la hora de entrada y salida de los trabajadores.

§ 1925. El escocés John Baird llevaba tres años intentando la transmisión de imágenes a distancia. En este día construye su primer transmisor en su ático a partir de una caja de té, discos de cartón, una caja de galletas vacía, motores eléctricos viejos, agujas de coser, lentes de bombillas de motocicleta, una cuerda de piano, pegamento, hilo y lacre. Con él consiguió imágenes con luces y sombras (semitonos). Hizo una demostración en la Royal Institution en enero de 1926. Las imágenes medían solo 3,5 x 2 pulgadas, estaban escaneadas en treinta y dos líneas verticales y eran emitidas a cinco por segundo.

§ 1928. Fleming registra el descubrimiento de la penicilina. Desde comienzos de 1928, el profesor de Bacteriología Alexander Fleming estaba investigando la posible relación entre la virulencia de distintas cepas de estafilococos y el color de las colonias que esas bacterias formaban en placas de agar. El trabajo se realizaba en un laboratorio del St Mary's Hospital de Londres, dentro de un proyecto sobre inmunización. Con fecha 30 de octubre de 1928, dejó registrado en su diario de laboratorio un descubrimiento realizado el mes anterior, y que le llevó a identificar una sustancia capaz de impedir el crecimiento de bacterias sin dañar las células animales. Su momento feliz había tenido lugar a la vuelta de las vacaciones de verano en Escocia; fue entonces cuando pudo ver, en una de las placas donde tenía sus cultivos, que un hongo la había contaminado y reparó que en todo su alrededor habían desaparecido los estafilococos. Según testimonio de un alumno que estaba entonces de ayudante, Fleming exclamó: «¡Tiene gracia!», y más tarde mostró la placa a varios colegas, que no se interesaron en absoluto sobre el tema.

Durante todas aquellas semanas y en las que siguieron, Fleming quiso verificar con sus ayudantes la identidad del moho, que cultivaron y determinaron como *Penicillium rubrum*, y pudieron comprobar que era realmente el causante de la destrucción de los *Staphylococcus aureus*, aunque eso no sucedía con otros tipos de bacterias. Luego iniciaron en el laboratorio la producción del «zumo de moho», que Fleming más tarde llamó penicilina (por proceder del *Penicillium*), midió su poder antibacteriano y ensayó su toxicidad en animales, comprobando con satisfacción que esta era muy inferior a la de todos los antisépticos utilizados hasta entonces. De hecho, un ayudante llegó a probar el moho, constatando que sabía «a queso de Stilton», y que resultaba inocuo. En mayo del siguiente año, Fleming publicaría un informe sobre aquellos descubrimientos en el *British Journal of Experimental Pathology*. En él concluye que la penicilina no es una enzima ni una proteína, y llega a sugerir su aplicación como antiséptico de uso tópico, pero sin imaginar el enorme potencial que tendría su descubrimiento.

La penicilina era inestable y Fleming nunca llegó a purificarla, con lo que terminó por olvidarse del tema. Pero en 1938 el farmacólogo Howard Florey comenzó a formar en la Universidad de Oxford un equipo de investigación que se interesaría por el trabajo de Fleming. Junto con los bioquímicos Ernst Chain y Norman Heatley consiguieron el aislamiento del principio activo, y lo utilizaron para ensayar en ocho ratones que habían sido infectados con estafilococos. A cuatro de ellos les inyectaron la penicilina, y sobrevivieron varios días o semanas, mientras que los otros cuatro murieron en menos de dieciséis horas. El paso siguiente fue la aplicación a seres humanos, donde serían necesarias cantidades mucho mayores de principio activo. La primera persona en recibir el tratamiento fue un policía de Oxford que presentaba una infección generalizada. Aunque comenzó a recuperarse tras la primera inyección, terminó falleciendo cuando se agotó el antibiótico.

Comenzó entonces el reto de la producción en masa del nuevo medicamento, que primero se hizo por cultivo de distintas especies o cepas de *Penicillium*, pero terminarían obteniéndose penicilinas por síntesis. Hoy se conocen miles de antibióticos, que han hecho desaparecer algunas enfermedades infecciosas antes temibles. Con razón se ha dicho que si el éxito de un medicamento se mide por la cantidad de vidas que ha salvado, seguramente la penicilina ocuparía el primer lugar durante el siglo XX. En 1945 Fleming, Florey y Chain recibieron el Nobel de Medicina. Heatley sería compensado en 1990 con el doctorado *honoris causa* por la Universidad de Oxford, el primero otorgado en ocho siglos de existencia de esa universidad.

§ 1815. El químico Humphry Davy inventó una lámpara de seguridad para las minas de carbón. Al desarrollarse de forma industrial la minería del carbón, pronto se tomó dolorosa conciencia de que los trabajadores estaban continuamente expuestos al riesgo de explosión, si la llama de una de las lámparas —que utilizaban para poder trabajar— pudiera encontrarse con una masa del temido grisú, una mezcla de metano y otros gases que frecuenta ese tipo de minas. Se buscaba una lámpara de llama protegida, es decir, con una barrera que permitiese la combustión que da lugar a la luz, pero que impidiese su contacto con el grisú. Entre las diferentes ideas de solución está la patentada por Humphry Davy el 31 de octubre de 1815, donde propuso encerrar la llama en un cilindro de malla fina de cobre o hierro, que retiene el calor en el interior.

§ 1951. El 31 de octubre de 1951 se pintó por primera vez un paso de cebra para facilitar el cruce a los peatones del modo regulado por la ley. Sucede en Slough, la famosa ciudad del condado de Berkshire (Inglaterra) desde donde William y Caroline Herschel habían estudiado el cielo con su gran telescopio un siglo y medio antes. A mediados del XX el tráfico no tenía ni la décima parte de intensidad que hoy, y lo normal en el Reino Unido era que los cruces se marcaran simplemente con tachones en la calzada, que no se apreciaban más que al pisarlos, es decir, cuando ya se podía estar en riesgo de alcanzar al peatón. Se estudiaron otras soluciones (como pintarlos en azul y amarillo), pero ninguna tenía el impacto visual de las gruesas líneas blancas sobre fondo oscuro. Los pasos de cebra se impondrían en muchas ciudades del mundo.

§ 1956. Un avión de transporte —Douglas C-47 Skytrain bautizado como Que Será Será—, aterriza en el polo sur. El almirante George J. Dufek y sus seis compañeros fueron los primeros en poner el pie en ese territorio después de Robert Falcon Scott, y los primeros en llegar desde el aire. Era también el comienzo para establecer la primera estación permanente en la Antártida.

§ 1992. Cuando han transcurrido casi 360 años, el Vaticano admite haber cometido un error al condenar a Galileo Galilei por defender que la Tierra gira alrededor del Sol. Tras trece años de intensos trabajos, una comisión de historiadores, científicos y teólogos, encargada por Juan Pablo II, presentó al papa un dictamen de inocencia para Galileo. El papa afirma que Galileo había sido «un creyente sincero» y un «físico genial». *Laus Deo.*

NOVIEMBRE

La fotografía oficial del I Congreso de Solvay, tomada el 3 de noviembre de 1911 en una sala del Hotel Metropole de Bruselas, compite con la del V Congreso en 1927 en ser considerada la más importante de la historia de la ciencia. Entre ambas imágenes es evidente el cambio de posición de Einstein; la modificación del color del cabello en Curie; la progresiva desaparición de los bigotes, y la incorporación de nuevas estrellas de la ciencia.

En 1567, el papa Pío V prohibió las corridas de toros bajo pena de excomunión. Sin embargo, la medida no fue aplicada de forma uniforme: en Italia tuvo efecto inmediato, en Portugal se publicó años después con ciertas limitaciones, y en España Felipe II la ignoró por completo.

§ 1520. En su viaje a las islas de las especias por la ruta del oeste, Fernando de Magallanes dobló el extremo sur del continente americano por un paso al que llamó «canal de Todos los Santos», por la festividad de aquel día en la Iglesia católica. Hoy es conocido como estrecho de Magallanes. Al navegarlo, contempló en la costa fogatas con grandes humaredas fruto del gas natural, que los aborígenes encendían para sus rituales mágicos. Por ello le dio el nombre de Tierra de los Fuegos.

§ 1567. El papa prohíbe las corridas de toros. Pío V pudo pasar a la historia por muchos motivos. Fue el primero en utilizar la sotana blanca, manteniendo así la vestimenta que usaba en la Orden de Predicadores (dominicos); fue notable inquisidor, famoso por su severidad; puso en marcha efectiva la Contrarreforma y, con el nombre de Catecismo romano, publicó la doctrina del concilio de Trento; proclamó doctor de la Iglesia a Tomás de Aquino; fue el impulsor de la batalla de Lepanto contra los otomanos, colocando a don Juan de Austria —hermanastro de Felipe II— al frente de la misión; unificó la liturgia de la misa en el modo en que llegó hasta el Concilio Vaticano II; ordenó cubrir los genitales de los protagonistas del *Juicio Final* de Miguel Ángel en la Capilla Sixtina; excomulgó a Isabel I de Inglaterra, al teólogo flamenco Miguel Bayo; expulsó a 45.000 prostitutas de Roma (ante lo que algún cardenal advirtió que eran necesarias al clero, para no caer en la sodomía), y, por fin, decretó la supremacía de su autoridad sobre las de los poderes civiles de todas las naciones. Pero también ha pasado a la historia porque, en una bula promulgada el 1 de noviembre de 1567, prohibió los espectáculos taurinos bajo pena de excomunión.

La prohibición afectaba a todo el orbe, pero no fue aceptada por igual, lo que dejó en evidencia de facto la falta de autoridad papal en esos asuntos (quizás terrenales). Hizo efecto inmediato en Italia, pero en Portugal tardó tres años en publicarse, y allí se limitaron a afeitar o despuntar los cuernos de los toros para reducir el riesgo de toreros. En España, nuestro católico rey Felipe II no le hizo mucho caso. De hecho, aquella bula aquí no se dio a conocer. Llevaba el título *De Salutis Gregis Dominici*, y justificaba su intención en evitar los peligros que corren quienes se enfrentan a los «toros y otras fieras en espectáculos públicos y priva-

dos, para hacer exhibición de su fuerza y de su audacia». Pío V califi-
caba esos espectáculos de «cruentos y vergonzosos», «propios del demo-
nio», y prohibía terminantemente, bajo pena de excomunión y anatema,
a cualquier «príncipe cristiano» (autoridad) que permitiese su celebración. Añadía, además, que si alguien muriese en esas celebraciones, no
recibiría sepultura eclesiástica. La bula cargaba las tintas sobre los clérigos, que muchas veces eran promotores de adornar las fiestas religiosas
con este tipo de espectáculos.

Según parece hubo varias personas que influyeron en Felipe II para
que no diese publicidad a la bula papal, y facilitaron argumentos aduciendo la falta de información del pontífice sobre las peculiaridades de
esos festejos en España, la popularidad y tradición de los mismos, de
cinco siglos atrás, así como las medidas de seguridad que se adoptaban
para proteger a los participantes. Sabedor de que Pío V necesitaba su
ayuda para combatir a los turcos, y no queriendo por su parte contra-
riar los gustos de los españoles, el rey optó por dar largas al asunto, no
promulgando la bula, y esperar al cambio de pontífice para arreglar las
cosas. Los papas Gregorio XIII, en 1585, y Clemente VIII, en 1596, ter-
minan suavizando la prohibición «en los reinos de las Españas», supri-
miendo las penas de excomunión y anatema excepto para los clérigos,
y pidiendo que se limiten los espectáculos a días no festivos; por fin,
subrayan que se han de tomar medidas para evitar la muerte de ninguna persona.

§ 1755. Durante varios minutos, a partir de las nueve y media de la
mañana, Lisboa sufre los efectos de un terremoto que hoy sería calificado de nivel 9 en la escala de Richter. El maremoto y el incendio posteriores causaron la destrucción casi total de la ciudad; el número de
víctimas humanas en la capital portuguesa, que entonces tenía 275.000
habitantes, se acercó a 100.000. Los efectos se hicieron sentir de forma
notable en el sur de España y en Marruecos, pero también en la mayor
parte de Europa, África y América.

§ 1952. Este día los EE. UU. ensayan en un atolón de las islas Marshall
(Oceanía) la primera bomba termonuclear, también llamada bomba de
fusión, bomba de hidrógeno o bomba H. La temperatura alcanzada en
el lugar de la explosión fue por unas fracciones de segundo de más de
quince millones de grados Celsius, tan caliente como el núcleo del Sol.
Se generó una bola de fuego de seis kilómetros de diámetro y el hongo
formado ascendió en cinco minutos a cuarenta kilómetros de altura.

Desapareció Elugelab, una isla con corales en la costa y palmeras en la tierra, y en su lugar quedó un cráter de dos kilómetros de diámetro y una profundidad de cincuenta metros, tras volar por los aires ochenta millones de toneladas de tierra y rocas pulverizadas.

2 DE NOVIEMBRE

§ 1612. Un sermón comienza los ataques contra Galileo. El fraile dominico Niccolò Lorini, un noble florentino de sesenta y siete años, pronuncia el día de difuntos de 1612 una homilía contra la teoría heliocéntrica de Copérnico. Si bien no tuvo repercusión alguna hasta dos años más tarde, este sermón marca el punto de partida de los ataques hacia Galileo. Lo cierto es que ese dominico no era experto en temas de astronomía, y en una nota posterior, que mandó al mismo Galileo para dar explicaciones sobre su discurso, se refiere al autor de *De revolutionibus orbium coelestium* en estos términos: «*che quella opinione di quell'Ipernico, o come si chiami, apparisce che osti alla Divina Scrittura*» («que esa opinión de ese Ipérnico, o como se llame, parece contraria a la Divina Escritura). En 1614, Lorini envió a la Congregación del Índice una copia no literal de la carta sobre el tema que en 1613 Galileo había cursado a su discípulo predilecto, el matemático Benedetto Castelli, también dominico.

§ 1930. Comienza el vuelo inaugural del hidroavión Dornier Do X. Era el más grande de la historia, capaz de transportar a más de un centenar de pasajeros. También el más pesado y el más potente. Había sido fabricado en Suiza por la empresa alemana Dornier Flugzeugwerke, totalmente en duraluminio con unas alas reforzadas de acero que soportaban sus doce motores de 610 HP y doce cilindros cada uno. La escasez de aeropuertos y la posibilidad de grandes travesías marítimas habían contribuido a considerar los hidroaviones como prometedor medio de transporte. El 2 de noviembre de 1930 el Do X inició desde el lago Constanza su vuelo inaugural, que tenía el objetivo de sentar las bases para una línea transoceánica que enlazara Europa y América. Tras hacer escalas en Holanda, Inglaterra, Francia, España y Portugal, el gigante cruzó el Atlántico hasta Brasil para finalizar su periplo en Nueva York en agosto de 1931.

§ 1955. Los virólogos Carlton E. Schwerdt y Frederick L. Schaffer, de la Universidad de California en Berkeley, consiguen cristalizar el virus de la polio. Era la cristalización del primer virus de los que infectan a animales, pues veinte años antes se había logrado hacerlo con el del mosaico del tabaco. Esta investigación sirvió para dividir el virus en sus partes infecciosa y no infecciosa, sentando las bases para obtener una vacuna.

§ 2000. Llegan a la Estación Espacial Internacional (EEI) sus tres primeros residentes, el ingeniero ruso Sergei Krikalev, el ingeniero estadounidense William Shepherd y el militar ruso Yuri Gidzenko. Allí ponen en marcha los dispositivos que van recibiendo de transbordadores y entran en contacto televisivo con el control de la misión en Rusia. Al cabo de un mes llegaron los paneles fotovoltaicos gigantes que les darían la energía necesaria para operar por completo. Estuvieron en la EEI durante 136 días.

3 DE NOVIEMBRE

§ 1664. Robert Hooke desvela un mundo nuevo en su *Micrographia*. Quien llegaría a ser el científico experimental más importante del siglo XVII, comenzó en 1662 a ejercer el puesto de *curator* o encargado de los experimentos científicos en la Royal Society de Londres, en cuya creación había participado. Las observaciones de Hooke con los nuevos microscopios pronto darían lugar a su primera obra, la más trascendente en los cuarenta años que trabajó para la institución, y donde curiosamente además está el origen de que usemos la palabra célula en contexto biológico.

Eran los comienzos de la actividad de aquella Real Sociedad de Londres para el Avance de la Ciencia Natural y se preparaban las primeras publicaciones. Una de ellas había sido encargada al joven Hooke, con idea de realizar un gran libro para entretenimiento del rey Carlos II, basado en los descubrimientos que se pudieran hacer con el microscopio. En consecuencia, el 3 de noviembre de 1664 Hooke entregó un ejemplar preliminar de la obra. La *Micrographia* precisa en su título completo que contiene «algunas descripciones fisiológicas de cuerpos diminutos, realizadas con vidrios de aumento, con observaciones y disquisiciones sobre el particular».

Se trata del primer tratado de la historia sobre microbiología, a la par que una gran obra de divulgación. Redactada en inglés, en lenguaje cotidiano y asequible, recoge minuciosos dibujos de todo cuanto objeto pequeño pudo ver Hooke con aquellos aparatos. La voluminosa obra, ilustrada y de gran formato, fue publicada en 1665 y en poco tiempo se convirtió en el primer superventas de la historia de la ciencia. Entre las imágenes más conocidas del libro destacan las de los ojos compuestos de una mosca y las de láminas de corcho, donde Hooke vio compartimentos que denominó «*little cells*» («pequeñas celdas»), reflejando su analogía con las existentes en los panales de abejas, e hizo cuantitativa aquella observación, al calcular que en una pulgada cuadrada de material había más de mil millones de células. Dotado para el dibujo y para el arte, plasmó en la obra preciosos grabados de insectos, con tal detalle que en algunos casos la imagen había de superar el tamaño del libro, lo que obligó a una edición con páginas desplegables. Por ejemplo, la ilustración del piojo común —donde lo representa aferrado a un cabello con los garfios de dos de sus patas— era cuatro veces mayor que la portada.

Con toda probabilidad, Hooke utilizó distintos microscopios en sus observaciones. Aunque el representado en la *Micrographia* estaba compuesto por dos lentes, una convexa (ocular o más próxima al ojo del observador) y otra cóncava (objetivo, más cercana al objeto a observar), se cree que también utilizó alguna lupa, similar a las que fabricaría más tarde Anton van Leeuwenhoek, con una sola lente, pequeña y convexa, pero que ofrece mayor resolución. La *Micrographia* fue importante en la Revolución científica porque insistía —como había hecho años antes el *Sidereus Nuncius* de Galileo— en la idea de abrir el mundo a la observación basada en la experiencia, y hacerlo en clave divulgativa. Las observaciones de Hooke son inquisitivas y plenas de curiosidad, trascendiendo las imágenes que veían sus ojos a la luz de una nueva filosofía, y transmitiéndonos nuevas visiones de la naturaleza que también forman parte de la realidad. Aquel libro significaría la epifanía —la manifestación pública— del inmenso microcosmos.

§ 1911. Finaliza el I Congreso Solvay, que había comenzado el lunes 30 de octubre. Esa conferencia de 1911 puede ser considerada como el primer congreso internacional de la historia de la ciencia. La fotografía oficial, que hoy resulta fácil de recordar o de visualizar en las redes, y a la que voy a referirme, reúne a dos docenas de genios. En el texto daré detalle de la posición en la foto de cada uno de ellos, por si resulta de interés identificarlos.

El Congreso Solvay había sido concebido por el químico físico alemán Walther Nernst y fue convocado por el empresario Ernest Solvay, que había desarrollado un método para la producción de carbonato de sodio con el cual se fabricaba por aquellas fechas la práctica totalidad de sosa en el mundo. Los beneficios obtenidos le permitían emprender diversas iniciativas filantrópicas. En su carta de invitación, fechada el 15 de junio, explicaba que aquella reunión sería «un encuentro científico internacional para elucidar algunas cuestiones de actualidad sobre las teorías moleculares y cinéticas». Los invitados eran expertos europeos cuidadosamente seleccionados, y aunque algunos de ellos no pudieron asistir, como Van der Waals (Premio Nobel en 1910) y Lord Rayleigh (Premio Nobel en 1904) fueron sustituidos por otros también de renombre aunque más jóvenes, como el benjamín del grupo, Frederick A. Lindemann, que con solamente veinticinco años haría de secretario. En concepto de gastos de viaje se ofrecía a cada uno la cantidad de mil francos, lo que parece que fue un aliciente eficaz.

La reunión estuvo presidida por Hendrik Lorentz (sentado, el cuarto por la izquierda), Premio Nobel de Física en 1902 y entonces con cincuenta y ocho años, quien coordinaría también otros cuatro encuentros hasta 1927, y en esa ocasión trató sobre el tema *La théorie du rayonnement et les quanta* (*La teoría de la radiación y los cuanta*). La fotografía oficial, tomada el 3 de noviembre de 1911 en una sala del Hotel Metropole de Bruselas, compite con la del V Congreso en 1927 en ser considerada la más importante de la historia de la ciencia. No es fácil reunir en una misma sesión a personalidades de la talla de Albert Einstein (entonces con treinta y dos años, era autor de publicaciones sobre el efecto fotoeléctrico y sobre la relatividad especial); la descubridora de la radiactividad Marie Curie; el padre de la mecánica cuántica Max Planck (en pie, el segundo por la izquierda), y el inventor del núcleo atómico, el corpulento Ernest Rutherford (detrás de Marie Curie, de frente).

También están Arnold Sommerfeld (de pie entre Solvay y Lorentz, que fue otro de los pioneros en física cuántica y tiene el récord de haber sido nominado ochenta y una veces para el Nobel de Física); el gran matemático, filosofo y divulgador Henri Poincaré (en la foto, hablando con Marie Curie), y el profesor Jean Perrin (sentado a la derecha de Marie, sería Nobel en 1926 y en 1937 fundó el Palais de la découverte). Entre Perrin y Curie asoma su cabeza Wilhelm Wien, que recibió ese mismo año de 1911 el Nobel de Física por su trabajo sobre la radiación térmica. Otros futuros Nobel en la foto son Walther Nernst, que logró el de Química en 1920 (sentado, primero por la izquierda) y el descubridor de la superconductividad, Kamerlingh Onnes (junto a Einstein, a su derecha), que recibiría el de Física en 1913. El único varón sin bigote es el cosmólogo y divulgador James Jeans.

Una de las anécdotas de la reunión se refiere a que el patrocinador Ernest Solvay no estaba presente cuando se tomó esa fotografía de grupo, y su rostro fue incluido posteriormente en laboratorio con un «recorta y pega» de discutible acierto, pues su cabeza resulta manifiestamente grande con respecto a las demás (sentado, tercero por la izquierda). Posiblemente, era grande también la preocupación porque quedase completamente cubierta la cara del «extra» que había ocupado su lugar en la sesión fotográfica.

Otra curiosidad se refiere a la presencia en la reunión —aunque no aparece en la foto— del noble Louis de Broglie, quien, aunque no estaba entre los invitados, acompañaba a su hermano Maurice, que también actuó de secretario. Se dice que aquella reunión asentó en el joven de diecinueve años su vocación científica, y aunque había cursado un bachillerato en artes y estaba destinado por su familia a dedicarse a la política, en 1929 Louis de Broglie sería Nobel de Física.

Por fin, la crónica rosa de la reunión se monopolizó aquellos días con las extrapolaciones, en forma de escándalo por parte de algunos medios, de la relación entre la viuda Marie Curie, de cuarenta y tres años y su amigo el todavía casado Paul Langevin, cuatro años más joven (al lado de Einstein, a la derecha de la foto). El propio Einstein refutaría la acusación lanzada contra Marie de haber provocado la crisis matrimonial de Langevin.

§ 1957. Un mes después de lanzar el primer Sputnik, la Unión Soviética lanza el Sputnik 2, con una perrita callejera de cinco kilos y unos dos años que llamaron Laika (en ruso, «ladradora») a bordo. Durante la máxima aceleración del despegue, el ritmo respiratorio de Laika se incrementó entre tres y cuatro veces, y su frecuencia cardíaca aumentó de 103 a 240 latidos por minuto.

Era la primera vez que se enviaba al espacio a un mamífero para experimentar con él. Laika fue después considerada «héroe nacional» en la URSS, pero pagó con su vida ese honor. Murió a las seis horas del despegue por sobrecalentamiento de la nave, que tampoco estaba diseñada para regresar. El ensayo aportó los primeros datos biológicos sobre la vida en órbita; se monitorizaron la frecuencia cardíaca, la frecuencia respiratoria, la tensión arterial y los movimientos de la perra.

En 1998, el biólogo Oleg Gazenko, que fue quien seleccionó a Laika y la entrenó para el viaje, declaró: «Cuanto más tiempo pasa, más lamento lo sucedido. No debimos haberlo hecho... Ni siquiera aprendimos lo suficiente en esa misión como para justificar el sacrificio del animal».

§ 1776. Abre al público en Madrid el Real Gabinete de Historia Natural. Los gabinetes que surgieron en la Europa de la Ilustración son herederos de los cuartos de curiosidades o cámaras de maravillas (*Wunderkammer*) que comenzaron a aparecer en el Renacimiento y se continuaron en el Barroco. Las incipientes clasificaciones de sus fondos incluían en Naturalia las maravillas de los antiguos tres reinos: geológicas, vegetales y animales. Otra categoría era la de artefactos creados por el ser humano, incluyendo instrumentos científicos y una clase especial recibía el título de Mirabilia, donde se podían incluir el «cuerno de unicornio» (un colmillo de narval macho), animales monstruosos, fósiles o piezas difíciles de clasificar, como corales y esponjas. Los gabinetes eran propiedad de monarcas, nobles, órdenes religiosas o coleccionistas, y no estaban abiertos al público, sino destinadas al disfrute exclusivo de los propietarios, sus familiares y amigos. Los gabinetes del siglo XVIII se enriquecen con los nuevos viajes de exploración, que están mejor programados (Cook, Malaspina, Bougainville...), y la obra de científicos como Linneo y Buffon se refleja en aquellos nuevos espacios ilustrados, donde prima la ordenación sistemática.

Pedro Franco Dávila era un español criollo, nacido en Guayaquil, que se instaló en París en 1745, cuando en la capital de Francia había más de doscientos gabinetes de curiosidades. Del creado por él, estudioso de la naturaleza y ya coleccionista compulsivo, llegó a decirse que era el mayor conseguido por un particular. Tras arruinarse, en 1753 trató de vender su colección a la corona española, enviando catálogos parciales de la misma, en un intento que repitió otras dos veces. Por fin concluyó un «catálogo sistemático y razonado de las curiosidades de la naturaleza y de las artes» que describía aquella colección, pero para poder editarlo tuvo que vender algunas de sus piezas. El conjunto incluía una excelente colección de minerales, dos armarios con cuarenta cajones de conchas, un herbario de cuatro mil plantas y diversas piezas zoológicas. En ese catálogo, que resulta un auténtico tratado de historia natural, destacan las magníficas descripciones de los corales, pues Dávila era uno de los mayores expertos del mundo en invertebrados marinos. También incluía obras de arte y otros objetos, así como una biblioteca de mil doscientos volúmenes. Dávila tenía buenas relaciones en toda Europa, y sería nombrado miembro de importantes sociedades, como la Academia de Berlín y la Royal Society de Londres.

Al no conseguir vender su colección, optó por ofrecerla en donación a Carlos III, para que sirviese de base a un Real Gabinete de Historia Natural, poniendo como condición que él mismo fuera su director. Numerosas personalidades e instituciones le apoyaron, y un Real Decreto de 17 de octubre de 1771 estableció su creación. Dávila pasaría a ser director. Tras el traslado de la colección desde París, 250 cajones se almacenaron en el madrileño Casón del Buen Retiro mientras se finalizaban las obras de adaptación de la sede, en el Palacio de Goyeneche de la calle de Alcalá, donde compartiría edificio con la Academia de San Fernando. El Real Gabinete abrió sus puertas al público el 4 de noviembre de 1776. El pueblo llano tenía la oportunidad de admirar las maravillas de la naturaleza.

Pero aquel no era un cuarto de las maravillas, sino un auténtico producto de la Ilustración. Dávila —que sería director hasta su fallecimiento— trabajó para enriquecer las colecciones, y en divulgar la historia natural con exposiciones donde se aplicaban criterios científicos avanzados para su época. Más tarde, cuando se pensó en crear una sede más amplia, Dávila dio recomendaciones a Juan de Villanueva para el diseño del edificio de El Prado de San Jerónimo, aunque luego, y tras la invasión francesa, el edificio se dedicaría exclusivamente a museo de las artes. El Real Gabinete se convirtió con el tiempo en Museo Nacional de Ciencias Naturales. Hoy, dependiente del CSIC, conserva una colección de unos diez millones de ejemplares, recibe cada año 300.000 visitantes y tiene una plantilla de más de ochenta investigadores. El Real Gabinete creado por Carlos III está también en el origen del Museo Arqueológico Nacional y del Museo de América, y algunas de sus piezas se encuentran hoy en El Prado y otros museos.

§ 1869. El astrónomo británico sir Norman Lockyer se convierte en editor de la nueva revista *Nature*. El primer número, que sale este día, incluye artículos sobre astronomía, química, física, fisiología, botánica, paleontología y sobre la enseñanza de la ciencia en las escuelas. Declara como objetivo el facilitar la transmisión de ideas entre distintas disciplinas científicas. A día de hoy continúa siendo una de las publicaciones científicas de mayor prestigio en el mundo.

§ 1922. En el Valle de los Reyes, en Egipto, el arqueólogo Howard Carter descubre el acceso a la tumba de Tutankamón. El hallazgo más importante de la egiptología fue protagonizado por un dibujante británico que a los diecisiete años había sido enviado al país del Nilo, donde por afición se convirtió en arqueólogo. Ya trabajaba en las inmediaciones del Valle de los Reyes a finales del siglo XIX, cuando allí estaba en efervescencia no solo la catalogación, exploración y estudio de las antigüedades halladas en las tumbas, sino también su lamentable expolio y saqueo. Por otra parte, el adinerado aristócrata inglés Lord Carnarvon pasaba los inviernos en Egipto, donde se había ilusionado con la arqueología, y tras conocer a Carter comenzó a apoyar sus trabajos, aportando la diplomacia y el dinero que el arqueólogo aficionado no poseía. Los primeros resultados de ese mecenazgo fueron decepcionantes. En 1917 Carter comenzó a buscar la tumba de Tutankamón, pero el Valle de los Reyes ya había sido explorado e investigado de tal modo que para algunos arqueólogos estaba agotado, y no quedaba tumba por descubrir. Sin obtener logros en las once campañas que ya había financiado, en el verano de 1922 Carnarvon estaba decidido a abandonar. Dejó muy claro que la excavación siguiente sería la última. Pero Carter tenía la intuición de que Tutankamón podía estar allí.

La mañana del 4 de noviembre de 1922, cerca de la entrada a la tumba de Ramsés VI, un trabajador del equipo encontró el primer peldaño de los dieciséis que hoy sabemos descienden a la tumba del faraón niño. Una vez liberados y despejada la pared frontal con los sellos propios de faraones de la dinastía XVIII, Carter lo comunica por telegrama a Carnarvon, quien acude allí y juntos comparten la revelación el día 26 de noviembre. Tras aquella primera puerta sellada sigue un pasillo y otra pared donde abren un agujero, suficiente para introducir una vela y observar el interior. Carter queda maravillado al ver el brillo del oro por todas partes, una prueba de que la tumba no había sido saqueada. Realmente eran cosas maravillosas: camas de oro, cofres llenos de joyas, tronos y estatuas; nunca en la arqueología egipcia se había encontrado algo semejante. Tras entrar el día siguiente en esa antecámara vieron otro muro, pero Carter, que era muy metódico, quiso dejar escrupulosamente registrado todo lo que veía antes de abrir el siguiente paso, que tendría lugar tres meses después.

En febrero de 1823 se accedió a la cámara sepulcral, donde encontraron una enorme caja o capilla chapada en oro y piedras semipreciosas. En su interior, sucesivas cajas de madera dorada y, continuando como en un juego de muñecas rusas, un sarcófago de cuarcita amarilla que contenía, uno dentro de otro, dos lujosos ataúdes antropomorfos, hasta llegar por fin a la máscara funeraria que cubría el rostro de la momia, parcialmente carbonizada, de Tutankamón. Era un conjunto arquitectónico sorprendentemente pequeño y con paredes poco decoradas, que no parecía construido para un faraón, pero contenía la mayor y más rica colección de objetos jamás encontrada, más de cinco mil piezas, que incluye todo aquello que podía necesitar el difunto en su viaje al más allá: desde carruajes y armas —como arcos y flechas o una daga con mango de oro y hoja de hierro procedente de un meteorito— hasta objetos cotidianos, como bastones o jarras de cerveza. Sobre todas destaca la impresionante máscara de oro, con las cejas y pestañas en lapislázuli, y otras decoraciones del tocado en turquesa, cornalina, obsidiana y vidrio azul.

Aquel era el mayor descubrimiento arqueológico de todos los tiempos. Causó furor en todo el mundo, y provocó un aluvión de visitas al Valle de los Reyes. Carter fichó, describió, dibujó, catalogó, fotografió y numeró todos los objetos del ajuar funerario de forma minuciosa. Las piezas fueron cuidadosamente transportadas al museo de El Cairo, donde hoy pueden contemplarse. El trabajo le ocupó tres años (no se llegó a la máscara hasta 1925), seguidos de otros diez que dedicó al estudio de las piezas. Hasta entonces, Tutankamón era un faraón ignorado, que no figura en la historia de Egipto por sus logros. Posiblemente hijo de Akenatón, llegó al trono a los nueve años (1334 a. C.) y le enmendó la plana a su padre, restauró el culto a Amón, conforme a los deseos del pueblo y del clero, devolviendo la capital a Tebas (actual Luxor). Se casó con una hermanastra, hija de Nefertiti, y falleció a los diecinueve años de forma repentina. En realidad se hizo famoso porque su tumba es la única que se ha encontrado intacta. Todas las demás fueron esquilmadas en los doscientos años posteriores a su muerte. Posiblemente fue un gran aluvión, fruto de una tormenta del desierto, lo que llevó rocas, arenas y materiales a la entrada de esta tumba, ocultándola y cerrándola de verdad ante los saqueadores.

§ 1946. Ratificada por veinte países, entra en vigor la constitución de la UNESCO (United Nations Educational, Scientific and Cultural Organization) o bien Organización de las Naciones Unidas para la Educación, la Ciencia y la Cultura, que había sido fundada un año antes. España se incorporó en 1953.

5 DE NOVIEMBRE

§ 1662. El físico Robert Hooke es nombrado responsable de experimentos en la Royal Society. La Sociedad para la Promoción del Aprendizaje Experimental Físico-Matemático, que habían constituido una docena de científicos en 1660, se había convertido en Royal Society of London por real decreto de Carlos II de Inglaterra. En el mismo documento se contemplaba la creación de un puesto de «curator of experiments», para el que, como estaba previsto, fue nombrado Robert Hooke el 5 de noviembre de 1662. Como tareas propias de su cargo, a Hooke se le requería para que en cada reunión de la sociedad realizase tres o cuatro demostraciones experimentales. Al principio el trabajo no estaba retribuido, pero a partir de 1664 pudo haber recursos para ello, y durante quince años Hooke aportó numerosas ideas brillantes durante sus geniales exposiciones.

§ 1906. A la una y media de la tarde, la recientemente viuda Marie Curie comienza a dar su conferencia inaugural —sobre radiactividad en gases— en la Universidad de la Sorbona. Es la primera mujer en hacerlo y tiene ante sí un auditorio con ciento veinte estudiantes, periodistas y público. Había ingresado en esa universidad quince años antes en esta misma fecha, dos días antes de cumplir los veinticuatro años.

§ 1963. Investigaciones sobre restos vikingos en América. En 1960, el explorador noruego Helge Marcus Ingstad encontró al norte de la isla de Terranova (Canadá) los restos de un asentamiento en L'Anse aux Meadows (la ensenada de las Medusas). Un equipo internacional de arqueólogos, dirigido por su esposa Anne Stine, comenzó más tarde las excavaciones, dando a conocer el 5 de noviembre de 1963 que los restos databan de alrededor del año 1000 y estaban relacionados con el islandés Leif Erikson, segundo hijo del vikingo Erik el Rojo. En dataciones recientes se ha concretado que fue entre 990 y 1050 cuando los vikingos llegaron desde Europa a aquellos lugares ricos en pastizales y salmones, además de madera, la materia prima esencial para construir casas y barcos que escaseaba en Islandia, lo que parece apuntar un motivo de aquel campamento. Todo ello, quinientos años antes del viaje de Colón.

6 DE NOVIEMBRE

§ 1572. De esta fecha son los primeros testimonios de la aparición de una nueva estrella muy brillante en la constelación de Casiopea. Lo que hoy conocemos como una «supernova» era un fenómeno contrario a una de las suposiciones de Aristóteles, la inmutabilidad de los cielos. Cinco días más tarde, cuando era más brillante que Venus, el astrónomo Tycho

Brahe comenzaría una meticulosa observación del fenómeno, que pudo contemplar a simple vista durante dieciséis meses. A ella dedicó su obra *De nova et nullius aevi memoria prius visa stella* (*Sobre la estrella nueva y nunca antes vista en la vida o memoria de nadie*).

§ 1866. Comienza el montaje del reloj de la Puerta del Sol. A mediados del siglo XIX todavía muy pocas personas en España tenían reloj, y para saber la hora en la calle se recurría a los existentes en algunas iglesias y edificios públicos. Hasta entonces, los madrileños que acudían a la Puerta del Sol se fiaban del que había en la iglesia del Buen Suceso, que estaba en la esquina entre la calle de Alcalá y la carrera de San Jerónimo. Tras el derribo del templo, con la reforma que dio lugar a la plaza en 1854, las campanas del reloj fueron cedidas al recién instalado en la sede del Ministerio de Gobernación, cuyo funcionamiento dejaba mucho que desear, con general descontento. Diez años después, en la montaña de Príncipe Pío, el Real Establecimiento del Buen Suceso estaba construyendo un templo donde quería volver a instalar el reloj de la antigua iglesia, y recuperar las campanas cedidas a Gobernación. Todo invitaba entonces a instalar en el flamante edificio de ese Ministerio un reloj de primera categoría, como el que había ofrecido donar en 1863 el relojero Losada.

José Rodríguez de Losada era un leonés de ideas liberales, que había tenido que huir de España en 1828 por la represión de Fernando VII. Pocos años después llegó a ser en Londres uno de los mejores relojeros del momento, con establecimiento en el número 105 de Regent Street. Eran tiempos en que la relojería inglesa ostentaba la supremacía técnica en el mundo. Allí Losada consiguió ser proveedor de cronómetros para la Marina española. En 1860 estuvo en Madrid y fue testigo de la gran manifestación —con motivo de la toma de Tetuán— que tuvo lugar en la renovada Puerta del Sol; se cuenta que fue entonces cuando imaginó construir y regalar a la ciudad un reloj que sustituyera al ejemplar destartalado que veía en la torreta del Ministerio de Gobernación; imaginamos que sin pretender en absoluto emular al que se había instalado el año anterior en la más famosa de las torres del Palacio de Westminster. Tres años duraron las gestiones, y otros tres la fabricación del nuevo reloj. El 6 de noviembre de 1866 comenzó el montaje de la magnífica maquinaria que había sido construida en Londres por Losada. También se hubo de rehacer la torreta, para albergar adecuadamente las tres campanas, que quedaron en la parte superior. En una de ellas figura la inscripción: «José Rodríguez de Losada a la Villa y Corte de Madrid 1865».

El reloj, inaugurado el 19 de noviembre por la reina Isabel II, tiene una maquinaria con movimiento impulsado por la lenta caída de tres pesas, suspendidas de sus cables de acero, arrollados a otros tantos tambores que hacen girar. El central genera el movimiento de las agujas, y los otros dos corresponden a las sonerías de horas y cuartos. El giro del cilindro central, tras comunicarse a dos ruedas dentadas, se transforma en un movimiento de vaivén gracias a un áncora, con rueda de escape especial (sin retroceso), y vinculada a un péndulo de tres metros de longitud que oscila cada dos segundos. El movimiento resultante se transmite a un eje que luego distribuye a las cuatro esferas que tiene el reloj. Se trata de una maquinaria de alta calidad y precisión, con un retraso de solo cuatro segundos al mes. La bola que vemos caer en Nochevieja —y que antiguamente servía para sincronizar con ella los relojes, todos los días a las doce— funciona ahora únicamente en esa ocasión, de modo simbólico. Fue en 1916 cuando comenzaron a reunirse los vecinos de Madrid esa noche en la Puerta del Sol, y desde 1962 se retransmiten desde allí por televisión las campanadas que marcan el comienzo del año, lo que ha contribuido a convertir ese reloj en el más famoso de España.

§ 1915. Éxito del «ajedrecista» de Torres Quevedo. El ingeniero Leonardo Torres Quevedo había trabajado desde finales del siglo XIX en la construcción de máquinas automáticas de cálculo, en la línea de Charles Babbage. Durante la Feria Mundial de París de 1914 causó gran sensación su máquina el Ajedrecista, presentada en el Laboratorio de Mecánica de la Sorbona, y el éxito fue recogido por la revista *Scientific American*, que el 6 de noviembre de 1915 elogiaba ese autómata en un artículo con un expresivo titular: «Torres and His Remarkable Automatic Device. He Would Substitute Machinery for the Human Mind». La máquina, que llevaba electroimanes bajo el tablero, había sido creada por Torres Quevedo en 1912, y era capaz de ganar siempre en un final de rey y torre contra el rey de un oponente humano. Las limitaciones del algoritmo que calculaba las jugadas hacían que no siempre sucediera en un número mínimo de movimientos. El Ajedrecista está considerado como el primer juego por ordenador de la historia.

7 DE NOVIEMBRE

§ 1631. El astrónomo Pierre Gassendi observa el tránsito de Mercurio. Aplicando las leyes de las órbitas elípticas de los planetas, que él mismo había formulado, Johannes Kepler había predicho en sus Tablas Rudolfinas (1627) que en 1631 tendría lugar un tránsito del planeta Mercurio por delante del Sol. Los astrónomos se prepararon para observarlo, y poder así validar aquellas leyes. El 7 de noviembre de 1631 tuvo lugar durante unas horas el tránsito del planeta, cruzando el disco solar. Desde París, Gassendi consiguió observar el fenómeno proyectando la imagen del telescopio sobre un papel. Quedó sorprendido por el diminuto tamaño del planeta.

§ 1822. El poeta y político (entonces presidente de la secreta y efímera Sociedad del Anillo) Manuel José Quintana pronuncia el discurso inaugural de la Universidad de Madrid o Universidad Central, que sería después (con el franquismo) Universidad Complutense de Madrid. Era la primera universidad pública en la capital de España. En su discurso Quintana expuso su idea de la nueva institución, basada en el liberalismo y la Ilustración.

§ 1918. El físico estadounidense Robert Goddard realiza en Maryland una demostración de cohetes de combustible sólido, que son lanzados mediante tubos de distintos diámetros (tubos lanzacohetes). Sus investigaciones posteriores le llevarían a crear cohetes de combustible líquido y otros avances que resultaron de aplicación con el desarrollo de la conquista del espacio.

8 DE NOVIEMBRE

§ 1602. Se inaugura la Bodley's Library (Biblioteca bodleiana), una de las más antiguas de Europa, que se convertirá en la más importante de investigación en la Universidad de Oxford. Lleva el nombre de Thomas Bodley, quien en 1598 se ofreció a hacerse cargo económico y administrativo de ella. Por cierto que, hasta donde yo sé, Bodley fue el impulsor de la exigencia de silencio en las bibliotecas.

§ 1793. En plena Revolución francesa, entre la decapitación de Luis XVI y la de María Antonieta, se abre al público el Museo del Louvre. En la orilla derecha del Sena, en el antiguo Palacio Real, nace un nuevo estilo de museo que viene a representar el histórico traspaso de las piezas de colecciones privadas de Francia —en manos de la monarquía, la Iglesia y la aristocracia—, a galerías de propiedad pública, abiertas a toda la sociedad. Las colecciones crecieron con los años a partir de confiscaciones y conquistas militares. El Louvre es el museo nacional de Francia dedicado tanto a las bellas artes anteriores al impresionismo como a la arqueología y las artes decorativas. Es el museo de arte más visitado del mundo.

§ 1887. El inventor alemán de origen judío Emile Berliner obtiene la patente del «gramófono» en Estados Unidos. Para el registro de sonido opta por el formato de disco, que facilitaba el realizar múltiples copias. Los primeros eran de duración muy limitada, pues un disco de siete pulgadas de una sola cara tenía una duración de unos dos minutos. Berliner fundaría la empresa Berliner Gramophone (la primera discográfica del mundo), la Gramophone Company (propietaria del sello His Master Voice o La voz de su amo) y la Deutsche Grammophon Gesellschaft.

§ 1895. En la noche de este día, el físico Wilhelm Röntgen produce y observa por primera vez la radiación electromagnética de pequeña longitud de onda, que sería conocida más tarde como rayos X. Días después, y tras más investigaciones, envió un informe manuscrito y copias de fotografías a lord Kelvin y varios amigos en Glasgow y París. Tras siete semanas de trabajo, el 28 de diciembre envió a la Sociedad Físico-Médica de Würzburgo (Baviera) un manuscrito titulado «*Eine neue Art von Strahlen- Vorläufige Mittheilung*» («Un nuevo tipo de rayoscomunicación preliminar»).

9 DE NOVIEMBRE

§ 1957. Nombres protagonistas en la invención y patente del láser. El físico de la Columbia University (Nueva York) Charles Townes había llegado a construir, en 1954, un dispositivo que ampliaba la intensidad de un haz de microondas gracias al fenómeno de emisión estimulada de la radiación, un fenómeno que había anunciado Einstein. Lo bautizó con el acrónimo MASER (Microwave Amplification by Stimulated Emission of Radiation), y pronto comenzó a pensar en conseguir el mismo efecto en el espectro visible. Fue, sin embargo, el también físico Gordon Gould, quien el 9 de noviembre de 1957 escribió en su cuaderno unas notas explicando el funcionamiento de lo que él denominó LASER, el acrónimo donde la L significaba *light* (luz). Gould fue el primero, pero desconocedor de la mecánica del proceso de patentes, no la solicitó, lo que sí hicieron Townes y el físico Arthur Schawlow, de los Laboratorios Bell de

Nueva Jersey, por su invención independiente de un «máser óptico» tres meses más tarde. La disputa —que implicaba una patente que llegaría a dar tantos beneficios— duró treinta años.

§ 1967. Primera prueba del imponente Saturno V. Los primeros cohetes que utilizó Estados Unidos para enviar misiones tripuladas al espacio corresponden al proyecto Mercury a comienzos de los 60, pero ya entonces se había comenzado a desarrollar un tipo de dispositivo más pesado y potente, el Saturno, que se caracterizaba por tener múltiples motores. Tras la promesa de Kennedy de llegar a la Luna, comenzó a desarrollarse el cohete que podría colaborar en la misión. Después de un arduo trabajo de diseño y ensayos, el 9 de noviembre de 1967 se lanzaba el primer Saturno V, con el Apolo 4, pero sin tripulación a bordo. Era la máquina más poderosa de la historia, de 10 m de diámetro y más de 110 m de altura, capaz de poner en órbita 118 toneladas. Fue el cohete que año y medio después haría historia con el Apolo 11.

§ 1991. Durante dos segundos se consigue obtener energía de una fusión nuclear. Sucedió en Culham (en las afueras de Oxford, Inglaterra), en un experimento realizado por un equipo internacional del JET (Joint European Torus), en el que se generaron 1,7 megavatios de energía eléctrica. Era la primera vez que se lograba una reacción de fusión controlada.

10 DE NOVIEMBRE

§ 1619. El francés René Descartes, de veintidós años, cuenta que esta noche tuvo tres sueños extraños, cuya interpretación dio lugar a su famoso *Discurso del Método*. De su relato quedaron sus frases: «Enseguida advertí que mientras de este modo quería pensar que todo era falso, era necesario que yo, quien lo pensaba, fuese algo». Y también «notando que esta verdad: yo pienso, por lo tanto, soy, era tan firme y cierta, que no podían quebrantarla ni las más extravagantes suposiciones de los escépticos, juzgué que podía admitirla, sin escrúpulo, como el primer principio de la filosofía que estaba buscando». En definitiva: «*Je pense, donc je suis*». En esa obra promueve una nueva forma de pensar basada exclusivamente en la razón, la experimentación y la observación, contribuyendo así al nacimiento de la ciencia moderna.

§ 1871. El periodista Henry Morton Stanley encuentra al doctor Livingstone (supongo). Stanley había tenido una infancia difícil. Nacido en Gales de una madre soltera y con el nombre John Rowlands, fue abandonado y tras pasar por un hospicio abarrotado y descontrolado del que se escapó, a los diecisiete años emigró a los Estados Unidos. Allí parece que fue acogido en Nueva Orleáns, adoptando su nuevo nombre, con el que participó en la Guerra de Secesión, donde militó primero —sin mucho entusiasmo— en las tropas confederadas y luego sucesivamente en el Ejército y en la Armada de La Unión. Finalizada la Guerra Civil se hizo periodista y llegó a ser corresponsal del *New York Herald*, un diario de gran tirada. Fue el editor de ese periódico quien encargó y financió, en 1871, la expedición de Stanley en busca del doctor Livingstone por el corazón de África.

Por entonces, el interior del continente negro era completamente ignorado para los europeos. Las costas de occidente habían sido visitadas por marinos portugueses ya desde el siglo XV, y antes de finalizar esa centuria bordearon el cabo de Buena Esperanza. Las costas de oriente eran conocidas al final del medievo por los navíos que hacían allí escala en la ruta de las especias que al final llevaba hasta Venecia, ruta que se enriqueció a partir de entonces con la llamada «carrera de la India», con escala en la isla de Mozambique. Pero el corazón de África permanecía en blanco en los mapas.

David Livingstone, un escocés de familia muy religiosa, estudió medicina y teología, y quería ser misionero. Viajó al sur de África con veintiocho años y la idea de promocionar sus tres «C»: «Cristianismo, Comercio y Civilización», pero aquel continente, exuberante de vida y de misterios, le cautivó. Aunque no tuvo éxito como evangelizador, se contagió del «mal de África»; fue el primer europeo en cruzar el desierto de Kalahari. En todo momento, Livingstone destacó por su respeto a los indígenas, y por la lucha contra los traficantes de esclavos. Al volver a Inglaterra se hizo famoso y tuvo un reconocimiento general. Otra estancia en África de cuatro años, ya como explorador, estuvo salpicada de desgracias y contratiempos. El reto de descubrir las fuentes del Nilo seguía pendiente, y el debate era esencialmente si estaban en el lago Victoria o en el lago Tanganica. La Royal Geographical Society encargó a Livingstone resolver ese dilema, y es así como el escocés parte en 1867 desde Zanzíbar hacia el norte de la actual Zambia. En una calamitosa campaña de cuatro años y tras caer enfermo, se refugió en Ujiji, en la orilla oriental del lago Tanganica. Pero pasados dos años sin noticias suyas, en 1869, incluso se le daba por muerto.

Poco después de llegar a África, Stanley oyó hablar de que había un hombre blanco por la zona del lago Tanganica. Montó desde Zanzíbar una enorme caravana, con unos doscientos hombres, e inició un accidentado periplo, preguntando siempre por el médico blanco. Tras ocho meses de búsqueda, se encontraron el 10 de noviembre de 1871, y Stanley tituló su crónica en el *New York Herald* del 15 de julio de 1872 con una frase que se ha hecho famosa: «Doctor Livingstone, supongo». Era un buen detalle de un buen periodista, pero muchos la ponen en duda. Aquella pregunta, evidentemente, sería retórica; era imposible que por allí anduviese otro hombre blanco que no fuera aquel a quien buscaba.

Pasaron juntos cuatro meses, compartiendo experiencias e ilusiones, en los que Stanley aprendió mucho de su experimentado maestro. Livingstone se negó a volver a Inglaterra, pues sabía que su misión no estaba concluida; falleció un año después, y dejó enterrado su corazón en África. Stanley volvió allí de nuevo en 1874 con otra expedición, y resolvió todos los enigmas que quedaban sobre las fuentes del Nilo, pero dejando en el camino una huella de numerosos crímenes. Años después sería el mejor colaborador de Leopoldo II de Bélgica para el genocidio congoleño. Quizás por ello, aunque había descubierto para occidente muchos lugares en África, ninguno lleva su nombre.

§ 1983. Certificado de nacimiento del primer virus informático. En un seminario sobre seguridad de ordenadores celebrado en la Universidad del Sur de California, el 10 de noviembre de 1983, el estudiante de doctorado Fred Cohen presenta el primer testimonio documentado de la existencia de virus informáticos. Allí se los define como «un programa que puede infectar a otros modificándolos e incluyendo una copia de sí mismo». Cohen aplicó un sencillo virus creado por él a un nuevo programa de visualización de datos (VD) escrito para el sistema VAX 11/750. El virus se introdujo en el VD y de allí se propagó al sistema. En su artículo «Experiments with Computer Viruses», publicado en 1984, Cohen atribuye a su profesor Leonard Adleman el empleo de la palabra «virus» con este significado.

11 DE NOVIEMBRE

§ 1620. El primer asentamiento permanente de colonos en lo que hoy es Estados Unidos tuvo lugar con la llegada en este día (calendario juliano) del Mayflower, un carguero que había zarpado de la ciudad inglesa de

Plymouth dos meses antes. Los 102 ocupantes (74 varones y 28 mujeres) son conocidos como *pilgrims* o padres peregrinos, entre cuyos descendientes están presidentes como John Adams, George W. Bush, Franklin D. Roosevelt, y Ulysses S. Grant; también famosos del cine como Katharine Hepburn, Marilyn Monroe, Bing Crosby o Clint Eastwood; bueno, y al otro lado de la película, también George Eastman.

§ 1955. La revista *Science* publica un artículo de Severo Ochoa, firmado junto con sus colegas Marianne Grunberg-Manago y Priscilla J. Ortiz, de la Facultad de Medicina de la New York University (NYU) sobre un enzima o fermento que permitía sintetizar *in vitro* el ácido ribonucleico (ARN). Por ello recibió el asturiano Ochoa el Premio Nobel de Fisiología o Medicina en 1959, junto con su antiguo discípulo y amigo Arthur Kornberg, que había conseguido la síntesis del otro ácido nucleico esencial, el ADN.

§ 1974. Hay un «encanto» en las entrañas de los núcleos atómicos. Cuando en 1964 los físicos Murray Gell-Mann y George Zweig postularon (de manera independiente) la existencia de los quarks, partículas elementales constituyentes de protones y neutrones, solamente imaginaron tres tipos: *up* (arriba), *down* (abajo) y *strange* (extraño), pero en 1970 ya se propuso que los quarks deberían tener seis tipos o «sabores» distintos. Hubo que esperar hasta el 11 de noviembre de 1974 para tener noticia del descubrimiento, por dos equipos estadounidenses, de una partícula subatómica (el mesón J/psi) que implicaba la necesaria existencia del quark *charm* o quark encanto. Aquel anuncio agitó el mundo de la física de altas energías, dando lugar a lo que se conoce en la comunidad física como la Revolución de noviembre. Hoy ya conocemos los seis tipos de quarks.

12 DE NOVIEMBRE

§ 1732. El ingeniero y físico francés Henri Pitot informa sobre un dispositivo diseñado por él para medir la velocidad del curso del agua del Sena a diferentes profundidades. Por aquel entonces se creía que la velocidad era mayor según la profundidad, y Pitot demostró lo contrario. El aparato se conoce hoy como «tubo de Pitot».

§ 1847. El médico escocés James Young Simpson emplea por primera vez cloroformo como anestésico en una operación. Su empleo para aliviar los dolores de parto fue combatido, argumentando que hacerlo era algo *contra natura*, hasta que la reina Victoria aceptó su uso al dar a luz al príncipe Leopoldo, su octavo hijo, en 1853.

§ 1901. Se otorgan por vez primera los Premios Nobel de Física, al alemán Wilhelm Röntgen, por su descubrimiento de los rayos X; y de Química, al neerlandés Jacobus van't Hoff, por su trabajo sobre velocidades de reacción y presión osmótica. El de Fisiología o Medicina sería para el alemán Emil von Behring, por lograr un suero contra la difteria.

§ 1929. El comandante y explorador estadounidense Richard E. Byrd, con el piloto Bernt Balchen y dos compañeros más, realiza el primer vuelo sobre el Polo Sur. Dado que no podían utilizar la brújula, Byrd hubo de orientarse por el Sol. El viaje de ida y vuelta, desde la base en la punta norte de la isla Roosevelt, en el mar de Ross, duró dieciocho horas y catorce minutos.

13 DE NOVIEMBRE

§ 1851. Se envía el primer mensaje telegráfico mediante cable submarino a través del canal de la Mancha, entre Dover (Inglaterra) y Calais (Francia). Era el segundo intento de tendido, con un cable reforzado con gutapercha, tras uno fallido el año anterior, cuando se demostró la fragilidad del cable sin protección suficiente.

§ 1907. El ingeniero francés Paul Cornu, que se dedicaba a la fabricación de bicicletas, lleva a cabo el primer vuelo en un aparato que funciona gracias a un rotor. El considerado primer vuelo de un «helicóptero» en la historia tuvo lugar en Lisieux (Francia). El aparato logró elevarse del suelo unos treinta centímetros durante veinte segundos, gracias a un motor de 24 CV con dos rotores ubicados a ambos lados del mismo. Ese mismo día consiguió elevarse hasta metro y medio.

§ 1971. La Mariner 9, el primer objeto creado por humanos en alcanzar otro planeta, entra en órbita de Marte, a una distancia mínima (*periapsis*) de 1400 km, dando una vuelta cada doce horas. Desde allí comienza a hacer un reportaje fotográfico de la superficie, registrando los cambios en la misma y en la atmósfera marciana. Estuvo en funcionamiento hasta octubre de 1972 y en total envió a la Tierra cincuenta y cuatro mil millones de bits de datos, incluyendo 7329 fotografías.

14 DE NOVIEMBRE

§ 1666. En el famoso diario del británico Samuel Pepys, en una anotación del 14 de noviembre de 1666, nos queda el primer testimonio de una transfusión de sangre arterial entre dos perros, realizada el año anterior. La pionera operación fue realizada —a modo de experimento de fisiología— por el médico de Oxford Richard Lower. Faltaban cuatro decenios para que Harvey plantease la idea de circulación sanguínea y el papel del corazón como bomba. Pepys cuenta cómo el perro donante llegó a morirse, mientras que el receptor fue capaz con ello de «revivir». Por su parte, Lower realizó el año siguiente la primera transfusión de una pequeña cantidad de sangre de un cordero a un adulto humano.

§ 1888. Se inaugura en París el Instituto Pasteur, construido por suscripción popular para que el bacteriólogo francés pudiese formar un equipo de investigación en biología. Su misión es contribuir a la prevención y tratamiento de las enfermedades, sobre todo las causadas por microorganismos.

§ 1924. Una vez aprobado el Reglamento de Radiodifusión y tras recibir la autorización gubernamental, comienzan las emisiones regulares de Radio Barcelona EAJ-1, embrión de la Sociedad Española de Radiodifusión (Cadena SER). Otras emisoras pioneras en España fueron Radio España EAJ-2 y Radio Ibérica EAJ-6.

§ 1985. Descubrimiento del primer fullereno. Hasta finales del siglo XX las únicas formas conocidas del carbono puro eran el grafito y el diamante, dos sustancias de propiedades físicas absolutamente distintas, y que se explican proponiendo diferentes estructuras para las redes formadas por los átomos de carbono en ambos casos. Tras once días de investigación conjunta, los químicos Robert Curl, Jr. y Richard Smalley, de la Universidad de Rice (Houston), junto con Harold Kroto, de la Universidad de Sussex (Inglaterra), concluyeron que era posible que el carbono puro existiese también formando una red de pentágonos y hexágonos cerrada en forma de esfera, con sesenta átomos. Era el primero de los llamados fullerenos, cuyo descubrimiento anunciaron en *Nature* el 14 de noviembre de 1985, y por ello obtuvieron el Nobel en 1996.

§ 1492. Cristóbal Colón se entera por el judío converso Luis de Torres, intérprete oficial de la expedición, y del marino Rodrigo de Jerez, de que los indios usan tabaco enrollado «en hojas de palma y maíz, a la manera de un mosquetón hecho de papel» y lo encienden en un extremo para aspirar el humo por el otro. Afirman que los nativos se les presentaron con «hojas secas que desprendían una peculiar fragancia». Se dice que Rodrigo de Jerez fue el primer europeo en fumar.

§ 1744. El físico Gowan Knight presenta a la Royal Society de Londres sus investigaciones para crear imanes permanentes a partir de acero, en lugar de hierro dulce. Con ese material se hicieron nuevas agujas en forma de rombo, que permitían brújulas más precisas y duraderas. Obtuvo la patente en 1766.

§ 1904. El empresario King Camp Gillette recibe la patente de una maquinilla de afeitar de seguridad, que utiliza cuchillas de acero muy delgadas, con filo en dos lados opuestos, lo que duplica su vida. Por su bajo precio pueden desecharse a los pocos usos, cuando pierden el filo. En un año vendió 123.648 hojas.

§ 1960. Las pilas alcalinas vienen para triunfar. A finales del siglo XVIII Alessandro Volta creó la primera pila eléctrica, apilando (de ahí viene el nombre) alternativamente discos de zinc y cobre separados por otros de cartón o fieltro empapados en salmuera. Aquel dispositivo creaba una corriente eléctrica continua, e hizo posibles numerosos estudios sobre los efectos de la electricidad. El interés del invento fue tal que durante todo el siglo XIX se sucedieron numerosos intentos de mejorarlo, cambiando los metales (electrodos) y los líquidos de contacto (electrolitos). Un logro importante fue fruto del trabajo de John Daniell (1836), que utilizó también electrodos de cinc y cobre, pero sumergidos en disoluciones de sus respectivos sulfatos, separadas por un tabique poroso. Con esta disposición se conseguía un voltaje más constante con el tiempo de funcionamiento.

Otra aportación notable fue la de Georges Leclanché (1868), utilizando electrodos de cinc y carbón, y disolución de cloruro amónico como electrolito. Su innovación dio paso a la llamada «pila seca», que era de fácil almacenamiento, y en definitiva constituye una categoría amplia a la que pertenecen todas las pilas que usamos hoy, y que en general las distingue de las que tienen el electrolito en forma líquida, como las baterías de los coches. La pila seca más común se compone de un recipiente cilíndrico de zinc que hace de electrodo negativo (ánodo) y un electrodo positivo (cátodo) consistente en una barra central de grafito rodeada de dióxido de manganeso, que actúa como despolarizador, para que el grafito se encuentre siempre en contacto con el electrolito, que es una pasta de cloruro de zinc y cloruro de amonio. Estas pilas tenían el riesgo de fugas del electrolito, porque el recipiente de zinc se consume con el uso, pero fueron las primeras con una amplia utilización.

Un hito singular fue la llegada de las pilas alcalinas, así llamadas porque el electrolito contiene iones de potasio, un metal alcalino. Tras años de investigación, la patente se otorgó el 15 de noviembre de 1960 al ingeniero químico Lewis F. Urry, juntamente con P.A. Marsal y Karl V. Kordesch, quienes trabajaban para Union Carbide Corporation. Urry había recibido el encargo de mejorar la duración de la pila de zinc-carbono, que al utilizarse en algunos cochecitos de juguete no duraba más que unos minutos, pero él estaba convencido de que habría que buscar algo diferente. Tras numerosos ensayos descubrió que una pila con dióxido de manganeso y zinc funcionaba mejor con un electrolito alcalino, como el hidróxido de potasio. Este tenía la ventaja de que no atacaba al zinc como lo hacía el amonio de las pilas salinas que se usaban entonces. Además, mejoró la potencia de la pila usando como cátodo una amalgama de zinc en polvo. La solicitud de patente aseguraba que mientras cuatro pilas de zinc-carbono conectadas en serie daban un potencial de 4,5 voltios y podían encender una bombilla de 1,25 amperios durante menos de una hora, la nueva alcalina ofrecía un brillo superior durante seis o siete horas. En pilas de igual tamaño, y con la misma tensión nominal de 1,5 voltios, las alcalinas duran más que las salinas porque pueden tener electrodos más pequeños y de materiales más puros. Al comienzo las pilas alcalinas incluían una fina película de amalgama de mercurio alrededor del electrodo de zinc, para evitar reacciones secundarias. Las mejoras posteriores hicieron posible reducir por completo en casi todos los modelos la presencia de mercurio, dadas las regulaciones internacionales, y hacer que las actuales duren hasta cuarenta veces más. Se calcula que cada año se venden en el mundo diez mil millones de pilas alcalinas.

16 DE NOVIEMBRE

§ 1855. El explorador escocés David Livingstone es el primer europeo en ver las cataratas del río Zambeze que están hoy en la frontera entre Zambia y Zimbabue. Les puso el nombre de la reina Victoria, cuando tenían nombres indígenas más poéticos y descriptivos como Mosi-oa-Tunya (el humo que truena), ya que el estruendo de esa cascada llega a escucharse a cincuenta kilómetros de distancia. Constituyen la cortina de agua mayor del planeta.

§ 1945. El equipo de investigadores de la Universidad de California en Berkeley, formado por Glenn Seaborg, Ralph A. James y Albert Ghiorso, anuncia la obtención de dos nuevos elementos, tras bombardear plutonio con neutrones. Son los denominados Americio (número atómico 95) y Curio (96), este último así designado en honor de Marie y Pierre Curie.

§ 1973. Lanzamiento de la última misión con destino al Skylab estadounidense, con una tripulación de tres astronautas, Gerald P. Carr, William R. Pogue y Edward C. Gibson. Además de miles de observaciones solares y terrestres realizadas durante este vuelo, los astronautas dieron cuatro paseos espaciales, incluyendo uno el día de Navidad para observar el cometa Kohoutek, que había sido descubierto en marzo de ese año. También efectuaron estudios sobre parámetros médicos y mantuvieron su condición física caminando en cintas de correr y pedaleando en una bicicleta estática. Después de 1214 órbitas, la tripulación regresó a la Tierra y amerizó el 8 de febrero de 1974.

17 DE NOVIEMBRE

§ 1773. Primer registro de un meteorito caído en España. Hasta la fecha se han registrado en el mundo más de mil ocasiones en que la caída de un meteorito a la superficie terrestre ha sido apreciada por testigos. El número de hallazgos de piedras procedentes del espacio exterior es mucho mayor, ascendiendo a unos 31.000, con un tamaño que varía entre pocos milímetros hasta decenas de metros. Dada la enorme energía cinética que acumulan en el momento del choque, muchas veces el meteoroide se volatiliza sin dejar más rastro que el cráter de impacto. De estos han sido inventariados unos centenares de ese presunto origen, entre los cuales cerca de 170 lo son con mucha probabilidad. El más conocido es el cráter Barringer, en Arizona, así llamado porque fue el geólogo Daniel Barringer el primero en sugerir, en 1903, que aquella singular formación era debida al impacto de un meteoroide. Hace sesenta y seis millones de años, la caída de un meteorito en la península de Yucatán (México) acabó con el 76 % de las especies de la Tierra, incluidos los dinosaurios, y dejó un cráter que hoy mide 180 km de diámetro. El mayor de todos los cráteres de impacto se encuentra en la Antártida, con un diámetro de 480 km.

Entre los meteoritos caídos en España, el primero en ser registrado data del 17 de noviembre de 1773. Fue al mediodía cuando dos paisanos que se encontraban en un campo de los Monegros, en el municipio de Villanueva de Sigena (Huesca), escucharon tres intensos golpes, provocados por el impacto contra el suelo de una roca que rebotaba para caer de nuevo a corta distancia. Tras la sorpresa inicial, se acercaron a la piedra, que según sus declaraciones «desprendía un olor fétido». Se atrevieron a tocarla con la azada, y luego con la mano, comprobando que estaba muy caliente. Por la tarde llevaron su hallazgo al cura, que se hizo cargo de la pieza. Con una balanza romana midieron su masa, que resultó ser de «nueve libras y una onza» (4,178 kg). Tras repartir varios fragmentos entre familiares y amigos, el ejemplar llegó al capitán general y fue examinado por otras autoridades civiles y religiosas. Entregada a la Casa Real, la roca pasó a formar parte del Real Gabinete de Historia Natural en 1774. En la relación de *Meteoritos españoles* de Antonio Paluzíe (1951), se detalla: «El fragmento que está en Madrid pesa 1.800 gramos; densidad 3,46; tiene una costra negra y vidriosa, frágil; su interior es gris azulado estructura oolítica». La pieza mayor y otras pequeñas se conservan hoy en el Museo Nacional de Ciencias Naturales, existiendo fragmentos en varios museos de Europa y América.

En vista de su interés, se envió para su análisis al químico Joseph Louis Proust, que publicó sus resultados en 1804. Proust comienza diciendo que «Nadie duda ya hoy de que han caído piedras de la atmósfera en distintos puntos de la Tierra», y dada la semejanza en la composición de las mismas se piensa en un origen común, enunciando distintas hipótesis y hasta se aventura a pensar que procedan de los «volcanes de la Luna». Hasta entonces la idea común era que los meteoritos eran fragmentos de rocas terrestres, que volvían a caer después de haber sido lanzados al espacio por un proceso violento. Ya Plinio el Viejo, en su *Historia Natural* (77 d. C.) había afirmado que «Si llueven piedras, es porque los vientos las elevaron primero». Evidentemente, la creencia aristotélica impedía pensar que las piedras pudieran venir de más allá de la Luna, y el estudio científico de los meteoritos no comenzó hasta el siglo XVIII.

El primero en sugerir un origen extraterrestre fue el físico alemán Ernst Chladni, quien en 1794 publicó «Sobre el origen de la masa de hierro encontrada por Pallas y otros similares, y algunos fenómenos naturales asociados», escrito que fue acogido con críticas y algunas burlas. A mediados del siglo XIX la idea dominante seguía siendo que provenían de volcanes en la Luna, pero poco a poco se fue imponiendo la hipótesis de Chladni, mientras los museos de ciencias naturales incrementaban sus colecciones de meteoritos y el estudio de los mismos. La primera datación se realizó en 1956, resultando que aquel ejemplar ferroso tenía 4550 millones de años. En la actualidad, con métodos de datación y análisis sofisticados, tras mejor exploración del sistema solar y nuevos recursos para observación astronómica, hemos verificado meteoritos de origen marciano y también de origen lunar. La mayor parte (más del 85 %) de los meteoritos son condritas, compuestas de gránulos redondeados de silicatos, entre otros materiales, que suelen contener aminoácidos y otras moléculas orgánicas. De ahí la hipótesis de que ellos albergan secretos sobre el origen de la vida en la Tierra.

§ 1791. Los químicos Antoine Lavoisier y Armand Séguin presentan a la Academia de Ciencias francesa un informe explicando las semejanzas desde el punto de vista químico entre la combustión y la respiración. Hoy sabemos que ambos procesos corresponden a reacciones de oxidación, en las que se desprende dióxido de carbono.

§ 1869. Tras solamente diez años de obras tiene lugar la inauguración del canal de Suez, en una ceremonia que contó con la presencia de la emperatriz Eugenia de Montijo, esposa de Napoleón III. La nueva vía, de cien millas de longitud (unos 190 km), enlaza el mar Mediterráneo con el mar Rojo, acortando sensiblemente la ruta comercial entre Europa y Asia.

18 DE NOVIEMBRE

§ 1913. El famoso piloto acrobático Lincoln Beachey se convierte en el primero en realizar un *loop* o bucle con su aeroplano. En North Island (San Diego, California) cuando volaba a trescientos metros de altura, realizó un ascenso vertiginoso y poco después volaba de cabeza hacia abajo. Completó la voltereta a cien metros de altura. Después de realizar acrobacias inverosímiles, murió en 1915, a los veintiocho años, en un accidente durante una exhibición.

§ 1928. Walt Disney estrena el cortometraje *Steamboat Willie* (*Willie y el barco de vapor*), primera cinta sonora de dibujos animados, en blanco y negro, que haría famosos a Mickey y Minnie Mouse. El año anterior, tras ver *The Jazz Singer*, Disney se había comprometido a hacer la primera película de animación con sonido sincronizado. La película tuvo gran éxito de crítica.

§ 1963. Nuevos teléfonos, con botones en lugar de disco de marcar. Los teléfonos con disco entraron en el mercado a comienzos del siglo XX, esencialmente tras una patente en 1891 del inventor estadounidense Almon Brown Strowger, y aquel modo automático de marcar fue sustituyendo paulatinamente a las centralitas atendidas por telefonistas. El 18 de noviembre de 1963 comenzaría su declive cuando la compañía Bell System instala el primer aparato, fabricado por Western Electric, capaz de marcar gracias a un teclado de diez botones. Pronto se comprobó que la tarea de marcar era más rápida con el nuevo dispositivo, y no tardó en imponerse. Dada su demanda, al principio las empresas de telefonía ofrecían los nuevos terminales como un servicio opcional, por un suplemento. En 1968 vendría el sistema con doce teclas, incorporando las correspondientes a los pulsadores con los signos «*» y «#».

19 DE NOVIEMBRE

§ 1819. Inauguración del Museo del Prado. El Museo Nacional del Prado es el más importante de España y una de las mejores pinacotecas del mundo. En su creación tuvo un papel decisivo la joven reina consorte María Isabel de Braganza, que a instancias de Francisco de Goya consiguió que las obras que estaban apiladas en los sótanos del monasterio del Escorial viajasen a Madrid, para ser exhibidas. Se reunieron 311 pinturas de la colección real, todas de autores españoles. El edificio elegido para albergar la naciente pinacoteca fue el que estaba destinado a Gabinete de Historia Natural, en el prado de los Jerónimos, pero su construcción aún no estaba finalizada y se adaptó al nuevo uso. Con el nombre de Real Museo de Pintura y Escultura se inauguró oficialmente el 19 de noviembre de 1819, un año después del fallecimiento de su promotora y con ocasión de la boda de Fernando VII con María Josefa Amalia de Sajonia (que aún no había cumplido los dieciséis años).

§ 1837. Se inaugura en Cuba (entonces territorio español) el ferrocarril entre La Habana y Bejucal. Es el primero en España, once años antes que el Barcelona-Mataró, y el segundo en América (tras el inaugurado en 1830 en Estados Unidos entre Baltimore y Ohio). A finales de 1839 la línea se completó llegando hasta la ciudad de Güines, con un recorrido total de 44,5 km.

§ 1931. El químico y médico alemán Adolf Otto Windaus, que había obtenido el Nobel de Química en 1928 por su trabajo con esteroles (incluido el colesterol), hace público que ha sido posible la obtención de la vitamina D cristalizada. Lo consiguió mediante una reacción fotoquímica, irradiando con luz ultravioleta el ergosterol. Era la primera vez que se aislaba una vitamina en forma pura.

20 DE NOVIEMBRE

§ 1567. A mediados del siglo XVI estaba en auge el conocimiento del gran océano que había descubierto Núñez de Balboa en 1513, y que por primera vez cruzó Magallanes ocho años después. Luego fueron numerosas las expediciones españolas desde México a Filipinas, y de hecho, al descubrirse por Andrés de Urdaneta una posible ruta de regreso, de Manila a Acapulco, en 1565 llegó a establecerse con carácter regular (una o dos veces al año) el comercio a través del galeón de Manila.

El 20 de noviembre de 1567 salió del puerto del Callao (Lima) la expedición del berciano Álvaro de Mendaña y Neira. Su propósito oficial era encontrar la mítica Terra Australis Ignota (Tierra del Sur desconocida) y explorar el Pacífico Sur, pero también buscar unas islas llenas de oro de las que hablaban los quechuas, y donde ya se imaginaban las minas de oro del rey Salomón. Esa expedición descubrió unas islas donde no había oro, pero terminaron llamándose Islas Salomón.

§ 1866. Con el nombre de «velocípedo», el francés Pierre Lallement —recién establecido en los Estados Unidos— recibe la patente, el 20 de noviembre de 1866, de un vehículo de dos ruedas que lleva aplicados directamente al eje de la delantera unos pedales, con un mecanismo de manivela. Ello suponía un avance fundamental con respecto a la draisiana o «máquina andante», el primer vehículo de dos ruedas en línea, que tenía un manillar y se montaba como un caballito, impulsándolo con los pies en el suelo. Al no encontrar en Estados Unidos ningún fabricante interesado por su invento, Lallement regresó a París en 1868, cuando comenzaban a tener popularidad las bicicletas a pedales de Pierre Michaux y su hijo Ernest. Todavía se discute sobre quién es el auténtico «padre» del invento de los pedales.

§ 1998. Despega la Estación Espacial Internacional. *Zaryá* (amanecer, en ruso) quiso ser el símbolo de una nueva era de cooperación, tras la carrera espacial que había tenido lugar durante la Guerra Fría en el pasado siglo. Ese es el nombre que se dio al primer módulo de la Estación Espacial Internacional, conocida por sus siglas en inglés como ISS. Este empeño de la ingeniería es posiblemente la mayor obra conjunta que haya realizado nunca la humanidad, y todo comenzó el 20 de noviembre de 1998. Desde el cosmódromo de Baikonur, en Kazajistán, un cohete Protón salió al espacio portando aquel primer módulo, diseñado para facilitar la energía necesaria en las operaciones iniciales de la soñada primera ciudad en el espacio. Dos semanas después, lanzado desde los Estados Unidos, se le incorporaría el módulo Unity. Tras dotarla de otros componentes que, entre otras funciones, permitían la comunicación con la Tierra y la disposición de la energía necesaria a partir de más paneles fotovoltaicos, a finales del año 2000 llegaría a la ISS la primera tripulación permanente.

Era la primera piedra de un laboratorio en el espacio. Tras quince años de planificación y diseños, comenzaba entonces a tomar forma un proyecto que había sido iniciado por la NASA en 1984, e incluía también a Canadá, Japón y a los once países miembros de la Agencia Espacial Europea (ESA). Tras los ajustes necesarios para adecuar los objetivos a las continuas restricciones presupuestarias, a la optimización de recursos y a la garantía de cooperación internacional, se invitó también a participar a Rusia, lo que fue aceptado a principios de 1994. Actualmente trabajan en el proyecto dieciséis países. La ISS, con el tamaño de un campo de fútbol, vuela sobre nuestras cabezas dando una vuelta cada hora y media, a una altura de unos cuatrocientos kilómetros, a más de 26.000 km/h. El proyecto tuvo siempre retrasos y momentos de incertidumbre, debido a problemas presupuestarios, pero a lo largo de estos años ha incorporado numerosos módulos y recibido a casi trescientos astronautas. En octubre de 2003, el español Pedro Duque visitó durante diez días la estación, en el marco de la misión Cervantes de la ESA.

La ISS representa un excepcional laboratorio de investigación para estudios científicos y tecnológicos en situación de microgravedad. Por ejemplo, los relativos a nuevos materiales y la fabricación de productos;

la mecánica de fluidos; la biología y desarrollo de plantas y animales; el crecimiento de cristales minerales y de proteínas; los cultivos celulares, y muchos otros análisis, incluyendo el comportamiento del cuerpo humano en tales situaciones. En la ISS también se pueden llevar a cabo estudios en relación con la astronomía, con la futura exploración de otros planetas o con las condiciones ambientales y meteorológicas terrestres, que no pueden llevarse a cabo en misiones espaciales de duración más corta.

La preocupación actual es que la ISS no durará para siempre. Diseñada para veinte años, y con tecnología tan efímera como es la de nuestro tiempo, su mantenimiento se hará insostenible dentro de pocos. Dado que el desmantelarla e ir bajando las piezas resulta muy caro, quizás se termine por estrellarla de modo controlado en algún lugar oceánico de nuestro planeta.

21 DE NOVIEMBRE

§ 1783. Jean François Pilâtre de Rozier, profesor de física y química, y el marqués Francois Laurent d'Arlandes se convirtieron en los primeros hombres en realizar un vuelo libre. Su globo de aire caliente despegó de La Muette (Bois de Boulogne, París) y durante veinticinco minutos volaron trece kilómetros hasta las afueras de París, alcanzando una altura de novecientos metros. Entre los espectadores se encontraban Benjamin Franklin y el rey Luis XVI, quien había ofrecido para realizar aquel vuelo a dos prisioneros, pero Pilâtre no quiso que ellos tuvieran la gloria de ser los primeros hombres en volar.

§ 1877. Tras varias experiencias en registrar sonido sobre papel encerado, Thomas Edison anuncia la invención de su «talking machine» («máquina parlante»), una grabadora que registra el sonido en un tambor cilíndrico de madera recubierto de papel de estaño y que se hace girar mediante una manivela. En su demostración de ese fonógrafo que podía grabar el sonido y también reproducirlo, el día 29 de ese mes, recitó el texto de la canción infantil *Mary had a little lamb* (*María tenía un corderito*). Parece que Edison la imaginó como una máquina de dictado, pues dos meses antes había afirmado que tenía intención de «grabar automáticamente el discurso de un orador muy rápido, y reproducirlo luego o años después, conservando las características de la voz para que las personas familiarizadas con él lo reconozcan». El papel de aluminio, sin embargo, solo sobreviviría a unas pocas reproducciones.

§ 1953. El British Museum declara oficialmente que es un «fraude cuidadosamente preparado y perfectamente ejecutado» el que inventó los fósiles del hombre de Piltdown. Había sido presentado en 1912 en la Geological Society of London por su «descubridor» Charles Dawson, acompañado por Arthur Smith Woodward, conservador de Geología del Natural History Museum. El supuesto «eslabón perdido» no era más que un conjunto de treinta y siete piezas, seleccionadas y manipuladas, de restos de humanos modernos, orangutanes y otros animales.

22 DE NOVIEMBRE

§ 1559. En Aranjuez, Felipe II firma, como rey de la Corona de Castilla, una pragmática por la que prohíbe a sus súbditos estudiar en las universidades extranjeras. Las excepciones incluyen las de la Corona de Aragón, la portuguesa de Coimbra y las de Bolonia, Roma y Nápoles. Todo ello porque las universidades castellanas se quedaban sin alumnos, además de perderse «dineros».

§ 1875. La revista *Comptes Rendus Hebdomadaires des Séances de l'Académie des Sciences* publica una nota de Dmitri Mendeléyev titulada «Remarques à propos de la découverte du gallium». En ella afirma que el elemento galio, recién descubierto, era idéntico al eka-aluminio cuya existencia él había predicho, dejando el hueco correspondiente en su tabla periódica. Dos meses antes, el químico francés Lecoq de Boisbaudran había publicado en la misma revista su descubrimiento del galio.

§ 1912. La reacción a la crisis del 98 se prolonga hasta la creación en España de las Bibliotecas Circulantes. Por primera vez se hacía notar la preocupación —y las consiguientes medidas oficiales— sobre la educación y popularización de la ciencia. Desde 1901, por iniciativa del conde de Romanones, entonces joven ministro de Instrucción Pública y Bellas Artes, había ya en el currículo de enseñanza primaria una asignatura sobre «Nociones de ciencias físicas, químicas y naturales». Aquel ministerio también habría de patrocinar la fundación de la Junta para Ampliación de Estudios e Investigaciones Científicas (JAE) en enero de 1907, que trataba de poner a España a nivel europeo, adoptando en este sentido el espíritu de la Institución Libre de Enseñanza (ILE)

La ILE fue pieza esencial en la renovación cultural de nuestro país y en la aparición de la Junta para Ampliación de Estudios, que en las ciencias proponía una educación activa, incluyendo la práctica de excursiones y la creación de museos escolares, procurando ampliar y enriquecer el aprendizaje de las lecturas. Tras la vuelta de los liberales al poder, en mayo de 1910, se fundó el Instituto Nacional de Ciencias Físico-Naturales, cuyo principal objetivo era agrupar a todas las instituciones, laboratorios, museos y demás centros que se dedicaban al fomento de la investigación científica bajo una sola dirección. Ciertamente, la ciencia española estaba viva.

Era entonces cuando el humanista Rafael Altamira, director general de Enseñanza Primaria en el gobierno de José Canalejas, desarrollaba su actividad. En una España donde el analfabetismo todavía se acercaba al 60 % de la población, Altamira saca adelante el 22 de noviembre de 1912 un real decreto por el cual se crean «bibliotecas circulantes», con préstamo de libros y destinadas a las escuelas públicas, consciente de la necesidad «tanto para los maestros como para los niños», de lecturas que sirvan para difundir la cultura e incrementar la curiosidad. «Se procurará nutrirlas de periódicos, revistas y libros que respondan a la divulgación de la cultura general, al cultivo de las industrias, artes y oficios más corrientes». Habría una biblioteca por provincia, con un catálogo de 907 títulos, en selección realizada por el Museo Pedagógico. La formación de los maestros era prioritaria, y a ellos estaban dirigidos 658 de los libros.

Los dedicados a las ciencias incluyen en total veintiún títulos. Seis corresponden a las matemáticas (sobre todo, de aritmética, incluyendo como autores españoles la del maestro Josep Dalmáu y la del especialista en geometría José María Bartrina y Capella) y otras se refieren a ciencias físicas, como la divulgativa *Química popular* de Casimiro Brugués Escuder y los *Primeros ensayos en la física y la química* del pedagogo argentino Ernesto Nelson. Entre los diez libros de ciencias naturales figura como gran estrella *El origen de las Especies* de Darwin. También estaban en la biblioteca *Las maravillas celestes* de Camille Flammarion y *La educación y las Ciencias Naturales* de Thomas Huxley. Otros dos autores españoles figuran en la sección científica de aquella biblioteca. Uno es Antonio Sandalio, catedrático de Agricultura y «jardinero mayor del Real Botánico de esta Corte», con una especializada *Novísima agricultura práctica*, y el ingeniero, matemático y divulgador científico —anecdóticamente galardonado con el Nobel de Literatura— don José Echegaray, con una obra editada en 1910 bajo el título *Vulgarización científica*. Contiene treinta y ocho artículos de actualidad, con títulos como: *El tranvía eléctrico de Madrid, Los juguetes de los sabios, Inventos del Sr. Torres Quevedo,*

La fotografía del sonido, El Metropolitano de París, La telegrafía sin hilos,
Un filamento de carbón, y hasta el sugerente *El tiempo al revés.*

23 DE NOVIEMBRE

§ 1874. La revista *Annalen der Physik und Chemie* publica un artículo del físico alemán Carl Ferdinand Braun donde describe su descubrimiento del efecto rectificador, es decir que ciertos cristales de sulfuros metálicos, como los de galena (PbS), tienen diferente resistencia al paso de la corriente según su orientación en el circuito eléctrico.

§ 1889. Se instala la primera máquina de música por monedas, en el Palais Royale Saloon de San Francisco (California, EE. UU.). El empresario Louis Glass y su socio William S. Arnold, colocaron un fonógrafo eléctrico Edison Clase M con mueble de roble, que habían equipado con un mecanismo de monedas inventado y luego patentado por ellos. Como era antes de existir los tubos de vacío no había amplificación. Por cinco centavos la canción, un cliente podía escucharla usando uno de los cuatro tubos auriculares. La máquina fue un éxito total.

§ 1976. En aguas de la isla de Elba (Italia), el francés de cuarenta y nueve años Jacques Mayol toma una bocanada de aire y se sumerge hasta cien metros de profundidad. Es el primer hombre en hacer esa marca sin equipo de oxígeno. Algunos llamaron «hombre delfín» a este apneísta que fue objeto de numerosas investigaciones sobre la fisiología del ser humano bajo el agua.

24 DE NOVIEMBRE

§ 1859. Agotados todos los ejemplares del libro de Darwin sobre el origen de las especies publicado hoy. Dos de los más prestigiosos miembros de la Linnean Society de Londres, el geólogo sir Charles Lyell y el botánico Joseph Dalton Hooker, en una sesión celebrada el 1 de julio de 1858, habían presentado una comunicación con varios escritos de Charles Darwin y Alfred Wallace. Lo hicieron bajo un título común: «Sobre la tendencia de las especies a formar variedades; y sobre la perpetuación de variedades y especies por medios naturales de selección». En el texto de remisión afirmaban que ambos naturalistas habían llegado a concebir una misma teoría de modo independiente, especificando que el primer manuscrito de Darwin sobre el tema, nunca publicado, se remontaba al año 1839, y que por su parte Wallace había redactado el suyo en febrero de aquel año en curso. Ninguno de los dos autores pudo presenciar la lectura, pues Darwin acudió al funeral por su hijo, que había fallecido de escarlatina tres días antes, y Wallace se encontraba de exploración científica en el archipiélago malayo.

Aquella reunión no tuvo repercusión alguna, pero de algún modo obligaba a Charles Darwin a hacer público todo lo que sobre la «transmutación de las especies» llevaba rumiando desde hacía tanto tiempo. La primera idea le había surgido a raíz de los descubrimientos realizados en su viaje en el Beagle; sobre todo, de sus famosas observaciones en las islas Galápagos en 1834, y, también, según sus propias palabras, tras leer el libro de Malthus *Ensayo sobre el principio de la población*. No están claras las razones por las cuales Darwin tardó más de veinte años en publicar sus ideas, pues ya se había convertido en un científico conocido y respetado. Lo cierto es que el desencadenante para hacerlo fue el saber que Wallace había llegado a la misma conclusión.

Desarrolló aquella teoría en el libro *Sobre el origen de especies por medio de selección natural, o la conservación de las razas favorecidas en la lucha por la vida*, que vio la luz el 24 de noviembre de 1859 y cuyos 1250 ejemplares se vendieron en el mismo día a quince chelines cada uno. Quince años antes Darwin había dejado escrito a su esposa Emma que, en caso de que él falleciera de repente, dedicase cuatrocientas libras de su herencia a la publicación de un ensayo que había escrito sobre aquel tema (y que fue uno de los dos leídos en la referida reunión de la Sociedad Linneana). El libro que dio origen a la biología evolutiva afirma que las especies no son inmutables, que su selección y aparición no obedecen a ningún plan ni jerarquía predeterminada, pues dependen de los cambios en el entorno, y no necesitan de ninguna inteligencia superior.

El impacto de la publicación del libro, escrito para lectores no especialistas, fue extraordinario en aquella sociedad victoriana, sometida a la siempre difícil separación de las ciencias y las creencias; dio lugar a un debate científico, filosófico y religioso, y su autor se hizo más famoso. A las seis semanas salió una segunda edición, de 3000 copias, y en vida de Darwin se realizarían otras cuatro más, totalizando 18000 ejemplares. A la muerte del científico, la obra se había traducido a once idiomas. La primera versión completa en español es de 1877 y está realizada a partir de la sexta edición inglesa (1872). Como curiosidad, hay que mencionar que la palabra evolución, que hoy nos sirve para designar la idea darwinista, no aparece en todo el libro precisamente hasta esa sexta edición, que simplificó su título a *El origen de las especies.*

§ 1903. La primera patente para un motor de arranque, que eliminará la esforzada maniobra de conseguir la ignición a golpe de manivela, se otorga a Clyde J. Coleman, de Nueva York. El sistema fue perfeccionado por los ingenieros Charles F. Kettering y Henry M. Leland, de Dayton Engineering Laboratories Company (DELCO), y se instalaría en los automóviles a partir de 1912.

§ 1974. Descubrimiento de Lucy. Cuando en 1758 Linneo asignó a nuestra especie el presuntuoso nombre de *Homo sapiens,* nadie se podía imaginar el complicado terreno en que se adentraba. Los primeros restos de Neandertales se encontraron en la primera mitad del siglo XIX (antes de que Darwin hubiera publicado nada sobre evolución), y a comienzos del siglo XX —cuando ya se habían encontrado y estudiado fósiles con similares características de numerosas procedencias— se atrevieron a incluir esa otra especie dentro del género *Homo,* aunque la concepción que se tenía de estos parientes habría de cambiar mucho con los años. Hoy consideramos al «hombre de Neandertal» mucho más próximo y continuamos haciéndonos preguntas sobre los motivos de su extinción. Ellos y nosotros tenemos antepasados comunes, no muy lejanos, y es tema de la paleoantropología avanzar en ese relato.

En 1924, el antropólogo australiano Raymond Dart había identificado el cráneo fósil del «niño de Taung», encontrado en esa localidad de Sudáfrica. El ejemplar —de un individuo de unos tres años— fue definido como homínido, y pocos años después se asignó a la especie *Australopithecus africanus.* Habría vivido hace 2,5 millones de años (Ma). Las características del cráneo, como la posición del *foramen magnum,* parecían indicar que ya caminaba erguido. Los trabajos de Dart fueron prácticamente ignorados y la ciencia sobre nuestros orígenes remotos permaneció casi estancada hasta los hallazgos de la familia Leakey en Tanzania en los años 60. El descubrimiento más famoso tendría lugar poco después, también en África oriental

El geólogo francés Maurice Taieb fue el primero en explorar la formación Hadar, en la región Afar de Etiopía, descubriendo su gran interés paleoantropológico. Allí encontró los primeros fósiles en unos terrenos que sedimentaron hace entre 3,5 Ma y 2,3 Ma, y fue entonces, en 1972, siendo aún estudiante de postgrado, cuando fundó la Expedición Internacional de Investigación Afar (IARE) para investigar a fondo esa depresión geológica en el Cuerno de África, en el considerado lugar más cálido del planeta. Dos años más tarde, Taieb, junto con sus codirectores del IARE,Donald Johanson e Yves Coppens, realizaron allí uno de los descubrimientos más importantes en el campo de la evolución humana.

Era la mañana del domingo 24 de noviembre de 1974 cuando Johanson encontró un fragmento pequeño de hueso fósil; pronto pensó que podría pertenecer a un antepasado humano y la excitación aumentó al hallar fragmentos de cráneo, mandíbula, vértebras... restos de un individuo en unos sedimentos que tenían 3,2 Ma de antigüedad. Era el homínido más antiguo que se había encontrado nunca, y luego se sabría que era también el más completo. Aquella tarde en el campamento, Johanson puso música con una cinta de los Beatles y mientras comentaba que todo parecía indicar que se trataba de un solo individuo, y que probablemente el esqueleto (por su tamaño) perteneciese a una hembra, sonaba por los altavoces el tema *Lucy in the sky with diamonds*. Una compañera del equipo sugirió que se llamase «Lucy» al gran hallazgo del día. Esos restos figuran hoy en el inventario con el código AL 288-1.

Algunos años después se comunicaron los estudios sobre Lucy. Se confirmó que los huesos eran solo de un individuo, y por la pelvis que se trataba de una hembra, que probablemente tuvo descendencia. Pertenecía a una nueva especie que se bautizó como *Australopithecus afarensis*. Lucy tenía un cráneo parecido al de un simio, con una mandíbula robusta y el cerebro pequeño, pero caminaba erguida, con largos brazos y también tenía hábitos arborícolas. Era un ejemplar adulto, pues tenía las muelas del juicio, y calculan que murió a los veinte años. Medía 1,1 m y pesaba menos de 30 kg. Todavía no podemos asegurar que Lucy sea un antepasado nuestro, pues entonces hubo muchas especies de homínidos que sin duda se mezclaron, pero según algunos investigadores sigue siendo un buen candidato.

Hoy creemos que el género *Australopithecus* apareció en África oriental hace unos 4 Ma, para luego extenderse por el continente durante dos millones de años hasta su extinción. En ese período de tiempo existieron al menos cuatro especies diferentes, pero aún restan muchas incógnitas por resolver. El representante más antiguo del género *Homo* sería el *Homo habilis*, especie surgida hace unos 2,8 Ma y de la cual podemos afirmar que utilizaba herramientas de piedra. La evolución posterior, liderada por un proceso de crecimiento rápido de la encefalización, llevó asociado —entre otros logros— el lenguaje y el manejo del fuego, y conduciría, en un camino no lineal y entre otras, a nuestra especie, la única superviviente del género en la actualidad.

§ 1864. Viaje fantástico de Verne al interior de la Tierra. En el segundo de los *Viajes extraordinarios* de Jules Gabriel Verne, el prestigioso y aventurero profesor de mineralogía Otto Lidenbrock emprende una expedición al interior del globo terrestre, acompañado por su temeroso sobrino Axel —narrador de la historia— y el flemático guía Hans. Comienzan descendiendo por un volcán islandés de difícil nombre (Snæfellsjökull) para realizar un viaje plagado de peripecias, en la novela *Voyage au centre de la Terre,* que fue publicada el 25 de noviembre de 1864. Hoy la obra está considerada como la más fantástica y menos científica de Julio Verne. En el interior de la Tierra los expedicionarios descubrirán un mar interior; monstruos marinos; esqueletos y fósiles humanos; mastodontes, y bosques del Terciario, así como la existencia de luz eléctrica. El final del viaje resulta ser Sicilia, pues una erupción del Estrómboli es lo que los devuelve a la superficie terrestre.

§ 1901. El físico británico Owen Willans Richardson presenta un informe en la Cambridge Philosophical Society de sus investigaciones sobre emisión termoiónica. En él concluye que la cantidad de corriente producida al calentar metales y óxidos de metales se incrementa de modo notable a altas temperaturas. Estos trabajos le valieron el premio Nobel de Física en 1928.

§ 1915. Einstein culmina la relatividad general. En el tercero de los artículos publicados durante 1905 —su *annus mirabilis*— el joven Einstein había enunciado los «Postulados de la teoría de la relatividad especial», el principal de los cuales se refería a la constancia de la velocidad de la luz (que no varía aunque el foco emisor se mueva a favor o en contra), y además consideraba que esa velocidad era insuperable. La afirmación implicaba nuevas ideas sobre la medida del espacio y el tiempo, es decir, a lo que miden nuestras reglas y cronómetros, que resulta no ser igual si se emplean en un sistema que está en movimiento a gran velocidad.

Un cuarto artículo saldría publicado el 21 de noviembre de aquel año genial, y en él se establecía la equivalencia entre masa y energía, que quedaba expresada en la ecuación más emblemática y famosa de la ciencia ($e=mc^2$). Todas esas afirmaciones, provenientes de un empleado de la Oficina de Patentes de Berna, ponían patas arriba ideas fundamentales de la física —como las de constancia de la materia o la existencia de un espacio y un tiempo absolutos— que estaban profundamente arraigadas por su compatibilidad con la experiencia cotidiana, y avaladas científicamente por la inmensa autoridad de Isaac Newton.

Había comenzado una nueva revolución científica, pero Albert Einstein no se daba por satisfecho. Le bastó saber en 1907 que el gran matemático Hermann Minkowski había interpretado sus ideas relativistas —proponiendo que el tiempo es una cuarta dimensión geométrica del espacio—, para trabajar sin descanso en formular una teoría general que diese explicación a otro de los conceptos que también era fundamental en Newton: la gravedad. Tras enviar a publicación los cuatro jueves de aquel mes (días 4, 11, 18 y 25 de noviembre de 1915) sendos artículos en los que iba encajando todas las piezas de sus ideas en una urdimbre matemática, el día 25 dio a conocer en Berlín, en la Academia Prusiana de las Ciencias, su teoría general de la relatividad; según ella, el cosmos es un todo absoluto, finito pero ilimitado (curvado sobre sí mismo), dotado de las cuatro dimensiones de Minkowski, y que contiene en sí mismo la materia y energía distribuidas de modo no homogéneo.

La idea revolucionaria que implicaba ese nuevo paradigma de la ciencia es que la materia y la energía pueden interactuar con el tiempo y el espacio. Son precisamente la masa y el movimiento de los astros las que motivan las deformaciones en el espacio/tiempo que se manifiestan como fenómenos gravitatorios. La gravedad terrestre no es más que una consecuencia de la deformación causada por nuestro planeta en ese sistema de cuatro dimensiones. Esa nueva teoría implicaba que la luz habría de ser desviada por un campo gravitatorio, lo que ha sido comprobado (desde 1919) con observaciones muy precisas durante un eclipse de Sol, cuando una estrella lejana que se observa en las proximidades del disco solar muestra un ligero cambio de posición. La teoría general de la relatividad, calificada como el mayor descubrimiento científico de todos los tiempos, abría la puerta a pensar en ondas gravitacionales, lentes gravitacionales, agujeros negros y en general en toda una nueva cosmología.

26 DE NOVIEMBRE

§ 1801. El físico británico Charles Hatchett anuncia a la Royal Society que ha descubierto un nuevo elemento, al que llamó columbium (Cb). Mientras trabajaba para el British Museum analizó un trozo de columbita, un mineral negro muy complejo, en el que descubrió una «tierra nueva», que podía detectar, pero no aislar. En 1846 el químico alemán

Heinrich Rose redescubrió el elemento, al aislarlo. Desde 1950 ese elemento se llama niobio (Nb)

§ 1965. A las 14:47 (GMT) Francia lanzó su primer satélite, Astérix-1, a bordo de un cohete Diamant desde Hammaguira (Argelia, al borde del desierto del Sáhara). Se convierte así en el tercer país en poner un satélite en órbita, después de la URSS, con el Sputnik, y del Explorer 1, estadounidense. El cuarto en situarse en el espacio fue Japón (Osumi 5, 11 de febrero de 1970), seguido de China (China 1, 24 de abril de 1970) y el Reino Unido (Prospero, 28 de octubre de 1972).

§ 1966. El presidente francés Charles de Gaulle inaugura en el estuario de Rance (Bretaña) la primera central mareomotriz del mundo. En ese lugar la diferencia de nivel entre la pleamar y la bajamar es de trece metros. Con una anchura de setecientos metros y dotada de veinticuatro turbinas reversibles de 10 MW de potencia cada una, puede funcionar tanto en la subida como al bajar las mareas, pues se abren las compuertas cuando el desnivel es suficiente. Cada año genera quinientos millones de kWh.

27 DE NOVIEMBRE

§ 1813. Un profesor de química en París, Nicolas Clément, hace público el 27 de noviembre de 1813 que el fabricante y químico Bernard Courtois había obtenido una sustancia desconocida hasta entonces. Se reconocía por unos vapores de color violeta —en griego el color púrpura se denomina ἰοειδής (*ioeidēs*)— que al enfriar se condensaban en unos hermosos cristales oscuros de brillo metálico. Aquellos vapores habían sido observados por vez primera por Bernard Courtois a finales de 1811, trabajando en la fábrica de salitre que tenía su familia en Dijon (Borgoña). Tratando de buscar una alternativa para el salitre en la fabricación de pólvora, Courtois probó a obtener productos de las algas laminarias de Normandía y Bretaña. Aunque durante unos meses investigó sobre la nueva substancia, carecía de recursos para hacerlo en profundidad, por lo que en mayo de 1812 recurrió a dos químicos que conocía, pues eran oriundos de Dijon: Nicolas Clément y Charles-Bernard Desormes, quienes ya sospecharon que se trataba de un elemento similar al cloro en sus propiedades químicas.

§ 1826. Aunque hayan caído en desuso, las cerillas fueron el instrumento más utilizado para encender un fuego durante el siglo XX. Su invento puede atribuirse al farmacéutico inglés John Walker, quien el día 27 de noviembre de 1826 tomó unas astillas de unos diez centímetros de longitud, las rebozó en azufre y colocó en uno de sus extremos una mezcla de clorato de potasio, sulfuro de antimonio y goma arábiga. Para su ignición era suficiente con rascar su cabeza contra cualquier superficie áspera. Walker no patentó su invento, pero cuatro meses después pondría a la venta las primeras cerillas en cajas de cincuenta piezas, con las que se suministraba una hoja de papel de lija. Las cerillas tendrían en pocos decenios distintas variantes, sustituyendo el sulfuro de antimonio por fósforo y otras sustancias.

§ 1911. Se descubre la reacción química de mayor importancia en la cocina. Este día, el químico y médico Louis Camille Maillard presentó en la Academia de Ciencias de Francia una comunicación sobre la acción de los aminoácidos sobre los azúcares. Fue publicada al año siguiente en el *Journal de Physiologie* con el título «Réaction générale des acides aminés sur les sucres», y constituye parte de su tesis doctoral, presentada en 1913. La llamada «reacción de Maillard» es un proceso complejo, y en gran parte, junto con la caramelización, es responsable del color dorado que adquieren los alimentos cuando se asan, tuestan o fríen en aceite. En esos procesos se forman cientos de componentes aromáticos. Para que tengan lugar algunas de estas reacciones la temperatura ha de sobrepasar los 100 °C, por ello casi no se dan en los alimentos cuando se cuecen en agua.

28 DE NOVIEMBRE

§ 1828. La prestigiosa Lectura Bakeriana de la Royal Society, que tiene lugar todos los años en Londres, el día 28 de noviembre de 1828 corrió a cargo de William Hyde Wollaston. Era un titulado en medicina con vocación por la física y química, y que terminó siendo rico por dedicarse a la metalurgia del platino con un procedimiento que había ideado. La conferencia versaba «Sobre un método para conseguir la platina maleable». Fue entonces, ya enfermo de muerte por un tumor cerebral —falleció en menos de un mes— cuando decidió revelar el secreto del método que había concluido en 1805, y que le permitía conseguir el preciado metal en forma utilizable. En aquel proceso de investigación descubrió la existencia de otros dos metales asociados al platino: el rodio y el paladio.

§ 1948. En unos grandes almacenes de Boston se pone a la venta la primera cámara Polaroid, basada en la invención del químico Edwin H. Land, que estará en el mercado hasta 1953. En apenas un minuto aquella máquina fotográfica era capaz de captar una imagen, revelar y producir una copia sobre papel en color sepia.

§ 1967. La joven astrónoma Jocelyn Bell descubre el primer pulsar. Aunque las primeras detecciones de ondas de radio procedentes del espacio tuvieron lugar en los años 30 del pasado siglo, el auge de la radioastronomía se dio una vez concluida la Segunda Guerra Mundial. Uno de los hitos de la historia de los radiotelescopios ocurrió el 28 de noviembre de 1967, cuando en Cambridge (Inglaterra) utilizaron un radiotelescopio con más de dos mil antenas que facilitaban su información en largas tiras de papel. La estudiante de postgrado Jocelyn Bell pudo estudiar, como trabajo de doctorado, el registro de una estrella que emitía ondas de radio a intervalos cortos y separados por intervalos regulares, como la luz de un faro. Tan extraña era aquella emisión que la primera idea fue pensar en extraterrestres, y de hecho el primer nombre que le dieron al descubrimiento fue LGM, de Little Green Men (hombrecillos verdes). Poco después, ella y su director de tesis, Anthony Hewish, se dieron cuenta de que había más casos de estrellas pulsantes. Jocelyn había descubierto el primer púlsar, pero por ello le dieron a Hewish el premio Nobel de Física en 1974.

29 DE NOVIEMBRE

§ 1814. La máquina de vapor llega a las imprentas. Por primera vez, un diario puede producir una tirada de ejemplares en consonancia con su gran demanda. Lo consigue el londinense *The Times* a partir del 29 de noviembre de 1814, al introducir en sus talleres una máquina impresora de rodillos movida por vapor. Las máquinas empleadas desde la fundación del periódico en 1785 hasta entonces fueron sustituidas por otras creadas por el inventor Friedrich Koenig junto con el relojero Andreas Bauer, que podían imprimir hasta casi dos mil ejemplares por hora, cinco veces más de lo que se conseguía manualmente. En 1817 ambos crearían en Wurzburgo (Baviera) la primera fábrica de este tipo de máquinas en el mundo.

§ 1961. Los humanos ponen a otro primate en órbita alrededor de la Tierra. Un chimpancé macho, de cinco años de edad y diecisiete kilos de masa, de nombre Enos, despega de cabo Cañaveral en el interior de un satélite Mercury propulsado por un cohete Atlas. En las tres horas siguientes, Enos dio dos vueltas a la Tierra a más de 28.000 km/h. Esa prueba serviría de preludio del primer vuelo espacial de John Glenn en 1962. Durante el lanzamiento, el cuerpo de Enos sufrió una fuerza de 7,6 veces la gravedad. El animal llevó bien en órbita casi todas las tareas para las que había sido adiestrado, y continuó respondiendo hasta el final.

§ 1973. Un avión que vuela a 37.000 pies de altura (11.277 m) sobre costa de Marfil choca con un buitre moteado (*Gyps rueppellii*). Se producen daños en uno de los motores y el aparato tiene que tomar tierra en el aeropuerto de Abiyán. El buitre dejó en el avión cinco plumas enteras de las alas y numerosos fragmentos de otras de distintas partes de su cuerpo, que permitieron la identificación. Es el registro de un ave volando a mayor altura de la historia.

30 DE NOVIEMBRE

§ 1609. No está claro quién puede considerarse inventor del telescopio, pero sí que fue Galileo Galilei quien lo perfeccionó y quien, al utilizarlo para mirar los cielos, revolucionó la ciencia. El momento histórico es narrado por él mismo en su *Sidereus Nuncius* (*Noticiero sideral*): «decidí olvidar las cosas terrenales y me dediqué a la observación de las celestes». El día 30 de noviembre de 1609 y posteriores, Galileo contempla admirado cómo varían las sombras en la luna creciente, una prueba de que allí también hay montañas. Era el comienzo de una frenética serie de observaciones que cambió la historia de la astronomía.

§ 1784. En Londres, en una ascensión en globo a unos tres kilómetros de altura, el médico y científico estadounidense John Jeffries registró los primeros datos científicos sobre el aire atmosférico a esa altitud. Realizó doce observaciones de temperatura, presión y humedad. Le acompañaba el francés Jean Pierre Blanchard, que tenía experiencia en vuelos en globo. También tomó muestras de aire en diferentes alturas para Henry Cavendish, quien posteriormente realizó un análisis químico de las mismas.

§ 1803. Este día parte del puerto de La Coruña la corbeta María Pita, con treinta y siete personas a bordo, para iniciar la Real Expedición Filantrópica de la Vacuna. Sus protagonistas son el médico Francisco Javier Balmis y su segundo cirujano, José Salvany; también una mujer, Isabel Zendal, que en condición de enfermera se encargaría de la custodia y gobierno de veintidós niños de entre tres y nueve años. La misión, impulsada por el rey Carlos IV, era llevar la vacuna de la viruela a los otros territorios de la corona española, donde la enfermedad causaba estragos.

La única forma de llevar el «fluido vacunal» durante la travesía era mantenerlo vivo mediante la inoculación a niños que nunca hubieran sufrido la enfermedad. Cada nueve días se tomaba la muestra de un niño inoculado a otro «sano», cuidando siempre el tener aislados a los que no habían sido «vacunados» para que no se contagiaran involuntariamente. La expedición llevó la vacuna a las islas Canarias, Venezuela, Colombia, Ecuador, Perú, Nueva España (México), las Filipinas y China. Fue la primera expedición sanitaria internacional de la historia.

DICIEMBRE

Marie Curie es la primera y, hasta la fecha, única persona que ha recibido dos Premios Nobel en distintas especialidades científicas: Física (1903) y Química (1911)

En 1783, Jacques Charles y su asistente Nicolas-Louis Robert ascendieron a
mil metros de altura en un globo aerostático de hidrógeno, volando 43 km en
dos horas ante una multitud desde el jardín de las Tullerías en París.

1 DE DICIEMBRE

§ 1783. Un globo aerostático lleno de hidrógeno, ideado por Jacques Charles, profesor de física en el Conservatorio de Artes y Oficios de París, y construido por su ayudante Nicolas-Louis Robert, sirve para que, ante una multitud en el jardín de las Tullerías, ambos asciendan a mil metros de altura y vuelen hasta cuarenta y tres kilómetros de distancia en dos horas.

§ 1873. Este día comienzan a circular oficialmente en España las tarjetas postales. En 1869 la Administración de Correos del Imperio austrohúngaro puso en circulación la primera tarjeta postal en el mundo, con gran acogida popular. La medida fue seguida en numerosos países durante los años siguientes, y en España fueron autorizadas por real orden en 1871, en el reinado de Amadeo de Saboya. Su existencia se basaba en la utilidad, al poder enviar mensajes cortos por un módico precio, que se fijó en la mitad de lo que costaba el franqueo de un sobre. Aunque desde el primer momento existieron algunos pioneros en la impresión y envío de postales, no serían realidad oficial —por los sucesivos cambios de Gobierno y de Estado que hubo en aquel Sexenio Democrático— hasta el primero de diciembre de 1873, cuando simultáneamente se prohibió el envío sin sobre de tarjetas producidas por particulares. Fueron decisiones de Antonio del Val, recién nombrado director general de Correos y Comunicaciones, que era persona de confianza (y primo carnal) del presidente de la República, Emilio Castelar, quien había tomado posesión de su cargo en septiembre de ese año. Desde entonces y hasta 1887 únicamente circularon en nuestro país las tarjetas postales editadas por la Fábrica Nacional del Sello.

Del éxito de la idea da cuenta el hecho de que en 1875 ya se habían enviado 231,5 millones de tarjetas en los países miembros de la Unión Postal Universal (UPU). Se hizo popular porque era la forma de comunicarse más rápida y asequible económicamente, aunque tuviera el problema de la falta de privacidad. En 1878 la UPU autorizó la circulación internacional de las tarjetas, uniformando su tamaño a 9 cm x14 cm. En general se trataba de piezas de cartulina o cartón fino, que en principio editaban en exclusiva las administraciones de correos, y tenían impreso el franqueo en una de sus caras, donde había de escribirse la dirección del destinatario, mientras que el reverso quedaba en blanco, para los correspondientes mensajes. A finales de siglo, con las mejoras en las técnicas de impresión, nacerían las tarjetas ilustradas. Estas supusieron una primera revolución, presentando fotografías o dibujos en el anverso, donde también habría de incluirse el sello correspondiente al franqueo.

En 1889, con motivo de la Exposición Internacional de París, se hicieron postales ilustradas con grabados de la Torre Eiffel. La tarjeta iniciaba así su noviazgo con el turismo, potenciado por unos métodos de impresión que permitían la fiel reproducción de fotografías; de ese modo los viajeros podían compartir imágenes y dar noticias de los lugares o monumentos que visitaban. Era mucho mejor que tener que escribir una carta. Proliferan entonces por parte de empresas particulares las ediciones de tarjetas, a las que había que fijar un sello para el franqueo. Las primeras realizadas en España, con imágenes impresas por fototipia y con el título «Recuerdo de Madrid», se pusieron en circulación en octubre de 1892. El éxito de esta iniciativa de los suizos Oscar Hauser y Adolfo Menet fue tal que si bien de estas primeras solo vendieron unos quinientos ejemplares, diez años después tenían una colección de 1300 tarjetas diferentes, haciendo al mes una tirada de 500.000 unidades. Esta empresa editó el 40 % de las postales que se hicieron en España durante el siglo XIX. Con el cambio de centuria, la tarjeta comenzó a tener valor de documento fotográfico, objeto de colección e intercambio.

Tras un acuerdo de la UPU, en 1906 se regula el uso del reverso de las postales ilustradas mediante una línea divisoria vertical, dejando la mitad derecha para el franqueo —en la parte superior— y dirección, reservando la izquierda para escribir el breve mensaje. A partir de entonces, el anverso quedaba en exclusiva para la ilustración. El valor de las tarjetas se incrementa, pasando de ser un tipo de correspondencia a considerarlas documentos artísticos donde se recogen paisajes y monumentos, así como documentos históricos que también ofrecen testimonio de escenas, usos y costumbres populares. La circulación internacional de las postales, unida a las diferencias culturales, sociales y legales de los países, generó algunas anécdotas de censura, donde imágenes con escenas de playa o fotografías de estudio con desnudos podían tener dificultades en llegar a sus destinatarios.

El apogeo de las tarjetas postales se dio en la primera mitad del pasado siglo. Los nuevos medios de comunicación propios del presente las han sustituido en muchos casos, pero todavía siguen vigentes para quienes prefieren un soporte material, y permanece para siempre su valor documental.

§ 1913. La primera estación de servicio. Al comienzo de la automoción, el combustible para los vehículos se adquiría en latas que estaban a la venta en droguerías y ferreterías. El incremento en el parque de vehículos motorizados hizo que aparecieran los surtidores de gasolina, que desde 1905 se instalaron en el exterior de las tiendas, y en la calzada formaban cola los vehículos que querían repostar. La primera gasolinera que podemos llamar «estación de servicio», con un espacio propio en el que podía entrar el automóvil, fue instalada por Gulf Oil en Pittsburgh (Pensilvania) y comenzó a funcionar el 1 de diciembre de 1913. Aquella gasolinera, con un diseño realizado por un arquitecto que le dio forma de pagoda, y que estaba dotada de anuncio luminoso, facilitaba gratuitamente además agua, aire a presión, revisión de frenos y contaba con servicios higiénicos. Estaba abierta durante la noche, y el primer sábado tras su apertura vendió más de 350 galones (1325 litros) de combustible.

§ 1990. Ante periodistas y fotógrafos, Philippe Cozette y Graham Fagg, trabajadores respectivamente de Francia y el Reino Unido que participan en la excavación del túnel bajo el canal de la Mancha, se encuentran tras abrir el hueco final e intercambian un apretón de manos en un punto a cien metros de profundidad, a 15,6 km del continente y 22,3 km de la isla. La perforación había comenzado ese mismo día de 1987.

2 DE DICIEMBRE

§ 1773. El científico y sacerdote Celestino Mutis, catedrático de Matemáticas en el Colegio del Rosario (Santa Fe de Bogotá) defiende el sistema copernicano, invitando a salir «de los campos estériles de la física aristotélica para convalecer el ánimo en los prados de la física newtoniana», afirmando que «La Tierra que habitamos es un verdadero planeta».

§ 1877. El físico e inventor francés Louis-Paul Cailletet anuncia que ha conseguido licuar el oxígeno por primera vez. Para ello usó el efecto Joule-Thomson: enfría el oxígeno cuando está muy comprimido y luego lo deja expandirse rápidamente, con lo que se enfría aún más, y repite el proceso varias veces. Poco después lo consiguió con otros gases. Tres semanas más tarde, la Academia de Ciencias de París recibió un telegrama del físico helvético Raoul-Pierre Pictet desde Ginebra que decía: «El oxígeno se ha licuado hoy a 320 atmósferas y 140 °C bajo cero mediante el uso combinado de ácido sulfuroso y carbónico». Como se ve, los dos procedimientos son distintos. El de Cailletet era un proceso puramente físico, mientras que el de Pictet implica procesos químicos.

§ 1942. Comienza la era nuclear. En la Universidad de Chicago, un equipo de físicos bajo la dirección de Enrico Fermi y dentro del Proyecto Manhattan, consigue la primera reacción nuclear en cadena. El proyecto, comenzado el 16 de noviembre, llevó a la construcción de la primera «pila atómica» (entonces no se llamaba reactor) formada por decenas de miles de bloques de grafito en algunos de los cuales se habían perforado cavidades que se rellenaban con uranio u óxido de uranio. Además, en esa estructura se colocaban barras de cadmio (que absorben los neutrones) como medida de seguridad. Según sus cálculos, cuando la pila tuviese el tamaño de un cubo de siete metros de lado, se alcanzaría el tamaño crítico y comenzaría poco a poco la reacción, atenuada por el grafito. El día 2 de diciembre de 1942 se retiraron lentamente las barras de cadmio y se inició la reacción en cadena en aquella primera pila atómica, constituida por uranio (seis toneladas de metal y cincuenta toneladas de óxido) y grafito (cuatrocientas toneladas).

§ 1971. Primera nave sobre la superficie de Marte. Los intentos de exploración de Marte se remontan a 1960, cuando la Unión Soviética lanzó sin éxito la primera de las sondas hacia el planeta rojo, fracaso que se repitió en otros cuatro intentos. Tampoco tuvieron éxito otros proyectos de Estados Unidos, si bien las naves Mariner 4, 6 y 7 consiguieron sobrevolar el planeta vecino y enviar fotos de su superficie. El 2 de diciembre de 1971, el módulo de descenso de la sonda soviética Mars 3 se convierte en el primer ingenio fabricado por seres humanos que se posa sobre la superficie de Marte. Su misión era fotografiar la superficie y enviar datos meteorológicos, de la composición atmosférica y de las propiedades del suelo. Junto con el módulo orbital, había sido lanzada seis meses antes desde el cosmódromo de Baikonur.

3 DE DICIEMBRE

§ 1642. El marino neerlandés Abel Tasman reclama la posesión formal del territorio que ha explorado durante las pasadas semanas, y le da el nombre de Tierra de Van Diemen, en honor del patrocinador de su viaje, Anthony van Diemen, gobernador general de la Compañía Holandesa de las Indias Orientales. Hoy la conocemos como Tasmania, y es parte de

Australia. Diez días después, Tasman sería el primer europeo en pisar Nueva Zelanda.

§ 1872. Existe un relato asirio del diluvio anterior a la Biblia. El joven George Smith era experto en la escritura cuneiforme usada en la antigua Mesopotamia, y en un cuarto trasero del British Museum (Londres) trabajaba para descifrar los textos grabados en tabletas de arcilla que le habían fascinado desde niño. Entonces tenía a su disposición miles de aquellos fragmentos encontrados en excavaciones al norte de Irak. El 3 de diciembre de 1872 presentó el más importante de sus hallazgos ante la Sociedad de Arqueología Bíblica: una de las tablillas rotas contenía un relato de un mundo ahogado por las lluvias, de un hombre que construye un arca y que suelta una paloma para encontrar tierra. Aquella narración del mito del diluvio era parte de la *Epopeya de Gilgamesh*, un poema escrito mil años antes que la Biblia.

§ 1922. Primera película en tecnicolor. El 3 de diciembre de 1922 se proyecta como preestreno el primer largometraje en el sistema de technicolor bicromático (con rojo y verde), un invento del científico e ingeniero Herbert Kalmus que funcionaba con el proyector de cine habitual. La cinta *The Toll of the Sea* (*El tributo del mar*) fue recuperada en 1985 a partir del negativo original de cámara, y entonces se incorporó también en nueva filmación la escena final que no se había conservado. Es una película muda, dirigida por Chester M. Franklin, que trata el tema de Madame Butterfly trasladado a China. En aquel preestreno en el Rialto Theatre de Nueva York la admiraron un grupo de privilegiados; ahora puede verse en YouTube desde cualquier lugar del mundo.

§ 1967. El primer trasplante de corazón. En la historia de los trasplantes de órganos son varios los hitos que pueden celebrarse, pues son numerosos los obstáculos que hubieron de ser superados. Podemos decir que los éxitos comenzaron en 1947, cuando tuvo lugar el primer trasplante renal con supervivencia del receptor. Consecuentemente, en los años 50 del pasado siglo ya eran varios los equipos de cirujanos, en Europa y América, que efectuaban implantes con riñones procedentes de cadáveres. En esa década se afronta el problema de los rechazos inmunológicos, tratando de evitarlos con medicación inmunosupresora, lo que siempre incrementaba el riesgo de infecciones. A finales de los 60, cuando nace la idea de definir la muerte de una persona en función del cese de actividad cerebral, comenzaron los trasplantes de órganos procedentes de cadáveres con corazón latente. También son los años en que se realizan los primeros trasplantes hepáticos. Resultaba ya inevitable que se llegase a pensar en la posibilidad de cambiar de corazón, pero en este caso se trataba de un órgano que representaba, desde la Antigüedad, un símbolo de los sentimientos y afectos de las personas y donde se había postulado que radicaba el espíritu. El corazón representa algo diferente en nuestra cultura, como queda evidente en que existan dos adjetivos diferentes: cardíaco y cordial. Todos conocemos a personas de buen corazón, y algunas llevan marcapasos.

En el Hospital Groote Schuur, de Ciudad del Cabo, Christiaan Barnard, con su equipo de veinte cirujanos, realizó el domingo 3 de diciembre de 1967 el primer trasplante de corazón entre seres humanos. El receptor fue Louis Washkansky, un comerciante de ultramarinos de cincuenta y cuatro años. El órgano trasplantado procedía de una joven de veinticinco años que había sufrido un atropello. Con severos politraumatismos que incluían graves lesiones encefálicas, había ingresado con escasa actividad cerebral. Una vez obtenida la autorización del padre de la víctima, se esperó para la extracción del corazón a que tuviese lugar la parada cardiorrespiratoria y la ausencia de reflejos durante siete minutos, realizándose a continuación el implante a Washkansky en el quirófano adyacente. Barnard, que anteriormente solo había realizado operaciones de este tipo con perros, pudo vivir la emoción de ver que el corazón que acababa de implantar latía de nuevo, en el pecho abierto del receptor. Washkansky vivió dieciocho días con el nuevo órgano, pero sucumbió a una neumonía contraída a causa de la inmunosupresión. Un mes más tarde, Barnard realizó otra operación. El siguiente paciente en recibir un trasplante cardíaco, Philip Blaiberg, sobrevivió casi dos años.

En 1968 la Universidad de Harvard publica un artículo donde se definen los conceptos de muerte encefálica y de coma irreversible, que servirán para modificar las legislaciones de numerosos países y regular en consecuencia las donaciones de órganos. En España quedó establecido por real decreto en febrero de 1980. El primer trasplante cardíaco con éxito en nuestro país se realizó en 1984, en el Hospital de la Santa Creu i Sant Pau de Barcelona, por el equipo de Josep María Caralps y Josep Oriol Bonín. Desde entonces se han realizado en España miles de operaciones de trasplante de corazón.

4 DE DICIEMBRE

§ 1639. El astrónomo inglés Jeremiah Horrocks fue el primero en demostrar que la Luna gira alrededor de la Tierra en una órbita elíptica, lo que sería reconocido por Newton. También fue el único que había predicho para este día el tránsito de Venus, y consecuentemente, a las tres de la tarde del día 4 de diciembre de 1639 (según el calendario gregoriano) realiza las primeras observaciones del paso de ese planeta a través del disco solar. Para ello se valió de un helioscopio que había construido, que le permitió proyectar la imagen del Sol enfocada sobre una superficie plana. Sus cálculos le permitieron concluir que la distancia de la Tierra al Sol era mayor de lo que se pensaba.

§ 1791. Este día sale publicado en Londres *The Observer*, el primer dominical de la historia, con distribución en toda Gran Bretaña. Su fundador, W.S. Bourne, afirmó que compartiría un «espíritu de libertad ilustrada, tolerancia decente y benevolencia universal». El semanario anuncia como principio la independencia, y como objetivo «la verdad y la difusión de cualquier tipo de conocimiento que pueda llevar a la felicidad de la sociedad».

§ 1819. El prolífico inventor británico sir William Congreve patenta un «papel triple» para fabricar billetes de banco «infalsificables». Constaba de dos capas muy finas de papel blanco a ambos lados de otra central que contenía la imagen en pulpa de colores. Permitía incorporar una marca de agua en color, que se hacía visible al mirar el billete al trasluz, lo que lo hacía difícil de falsificar.

5 DE DICIEMBRE

§ 1537. Antes de cumplir los veintitrés años, Andrés Vesalio recibe en Padua su título de medicina, y el día siguiente ejercerá como profesor de cirugía. Fue el primero que enseñó anatomía utilizando cadáveres humanos. Seis años después publicaría un libro que es fundamento de esa materia: *De humani corporis fabrica* (*Sobre la estructura del cuerpo humano*).

§ 1848. En agosto de este año se había descubierto oro en California. El territorio, recién adquirido por Estados Unidos tras la guerra con México, tenía escasa población estadounidense, lo que estaba a punto de cambiar. Este día, en su discurso ante el Congreso, el presidente James K. Polk confirmó los rumores que llegaban desde el oeste sobre la abundancia de oro. Entonces comenzó la migración masiva de buscadores de fortuna que conocemos como «fiebre del oro».

§ 1969. A finales de octubre de este año se habían realizado las primeras pruebas del envío de información entre computadoras, y al cabo de un mes se estableció la primera conexión permanente entre ordenadores de la Universidad de California en Los Ángeles (UCLA) y el Instituto de Investigación de Stanford (SRI) en Menlo Park (California). El día 5 de diciembre de 1969 se amplía la red con dos nuevos nodos, uno en la Universidad de California en Santa Bárbara y el otro en la Universidad de Utah. Esta interconexión se llamó Arpanet, y acabó convirtiéndose en lo que a mediados de los 80 se llamaría Internet.

6 DE DICIEMBRE

§ 1850. Ante la Sociedad de Física de Berlín, el médico Hermann von Helmholtz anuncia su invención del *«augenspiegel»* («espejo de ojo»), con el cual podía observarse la retina en vivo. Constaba de un sistema de lentes entre el ojo del médico y el ojo observado, al que se hacía llegar por reflexión la luz de una vela encendida, que entraba por la pupila, pudiendo observar el interior del ojo. lo que revolucionó la oftalmología. La introducción de la palabra oftalmoscopio se debe al especialista griego Andreas Anagnostakis.

§ 1906. En el local de la Society of Antiquaries of London se muestran las primeras fotografías aéreas de Stonehenge (unos trece kilómetros al norte de Salisbury, Inglaterra), tomadas desde un globo aerostático de hidrógeno por el oficial de ingenieros Philip Henry Sharpe. La fotografía aérea ha resultado de especial importancia en la historia de la arqueología.

§ 1912. Hallazgo del busto de Nefertiti. En el valle de Amarna, entre Luxor y El Cairo, el egiptólogo Ludwig Borchardt hace constar en el diario de excavaciones, el 6 de diciembre de 1912, que ha encontrado entre las ruinas del taller del escultor Tutmose un «busto pintado de tamaño real de la reina, de 47 cm de altura». Se refiere a Nefertiti, gran esposa real del faraón Akenatón, que reinó en el siglo XIV a. C. En aquellas excavaciones los arqueólogos de la Deutsche Orient-Gesellschaft hallaron entre 7000 y 10.000 objetos. El busto de la llamada «reina del Nilo», con núcleo tallado en piedra caliza, moldeado en yeso, finamente decorado con pigmentos y que aún conserva una pupila de cristal, asombra a su descubridor, que afirma «Teníamos en nuestras manos la obra de arte egipcio más viva. No se puede describir con palabras. Hay que verla». Desde finales de 2009 se exhibe en el Neues Museum de Berlín.

7 DE DICIEMBRE

§ 1872. Sale de Londres en su viaje científico de tres años y medio alrededor del mundo la corbeta de la marina británica HMS Challenger. En este periplo, considerado como el nacimiento de la oceanografía moderna, se descubrieron 4717 nuevas especies. El día 21 abandonaría Gran Bretaña y el día 30 realizaría la primera toma de muestra del fondo marino a la altura de Vigo.

§ 1909. La baquelita, primer plástico de síntesis. Leo Baekeland era un químico que al finalizar el siglo XIX había ganado un millón de dólares al venderle a la firma Eastman Kodak la patente del papel fotográfico Velox, inventado por él. Con ese dinero pudo equipar a la perfección un laboratorio donde seguir investigando en aquello que le interesaba. Allí encontró que la reacción entre fenol y formaldehído producía una sustancia sólida que no podía separarse de los tubos de ensayo con ningún disolvente. Era un plástico completamente sintético e indeformable, una nueva sustancia que llamó Baquelita. La patente se le concedió el 7 de diciembre de 1909. Su resistencia al calor y su dureza hicieron que pronto comenzará a usarse en numerosas aplicaciones en la industria del automóvil, en electrodomésticos, teléfonos y variados objetos como asas de cacerolas, plumas estilográficas, boquillas de pipa o bolas de billar. Comenzaba la era de los plásticos.

§ 1949. Ángela Ruiz Robles, profesora en un colegio de Ferrol, presenta la solicitud de patente de un «Procedimiento mecánico, eléctrico y a presión de aire para lectura de libros», que fue otorgada el 16 de enero siguiente. Ruiz Robles fue una innovadora en los métodos docentes, buscando que la enseñanza fuera más amena, por ello quiso adaptar el libro convencional a nuevas tecnologías como la electricidad y los materiales acrílicos. En 1962 obtendría otra patente por «Un aparato para lecturas y ejercicios diversos», que recogía avances desarrollados sobre el primer modelo. Su invención está considerada como precursora del libro electrónico.

8 DE DICIEMBRE

§ 1862. La Academia de Ciencias francesa acepta como miembro a Louis Pasteur, a punto de cumplir sus cuarenta años. Era la segunda vez que se presentaba, pues a la primera lo rechazaron. Pasteur ya había desmontado la idea de generación espontánea, descubierto la pasteurización y estudiado las irregularidades en la fermentación de los vinos, explicando que mientras una levadura lleva a la producción de alcohol, otra puede generar ácido láctico.

§ 1916. España comienza a proteger sus espacios naturales. Aunque hoy pueda ser en nuestra sociedad una idea científicamente asentada, la conciencia medioambiental nació en clave afectiva, y su historia es relativamente corta. Podemos decir que, como corriente cultural, fue el romanticismo lo que invitó a prestar un mayor interés al paisaje y a la naturaleza, vinculándolos a la belleza y al arte. En 1810 el poeta William Wordsworth se refiere a la emblemática región de los lagos en Inglaterra (Lake District) como una especie de «propiedad nacional», de la que todos participaban, «con ojos para contemplar y corazón para disfrutar». Luego se comenzó a explicitar como ideal el amor a la naturaleza, y a enunciar los valores éticos y hasta religiosos («obra divina») del paisaje. Poco a poco, el siglo XIX vería incrementar la atención general hacia el medioambiente: en 1872 se creó el primer parque nacional en Estados Unidos, el de Yellowstone, y en 1892 el botánico John Muir fundó en San Francisco el Sierra Club, la primera organización ambiental de la historia; a él también se le atribuye el haber presionado al presidente estadounidense Theodore Roosevelt para la creación de más espacios naturales protegidos. Como consecuencia, en agosto de 1916, se firmó allí una ley creando el Servicio de Parques Nacionales (National Park Service Organic Act).

Siguiendo el ejemplo, España pronto legislaría sobre protección de la naturaleza, gracias a la iniciativa de Pedro Pidal y Bernaldo de Quirós, marqués de Villaviciosa de Asturias, un enamorado de la montaña que también era senador. Fue poco después, el 8 de diciembre de 1916, cuando apareció publicada en la *Gaceta de Madrid*, refrendada por Alfonso XIII, la ley de parques nacionales, para evitar la actividad humana en un determinado territorio, con objeto de «respetar y hacer que se respete la belleza natural de sus paisajes, la riqueza de su fauna y de su flora y las particularidades geológicas e hidrológicas que encierren, evitando de este modo con la mayor eficacia todo acto de destrucción, deterioro o desfiguración por la mano del hombre». El desarrollo de la ley cuidaría de que en los organismos rectores estuvieran presentes técnicos y universitarios científicos, no en vano ya en 1871 se había fundado la Real Sociedad Española de Historia Natural. En ese marco de protección estatal se declararon en 1918 los dos primeros parques nacionales de nuestro país: el de la montaña de Covadonga y el del valle de Ordesa. Legalmente, el título de parque nacional quedaba reservado a lugares excepcionales, y se creaba un segundo nivel de protección bajo el título de «sitio nacional». Una real orden de 1927 crearía las figuras de «sitio natural» y «monumento natural» de interés nacional.

Desde entonces, la legislación sufrió diferentes modificaciones, con avance de la idea proteccionista. En la actualidad hay en España quince parques nacionales, de los cuales diez están en la Península, cuatro en Canarias y uno en Baleares. Existen también otras formas de protección a nivel internacional, como «zona de especial protección para las aves» (ZEPA) y «zona especial de conservación» (ZEC), que son ambas de ámbito europeo, y definen los espacios que conjuntamente constituyen la llamada Red Natura 2000. Desde 1971 la Unesco distingue algunos espacios en todo el mundo seleccionados por su interés científico, con la categoría de «reserva de la biosfera». El título de «patrimonio de la humanidad», también otorgado por la Unesco, lo ostentan unos doscientos espacios naturales. Desde 1969 se acepta internacionalmente la definición de parque nacional que establece la Unión Internacional para la Conservación de la Naturaleza (UICN), organización medioambiental fundada en 1948, que hoy reconoce a casi siete mil parques nacionales en el mundo.

§ 1931. Los ingenieros eléctricos Lloyd Espenschied y Herman A. Affel registran la patente del cable coaxial el 8 de diciembre de 1931. Se caracteriza por poseer dos conductores concéntricos, uno central, encargado de llevar la información, y uno exterior de malla, que sirve como blindaje electromagnético. Entre ambos se coloca un material dieléctrico. En 1936 comenzó a utilizarse el tendido de cables submarinos y para transmisiones de televisión.

§ 1868. Londres estrena el primer semáforo del mundo. Durante 1866 en las calles de Londres habían fallecido 1102 personas y 1334 resultaron heridas en accidentes. John Peake Knight era un ingeniero que a mediados del siglo XIX se había especializado en diseñar sistemas de señalización para la cada vez más compleja red de ferrocarriles británica. Aunque todavía no habían aparecido los primeros automóviles, la proliferación de carruajes de caballos y el hecho de que también los peatones utilizaban la calzada, le hizo pensar en que quizás sería bueno introducir un semáforo para regular el tráfico urbano. Fruto de esa idea, el 9 de diciembre de 1868 se instaló en Londres el primer semáforo. Estaba en las proximidades del Parlamento, y constaba de dos brazos articulados que en posición horizontal indicaban la obligación de detenerse, y permitían el paso al colocarse en ángulo agudo. De noche funcionaban una luz roja y otra verde para indicar respectivamente ambas instrucciones. Aquellas luces operaban con gas, y todo el sistema, que además iba equipado con señales sonoras, era accionado manualmente por un policía. El invento fue un éxito, pero un mes después una explosión del gas causó quemaduras en el rostro al agente, con lo que el proyecto fue abandonado.

§ 1921. En unas pruebas en una filial de General Motors, el ingeniero químico Thomas J. Midgley verifica el 9 de diciembre de 1921 la eficacia del tetraetilo de plomo como agente antidetonante para gasolinas, incluso en una dilución de uno a mil (unos 0,5 gramos por litro). Comenzaría a comercializarse en febrero de 1923, con el consecuente envenenamiento de la atmósfera. En España la gasolina con plomo dejó de venderse en 2002.

§ 1968. Presentación del ratón de ordenador. En una conferencia de expertos en informática que tuvo lugar en San Francisco, el 9 de diciembre de 1968, el ingeniero Douglas Engelbart realizó la primera demostración del funcionamiento del ratón de ordenador, que él mismo había inventado y desarrollado en colaboración con el también ingeniero William *Bill* English. Aquel dispositivo simplificaba enormemente la comunicación entre el usuario y la máquina. Engelbart continuó asombrando a todos los asistentes con una conexión en directo por videoconferencia con su equipo de colaboradores en Stanford, y aquello era también la primera vez que se realizaba, con lo que se calificó aquella exposición como «The Mother of All Demos». Engelbart desarrolló además algunos otros de los elementos que todos manejamos, y que hoy son claves en la interactividad informática.

§ 1478. El primer libro impreso sobre aritmética, el *Arte dell'Abbaco*, lleva esta fecha. De autor desconocido, consta de 123 páginas de 32 líneas, con un texto escrito en el dialecto de Venecia y trata de aplicaciones prácticas de la aritmética para uso de los comerciantes, como las cuatro operaciones y el uso de fracciones. Fue impreso en Treviso (Italia), e incluye información del manuscrito *Liber abaci* (1202) del matemático Fibonacci, como la multiplicación árabe o multiplicación de celosía.

§ 1911. Marie Curie, recibe este día su segundo Premio Nobel, esta vez de Química, «por el descubrimiento de los elementos químicos radio y polonio, por la determinación de las propiedades del radio y por el aislamiento del radio en su estado metálico puro, y por último, por su investigación sobre los compuestos de este notable elemento». Era la primera persona en recibir un segundo Premio Nobel, pues ya había obtenido el de física en 1903, juntamente con su marido Pierre Curie y el profesor Henri Becquerel por su trabajo sobre la radiactividad.

Hasta 1898, el uranio y el torio eran los únicos elementos conocidos que presentaban el fenómeno que se había llamado radiactividad, consistente en esencia en tener unas emisiones capaces de impresionar las placas fotográficas, aunque estuvieran envueltas en papel negro, y de «electrizar» el aire. El trabajo de los esposos Curie demostró entonces que tanto la pechblenda, el mineral de óxido de uranio a partir del cual Henri Becquerel había descubierto en 1896 las propiedades radiactivas, como la torbernita (un fosfato de óxido de uranio y cobre de precioso color verde) eran de actividad más intensa de lo que correspondía a su contenido en uranio. En abril de 1898, Marie planteó su hipótesis: «estos minerales podrían contener un elemento químico que sea mucho más activo».

Pocos meses después, Marie y Pierre publicaron un artículo donde sugerían que la radiactividad pudiera ser un fenómeno asociado con los átomos, y también proponían que el nuevo elemento, que químicamente era parecido al bismuto, debería llamarse polonio, en honor al país natal de Marie. A finales de ese mismo año avanzaron en sus trabajos hasta concluir que entre los productos obtenidos a partir del mineral debería haber incluso otro elemento más, que en este caso era parecido al bario desde el punto de vista químico, pero de radiactividad todavía mucho más intensa que todos los conocidos. Era novecientas veces más activo que el uranio, y le llamaron radio.

Durante los cuatro años siguientes, los Curie trataron —en condiciones de trabajo lamentables— toneladas de residuos de pechblenda de Bohemia, procedentes de las fábricas austríacas que la utilizaban para fabricar colorantes para cerámica. Los procesaban en lotes de hasta veinte kilos que molían, disolvían y separaban en sales diferentes por cristalización fraccionada, basándose en la diferente solubilidad de sus cloruros; todo ello, según ella, «varios cientos de veces», hasta que llegaron a obtener un decigramo de cloruro de radio, y en 1902 pudieron disponer de cantidad suficiente para determinar por análisis del espectro que el nuevo elemento tendría una masa atómica de 225. En 1903 Marie presentó con aquel tema su tesis doctoral titulada «Investigaciones sobre las sustancias radiactivas», y a final de año los dos recibieron, con Becquerel, el Nobel de física.

En abril de 1906 murió Pierre Curie atropellado por un coche de caballos. En el mes de agosto lord Kelvin —con ochenta y dos años— escribió en *The London Times* una carta al editor en la que especulaba con la posibilidad de que el radio no fuese en realidad un elemento químico nuevo, sino que podría tratarse de un conjunto formado por un átomo de plomo unido a cinco de helio. Nacía así también la polémica sobre la extraña posibilidad de que un elemento químico pudiera transformarse en otro. Marie decidió demostrar fuera de toda duda que el radio era un elemento, para lo que contó con la colaboración de André Debierne. En 1907 consiguió obtener 0,4 g de cloruro de radio y volvió a determinar el peso atómico del nuevo elemento, obteniendo un valor de 226,45.

En 1910, Marie aisló por fin el radio realizando la electrólisis de su cloruro fundido. En el electrodo negativo, de mercurio, se depositaba el metal formando una amalgama. Posteriormente, calentaba esta en atmósfera de nitrógeno a baja presión, con lo que el mercurio se evaporaba, dejando un residuo blanco y brillante de radio puro. Era la primera vez que obtenía cantidades visibles de radio. Según consta en el discurso de entrega del Nobel, había así conseguido establecer «de modo definitivo su condición de elemento, a pesar de las diferentes hipótesis en contrario».

§ 1947. Gerty Cory se convierte en la primera mujer en obtener el Premio Nobel de Medicina. Lo recibe junto a su marido Carl, con el que desarrolló la investigación que publicaron en 1929 sobre un proceso celular básico en el metabolismo de los hidratos de carbono: el cuerpo almacena azúcar en las células musculares en forma de glucógeno, lo transforma en ácido láctico y lo envía al hígado para procesarlo en una forma utilizable de modo que pueda regresar a los músculos como glucosa. Ese proceso hoy se conoce como «ciclo de Cory». Ambos compartieron el premio con el fisiólogo argentino Bernardo A. Houssay.

11 DE DICIEMBRE

§ 1769. El triunfo de las persianas venecianas. El origen de las persianas se vincula a las ciudades con clima benigno, donde era agradable mantener abierta la ventana y se deseaba matizar la luz y ganar intimidad. Es en Asia donde se usaron por primera vez, hechas de distintos materiales, como cañas de bambú y hojas trenzadas. Su nombre alude directamente a Persia. De allí llegó la idea a Venecia, donde comenzaron a fabricarlas con finas láminas de madera que se colocaban en paralelo y se unían con tiras de tela. En un siglo se habían extendido por toda Europa, y el 11 de diciembre de 1769 el diseñador Edward Bevan, de Londres, obtiene la primera patente tras introducir mejoras como la roldana y el cordón sin fin. A partir de entonces, las persianas venecianas se extenderían por todo el mundo, y hoy se siguen utilizando, fabricadas con nuevos materiales.

§ 1844. Se utiliza por primera vez un anestésico en odontología. El dentista estadounidense Horace Wells acuerda con su colega John M. Riggs que este le realice la extracción de una pieza dental mientras él mismo inhalaba monóxido de dinitrógeno. El día anterior, Wells había presenciado esos efectos durante una demostración del curandero Gardner Quincy Colton en un circo ambulante.

§ 1967. Presentación oficial del Concorde. En una ceremonia ante 1100 asistentes, celebrada en Toulouse el 11 de diciembre de 1967, se presenta el prototipo francés del Concorde, el primer avión supersónico de pasajeros, que será construido por una cooperación entre Francia y el Reino Unido. El ministro británico de tecnología anuncia que los prototipos británicos, que estaban llamándose Concord, añadirían la «e» final para subrayar la unidad del proyecto con Francia. Los dos primeros aparatos volaron por primera vez en 1969, superando la barrera del sonido, y realizaron los primeros vuelos transoceánicos en 1971 y 1972. British Airways y Air France los pusieron en servicio en 1975 y 1976, respectivamente, cruzando el Atlántico en tres horas y media. Tras una vida azarosa, con problemas de ruidos, exceso de costes y el accidente sufrido en el año 2000, las dos compañías retiraron el Concorde a finales de 2003.

§ 1998. La revista *Science* anuncia que por primera vez se ha descifrado el código genético completo de un animal. Se trata de un gusano nematodo, el *Caenorhabditis elegans*. Aunque diminuto (1 mm de longitud), tiene su sistema nervioso, su sistema digestivo y se reproduce sexualmente. Todo ello registrado en 20.000 genes.

12 DE DICIEMBRE

§ 1896. En Toynbee Hall, al este de Londres, el italiano Guglielmo Marconi realiza la primera demostración pública de su equipo de radio. Fue presentado por William Preece, jefe electricista de la Oficina de Correos británica, quien pensó que la telegrafía inalámbrica podría reemplazar el servicio de cable existente en las oficinas de correos. Ese día Preece ofreció una conferencia sobre telegrafía. Al finalizar, ante una audiencia considerable y la prensa, Marconi llevaba la caja del receptor por la habitación, mostrando que no había cables (sin trampa ni cartón). Mientras, cada vez que Preece tocaba la tecla del transmisor sonaba una campana en el receptor.

§ 1924. El autogiro de Juan de la Cierva, que había sido ensayado en vuelo controlado en enero de 1923, realiza sus primeras pruebas de importancia, en un trayecto de 10,5 km en Madrid, desde el aeródromo de Cuatro Vientos al de Getafe. El vuelo, de ocho minutos, fue pilotado por el capitán Joaquín Loriga Taboada, en un modelo Cierva C.6.

§ 1968. España inaugura su primera central eléctrica de energía nuclear. Situada junto al río Tajo, lleva el nombre de José Cabrera (en honor al ingeniero José Cabrera Felipe), y está situada en Almonacid de Zorita (Guadalajara, a 70 km de Madrid). Dotada de un reactor de agua a presión (PWR) que funciona con el calor producido por fisión de uranio, tenía una potencia instalada de 160 MW. Funcionó durante treinta y ocho años.

13 DE DICIEMBRE

§ 1573. Mediante real cédula, dada en El Pardo con esta fecha, Felipe II otorga al arquitecto y matemático Juan de Herrera, que dirigía las obras del monasterio de El Escorial, licencia para que pudiera fabricar en exclusiva, durante diez años, los aparatos ideados por él para determinar la longitud geográfica de un lugar. Semanas después, aquellos instrumentos náuticos fueron entregados al cosmógrafo de la Armada de los Galeones, Alonso Álvarez de Toledo.

§ 1856. Charles Dickens, editor y director del semanario inglés *Household Words*, publica un artículo sin firma (como casi todos los que figuran en esa publicación) donde se comenta el éxito del proceso ideado por el químico francés Henri Sainte-Claire Deville para obtener aluminio a escala industrial, y se predice que este metal relegará al estaño y al cobre. Aquel año, Deville había publicado en *Annales de chimie et de physique* un artículo con el título «Mémoire sur la fabrication du sodium et de l'aluminium».

§ 1920. Utilizando un interferómetro de quince metros diseñado por su director, Albert Michelson, el astrónomo Francis G. Pease, con el telescopio del Monte Wilson, mide por primera vez el tamaño de una estrella. Para hacerlo escoge a Betelgeuse, una gigante roja de la constelación de Orión, obteniendo como resultado 0,047" (segundos de arco), un diámetro 150 veces superior al del Sol.

14 DE DICIEMBRE

§ 1716. Primeras perlas artificiales. En la corte del Rey Sol las perlas estaban de moda, pero eran muy caras. Según consta en el tomo X del *Miscelany of Useful and Entertaining Knowledge*, editado por William Chambers, sabemos por un informe de Reaumur en la Academia francesa el 14 de diciembre de 1716, que ya treinta años antes un tal M. Jacquin había observado que al lavar alburnos (*Alburnus alburnus*) del Sena —una especie de peces de río que nadan en bandos cerca de la superficie— aparecían en el agua numerosas escamas diminutas y brillantes; y pensó en secarlas y rellenar con ellas esferas pequeñas de vidrio. Como para un gramo de escamas se necesitaban cuarenta pececillos, optó por recubrir solo la superficie interior de las esferitas, mezclando las escamas con colágeno y fosfato de calcio, y rellenando luego con cera fundida. Estas perlas eran, por supuesto, muy frágiles. Por ello se comenzaron a usar cuentas de vidrio o de alabastro, que se recubren exteriormente de nácar. La moderna industria de las perlas artificiales está basada en componentes sintéticos.

§ 1900. El nacimiento de la física cuántica. Las cámaras termográficas permiten conocer la temperatura de las distintas zonas de nuestro cuerpo por la longitud de onda de la radiación que emitimos. Nosotros desprendemos calor a una temperatura tal que no es visible para nuestros ojos, pero sí para esos dispositivos capaces de captar rayos infrarrojos. Por otro lado, la energía desprendida por el Sol o por la llama de una vela lo es a una temperatura mayor, y ya nos resulta visible. Si calentamos una barra de hierro veremos que llega un momento en que comienza a verse el calor porque se «pone al rojo», pero si seguimos incrementando la temperatura pasará a ser anaranjado, luego amarillo... pues a esa luz se van sumando longitudes de onda cada vez más cortas; por el color de la emisión luminosa el herrero sabe la temperatura. A finales del siglo XIX este tema interesaba en el mundo de la física, y tenía aplicaciones prácticas. Tanto es así que diversas fuentes afirman que en 1894 alguien habría encargado a Max Planck que investigase qué tipo de filamento permitiría a una bombilla de incandescencia producir mayor cantidad de luz con el gasto menor de energía eléctrica.

El caso es que el físico alemán, que veinte años antes había obtenido el doctorado con una tesis sobre el segundo principio de termodinámica, andaba por entonces —ya catedrático de Física Teórica en la Universidad de Berlín— enfrascado en comprender de verdad esas relaciones entre intensidad de una radiación, temperatura y color (o longitud de onda), y que a veces mostraban comportamientos sorprendentes. En una fecha hoy considerada histórica, pues representa el nacimiento de la mecánica cuántica, el 14 de diciembre de 1900, el tímido y pulcro Max Planck hizo públicas sus ideas en una reunión de la Sociedad Alemana de Física, presentando un trabajo «Sobre la teoría de la ley de distribución de energía en el espectro continuo». La aportación más revolucionaria consistió en afirmar que la energía no puede tomar un valor cualquiera, sino que ha de ser forzosamente un múltiplo entero de una cantidad mínima que él denominó *quantum* (en plural, *quanta*) y ahora llamamos cuantos. La naturaleza es rígida con las cantidades de energía que un cuerpo puede emitir o absorber.

Aquella idea de que en la energía también había átomos, como en la materia, tuvo prontas implicaciones. En 1905 Einstein daba la explicación al efecto fotoeléctrico —lo que le valdría el Premio Nobel de Física mediante la idea de los cuantos de energía luminosa, que terminarían llamándose fotones, y justifica cómo estos eran o no capaces de arrancar electrones a los átomos. Como para gustos se pintan colores, cada cuanto tiene una energía diferente según sea su longitud de onda; los cuantos de luz infrarroja son menos energéticos que los de luz roja, y los ultravioleta más que los visibles. En 1913 Niels Bohr propone un modelo atómico planetario, en el que las órbitas circulares de los electrones han de cumplir las normas cuánticas, y no pueden tener un radio cualquiera. Con aquel modelo se explicaban los espectros de emisión del hidrógeno. En 1918 Planck fue galardonado con el Nobel de Física «por su papel en el avance de la física debido al descubrimiento de la teoría cuántica». Después de la Gran Guerra, un ejército de físicos desarrollaría la nueva ciencia: De Broglie y la dualidad onda-partícula; Schrödinger y las ecuaciones de onda (o más tarde su famoso gato); Heisenberg y el principio de incertidumbre; Pauli y el principio de exclusión; Gamow y el efecto túnel… Paul Dirac publicó en 1930 el libro *Principios de la Mecánica Cuántica*, que se convirtió en manual imprescindible para la comprensión de esta fascinante disciplina científica.

Hoy por hoy, la teoría cuántica nos sirve para entender los átomos; los enlaces químicos y las moléculas; la conductividad de los metales; la interacción de la luz con las partículas; el comportamiento de los semiconductores; la superconductividad y la superfluidez; también propiedades térmicas como la radiación y magnéticas como el antiferromagnetismo, y tantos otros conceptos y fenómenos. Entre las aplicaciones tecnológicas basta citar el transistor, los láseres, la fibra óptica, la iluminación con ledes y todo un futuro en ordenadores todavía imposible de imaginar.

§ 1911. El explorador noruego Roald Amundsen es el primero en alcanzar el Polo Sur. El 14 de diciembre de 1911, Amundsen y su equipo, con cuatro trineos y cincuenta y dos perros, son los primeros en alcanzar el Polo Sur del Planeta. Treinta y cinco días después lo conseguiría su rival, el británico Robert F. Scott, quien escribió en su diario «¡Dios mío, este es un lugar horrible! Y sobre todo para nosotros, que nos hemos esforzado tanto sin vernos premiados por la prioridad». La Antártida continúa siendo un continente inhóspito y cubierto por una capa de hielo, entre dos y cinco kilómetros de espesor, que acumula récords como ser el lugar donde se han registrado las temperaturas más bajas (casi 90 °C bajo cero) y los vientos más intensos (327 km/h).

§ 1967. Síntesis de ADN en laboratorio. Desde que a finales de los 50 creó su equipo de trabajo en la Universidad de Stanford, el bioquímico Arthur Kornberg —que compartió con Severo Ochoa el Nobel en 1959— intentaba la síntesis en laboratorio de un ADN que fuera activo genéticamente. Para ello trabajó con diversos tipos de bacterias, optando al final por tratar de crear el ADN de unos fagos (virus bacteriófagos) que infectan a bacterias de *E. Coli*. Se trataba de una cadena sencilla, con once genes y unos 5500 nucleótidos, que era relativamente fácil de purificar sin romperse. En una rueda de prensa celebrada el 14 de diciembre de 1967, Kornberg anunció la primera síntesis en tubo de ensayo de un ADN biológicamente activo. Era el fago Phi X174, capaz de infectar bacterias de *E. Coli*. La prensa sensacionalista tituló que se había creado vida en laboratorio.

15 DE DICIEMBRE

§ 1612. Detalles más allá de la Vía Láctea. Simon Marius, un astrónomo alemán meticuloso, activo y un tanto presumido, «poco después del anochecer» del día 15 de diciembre de 1612 descubre con el telescopio la Gran nebulosa de Andrómeda. La describe en el prefacio del libro *Mundus Jovialis*, publicado en 1614, que es conocido por ser donde se da a los satélites de Júpiter los nombres con los que los designamos hoy. La calidad del detalle hace constar que aquella nubecilla tiene una luminosidad que crece hacia el centro «como la llama de una vela vista a través de cuerno».

Pero Marius no era el auténtico descubridor de la que es hoy la galaxia más famosa, y por supuesto tampoco conocía la naturaleza de lo que estaba viendo. El astrónomo árabe Azophi (Al Sufi) se refiere en su *Libro de las estrellas fijas*, escrito hacia el año 964, a una «nubecilla que hay junto al cinturón de la doncella». Es con esa referencia cuando esta manchita de luz difusa entra de hecho en la historia de la astronomía, pero probablemente era ya conocida entre los astrónomos persas antes del año 905.

La constelación de Andrómeda, donde está situada la galaxia, se encuentra en los alrededores de la estrella polar, y en nuestras latitudes no se oculta nunca bajo el horizonte. En la mitología griega, la princesa Andrómeda es hija de Casiopea y se convierte en esposa de Perseo, personajes que dan nombre a constelaciones próximas a ella en el cielo nocturno. Casiopea es muy fácil de identificar por sus cinco estrellas más brillantes, que forman una W. La estrella principal de la constelación de Andrómeda (Alpheratz o Sirrah) es una de las que forman el gran cuadrado de Pegaso. Siguiendo la diagonal de este cuadrado correspondiente a esa estrella en dirección a la Polar puede localizarse la nebulosa.

En Europa la nubecilla había sido ignorada hasta la mención que hizo Marius, y ahí comienza su historia científica. El astrónomo Charles

Messier, que se dedicaba a buscar cometas al telescopio, comenzó en 1758 a hacer un catálogo de las nebulosas que descubría, sabiendo que a diferencia de los cometas no variaban de posición con respecto a las estrellas fijas, y lo inaugura con la M1 (nebulosa del Cangrejo), incluyendo la de Andrómeda con el número 31 y dándole el crédito de su descubrimiento a Marius. El catálogo se publica por vez primera en 1774 y contiene los 110 llamados «objetos Messier», que se suponía eran nebulosas y cúmulos de estrellas. El astrónomo real y miembro de la Royal Society, William Herschel, tuvo conocimiento en 1782 del Catálogo de Messier, y comenzó a prestar interés por los «objetos del espacio profundo». Con la importante ayuda de su hermana Caroline y su magnífico telescopio, en menos de veinte años pudieron dar cuenta de 2514 nuevos objetos nebulosos, entre los que se cuentan cúmulos globulares, nebulosas y galaxias.

Desde 1925 la conocemos como galaxia de Andrómeda, ya que Edwin Hubble demostró entonces que estaba realmente constituida por estrellas y era semejante a nuestra Vía Láctea. También designada M31 o NGC 224, es una galaxia gigante, con 200.000 millones de estrellas; es la mayor del Grupo Local, seguida por la Vía Láctea y la Galaxia del Triángulo (M33). Hoy también sabemos que las dos primeras se están acercando a la velocidad de unos 300 km/s, y que es posible una «colisión» entre ellas dentro de 4000 millones de años. Si por la noche conseguimos localizar en el cielo la galaxia de Andrómeda pensemos que todas las estrellas que vemos pertenecen a la Vía Láctea. La más lejana puede estar a pocos miles de años luz, pero aquella nubecilla tenue está mil veces más lejos: a 2,3 millones de años luz.

§ 1923. Desde este día España cuenta con su primera central telefónica automática. Se inauguró en Balaguer (Lérida) por iniciativa de la Mancomunidad de Cataluña y entró en servicio dos meses después. Construida por la empresa Siemens, su capacidad de conmutación era de doscientas líneas, ampliable a mil. Estuvo en servicio hasta 1956.

§ 1965. Tiene lugar el primer «encuentro espacial» de la historia. Lo consiguió el astronauta estadounidense Wally Schirra al maniobrar este día la nave Gemini 6 en órbita y colocarla a menos de 30 cm de su hermana Gemini 7, manteniendo esa posición durante más de veinte minutos.

§ 1877. Tiene lugar la primera comunicación telefónica dentro de la Península (dos meses antes se había realizado un ensayo en Cuba, entonces territorio español). En este día se realizó una prueba experimental al conectar con teléfonos cedidos por Alejandro Graham Bell dos salas dentro del recinto de la Escuela de Ingenieros Industriales en Barcelona. Diez días después se realizó la primera llamada real a larga distancia, entre Barcelona y Gerona.

§ 1912. En Estados Unidos se emite el primer sello de correos del mundo que representa un avión (un biplano), que comenzó a circular el 1 de enero de 1913. Era un sello de veinte centavos, impreso en tinta roja, titulado Aeroplane Carrying Mail (Aeroplano que transporta correo), y forma parte de una serie de doce sellos para paquetes postales.

§ 1935. En un artículo de la revista *Time* se describe el uso de reconocimiento de personas por el iris de los ojos. Fue propuesto por Carleton Simon, psiquiatra y criminólogo, a sugerencia de Isadore Goldstein, oftalmólogo del Hospital Mount Sinai. El patrón formado por las seis mil fibras dispuestas en rayos alrededor de la retina es único y diferente para cada persona, como las huellas dactilares. Curiosamente, el color de los ojos no influye en este método de identificación biométrica.

17 DE DICIEMBRE

§ 1790. Recuperación del calendario Azteca. La «piedra del Sol» es la reliquia de la cultura azteca más importante. Se trata de un gran disco de basalto de olivino, de más de veinticuatro toneladas, que lleva esculpidas imágenes relativas a los movimientos celestes regulares y la medida del tiempo, reflejando los conocimientos de los mexicas en astronomía y matemáticas. Se cree que se utilizaba para predecir y regular actividades económicas y sociales, así como para sacrificios religiosos. Su talla concluyó hacia 1520, resultando más antigua que nuestro calendario gregoriano. La piedra, que se encontraba en el centro de la ciudad de México, fue enterrada por orden del arzobispo dominico Alonso de Montúfar, con la parte labrada hacia abajo, tratando de evitar que sirviera para reactivar ritos paganos, y estuvo perdida durante más de dos siglos, hasta que el 17 de diciembre de 1790 fue hallada durante unas obras de nivelación de la plaza Mayor. Fue entonces cuando comenzó a denominarse «calendario Azteca».

§ 1903. El jueves 17 de diciembre de 1903 es la fecha más aceptada para fijar el día en que Orville y Wilbur Wright realizaron los primeros vuelos en un aparato propulsado más denso que el aire, en la colina de Kitty Hawk (Carolina del Norte). La aeronave era un biplano construido por ellos, y en el cuarto y último vuelo de aquel día consiguieron un salto de casi un minuto, en el que Wilbur recorrió 260 m.

Los hermanos habían construido el avión utilizando la madera de abeto de árboles de la zona. Con una longitud de 6,4 m y una envergadura de 12,3 m, no tenía fuselaje. En vacío su masa era de 274 kg. El motor de 12CV, refrigerado por agua, tenía cuatro cilindros en línea, que mediante cadenas de bicicleta comunicaban el movimiento a dos hélices bipala de 2,55 m, también en madera y fabricadas a mano.

§ 1938. Descubrimiento de la fisión nuclear. A comienzos de los años 30 del pasado siglo las investigaciones sobre radiactividad eran frecuentes por parte de físicos y químicos. Se estaban descubriendo muchos fenómenos, pero no siempre era sencillo el interpretarlos, pues a veces se hacía necesaria la invención de nuevos conceptos. Pocos años después del descubrimiento del neutrón por James Chadwick, el físico Enrico Fermi se interesó en los experimentos que realizaba el matrimonio Joliot-Curie sobre radiactividad artificial, por lo que obtendrían el Nobel de Química en 1935 (el de Física fue para Chadwick). Fermi utilizó los novedosos neutrones —partículas sin carga eléctrica— como proyectil idóneo para bombardear núcleos atómicos. Lo hizo de modo sistemático, comenzando por átomos pequeños. Con ello logró a su vez el Nobel en 1938 «por sus demostraciones sobre la existencia de nuevos elementos radiactivos producidos por procesos de irradiación con neutrones y por sus descubrimientos sobre las reacciones nucleares debidas a los neutrones lentos».

La idea era que el núcleo atómico podía absorber el neutrón, dando lugar a un elemento más pesado y volviéndose radiactivo en muchas ocasiones. Así, Fermi pensaba hasta llegar a obtener átomos más grandes que el uranio —los transuránicos—, inexistentes en la naturaleza y radiactivos. Pero entonces surgió la dificultad, pues era difícil medir la radiactividad inducida en los productos cuando ya había radiactividad natural en el elemento de partida, y también llegaría la sorpresa. Fermi pensaba haber obtenido átomos mayores, pero la química alemana Ida Noddack ya había sugerido, en 1934, que el bombardeo del uranio con neutrones podría dar lugar a átomos más ligeros, si se rompía el núcleo en varios fragmentos. Aquella idea no fue tenida en cuenta, pues por entonces se pensaba que la ruptura del núcleo era imposible, a pesar de que lo contemplaba el «modelo de gota líquida» propuesto por G. Gámov y asumido luego por Niels Bohr.

Desde antes de la Primera Guerra Mundial, Otto Hahn y Lise Meitner trabajaban en Berlín sobre radiactividad experimental, y por entonces ellos también estaban con el análisis de los productos de la interacción de neutrones con núcleos de uranio. En julio de 1938 Meitner hubo de abandonar Alemania escapando del nazismo (era judía austríaca), y el 17 de diciembre de 1938 Hahn, junto con otro químico experto en analítica, el joven Fritz Strassmann, comprobaron que entre los productos de aquella reacción nuclear sin duda había bario, un elemento estable y mucho más ligero que el uranio. Dos días después escriben a Meitner expresándole su desconcierto, a lo que ella les contestó apuntando que lo que había sucedido es que el núcleo del uranio se había roto en dos. El término «fisión nuclear» fue acuñado por Otto Frisch, sobrino de Meitner, quien había elaborado con ella la idea. Ambos publicaron en la revista *Nature* de febrero de 1939 un artículo con el título «Disintegration of Uranium by Neutrons: A New Type of Nuclear Reaction». La noticia del «estallido» del uranio y de la fisión nuclear, con la trascendental implicación energética que conllevaba, pues en esa ruptura del núcleo se liberan neutrones que pueden romper otros núcleos, era ya noticia en todo el mundo. Había nacido la energía nuclear. En 1966, Hahn, Meitner y Strassmann recibieron el premio Enrico Fermi, «por sus contribuciones a la química nuclear y sus amplios estudios experimentales, que culminaron en el descubrimiento de la fisión». Pero el Nobel de Química en 1944 fue solamente para Otto Hahn.

18 DE DICIEMBRE

§ 1812. Lotería para recaudar dinero sin gravar a los contribuyentes. El día 18 de diciembre de 1812 tiene lugar en España el primer sorteo de la que fue llamada «lotería moderna», para diferenciarla de la «primitiva», que se había puesto en marcha por el marqués de Esquilache en tiempos de Carlos III (1763). El origen de la Lotería de Navidad se establece por el Gobierno de Fernando VII con el fin de «aumentar los ingresos del erario público sin quebranto de los contribuyentes» y según acuerdo de las Cortes de Cádiz. Desde 1892 se llama oficialmente Sorteo de Navidad. El primer premio correspondió al número 03604, y desde entonces se ha celebrado ininterrumpidamente todos los años. El 70 % de los ingresos se destina a premios, pero la probabilidad de que no toque nada en un número es del 94,32 %.

§ 1839. Un profesor de física y química en la New York University, experto en la interacción de la luz con sustancias químicas, John William Draper, obtiene un daguerrotipo de la Luna. Para ello expuso la placa durante veinte minutos utilizando un telescopio, con lo que consiguió una imagen de tres centímetros de diámetro. Draper fue también un pionero del retrato fotográfico.

§ 1912. Se inventan (fraudulentamente) el «eslabón perdido» entre humanos y monos. Un abogado experto en antigüedades y mayordomo del secretario de la Sussex Archaeological Society, Charles Dawson, acompañado del conservador de paleontología del Natural History Museum, sir Arthur Smith-Woodward, anuncia en la Geological Society de Londres el día 18 de diciembre de 1912 haber descubierto el cráneo fósil del que se llamaría «hombre de Piltdown», o bien *Eoanthropus dawsoni*. Calificado como «eslabón perdido» entre el *Homo sapiens* y los simios, durante cuarenta años ocupó un lugar de honor popular entre los restos de homínidos, aunque en la comunidad científica había discusiones al respecto. En 1949, el nuevo director del museo, Kenneth P. Oakley, inició una investigación, y en 1953 junto con los científicos Wilfrid Le Gros Clark y Joseph Weiner demostraron que se trataba de un fraude, y que el supuesto cráneo estaba creado con restos humanos modernos, la quijada de un orangután y dientes de otros animales, debidamente manipulados.

§ 1997. Tras treinta y un años de estudios y trabajos se abre al tráfico la Aqualine Bahía de Tokio, una autopista que incluye un túnel submarino por debajo de la bahía y un puente, así como dos islas artificiales, con una longitud total de 15,2 km. Une las ciudades de Kawasaki y Kisarazu. El túnel submarino, a sesenta metros de profundidad, es el más largo del mundo, con 9,5 km.

19 DE DICIEMBRE

§ 1863. Nuevos pavimentos de «linóleo». Hacia 1855, el londinense Frederick Walton había observado que en los botes de pintura se formaba una capa superficial flexible y resistente, y pensó en usar esa idea para crear materiales que sustituyeran al caucho. Por fin consiguió la consistencia y flexibilidad deseada, y el 19 de diciembre de 1863 registró la patente de invención del Linoleum, material con el que se podrían fabricar revestimientos de suelos. El linóleo está constituido por una pasta de aceite de linaza oxidado, mezclado con serrín o corcho pulverizado y colorantes, que se aplica sobre una lona. Al no haber registrado la marca, la palabra linóleo se utilizó como genérico ya a los catorce años de su invención. Es el primer producto comercial cuyo nombre se ha convertido en genérico.

§ 1871. Samuel Clemens (el escritor que firma como Mark Twain) patenta las trabillas. El diccionario de la RAE recogerá en su edición de 1925 el significado de trabilla como «tira de tela que por la espalda ciñe a la cintura una prenda de vestir», y se corresponde con la patente que había recibido el 19 de diciembre de 1871 Samuel Clemens. Aquel invento con hebillas, que define como *improvement in adjustable and detachable straps for garments»* es aplicable a «chalecos, pantalones y otras prendas».

§ 1974. Se pone a la venta el primer ordenador personal (PC). En forma de kit para montar en casa, y a un precio de 397 dólares junto con el número correspondiente al mes de enero, la revista *Popular Electronics* pone a la venta en Estados Unidos, el 19 de diciembre de 1974, el Altair 8800, pionero de los ordenadores personales. La máquina utilizaba veinticinco interruptores de palanca para la introducción de datos y tenía una pantalla luminosa con ocho leds rojos. La demanda superó las expectativas más optimistas. El Altair 8800 estaba comercializado por Micro Instrumentation and Telemetry Systems (MITS). Los primeros ordenadores personales de popularidad en el mercado, ya con teclado y pantalla, el Commodore PET y el Apple II, aparecieron en 1977.

20 DE DICIEMBRE

§ 1883. Ante una entusiasta multitud de más de diez mil personas se inauguró oficialmente el puente cantiléver internacional sobre el río Niágara, que permite el paso del ferrocarril con doble vía entre Canadá y Estados Unidos. El puente en voladizo, cuya construcción había comenzado el 15 de abril, estuvo en servicio durante cuarenta años.

§ 1900. El astrónomo francés Michel Giacobini descubrió este día un cometa, que fue vuelto a ver por el alemán Ernst Zinner el 23 de octubre de 1913 y que desde entonces recibió el nombre de cometa Giacobini-Zinner. Regresa a las proximidades de la Tierra cada seis años y dos tercios. Este cometa se hizo famoso por ser el primero en recibir la visita de una nave espacial. Es el causante de la lluvia de meteoros dracónidas, visible anualmente a principios de octubre, que tuvo especial intensidad en 1933 y 1946.

§ 1951. El EBR-1 (siglas en inglés de Reactor Experimental Reproductor número 1) comienza a producir electricidad por reacción nuclear en cadena. La que fue primera planta de energía nuclear en el mundo estaba situada en el desierto, a 29 km al sudeste de Arco (Idaho, EE. UU.). El reactor utiliza plutonio como combustible nuclear, generando el primer día 1,4 MW de calor que se convertían en 200 kW de electricidad. La potencia producida se fue incrementando, y al día siguiente cubrió todas las necesidades del edificio.

21 DE DICIEMBRE

§ 1865. Concluye la Comisión Científica del Pacífico. El día 21 de diciembre de 1865 regresan los últimos integrantes de la mayor expedición científica realizada por España durante el siglo XIX. Durante tres años habían sido enviados a nuestro país más de 80.000 ejemplares de flora y fauna de unas 10.000 especies diferentes. Destacan entre ellos cerca de ochocientos anfibios de 139 especies, de los que actualmente se conservan 643 en el Museo Nacional de Ciencias Naturales. La Comisión Científica del Pacífico fue una empresa llena de infortunios.

§ 1872. La oceanografía nace a bordo de una corbeta. El 21 de diciembre de 1872 zarpa con rumbo sur desde Portsmouth, en Inglaterra, la corbeta HMS Challenger, para un viaje científico de tres años y medio alrededor del mundo. El velero, de 69 m de eslora, contaba con tres mástiles e iba dotado de una máquina de vapor que podía impulsar una hélice, pero que se utilizaría sobre todo en las operaciones de dragado. El buque había formado parte anteriormente de la Marina Real Británica; para adecuarlo a su nueva función se retiraron 19 de sus 21 cañones, se instalaron laboratorios de química e historia natural, así como una plataforma especial para dragado y pesca de arrastre; también se amplió el número de camarotes, que habían de albergar hasta 243 personas, entre oficiales, tripulación y personal científico. Además de todo el instrumental de laboratorio, llevaba cerca de trescientos kilómetros de cuerda de cáñamo para realizar sondeos. Al mando de la expedición iba el experto almirante George S. Nares, y como director del equipo de seis ilustres científicos figuraba el naturalista C. Wyville Thomson, de la Universidad de Edimburgo.

El 30 de diciembre se realizó a la altura de Vigo la primera operación de dragado, tomando una muestra de lodo del fondo del océano a 1500 brazas de profundidad (2760 m), con el objetivo principal de que los marineros se ejercitaran en el procedimiento. Se tardó más de una hora en soltar la línea. La máquina de vapor la alzaría luego a cuatrocientas brazas por hora. Para medir la profundidad dejaban caer un cabo (una cuerda) que llevaba en su extremo un escandallo de plomo, al que se podía aplicar un dispositivo para recogida de muestras en el fondo. La cuerda llevaba una señal cada 25 brazas (46 m), con lo que esa era la precisión con que se medía la profundidad. El uso de redes de arrastre permitía obtener las muestras de organismos, que luego eran examinados, identificados, diseccionados y dibujados en el laboratorio de historia natural.

Tras 1250 días, de los cuales 713 transcurrieron mar adentro, la expedición regresó a la bahía de Spithead (Inglaterra) en mayo de 1876. El buque había recorrido más de 120.000 km a través de los océanos Atlántico, Antártico, Índico y Pacífico, superando con creces las 20.000 leguas del viaje submarino que Verne había publicado seis años antes. En esa expedición se tomaron las primeras fotografías de icebergs, y aunque se acercaron a la Antártida, no llegaron a divisarla. Habían realizado casi quinientos sondeos de aguas profundas y 263 tomas de temperatura con un termómetro de máxima y mínima a distintas profundidades. Se descubrieron unas 4700 especies de organismos marinos, algunos de los cuales vivían a más de cinco kilómetros de la superficie. La expedición descubrió la fosa de las Marianas, midiendo allí una profundidad de 4475 brazas (8184 m). Cerca de ese punto y con instrumental moderno se han medido en sondeos posteriores 6012 brazas (10.994 m). También se descubrió la dorsal mesoatlántica, una cordillera submarina que cruza el océano Atlántico de norte a sur. Toda la información recogida sobre el relieve del fondo marino fue de gran ayuda para el tendido de los primeros cables telegráficos submarinos.

La expedición Challenger había sido impulsada por la Royal Society de Londres, que se marcó como objetivo el conocer las condiciones de luz, temperatura, salinidad y densidad del agua a diferentes profundidades, así como la presencia en la misma de materia orgánica. También se quería obtener información sobre la composición del fondo marino, investigar la existencia de vida a distintas profundidades y comprender la circulación del agua en los océanos. De ellos solamente se habían cartografiado los lugares próximos a las costas, y hasta escasa profundidad; sobre el paisaje submarino se desconocía todo. Antes de esa expedición, la oceanografía era puramente especulativa. Por ejemplo, Thomson —como otros de los partidarios de la entonces reciente teoría de la evolución— creía que en las profundidades abisales habría solamente «fósiles vivientes», ya que la ausencia de luz y de corrientes, así como las bajas temperaturas, condicionarían un medio muy estable, resistente a la evolución y habitado por muy pocas especies. El resultado no fue el esperado, y aunque se encontraron ejemplares de alguna especie considerada extinta, la riqueza biológica de los mares profundos era similar a la de otras zonas del océano.

Los estudios en tierra del ingente material recogido duraron diecinueve años. Otro de los científicos del equipo, el naturalista John Murray, dirigió los trabajos tras el fallecimiento de Thomson y supervisó la publicación en 1895 del informe final de la expedición, en cincuenta volúmenes y un total de casi 30.000 páginas. Murray calificó aquella empresa como «el mayor avance en el conocimiento de nuestro planeta desde los notables descubrimientos de los siglos XV y XVI». Así nació la oceanografía científica, una disciplina académica y de investigación trascendental para nuestro planeta.

§ 1937. Primer largometraje de animación. Utilizando el cuento escrito por los hermanos Grimm, y tras invertir 1,5 millones de dólares y más de dos años de trabajos en su producción, Walt Disney estrena en Los Ángeles el 21 de diciembre de 1937 la película de dibujos animados *Snow White and the Seven Dwarfs* (*Blancanieves y los siete enanitos*). Realizada a partir de dos millones de dibujos, con 1500 tonos de colores, tiene una duración de ochenta y tres minutos, y representa el primer largometraje de animación con sonido y color en la historia del cine. El lanzamiento se realizó con vistas a las festividades navideñas y resultó un éxito completo. La película introduce modificaciones al cuento original, restándole morbosidad (en la versión de los hermanos Grimm la reina pide al cazador que le traiga los pulmones y el corazón de Blancanieves para comérselos) y dotando de identidad y personalidad a los siete enanos.

22 DE DICIEMBRE

§ 1522. Tras el retorno de Juan Sebastián Elcano, que sirvió para certificar la posibilidad de llegar a las Molucas por el camino del oeste, una real cédula de Carlos I crea la Casa de Contratación de la Especiería en la ciudad de La Coruña. Siete años después se cerraría, cuando el emperador vendió a Portugal —con el Tratado de Zaragoza— sus derechos sobre las islas de las especias.

§ 1870. El eclipse del 22 de diciembre de 1870, que sería visible desde el sur de España, es histórico porque permitió estudiar por vez primera las protuberancias solares. Entre los numerosos científicos que acudieron a observarlo desde Jerez se encuentra Charles Augustus Young, un astrónomo especializado en espectrografía solar que había realizado fotografías de fulguraciones, encontrando relación entre las mismas y tormentas magnéticas terrestres. En aquella ocasión, Young tuvo oportunidad de obtener con su espectroscopio las líneas de un «espectro de destello» con una duración de un segundo y medio, imposible de registrar normalmente por el resplandor del disco solar. El estudio del mismo proporcionó información sobre la naturaleza física de la cromosfera.

§ 1895. El físico Wilhelm Röntgen realiza la primera radiografía de la historia. En el estudio sistemático que realizaba desde seis semanas antes sobre un nuevo tipo de radiación que se desprendía en los tubos de Crookes, Röntgen quiso comprobar la capacidad de penetración de aquellos rayos a través de distintos materiales. La radiación invisible, que salía de los tubos de descarga de alto voltaje donde se había hecho un vacío, podía atravesar cartones opacos y hasta libros, pero era detenida por las planchas de plomo.

Para ver cómo se comportaría como barrera el cuerpo humano, el 22 de diciembre de 1895, Röntgen colocó una placa fotográfica detrás de la mano de su esposa, exponiéndola a los rayos durante quince minutos. Una vez revelada, la placa mostró que los huesos y el anillo no eran atravesados tan fácilmente, con lo que quedaban visualizados. Seis días más tarde anunció su descubrimiento a la Sociedad Físico-Médica de Wurzburgo. El documento presentado se titulaba *Über eine neue Art von Strahlen* (*Sobre una nueva clase de rayos*) e incluía varias radiografías, entre ellas la de la mano de su esposa. A lo largo del año siguiente fueron más de un millar las publicaciones sobre el tema en todo el mundo, y con el paso del tiempo hemos podido comprobar que se trató de un descubrimiento científico de muy amplia repercusión. Su descubrimiento significó el nacimiento de la radiología, y al cabo de un año ya existía ese departamento en un hospital de Glasgow.

23 DE DICIEMBRE

§ 1672. El astrónomo Giovanni Cassini descubre un satélite de Saturno, que se llamará Rea (esposa de Saturno en la mitología romana). Tiene un diámetro que es la mitad de nuestra Luna, y hasta hoy es el único lugar extraterrestre donde se ha detectado oxígeno molecular, aunque en atmósfera muy tenue.

§ 1924. Origen de la obsolescencia programada. Algunos fabricantes de bombillas tienen el dudoso honor de haber iniciado oficialmente, el 23 de diciembre de 1924, lo que hoy conocemos como obsolescencia programada. En ese día, Osram, General Electric, Philips y otras empresas del ramo constituyeron en Ginebra el cártel Phoebus para controlar la fabricación y venta de lámparas de incandescencia, repartiéndose entre ellas el mercado mundial. Entre otros acuerdos sobre precios, calidades e intercambio de patentes, se aprobó que las bombillas deberían tener una vida media de 1000 horas (hasta entonces estaban durando entre 1500 y 2000 horas, si bien en algunos casos se superaban las 2500 h). El objetivo se conseguía alterando las características del filamento, el vacío interior o el gas de relleno y otras variables. Con regularidad se harían ensayos para verificar que los productos lanzados al mercado por los distintos fabricantes cumplían los acuerdos del cártel, y se multaban las infracciones. La medida resultó eficaz, y la vida media real de las bombillas pasó de las 1800 horas en 1926 a 1200 siete años después. Consecuentemente, las empresas del cártel pasaron de vender 336 millones de unidades en 1926 a 421 millones cuatro años más tarde. La Segunda Guerra Mundial puso fin al cártel, pues un control internacional era imposible en aquellas condiciones. El acuerdo, cuya prolongación estaba prevista hasta 1955, quedó anulado en 1940. Por cerrar el capítulo de iluminación, digamos que las lámparas LED que disfrutamos hoy aseguran tener una vida mucho más larga, aunque casi nadie podrá advertir si ello se cumple.

Pero el invento de control sobre la vida de los productos, de planificar su desaparición ya en el momento de su fabricación, estaba en marcha. La expresión «obsolescencia programada» aparece por primera vez por escrito de la mano del agente inmobiliario Bernard London, un judío nacido en Rusia que emigró a los Estados Unidos a comienzos del siglo XX, quien en 1932 hace la propuesta de hacerla obligatoria para estimular la economía en un folleto titulado *Ending the depression through planned obsolescence* (*Finalización de la depresión a través de la obsolescencia programada*). Esa idea no cuajó, y la obsolescencia obligatoria nunca se puso en práctica.

Veinte años más tarde —tras la Segunda Guerra Mundial— la idea resurgió, con un nuevo enfoque, impulsada por Brooks Stevens, un genio del diseño industrial, creador de estilos y soluciones en el terreno de la automoción, los electrodomésticos, el diseño gráfico y la arquitectura (a él se debe, por ejemplo, que las motocicletas Harley-Davidson luzcan numerosas señas de identidad, como la horquilla de suspensión en la parte delantera). En los años 50, Stevens se convierte en un apóstol de la obsolescencia programada, acuña definitivamente el término y hace el empeño más amable al defender que se ha de seducir al consumidor, en lugar de obligarle a cambiar. En sus propias palabras, se trata de «inculcar en el comprador el deseo de poseer algo un poco más nuevo, un poco mejor y un poco antes de lo necesario». Con esa idea trató de diseñar siempre productos con carácter, diferentes y atractivos, en lugar de crear algo mediocre que ha de ser reemplazado en poco tiempo. Para él se trataba de un desafío a la vieja idea europea sobre la necesidad de crear el mejor producto y que durara para siempre. El consumo busca que el público aprecie más el aspecto de las cosas, de modo que el diseño y la publicidad nos invitan a cambiar, pero los bienes no han de estar diseñados para durar menos.

Hoy los fabricantes calculan perfectamente la «esperanza de vida» de sus productos, la frecuencia de renovación que desean en función de sus intereses económicos. Una prenda de vestir, un electrodoméstico, un automóvil no pueden durar para siempre, porque la economía no lo permite. También hay aparatos (en el caso de la electrónica es muy frecuente) que se diseñan para que tengamos que volver a comprarlos porque uno de sus elementos no tiene recambio, y todos conocemos ejemplos de ello. Por otra parte, en el mundo que vivimos el mercado se basa sobre todo en la publicidad, la obsolescencia programada y el crédito, siendo habitual la compra con pago diferido de productos que no se necesitan. Los políticos nos dicen que el consumo activa la economía, pero los críticos avisan de que un crecimiento ilimitado es incompatible con un mundo limitado. No hemos de pensar únicamente en pequeña escala. Es evidente que la obsolescencia programada genera mayor cantidad de residuos, con todo lo que ello implica. Hoy es imprescindible pensar no solo en las necesidades del consumidor, sino también en los valores medioambientales.

§ 1924. Hallazgo de un eslabón perdido. En la localidad sudafricana de Taung la estudiante de antropología Josephine Salmons había hallado el cráneo fósil de un individuo de unos tres años de edad con rasgos intermedios entre un chimpancé y un humano, que presentó al profesor Raymond Dart. Pronto sería conocido como el Niño de Taung. En su laboratorio de la Universidad del Witwatersrand (Johannesburgo, Sudáfrica), el día 23 de diciembre de 1924, Dart concluyó el minucioso trabajo (tardó setenta y tres días en hacerlo) de separar de la roca caliza ese primer cráneo fósil de un homínido. Doce años después, cuando el paleontólogo Robert Broom descubrió restos de ejemplares adultos similares en una cueva, se aceptó el descubrimiento de Dart, y se definió la especie como *Australopithecus africanus* (mono del sur de África).

§ 1954. Dos gemelos de veintidós años, Richard y Ronald Herrick, fueron los protagonistas del primer trasplante con éxito de riñón en humanos, de modo que el primero de ellos pudo vivir hasta 1962 con el órgano donado por su hermano. La operación fue realizada por el cirujano doctor John P. Merrill y su equipo, en el Peter Bent Hospital, de Boston. Anteriormente habían realizado nueve intentos, con fallos achacados al rechazo del sistema inmunitario del receptor. El darse el caso en un paciente que tenía un hermano gemelo daba posibilidad de comprobar esa hipótesis, lo que ensayaron primero en ellos con un injerto de piel.

§ 1970. La construcción de las Torres Gemelas en Nueva York alcanza su punto más alto, a 411 m. Diseñadas por el arquitecto Minoru Yamasaki, forman parte del World Trade Center, un complejo de siete edificios. A esa altura se ubicaría un punto de observación que podía alcanzar una vista de setenta kilómetros. Las torres fueron destruidas por un atentado el 11 de septiembre de 2001.

24 DE DICIEMBRE

§ 1752. Coincidiendo con la Nochebuena, Barcelona se convierte en la primera ciudad española en disponer de farolas de aceite para iluminar calles y plazas. Entraron en funcionamiento un total de 1500 puntos de luz, que en 1842 serían sustituidos por faroles de gas y que más tarde (1882) comenzaron a electrificarse.

§ 1801. El emperador José II de Austria (hermano de María Antonieta) prohíbe que el anatomista y fisiólogo Franz Joseph Gall, estudioso del comportamiento del cerebro e inventor de la seudociencia de la frenología, imparta clases, ya que su doctrina «conduce al materialismo y amenaza la moral pública». Gall dejó la docencia en Austria para trasladarse a Alemania y luego a París, donde la Francia revolucionaria acogería mejor sus ideas. Sin embargo, Napoleón y la ciencia oficial declararon inválidas las teorías de Gall.

§ 1893. Este día Henry Ford, ingeniero jefe de vapor en la planta principal de Detroit Edison Company, completó su primer motor de gasolina que resultaría útil. Era de un solo cilindro, y fue probado por él y su esposa con éxito en la cocina de su casa. Una versión posterior del mismo, ya con dos cilindros, impulsó el primer automóvil de Ford cuando realizó su recorrido el 4 de junio de 1896.

§ 1936. Este día nace la medicina nuclear. El inventor del sincrotrón, Ernest Lawrence, pensó en la posibilidad de utilizar en medicina los isótopos radiactivos, y convenció a su hermano John de que se integrara en el laboratorio de Berkeley (Lawrence Berkeley National Laboratory, en California) donde él trabajaba. El 24 de diciembre de 1936, John trató a una joven de veintiocho años, enferma de leucemia, con el isótopo de fósforo 32 que había sido producido en el sincrotrón. Era la primera vez que se usaba un isótopo radiactivo en terapia de una enfermedad humana, y fue el comienzo de una nueva rama de la medicina. La idea tenía sus antecedentes diez años antes, cuando George de Hevesy (Nobel de Química en 1943) realizó experimentos en Friburgo, administrando radionúclidos a ratas y estableciendo procedimientos para investigar su rastro metabólico.

25 DE DICIEMBRE

§ 1741. El físico sueco Anders Celsius propone una escala centígrada de temperaturas. El origen del termómetro se remonta al comienzo del siglo XVII, cuando el médico en Padua Santorio Santorio, interesado por cuantificar la variación de temperatura del cuerpo humano, puso dos puntos fijos y una escala graduada al termoscopio que había inventado Galileo. Oficialmente, la palabra no fue utilizada hasta 1624, cuando el matemático jesuita Jean Leurechon la emplea en su tratado en francés «Sobre el termómetro, o instrumento para medir los grados de calor o de frío que hay en el aire». Ahí se consolida también el hablar de «grados» en temperatura.

En 1701 Isaac Newton construyó un termómetro, un tubo ancho de vidrio con aceite de linaza, y propone una escala de «grados de calor» («*gradus caloris*»), asignando el cero a la fusión del hielo y el 12 a la temperatura normal del cuerpo humano. Con aquel instrumento calibrado determinó más de veinte puntos de referencia, sobre todo de fusión de aleaciones, que era tema de su interés como director de la Royal Mint, la ceca británica encargada de la acuñación de moneda. Newton no medía nunca temperaturas negativas, pues no pretendía crear un termómetro de uso meteorológico. El astrónomo danés Ole Roemer, contemporáneo de Newton, realiza experimentos con un termómetro en el que usa como líquido «aguardiente coloreado con azafrán». Crea una escala que pone el cero en la congelación de la salmuera y asigna el 60 (un astrónomo está acostumbrado a las divisiones sexagesimales) a la temperatura de ebullición del agua.

El sucesor de Roemer sería el físico y soplador de vidrio alemán Gabriel Fahrenheit, quien tras entrevistarse con él propone una escala donde el cero está también en la temperatura de congelación de la salmuera, pero vuelve a tomar la temperatura del cuerpo humano como referencia, y le asigna el valor 24. Años después, para no tener que utilizar valores de fracción de grado, los multiplica por cuatro, quedando una escala donde la congelación del agua sucede a 32 grados, la temperatura normal del cuerpo humano es 96 y la de ebullición del agua resulta 212. Fahrenheit fue el primero en construir termómetros de mercurio, con los que podía medir temperaturas hasta de 600 grados en su escala. El motivo de escoger el cero en función de la salmuera fue que Roemer y Fahrenheit no querían que hubiera temperaturas meteorológicas negativas. Tampoco lo quería el francés Joseph-Nicolas Delisle, que en 1732 vivía en San Petersburgo y lo consiguió con su escala, atribuyendo el cero a la temperatura de ebullición del agua, pero con números que crecen según va haciendo un frío más intenso, llegando a 150 ^{0}D con la congelación del agua. Los números aumentan en dirección al bulbo del termómetro.

Son esos los ejemplos más notables, pero por entonces proliferaban las escalas termométricas, y llegaron a utilizarse hasta treinta y cinco criterios diferentes. El origen de la que usamos hoy está en el 25 de diciembre de 1741. Ese día Anders Celsius, profesor de astronomía en Upsala, incluye a un termómetro de intemperie que tiene escala de Delisle, otra que llamó «centígrada». Establece el punto cero de la misma también en la ebullición del agua, pero atribuye el valor cien a la temperatura a la cual funde la nieve. El año siguiente presentó ante la Academia Sueca de Ciencias un trabajo sobre «Observaciones sobre dos grados persistentes en un termómetro», donde comunica sus experiencias sobre cambios de estado del agua en distintos lugares, y advierte que si bien la temperatura de fusión del hielo es siempre la misma, la temperatura de ebullición del agua varía con la presión atmosférica.

Poco después de fallecer Celsius se invierten los dos puntos de referencia en aquella escala, de modo que el cero correspondiera a la fusión del hielo y el 100 a la ebullición del agua. Los termómetros comenzarían a ser ampliamente usados en química, medicina, meteorología, oceanografía y muchas otras áreas de la ciencia, así como en numerosas industrias, como las de fabricación de cerveza. En 1794, la Comisión de Pesos y Medidas de la Convención Nacional francesa oficializó su utilización: «El grado termométrico será la centésima parte de la distancia entre la temperatura del hielo y la del agua hirviendo». En 1948 la Conferencia General de Pesos y Medidas dio el nombre de Celsius a la escala, y de grado Celsius a la unidad de temperatura, desaconsejando el uso del término centígrado.

§ 1758. Un granjero aficionado a la astronomía, Johann Georg Palitzsch, observa una lucecilla difusa en la constelación de Piscis. Se trataba del regreso del cometa que anticipó Edmund Halley en 1705, que pasa cercano a la Tierra cada 75,5 años. Halley había fallecido dieciséis años antes, pero el cometa ahora lleva su nombre.

§ 1914. Obtención de la hormona tiroidea. La tiroxina es la principal de las hormonas secretadas por la glándula tiroidea. En su molécula hay cuatro átomos de yodo. Su función consiste en regular el metabolismo a nivel celular y, por ejemplo, un déficit de tiroxina conduce al sobrepeso. El primero en aislar y obtener en forma pura la tiroxina fue el bioquímico Edward C. Kendall, quien en la Fundación Mayo consiguió, el 25 de diciembre de 1914, cristalizar unos siete gramos a partir de una disolución en alcohol y sosa del residuo insoluble a los ácidos en muestras de tiroides, para lo que necesitó cerca de tres mil kilogramos de glándulas de cerdos. La tiroxina así obtenida por él fue efectiva en el tratamiento de pacientes con hipotiroidismo.

26 DE DICIEMBRE

§ 1870. Este día se abre el hueco que une las perforaciones a ambos lados en el túnel del Mont Cenis a través de los Alpes y los trabajadores al encontrarse intercambian un apretón de manos. El día anterior, cuando faltaba abrir el espesor de un metro de roca, ya podían escucharse entre sí. El año siguiente se colocó la doble vía de ferrocarril, y el túnel se inauguró el 17 de septiembre de 1871.

§ 1906. En el Ayuntamiento de Melbourne (Australia) se presenta el primer largometraje de la historia del cine. Es una película de setenta minutos titulada *Story of the Kelly Gang*, sobre el famoso bandido australiano

Ned Kelly (1855-1880). La película estuvo de gira por Australia durante más de veinte años y también en Nueva Zelanda y Gran Bretaña. Dado que hubo quien consideró que el contenido de la película glorificaba a los criminales, la cinta fue prohibida en algunas ciudades. Solo han sobrevivido fragmentos que suman unos 10 minutos de la película original.

§ 1975. El Túpolev-144S, primer avión supersónico de pasajeros, realiza su primer vuelo comercial —portando únicamente correo y carga— entre Moscú y Alma-Ata (Kazajstán). En esta misma ruta comenzaría a llevar pasajeros en noviembre de 1977, que habrían de soportar el enorme ruido de los motores. Plagado de problemas mecánicos crónicos, el servicio de Aeroflot con ese aparato finalizó el 6 de junio de 1978 después de 102 vuelos.

27 DE DICIEMBRE

§ 537. El emperador del Imperio romano de oriente, Justiniano I el Grande, junto con el patriarca Eutiquio, inauguraron en Constantinopla (actual Estambul, en Turquía) la basílica de Santa Sofía. Era la tercera iglesia en ese emplazamiento en la forma que la conocemos. El diseño se encargó al arquitecto bizantino Isidoro de Mileto y al lidio Antemio de Tralles, profesor de geometría.

§ 1831. El HMS Beagle, un barco de la Armada británica, zarpa del puerto de Plymouth, para un viaje de dos años que al final duraría cinco. El capitán es Robert FitzRoy, de veintiséis años, y a bordo viaja un naturalista de veintidós, Charles Darwin, con un voluminoso equipaje. En él iban algunos libros, entre ellos la reciente *Geología* de Lyell, el *Paraíso perdido* de Milton y la narración del viaje de Humboldt. Entre mareo y mareo dormía a bordo en una hamaca, leía y trabajaba en un pequeño cuarto. En septiembre de 1832 haría su primer descubrimiento, con fósiles de varios mamíferos extintos. Más adelante recogió peces, aves, insectos, plantas y conchas. En las islas Galápagos haría sus notables observaciones sobre las tortugas gigantes y sobre las diferencias entre las catorce especies de pinzones que había y que eran inexistentes en Ecuador, la tierra firme más próxima.

§ 1968. Ameriza al norte del Pacífico la nave estadounidense del Apolo 8. Había sido lanzada el día 21, y fue la primera misión tripulada hacia la Luna. Sus ocupantes habían dado diez vueltas a nuestro satélite en veinte horas, habían sido los primeros en ver la Tierra completa, los primeros en ver el lado oculto de la Luna y los primeros en ver el amanecer de la Tierra desde la Luna.

§ 1869. El día de la reinvención del chicle. Desde hace miles de años, ya en la prehistoria y luego en la antigua Grecia y en Egipto, se masticaban resinas y hojas de distintas plantas, sin tragarlas, con fines medicinales. Fue común a muchos pueblos y culturas esta costumbre, pero la goma de mascar que hoy conocemos en todo el mundo tiene sus orígenes en Centroamérica. Fueron los mayas quienes aprendieron a recolectar la savia del chicozapote (*Manilkara zapota*), haciendo incisiones en zigzag en la corteza de ese árbol. Luego dejaban secar el látex y lo cocían para obtener una goma masticable. Los mayas denominaban *sicte* a esa goma, y más tarde los aztecas la conocieron como *tzictli*, de donde proviene el nombre de chicle en español. En el siglo XVI, el misionero Fray Bernardino de Sahagún cuenta que lo masticaban en público todas las mujeres aztecas solteras, mientras las casadas y viudas lo hacían solo en sus casas. Afirma que con ello unas y otras procuraban evitar el mal olor de boca, de modo que así no eran rechazadas, y que también lo usaban para «echar la reuma».

A mediados del siglo XIX surgieron diversas iniciativas para lograr un producto comercial, y la fórmula para una goma de mascar tuvo su primera patente. Fue otorgada el 28 de diciembre de 1869 en Estados Unidos al dentista William Finley Semple, de Mount Vernon (Ohio), preocupado por la higiene dental de sus pacientes, quien pensó en un dentífrico cuyo secreto estaba en la «combinación de caucho con otras substancias de modo que formasen un producto aceptable para mascar». Nunca lo comercializó. Quien lo hizo fue un fotógrafo e inventor llamado Thomas Adams, que conoció de la existencia del auténtico chicle gracias al entonces exiliado general mexicano Santa Anna (famoso por la batalla de El Álamo), que lo mascaba continuamente, y quien al parecer le había vendido gran cantidad de aquel látex. En principio intentaron obtener un sustituto del caucho, vulcanizando el chicle para fabricar neumáticos, lo que resultó un fracaso, tras lo que volvieron a la idea de crear algo que sirviese para la higiene bucal. En farmacias de la costa este de Estados Unidos comenzó a venderse el primer chicle para mascar,

Adams patentó en 1871 una máquina para la expedición de pastillas, y en 1880 ya aparecieron las primeras versiones con azúcar y diferentes sabores. A finales de esa década, Adams producía cinco toneladas diarias de chicle en su fábrica de Nueva York, donde trabajaban trescientos empleados. Los sabores preferidos eran *tutti frutti* y regaliz.

Su consumo creció de modo importante. Aunque los manuales de urbanidad nunca recomendaron su uso en público, la costumbre se universalizó a mediados del siglo XX. A la popularización del chicle contribuyeron, en gran medida, los soldados americanos durante la Segunda Guerra Mundial; con ello creció extraordinariamente la demanda, y dado que ya se habían descubierto polímeros sintéticos (como el acetato de polivinilo), bajaron considerablemente los costes de producción, pues dejó de usarse la goma base natural. Desde los años 60 la inmensa mayoría de las gomas de mascar tienen una base sintética. Aunque existan diferencias según los fabricantes, el chicle actual se compone de una quinta parte de la goma base, otra de jarabe de maíz y tres quintas partes de azúcares. La goma base puede contener látex natural, de chicozapote y otros árboles, o bien gomas y resinas sintéticas, carbonato cálcico y otras sustancias. El jarabe de maíz actúa como edulcorante y mejora la textura. Los inconvenientes del azúcar (calóricos y cariogénicos) se evitan sustituyéndolo por distintos edulcorantes, y a las sustancias que facilitan sabor y aroma se añaden emulsificantes, humectantes y conservantes.

§ 1895. Este día tuvo lugar la primera sesión pública de cine. Todo había comenzado nueve meses antes. El 22 de marzo de 1895, ante una cualificada audiencia de doscientas personas, en el local de la Sociedad para el Desarrollo de la Industria Nacional en París, el joven empresario Louis Lumière había dado una charla para exponer el papel de su empresa familiar en la industria fotográfica, y anunciar progresos y novedades, sobre todo en lo referente a la fotografía en color. La empresa, creada por su padre y donde también trabajaba su hermano Auguste, había sido rebautizada recientemente con el nombre Sociedad Anónima de placas y papeles fotográficos Antoine Lumière e hijos, y gozaba de prestigio internacional. Para ilustrar su gran potencial —y epatar con la novedad de unas imágenes en movimiento— Louis empleó entonces un «kinetoscopio de proyección», mostrando en pantalla una película de la salida de los obreros de su factoría a la hora de comer. No sabemos si estaba así previsto, pero los asistentes mostraron mucho más interés ante aquellas imágenes de blanco y negro en movimiento que frente a la posible llegada del color a la fotografía. De hecho, insistieron en que se repitiera la proyección.

En los meses siguientes, los Lumière comenzaron a presentar el invento ante grupos de profesionales fotógrafos y científicos, donde siempre fue acogido con éxito, por lo que comenzaron a pensar en la utilización rentable de su invento. Por Navidades, el 28 de diciembre de 1895, en el Salon Indien du Grand Café, en el 14 del Boulevard des Capucines de París, tuvo lugar la que se considera primera sesión de cine abierta al público. Aquella tarde se proyectaron diez películas mudas de duración inferior a un minuto, en blanco y negro, y la entrada costaba un franco. Fue el padre, Antonie Lumière, el designado para presentar la sesión a los treinta y tres espectadores, y darle a la manivela de la máquina para proyectar la primera cinta: *La Sortie de l'usine Lumière à Lyon,* otra versión de aquel documental que Louis había presentado en marzo. Tres semanas después, los ingresos por las entradas del cine eran de dos mil francos al día. La anécdota económica de esos comienzos está en que el propietario del Grand Café había rehusado la oferta inicial de cobrar un 20 % de la taquilla y prefirió percibir una tarifa plana de treinta francos diarios.

El hoy famoso film mostraba a los obreros saliendo de la fábrica de Lyon. En la que se considera su primera versión, los trabajadores (en su inmensa mayoría mujeres) abandonan la fábrica a pie y apresuradamente, algún hombre lo hace en bicicleta, y al final se ve salir un carruaje tirado por un caballo. Pero parece que Louis Lumière quiso realizar otras versiones de la película, y así solicitó a los obreros que fueran un domingo después de misa a repetir la escena; de hecho existen otras dos cintas, en las cuales vemos a los operarios con vestidos de paseo y sombrero. En una de ellas no sale el coche al final, pero se observa cómo comienzan a cerrarse las puertas, y en la otra versión sí sale el coche, pero tirado por dos caballos.

Louis y Auguste Lumière habían patentado el cinematógrafo el 13 de febrero de aquel año. Desde que Antoine tuvo conocimiento de la existencia del kinetoscopio de Edison, trataron de evitar sus defectos, sobre todo el conseguir una proyección que permitiese que la visión fuera compartida por varias personas, así como reducir el volumen y el peso de la máquina. Lo habían conseguido en la sesión de aquella tarde, cuya primera película era una cinta de celuloide de 35 mm de ancho, con una sola perforación redonda a cada lado del fotograma y una longitud total de 17 m. La cinta se pasaba a dieciséis fotogramas por segundo, y el sistema de paso era discontinuo, fotograma a fotograma, inspirado en el de una máquina de coser. Los hermanos pronto comenzaron a abrir salas donde mostrar sus películas. A finales de abril de 1896 ya había «teatros de cinematógrafo» en Londres, Bruselas y Nueva York. El invento llegó a España en mayo de ese año, y en junio se rodaron también las primeras películas para Lumière, en Madrid y Barcelona. En 1897 su catálogo ya ofrecía 358 cintas. El cine comercial había comenzado.

§ 1931. Irene Joliot-Curie (hija de Marie y Pierre Curie) informa sobre su estudio de la radiación tan penetrante que se libera cuando se bombardea berilio con partículas alfa y que habían descubierto los físicos alemanes Walter Bothe y H. Becker en 1930. Joliot-Curie coincidía en que la radiación eran rayos gamma de alta energía, pero además descubrió que si esa radiación pasa a través de parafina (u otros materiales que contengan hidrógeno), se liberan grandes cantidades de protones. Este sería un hecho inexplicable hasta que James Chadwick descubrió el neutrón.

29 DE DICIEMBRE

§ 1939. Con esta fecha, el físico William Shockley escribió en su cuaderno de laboratorio: «Hoy se me ha ocurrido que en principio es posible un amplificador que utilice semiconductores en lugar de vacío». Esa idea fue el origen del desarrollo del transistor, por cuya invención compartió el premio Nobel de Física de 1956 con John Bardeen y Walter Brattain.

§ 1967. Comienza a utilizarse el término «agujero negro» para denominar las singularidades de altísima masa, capaces de absorber la luz que pasa por sus proximidades. Lo hace por vez primera el físico John Archibald Wheeler durante una charla en el Instituto Goddard de Estudios Espaciales (GISS) de la NASA. Wheeler declaró que tuvo la idea de usar el término en una conferencia cuando un asistente dijo que estaba cansado de escucharle decir «objeto completamente colapsado por gravitación».

§ 1987. El cosmonauta soviético Yuri Romanenko regresa a la Tierra, poniendo fin a su vuelo espacial récord de 326 días, orbitando la Tierra en la estación espacial Mir. La nave espacial Soyuz aterrizó en un lugar cubierto de nieve en Kazajistán (Asia central). Su estancia en el espacio superaba el anterior récord, también soviético, de 237 días.

§ 1997. Hong Kong comienza a sacrificar toda su población de pollos (hasta 1,4 millones de animales) para detener la propagación de una misteriosa gripe aviar que ya había causado la muerte a cuatro personas. La decisión del gobierno se produjo tras descubrir que aves de dos granjas estaban infectadas con el virus H5N1. Se aislaron por completo esas dos instalaciones, y los ejemplares de otras doscientas granjas avícolas y mixtas fueron gaseados en recintos herméticos. Los cadáveres se sellaron en bolsas de plástico y se enterraron en seis vertederos. Se ordenó a los propietarios de cerca de 1000 tiendas de comestibles y mercados que liquidaran sus existencias.

30 DE DICIEMBRE

§ 1668. El notable inglés Edward Montagu, enviado en misión diplomática a Madrid, aprovecha para realizar espionaje industrial en España sobre la elaboración de productos derivados del cacao, pues el chocolate acababa de ser introducido en su país con gran éxito. Con esta fecha registró una receta de granizado de chocolate, que se considera la más antigua existente de las fórmulas para ese tipo de delicias.

§ 1913. Se imponen las bombillas con filamento de wolframio. Aunque en diciembre de 1904 el ingeniero químico croata Ferenc Hanaman y su ayudante Aleksandar Just patentaron en Budapest la bombilla con filamento «de wolframio o molibdeno» que habían inventado, cinco años después en todo el mundo seguían utilizándose las lámparas eléctricas de carbono incandescente que Edison había registrado en 1880. Era verdad que el hilillo que Hanaman y Just lograban por extrusión del metal podía calentarse en el vacío a 2077 °C, daba más luz y con suerte alcanzaba una duración de seiscientas horas, pero tenía el problema de su fragilidad y era difícil de fabricar, con lo que las nuevas bombillas no salieron adelante. En laboratorios de Europa y América se buscaban mejores resultados en la iluminación eléctrica, ensayando también otros metales como torio, osmio o tantalio.

En 1905 el ingeniero eléctrico William David Coolidge, ayudante del químico Arthur A. Noyes en el prestigioso MIT (Instituto de Tecnología de Massachusetts), comenzó a trabajar en el Laboratorio de Investigación de General Electric, que había sido creado cinco años antes, y fue allí donde desarrolló un nuevo método de producción de hilos de wolframio que permitía fabricar filamentos más delgados y resistentes. En 1911 la empresa puso en el mercado esas bombillas, con una eficiencia de diez lúmenes por vatio (cuatro veces mayor que las de grafito) y pronto comenzó a obtener sustanciosos beneficios.

De hecho, General Electric lideraba así la electrificación de los hogares en Estados Unidos, y con aquella innovación demostraba la rentabilidad de la investigación industrial. El 30 de diciembre de 1913, Coolidge recibió la patente que había solicitado por su procedimiento de obtención de «*ductile tungsten*» («wolframio dúctil»). Era la primera aplicación a gran escala que se encontraba para aquel metal, que en otoño de 1783 habían aislado por primera vez los hermanos Delhuyar en el laboratorio del Seminario de Vergara. Aunque en 1928 un tribunal de los Estados Unidos dictaminó que la patente de Coolidge no podía registrarse como invención, su misma técnica se ha utilizado hasta nuestros días.

Como se sabe, el funcionamiento de las bombillas de incandescencia está basado en que al aumentar la temperatura de los sólidos llega un momento que comienzan a emitir luz —primero rojiza y luego amarillenta, cada vez más blanca— si antes no se funden o reaccionan con el oxígeno del aire. Ese calentamiento puede producirse al hacer pasar una corriente eléctrica por un hilo fino y largo de ese material. Dado que el grafito puede alcanzar los 4000 °C sin fundirse, Edison optó por hacer con él los filamentos de sus bombillas. Para evitar la combustión del carbono, en aquellas ampollas de vidrio se hacía el vacío, pero siempre tenía lugar una cierta vaporización del filamento, que ennegrecía el vidrio interiormente. Para ralentizar este proceso, desde 1913 se rellenarían con un gas inerte, como argón, nitrógeno, kriptón o xenón.

El grafito tenía una eficacia lumínica muy baja, y por ello se buscó solución en los metales, que además tienen la característica de su ductilidad, una propiedad por la cual pueden ser convertidos en hilos muy finos sin romperse. El oro es el número uno de todos ellos, tanto es así que con tres gramos (el peso de una alianza) puede hacerse un cable de ocho kilómetros de longitud. A la hora de escoger un metal para filamentos de bombillas, el wolframio resultaba el de punto de fusión más alto, superior a 3400 °C, y se convertía en principal candidato, y así ha triunfado durante un siglo. El filamento de una lámpara de sesenta vatios tenía unos dos metros de longitud y un diámetro de 0,003 mm, y podía estar brillando a unos 2800 °C sin fundirse.

§ 1930. En Cleveland (Ohio, EE. UU.), en una sesión conjunta de la AAAS (Asociación Estadounidense para el Avance de la Ciencia) y la sociedad Sigma Xi, se presenta la primera fotografía que muestra la curvatura de la Tierra. Fue tomada desde un avión que volaba a siete mil metros de altura sobre la Pampa argentina. La fotografía se hizo a 1/50 de segundo con película pancromática muy sensible.

31 DE DICIEMBRE

§ 1805. Este fue el último día de uso del «calendario republicano» introducido tras la Revolución Francesa. En los países que utilizaban el calendario gregoriano era el 31 de diciembre de 1805, pero en Francia aquel día era el 10 Nivôse de l'an XIV (10 de Nivoso del año XIV). También conocido como «calendario de la razón», tenía doce meses de treinta días cada uno, con curiosos nombres que hacen alusión a la agricultura y la meteorología, cada uno con tres décadas de diez días (en lugar de semanas de siete días). El nuevo emperador Napoleón Bonaparte hizo abolir su uso y, a partir del día siguiente, el 1 de enero de 1806, Francia volvería a utilizar el calendario gregoriano.

§ 1938. El bioquímico Rolla N. Harger, de la Facultad de Medicina de la Universidad de Indiana, presenta oficialmente el Drunkometer, un aparato para medir la cantidad de alcohol en sangre mediante el aliento. El aparato tuvo éxito, pero era voluminoso, difícil de transportar y requería calibrarse tras cada desplazamiento. En 1954 el criminólogo Robert F. Borkenstein inventó el alcoholímetro, que era portátil.

§ 1993. Este día estaba previsto destruir las últimas muestras del virus de la viruela existentes para investigación. La viruela fue la plaga más temida del mundo hasta su erradicación. Sin embargo, algunos científicos que querían continuar la investigación sobre el virus detuvieron el plan de destrucción. Las muestras congeladas restantes se encuentran en Moscú y en los Centros para el Control y la Prevención de Enfermedades de Atlanta (EE. UU.), listas para fabricar vacunas en caso de que vuelva a ser necesaria. El virus es extremadamente estable y no ha cambiado en cientos o incluso miles de años.

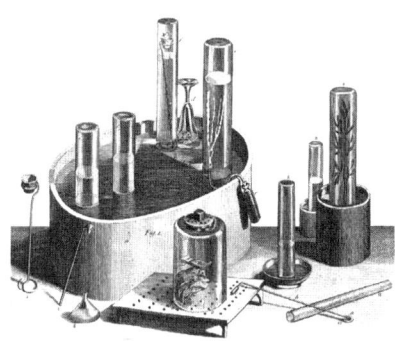

Este libro terminó de escribirse el día
primero de agosto de 2024, cuando se
cumplían 250 años de la obtención del
oxígeno por Joseph Priestley.